大数据时代的统计与人工智能系列教材

数据挖掘与机器学习

——基于 R 语言编程

方匡南　兰　伟　编著

中国教育出版传媒集团
高等教育出版社·北京

内容简介

该书是数据挖掘和机器学习的入门课程，分为上下两篇，上篇是 R 语言基础与数据预处理，重点是让学生掌握 R 语言基础，使其具备一定的编程基础并掌握数据预处理方法。下篇是数据挖掘与机器学习方法，内容包括有监督学习（回归、分类、决策树、集成学习、支持向量机、神经网络）和无监督学习（主成分分析、因子分析、典型相关分析和推荐算法）。

本书内容全面，讲解深入浅出，在讲解模型原理的同时辅之以翔实的案例分析，让学生能够更快更好地深入理解每个模型；此外，本书理论与实践结合，每章节都会相应地讲解本章所学方法的 R 语言程序编写和实务操作，提高学生的动手能力和实际数据分析能力。

本书可作为统计学类和经济管理类高年级本科生、应用型研究生数据挖掘和机器学习的教材，同时还可以作为数据挖掘和机器学习兴趣爱好者的参考书。

图书在版编目（C I P）数据

数据挖掘与机器学习：基于 R 语言编程 / 方匡南，兰伟编著. --北京：高等教育出版社，2024. 3

ISBN 978-7-04-060125-1

Ⅰ. ①数… Ⅱ. ①方… ②兰… Ⅲ. ①数据采集 ②机器学习 Ⅳ. ①TP274②TP181

中国国家版本馆 CIP 数据核字（2023）第 036956 号

Shujuwajue yu Jiqixuexi——Jiyu R Yuyan Biancheng

策划编辑　施春花　　责任编辑　吴淑丽　　封面设计　易斯翔　　版式设计　马　云
责任绘图　李沛蓉　　责任校对　窦丽娜　　责任印制　赵　振

出版发行　高等教育出版社
社　　址　北京市西城区德外大街 4 号
邮政编码　100120
印　　刷　青岛新华印刷有限公司
开　　本　787mm×1092mm　1/16
印　　张　25. 75
字　　数　610 千字
购书热线　010-58581118
咨询电话　400-810-0598
网　　址　http://www.hep.edu.cn
　　　　　http://www.hep.com.cn
网上订购　http://www.hepmall.com.cn
　　　　　http://www.hepmall.com
　　　　　http://www.hepmall.cn
版　　次　2024 年 3 月第 1 版
印　　次　2024 年 3 月第 1 次印刷
定　　价　67. 00 元

物 料 号　60125-00

前言

近几年随着大数据和人工智能的兴起，就业市场对数据科学家、数据分析师、算法工程师等相关人才的需求量越来越大。为了适应社会经济发展的需要，教育部于2018年新设了数据科学与大数据技术本科专业，截至2023年4月共有757所高校设立该本科专业。数据科学与大数据技术专业的一门核心课程是“数据挖掘与机器学习”，同时它也是统计学等相关专业的核心课程。笔者在厦门大学正好讲授该课程。该课程是国家“双一流”建设学科统计学的专业核心课程之一，同时统计学也是厦门大学国家一流本科专业建设点。笔者在授课过程中感觉市场上适合统计学类、经济管理类学生学习该课程的教材比较少，有些教材只讲数据挖掘和机器学习的理论与方法，没有提供相应的编程操作指导，对于刚开始学习该课程的学生来说，在编程上难免会有些吃力；相反另一部分教材只重视编程讲解，而对数据挖掘和机器学习的原理和方法讲解得不够深入，难免沦为编程的工具书。

基于以上原因，笔者与西南财经大学兰伟教授商量，决定合作编写本教材。之所以基于R语言编程是因为R语言相对简单易学，也是统计学科最流行的编程语言之一，学会R语言编程对本科生以后继续深造或者就业都大有裨益。本书是在笔者2015年出版的《R数据分析——方法与案例详解》和2018年出版的《数据科学》的基础上修改编写而成的。

本书是数据挖掘和机器学习的入门教材，分为上下两篇。上篇是R语言基础与数据预处理，也是数据分析的基础，重点是让学生掌握R语言编程基础，为下篇学习打好基础；下篇是数据挖掘与机器学习，内容包括有监督学习（回归、分类、决策树、集成学习、支持向量机、神经网络）和无监督学习（主成分分析、因子分析、典型相关分析和推荐算法）。教师在讲授本课程的时候，可以根据学生的R语言编程基础灵活选择章节讲授。如果学生有较扎实的R语言编程基础，可以直接从第7章开始讲授。

本书内容全面，讲解深入浅出，在讲解模型原理的同时辅之以翔实的案例分析，让学生能够更快、更好地深入理解每个模型。此外，本书理论与实践结合，每章节结束都会讲解本章所学方法的R语言程序编写和实务操作，提高学生的动手能力和实际数据分析能力。本书主要面向统计学类、经济管理类、医学类的高年级本科生、应用型硕士研究生以及对数据挖掘和机器学习感兴趣的爱好者。

感谢我的研究生胡晗晖、毛凌、吴雪儿、马芸、李洪伟、韩家炜、肖法典参与本书的校对、修改等工作。感谢高等教育出版社的编辑为本书组稿、编辑做的大量工作。再次感谢为本书提供了直接或者间接帮助的各位朋友，没有他们的帮助，本书的出版没有这么顺利。

本书的数据、程序代码和PPT讲义等资料可以从网址 http://www.kuangnanfang.com/?id=7 下载。

由于作者水平有限，书中难免有错误和不足之处，恳请读者批评指正！

方匡南

2023年4月于厦门

目录

上篇　R 语言基础与数据预处理

下篇　数据挖掘与机器学习

上篇　R 语言基础与数据预处理

第 1 章

R 语言简介与数据对象

本章主要是 R 语言的简介、数据类型、数据对象及基本运算。

1.1 R 语言简介

本节内容涵盖:R 的优势、安装流程、扩展包、常用编辑器和工作空间。

1.1.1 什么是 R 语言

你现在最常用的统计软件是什么? SAS、MATLAB,还是 EViews? 如果你是一个经常和数据分析打交道,需要运用或自己编写各种统计方法的人,却还没用上 R,那么你已经脱离现在的主流了。

R 语言是由新西兰奥克兰大学的 Ross Ihaka 与 Robert Gentleman 一起开发的一个面向对象的编程语言,因两人的名都以 R 开头,所以命名为 R 语言。R 语言是一个免费开源、能够自由有效地用于统计计算和绘图的语言和环境,可以在 UNIX、Windows 和 Mac OS 系统运行。它提供了广泛的统计分析和绘图技术,包括回归分析、时间序列、分类、聚类等方法。R 语言的前身是 S 语言。S 语言是贝尔实验室(Bell Laboratories)的 Rick Becker、John Chambers 和 Allan Wilks 开发的,提供了一系列统计和图形显示工具。S 语言一度是数据分析领域里面的标准语言,但是目前已被 R 语言取代了。

R 语言是一套完整的数据处理、计算和制图软件系统,也是一套开源的数据分析解决方案,由一个庞大而活跃的全球性社区维护。其功能包括:数据存储和处理系统;数组运算工具(其向量、矩阵运算方面功能尤其强大);完整、连贯的统计分析工具;优秀的统计制图功能;简便而强大的编程语言。与其说 R 是一种统计软件,还不如说 R 是一种统计分析与计算的环境。

1.1.2 为什么用 R 语言

2009 年,《纽约时报》发表了题为“*Data Analysts Captivated by R's Power*”的社评,集中讨论了 R 语言在数据分析领域的发展,并引发了 SAS 和 R 用户广泛而激烈的争论。文章认为,让 R 变得如此有用和如此快地广受欢迎是因为统计学家、工程师、科学家们在不断精练代码或编写各种特有、具体的包。而且现在 R 软件增添了很多高级算法、作图颜色、文本注释,提供了与数据库链接的挖掘技术。

KDnuggets 网站每年都会做一些数据挖掘和数据分析软件使用的专题问卷调查。据 KDnuggets 网站 2019 年对 1 800 多个数据挖掘和数据分析的工作者关于过去 12 个月数据挖掘和数据分析所使用的编程语言的调查显示,R 语言名列第二,仅次于 Python,接近半壁江山(46.6%),而紧随其后的 SQL、Java 则在某一领域具有各自独特的优势(见表 1-1)。

表 1-1　KDnuggets 数据挖掘与数据分析编程语言使用者调查表

平台	2019 年的市场份额	2018 年的市场份额	变化
Python	65.8%	65.6%	0.2%
R Language	46.6%	48.5%	-4.0%
SQL Language	32.8%	39.6%	-17.2%
Java	12.4%	15.1%	-17.7%
Unix shell/awk	7.9%	9.2%	-13.4%
C/C++	7.1%	6.8%	3.7%
Javascript	6.8%	na	na
其他编程和数据语言	5.7%	6.9%	-17.1%
Scala	3.5%	5.9%	-41.0%
Julia	1.7%	0.7%	150.4%
Perl	1.3%	1.0%	25.2%
Lisp	0.4%	0.3%	46.1%

R 的主要特点有:

(1) 高效的数据处理和保存机制。

(2) 完整的数组和矩阵操作运算符以及完整的数据分析工具。

(3) 出色的图形统计功能。

(4) 简单、高效的建模工具。

(5) 免费开源。具有丰富的扩展包(packages),可以自由加载其他开发者提供的函数和数据包,可以节省很多从底层编写算法的精力。

(6) 提供很多高级功能。除了统计之外,还可以使用 R 来给计算机关机、发微博以及配合 LaTeX 撰写动态统计报告等。

(7) 兼容几乎所有平台。除了支持 OS X、Linux、Windows 之外,甚至可以在 iOS 设备上编辑和运行 R 的程序。

(8) 更新速度快。R 的更新速度是以周来计算的。目前 R 已有近 16 000 多个扩展包,几乎囊括了所有统计方法,可以完成其他软件不能完成的一些最新的统计方法。

1.1.3　安装 R

R 的官方网站是 http://www.r-project.org,打开该网站如图 1-1 所示。R 的安装软件和安装包的下载链接在首页左侧的 CRAN 中。R 除了自己的主程序,还有用户贡献的扩展(附加)包以及各种文档,被复制到世界各地的服务器上供用户下载。

useR! 2021
@_useRconf
Follow us, stay with us, sit back and relax. You won't miss anything important about future useR! conferences anymore... We've finally switched to a time invariant twitter handle! (existing followers don't need to do anything). #RStats #DataScience #Statistics #academia

图 1-1　R 官方网站首页

作为中国用户,一般都会选择一个中国的镜像(mirrors)。目前中国的镜像有如下 9 个:

https://mirrors.tuna.tsinghua.edu.cn/CRAN/　TUNA Team, Tsinghua University
https://mirrors.bfsu.edu.cn/CRAN/　Beijing Foreign Studies University
https://mirrors.ustc.edu.cn/CRAN/　University of Science and Technology of China
https://mirror-hk.koddos.net/CRAN/　KoDDoS in Hong Kong
https://mirrors.e-ducation.cn/CRAN/　Elite Education
https://mirror.lzu.edu.cn/CRAN/　Lanzhou University Open Source Society
https://mirrors.nju.edu.cn/CRAN/　eScience Center, Nanjing University
https://mirrors.tongji.edu.cn/CRAN/　Tongji University
https://mirrors.sjtug.sjtu.edu.cn/CRAN/　Shanghai Jiao Tong University

在 R 官方主页点击 CRAN 后,选择对应的镜像,在右侧下载和安装包栏目里会出现 3 种操作系统的 R 版本[Linux、(Mac)OS X 和 Windows],选择点击相应的操作系统后,再选择点击 base 就会进入 R 的下载页面,在页面上会出现 R 的最新版本和安装说明等文件。

1.1.4　RStudio

Windows 版本下载安装后,在桌面会出现图标。双击该快捷图标,打开 R 的操作平

台(R Console),如图 1-2 所示。虽然可以直接在此操作平台上输入命令,但是 R 默认的 IDE 不是很友好。一般情况下最好不要直接在操作平台上输入命令,而是使用 R 的编辑软件。

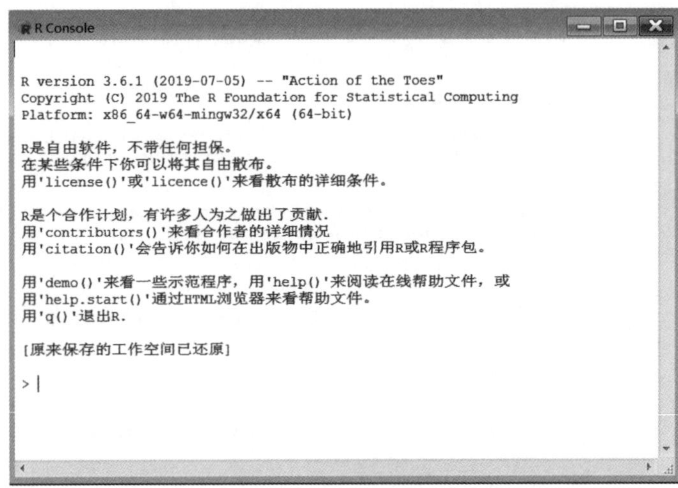

图 1-2　R 操作平台

作为一个开源软件,R 不乏各种优秀的 IDE(集成开发环境),如 RStudio、RKWard 和 ESS 等。本书主要使用其中一款优秀的跨平台开源 IDE——RStudio。RStudio 将常用的窗口都整合在一起,开发者不用在命令行和绘图窗口跳来跳去,更方便控制。不过,要使用 RStudio,在安装 R 开发环境后,还需要到 Rstudio 的官网①上下载适合你的计算机的 RStudio 版本并安装。

打开 RStudio,如图 1-3 所示,左上角是脚本编辑窗口;左下角是命令窗口;右上角是工作空间、历史记录窗口;右下角是作图、帮助、包管理窗口。

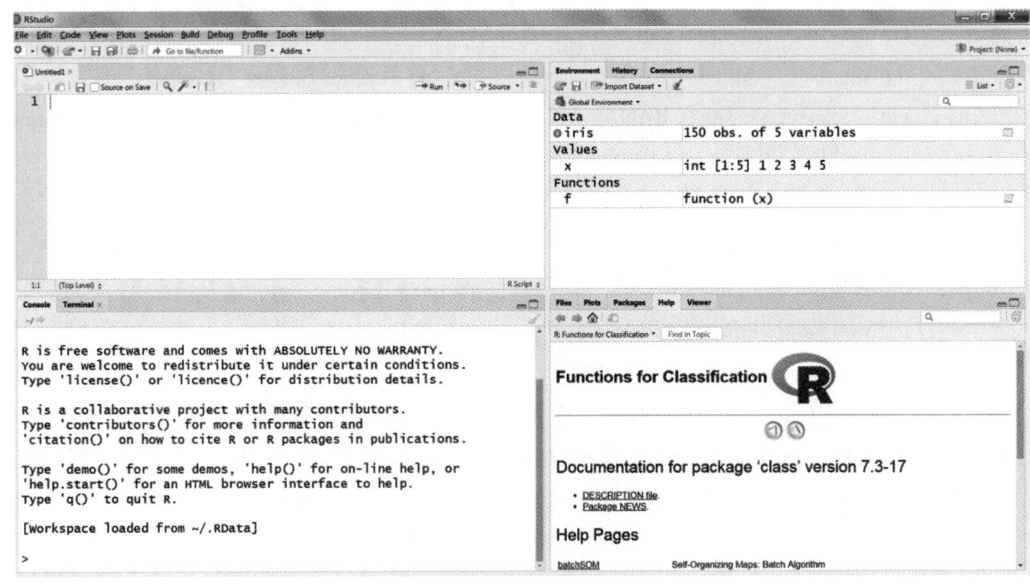

图 1-3　RStudio 用户界面

① http://www.rstudio.org。

如果你需要编写 R 语言代码,这里提供两种途径运行:

(1) 在左下角的命令窗口输入并回车运行;

(2) 使用左上角的脚本编辑窗口编写好代码之后,根据需要选择运行代码。

如果需要使用脚本编辑代码,则需要在 RStudio 中执行 File—>New File—>R Script 命令(快捷键:Ctrl+Shift+N)来新建一个脚本编辑窗口。写好代码之后,可以通过点击如图 1-4 所示的 Run 按钮来运行程序。如果直接点击 Run 按钮,则是运行当前行代码。如果先用鼠标选好要运行的代码,然后再点 Run,就运行所选代码。

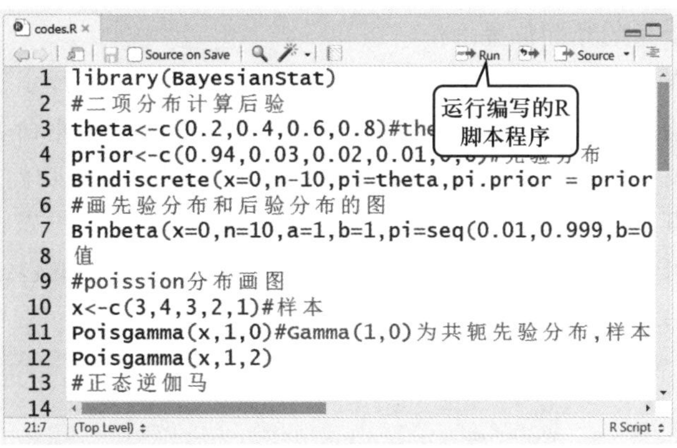

图 1-4 运行 R 脚本程序

在使用脚本编辑窗口进行编辑的时候,RStudio 还提供一些高级功能。

点击脚本编辑菜单上的发光棒,会显示如图 1-5 所示的功能,包括代码补全、注释等。如果你要经常写 R 语言的代码,记住这些快捷键会方便很多。它的左边是查找和替换功能。勾上 Source on Save,可以让你的代码自动保存。

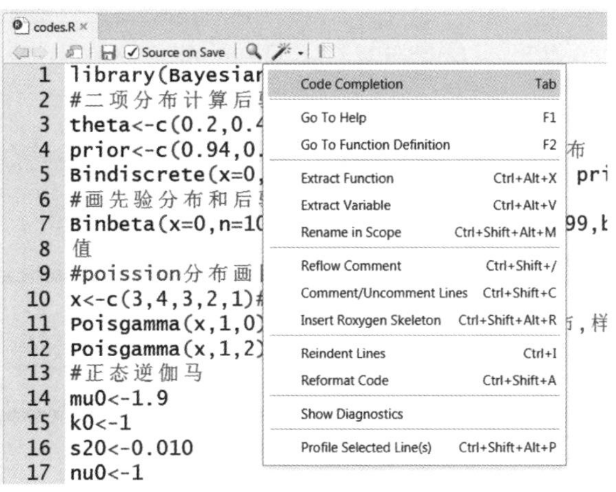

图 1-5 RStudio 脚本编辑器选项

图 1-3 左下角是一个类似 RGui 的编辑器。这里可以写代码,也能显示程序运行过程和结果。但是一般不建议在这里写,一是没法保存,二是不小心写错了,很多都要重来。

图 1-3 右上角的 Data、Values 和 Functions 都是上一次程序运行后,保存在. RData 文件里

面的值。Data 和 Values 中保存的是程序运行过程中一些变量的数据集和值，我们可以通过点击鼠标使它们显示。而 Functions 则是用户自己编写的函数，同样也可以点击鼠标使它显示。

Environment 标签的可以切换工作空间，R 语言中每个工作区都会有一个隐藏文件 .RData；可以保存当前工作区，这样方便换计算机工作等。Import Dataset 可以导入数据作为数据集。可以将当前工作区的所有变量和函数清除干净。

History 标签可以显示运行的历史记录界面，可以保存下来，也可以选择一部分，然后点击鼠标右键，To Console 或者 To Source，前者是将选择的代码送到左下角的操作平台运行，后者是将代码送到左上角的光标位置。

图 1-3 右下角的功能则比较多，如图 1-6 所示，Files 标签用来显示工作区内的文件，其中：New Folder 可以新建文件夹，Delete 可以删除文件，Rename 可以重命名文件，不过在做这些操作之前要先在要操作的文件左边勾选一下，More 则提供了其他功能。Plots 可以显示已经绘制好的图形。其中：工具栏上的 Zoom 可以放大图片，Export 则可以将图片导出，可以选择导出图片或者 PDF 格式。Packages 标签可以显示已经读入内存的包，也显示已经安装了的所有的包；这里可以安装新的包，也可以升级各个包。

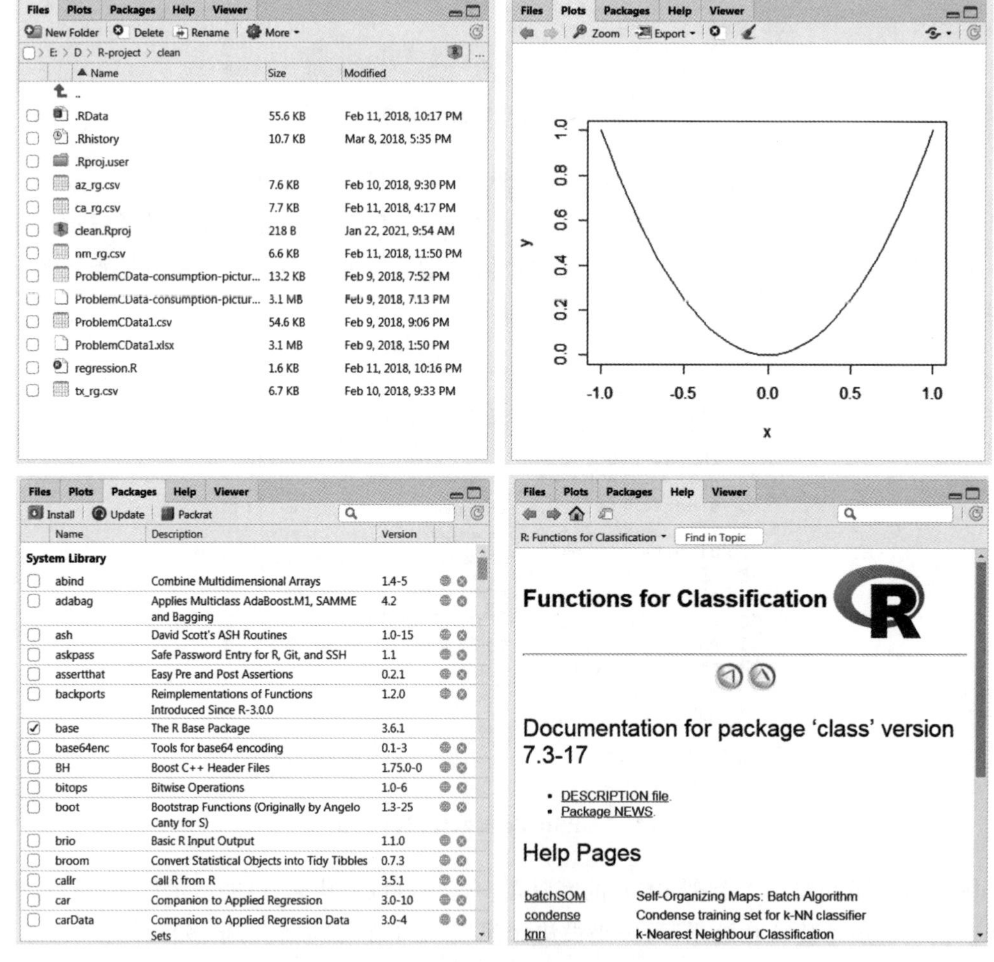

图 1-6　RStudio 右下角标签功能

Help 界面可以很方便地搜索关键词，然后获得帮助。

由于 RStudio 是开源软件，你可以在 Github 上面下载其源代码，再根据自己的喜好修改并编译成适合自己的 RStudio。

1.1.5　扩展包

整个 R 系统主要是由一系列扩展包（package）组成。这些扩展包是函数、数据、预编译代码以一种定义完善的格式组成的集合。这些包默认储存在 library 里。R 安装好后，默认自带了 base、datasets、utils、stats、grDevices、graphics 和 methods 包，除这些包之外，CRAN 上还有 1 万多个扩展包，由 R 核心开发团队之外的用户自行提交。扩展包需要下载安装并载入会话中才能使用。接下来介绍如何安装和载入 R 扩展包。

1. R 扩展包的安装与载入

R 扩展包的安装有几种方法，这里主要介绍其中两种方法：

（1）在线安装。比如需要安装 class 这个扩展包，在命令窗口输入命令 install. packages（“class”）并执行即可。也可以同时安装多个包，比如需同时安装 class 和 cluster 两个包，输入命令 install. packages（c（“class”，“cluster”））。

（2）利用 RStudio 安装。在 RStudio 右下角栏目里点击“Packages”，然后再点击“Install Packages”，会出现如图 1-7 的对话框，在 Packages 对话框里输入需要安装的包名，比如输入 class，就可以安装包。

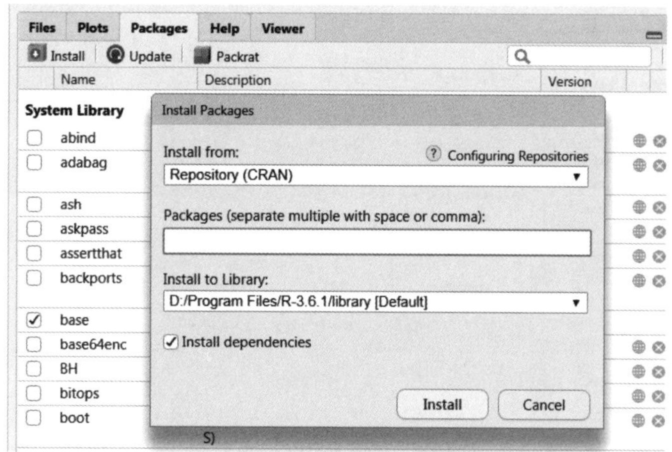

图 1-7　用 RStudio 安装包

安装完 R 扩展包，需要载入当前会话中才能使用。R 包的载入有两种方法：

（1）在 R Console 输入命令 library（）载入。比如需要载入 class 包，则输入 library（class）即可。

（2）利用 RStudio 载入。安装好后的包会出现在 RStudio 右下方的栏目里，点击菜单 Packages 会出现如图 1-8 的对话框，勾选左侧的方框，即可载入相应的包。

Files　Plots　Packages　Help　Viewer

Install　Update　Packrat

	Name	Description	Version
System Library			
☐	abind	Combine Multidimensional Arrays	1.4-5
☐	adabag	Applies Multiclass AdaBoost.M1, SAMME and Bagging	4.2
☐	ash	David Scott's ASH Routines	1.0-15
☐	askpass	Safe Password Entry for R, Git, and SSH	1.1
☐	assertthat	Easy Pre and Post Assertions	0.2.1
☐	backports	Reimplementations of Functions Introduced Since R-3.0.0	1.2.0
☑	base	The R Base Package	3.6.1
☐	base64enc	Tools for base64 encoding	0.1-3
☐	BH	Boost C++ Header Files	1.75.0-0
☐	bitops	Bitwise Operations	1.0-6
☐	boot	Bootstrap Functions (Originally by Angelo Canty for	1.3-25

图 1-8　RStudio 载入包

一个包仅需安装一次，但是 R 的扩展包会经常被更新，要想使用更新后的扩展包，需要对已安装的包进行更新。本书介绍两种常用方法：

（1）在 R Console 输入命令 update. packages( )，会出现需要更新的包和相关信息，此时选择更新即可进行更新。

（2）利用 RStudio 更新 R 包。点击 Update 按钮，会出现图 1-9 的对话框。然后在左侧点击需要更新的包，即可进行更新。

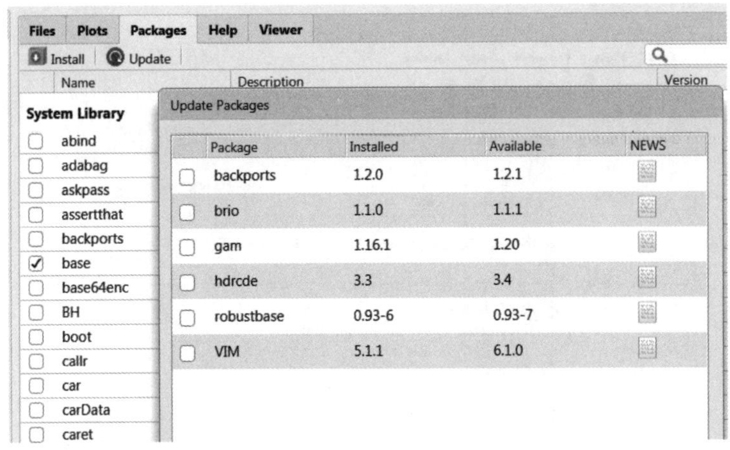

图 1-9　利用 RStudio 更新包

2. R 包的使用

载入 R 包后，可以使用该扩展包的函数和数据。比如我们载入“class”包后，想要查看该包里的函数。一种方法是在 R Console 里输入命令 help(package=“class”)，另一种方法是在 RStudio 右侧点击“class”，则会返回一个如图 1-10 所示的包含了 class 包里所有函数和数据集名称的帮助文档。如需进一步了解某个函数的使用方法，继续点击相应的函数，则会返回该函数的详细帮助文档，如图 1-11 所示。

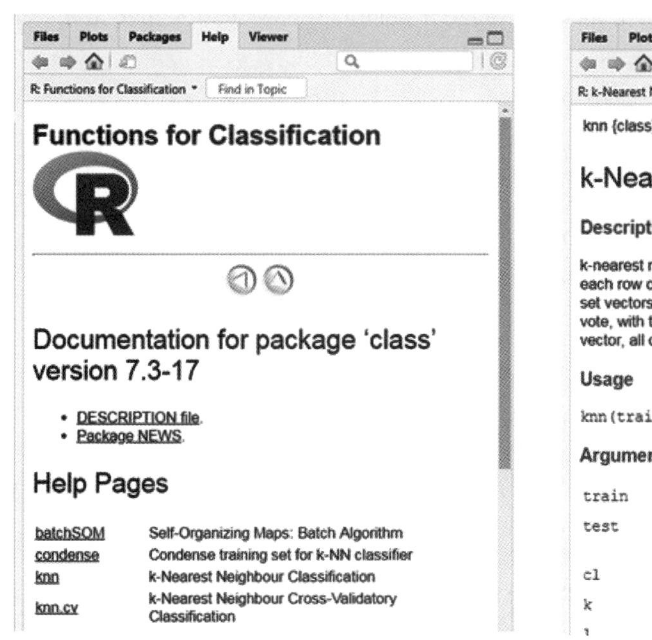

图 1-10　class 帮助文档

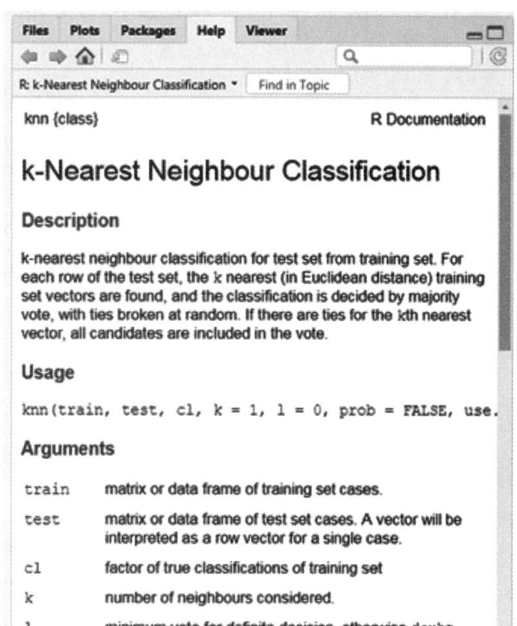

图 1-11　knn 函数帮助文档

1.1.6　工作空间

与其他计算机程序语言一样，R 也有一个记录当前工作环境的工作空间（workspace），里面保存了所有用户定义的向量、矩阵、函数、数据框、列表等一系列对象。在一个 R 的会话结束时，可以选择（自动）保存当前的工作空间并在下次启动 R 时自动载入。

当前工作路径（working directory）是 R 用来读取和保存文件的默认路径。一般使用函数 getwd()来查看当前路径。还可以通过函数 setwd()来指定当前的工作路径。如果需要读写这个目录之外的文件则需要使用完整的路径，并且要使用引号闭合路径名。表 1-2 列出了设置工作路径的一些函数。

表 1-2　设置工作路径的一些函数

函数	功能
getwd()	显示当前工作目录
setwd("mydir")	修改当前工作目录
ls()	列出当前工作空间的所有对象
rm()	删除一个或多个对象
help(options)	显示可用选项的说明
save. image("myfile")	保存工作空间到文件 myfile. RData 中
load("myfile")	读取一个工作空间 myfile. RData
q()	退出当前工作空间

在 RStudio 软件中，可以直接在右上角部分看到工作空间的各种对象以及历史记录，如图 1-12 所示。

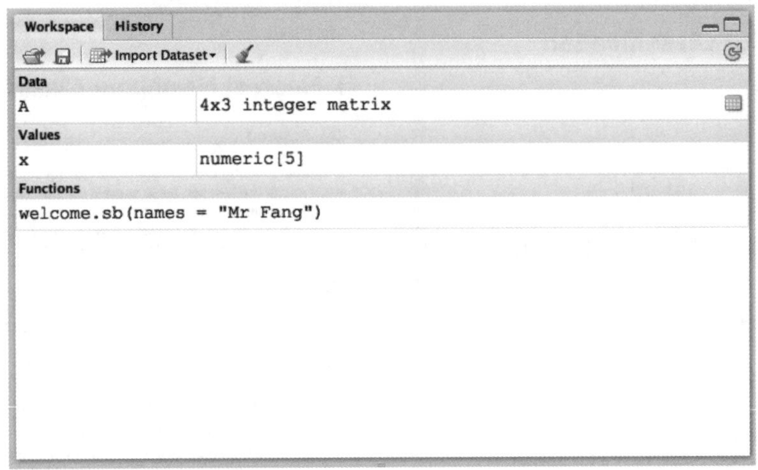

图 1-12　RStudio 工作空间

1.2　数据类型

R 语言的数据类型主要有：

（1）数值型(numeric)。这种数据的形式是实数，可以写成整数(integers)、小数(decimal fractions)，或是科学记数(scientific notation)的形式。数值型实际上是整数型(integers)和双精度型(double-precision)两种独立模式的混合说法，默认是双精度型数据。

（2）字符型(character)。这种数据的形式是夹在双引号“ ”或单引号‘ ’之间的字符串，如“MR”。

（3）逻辑型(logical)。这种数据只能取 T(TRUE)或 F(FALSE)值。

（4）复数型(complex)。这种数据是形如 $a+bi$ 形式的复数。

（5）原始型(raw)。这种数据类型以二进制形式保存数据。

（6）缺省值(missing value)。有些统计资料是不完整的，当一个元素或值在统计的时候是“不可得到”或“缺失值”的时候，相关位置可能会被保留并且赋予一个特定的 NA(not available)值。任何 NA 的运算结果都是 NA。is. na( )用来检测数据是否存在缺失值，如果数据存在缺失值，则返回 TRUE，否则，返回 FALSE。例如：

```
> x<-c(1,2,3,4,5,NA)
> is.na(x)
[1] FALSE FALSE FALSE FALSE FALSE TRUE
```

上面我们先用 c( )函数生成了向量 x，c( )函数的具体使用方法详见 1. 3. 1。is. na( )返回的结果是前面 5 个元素都是 FALSE，最后 1 个是 TRUE，这说明前面 5 个元素都不是缺失值,最后 1 个元素是缺失值。

下面把常见的辨别和转换数据对象类型的函数整理成表 1-3。

表 1-3　辨别和转换数据对象类型的函数

数据类型	辨别函数	转换函数
numeric	is. numeric( )	as. numeric( )
character	is. character( )	as. character( )
complex	is. complex( )	as. complex( )
double	is. double( )	as. double( )
integer	is. integer( )	as. integer( )
logical	is. logical( )	as. logical( )
NA	is. na( )	as. na( )
numeric	is. numeric( )	as. numeric( )

1.3　数据对象

R 语言里的数据对象主要有六种结构:向量(vector)、矩阵(matrix)、数组(array)、因子(factor)、列表(list)和数据框(data frame)。多样化的数据对象赋予了 R 灵活的数据处理能力,下面将逐一介绍这六种数据对象。

1.3.1　向量

1. 向量赋值

向量(vector)是由有相同基本类型元素组成的序列,相当于一维数组。例如:

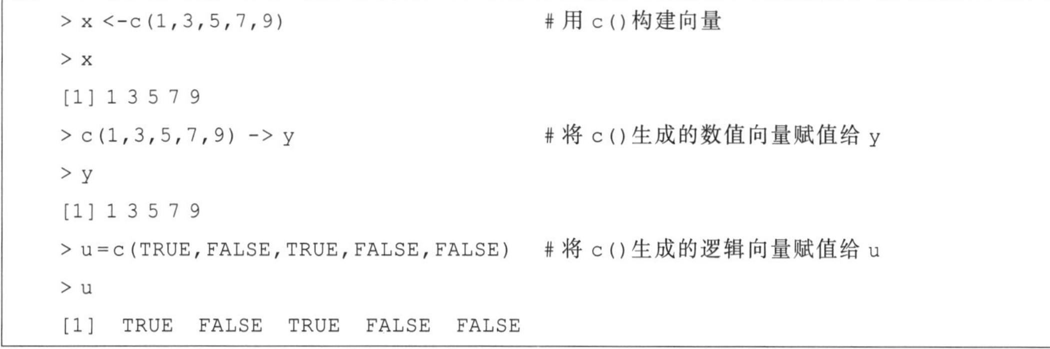

```
> x <-c(1,3,5,7,9)                       # 用 c()构建向量
> x
[1] 1 3 5 7 9
> c(1,3,5,7,9) -> y                      # 将 c()生成的数值向量赋值给 y
> y
[1] 1 3 5 7 9
> u=c(TRUE,FALSE,TRUE,FALSE,FALSE)      # 将 c()生成的逻辑向量赋值给 u
> u
[1]  TRUE  FALSE  TRUE  FALSE  FALSE
```

函数 c()用于生成向量,它可以有任意多个参数,输出的值是一个把这些参数首尾相连形成的一个向量。

“#”符号后面跟的是注释,在写程序的时候加必要的注释能大大提高程序的可读性,后文类之,不再赘述。

“<-”是赋值符号,表示把“<-”后面的内容赋值给“<-”前面的内容,即把相应值赋给箭头“<-”所指的对象。R 的赋值符号除了“<-”外,还有“->”“=”。“->”的用法和“<-”的用法正好相反,而“=”赋值方法是把“=”后面的值赋给“=”前面的对象。这里要注意,R 虽然允许“=”赋值,但这不是标准语法,有些情况下用“=”有可能会出现问题。还需要注意的是,单个向量中的数据要求是相同的类型,同一向量中无法混杂不同类型的数据。

对于字符向量,paste()函数可以把自变量对应元素连成一个字符串,长度不相同时,较短的向量被重复使用。例如:

```
> v<-paste("x",1:5,sep="")
> v
[1] "x1" "x2" "x3" "x4" "x5"
```

2. 向量运算

对于向量的乘法、除法、乘方运算,其方法是对应向量的每个分量做乘法、除法和乘方运算。例如:

```
x <-c(1,3,5,7,9)
> y<-c(1,3,5,7,9)
> x * y   # 对应元素相乘
[1]  1 9 25 49 81
```

向量运算会对该向量的每一个元素都进行同样的运算。出现在同一个表达式的向量最好同一长度,如果长度不一,表达式中短的向量将会被循环使用,表达式的值将是一个和最长的向量等长的向量。例如:

```
> c(1,3,5)+c(2,4,6,8,10)
[1]  3  7  11  9  13
Warning message:
In c(1, 3, 5) + c(2, 4, 6, 8, 10) :
longer object length is not a multiple of shorter object length
```

这里第一个向量的长度小于第二个向量,循环补齐第一向量的长度,即为 c(1,3,5,1,3)。

3. 生成有规则序列

R 可以产生正则序列,最简单的是用“:”符号产生有规律的正则序列,例如:

```
> (t <- 1:10)
[1]  1  2  3  4  5  6  7  8  9  10
> (r <- 5:1)
[1] 5 4 3 2 1
> 2 *1:5
[1]  2  4  6  8  10
```

其中,5:1 表示逆向序列,并且在表达式运算中,“:”的运算级别最高,即 R 在计算 2 * 1:5 的时候,是先生成向量(1,2,3,4,5),然后再乘上 2。这里在表达式外面套()的意思是把结果直接打印出来,如果直接运行 t<-1:10,则 R 会将运算结果保存在 t 对象里,但是不会把 t 的结果打印出来。

此外,还可以用函数 seq()产生有规律的各种序列,其句法是:seq(from, to, by)。from 表示序列的起始值,to 表示序列的终止值,by 表示步长。by 参数(参数 by)省略时,默认步长为 1。并且函数 seq()也可以产生降序数列,例如:

```
> seq(1,10,2) # 生成从 1 开始,以 10 结束,步长为 2 的序列
[1] 1 3 5 7 9
> seq(10,1,-1) # 步长为-1
 [1] 10  9  8  7  6  5  4  3  2  1
```

也可以根据指定长度生成数列,如生成一个首项为 1,步长为 2,长度为 10 的数列:

```
> seq(1,by=2,length=10)
 [1]  1  3  5  7  9  11  13  15  17  19
```

函数 rep()可以用各种复杂的方式重复一个对象。其命令是:rep(x, times, …),其中 x 表示要重复的对象,times 表示重复的次数。

```
> rep(c(1,3),4)# 将 c(1,3)向量重复 4 次
[1] 1 3 1 3 1 3 1 3
> rep(c(1,3),each=4) # 将 c(1,3)向量中每个元素都重复 4 次
[1] 1 1 1 1 3 3 3 3
```

4. 向量的常见函数

向量里元素的个数称为向量的长度(length)。长度为 1 的向量就是常数(或标量)。函数 length()返回向量的长度,mode()返回向量的数据类型,min()和 max()分别返回向量的最小值和最大值,range()返回向量的范围,which. min()和 which. max()分别返回向量最小值和最大值的位置。示例如下:

```
x<-c(1,3,5,2,3)
> length(x)
[1] 5
> mode(x)
[1] "numeric"
> min(x)
[1] 1
> range(x)
[1] 1 9
> which.max(x)
[1] 3
```

R 语言有很多内置函数,可以直接对向量进行运算,大大提高了工作效率。比如,在 R

中用 mean( )求向量的均值,median( )求中位数,var( )求方差,sd( )求标准差等。

```
> t <- 1:10
> mean(t)
[1] 5.5
> sd(t)
[1] 3.02765
```

R 提供了很多可以对向量进行运算的函数,这里不一一列举,表 1-4 列出了几个常用函数。

表 1-4　对向量运算常用函数

函数	用途	函数	用途
sum( )	求和	rev( )	反排序
max( )	求最大值	rank( )	求秩
min( )	求最小值	append( )	添加
range( )	求极差(全矩)	replace( )	替换
mean( )	求均值	match( )	匹配
median( )	求中位数	pmatch( )	部分匹配
var( )	求方差	all( )	判断所有
sd( )	求标准差	any( )	判断部分
sort( )	排序	prod( )	积

5. 向量索引

R 中提供了灵活的向量下标运算。取出向量 x 的第 i 个元素可以用 x[i]得出,也可以通过赋值语句来改变一个或多个元素的值。

```
> x <- c(1,3,5,7,9)
> x[2]  # 返回 x 向量的第 2 个元素
[1] 3
> x[2] <- 6 # 将 6 赋值给 x 向量的第 2 个元素,即替换掉原来的值
> x
[1] 1 6 5 7 9
> x[c(1,3)] <- c(9,11) # 将 9 和 11 赋值给 x 向量的第 1 和第 3 个元素
> x
[1]  9  6  11  7  9
```

把 i 换成逻辑语句也可以对向量进行逻辑运算。例如:

```
> x <- c(1,3,5)
> x < 4  # 返回逻辑结果,即 x 向量的元素是否小于 4
[1]  TRUE  TRUE FALSE
> x[x<4] # 返回 x 向量里小于 4 的元素
[1] 1 3
```

如果下标取值是负整数,则表示删除相应位置的元素。

```
> x <- 1:10
> x[-(1:5)] # 删除 x 向量中第 1 到第 5 个元素
[1]  6  7  8  9  10
```

1.3.2　矩阵

矩阵(matrix)是将数据用行和列排列的长方形表格。它是二维的数组,其单元必须是相同的数据类型。通常用列来表示不同的变量,用行表示各个对象。

1. 矩阵赋值

R 语言生成矩阵的函数是 matrix(),其句法是:

```
matrix(data = NA, nrow = 1, ncol = 1, byrow = FALSE, dimnames = NULL)
```

其中:data 项为必要的矩阵元素;nrow 为行数,ncol 为列数,注意 nrow 与 ncol 的乘积应为矩阵元素个数;dimnames 给定行和列的名称;byrow 项控制排列元素时是否按行进行,默认 byrow=FALSE,即按列顺序排列。例如:

```
> matrix(1:6,nrow=2,ncol=3) # 默认按列填充
     [,1]  [,2]  [,3]
[1,]    1     3     5
[2,]    2     4     6
> matrix(1:6,nrow=2,ncol=3,byrow=T) # 按行填充
     [,1]  [,2]  [,3]
[1,]    1     2     3
[2,]    4     5     6
```

2. 矩阵索引

对于得到的矩阵,可以使用 A[i,j]得到 A 矩阵第 i 行第 j 列的元素,A[i,]和 A[,j]分别表示返回第 i 行和第 j 列的所有元素。也可以使用 A[i:k,j:l]的形式来获得多行多列的子矩阵。例如:

```
> (A<-matrix(1:9,3,3))
     [,1]  [,2]  [,3]
[1,]    1     4     7
[2,]    2     5     8
[3,]    3     6     9
> A[2,3] # 返回矩阵第 2 行第 3 列元素
[1] 8
> A[2,]# 返回矩阵第 2 行所有元素
[1] 2 5 8
> A[1:3,2] # 返回矩阵第 1 到第 3 行,且是第 2 列的元素
[1] 4 5 6
```

3. 矩阵运算

假定 A 为一个 $m\times n$ 矩阵，则 A 的转置 A^{T} 可以用函数 $t(\,)$ 来计算，例如：

```
> (A <- matrix(1:6,nrow=2,ncol=3))
     [,1] [,2] [,3]
[1,]    1    3    5
[2,]    2    4    6
> t(A)
     [,1] [,2]
[1,]    1    2
[2,]    3    4
[3,]    5    6
```

类似地，若将函数 $t(\,)$ 作用于一个向量 x，则当作 x 为列向量，返回结果为一个行向量。若想得到一个列向量，可用 $t(t(x))$。

对于矩阵的加减法和数乘，在 R 中可以进行如下操作：

```
> A <- B <- matrix(1:6,nrow=2) # 将生成的矩阵赋给 B,同时又赋给 A
> A+B
     [,1] [,2] [,3]
[1,]    2    6   10
[2,]    4    8   12
> 3 * A
     [,1] [,2] [,3]
[1,]    3    9   15
[2,]    6   12   18
```

“ * ”运算只是对应的元素相乘。矩阵的乘法在 R 中是使用“% * %”来实现的。用函数 crossprod(A,B)还可以更高效地计算 $t(A)\%*\%B$。

```
> t(A)% * % B
     [,1] [,2] [,3]
[1,]    5   11   17
[2,]   11   25   39
[3,]   17   39   61
> crossprod(A,B)
     [,1] [,2] [,3]
[1,]    5   11   17
[2,]   11   25   39
[3,]   17   39   61
```

R 还可以很方便地对矩阵的对角元素进行计算，例如要取一个方阵的对角元素：

```
> (A <- matrix(1:9,nrow=3))
```

```
     [,1] [,2] [,3]
[1,]    1    4    7
[2,]    2    5    8
[3,]    3    6    9
> diag(A)
[1] 1 5 9
```

另外,把 diag( ) 函数作用在一个向量上,可以产生以输入向量的元素为对角元的对角矩阵,如果输入的是一个正整数,则会产生一个以该正整数为维度的单位阵。

```
> diag(c(1,2,3))
     [,1] [,2] [,3]
[1,]    1    0    0
[2,]    0    2    0
[3,]    0    0    3
> diag(3)
     [,1] [,2] [,3]
[1,]    1    0    0
[2,]    0    1    0
[3,]    0    0    1
```

在矩阵里面还有一个很重要的运算就是求逆,在 R 中使用 solve( ) 函数可以计算,solve(a,b)的返回值是线性方程组 $ax=b$ 的解,b 默认为单位矩阵。

```
> A<-diag(c(1,2,4))
> solve(A)
     [,1] [,2] [,3]
[1,]    1  0.0 0.00
[2,]    0  0.5 0.00
[3,]    0  0.0 0.25
```

对矩阵求特征根和特征向量的运算,在 R 中可以通过函数 eigen( ) 来实现。

```
> (A <- diag(3)+1)
     [,1] [,2] [,3]
[1,]    2    1    1
[2,]    1    2    1
[3,]    1    1    2
> (A.eigen <- eigen(A,symmetric=T))
eigen() decomposition
$values
[1] 4 1 1
$vectors
```

```
            [,1]        [,2]        [,3]
[1,]  -0.5773503   0.0000000   0.8164966
[2,]  -0.5773503  -0.7071068  -0.4082483
[3,]  -0.5773503   0.7071068  -0.4082483
```

在 R 中可以使用 dim( )得到矩阵的维数,用 nrow( )求行数,用 ncol( )求列数;用 rowSums( )求各行和,用 rowMeans( )求行均值,用 colSums( )求各列和,用 colMeans( )求列均值。

```
> (A <- matrix(1:12,3))
     [,1] [,2] [,3] [,4]
[1,]    1    4    7   10
[2,]    2    5    8   11
[3,]    3    6    9   12
> dim(A)
[1] 3 4
> nrow(A)
[1] 3
> rowSums(A)
[1] 22 26 30
> rowMeans(A)
[1] 5.5 6.5 7.5
```

row( )和 col( )函数用来返回矩阵的行列下标。另外,也可以通过使用 x[row(x)<col(x)]=0 等语句来得到矩阵的上下三角矩阵。

```
> A<-matrix(1:9,3)
> row(A)
     [,1] [,2] [,3]
[1,]    1    1    1
[2,]    2    2    2
[3,]    3    3    3
> col(A)
     [,1] [,2] [,3]
[1,]    1    2    3
[2,]    1    2    3
[3,]    1    2    3
> A[row(A)<col(A)]=0
> A
     [,1] [,2] [,3]
[1,]    1    0    0
[2,]    2    5    0
[3,]    3    6    9
```

矩阵中可以使用函数 det( )来计算行列式的值,例如对上面的下三角矩阵求行列式:

```
> det(A)
[1] 45
```

对于矩阵的运算，我们还可以使用 apply( ) 函数来进行各种计算，其用法为：

```
apply(X, MARGIN, FUN, …)
```

其中，X 表示需要处理的数据；MARGIN 表示函数的作用范围，当 MARGIN = 1 时表示对行运算，当 MARGIN = 2 时表示对列运算；FUN 为需要运用的函数。例如：

```
A <- matrix(1:12,3,4)
> apply(A,2,sum) # 矩阵的列求和
[1]  6 15 24 33
> apply(A,2,mean) # 矩阵的列求均值
[1]  2  5  8 11
```

同样，还可以使用 rbind( ) 和 cbind( ) 函数来对矩阵按照行和列进行合并。

```
> B=matrix(c(1,1,1,1),2,2) # 生成 2×2 的矩阵
> rbind(B,B) # 将 B 和 B 矩阵按行合并
      [,1]  [,2]
[1,]     1     1
[2,]     1     1
[3,]     1     1
[4,]     1     1
> cbind(B,B) # 将 B 和 B 矩阵按列合并
      [,1]  [,2]  [,3]  [,4]
[1,]     1     1     1     1
[2,]     1     1     1     1
```

1.3.3　数组

数组(array)可以看作带有多个下标的类型相同的元素的集合。也可以看作向量和矩阵的推广，一维数组就是向量，二维数组就是矩阵。数组的生成函数是 array( )，其句法是：

```
array(data = NA, dim = length(data), dimnames = NULL)
```

其中：data 表示数据，可以为空；dim 表示维数；dimnames 可以更改数组的维度的名称。例如：

```
> (xx <- array(1:24,c(3,4,2)))     # 产生维数为(3,4,2)的 3 维数组
, , 1
      [,1]  [,2]  [,3]  [,4]
[1,]     1     4     7    10
[2,]     2     5     8    11
[3,]     3     6     9    12
```

```
, , 2
      [,1]  [,2]  [,3]  [,4]
[1,]    13    16    19    22
[2,]    14    17    20    23
[3,]    15    18    21    24
```

数组 xx 是一个三维数组,其中第一维有三个水平,第二维有四个水平,第三维则有两个水平。索引数组类似于索引矩阵,索引向量可以利用下标位置来定义。其中 dim( )函数可以返回数组的维数,例如:

```
> xx[2,3,2]
[1] 20
> xx[2,1:3,2]
[1] 14 17 20
> xx[,2,]
      [,1]  [,2]
[1,]     4    16
[2,]     5    17
[3,]     6    18
> dim(xx)
[1] 3 4 2
```

有意思的是,dim( )还可以用来将向量转化成数组或矩阵。例如:

```
> zz<-c(2,5,6,8,1,4,6,9,10,7,3,5)
> dim(zz)<-c(2,2,3) # 将向量转成维度为(2,2,3)的数组
> zz
  , , 1
        [,1]  [,2]
  [1,]     2     6
  [2,]     5     8
  , , 2
        [,1]  [,2]
  [1,]     1     6
  [2,]     4     9
  , , 3
        [,1]  [,2]
  [1,]    10     3
  [2,]     7     5
```

数组也可以用“+”“-”“ * ”“/”以及函数等进行运算,其方法和矩阵相类似,在此就不再一一叙述。

1.3.4　因子

离散型数据(category data)经常要把数据分成不同的水平或因子(factor)。比如,学生的性别包含男和女两个因子。因子代表变量的不同水平(即使在数据中不出现),在统计分析中十分有用。例如,将 0、1 转换为“yes”“no”就很方便,在 R 里可以使用 factor 函数来创建因子,函数形式如下:

```
factor(x = character(), levels, labels = levels, exclude = NA,
ordered = is.ordered(x))
```

其中:levels 用来指定因子的水平;labels 用来指定水平的名字;exclude 表示在 x 中需要排除的水平;ordered 用来决定因子的水平是否有次序。比如,把数据分成“男”和“女”两个因子,可以利用函数 levels( )列出因子水平。

```
> y <- c("女","男","男","女","女","女","男")
> (f <- factor(y)) # 生成因子
[1]女 男 男 女 女 女 男
Levels:女 男
> levels(f) # 提取因子的水平
[1] "女" "男"
```

上面的每个因子并不表示因子的大小,倘若要表示因子之间的大小顺序(考虑因子之间的顺序),则可以利用 ordered( )函数产生。例如:

```
> score <- c("B","C","D","B","A","D","A")
> (score_o <- ordered(score,levels=c("D","C","B","A"))) # 生成有序因子
[1] B C D B A D A
Levels: D < C < B < A
```

1.3.5　列表

向量、矩阵和数组的元素都必须是同一类型的数据。如果一个数据对象需要含有不同的数据类型,可以采用列表(list)。列表中包含的对象又称为它的分量(components),分量可以是不同的模式或类型,如一个列表可以包括数值向量、逻辑向量、矩阵、字符、数组等。创建列表的函数是 list( ),其句法是:list(变量 1=分量 1,变量 2=分量 2,…)。例如:下面是某校部分学生的情况,其中,x、y 和 z 分别表示班级、性别和成绩。

```
> x <- c(1,1,2,2,3,3,3)
> y <- c("女","男","男","女","女","女","男")
> z <- c(80,85,92,76,61,95,83)
> (LST <- list(class=x,sex=y,score=z))
```

```
$class
[1] 1 1 2 2 3 3 3
$sex
[1] "女" "男" "男" "女" "女" "女" "男"
$score
[1] 80 85 92 76 61 95 83
```

若要访问列表的某一成分,可以用 LST[[1]],LST[[2]]的形式访问,要访问第二个分量的前三个元素可以用 LST[[2]][1:3]。

```
> LST[[3]]            # 返回列表的第三个成分的值
[1] 80 85 92 76 61 95 83
> LST[[2]][1:3]       # 返回列表第二个成分的第 1 个到第 3 个元素
[1] "女" "男" "男"
```

由于分量可以被命名,这时,我们可以在列表名称后加 $ 符号,再写上成分名称来访问列表分量。其中成分名可以简写到可以与其他成分区分的最短程度,如 LST$sc 与 LST$score 表示同样的分量。

```
> LST$score            # 返回 score 值
[1] 80 85 92 76 61 95 83
> LST$sc               # 返回 score 值
[1] 80 85 92 76 61 95 83
```

在这里要注意 LST[[1]]和 LST[1]的差别,[[…]]是选择单个元素的操作符,而[…]是一个一般通用的下标操作符。因此前者得到的是 LST 中的第一个对象,并且命名列表中的分量名字会被排除在外;而后者得到的则是 LST 中仅仅由第一个元素构成的子列表。

```
> LST[3]
$score
[1] 80 85 92 76 61 95 83
> mode(LST[3])
[1] "list"
> LST[[3]]
[1] 80 85 92 76 61 95 83
> mode(LST[[3]])
[1] "numeric"
```

1.3.6　数据框

1. 数据框的生成

数据框(data frame)是一种矩阵形式的数据,但数据框中各列可以是不同类型的数据。数据框每列是一个变量,每行是一个观测。数据框可以看成矩阵(matrix)的推广,也可以看作一种特殊的列表对象(list)。数据框是 R 语言特有的数据类型,也是进行统计分析最为有用的数据类型。不过对于可能列入数据框中的列表有如下一些限制:

(1) 分量必须是向量(数值、字符或逻辑)、因子、数值矩阵、列表或者其他数据框。

(2) 矩阵、列表和数据框为新的数据框提供了尽可能多的变量,因为它们各自拥有列、元素或者变量。

(3) 数值向量、逻辑值、因子保持原有格式,而字符向量会被强制转换成因子并且它的水平就是向量中出现的独立值。

(4) 在数据框中以变量形式出现的向量结构必须长度一致,矩阵结构必须有相等的行数。

R 语言中用函数 data. frame ( )生成数据框,其句法是:

```
data.frame(…, row.names = NULL, check.rows = FALSE, …)
```

数据框的列名默认为变量名,还可以对列名进行重新命名。

```
> (student <- data.frame(x,y,z))
  x  y  z
1 1 女 80
2 1 男 85
3 2 男 92
4 2 女 76
5 3 女 61
6 3 女 95
7 3 男 83
> (student <- data.frame(class=x,sex=y,score=z))
  class sex score
1     1  女    80
2     1  男    85
3     2  男    92
4     2  女    76
5     3  女    61
6     3  女    95
7     3  男    83
```

2. 数据框的索引

(1) 以数组形式访问数据框。其实,数据框可以看作特殊的数组,因此我们可以以数组形式访问数据框。数组是储存数据的一种有效方法,可以按行或列访问,就像电子表格一样,但输入的数据必须是同一类型。数据框之所以可以看作数组是因为数据框的列表示变量、行表示样本观察数,因此我们可以访问指定的行或列。例如:

```
> student[,"score"]          # 返回数据框 student 的所有样本的 score 值
[1] 80 85 92 76 61 95 83
> student[,3]                # 返回第 3 列变量的值
[1] 80 85 92 76 61 95 83
> student[1:5,1:3]           # 返回第 1 至第 5 行,第 1 至第 3 列的值
```

(2) 以列表形式访问数据框。列表比数据框更为一般,更为广泛。列表是对象的集合,但这些对象可以是不同类型的。数据框是特殊的列表,数据框的列可以看作向量,而且要求这些向量是同一类型对象。可以以列表形式访问数据框,只要在列表名称后面加 $ 符号和变量名。如:

```
> student$score
[1] 80 85 92 76 61 95 83
```

除了用 $ 形式访问外,还可以用列表名[[变量名(号)]]的形式访问:

```
> student[["score"]]
[1] 80 85 92 76 61 95 83
> student[[3]]
[1] 80 85 92 76 61 95 83
```

还可以筛选出符合我们条件的数据,比如要得到成绩大于 80 分的学生,可以按如下的方法得到。

```
> student[student$score>80,]
     class  sex  score
张 x     1   男     85
赵 x     2   男     92
孙 x     3   女     95
李 x     3   男     83
```

3. 数据框绑定

数据框的主要用途是保存统计建模的数据。R 软件的统计建模功能都需要以数据框为输入数据。我们也可以把数据框当成一种矩阵来处理。在使用数据框的变量时可以用"数据框名 $ 变量名"的记法。但是,这样使用较麻烦,R 软件提供了 attach()函数把数据框中的变量"连接"到内存中,将数据框"连接(绑定)"入当前的名字空间,从而可以直接用变量名访问数据框中的变量。仍以数据框 student 为例,使用了 attach(student)之后,就可以直接用 score 访问 student 中的 score 变量。

```
> score
错误:找不到对象'score'
> student$score
[1] 80 85 92 76 61 95 83
> attach(student)
> score
[1] 80 85 92 76 61 95 83
要取消连接,用函数 detach()即可。
> detach()
> score
错误:找不到对象'score'
```

R 语言名字空间的管理是比较独特的。它在运行时保持一个变量搜索路径表,在读取某个变量时就到这个变量搜索路径表中由前向后查找。在赋值时总是在位置 1 赋值(除非有另外的特别指定)。读取某个变量的默认位置则是在变量搜索路径表的位置 2,函数 rm()默认是去掉位置 2 上的数据,它并不删除原始数据。

1.4　习　　题

1. 使用 R 计算:

(1) 31 079 除 170 166 719 后的余数。

(2) π^e, e^π, $[\exp(\pi)]^e$, $[\exp(\pi)^e]$ 和 $[\pi^e - e^\pi]$。

(3) $(2.3)^8 + \log(7.5) - \cos(\pi/\sqrt{2})$。

2. 设 $x=(1,3,5)^T$, $y=(2,4,6)^T$,试做以下运算:

(1) 计算 $z=3x+y^2+e$,其中 $e=c(1,1,1)$。

(2) 计算 x 与 y 的内积。

3. 向量 $x=(-3,-2,1,0,5,7,-4,4,-2,4,-65,5)$,求出 x 中小于 0 的元素的对应位置,并把对应位置上的值替换为其绝对值。

4. 给定矩阵 $\boldsymbol{A}$:

$$\boldsymbol{A}=\begin{pmatrix} 35 & 13 & 11 & 1 \\ 4 & 11 & 3 & 0 \\ 12 & 9 & 38 & 4 \\ 2 & 5 & 12 & 2 \end{pmatrix}$$

使用 R 求矩阵 $\boldsymbol{A}^{-1}$、$\boldsymbol{A}\boldsymbol{A}^T$、$\boldsymbol{A}^T\boldsymbol{A}$、$\boldsymbol{A}^{-1}\boldsymbol{A}$ 和 $\boldsymbol{A}^{-1}\boldsymbol{A}-\boldsymbol{A}\boldsymbol{A}^{-1}$ 的行列式。

5. 用 R 创建第 4 题中矩阵 $\boldsymbol{A}$ 的上三角矩阵和下三角矩阵。

6. 分别使用 rep()和 seq()函数生成向量(1,2,3,4,5,2,3,4,5,6,3,4,5,6,7,4,5,6,7,8,5,6,7,8,9)。

7. 计算 $\sum_{i=1}^{N} \frac{1}{i}$,并和 $\log(N)+0.6$ 比较,其中:$N=500,1\,000,2\,000,4\,000,8\,000$。

8. 下表是初三(1)班的座号为 1~5 的同学语文、数学、英语期末考试成绩:

座号	语文	数学	英语
1	80	95	88
2	85	80	89
3	87	83	85
4	92	82	90
5	79	75	82

(1) 把这个数据集以数据框(dataframe)的格式存储在 R 中,命名为 Grade_1。

(2) 假如按照座号,这 5 个同学的物理成绩分别为 82、83、85、89 和 77,化学成绩分别为

83、84、87、82 和 71。请把这些同学的物理和化学成绩添加到 Grade 当中,并且把列名设置为“物理”和“化学”。

(3) 物理和化学成绩分别要按照 60%和 40%的比例计入总成绩,语文、数学、英语则按照原来的分数计入总成绩,请计算出每个同学的总成绩。

9. 下表是初三(2)班的座号为 1~5 的同学五科期末考试成绩:

座号	语文	数学	英语	物理	化学
1	86	91	86	88	85
2	83	77	75	75	77
3	85	76	83	79	78
4	95	88	87	85	82
5	90	82	80	90	91

请把初三(1)班的成绩和初三(2)班的成绩以数组(array)的格式存在 R 中,列名为“语文”“数学”“英语”“物理”和“化学”,行名为“Number_座号”,如 Number_1(提示:可以使用 paste0()函数进行命名)。

10. R 中有内置数据集 iris,请回答以下问题:

(1) 计算变量 Sepal. Length、Sepal. Width、Petal. Length、Petal. Width 和 Species 的样本均值、方差、最大值和最小值。

(2) Sepal. Length 最大和 Petal. Length 最小的样本分别是哪种类别的鸢尾花?

(3) 取出数据集中 Sepal. Length 最大的 10 个 setosa 样本。

第 2 章

函数与优化

R 里面有很多内置函数,这些内置函数保存在不同的扩展包里。有些内置函数保存在 R 的核心包里,比如 mean( ) 函数保存在 base 包里;有些内置函数分散在各个扩展包里,比如做 k 近邻分类方法的 knn( ) 保存在 class 包里。R 里有非常丰富的内置函数,大大方便了我们的数据分析工作。

本章将介绍如何自己编写函数以及如何用 R 进行数值优化。本章内容涵盖:条件控制和循环语句的编写、R 函数的编写调试、程序运行时间与效率以及如何用 R 做优化求解。

2.1 条件控制语句

2.1.1 if/else 语句

if/else 语句是分支语句中主要的语句,if/else 语句的格式为:

```
> if(cond) statement_1
> if(cond) statement_1 else statement_2
```

第一句是指如果条件 cond 成立,则执行 statement_1;否则跳过。第二句是指如果条件 cond 成立,则执行 statement_1;否则执行 statement_2。为了帮助大家理解 if/else 语句程序化的表达,我们绘制了 if/else 语句对应的流程图(见图 2-1 左图)。

更复杂的情况(对应流程图见图 2-1 右图):

```
> if (cond_1){
statement_1
}else if (cond_2){
   statement_2
}else if (cond_3){
   statement_3
}else{
   statement_4
}
```

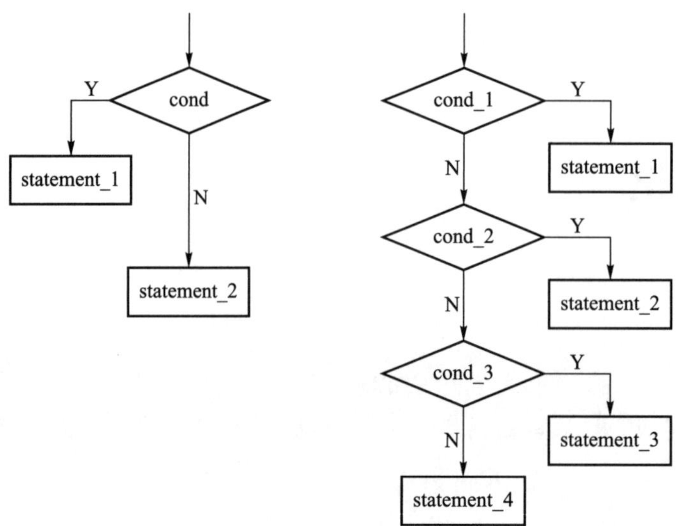

图 2-1　if/else 语句流程图

例如,我们想要计算当 $x=4$ 时,下述两个分段函数的计算结果:

$$y=\begin{cases}2+x, x>2\\3x, x\leqslant 2\end{cases} \tag{2.1}$$

$$y=\begin{cases}2+x, x>3\\3x, 2<x\leqslant 3\\4x, x\leqslant 2\end{cases} \tag{2.2}$$

```
> x<-4
> if(x>2) 2+x else 3 * x # 假如 x 大于 2,则返回 2+x,否则返回 3 * x
[1] 6
> if(x>3){
    2+x
  } else if(x>2){
    3 * x
   }else{
    4 * x
  }# 假如 x 大于 3,返回 2+x,假如 x 在 2 和 3 之间,返回 3 * x,否则返回 4 * x
[1] 6
```

2.1.2　ifelse 语句

ifelse 结构是 if/else 紧凑的向量化版本,其语法为:

```
> ifelse(cond,statement_1 else statement_2)
```

如果 cond 成立,则执行 statement_1,否则执行 statement_2。

例如我们要求解当 $x=4$ 时,函数 2.1 的结果:

```
> x<-4
> ifelse(x>2, 2+x, 3 * x) # 假如 x 大于 2,则返回 2+x,否则返回 3 * x
[1] 6
```

2.1.3　switch 语句

switch 语句是多分支语句,其使用方法为

```
> switch(statement, list)
```

其中,statement 是表达式,list 是列表,可以用有名定义。如果表达式的返回值在 1 到 length(list),则返回列表相应位置的值。例如:

```
> switch(1,"beef","apple","potato")  # 返回"beef""apple""potato"中的第一个成分
[1] "beef"
> switch(2,"beef","apple","potato")  # 返回"beef""apple""potato"中的第二个成分
[1]"apple"
> switch(3,"beef","apple","potato")  # 返回"beef""apple""potato"中的第三个成分
[1] "potato"
```

当 list 是有名定义,statement 等于变量名时,返回变量名对应的值;否则,返回 NULL 值。例如:

```
> x<-" fruit "
> switch(x, meat=" beef ", fruit="apple", vegetable="potato")
[1]" apple "
```

2.2　循环语句

常用的循环语句有 for 循环、while 循环和 repeat 循环语句。

2.2.1　for 循环

```
> for(ind in expr_1) expr_2
```

其中:ind 是循环变量;expr_1 是一个向量表示式(通常是一个序列,如 -10:10);expr_2 通常是一组表达式。同样,我们绘制 for 循环程序对应的流程图(图 2-2)以帮助理解。

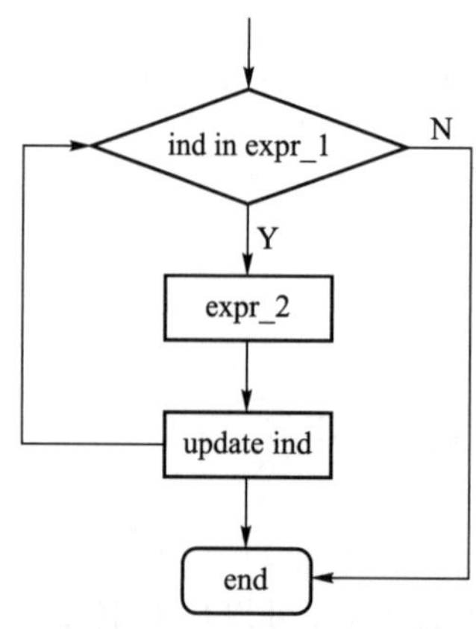

图 2-2　for 循环语句流程图

例 2.1　Fibonacci 序列是数学中著名的序列，前两个元素都是 1，第三个元素是第一、二个元素的和，第四个元素是第二、三个元素的和，一直下去。

$$a_1=1,\quad a_2=1,\quad a_n=a_{n-1}+a_{n-2}, n=3,\cdots$$

生成 Fibonacci 前 14 个元素的程序如下所示：

```
> Fibonacci<-NULL                          # 生成一个空置向量
> Fibonacci[1]<-Fibonacci[2]<-1            # Fibonacci 向量的第 1 和第 2 个元素赋值为 1
> n=14
> for (i in 3:n) Fibonacci[i]<-Fibonacci[i-2]+Fibonacci[i-1] # 用 for 执行循环语句
> Fibonacci
[1]   1   1   2   3   5   8  13  21  34  55  89  144  233  377
```

2.2.2　while 循环

```
> while (condition) expr
```

只有当 condition 条件成立的时候，执行表达式 expr。

例 2.2　编写小于 500 的 Fibonacci 序列：

```
> Fibonacci[1]<-Fibonacci[2]<-1 # Fibonacci 向量的第 1 和 2 个元素赋值为 1
> i<-1
> while (Fibonacci[i]+Fibonacci[i+1]<500) {  # 用 while 执行循环语句
        Fibonacci[i+2]<-Fibonacci[i]+Fibonacci[i+1]
        i<-i+1 }
> Fibonacci
[1]   1   1   2   3   5   8  13  21  34  55  89  144  233  377
```

2.2.3 repeat 循环

```
> repeat expr
```

repeat 循环依赖 break 语句跳出循环。

例 2.3 利用 repeat 生成小于 500 的 Fibonacci 序列：

```
> Fibonacci[1]<-Fibonacci[2]<-1 # Fibonacci 向量的第 1 和 2 个元素赋值为 1
> i<-1
> repeat {                              # 用 repeat 执行循环语句
    Fibonacci[i+2]<-Fibonacci[i]+Fibonacci[i+1]
    i<-i+1
    if (Fibonacci[i]+Fibonacci[i+1]>=500) break
}
> Fibonacci
[1]   1   1   2   3   5   8  13  21  34  55  89  144  233  377
```

此处，break 为终止语句。R 中同样用 break 语句对循环进行终止，使程序跳到循环以外。

2.3 编写自己的函数

在较复杂的计算问题中，有时候一个任务可能需要重复多次，这时我们不妨编写自己的函数。这么做的好处之一是可以批量处理这些任务，而不需要每次都重复执行；另一个好处是函数内的变量名是局部的，即当函数运行结束后它们不再被保存到当前的工作空间，这就可以避免许多不必要的混淆和内存空间占用。R 语言与其他统计软件最大的区别之一是你可以编写自己的函数，而且可以像使用 R 的内置函数一样使用你的函数。

编写函数的句法是：

```
> 函数名 = function (参数 1,参数 2,…)
{
      statements
      return(object)
}
```

函数的每一部分都很重要，接下来我们逐一详细介绍。

2.3.1 函数名

函数名可以是任何值，但以前定义过了的要小心使用，后来定义的函数会覆盖原先定义的函数。一旦你定义了函数名，你就可以像 R 的其他函数一样使用，比如我们定义一个求体重指数（BMI 指数）的函数：

$$BMI=\frac{w}{h^2}$$

其中 w 表示体重，单位为 kg；h 表示身高，单位为 m。程序如下所示：

```
> BMI = function(w,h) { w/h^{2} }# 其中 w 表示体重(kg),h 表示身高(m)
```

对于这类只有一个语句的简单函数，也可不要“{}”，即：

```
> BMI = function(w,h)  w/h^{2}
```

这里的函数名就是 BMI，以后我们就可以像其他函数一样使用它了。

```
> BMI(45,1.62) # 计算体重为 45kg,身高为 1.62m 的人的 BMI 值
[1] 17.14678
```

假如我们不使用圆括号，直接输入函数名，按回车键将显示函数的定义式：

```
> BMI
function(w,h)  w/h^{2}
```

2.3.2　关键词 function

编写函数一定要写上 function 这个关键词，它告诉 R 这个新的数据对象是函数，所以编写函数时千万不可忘记。

2.3.3　参数

函数根据实际需要不同而有不同的参数设置，下面将介绍 4 种情况：

（1）无参数。有时编写函数是为了某种方便，函数每次的返回值都是一样的，其输入不是那么重要。比如我们编写“welcome”函数，其每次返回值都是“welcome to use R”。

```
> welcome = function() print("welcome to use R")
> welcome()
[1] "welcome to use R"
```

（2）单参数。假如要使你的函数个性化，可以使用单参数，放置的参数不同，返回值也不同。

```
> welcome.sb = function(names) print(paste("welcome",names,"to use R"))
> welcome.sb("Mr. fang")
[1] "welcome Mr. fang to use R"
```

(3) 多参数。如果函数较为复杂,可以定义多个参数。比如我们编写一个模拟函数求服从均值为 μ,标准差为 σ 的正态样本数据的 t 统计量。这个函数的样本量、均值、标准差是可随意设置的。这时,我们就要在函数中添加样本量、均值、标准差三个参数。

```
> sim.t = function(n,mu,sigma){
    x=rnorm(n,mu,sigma)
    (mean(x)-mu)/(sd(x)/ sqrt(n))
}
> sim.t(50,0,1)                # 样本量为 50,均值为 0,标准差为 1
[1] 1.337119
> sim.t(100,sigma=10,mu=1) # 样本量为 100,均值为 1,标准差为 10
[1] 0.4841053
```

这里值得注意的一点是,不要把位置参数与名义参数混淆起来。位置参数必须与函数定义的参数顺序一一对应,比如 sim. t(50,0,1),50 对应参数 n,0 对应参数 mu,1 对应参数 sigma。但是使用名义参数,允许不按顺序对应,比如 sim. t(100,sigma = 10,mu = 1),这使多参数函数使用起来非常方便。

(4) 默认参数。在仅设置参数名的情况下,调用函数时不输入任何参数的值会报错。但是在给参数设置默认值的情况下,调用函数而不输入任何参数值时会将参数默认值代入函数中。下面以 welcome. sb 函数为例进行说明。

上面的 welcome. sb 函数中假如不输入参数,结果将会怎么样呢?

```
> welcome.sb()
错误在 paste("welcome", names, "to use R") :缺少变元 "names" , 也没有缺失值
```

由于没有输入参数,函数 welcome. sb 将返回出错信息。其实我们可以给函数设置默认值,R 提供了一个简单的设定函数参数默认值的方法。比如:

```
> welcome.sb=function(names="Mr. Fang")print(paste("welcome", names,"to use R"))
> welcome.sb()
[1] "welcome Mr. Fang to use R"
```

除此之外,R 语言允许定义一个变量,然后将变量值传递给 R 的内置函数。这在作图上非常有用。比如编写一个画图函数,允许你先定义一个变量 x,用这个变量生成 y 变量,然后描出它们的图像。

```
> plot.f=function(f,a,b,…){
  xvals=seq(a,b,length=100)           # 生成 100 个[a,b]区间内的数列
  plot(xvals,f(xvals),type="l",col="red",xlab="x",ylab="f(x)",…) # 作函数图
}
> par(mfrow=c(1,2))                   # 准备一张可以并排放置两张图片的画布
> plot.f(cos,-2*pi,2*pi)              # 作-2π到 2π的余弦曲线,见图 2-3 左图
# 这个函数的功能实际上等同于 R 内置函数 curve
> curve(cos,-2*pi,2*pi,col="blue")  # 作-2π到 2π的余弦曲线,见图 2-3 右图
```

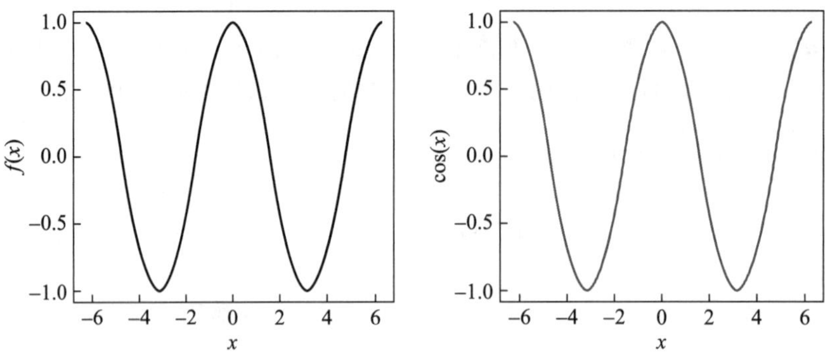

图 2-3　用 R 语言绘制的余弦曲线

而由 plot. f 建立的函数是一种泛指的函数，f 可以是任何函数，如指数函数、对数函数，也可以是自定义函数。

```
> par(mfrow=c(1,2))
> f<-function(x){(x-2)*(x+3)*x}        # 自定义一个一元三次函数
> plot.f(f,-3,3)                       # 绘制 -3 到 3 的一元三次函数图，见图 2-4 左图
> plot.f(exp,0,5)                      # 绘制 0 到 5 的指数函数图，见图 2-4 右图
```

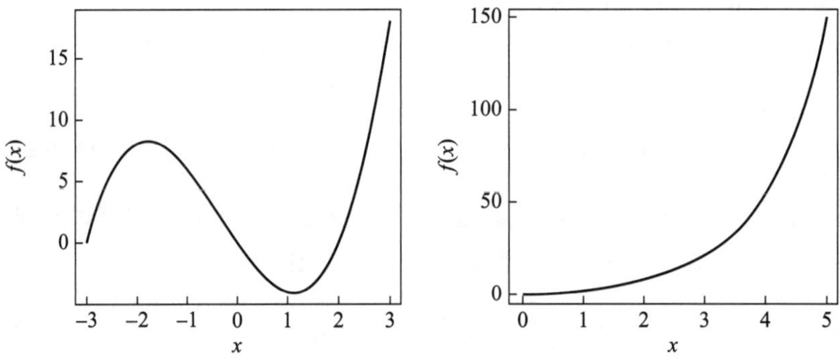

图 2-4　用 R 语言绘制的三次和指数曲线

2.3.4　函数体和函数返回值

函数体和函数返回值是整个函数的主要部分，默认返回函数体的最后一个表达式的结果。如果函数体的表达式只有一个当然就很简单。例如：

```
> my.average = function(x) sum(x)/length(x)
> my.average(c(1,2,3))
[1]2
```

当函数体的表达式超过一个时，要用"{}"封起来。R 中也可以用 return( ) 返回函数需要的结果，当需要返回多个结果时，一般建议用 list 形式返回。例如，我们用一个编写名

为 as( )的函数来计算向量的均值和标准差。

```
> as<-function(x){
  a=mean(x)
  s=sd(x)
  return(list(avg=a,std=s))
}
> y<-c(5,15,32,25,26,28,65,48,3,37,45,54,23,44)
> as(y)
$avg
[1] 32.14286
$std
[1] 17.99084
```

编写程序,尤其是编写很长的程序是一项浩大的工程,费心费力,而且程序写得越长,越不好管理,也不好理解。因此,需要掌握以下几个技巧:

(1) 建立从上到下设计的思想,将大的程序拆分成几块来写,每一块可以写成单独的函数。这有点像盖楼,先把桩和框架搭好,然后再往里面逐步填充内容。

(2) 将每一块又分成几步来写。

(3) 应及时勤快地加注释。这样才不会忘了其含义。

(4) 尽可能做向量化运算。因为 R 将所有对象都存储在内存中,尽量少用循环(for,while)。用 R 内置函数 lapply、sapply、mapply 等处理向量、矩阵或列表。

(5) 在完整的数据集上运行程序前,先抽取部分数据子集进行测试,消除 bug。

2.4　程序调试

程序调试是每个程序员都头疼但是大多情况下必须面临的问题。计算机程序的错误或者缺陷叫"bug"。我们所写的程序不一定都百分之百正确。调试程序一般分为如下几步:

(1) 识别程序是否存在错误。有时很容易,因为如果程序出错,无法运行,那肯定是存在错误;但是有些时候,程序看似可行,结果却是错误的,或者对于有些输入是可行的,但对于有些输入不行,这类错误很难识别。

(2) 找出程序出错的原因。当程序有错,无法继续运行,R 往往会给出报错信息,可以根据报错信息找出出错的原因。在 R 里还提供了 traceback( )、debug( )、browser( )函数跟踪和找出程序出错的地方。

(3) 修正错误并测试。

(4) 寻找类似的错误。

2.5 程序运行时间与效率

R 中 proc. time( ) 函数可以返回当前 R 已经运行的时间。例如：

```
> proc.time()
用户     系统     流逝
17.50   11.71   14840.82
```

其中"用户"是指 R 执行用户指令的 CPU 运行时间，"系统"是指系统所需的时间，"流逝"是指从 R 打开到现在总共运行的时间。

计算程序运行时间的函数是：

```
> system.time(expr,gcFirst=TRUE)
```

其中 expr 是需要运行的表达式，gcFirst 是逻辑参数。system. time 实际上是两次调用了 proc. time( )，在程序运行前调用一次，运行完后调用一次，然后计算两次的时间差，即为程序的运行时长。

```
> system.time(for(i in 1:100) mad(rnorm(1000)))
      用户   系统   流逝
      0.01  0.00  0.02
```

该程序等价于：

```
> ptm<-proc.time() # 将 proc.time()的返回值保存到 ptm 对象里
> for(i in 1:100) mad(rnorm(1000))
> proc.time()-ptm # 两者的差即运行程序所需的时间
用户   系统   流逝
0.03  0.00  0.03
```

R 设计主要是基于向量和矩阵的运算。比如求两个向量的差：

程序 1：

```
> ptm<-proc.time()
> n<- 1000000
> x<-runif(n)
> y<-runif (n)
> z<-c()
> for (i in 1:n){
z<-c(z,x[i]-y[i])
  }
> proc.time()-ptm
```

```
用户        系统    流逝
1631.56  1.07  1661.16
```

该程序写得非常没有效率，总共运用了 1 661.16 秒时间。程序每次都增加一个元素到 Z 向量里，这样总共增加了 1 000 000 次。我们既然已经知道了 Z 的长度，我们首先就给定 Z 的长度，这样可以提高运行效率。

程序 2：

```
> ptm<-proc.time()
> n<- 1000000
> x<-runif(n)
> y<-runif (n)
> z<-rep(NA,n)
> for (i in 1:n){
    z[i]<-x[i]-y[i]
  }
> proc.time()-ptm
用户    系统    流逝
0.23   0.02   0.25
```

该程序总共运行了 0.25 秒，比程序 1 效率高了很多，运行效率相当于是程序 1 的 6 645 倍。最后，我们直接使用矩阵运算符进行运算，可以进一步提高效率。

程序 3：

```
> ptm<-proc.time()
> n<- 1000000
> x<-runif(n)
> y<-runif (n)
> z<-x-y
> proc.time()-ptm
用户    系统    流逝
0.07   0.00   0.06
```

该程序只要运行 0.06 秒就可以了。

从上述例子可以看出 R 中循环算法的效率极低，当我们不得不书写循环算法时，可以考虑借助 R 的并行包提高计算速度。可以实现并行运算的 R 包有 parallel、snowfall 等。以下述程序为例。

```
> n<-8^{8}
> ptm<-proc.time()
> k<-lapply(1:n, function(x) {if(x>500) x+2 else x+4})
> proc.time()-ptm
用户     系统    流逝
16.01   8.63   28.91
```

该程序对大于 500 的数加上 2,小于等于 500 的数加上 4。在不进行并行运算时,总共运行 28.91 秒。

```
> n<-8^{8}
> library(parallel)
> ptm<-proc.time()
>cores<-4 # 设置线程,线程越多,速度越快
>ori<-makeCluster(cores)  # 初始化
> K<-parLapply(ori,1:n, function(x) {if(x>500) x+2 else x+4})
>stopCluster(ori)  # 结束并行
> proc.time()-ptm
用户   系统   流逝
4.36  1.22  18.58
```

当使用并行运算时,总共运行了 18.58 秒,和不进行并行运算相比,效率得到了提升。

2.6　用 R 做优化求解

优化是统计计算中非常重要的一部分内容,因为很多统计方法,比如最小二乘法和极大似然估计法,归根到底就是求目标函数的最小值或者最大值。接下来,先讲解最简单的一元函数的优化求解,然后再讲解多元函数的优化求解。

2.6.1　一元函数优化求解

R 做一元的最优化求解函数是:

```
> optimize(f=, interval = ,…, lower = min(interval), upper = max(interval),
          maximum = FALSE, tol = .Machine$double.eps^0.25)
```

其中:f 是需要优化的函数;interval 是参数搜索区间;lower 是参数搜索的下限,如果缺失,用 interval 的最小值代替;upper 是参数搜索的上限,缺失时用 interval 的最大值代替;maximum 默认是 FALSE,表示求极小值;tol 是精度的容忍度。

例 2.4　求解 $f(x)=-x^2-4x-4$。这是一元二次函数,其图形如图 2-5 所示。该函数只有一个极大值,利用拉格朗日方法可以求得在 $x=-2$ 处取得最大值。

```
> f<-function(x){-x*x-4*x-4} # 编写 f 函数
> optimize(f,c(-6,2),tol=0.0001,maximum=T) # 求 f 函数的最大值的返回结果
$maximum
[1] -2
$objective
[1] 0
```

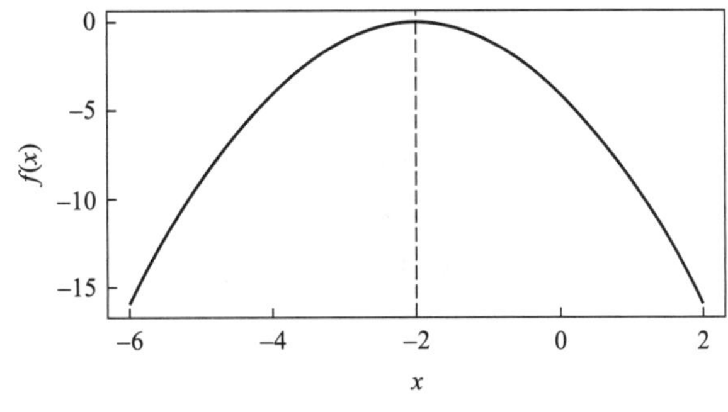

图 2-5　一元二次函数

利用 R 求解出来的当 $x=-2$ 时目标函数的最大值为 0,这与利用拉格朗日方法求解的结果相同。

2.6.2　多元函数优化求解

多元函数可以使用函数 optim( )优化求解,其用法如下:

```
> optim (par, fn, gr = NULL, …,
        method = c("Nelder-Mead", "BFGS", "CG", "L-BFGS-B", "SANN"),
        lower = -Inf, upper = Inf, control = list(), hessian = FALSE)
```

其中:par 设定初始值;fn 是需要优化的目标函数;gr 是梯度向量,如果是 NULL 则由 optim( )计算所得的近似值替代;lower 是参数搜索的下限,默认是 $-\infty$;upper 是参数搜索的上限,默认是 $+\infty$;control 是用来控制 optim 函数的一些参数;hessian = FALSE 表示不需要返回海塞矩阵。

在计算机里,优化求解实质上是通过迭代算法求得的。optim( )提供的迭代算法主要有 Nelder-Mead、BFGS、CG、L-BFGS-B、SANN。这些算法的详细内容请见相关文献。

例 2.5　求解二元函数 $g(x_1,x_2)=(x_1^2+x_2+1)^2+(x_1+x_2^2-7)^2$ 的极值。

对该二元函数的优化求解:

Step1:用 R 写出目标函数表达式,并画出该函数的三维图,直观上分析其极值。

```
> x1 = x2 = seq(-10,10,length = 100)
> fr1 = function(x1,x2){
  (x1^2+x2+1)^2+(x1+x2^2-7)^2
}
> z = outer(x1,x2,fr1) # 求外积
> persp(x1,x2,z,box = T,border = T,theta = 45,phi = 35,col = rainbow(100)) # 绘制三维图
```

所得的三维图如图 2-6 所示。

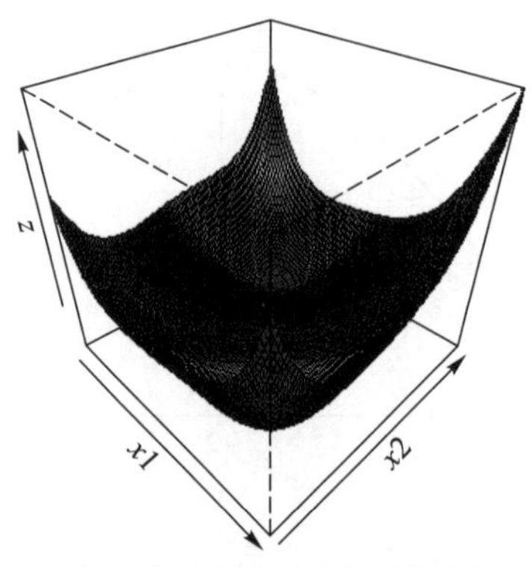

图 2-6　二元函数的三维图

Step2:设置优化算法迭代初始值,利用 optim( )进行优化求解。

```
> fr2 = function(x){
    x1<-x[1]
    x2<-x[2]
    (x1^2+x2+1)^2+(x1+x2^2-7)^2
  }
> grr<-function(x){
    x1<-x[1]
    x2<-x[2]
    c(4 * (x1^2+x2+1) * x1+2 * (x1+x2^2-7),2 * (x1^2+x2+1)+4 * (x1+x2^2-7) * x2)
  }                                 # 一阶导数
> optim(c(-1,-1),fr2,grr)    # 设初始值为-1,-1
$par
[1] 1.187770  -2.410791
$value
[1] 1.016734e-07
$counts
function  gradient
      73        NA
$convergence
[1] 0
$message
NULL
```

需要注意的是,不同初始值的优化结果可能不同,将上述问题几种不同初始值的优化结果整理成如表 2-1 所示。从表 2-1 可以看出,该二元函数应该有 4 个局部最小值。

表 2-1　不同初始值下的优化结果

初始值	参数最终值	极小目标值
c(-1,1)	(1.188,-2.411)	1.017×10^{-7}
c(-2,-3)	(-1.376,-2.894)	8.451×10^{-8}

续表

初始值	参数最终值	极小目标值
c(3,-2)	(1.187,-2.411)	7.396×10^{-6}
c(-4,3)	(1.188,-2.411)	9.204×10^{-7}

2.6.3　约束条件下的优化求解

有时需要在一定的约束条件下求解目标函数的极值。例如,求解二元函数 $g(x_1,x_2)=(x_1^2+x_2+1)^2+(x_1+x_2^2-7)^2, x_1>0, x_2>0$ 的极值。此时是在 $x_1>0, x_2>0$ 的约束下使目标函数达到最小值。

对于约束下的最优化问题,有两种方法可以求解。

一种方法是利用 constrOptim( ) 函数直接求解,该函数的用法如下:

```
> constrOptim(theta, f, grad, ui, ci, mu = 1e-04, control = list(),
      method = if(is.null(grad)) "Nelder-Mead" else "BFGS",hessian = FALSE)
```

其中:theta 是初始值向量;f 是目标函数;grad 是梯度向量,可以是空值 NULL;ui 是约束矩阵的左边系数矩阵;ci 是约束矩阵的右边的值。

比如,对于上面的二元函数,其约束条件是 $x_1>0, x_2>0$,等价于 $\begin{cases}1x_1+0x_2>0\\0x_1+1x_2>0\end{cases}$,所以 ui = $\begin{bmatrix}1 & 0\\0 & 1\end{bmatrix}$, ci = $\begin{bmatrix}0\\0\end{bmatrix}$。

```
> uimat=rbind(c(1,0),c(0,1))
> cimat=c(0,0)
> constrOptim(c(0.2,0.5),fr2,grr,ui=uimat,ci=cimat)# 其中 fr2 为目标函数,grr
                                                    为一阶导数
$par
[1]0.1004318  2.4893149
$value
[1] 12.73985
$counts
function  gradient
      30        12
$convergence
[1] 0
$message
NULL
$outer.iterations
[1] 3
```

```
$barrier.value
[1] 5.502996e-05
```

par 是目标函数达到极值时 x_1 和 x_2 的取值，分别为 0.100 431 8，2.489 314 9；value 是目标函数的极值，为 12.739 85；counts 表示迭代过程中用到目标函数（function）30 次，梯度函数（gradient）12 次；convergence 取 0 表示成功收敛。

另一种方法是通过参数转换为无约束下的最优化问题。比如，原来的约束条件是 $x_1>0$，$x_2>0$，这里可以用指数变换，$x_1=e^{z_1}$，$x_2=e^{z_2}$，这里 z_1、z_2 没有任何限制。

```
> fr3=function(z){                              # 编写目标函数
  x1=exp(z[1])
  x2=exp(z[2])
  (x1^2+x2+1)^2+(x1+x2^2-7)^2
}
> grrNew=function(z){
  x1=exp(z[1])
  x2=exp(z[2])                                  # 写一阶导数表达式(梯度表达式)
    c(4 * (x1^2+x2+1) * x1 * exp(z[1]) +2 * (x1+x2^2-7) * exp(z[1]),
2 * (x1^2+x2+1) * exp(z[2]) +4 * (x1+x2^2-7) * x2 * exp(z[2]))
}
> optran=optim(c(-1.6,-0.7),fr3,grrNew)        # 注意:此处返回的最大值是 z 值
> # log(0.2)=-1.6,log(0.5)=-0.7
> exp(optran$par)                               # 将 z 值换算回 x 的取值
[1] 0.1005454 2.4893358
```

发现两种方法的最优求解结果是非常相近的，说明这两种方法是等价的。

此外，R 还有很多函数可以求解其他的优化问题，比如 lpSolve 包的 lp( ) 函数可以做线性和整数规划求解；quadprog 包的 solve.QP( ) 可以做二次规划求解。

2.7　习　　题

1. 编写一个程序列出小于 1 000 并且能被 7 整除的所有整数。

2. 编写一个程序，输出杨辉三角的前 9 行。

3. 编写一个函数计算向量里奇数的个数。

4. 编写一个函数解决鸡兔同笼问题。（提示：输入为鸡、兔头的总数和脚的总数，输出为鸡的数量和兔的数量）

5. 编写一个程序，打印出所有的“水仙花数”，所谓“水仙花数”是指各位数字立方和等于该数本身的三位数。

6. 身体质量指数（BMI，Body Mass Index）是国际上常用的衡量人体肥胖程度的重要标

准，计算公式为：BMI=体重(单位：kg)÷身高的平方(单位：m)。根据世界卫生组织定下的标准，BMI 指数与人体肥胖程度的对应关系如下表所示：

人体肥胖程度	BMI 指数
偏瘦	<18.5
正常	18.5~24.9
偏胖	25.0~29.9
肥胖	30.0~34.9
重度肥胖	35.0~39.9
极重度肥胖	≥40.0

要求根据体重和身高，编写一个函数，判断人们的肥胖程度。如果一个人的体重为 55kg，身高为 1.50m，那么这个人的肥胖程度如何？

7. 计算习题 1 所需要的运行时间并给出提高运行效率的方案。

8. 求 $g(x_1,x_2,x_3)=(x_1^2+x_2-x_3)^2+(x_1+x_2^2-x_3)^2$ 达到极值时的参数值；当 $x_1>0,x_2>0,x_3>0$ 时函数的极值是多少，参数值是多少？

9. 求 $f(x)=|x-3.5|+(x-2)^2$ 的极值。

10. 求 $\min C=5x_1+8x_2$

s.t. $x_1+x_2\geqslant 2, x_1+2x_2\geqslant 3, x_1, x_2\geqslant 0$。

第3章

随机数与抽样模拟

我们在统计模拟的时候，往往需要用到随机数与抽样模拟，这些在R语言环境下能够轻松地实现。

3.1 一元随机数的产生

3.1.1 均匀分布随机数

均匀分布随机数是最简单的随机数，也是其他分布随机数的基础。均匀分布U(a,b)的密度函数为

$$f(x)=\begin{cases}\dfrac{1}{b-a}, & a\leqslant x\leqslant b\\ 0, & x<a,x>b\end{cases} \tag{3.1}$$

这里我们介绍一种常用的生成服从U(0,1)的伪随机数的方法。首先，我们设定一个初始值 x_0，我们称它为种子。而后我们根据下式，对 x_0 进行更新：

$$x_n=ax_{n-1}\ \text{modulo}\ m$$

其中：$n\geqslant 1$；a 和 m 是给定的正整数，通常是比较大的数字；modulo 表示取 ax_{n-1} 除以 m 的余数。因此 x_n 的取值范围为 $0,1,\cdots,m-1$，我们将 x_n/m 称作伪随机数，并且它近似服从U(0,1)分布。

如果我们想生成服从 $U(a,b)$ 的随机数，其中 a、b 为任意实数，我们可以通过对服从U(0,1)的伪随机数进行变换获得。例如，我们想要生成服从U(2,5)的随机数，可以将服从U(0,1)的伪随机数乘以3后，再加上2获得，对应的代码如下所示：

```
> myunif<-function(n,a=5^7,x0=200,m=2^31){
x<-c(x0)
for(i in 1:n){
  x[i+1]<-(a*x[i])%% m
}
return(x[-1]/m)
} # 生成服从U(0,1)的伪随机数对应的函数
```

```
> x<- myunif(10000)  # 生成 10 000 个服从 U(0,1)的随机数
> par(mfrow=c(1,2))
> hist(x,prob=T,col="blue",main="uniform on [0,1]") # 生成直方图(图 3-1 左图)
> curve(dunif(x,0,1),add=T,col="red") # 添加均匀分布密度函数线
> x<-x*3+2              # 生成 10 000 个服从 U(2,5)的随机数
> hist(x,prob=T,col="yellow",main="uniform on [2,5]") # 生成直方图(图 3-1 右图)
> curve(dunif(x,2,5),add=T,col="red") # 添加均匀分布密度函数线
```

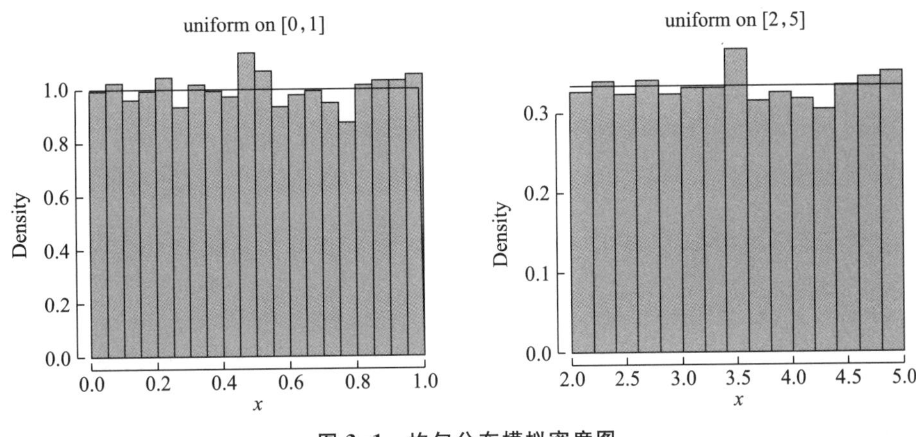

图 3-1　均匀分布模拟密度图

除此之外，我们还可以直接使用 R 语言中 stats 包中的 runif( )函数生成均匀分布随机数，其句法是：

```
> runif(n, min=0, max=1)
```

其中：n 表示生成的随机数数量；min 表示均匀分布的下限；max 表示均匀分布的上限。若省略参数 min、max，则默认生成[0,1]上的均匀分布随机数。

例如：

```
> runif(3,1,5)     # 生成 3 个[1,5] 的均匀分布随机数
[1] 3.002540 1.249885 3.259159
> runif(3)         # 默认生成 3 个[0,1]的均匀分布随机数
[1] 0.7872321 0.3486161 0.9007278
```

R 提供了多种随机数生成器(random number generators,RNG)，默认是采用 Mersenne Twister 方法生产随机数。该方法是由 Makoto Matsumoto 和 Takuji Nishimura 于 1997 年提出的一种随机数生成器，其循环周期是 $2^{19937}-1$。R 里面还提供了 Wichmann-Hill、Marsaglia-Multicarry、Super-Duper、Knuth-TAOCP-2002、Knuth-TAOCP、L'Ecuyer-CMRG 等几种随机数产生方法，可用 RNGkind( )函数更改随机数产生方法。例如，要改为 Wichmann-Hill 方法，可用如下代码：

```
> RNGkind(kind="Wich")
```

runif( )默认每次生成的随机数是不一样的，有时我们在做模拟的时候，为了比较不同方

法的好坏，需要生成一样的随机数，这个时候我们可以使用 set. seed( ) 设定随机数种子，其参数为整数。

```
> set.seed(1) # 种子取一样,生成的随机数相同
> runif(3)
[1] 0.1297134 0.9822407 0.8267184
```

接下来，我们检验 runif( ) 生成的随机数的性质。图 3-2 通过直方图、散点图以及自相关系数图来检验随机数是否独立同分布。可以看出，随机数基本上满足独立同分布性质。

```
> Nsim=10^3
> x=runif(Nsim)
> x1=x[-Nsim] # 因为要求自相关系数,去掉最后一个数
> x2=x[-1]                                                  # 去掉第一个数
> par(mfrow=c(1,3))
> hist(x,prob=T,col="blue",main="uniform on [0,1]") # 直方图
> curve(dunif(x,0,1),add=T,col="red")                 # 添加均匀分布密度函数线
> plot(x1,x2,col="red",pch=17)
> acf(x)                                                    # 画自相关系数图
```

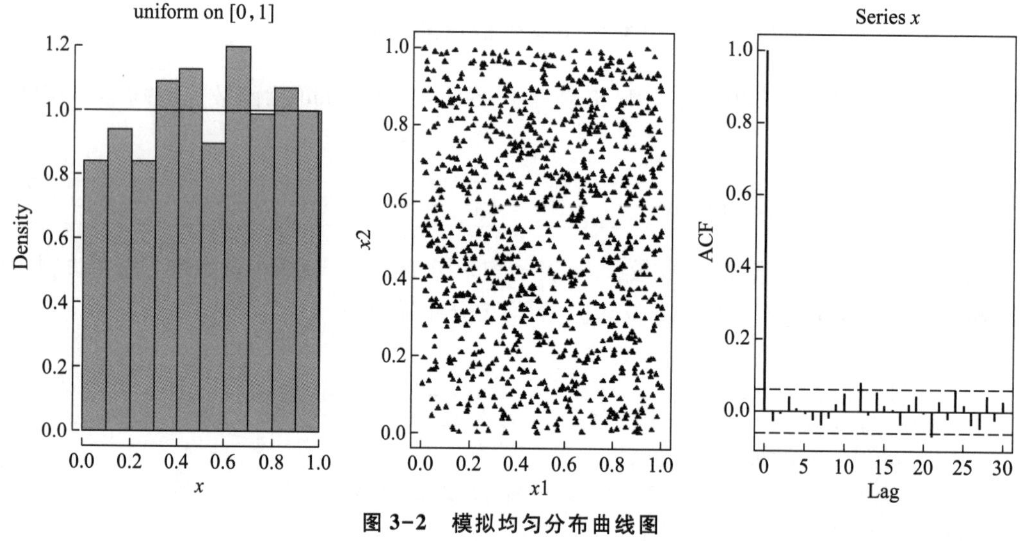

图 3-2　模拟均匀分布曲线图

3.1.2　正态分布随机数

正态分布是古典统计学的核心，它涉及两个参数：位置参数均值 μ 和尺度参数标准差 σ。正态分布的图形如倒立的钟形，呈对称分布。现实生活中，很多分布都服从正态分布，比如人类的智商 IQ，大致服从均值为 100，标准差为 16 的正态分布。所有的正态分布可以标准化为均值为 0、标准差为 1 的标准正态分布。

使用 Box-Muller 转换，我们可以将均匀分布随机数转换为标准正态分布的随机数。具体的操作为：假设 U_1 和 U_2 是[0,1]上的均匀分布随机数，做如下变换：

$$X_1=\sqrt{-2\log(U_1)}\cos(2\pi U_2),\quad X_2=\sqrt{-2\log(U_1)}\sin(2\pi U_2)$$

这样得到的随机数独立同分布于 $N(0,1)$。

例如：

```
> mynormal<-function(n){
    U1=runif(n)
    U2=runif(n)
    return(sqrt(-2*log(U1))*cos(2*pi*U2))
}
> X=mynormal(1000000)
> c(mean(X),var(X))
[1] -0.001319867  0.999585446
```

同样，R 中也提供了可以直接生成正态分布随机数的函数：rnorm( )，其句法是

```
> rnorm(n, mean=0, sd=1)
```

其中：n 表示生成的随机数数量；mean 是正态分布的均值，默认为 0；sd 是正态分布的标准差，默认为 1。

例如：

```
> rnorm(3,10,5)# 产生 3 个均值为 10 标准差为 5 的正态分布随机数
[1] 8.826333  10.861766  9.751118
> rnorm(3)        # 默认生成 3 个标准正态分布随机数
[1] -1.0402282  -0.4409729  0.6897580
```

下面随机产生 1 000 个标准正态分布随机数并作它们的概率直方图，最后再添加标准正态分布的密度函数线。程序如下：

```
> x=rnorm(1000)
> hist(x,prob=T,main="normal mu=0,sigma=1",col="blue") # 作直方图(图 3-3)
> curve(dnorm(x),add=T,col="red") # 在直方图上添加标准正态分布密度函数线
```

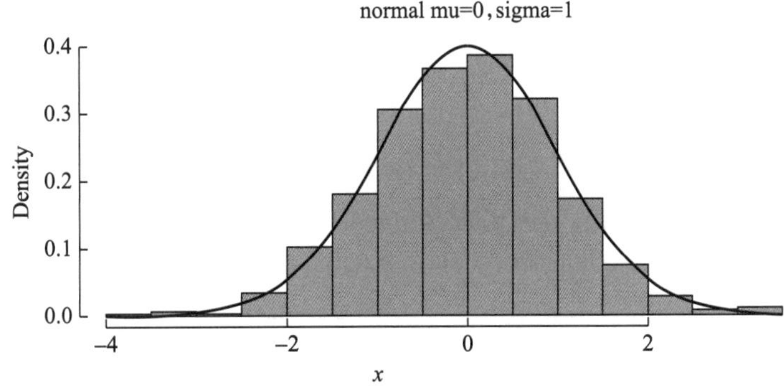

图 3-3　模拟正态分布曲线图

3.1.3　离散分布随机数的生成

设随机变量 X 的分布列 $P\{X=x_i\}=p_i, i=1,2,\cdots$。记：

$$p^{(0)}=P(X\leqslant 0)=0, \quad p^{(i)}=P(X\leqslant x_i)=\sum_{j=1}^{i}p_j, \quad i=1,2,\cdots$$

设 r 是[0,1]区间上的均匀分布随机数。当且仅当 $p^{(i-1)}<r<p^{(i)}$ 时，令 $X=x_i$，则：

$$P\{p^{(i-1)}<r<p^{(i)}\}=P\{X=x_i\}=p^{(i)}-p^{(i-1)}=p_i, \quad i=1,2,\cdots \tag{3.2}$$

接下来，我们以二项分布为例进行说明：

二项分布是指 n 次独立重复伯努利试验(Bernoulli trials)成功次数的分布，每次伯努利试验的结果只有两个——成功和失败，记成功的概率为 p。如果一个变量 X 服从二项分布，记为 $X\sim \mathrm{B}(n,p)$，n 表示试验次数，p 表示成功概率。它的概率密度函数为

$$P\{X=k\}=\mathrm{C}_n^k p^k(1-p)^{n-k}, \quad k=0,1,2,\cdots,n \tag{3.3}$$

接下来我们将借助均匀分布随机数，生成服从 B(2,0.5)的二项分布随机数，代码如下：

```
> mybinom3<-function(n){
X=runif(n)
p<-c(0.25,0.5,0.25) # B(2,0.5)的概率密度函数,对应的 k 取 0,1,2
Y<-c()
for(i in 1:n){
    if(X[i]<p[1]){
       Y[i]=0
}else if(X[i]<p[1]+p[2]){
    Y[i]=1
}else{
    Y[i]=2
}
}
return(Y)
}
> Y<-mybinom3(10000)
> c(mean(Y),var(Y))
[1] 0.9966000 0.5004385
```

R 中直接生成二项分布随机数的函数是 rbinom()，其句法是

```
> rbinom(n, size, p)
```

其中：n 表示生成的随机数数量；size 表示进行伯努利试验的次数；p 表示一次伯努利试验成功的概率。

首先，我们生成二点分布(一次伯努利试验)的随机数。

```
>size=1; p=0.4
> rbinom(10,size,p)
[1] 0 0 1 0 1 1 0 0 1 0
```

接下来，我们生成服从 B(10,0.4)的二项分布随机数。

```
>size=10; p=0.4
> rbinom(5,size,p)   # 生成 5 个服从 B(10,0.4)的二项分布随机数
[1] 5 3 4 5 6
```

二项分布是离散分布，但随着试验次数 n 的增加，二项分布越来越接近于正态分布。下面将分别产生 100 个 n 为 10,20,50，概率 p 为 0.4 的二项分布随机数：

```
> par(mfrow=c(1,3))
> p=0.4
>for( n in c(10,20,50)){
  x=rbinom(100,n,p)
  hist(x,prob=T,main=paste("n =",n),col=rainbow(n))
  xvals=0:n
  points(xvals,dbinom(xvals,n,p),type="h",lwd=3)
}
```

结果见图 3-4。从图中可以看出，随着试验次数 n 的增大，二项分布越来越接近于正态分布。

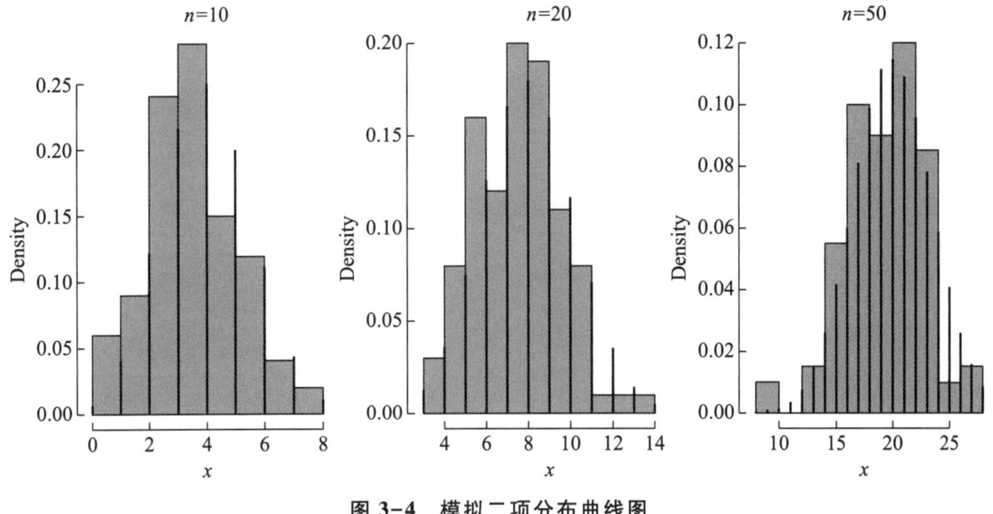

图 3-4　模拟二项分布曲线图

3.1.4　常见分布函数表

除了生成上面介绍的几种分布的随机数，还可以生成泊松(Poisson)分布、t 分布、F 分布

等多种分布的随机数，只要在相应的分布函数名前加“r”就可以，在此不一一赘述。现把常见分布归纳成表 3-1，供读者参考。

表 3-1　常见分布函数表

分布	中文名称	R 中的表达	参数
Beta	贝塔分布	beta( )	shape1,shape2
Binomial	二项分布	binom( )	size,prob
Cauchy	柯西分布	cauchy( )	location,scale
Chi-square	卡方分布	chisq( )	df
Exponential	指数分布	exp( )	rate
F	*F* 分布	f( )	df1,df2
Gamma	伽马分布	gamma( )	shape,rate
Geometric	几何分布	geom( )	prob
Hypergeometric	超几何分布	hyper( )	m,n,k
Logistic	逻辑分布	logis( )	location,scale
Negative binomial	负二项分布	nbinom( )	size,prob
Normal	正态分布	norm( )	mean,sd
Multivariate normal	多元正态分布	mvnorm( )	mean,cov
Poisson	泊松分布	pois( )	lambda
t	*t* 分布	t( )	df
Uniform	均匀分布	unif( )	min,max
Weibull	威布尔分布	weibull( )	shape,scale
Wilcoxon	威尔科克森分布	wilcox( )	m,n

除了在分布函数名前加“r”表示产生相应分布的随机数外，还可以加“p、q、d”，它们的作用参见表 3-2。

表 3-2　与分布相关的函数及代号

函数代号	函数作用
r-	生成相应分布的随机数
d-	生成相应分布的密度函数
p-	生成相应分布的累积概率密度函数
q-	生成相应分布的分位数函数

例如，dnorm 表示生成正态分布密度函数；pnorm 表示生成正态分布累积概率密度函数；qnorm 表示生成正态分布分位数函数（即正态累积概率密度函数的逆函数）。

例 3.1　求标准正态分布 $P(x\leqslant 1)$ 的累积概率：

```
> pnorm(1)
[1] 0.8413447
```

已知标准正态分布累积概率为 $P(x\leqslant a)=0.95$，求对应的分位数 a。

```
> qnorm(0.95)
[1] 1.644854
```

3.2　多元随机数的生成

3.2.1　多元正态分布随机数

可以使用 MASS 包中的 mvrnorm( )生成多元正态分布随机数，其使用方法是

```
> mvrnorm(n, mu, sigma, tol = 1e-6, empirical = FALSE, EISPACK = FALSE)
```

其中：n 是生成的随机数个数；mu 是均值向量；sigma 是协方差阵；tol 是容忍度；empirical 是逻辑参数，取 TRUE 时，mu 和 sigma 取经验均值和协方差阵。

接下来我们将对 mvrnorm( )函数背后的原理进行简要的说明。有兴趣的同学可以自己收集有关资料，编写自己的多元正态随机数的生成函数。

假设我们想要生成一个 p 维多元正态随机数，$X=(x_1,x_2,\cdots,x_p)$，它的均值为 μ，方差为 Σ。我们可以将 X 写成如下形式：

$$x_i=a_{i1}Z_1+\cdots+a_{ip}Z_p+\mu_i,\quad i=1,\cdots p$$

其中 $Z=(Z_1,\cdots,Z_p)$服从独立标准正态分布。可以证明：

$$\Sigma=Cov(x_i,x_j)=\sum_{k=1}a_{ik}a_{jk}=AA'$$

其中：A 为 $p\times p$ 维矩阵。我们可以使用 Cholesky 分解等方法对方差 Σ 进行分解。

前文我们已经介绍了如何生成一元标准正态随机数，现在我们可以用同样的方法生成 Z，接着将方差进行分解，根据分解后的结果计算出多元正态随机数。

例 3.2　如何产生均值都为 0，协方差矩阵为$\begin{pmatrix}5 & 2\\ 2 & 1\end{pmatrix}$的二元正态分布随机数。

```
> library(MASS)                         # 载入 MASS 包
> Sigma <- matrix(c(5,2,2,1),2,2)       # 生成协方差矩阵
> x=mvrnorm(n=1000, rep(0, 2), Sigma)
> head(x ,n=3L)
             [,1]        [,2]
  [1,]  -2.936373  -1.6623149
  [2,]  -1.390695  -0.3952741
  [3,]   2.419697   1.8233755
```

```
> var(x)
          [,1]      [,2]
[1,]  4.97430  1.995510
[2,]  1.99551  1.011414
>plot(x,col= "red ")     # 生成散点图(图 3-5)
```

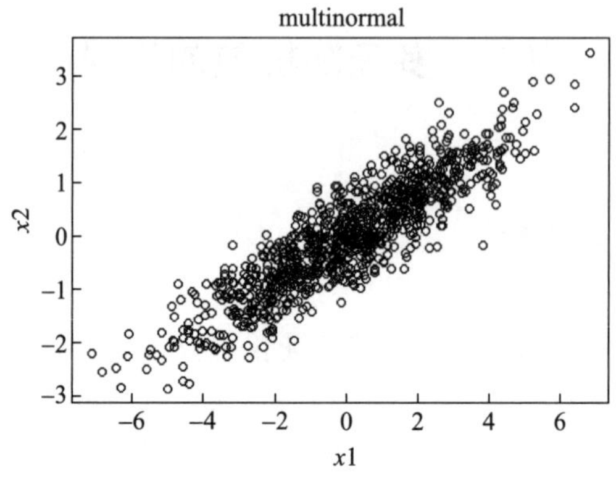

图 3-5 模拟二元正态分布散点图

3.2.2 多元正态分布密度函数、分位数与累积概率

与生成一元随机数类似,pmvnorm( )可以计算累积概率(mvtnorm 包),其用法是

```
> pmvnorm(lower=-Inf, upper=Inf, mean=rep(0, length(lower)), corr=NULL,
          sigma=NULL, algorithm = GenzBretz(), ...)
```

其中:lower 是累积概率的下限,默认为$-\infty$;upper 是累积概率的上限,默认为$+\infty$;mean 是多元正态分布的均值向量;corr 是多元正态分布的相关系数矩阵;sigma 是协方差阵,其中相关系数矩阵和协方差阵两者只要知道一个即可;algortithm 是计算累积概率的算法,R 提供了 GenzBretz、Miwa 和 TVPACK 三种算法,默认为 GenzBretz 算法。

例 3.3 计算均值为 0,相关系数矩阵为$\begin{pmatrix} 1 & 0.5 & 0.5 \\ 0.5 & 1 & 0.5 \\ 0.5 & 0.5 & 1 \end{pmatrix}$的三元正态分布随机数。求其下限为(-1,-1,-1),上限为(1,1,1)的累积概率。

```
> library(mvtnorm)
> mean <- rep(0,3)                  # 均值向量
> lower <- rep(-1,3)                # 下限
> upper <- rep(1, 3)                # 上限
> corr <- diag(3)                   # 相关系数矩阵
> corr[lower.tri(corr)] <- 0.5     # 相关系数矩阵下三角用 0.5 赋值
> corr[upper.tri(corr)] <- 0.5     # 相关系数矩阵上三角用 0.5 赋值
```

```
> pmvnorm(lower, upper, mean, corr)
[1] 0.3756943
attr(,"error")
[1] 5.435729e-05
attr(,"msg")
[1] "Normal Completion"
```

同样道理,求多元正态分布的密度函数可以用 dmvnorm( ),求多元正态分布的分位数可以用 qmvnorm( )。

3.3 随机抽样

3.3.1 有放回与无放回随机抽样

R 可以进行有放回、无放回随机抽样。用 R 语言进行随机抽样很简单,只要用 sample( )函数就可以了。其句法是这样的:

```
> sample(x, n, replace = F, prob = NULL)
```

其中:x 表示总体向量,可以是数值、字符、逻辑向量;n 表示样本容量;replace = F,表示无放回抽样,replace = T 表示有放回抽样,默认的是无放回抽样;prob 可以设置各个抽样单元不同的入样概率,进行不等概率抽样。

例 3.4　用 R 模拟重复掷一颗六面的骰子和掷两颗六面的骰子 5 次的结果。

```
> sample(1:6,5,rep=T)                      # 掷一颗六面的骰子,重复 5 次
[1] 1 2 4 2 1
> dice=as.vector(outer(1:6,1:6,paste))    # 掷两颗六面的骰子所有可能的结果
> sample(dice,5,replace=T)                 # 重复 5 次
[1] "5 5" "3 5" "2 1" "3 6" "5 3"
```

这里 outer(a,b,function),当 function 为空时,表示 a、b 两个向量的外积,也就等价于 a%o%b。当 function 是 paste 时,表示 X 向量的第一个元素与 Y 向量的每个元素分别组合,组成第一行,接着 X 向量的第二个元素与 Y 向量的每个元素分别组合,组成第二行,这样直到 X 向量最后一个元素组合完毕。本题的 outer(1 : 6,1 : 6,paste)结果是掷两颗六面的骰子所有可能的结果。

3.3.2 分层抽样

有放回随机抽样和无放回随机抽样都属于简单随机抽样。接下来我们介绍一种更复杂

的随机抽样技术——分层抽样。分层抽样是指先将目标按照某一准则分成若干层，再对每一层进行简单随机抽样。比如，一个班级共有 40 个人，其中 10 个女生，30 个男生，我们希望从中抽取 2 个女生和 3 个男生参加比赛。在这种情形下，可以按照性别将学生分为“男”和“女”两层，而后再分别抽取 2 个女生和 3 个男生。R 中可以使用 sampling 包中的 strata 函数进行抽取，语句为

```
>strata(data, stratanames = NULL, size, method = c("srswor","srswr","poisson","systematic"))
```

其中：stratanames 是分层抽样依据的变量；size 是各个层抽样的数目；method 是抽样的方法，包括“srswor”（无放回随机抽样）、“srswr”（有放回随机抽样）等。

例 3.5　chickwts 数据集是不同饮食种类对小鸡生长速度影响的数据，包括小鸡的体重“weight”变量和饮食种类“feed”变量，其中饮食种类包括“horsebean”“linseed”“soybean”“sunflower”“meatmeal”以及“casein”六类。要求从饮食种类中各抽取一个样本。代码如下：

```
> library(sampling)
> strata(chickwts,stratanames=("feed"),size=rep(1,6),method="srswor")
          Feed  ID_unit     Prob      Stratum
 2   horsebean     2     0.10000000      1
17     linseed    17     0.08333333      2
36     soybean    36     0.07142857      3
39   sunflower    39     0.08333333      4
49    meatmeal    49     0.09090909      5
62      casein    62     0.08333333      6
```

3.4　统计模拟

上一节我们介绍了 R 用函数生成各种随机数，并且通过画直方图或其他方法观察它们的分布。接下来，我们将借助随机数的生成，以中心极限定理的验证为例进行统计模拟说明。

中心极限定理是数理统计中非常重要的定理，很多定理和统计推断都建立在中心极限定理的基础上。

设 $\{x_n\}$ 是独立同分布的随机变量序列，其中 $E(x_1)=\mu, Var(x_1)=\sigma^2, 0<\sigma^2<\infty$。则前 n 个变量之和的标准化变量为

$$Y_n=\frac{\overline{X}-\mu}{\sigma/\sqrt{n}} \tag{3.4}$$

Y_n 的分布函数将随着 $n\to\infty$ 而依概率收敛于标准正态分布。如何检验这个定理的正确性呢？统计模拟就是一个很好的办法。

3.4.1　直方图模拟

我们以二项分布模拟中心极限定理为例进行说明。

对于二项分布,假如 $z \sim B(n,p)$,则其标准化变量为

$$x=\frac{z-np}{\sqrt{np(1-p)}} \tag{3.5}$$

随着 $n \to \infty$,x 的分布依概率收敛于标准正态分布。该定理也称为德莫弗-拉普拉斯定理。至于这个定理是否正确,除了数学上的严格证明外,也可用统计模拟方法检验它。

首先用 R 生成二项分布随机数的标准化变量。

```
> n=20;p=0.3
> z=rbinom(1,n,p)                    # 模拟生成一个二项分布随机数
> (z-n*p)/sqrt(n*p*(1-p))            # 计算标准化变量
>[1] 1.9518
```

这只是一个随机数标准化后的结果,我们需要产生很多随机数并观察它们的分布情况,比如需要产生 1 000 个这样的随机数,这在 R 中是非常容易实现的。

```
> m =1000                               # m 为模拟次数
>n = 20; p = 0.3
> z = rbinom(m,n,p)                     # 产生 1 000 个二项随机数
> x = (z-n*p)/sqrt(n*p*(1-p))           # 对 1 000 个二项随机数标准化
>hist(x,prob=T,main=paste("n =",n,"p=",p),col="red")
>curve(dnorm(x),add=T,col="blue")     # 添加正态曲线
```

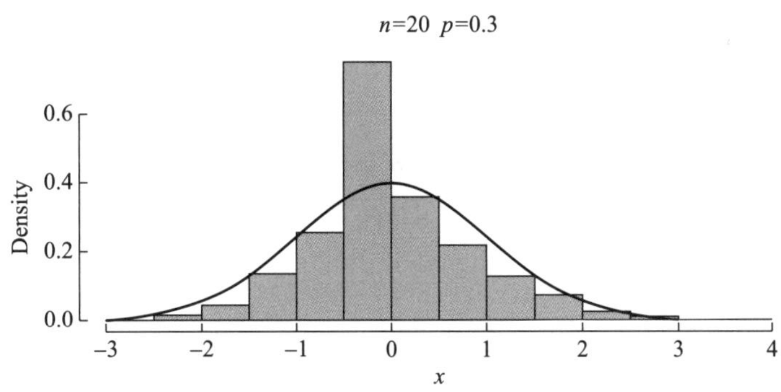

图 3-6　二项分布的正态模拟

在上面的模拟例子中,我们指定模拟次数 $m=1\ 000$,样本量 $n=20$,概率 $p=0.3$,如果要改变这些参数来重新进行模拟将会很麻烦,下面将展示如何将上面的程序形成一个模拟函数再进行模拟。

```
>sim.clt <- function(m,n,p){
  z = rbinom(m,n,p)
  x = (z-n*p)/sqrt(n*p*(1-p))
  hist(x,prob=T,breaks=20,main=paste("n =",n,"p =",p), col="red")
  curve(dnorm(x),add=T,col="blue")
}
> par(mfrow=c(1,2))
>sim.clt(2000,100,0.6)      # 取 m=2 000,n=100,p=0.6
>sim.clt(1000,30,0.5)       # 取 m=1 000,n=30,p=0.5
```

从图 3-6 和图 3-7 可以看出,当 n 很大时,二项分布近似服从标准正态分布。

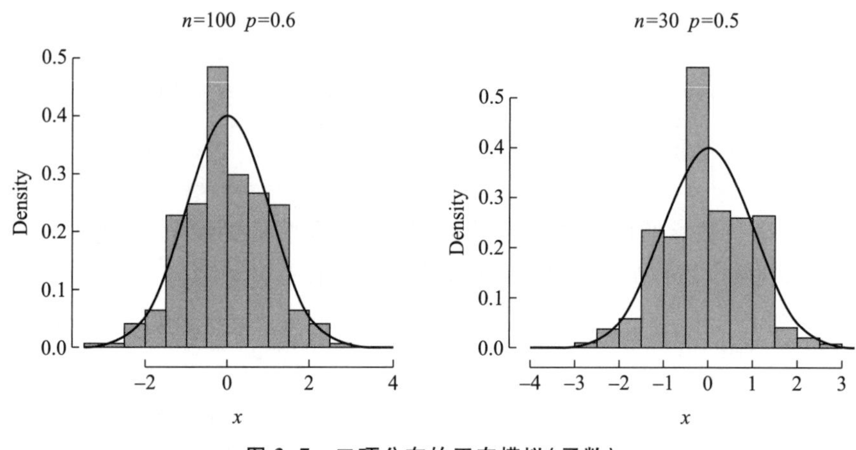

图 3-7　二项分布的正态模拟(函数)

3.4.2　正态概率模拟

能比直方图更好判定随机数是否近似服从正态分布的是正态概率图。其基本思想是作样本分位数与理论分位数的散点图,看图像是否近似在一条直线上。分位数比中位数、下四分位数 Q1 和上四分位数 Q3 等更具一般性。q 分位数就是累积概率小于 $q\%$ 所对应的值,所以 25%分位数就是 Q1,50%分位数就是中位数,75%分位数就是 Q3。用 R 来画正态概率图很简单,只要使用函数 qqnorm( )和 qqline( ),其中 qqline 是用来添加参考线(并不是回归线)的。

例 3.6　下面分别产生 1 000 个均值为 0、标准差为 1 的正态分布随机数以及均值为 10 的指数分布。对于服从指数分布的数据重复计算 1 000 次它们的标准化变量。最后分别作它们的正态概率图。程序如下:

```
> n=1000;mu=10 # mu 为指数分布均值
> par(mfrow=c(1,3))
> x=rnorm(n,0,1);qqnorm(x,main="N(0,1)",col="red");qqline(x,col="blue")
                    # 画 Q-Q 图并添加 qq 线
```

```
> z=rexp(n,1/mu);qqnorm(z,main="exp(0.1)",col="brown");qqline(z,col="blue")
> y=replicate(1000,(mean(rexp(n,1/mu))-mu)/(mu/sqrt(n)))
> qqnorm(y,main="趋于 N(0,1)",col="orange");qqline(y,col="blue")
```

结果见图 3-8,最左边和最右边图的散点近似分布在参考线上,所以服从正态分布,而中间一张图的散点严重偏离参考线,可以认为这张图不服从正态分布。因此可以发现当 n 趋于无穷时,指数分布的标准化变量服从正态分布。由于仅仅根据正态概率图无法得知标准化变量是否服从标准正态分布,因此想要更加严谨地对中心极限定理进行验证,需要结合上一小节提到的直方图模拟方法进行判断。

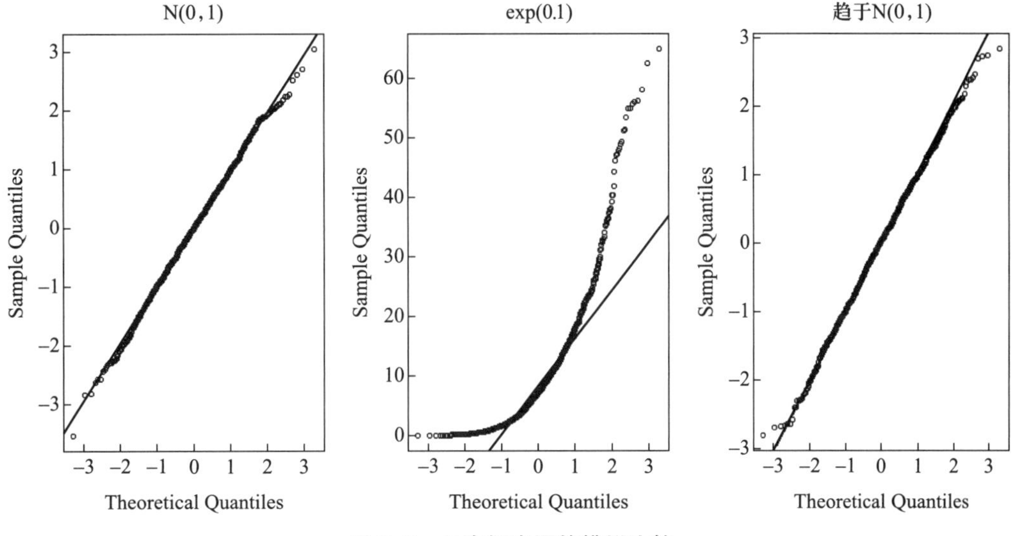

图 3-8　正态概率图的模拟比较

3.4.3　模拟函数的建立方法

这部分我们将介绍如何编写函数以及如何使用函数来实现统计模拟。假如每次模拟都要编写一个循环,这会是一件很麻烦的事情。在 3.4.1 节中我们已经尝试了使用函数来实现二项分布对中心极限定理验证的模拟,在本节中,我们将利用 sim.fun( )函数来建立模拟函数。首先编写一个用来生成随机数的函数,剩下的工作就可以交给 sim.fun 来做。下面编写泛式 sim.fun 函数(泛式是指函数是虚构的,这是 R 语言最强大的地方)。

```
>sim.fun <- function (m,f,…)   # m 为模拟样本次数,f 为需模拟的函数
  {
   sample <- 1:m
   for (i in 1:m) {
       sample[i] <- f(…)
    }
    sample
  }
```

1. 二项分布

如果要用二项分布来检验中心极限定理,需首先编写一个函数用以生成一个二项分布随机数的标准化值。

```
>f<-function(n=100,p=0.5){s=rbinom(1,n,p);(s-n*p)/sqrt(n*p*(1-p))}
```

该函数可以自定义参数 n、p,n 是 f 函数的第一个参数,其默认值为 100,p 是 f 函数的第二个参数,默认值为 0.5。

```
> x=sim.fun(10000,f)                    # 模拟 10 000 个二项随机数(图 3-9)
>hist(x,prob=T,col="brown",main="二项分布验证中心极限定理")
> curve(dnorm(x),add=T,col="blue")
```

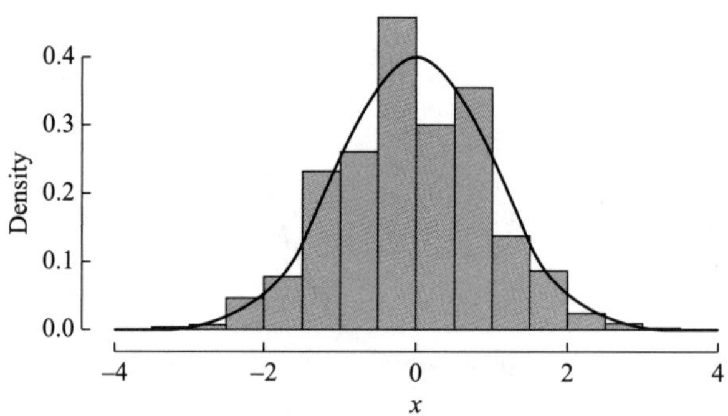

图 3-9　10 000 个二项随机数的正态模拟

2. 均匀分布

如果要用均匀分布来检验中心极限定理,可直接用均匀分布随机数函数来生成一个均匀随机数的值。

```
> f = function(n=10) (mean(runif(n))-1/2)/(1/sqrt(12*n))
> x=sim.fun(10000,f)                    # 模拟 10 000 个均匀随机数(图 3-10)
> hist(x,prob=T, col="orange",main="均匀分布验证中心极限定理")
> curve(dnorm(x),add=T,col="blue")
```

3. 指数分布

下面举一个偏态分布数据的例子,检验随着 n 的增大,其样本均值是否服从中心极限定理,不妨使用指数分布数据来模拟。下面首先编写函数生成均值和标准差都为 10 的指数分布数据(指数分布的 $\mu=\sigma=1/\lambda$),并计算样本均值的标准化变量。

```
> f <- function(n,mu=10)(mean(rexp(n,1/mu))-mu)/(mu/sqrt(n))
```

接下来我们分别模拟 n 取 5、10、100 的情况,假如每次生成的随机数都是 1 000,并作直方图以及标准正态分布的密度线(图 3-11)。程序如下:

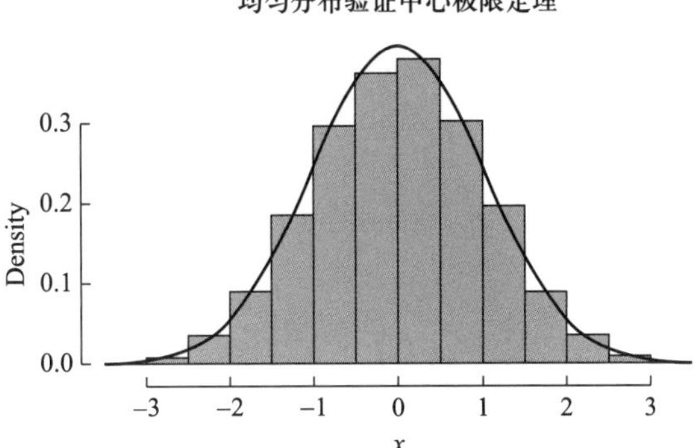

图 3-10　10 000 个均匀随机数的正态模拟

```
> par(mfrow=c(1,3))
> x<- sim.fun(1000,f,5,10)
> hist(x,prob=T,main="n=5",col="red")
> curve(dnorm(x),add=T,col="blue")
> x<- sim.fun(1000,f,10,10)
> hist(x,prob=T,main="n=10",col="brown")
> curve(dnorm(x),add=T,col="blue")
> x<- sim.fun(1000,f,100,10)
> hist(x,prob=T,main="n=100",col="orange")
> curve(dnorm(x),add=T,col="blue")
```

结果见图 3-11,可见随着 n 的增大,样本均值所服从的分布越来越接近于正态分布。

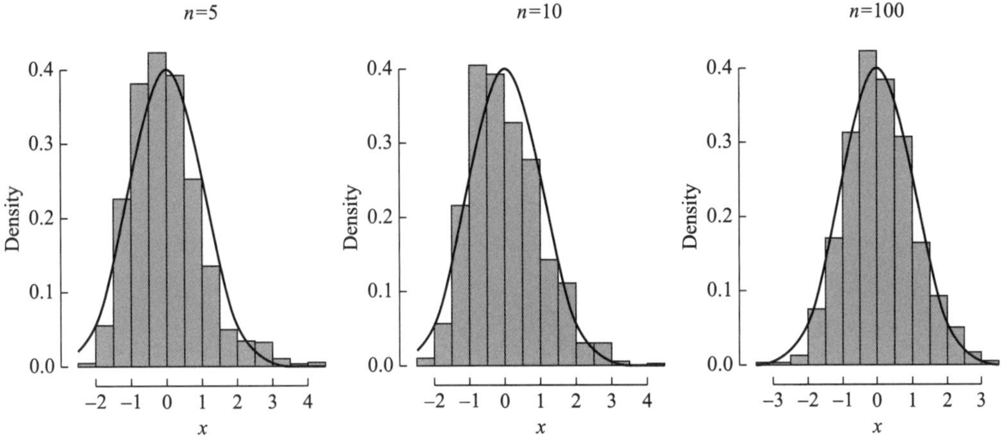

图 3-11　不同样本量指数随机数的正态模拟

3.5　习　　题

1. 假设 $Z \sim N(1,2)$,用 R 求 z^* 使得 $P(Z \leqslant z^*) = 0.05$。

2. 用 R 来模拟掷 1 000 次骰子的情况,作直方图并添加概率曲线。

3. 生成 1 000 个均值为 20 的指数分布随机数,绘制对应的直方图并添加指数分布密度线。

4. 产生 100 个均值为(1,2,3),协方差矩阵为$\begin{pmatrix}10 & 3 & 2\\ 3 & 4 & 1\\ 2 & 1 & 5\end{pmatrix}$的三元正态分布随机数。

5. 模拟均值为(2,-3),协方差矩阵为$\begin{pmatrix}10 & 3\\ 3 & 5\end{pmatrix}$的二元正态分布。计算其下限为(-1,-2),上限为(2,1)的累积概率。

6. 假设一个班级有 42 人,设计一个程序,随机将 42 人分为 6 组,每组 7 人。要求一个人不能同时属于两组并且一个人必须属于某一个组。

7. 袋中有 3 个红球、2 个白球,随机从袋中抽取一个球,记录颜色后放回,再随机从袋子中抽取一个球,记录颜色。设计一个程序求解两次都抽到红球的概率。

8. R 内置数据 iris 有个“Species”变量,是记录鸢尾花类型的数据,包括“setosa”“versicolor”和“virginica”三类。使用分层抽样方法分别对对应类别鸢尾花数据抽取 5、6、7 个样本。

9. 产生 1 000 个服从 $U(0,1)$ 的均匀分布随机数,绘制它的正态概率图。

10. 设计一个程序,使用卡方分布检验中心极限定理。

第 4 章

数据清洗与特征工程

在实际数据挖掘过程中,我们拿到的初始数据,往往存在缺失值、重复值、异常值或者错误值等。通常这类数据被称为“脏数据”,需要对其进行清洗。另外有时数据的原始变量不满足分析的要求,我们需要先对数据进行一定的处理,也就是数据的预处理,在机器学习中往往被称为特征工程。数据清洗与特征工程的主要目的是提高数据质量,从而提高挖掘结果的可靠度,这是数据挖掘过程中非常必要的一个步骤,否则会造成“垃圾数据进,垃圾结果出”的后果。

4.1 数据读写

4.1.1 数据读入

R 的数据读入灵活方便,可以在 R 软件中直接输入,也可以读入外部文件数据。对于大数据量来说,一般需要从外部读入。外部的数据源很多,可以是网络、电子表格、数据库、文本文件、论文等形式,所以录入数据的方法也就很多。关于 R 数据的导入导出,可以阅读“R Data Import/Export”。

关于数据读入,最常见的情形是读取 Excel 格式数据。对于一般常用的 xls、xlsx 数据表,由于该格式比较复杂,尽量避免直接导入。通常处理是将 xls 转换为 csv 格式后再进行读取,可以通过 read.csv( )函数来读入 csv 格式数据。

```
> read.csv(file="file.name", header = TRUE, sep = ",", …)
```

其中:header 表示是否含有列名;sep 表示 csv 文件的分隔方式,一般是逗号分隔符。

例如,要读入保存在“C:\Users\lenovo\Desktop”路径下的“math. csv”文件数据,该文件记录了学生的学号和数学成绩。

```
> math<-read.csv("C:/Users/lenovo/Desktop/math.csv", header = TRUE,sep=",")
> math
      No  Score
1  10061     95
……
```

除了文件数据,R 语言还可以读取数据库文件。dplyr 包可以直接访问数据库中的数据,例如,利用 src_mysql( )函数可以获取 MySQL 数据库中的数据,其功能类似于 RMySQL 包。其语法如下:

```
> src_mysql ( dbname , host = NULL , port = 0L , user = "root" , password = " " )
```

连接 MySQL 数据库后,使用 tbl( )函数获取数据集。tbl( )函数语法为

```
> tbl ( src , from , … )
```

其中:src 为 src_mysql( )函数对象;from 为 SQL 语句。

关于其他格式的数据读取可以总结为表 4-1。

表 4-1 不同格式的数据读取

数据格式	函数	数据格式	函数
. txt	read. table( )	. sav	read. spss( )
. csv	read. csv( )	. xpt	read. xport( )
. xlsx	read. xlsx( )	. rec	read. epiinfo( )
. dbf	read. dbf( )	. dta	read. dta( )

对于 SAS,R 只能读入 SAS Transport format(XPORT)文件。所以,需要把普通的 SAS 数据文件(. ssd 和. sas7bdat)转换为 Transport format(XPORT)文件,再用命令 read. xport( )。read. spss( )可读入 SPSS 数据文件。R 可以使用 read. epiinfo( )读入 epi5 和 epi6 的数据库数据。除此之外,R 还可以使用 read. dta( )读入 Stata 的数据库数据。需要注意,除了. txt、. csv、. xlsx 格式数据,在读取表 4-1 其余格式数据前,要提前载入 foreign 包。

4.1.2 写出数据

在将 R 工作空间里面的数据输出存储的时候,可以使用 write( )函数。

```
> write(x, file = "data",  ncolumns = if(is.character(x)) 1 else 5,  append =
FALSE, sep = " ")
```

其中:x 是数据,通常是矩阵,也可以是向量;file 是文件名(默认文件名为"data");append=TRUE 时,表示在原文件上添加数据,否则(FALSE,默认值)表示输出一个新文件。其他参数参见帮助文件。

对于列表数据或数据库数据,可以分别用 write. table( )函数和 write. csv( )函数输出纯文本格式和 CSV 格式的数据文件。

例如,将 math 数据输出到 C:\Users\lenovo\Desktop 目录下,命名为 math. txt 的文件里。

```
> write.table(math,"C:/Users/lenovo/Desktop/math.txt")
```

此时会在 C:\Users\lenovo\Desktop 目录下新创建一个名为 math. txt 的文件。

4.2　变量预处理

4.2.1　创建新变量

在研究中,需要对现有的一个或者几个变量通过变换(如四则运算)创建一个新的变量(见表 4-2)。

表 4-2　向量算术运算符

+	加
-	减
*	乘
/	除
^或 * *	幂次方
X%%Y	求模(XmodY),比如 6%%4 的结果为 2
X%/%Y	整数除法

例如,中国 5 个省份的 GNP、消费和人口的数据如表 4-3 所示。

表 4-3　中国 5 个省份的 GNP、消费和人口的数据

省份	GNP/亿元	消费/亿元	人口/万
A 省	6 000	5 000	2 000
B 省	7 200	5 800	3 600
C 省	7 400	6 000	3 500
D 省	11 000	10 200	5 020
E 省	9 200	8 500	6 100

现在,假如我们想要得到人均 GNP 和人均储蓄的指标数据。

首先,读入数据。

```
> cons<-c(5000,5800,6000,10200,8500)
> pop<-c(2000,3600,3500,5020,6100)
> gnp<-c(6000,7200,7400,11000,9200)
```

第一种方法是对现有的指标直接进行运算变换。左边为变量名,右边为其他变量的表达式。

```
> pgnp<-gnp/pop
> psave<-(gnp-cons)/pop
```

第二种方法是用 transform( )函数进行变换。

```
> data<-data.frame(gnp,cons,pop)
> transform(data,pgnp=gnp/pop,psave=(gnp-cons)/pop )
    gnp   cons   pop      pgnp       psave
1   6000  5000  2000  3.000000  0.5000000
2   7200  5800  3600  2.000000  0.3888889
……
5   9200  8500  6100  1.508197  0.1147541
```

第三种方法是用 with( )函数进行变换。该函数的用法是：

```
> with(data, expr, …)
```

expr 表示对 data 执行 expr 运算。

```
> (pgnp<-with(data,gnp/pop ))
[1] 3.000000 2.000000 2.114286 2.191235 1.508197
> (psave<-with(data,(gnp-cons)/pop))
[1] 0.5000000 0.3888889 0.4000000 0.1593625 0.1147541
```

4.2.2　变量重命名

有三种方法对变量进行重命名。

方法一，使用交互式编辑器：在命令窗口输入 fix(data)，R 会自动调用一个交互式编辑器，单击变量名，然后在弹出的对话框中将其重命名。如图 4-1 所示。

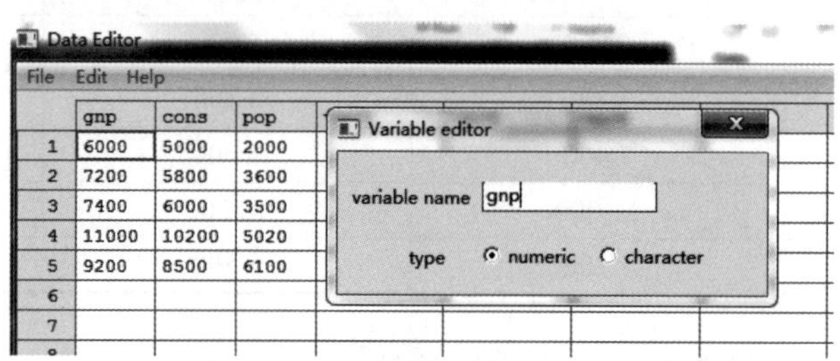

图 4-1　使用交互式编辑器进行变量重命名

方法二，reshape 包中的 rename( )函数可用于修改变量名。其调用格式为

```
> rename(dataframe, c(oldname1= "newname1", oldname2="newname2", …))
```

例如，将上例中数据框 data 中 pop 重命名为 population。

```
> library(reshape)
> data1 <- rename(data,c(pop="population"))
> head(data1,2L)
    gnp   cons   population
1  6000   5000         2000
2  7200   5800         3600
```

方法三,直接通过 names( )函数来重命名变量。例如:

```
> names(data)[3] <- "population"
> head(data,2L)
   gnp  cons  population
1  6000 5000        2000
2  7200 5800        3600
```

4.2.3　变量类型的转换

R 提供了一系列用来判断某个对象数据类型和将其转换为另一种数据类型的函数。

名为 is.datatype( )这样的函数返回 TRUE 或 FALSE,而 as.datatype( )这样的函数则将其参数转换为对应的类型。这里我们举一个简单的例子进行说明,详情参见第 2 章的 2.1 节。

```
> a<-"apple"
> a <- as.character(a)
> is.numeric(a)# 判断是否数值型数据
[1] FALSE
> is.vector(a)  # 判断是否向量
[1] TRUE
```

在变量类型转换中,我们需要额外关注日期变量的变换。日期值通常以字符串的形式输入 R 中,然后转化为数值形式储存的日期变量。函数 as.Date( )用于执行这种转化。语法为

```
> as.Date(x, "input_format ")
```

其中 x 是字符型数据,input_format 则给出了用于读入日期的适当格式(见表 4-4)。

表 4-4　日期格式

符号	含义	示例
%d	数字表示的日期(0~31)	01~31
%a	缩写的星期名	Mon
%A	非缩写的星期名	Monday
%m	月份(00~12)	00~12
%b	缩写的月份	Jan
%B	非缩写的月份	January
%y	两位数的年份	07
%Y	四位数的年份	2007

日期的默认输入格式为 yyyy-mm-dd。下列语句将数据转换为默认格式的日期数据:

```
> as.Date(c("2019-06-22", "2020-09-14"))
[1] "2019-06-22" "2020-09-14"
```

4.3　数据变换

数据变换包括平滑、聚合、泛化、规范化等操作。下面将具体介绍数据平滑和数据规范化。

4.3.1　数据平滑

数据平滑指的是将噪声从数据中移出。数据噪声是指数据中存在的随机性错误或偏差，产生的原因很多。噪声数据的处理方法通常有分箱、聚类分析和回归分析等，有时也会与人的经验判断相结合。

分箱是一种将数据排序并分组的方法，分为等宽分箱和等频分箱。等宽分箱是用同等大小的格子来将数据分成 N 个间隔，箱宽为

$$W=\frac{\max(data)-\min(data)}{N} \tag{4.1}$$

等宽分箱比较直观和容易操作，但是对于偏态分布的数据，等宽分箱并不是太适合，因为可能出现许多箱中没有样本点的情况。等频分箱是将数据分成 N 个间隔，每个间隔包含大致相同的样本个数。这种分箱方法有比较好的扩展性。将数据分箱后，可以用箱均值、箱中位数和箱边界来对数据进行平滑，平滑可以在一定程度上削弱离群点对数据的影响。分箱的本质是将连续型数据离散化。

用聚类分析方法处理噪声数据是指先对数据进行聚类，然后使用聚类结果对数据进行处理，如舍弃离群点、对数据进行平滑等。类似于分箱，可以采用中心点平滑等方法来处理。

用回归分析方法处理噪声数据是指利用数据建立回归分析模型，如果模型符合数据的实际情况，并且参数估计是有效的，就可以使用回归分析的预测值来代替数据的样本值，从而降低数据中噪声和离群点的影响。

我们以等频分箱为例，考虑 MASS 包中的 Cars93 数据，该数据包括不同汽车制造商不同款式的汽车价格等数据。现在假如我们只关心制造商和价格变量。

```
> library(MASS)
> data(Cars93)
> dat<-data.frame(manu=Cars93$Manufacturer,price=Cars93$Price)
> head(dat,2L)
    manu  price
1  Acura   15.9
2  Acura   33.9
```

由于价格是连续型数值变量，下面我们将价格按照等频分箱的方法分为三份，并且用箱均值对数据进行平滑。

```
>library(infotheo)# 加载无监督分箱包 infotheo
>nbins <- 3
>equal_freq <- discretize(dat$price,"equalfreq",nbins)# 分为 3 类,用 1,2,3 表示
>equal_freq
     X
1    2
2    3
…
88   1
…
>table(equal_freq)# 每一类的数量
equal_freq
 1    2    3
31   31   31
>plot(dat$price,col = equal_freq$X,xlab="x",ylab="price",pch=equal_freq$X)
>order.data<-dat$price[order(dat$price)]
>border<-ifelse(equal_freq==1,mean(order.data[1:31]),ifelse(equal_freq==2,
mean(order.data[32:62]),mean(order.data[63:93])))# 使用箱均值进行平滑
>border
               X
  [1,]  17.51613
  [2,]  30.17097
     …
 [88,]  10.84194
…
```

可以看到使用等频分箱后,每个类别的数量均为 31 个。在图 4-2 中,每种形状代表了一个类别。分箱后,我们可以使用箱均值对价格进行平滑。在本例中,箱均值分别为:10.841 94,17.516 13,30.170 97。

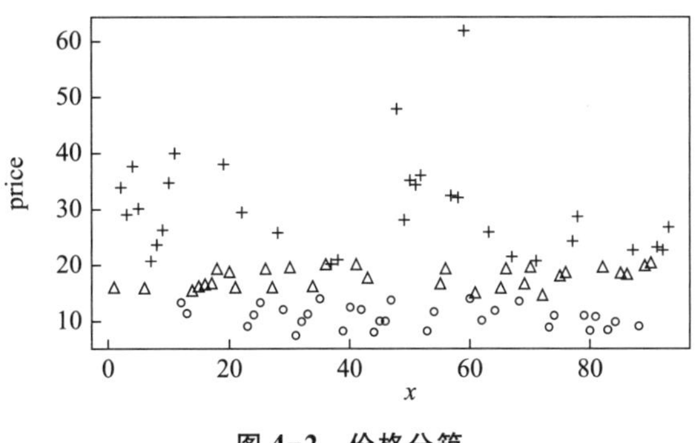

图 4-2　价格分箱

4.3.2　数据规范化

数据规范化的常用方法有:

1. 标准差标准化

所谓标准差标准化是将变量的各个记录值减去记录值的平均值,再除以记录值的标准差,即:

$$x'_{ij}=\frac{x_{ij}-\bar{x}_i}{S_i} \tag{4.2}$$

其中:$\bar{x}_i=\frac{1}{n}\sum_{j=1}^{n}x_{ij}$ 是平均值,$S_i=\sqrt{\frac{1}{n}\sum_{j=1}^{n}(x_{ij}-\bar{x}_i)^2}$ 是标准差。

经过标准差标准化处理后的数据的平均值为 0,标准差为 1。在 R 语言中可以直接使用 scale( )完成对数据的标准化。

2. 极差标准化

极差标准化是将各个记录值减去记录值的平均值,再除以记录值的极差,即:

$$x'_{ij}=\frac{x_{ij}-\bar{x}_i}{\max(x_{ij})-\min(x_{ij})} \tag{4.3}$$

经过极差标准化处理后的数据的极差等于 1。

3. 极差正规化

极差正规化是将各个记录值减去记录值的极小值,再除以记录值的极差,即:

$$x'_{ij}=\frac{x_{ij}-\min(x_{ij})}{\max(x_{ij})-\min(x_{ij})} \tag{4.4}$$

极差正规化后的数据取值范围在[0,1]区间之内。对于时间序列数据,常通过计算差值和比值来进行数据转换。所谓数据差值,是用 $S(t+1)-S(t)$ 的相对变动来代替 $S(t+1)$。而数据比值是采用$\frac{S(t+1)}{S(t)}$的相对变动来代替 $S(t+1)$。

4.4 缺失数据处理

从缺失值的分布来讲,缺失值可以分为完全随机缺失(missing completely at random, MCAR)、随机缺失(missing at random, MAR)和完全非随机缺失(missing not at random, MNAR)。这三种缺失的定义和例子如表 4-5 所示。

表 4-5　三种缺失类型的比较

缺失类型	定义	例子
完全随机缺失	数据的缺失是完全随机的,不依赖于任何完全变量或不完全变量。缺失情况相对于所有可观测和不可观测的数据来说,在统计意义上是独立的,也就是说直接删除缺失数据对建模影响不大	输入数据时,由于员工的失误而导致数据缺失
随机缺失	数据的缺失不是完全随机的,数据的缺失依赖于其他完全变量	收入数据的缺失可能与受访者的职业、性别等因素有关

续表

缺失类型	定义	例子
完全非随机缺失	数据的缺失依赖于不完全变量，与缺失数据本身存在某种关联。具体来说，一个观测出现缺失值的概率是由数据集中不含缺失值的变量决定的，与含缺失值的变量关系不大	调查时，所涉及的问题过于敏感，被调查者拒绝回答而造成的缺失

从统计角度来看，利用非随机缺失的数据进行估计会产生有偏估计。事实上，绝大部分原始数据都包含缺失值，因此怎样处理缺失值就很重要了。

4.4.1　缺失数据的识别

在 R 中，缺失值以符号 NA 表示。

同样，我们也可以使用赋值语句将某些值重新编码为缺失值。例如，在一些问卷中，年龄的缺失值被编码为 999，在分析这一数据集之前，必须让 R 明白本例中的 999 表示缺失值。例如：

```
>questionnaire<-read.csv("C:/Users/lenovo/Desktop/questionnaire.csv",
header= TRUE,sep=",")
> questionnaire$age[questionnaire$age==999]<-NA
```

任何等于 999 的年龄值都将被修改为 NA。在进行数据分析前，要确保所有的缺失数据被编码为缺失值，否则分析结果将失去意义。

4.4.2　缺失数据的探索与检验

R 提供了一些识别缺失值的函数。函数 is. na ( ) 可以检测缺失值是否存在。例如：

```
> y <- c ( 1 , 2 , 3 , NA )
> is.na ( y )
[1] FALSE  FALSE  FALSE  TRUE
```

complete. cases( ) 函数可用来识别矩阵或数据框的行是否完整，也就是有无缺失值，并以行为单位返回识别结果。如果一行中不存在缺失值，则返回 TRUE；若一行中有一个或多个缺失值，则返回 FALSE。由于逻辑值 TRUE 和 FALSE 分别等价于数值 1 和 0，可用 sum( ) 和 mean( ) 来计算关于完整数据的行数和完整率。下面以 VIM 包中的 sleep 数据为例进行说明。该数据包括 62 种哺乳动物睡眠、生态学变量、体质变量等 10 个变量的数据。

```
> data ( sleep , package = "VIM" )          # 读取 VIM 包中的 sleep 数据
> sleep [ ! complete.cases ( sleep ) , ]    # 提取 sleep 数据中不完整的行
```

```
      BodyWgt  BrainWgt  NonD  Dream  Sleep  Span  Gest  Pred  Exp  Danger
1    6654.000    5712.0    NA     NA    3.3  38.6   645     3    5       3
3       3.385      44.5    NA     NA   12.5  14.0    60     1    1       1
……
> sum ( ! complete.cases ( sleep ) )
[1] 20
> mean ( complete.cases ( sleep ) )
[1] 0.6774194
```

结果列出了 20 个含有一个或多个缺失值的观测值,并有 67.7%的完整实例。

4.4.3　缺失数据的处理

1. 行删除

可以通过函数 na. omit( )删除所有含缺失值的观测。即删除所有含有缺失数据的行。

```
>newsleep <- na.omit ( sleep )
> nrow(newsleep)
[1] 42
```

行删除法假定数据是 MCAR(即完整的观测值只是全数据集的一个随机子样本)。此例中 42 个实例为 62 个样本的一个随机子样本。

如果缺失比例比较小时,该方法简单有效。但在缺失比例比较大的情况下,这种方法却有很大的局限性。直接删除以减少样本量来换取信息的完备,可能会丢弃一些有用的信息。在本身样本量较小的情况下,直接删除缺失值会影响数据的客观性和分析结果的正确性。

2. 均值插补法

均值插补法(mean imputation)是一种简便、快速的缺失数据处理方法。如果缺失数据是数值型的,就根据该变量的平均值来填充缺失值;如果缺失值是非数值型的,就根据该变量的众数填充缺失值。

使用均值插补法替换缺失数据,对该变量的均值估计不会产生影响。但该方法是建立在完全随机缺失的假设之上的,当缺失比例较高时会低估该变量的方差。同时,这种方法会产生有偏估计。

3. 多重插补

在面对复杂的缺失值问题时,多重插补(multiple imputation,MI)是最常用的方法,它将从一个包含缺失值的数据集中生成一组完整的数据集。每个模拟的数据集中,缺失数据将用蒙特卡洛方法来填补。由于多重插补方法并不是用单一值来替换缺失值,而是试图产生缺失值的一个随机样本,因此反映了由于数据缺失而导致的不确定。R 中的 mice 包可以用来多重插补。以 mice 包中 nhanes 数据集为例。该数据集包括 25 个样本,4 个变量,是 R 中多重插补的范例数据。

```
> library(mice)
> imp<-mice(nhanes,m=5,seed = 123)
iter  imp  variable
  1   1  bmi  hyp  chl
  1   2  bmi  hyp  chl
……
> fit<-with(imp,exp=lm(bmi ~ hyp + chl))
> pooled<-pool(fit)
> summary(pooled)
         term     estimate   std.error   statistic         df      p.value
1 (Intercept)  23.36241772  4.59599344   5.0832139  17.316599  8.711882e-05
2         hyp  -1.23264117  2.48497066  -0.4960385   9.667139  6.309501e-01
3         chl   0.02466393  0.02521494   0.9781474  13.090493  3.457330e-01
```

其中：imp 是包含 m 个插补数据集的列表对象，m 默认为 5；exp 是一个表达式对象，用来设定应用于 m 个插补数据集的统计分析方法，如线性回归模型的 lm( ) 函数、广义线性模型的 glm( ) 函数、广义可加模型的 gam( ) 函数等。fit 是一个包含 m 个单独统计分析结果的列表对象。pooled 是一个包含这 m 个统计分析平均结果的列表对象。

4.5　数据集的运算

有时根据研究的需要，我们需要对数据集进行合并、拆分、排序、分类汇总等运算。除了可以使用数据集合并 merge( )、数据筛选 subset( ) 等基本函数外，还可以使用 dplyr 包对数据集进行操作。由于 dplyr 包是用 C 语言开发的，处理 tbl（表格）对象非常迅速，因此在使用 dplyr 包做数据预处理时，可以使用 tbl_df( ) 函数将原数据转换为 tbl 对象。

4.5.1　变量的合并与拆分

有时如果希望分组进行统计分析，或者只分析其中的一部分数据，则可以通过拆分变量来加以分析；有时又希望把不同变量的数据合并起来分析。事实上，变量的拆分与合并是一个互逆的过程。R 里分别用函数 unstack( ) 和 stack( ) 拆分和合并变量。

下面以 dataset 的内置数据 PlantGrowth 为例进行分析，这是关于植物生长的数据。

```
> data(PlantGrowth)
> PlantGrowth
    weight  group
 1    4.17   ctrl
          …
11    4.81   trt1
          …
```

```
21  6.31  trt2
      …
```

该数据的 group 变量可分成 ctrl（对照组）、trt1（处理组 1）、trt2（处理组 2）三组，每组 10 个样本。

可以将 group 变量拆分成 ctrl、trt1、trt2 三个变量。

```
> unPG <-unstack(PlantGrowth)
> unPG
    ctrl  trt1  trt2
 1  4.17  4.81  6.31
……
10  5.14  4.69  5.26
```

也可以用 stack()把 unPG 的三个变量合成一个变量。

```
> sPG=stack(unPG)
> sPG
    values   ind
 1    4.17  ctrl
……
29    5.80  trt2
```

4.5.2　数据集的合并

要横向合并两个数据框（数据集），可以使用 merge()函数。在多数情况下，两个数据框是通过一个或多个共有变量进行联结的（inner join）。其句法为

```
> merge(x , y , by ,…)
```

将 x 和 y 按照某个规则进行合并。

除此之外，还可以使用 dplyr 包进行数据集间的合并。dplyr 包中用 inner_join()、left_join()、right_join()和 full_join()实现两个数据集间的内连接、左连接、右连接和全连接操作。以左连接为例，下面使用 dplyr 包中两个数据集 band_members（表 4-6）和 band_instruments（表 4-7）进行说明：

表 4-6　band_members 数据集

name	band
Mick	Stones
John	Beatles
Paul	Beatles

表 4-7　band_instruments 数据集

name	plays
John	guitar
Paul	bass
Keith	guitar

```
> library(dplyr)
> left_join ( band_members,band_instruments ) # 按第一个数据集的 ID 匹配合并
Joining, by = "name"
# A tibble: 3 x 3
    name     band   plays
   <chr>    <chr>   <chr>
1   Mick   Stones    <NA>
2   John  Beatles  guitar
3   Paul  Beatles    bass
```

我们还可以用 semi_join(x,y)返回 x 中的与 y 匹配的行,用 anti_join(x,y)返回 x 中的不与 y 匹配的行。

若要直接横向合并两个矩阵或数据框,那么可以直接使用 cbind( )函数(按列)或者 rbind( )函数(按行)。为了让它正常工作,每个对象必须拥有相同的行数或者列数,且要以相同的顺序排列。dplyr 包中对应功能的函数为 bind_rows(x,y)(将数据集 y 按行拼接到数据集 x 中)以及 bind_cols(x,y)(将数据集 y 按列拼接到数据集 x 中)。

4.5.3　数据集的抽取

1. 保留变量

从一个大数据集中选择有限数量的变量来创建一个新的数据集。

下面以 iris(鸢尾花)数据集为例进行说明。该数据集一共有 5 个变量,包括 Sepal. Length(萼片长度)、Sepal. Width(萼片宽度)、Petal. Length(花瓣长度)、Petal. Width(花瓣宽度)、Species(类别)。

(1) 从 iris 数据集中选择第 3 到第 5 个变量,将行下标留空表示默认选择所有行,并将它们保存到新的数据框 iris. data1 中。

```
> iris.data1 <- iris[, c(3:5)]
```

(2) 从 iris 数据集中选择"Sepal. Length" "Sepal. Width" "Species"3 个变量,并将它们保存到新的数据框 iris. data2 中。

```
>vars <- c("Sepal.Length","Sepal.Width","Species" )
> iris.data2 <-iris[vars]
```

2. 删除变量

(1) 知道要删除的变量名("Sepal. Length" "Sepal. Width")时,可以使用下述程序进行删除:

```
>vars <- names(iris) % in% c("Sepal.Length", "Sepal.Width" )
# x % in% table :返回的是 x 中的每个元素是否在 table 中,是一个 bool 向量
>iris.data3<-iris[! vars]
```

(2) 在知道要删除的变量是第几个的情况下,可以使用语句:

```
> iris.data4 <- iris[c(-2, -4)]  # 删除第 2 和第 4 个变量
```

(3) 直接将列值赋为 NULL。

```
> iris $ Sepal.Width <- iris $ Petal.Width <- NULL
```

3. 选择观测值

(1) 逻辑运算符。我们可以借助 R 中逻辑运算符对观测值进行选择(见表 4-8)。

表 4-8　R 中常用逻辑运算符

<	小于
<=	小于等于
>	大于
>=	大于等于
==	严格等于
!=	不等于
!x	非 X
X&Y	X 和 Y
X|Y	X 或 Y

下面同样以 R 的 VIM 包中 sleep 数据为例进行报告。该数据集中睡眠变量包括睡眠中做梦时长(Dream,单位为小时)、不做梦时长(NonD,单位为小时)以及睡眠时间(Sleep,单位为小时)。体质变量包含体重(BodyWgt,单位为千克)、脑重(BrainWgt,单位为千克)、寿命(Span,单位为年)和妊娠期(Gest,单位为天)。生态学变量包含物种被捕食的程度(Pred)、暴露的程度(Exp)和面临的总危险程度(Danger)。生态学变量以 1(低)到 5(高)的 5 分制进行度量。我们接下来对睡眠时间在 3~6 小时的观测值进行筛选。

```
> library(VIM)
> attach(sleep)
> newdata1<-sleep[which(Sleep>=3 & Sleep <6),] # 选择睡眠时间在 3~6 小时的观测值
> newdata2 <- sleep[1:20,]  # 选择前 20 行
> detach(sleep)
```

除此之外,我们还可以使用 subset()函数、filter()函数、slice()函数进行筛选。

（2）subset( )函数。

```
> newdata3 <- subset(sleep, Sleep>=3 & Sleep<6, select=c(BodyWgt, Dream,
Sleep,Span, Pred,Exp,Danger))
> newdata4<- subset(sleep, Pred=3 & Sleep<6, select=BodyWgt: Pred)
```

在第一个示例中，选择了所有睡眠时间在 3~6 小时的观测，且保留了 BodyWgt、Dream、Sleep、Span、Pred、Exp、Danger 变量。第二个示例选择了 Pred 为 3 且睡眠时间小于 6 小时的观测，且保留了从变量 BodyWgt 到 Pred 之间的所有列。

（3）filter( )函数。filter( )函数在 dplyr 包中，可以对数据集按某些逻辑条件进行筛选得到符合要求的记录。例如，要分别选出 sleep 数据集中被捕食的程度（Pred）为 5 且暴露的程度（Exp）为 5 的数据、捕食的程度（Pred）为 5 或者暴露的程度（Exp）为 5 的数据，可使用下述程序进行：

```
> library(dplyr)
> filter (sleep , Pred==5 , Exp ==5 ) # 且的关系
> filter (sleep , Pred==5 | Exp ==5 ) # 或的关系
```

此外 filter. all( )、filter. if( )、filter. at( )跟 all_vars( )和 any_vars( )等函数结合起来都能实现筛选功能。

（4）slice( )函数。slice( )函数在 dplyr 包中。如果需要选取数据集中的部分行，则可以使用 slice( )函数。例如，选取 sleep 数据中的前 20 行：

```
> slice ( sleep , 1 : 20 )
```

4. 随机选取样本

dplyr 包中的 sample_n( )函数和 sample_frac( )函数可以从数据集中随机地抽取样本。在建模时，当需要把样本随机划分为训练集和测试集时这两个函数就很有用。比如：

```
> sample_n (sleep , 20 )                        # 随机从数据集中选取 20 个样本
> sample_frac (sleep, 0.2 )                     # 随机从数据集中选取 20% 的样本
> sample_frac (sleep, 2 , replace = TRUE )      # 重复抽样选取 2 倍的样本
```

4.5.4　数据集的排序

dplyr 包中 arrange( )函数可以实现按给定的列名进行排序。例如，按被捕食的程度（Pred）将 sleep 数据集重新进行升序排序：

```
> arrange ( sleep , Pred)
```

对列名加 desc( )可按该列进行倒序排序：

```
> arrange (sleep , desc(Pred) )
```

4.5.5　汇总操作

dplyr 包中的 summarise( ) 函数可以对调用了其他函数所执行的操作进行汇总，返回一个一维的结果。例如，我们想要计算睡眠时暴露的程度（Exp）最大值以及被捕食程度（Pred）的平均值：

```
> summarise (sleep , a = max (Exp) , b = mean (Pred , na.rm = TRUE ) )
a       b
5   2.870968
```

summarise( ) 跟 mean( )、median( )、sd( )、quantile( ) 等函数结合起来，可以返回想要的汇总数据。

4.5.6　数据分组

在 dplyr 包中，group_by( ) 函数可以对数据集进行分组操作。当对数据集通过 group_by( ) 添加了分组信息后，arrange( )、summarise( ) 等函数会自动对这些数据执行分组操作。例如，对 sleep 数据集按被捕食的程度（Pred）进行分组，计算平均暴露的程度（Exp）：

```
>pr <- group_by (sleep ,Pred )
> analysis <- summarise ( pr , meanExp = mean ( Exp , na.rm = TRUE ) )
> analysis
# A tibble: 5 x 2
     Pred  meanExp
    <int>    <dbl>
1       1      1.5
……
5       5     4.07
```

dplyr 包中还有一个特有的管道函数（pipe function）“%>%”，即通过“%>%”将上一个函数的输出作为下一个函数的输入，就像管道输送一样，因此被称为管道函数。这种方法可以大大提高程序的运行速度，并简化程序代码。例如，对于 sleep 数据，需要对其按被捕食的程度（Pred）进行分组，分组后筛选出暴露的程度（Exp）变量，并计算这个变量的均值，可以用如下程序：

```
> sleep% >%
  group_by (Pred ) % >%
  select ( Exp ) % >%
  summarise (meanExp = mean ( Exp , na.rm = TRUE ) )
# A tibble: 5 x 2
     Pred  meanExp
    <int>    <dbl>
1       1      1.5
……
5       5     4.07
```

得到的结果与直接使用 group_by( ) 函数进行分类汇总的结果一致。

4.6 习　　题

1. 创建一个名为“student”的 txt 文件并且将其读入 R 语言中。

2. 将 R 语言 datasets 包中的“AirPassengers”数据集输出为“AirPassengers. csv”文件。

3. 编写一个函数将“月/日/年”格式的数据改为“年-月-日”格式的数据。

4. 使用多重插补法对 VIM 包中的 sleep 缺失数据进行处理。

5. 对 swiss 数据集中的 Agriculture 变量进行标准化处理。

6. 请分析 ISLR 包里的 Wage 数据。

(1) 请按 race 把不同种族的人分别筛选出来,然后比较不同种族的人平均工资是否一样。

(2) 请把 wage 按 100 划分为高工资和低工资两类,并新建一个变量,分别用 high 和 low 代替高工资和低工资。

7. 请分析鸢尾花数据集(“iris”)。

(1) 计算鸢尾花各个品种花萼长度、花萼宽度、花瓣长度和花瓣宽度的平均值。

(2) 选择花萼长度在 4.5~5 的所有观测值(包含 4.5 和 5)。

(3) 对花萼宽度进行等宽分箱,共分为三个类别,使用箱边界对数据进行平滑。

8. 请分析 dplyr 包中两个数据集 band_members 和 band_instruments:

(1) 使用右连接对两个数据集进行连接。

(2) 使用内连接对两个数据集进行连接。

9. 请分析 cars 数据集(20 世纪 20 年代汽车速度对刹车距离的影响):

(1) 按照刹车距离由小到大的顺序对数据集进行排序。

(2) 绘制速度和刹车距离的散点图。

10. 请分析 ISLR 包里的 Hitters 数据:

(1) 请找出 Salary 变量里有缺失的所有球员,并统计总共有多少缺失。

(2) 请用均值和中位数分别填充缺失值。

第 5 章

探索性数据分析

探索性数据分析(exploratory data analysis,EDA)是通过分析数据集以决定选择哪种方法进行统计推断的过程,也称为描述统计分析。比如,对于一维数据,人们想知道数据是否近似地服从正态分布,是否呈现拖尾或截尾分布?它的分布是对称的还是偏态的?分布是单峰、双峰还是多峰的?这需要我们对数据进行探索性分析。本章主要介绍探索性数据分析方法。

5.1 单变量探索性数据分析

本节我们首先介绍分类数据的探索性分析,然后介绍数值数据的探索性分析,最后介绍离群值的探索性分析。

5.1.1 分类数据

统计学上把取值范围是有限个值或一个数列的变量称为离散变量,其中表示分类情况的离散变量又称为分类变量。对于分类数据我们既可以用频数表来分析,也可以用条形图和饼图来描述。

频数表(table)可以描述一个分类变量的数值分布概况。如果 x 是分类数据,只要在 R 中用 table(x)就可以生成分类频数表。

条形图(barplot)的高度可以是频数或频率,图的形状看起来一样,但是刻度不一样。R 画条形图的命令是 barplot()。在 R 中,对分类数据作条形图,需先使用 table()命令对原始数据分组,再对分组后的数据使用 barplot()命令,否则作出的不是分类数据的条形图。

饼图(pie graph)可用于表示各类别构成比情况,图形的总面积为 100%,扇形面积的大小表示事物内部各组成部分所占的百分比。在 R 中作饼图的命令是 pie(),像条形图一样,对原始数据作饼图前要先分组。

例 5.1 假如对一组 25 人的饮酒者所饮酒类进行调查,把饮酒者按红酒(1)、白酒(2)、黄酒(3)、啤酒(4)分成四类。调查数据为:3 4 1 1 3 4 3 3 1 3 2 1 2 1 2 3 2 3 1 1 1 1 4 3 1。

```
> drink <- c(3,4,1,1,3,4,3,3,1,3,2,1,2,1,2,3,2,3,1,1,1,1,4,3,1)
> drink.count <- table(drink) # 分组计数
```

```
> names(drink.count) <- c("红酒","白酒","黄酒","啤酒")
> drink.count
红酒  白酒  黄酒  啤酒
 10     4     8     3
> barplot(drink.count)        # 画条形图(图 5-1 左图)
> pie(drink.count)            # 画饼图(图 5-1 右图)
```

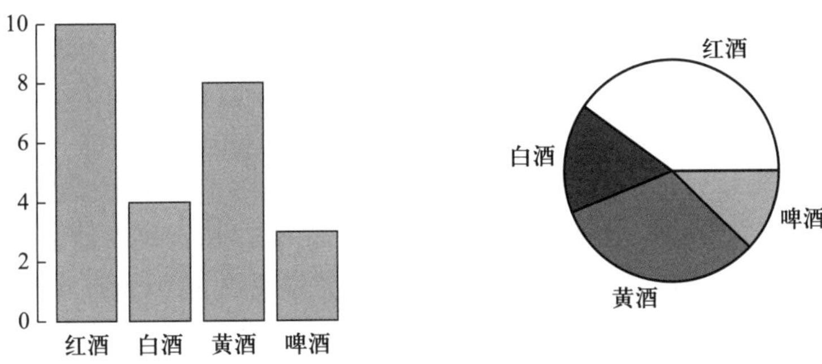

图 5-1　饮酒数据条形图(左)和饼图(右)

5.1.2　数值数据

1. 使用统计量描述数据

对于数值数据,我们主要用均值、中位数来描述集中趋势,用方差、标准差、变异系数描述离散程度。使用 R 求均值、中位数、方差和标准差的命令分别是 mean( )、median( )、var( ) 和 sd( )。变异系数,又称离散系数,通过标准差除以平均值得到,是分布离散程度的一个归一化度量。此外,还可以使用 summary( ) 求分位数来概括数据。

值得注意的是,当数据是长尾或存在异常值时,均值、方差和标准差对于数据的描述会有所偏差,此时更为稳健的方法是使用中位数或截尾均值来描述集中趋势,用四分位间距(IQR)和平均差(mad)来描述离散程度。

例 5.2　datasets 包里的数据集 Nile 记录了从 1871 年到 1970 年尼罗河每年的平均流量(单位为 10^8 立方米)。

```
> mean(Nile)                   # 求均值
[1] 919.35
> mean(Nile,trim = 0.2)        # 截尾均值(截去两端 20% 后的数据)
[1] 903.2167
> median(Nile)                 # 求中位数
[1] 893.5
> var(Nile)                    # 求方差
[1] 28637.95
> grubbsary(Nile)              # 求分位数
```

```
  Min.  1st Qu.  Median   Mean  3rd Qu.    Max.
 456.0    798.5   893.5  919.4   1032.5  1370.0
> IQR(Nile)                    # 四分位间距
[1] 234
> mad(Nile)                    # 平均差
[1] 179.3946
```

2. 数据分箱与直方图

本书上一章中已介绍过,数据分箱是将连续变量离散化,即将一组数值数据按大小进行分组。在 R 中可以使用 cut 函数并规定切分点来对数值数据进行分箱。

直方图(histogram)用于表示连续性变量的频数分布,实际应用中常用于考察变量的分布是否服从某种分布类型,相当于对分箱后的数据绘制条形图。图形以矩形的面积表示各组段的频数(或频率),各矩形的面积总和为总频数(或等于 1)。R 中绘制直方图的函数是 hist( ),默认绘制频数直方图,若要绘制频率直方图,需将参数 probability 设置为 T。

核密度估计是一种对数据密度函数进行估计的非参数方法,其主要思想是使用落在 $[x-h,x+h]$ 区间的点的个数占样本总数的比例,来近似作为 x 处的密度函数,即

$$f_h(x)=\frac{1}{nh}\sum_{i=1}^{N}K_0\left(\frac{x-x_i}{h}\right),\quad K_0(t)=\frac{1}{2}\cdot 1(t<1) \tag{5.1}$$

其中:h 称为带宽;$K_0(t)$ 为核函数。

进一步,也可以使用其他核函数来替代式 5.1。

在频率直方图上,可以添加使用 density 函数拟合的核密度估计曲线,并使用参数 bw 和 kernel 调整带宽和核函数。

仍以例 5.2 中的尼罗河流量数据为例:

```
> Nile.group = cut(Nile, breaks = seq(400,1400,100)) # 数据分箱
> table(Nile.group)
Nile.group
          (400,500]           (500,600]           (600,700]           (700,800]
                  1                   0                   5                  20
          (800,900]        (900,1e+03]   (1e+03,1.1e+03]  (1.1e+03,1.2e+03]
                 25                  19                  12                  11
(1.2e+03,1.3e+03]  (1.3e+03,1.4e+03]
                  6                   1
> hist(Nile, breaks = seq(400,1400,100), main = '频数直方图') # 图 5-2 左图
> hist(Nile, breaks = seq(400,1400,100), probability = T, main = '频率直方图')
# 图 5-2 右图
> lines(density(Nile),col='red') # 在频率直方图上添加核密度估计曲线
> legend("topright", legend='核密度估计曲线', lty = 1, col = 'red', cex = 0.7)
```

3. 箱线图

箱线图(boxplot graph)可以用于考察连续变量的总体分布情况,它由一个箱子和两根引线构成,可分为垂直型和水平型。以垂直型为例,下端引线表示数据的最小值,箱子的下端表示

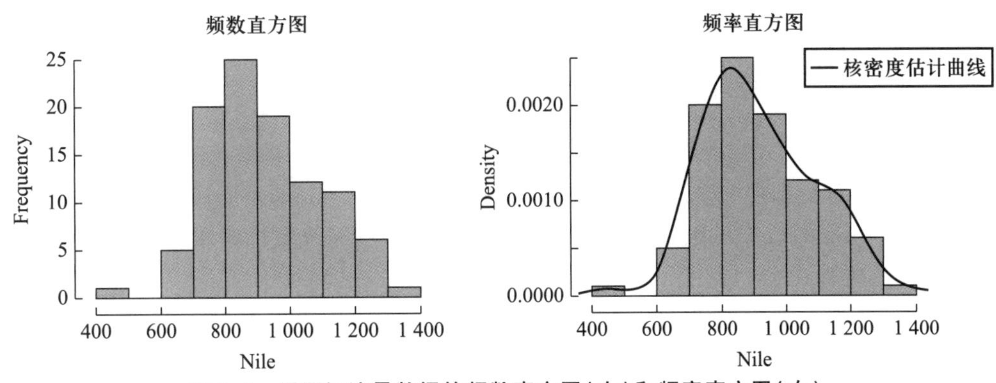

图 5-2　尼罗河流量数据的频数直方图(左)和频率直方图(右)

下四分位数,箱子中间的线表示中位数,箱子上端表示上四分位数,上端引线表示最大值。与直方图侧重于对连续变量的分布情况进行考察不同,箱线图更注重勾勒出分位数信息,比直方图更为简洁,并且便于对多个连续变量进行比较。在 R 里作箱线图的函数是 boxplot( )。

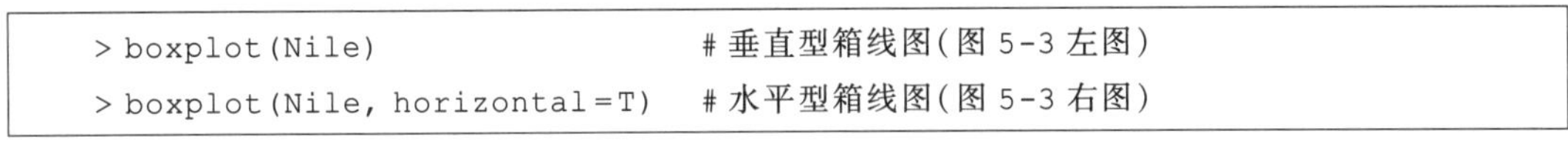

```
> boxplot(Nile)                    # 垂直型箱线图(图 5-3 左图)
> boxplot(Nile, horizontal=T)      # 水平型箱线图(图 5-3 右图)
```

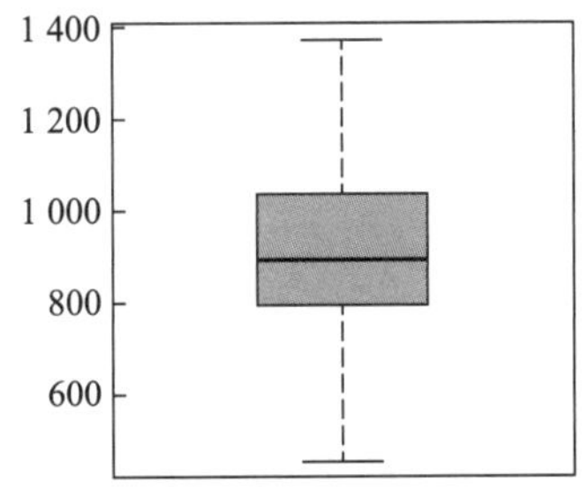

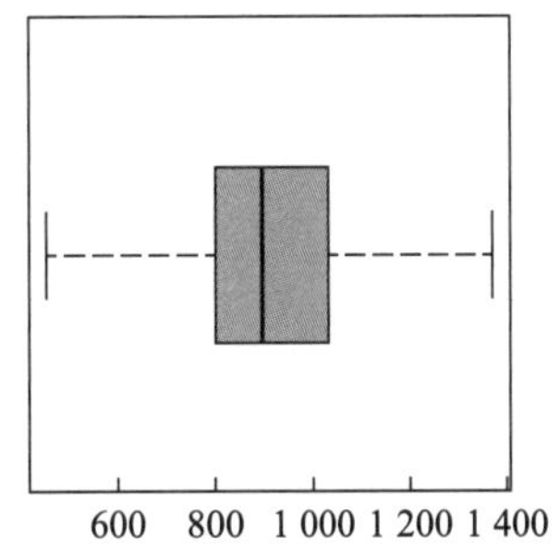

图 5-3　尼罗河流量数据的垂直型箱线图(左)和水平型箱线图(右)

4. 时间序列图

特别地,对于时间序列数据,我们可以使用函数 ts. plot( )来绘制时间序列图,如图 5-4 所示。时间序列图是以时间轴为横轴,以要分析的变量为纵轴,将数据点依次相连形成折线,其主要目的是观察变量是否随时间变化而呈某种趋势。

```
> ts.plot(Nile)
```

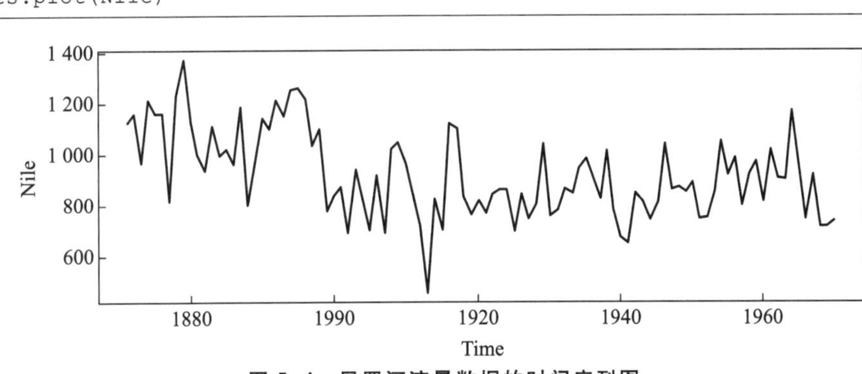

图 5-4　尼罗河流量数据的时间序列图

5.1.3　离群值探索

离群值(outlier)就是某个或少数几个明显远离其他大部分数据的值。从理论上讲,离群值可以出现在各种分布中,但常见的是在具有测量误差(measurement error)的数据或者总体是厚尾(heavy-tailed)分布的数据中。离群值的检验主要有箱线图检验和 Grubbs 检验等。

1. 箱线图检验

如果观测值距箱线图底线 Q1(第 25 百分位数)或顶线 Q3(第 75 百分位数)过远,如超出箱体高度(四分位数间距)的 1.5 以上,则可视该观测值为离群值。

另外,boxplot. stats( )可以返回箱线图的有关统计量,其中 $stats 返回箱线图的下须线、下四分位数、中位数、上四分位数和箱线图的上须线, $n 返回样本量, $conf 返回置信区间,默认是 95%的置信区间, $out 返回离群值。

2. Grubbs 检验

Grubbs 检验是由 Grubbs F. E. 提出来的,用来探索正态数据的离群值。Grubbs 检验是基于正态总体的假设,也就说在做检验前需要先检验数据的正态性。Grubbs 检验每次只能检验一个离群值。

Grubbs 检验的假设:

H_0:数据集中没有离群值;H_1:数据集中至少有一个离群值。

Grubbs 检验统计量为 $G=\frac{\max\limits_{i=1,\cdots,N}|Y_i-\overline{Y}|}{s}$,其中 $\overline{Y}$ 是样本均值,s 是样本标准差。该检验统计量实际上是计算样本与其均值的最大绝对离差相对于样本标准差的倍数。

该检验统计量是针对双边检验的。当然 Grubbs 检验也可以进行单边检验。检验最小值是否离群值的统计量是 $G=\frac{\overline{Y}-Y_{\min}}{s}$,其中 $Y_{\min}$ 是最小值。检验最大值是否离群值的统计量是 $G=\frac{Y_{\max}-\overline{Y}}{s}$,其中 $Y_{\max}$ 是最大值。

R 中的 outliers 包是专门用来做离群值检测的包,Grubbs 检验的函数是 grubbs. test( )。参数 type 表示检验类型,10 表示检验一个离群值(默认值),11 表示检验两个尾部上的两个离群值,20 表示在一个尾部检验两个离群值。Opposite 表示检验反方向上的离群值,Two. sided 表示是否进行双边检验。

例 5.3　假设 1971 年尼罗河年平均流量为 1 800(单位为 10^8 立方米),检验增加该数据后的 Nile 数据集是否存在离群值。

```
> Nile2 <- c(Nile, 1800)
> boxplot(Nile2) # 图 5-5
> boxplot.stats(Nile2)
$stats
[1]  456  799  897 1040 1370
$n
```

```
[1] 101
$conf
[1] 859.111 934.889
$out
[1] 1800
> library("outliers")
> grubbs.test(Nile2, type = 10)
    Grubbs test for one outlier
data:  Nile2
G = 4.59355, U = 0.78688,p-value = 5.955e-05
alternative hypothesis: highest value 1800 is an outlier
```

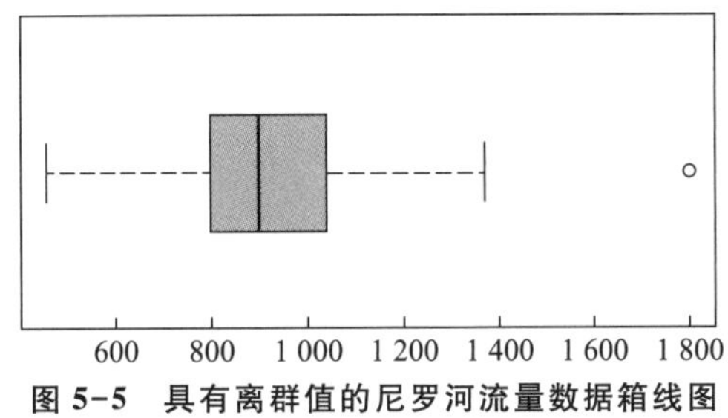

图 5-5　具有离群值的尼罗河流量数据箱线图

根据箱线图和箱线图统计量的结果,1 800 是一个离群值。并且,Grubbs 检验的 p 值为 5.955×10^{-5},因此拒绝原假设,即认为数据集中存在离群值。

5.2　双变量探索性数据分析

我们经常面临着分析双变量数据之间关系的情形,比如要分析人的高度和体重之间的关系,国家的财政收入和税收之间的关系,还有在药物临床试验中新药是否比旧药好,当前的天气是否依赖于昨天的天气等。下面我们从各个不同的数据类型来分析双变量数据。

5.2.1　分类数据 vs 分类数据

1. 二维列联表

类似一维分类数据,table( )函数也可以把双变量分类数据整理成二维列联表。对二维列联表 x,可以使用 prop. table(x,margin)计算某个数据占行、列汇总数的比例或是占总和的比例,也就是边缘概率。当 margin = 1 时,表示各个数据占行汇总数的比例,margin = 2 表示各个数据占列汇总数的比例,省略时,表示占总和的比例。

2. 复杂(复式)条形图

条形图用等宽直条的长短来表示相互独立的各变量数值大小,该变量可以是连续性变量的某汇总指标,也可以是分类变量的频数或构成比。各组间距应相等,其宽度一般与直条的宽度相等或为直条宽度的一半。类似一维情形,数据分组后,使用 barplot( )作条形图,默认为分段式条形图,并列式条形图需将 beside 参数设为 True。

例 5.4　datasets 包中的 mtcars 数据集为 1974 年《美国汽车趋势》杂志记录的 32 辆汽车数据,共 11 个变量:每加仑汽油行驶的英里①数(mpg)、汽缸数(cyl)、排量(disp)、总马力(hp)、后轴比(drat)、重量(wt)、行驶 1/4 英里所用时间(qsec)、发动机类型(vs)、变速器类型(am)、前进挡齿轮数(gear)和汽化器数量(carb)。其中 vs=0 代表 V 型发动机,vs=1 代表直列发动机,am=0 代表自动挡,am=1 代表手动挡。

```
> head(mtcars)
                   mpg  cyl  disp   hp  drat    wt   qsec  vs  am  gear  carb
Mazda RX4          21.0   6   160  110  3.90  2.620  16.46  0   1     4     4
Mazda RX4 Wag      21.0   6   160  110  3.90  2.875  17.02  0   1     4     4
Datsun 710         22.8   4   108   93  3.85  2.320  18.61  1   1     4     1
Hornet 4 Drive     21.4   6   258  110  3.08  3.215  19.44  1   0     3     1
Hornet Sportabout  18.7   8   360  175  3.15  3.440  17.02  0   0     3     2
Valiant            18.1   6   225  105  2.76  3.460  20.22  1   0     3     1
> attach(mtcars); options(digits=3)
> table(vs, am) # 二维列联表
   am
vs   0  1
  0 12  6
  1  7  7
> prop.table(table(vs, am), 1) # 占行总数的比例
   am
vs      0     1
  0 0.667 0.333
  1 0.500 0.500
> prop.table(table(vs, am), 2) # 占列总数的比例
   am
vs      0     1
  0 0.632 0.462
  1 0.368 0.538
> # 以发动机类型为横轴、变速器类型为分类变量画条形图(图 5-6 左图)
> barplot(table(vs, am),names.arg = c('V 型', '直列'), legend.text=c('自动', '手动'))
> # 以变速器类型为横轴、发动机类型为分类变量画条形图(图 5-6 中间图)
> barplot(table(am, vs),names.arg = c('自动', '手动'), legend.text=c('V 型', '直列'))
> # 并列式条形图(图 5-6 右图)
> barplot(table(am, vs), beside = T, names.arg = c('自动', '手动'), legend.
text=c('V 型', '直列'))
> detach(mtcars)
```

① 1 英里 = 1.609 34 公里。

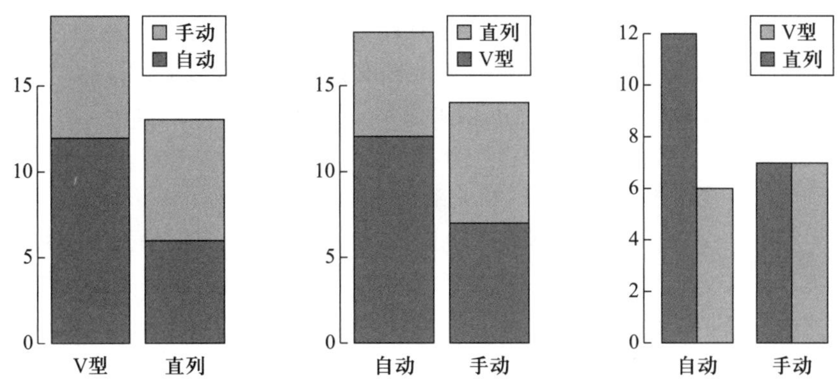

图 5-6　发动机类型与变速器类型的复式条形图

5.2.2　分类数据 vs 数值数据

实际中经常碰到分成几种类型的数值数据，类似单变量数据箱线图，我们可以使用 boxplot( ) 对双变量数据作箱线图，来粗略比较属于不同类的两组数据之间的关系。此外，也可以拼接所有类型的数据为 y，另设一个虚拟变量 x 来标记对应的类别，使用 boxplot(y ~ x) 绘制箱线图。

对例 5.4 中的 mtcars 数据集，使用箱线图（图 5-7）比较自动挡和手动挡汽车每加仑汽油行驶的英里数（mpg）。

```
> attach(mtcars)
> mtcars.auto <- mtcars[am==0,]; mtcars.manual <- mtcars[am==1,]
> boxplot(mtcars.auto$mpg,mtcars.manual$mpg, names = c('自动', '手动'))
> boxplot(mpg ~ am, names = c('自动', '手动'), xlab = '变速器', ylab = '油耗');
detach(mtcars)
```

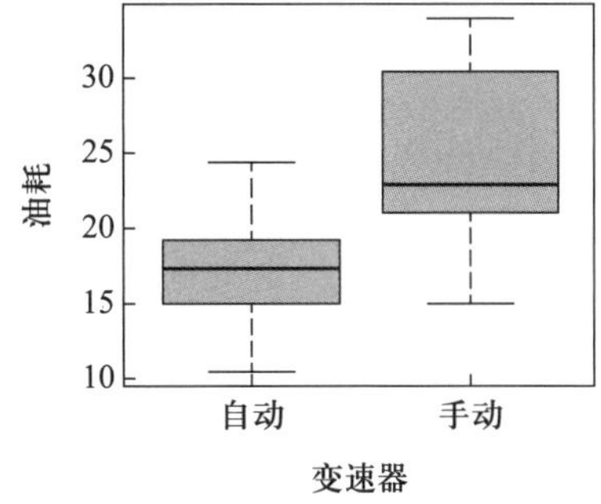

图 5-7　自动挡和手动挡汽车油耗数据比较的箱线图

5.2.3　数值数据 vs 数值数据

对于两个数值变量，我们可以从分布是否相同、是否存在相关关系和回归关系等多个角度进行比较。例如,使用 plot( )命令可绘制散点图,使用 cor( )函数可计算相关系数。

相关系数可用来反映两个数值变量的相关程度。需要注意的是,无线性相关并不意味着不相关,有相关关系并不意味着一定有因果关系。

- 统计依赖关系
  - 线性相关（正相关、不相关、负相关）相关系数：$-1\leqslant\rho_{XY}\leqslant1$
  - 非线性相关（正相关、不相关、负相关）
  - 有因果关系→回归分析
  - 无因果关系→相关分析

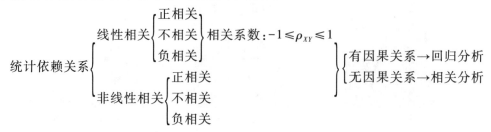

我们常用 Pearson 相关系数刻画两个变量的线性相关关系,变量 X 和 Y 样本相关系数的定义公式是

$$r=\frac{\sum_{i=1}^{n}(x_i-\bar{x})(y_i-\bar{y})}{\sqrt{\sum_{i=1}^{n}(x_i-\bar{x})^2(y_i-\bar{y})^2}} \tag{5.2}$$

Pearson 相关系数的取值范围是[-1,1]。当$-1\leqslant r<0$,表示具有负线性相关,越接近-1,负相关性越强。$0<r\leqslant1$,表示具有正线性相关,越接近 1,正相关性越强。$r=-1$ 表示具有完全负线性相关,$r=1$ 表示具有完全正线性相关,$r=0$ 表示两个变量不具有线性相关性。

对于非线性相关关系,我们常使用 Spearman 等级相关系数,此时应将 cor( )函数中的参数 method 设置为“spearman”,具体计算公式为

$$r_s=1-\frac{6\sum_{i=1}^{n}d_i^2}{n(n^2-1)} \tag{5.3}$$

其中 $d_i=(x_i-y_i)$,x_i 和 y_i 分别是两个变量样本所对应的序数,n 是样本数。类似地,Spearman 等级相关系数的取值范围也是[-1,1],$-1\leqslant r_s<0$ 表示具有负等级相关,$0<r_s\leqslant1$ 表示具有正等级相关,$r_s=0$ 表示两个变量不具有等级相关性。

分析例 5.4 中 mtcars 数据集的排量(disp)和总马力(hp)的关系。

```
> attach(mtcars); par(mfrow=c(1,2))
> plot(disp, hp, xlab = '排量', ylab = '油耗')
> abline(lm(hp~disp))                  # 添加回归趋势线
> cor(disp,hp)                         # Pearson 相关系数
[1] 0.791
> cor(disp,hp,method="spearman") # Spearman 等级相关系数,等于 cor(rank(disp),
rank(hp))
[1] 0.851
```

从散点图(图 5-8)可以看出油耗与排量之间存在一定的线性关系,在此基础上可添加回归趋势线,如图 5-8 中直线所示。

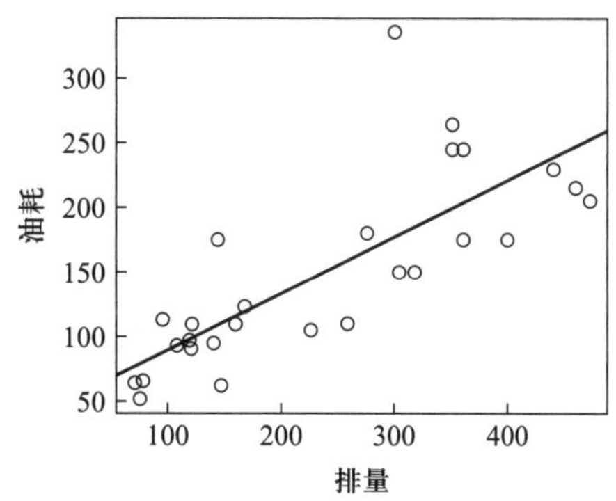

图 5-8　排量与总马力之间关系的散点图和趋势线

5.3　多变量探索性数据分析

5.3.1　多维分类数据

本节讨论多维数据中每一维都是分类变量的情形。对多维分类数据使用函数 table( )生成一系列二维列联表。设数据的维数为 p,变量的类别数分别为 $c_1,c_2,\cdots,c_p$。维数等于 3,就会输出 c_1 个 2 维列联表;维数大于 3,就会输出 $c_1,c_2,\cdots,c_{p-2}$ 个二维列联表。因此,当维数较大或个别变量的类别数较多时,我们更常使用函数 ftable( )生成平面二维列联表(flat contingency table),相当于从横、纵两个方向拼接一系列二维列联表,因此改变变量的顺序会改变平面二维列联表的形状。

类似使用复式条形图来展示二维列联表,我们可以使用马赛克图(mosaic plots)来展示多维列联表数据,以直观地观察数据的分布情况。马赛克图由数个矩形组成,矩形面积正比于单元格频率。马赛克图背后的统计理论是对数线性模型,由于残差可以反映拟合结果的好坏,因此马赛克图用 5 级颜色来表示每个单元格拟合结果的残差。R 中马赛克图的函数为 mosaicplot( ),参数 sort 指定展示变量的顺序,参数 dir 指定马赛克图的拆分方向(横向拆分或纵向拆分),参数 type 给定残差的类型。

分析例 5.4 中 mtcars 数据集的汽缸数(cyl)、发动机类型(vs)和变速器类型(am)三维分类数据。

```
> attach(mtcars)
> table(data.frame(cyl, vs, am)) # 多维列联表
, , am = 0
   vs
cyl   0  1
  4   0  3
  6   0  4
  8  12  0
```

```
, , am = 1

   vs
cyl  0  1
  4  1  7
  6  3  0
  8  2  0
> ftable(data.frame(cyl, vs, am)) # 平面二维列联表
           am  0  1
cyl  vs
  4  0         0  1
     1         3  7
  6  0         0  3
     1         4  0
  8  0        12  2
     1         0  0
> ftable(data.frame(vs, am, cyl)) # 改变变量的顺序会改变平面二维列联表的形状
         cyl  4  6  8
vs  am
 0   0        0  0  12
     1        1  3   2
 1   0        3  4   0
     1        7  0   0
> mosaicplot(~ vs + am + cyl, color = TRUE, main = NULL) # 马赛克图(图 5-9)
> detach(mtcars)
```

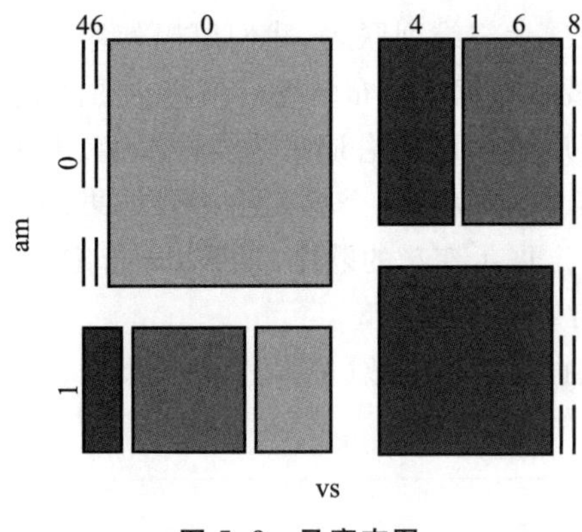

图 5-9　马赛克图

5.3.2　多维连续变量数据

当多维数据中存在多维连续变量时,可以通过散点图和关系矩阵图等方式展现数据特征。

例 5.5　一个常用的多维数据集为 datasets 包里的(iris)数据集,含有 4 个连续变量,包括花萼长度、花萼宽度、花瓣长度和花瓣宽度,数据分为 setosa、versicolor 和 virginica 三类,每类 50 个数据,因此共有 150 个样本数据。对于不含分类变量和含有多个分类变量的情况,分析方法与本节类似,因此不再赘述。

```
> head(iris)
  Sepal.Length  Sepal.Width  Petal.Length  Petal.Width  Species
1          5.1          3.5           1.4          0.2   setosa
2          4.9          3.0           1.4          0.2   setosa
3          4.7          3.2           1.3          0.2   setosa
4          4.6          3.1           1.5          0.2   setosa
5          5.0          3.6           1.4          0.2   setosa
6          5.4          3.9           1.7          0.4   setosa
```

1. 散点图

当只需要观察两个变量时,可以使用重叠散点图来比较变量之间的相关关系,通过添加样本序号或类别序号,可以观察数据分布与样本顺序或类别的关系。

对例 5.5 中 iris 数据集的花萼长度和花瓣长度绘制重叠散点图,如图 5-10 所示。

```
> attach(iris); iris.lab = rep(c("1", "2", "3"), rep(50, 3))
> plot(iris[,1],iris[,3],type="n", xlab = "花萼长度", ylab = "花瓣长度")
> text(iris[,1],iris[,3],cex=0.6)                # 显示样本序号
> plot(iris[,1],iris[,3],type="n", xlab = "花萼长度", ylab = "花瓣长度")
> text(iris[,1],iris[,3],iris.lab,cex=0.7)  # 显示分类序号
```

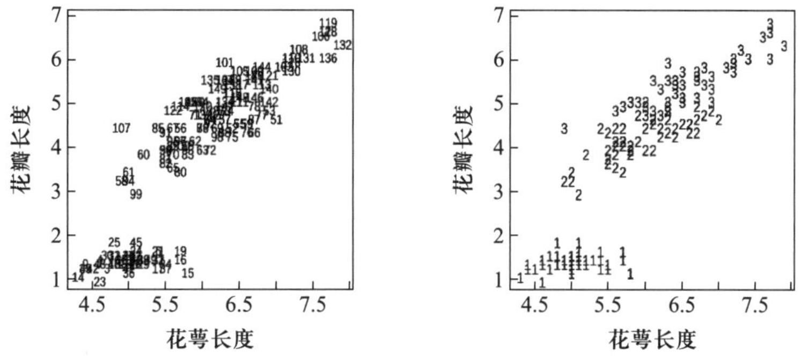

图 5-10　花萼长度和花瓣长度的重叠散点图

当需要观察三个变量时,可以使用 scatterplot3d 包中的 scatterplot3d( )来绘制三维图形,参数 color 控制点的颜色,参数 angle 控制前两维坐标轴之间的角度。

对例 5.5 中 iris 数据集的花萼长度、花萼宽度和花瓣长度绘制三维散点图,如图 5-11 所示。

```
> library(scatterplot3d); attach(iris); par(mfrow=c(1,2))
> scatterplot3d(iris[,1:3],color = as.numeric(Species))
```

```
> scatterplot3d(iris[,1:3],color = as.numeric(Species),angle = 10) #旋转 10 度
> legend("bottomright",legend =c('setosa','versicolor','virginica'),
pch=rep(1,3),col=1:3)
> detach(iris)
```

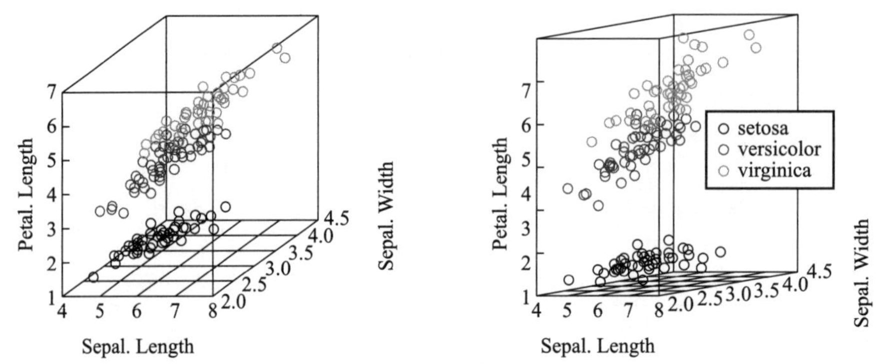

图 5-11 三维散点图

当需要同时考察三个或三个以上的数值变量间的相关关系时,更适合使用散点图矩阵。它由多个散点图合并在一起,对角线为变量名称,除对角线外的每个散点图展现出对应其横、纵向变量的相关关系。这一点在多元线性回归中显得尤为重要。散点图矩阵可以用函数 pairs( )绘制,也可以使用 car 包中的函数 scatterplotMatrix( )。函数 scatterplotMatrix( )的参数 diagonal 默认为 TRUE,即在对角线绘制自适应核密度估计曲线并标注样本点的位置,如果存在分组,则为每个组分别绘制。

对例 5.5 中 iris 数据集绘制散点图矩阵,如图 5-12、图 5-13 和图 5-14 所示。

```
> attach(iris)
> pairs(iris,pch=20)                          #绘制散点图矩阵
> pairs(iris[1:4],pch=21,bg=Species) #使用不同颜色来区分种类
> library(car)                                #在散点图矩阵的对角线绘制核密度估计曲线
> scatterplotMatrix(~Sepal.Length+Sepal.Width+Petal.Length+Petal.
Width |Species, col = 4:6)
```

2. 关系矩阵图

当我们只需要观察连续变量之间的相关关系时,可以直接使用 corrplot 包的函数 corrplot( )绘制圆点矩阵来表示变量之间的相关关系。其相关关系由相关系数衡量,蓝色代表正相关,红色代表负相关,颜色越深、面积越大代表相关关系越强。通过调整参数 order 和 addrect,可以使关系矩阵图按照相关系数大小排序,并区分正相关与负相关,从而让图形变得更美观易读。

对例 5.5 中 iris 数据集的连续变量绘制关系矩阵图,如图 5-15 所示。

```
> library(corrplot); attach(iris); par(mfrow=c(1,2))
> corrplot(cor(iris[,1:4]), tl.pos = "d", cl.pos = "n")
> corrplot(cor(iris[,1:4]), order = "h", tl.pos = "d", cl.pos = "n", addrect = 2);
detach(iris)
```

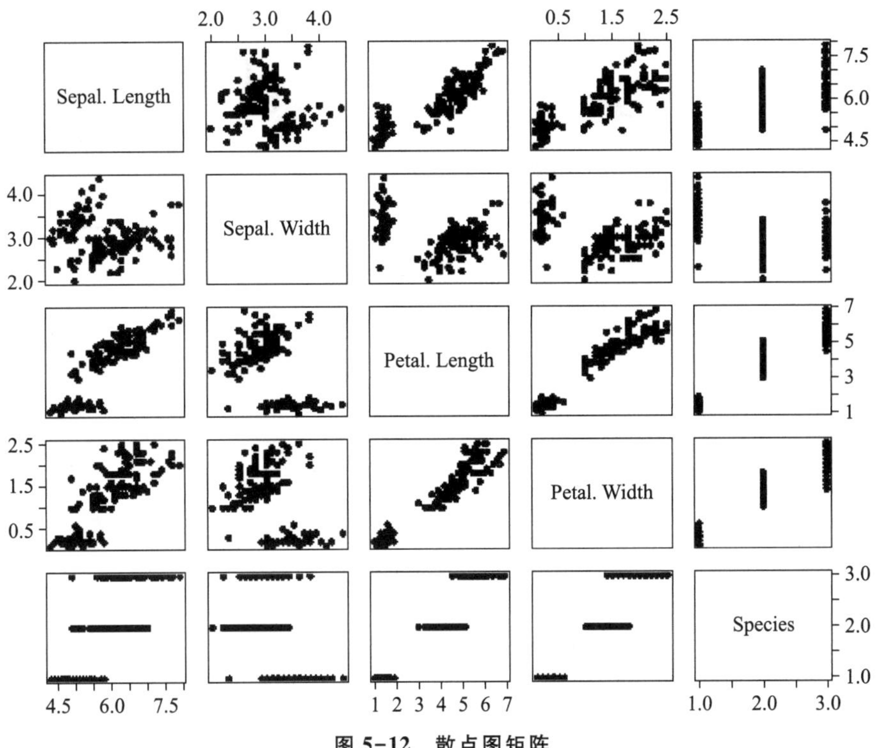

图 5-12　散点图矩阵

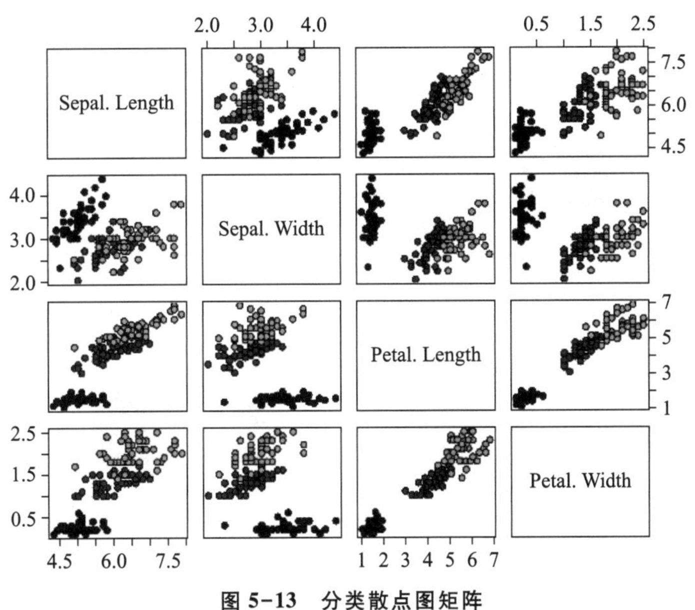

图 5-13　分类散点图矩阵

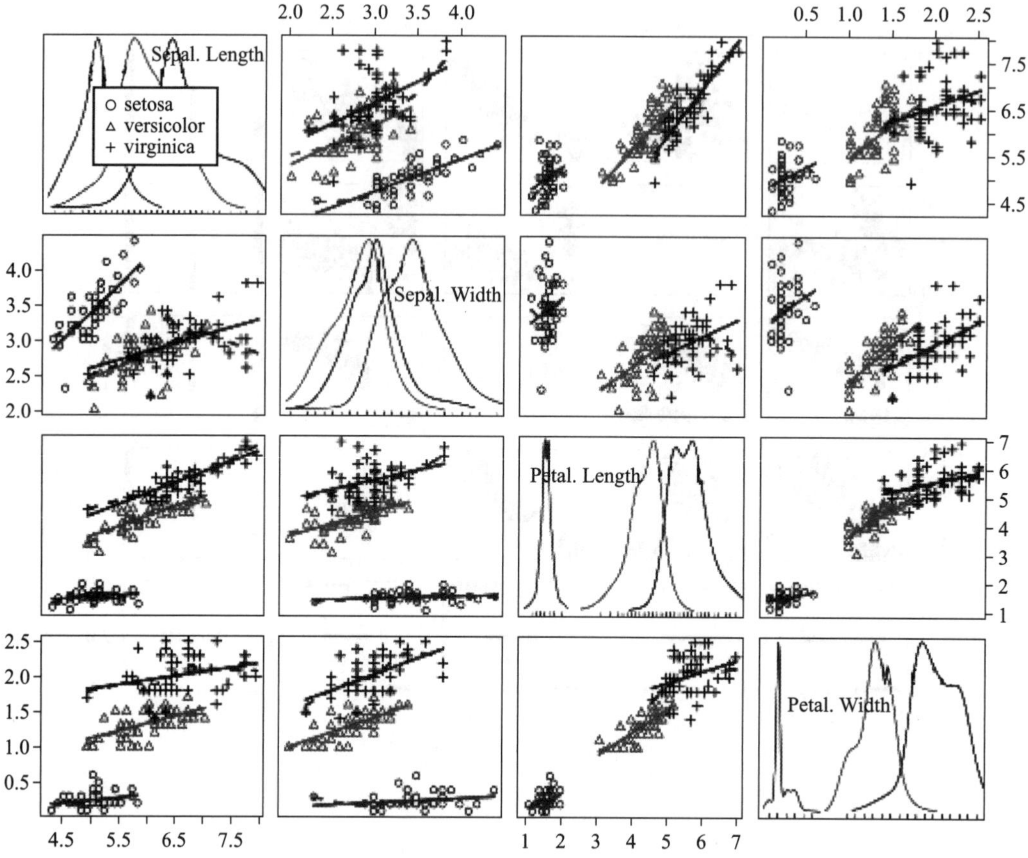

图 5-14 在散点图矩阵的对角线绘制核密度估计曲线

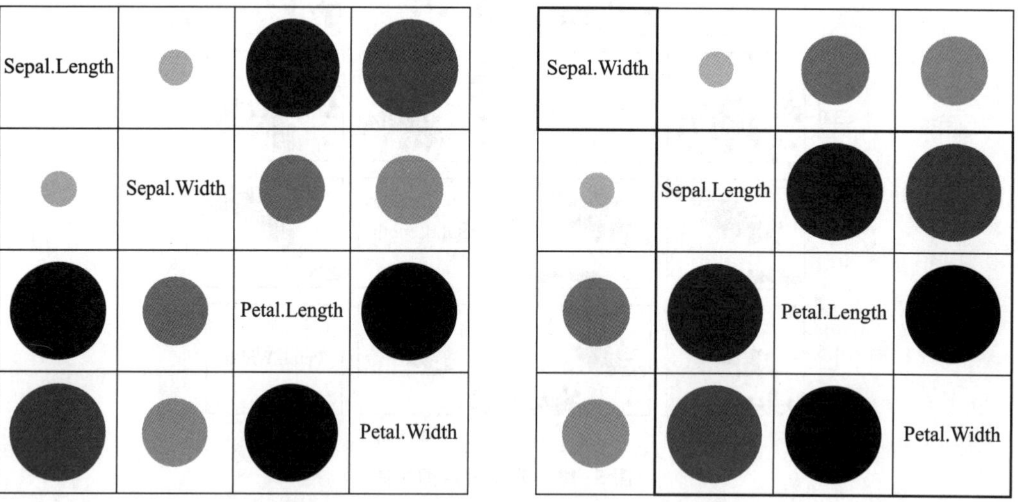

图 5-15 相关关系矩阵图(左)用颜色区分相关性(右)

3. 雷达图

雷达图(radar charts)又叫蜘蛛网图,是一种表现 3 维或以上数据的图表。它将多个维度的数据量映射到坐标轴上,这些坐标轴起始于同一个圆心点,通常结束于圆周边缘,将同一组的点使用线连接起来就成了雷达图。雷达图在图形表现上通常以线、面或线面叠加的方式呈现,因此雷达图在样本数较小时更为清晰,并且允许存在缺失值,在样本的某一项数据缺失时,雷达图会直接将该样本缺失项两侧的点相连。

在 R 中,可以使用 fmsb 包中的函数 radarchart( )绘制雷达图。maxmin 参数默认为 TRUE,此时数据框中每列的第一行和第二行需为该列的最大值和最小值,实际数据从第 3 行开始。另外,参数 axistype 取 0 到 5 中的任一整数值,表示轴的类型;参数 seg 表示每个轴的段数;通过修改参数 vlabels 可以更改轴标签;参数 pty、pcol、plty、pdensity、pangle 和 pfcol 分别控制数据点类型、颜色、线型、多边形填充密度、填充线角度和颜色。下面的 R 代码来自函数 radarchart( )文档中的示例,其产生的图如图 5-16 所示。

```
> library(fmsb)
> ? radarchart
> maxmin <- data.frame(total=c(5,1), phys=c(15,3), psycho=c(3,0),
social=c(5,1), env=c(5,1))
> RNGkind("Mersenne-Twister");set.seed(123)
> dat <- data.frame(total=runif(5,1,5), phys=rnorm(5,10,2),
psycho=c(1,1,0.5,NA,3), social=runif(5,1,5), env=c(5,2,2,2.5,4))
> dat <- rbind(maxmin,dat) # 使得前两行为该列可能的最大值和可能的最小值
> radarchart(dat, axistype=1, seg=5, plty=1, vlabels=c("Total \nQOL","Physical \
naspects","Phychological \naspects", "Social \naspects", "Environmental \
naspects"),title="(axis=1, 5 segments, with specified vlabels)", vlcex=0.5)
> radarchart(dat, axistype=2, pcol=topo.colors(3), plty=1, pdensity=c(5, 10, 30),
pangle=c(10, 45, 120), pfcol=topo.colors(3),title="(topo.colors, fill, axis=2)")
```

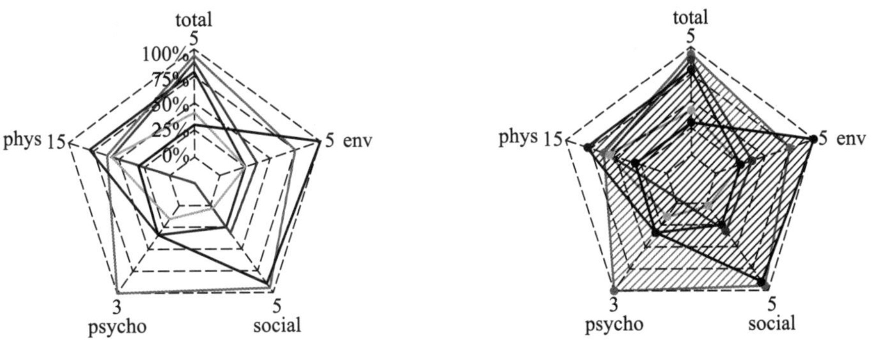

图 5-16　雷达图

5.4　高阶绘图工具——ggplot2

对于常用的画图，R 有自己的基础图形系统，如 graphics 包、grid 包和 lattice 包。本节将介绍一个有着完整的一套图形语法支持的软件包——ggplot2，其语法基于 *Grammar of Graphics*（Wilkinson，2005）一书。该绘图包的特点在于并不去定义具体的图形（如直方图、散点图），而是通过定义各种底层组件（如线条、方块）来合成复杂的图形，这使它能以非常简洁的函数构建各类图形，而且默认条件下的绘图品质就能达到出版要求。

在 ggplot2 的语法中，有几个概念需要首先了解：

（1）图层（layer）。图层允许用户一步步地构建图形，用户可以单独对图层进行修改、增加甚至可以改动数据。

（2）标度（scale）。标度是一种函数，它控制了数学空间到图形元素空间的映射。一组连续数据可以映射到 X 轴坐标，也可以映射到一组连续的渐变色彩。一组分类数据可以映射成为不同的形状，也可以映射成为不同的大小。

（3）坐标系统（coordinate）。可以对坐标轴进行变换以满足不同的需要，除直角坐标外还有对数坐标、极坐标等。

（4）位面（facet）。很多时候需要将数据按某种方法分组，分别进行绘图。位面就是控制分组绘图的方法和排列形式。

5.4.1　散点图和平行坐标图

散点图一般用于对一系列观测值进行图形描述。函数 plot( )绘制出来的图形往往比较单调，不够美观，ggplot2 包中提供了函数 qplot( )和功能更多的 ggplot( )函数来替代。

基本散点图的绘制可以使用 qplot( )函数。我们可以使用参数 colour 和 shape 来分别控制点的颜色和形状。当数据量较大时，很多点都会重合在一起，这时可以使用参数 alpha = I(1/n)来修改透明度，其中 n 代表该点经过 n 次重合后会变得不再透明。修改透明度后可以很容易地看出大部分点在哪里重叠，这种方式在散点图上点比较多的时候对分辨重叠的点很有帮助。

此外，我们可以通过参数 geom 添加 smooth 对象，在散点图上添加一条平滑的曲线，以展示数据的趋势。需要拟合线性模型时，使用 method = "lm"；若要拟合曲线，且数据量比较小（n<1 000），建议使用 method = "loess" 拟合局部回归曲线，并用参数 span 控制平滑程度；在数据量大于 1 000 时，先加载 mgcv 包，再使用 method = "gam"，formula = y ~ s(x, bs = "cs") 拟合广义可加模型。当参数 method 缺省时，默认使用 loess 拟合局部回归曲线。在绘制平滑曲线的同时，smooth 还会加上标准误的区间。如果不需要，可以使用 se = FALSE。

例 5.6　对 ggplot2 包中关于 50 000 颗钻石的数据集 diamonds 绘制散点图，如图 5-17、图 5-18 所示。

```
> library(ggplot2)
> qplot(carat,price,data=diamonds,colour=color,shape=cut) # 修改颜色和形状
> qplot(carat,price,data=diamonds,alpha=I(1/10),geom=c("point","smooth"))
# 修改透明度、增加趋势线
```

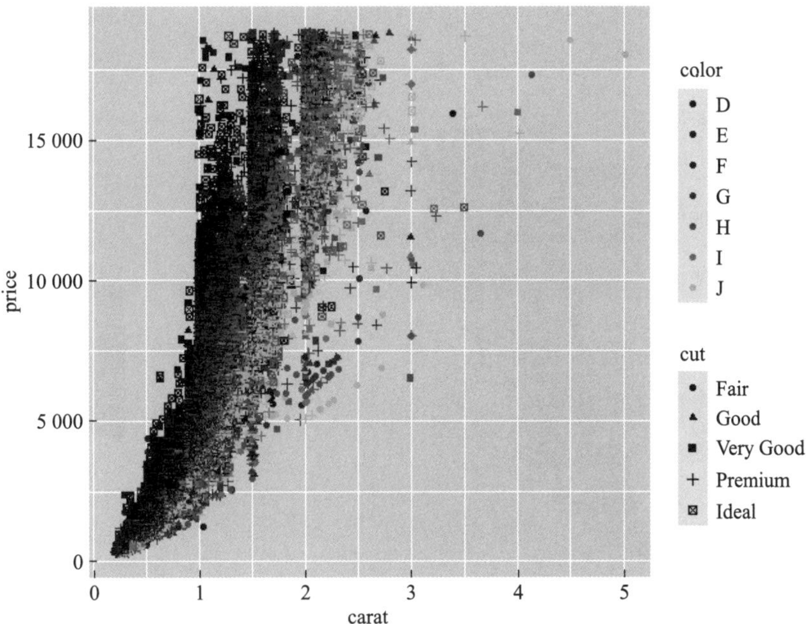

图 5-17　对钻石的信息进行区分

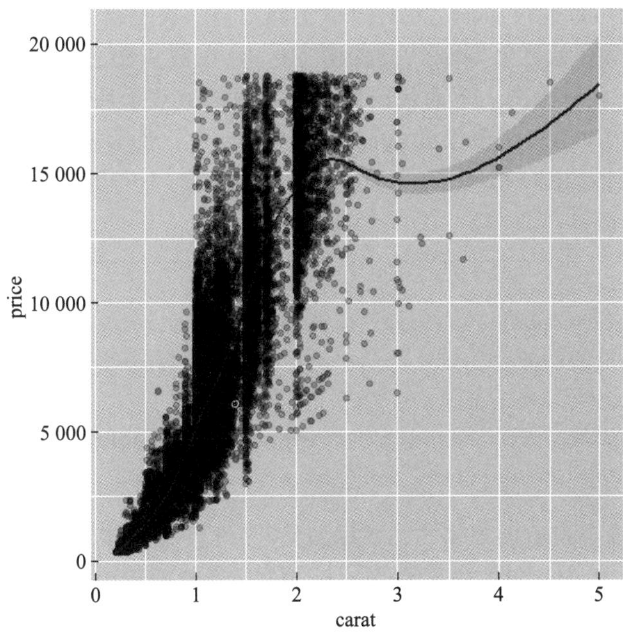

图 5-18　修改透明度、增加趋势线

除了使用函数 qplot( ),我们也可以使用函数 ggplot( )中的二维直方图来绘图,如图 5-19 所示,图中颜色的深浅代表了该部分重合点的多少。绘图程序中的 *p* 是函数 ggplot( )中的一个数据存储变量,并不作为画图命令,仅仅是将 diamonds 的数据以坐标轴 carat 和 price 存储为 ggplot2 支持的格式,bins 选项值的大小决定了分块区域的大小。

```
> p <- ggplot(diamonds, aes(carat, price))
> p + stat_bin2d(bins = 100)
```

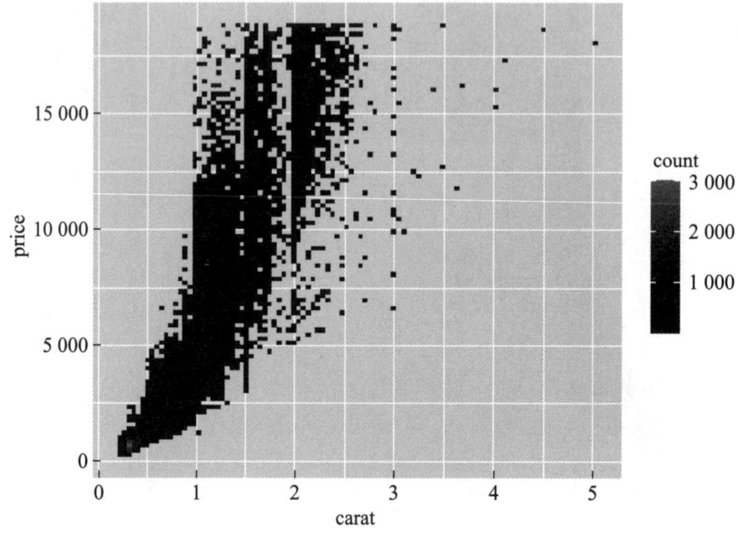

图 5-19　二维直方图

除此之外,我们可以通过 geom_ * * ( )中不同的输入决定绘制何种图形。例如,如果还需要对上述钻石数据按照颜色(color)或者切工(cut)在散点图上加以区分的话,则需要用 geom_point( )命令来控制绘图。下面代码里面的参数设置表示用不同的颜色和形状来区分切工(cut)、使用点的大小来区分深度(depth)的权重,为了展示重叠效果,参数中还进行了不透明度的设置,结果如图 5-20 所示。另外还可以分别对不同切工进行平滑并用颜色加以区分,如图 5-21 所示。

```
> library(ggplot2)
> p <- ggplot(diamonds, aes(carat, price))
> p + geom_point(aes(colour = cut,shape = cut, size = depth), alpha = 0.6,
position = 'jitter')
> p <- ggplot(diamonds, aes(carat, price, colour=cut))
> p + geom_point(alpha=0.1) + geom_smooth()
```

上述散点图清晰直观地展现了二维数据,对于多维数据,可以使用函数 ggpairs( )绘制散点图矩阵,或者使用 GGally 包中的函数 ggparcoord( )绘制平行坐标图。平行坐标图是一类常用于表示多维数据的可视化图形,它使用一条折线表示一个样本,折点在每个变量对应值处,因此可以通过观察数据显示的总体趋势以及变量本身的信息,来研究变量之间的关系,以及不同类别样本之间的区别,具有简洁、直观和准确的特点。

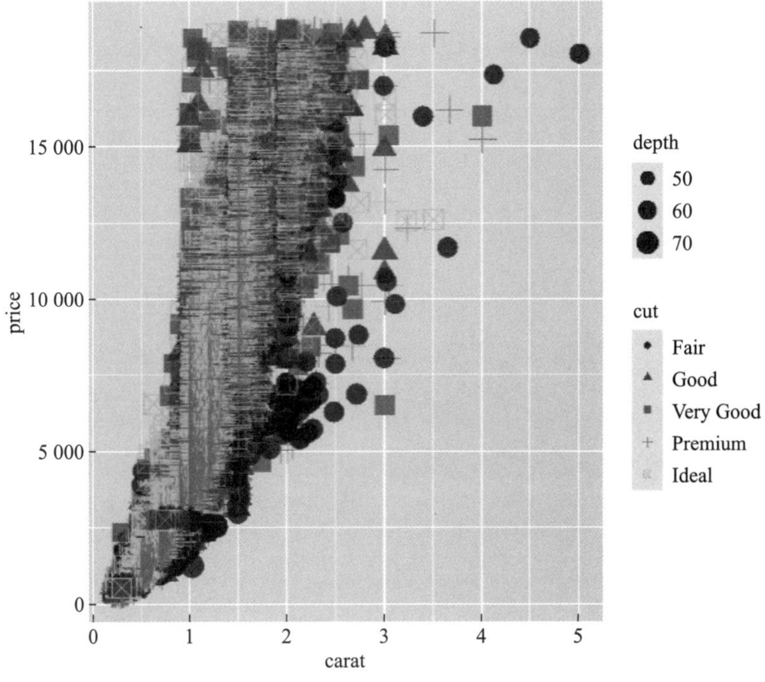

图 5-20　进一步优化数据的显示

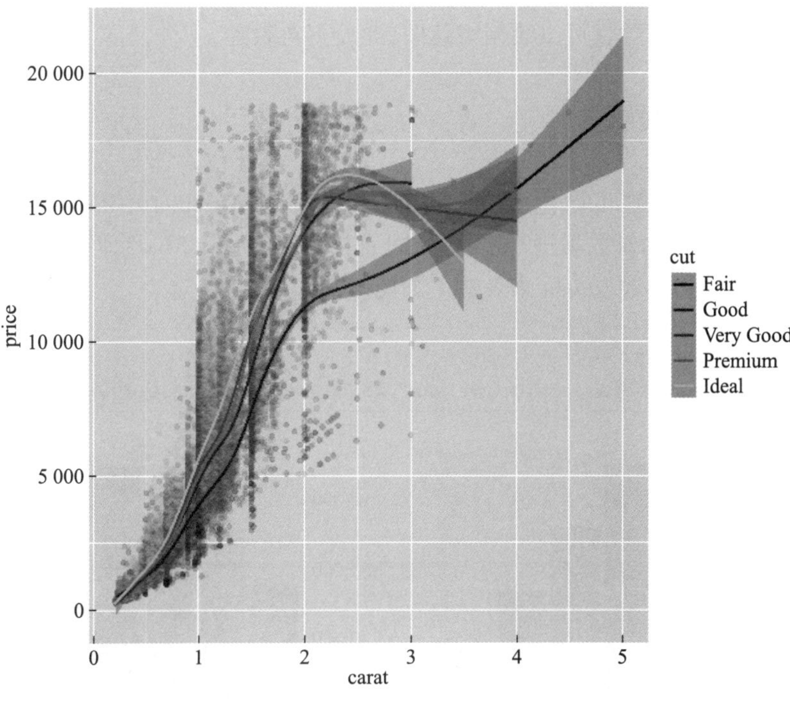

图 5-21　对不同切工分别拟合平滑曲线

对例 5.5 中的 iris 数据集绘制平行坐标图，如图 5-22 所示。

```
> library(GGally)
>ggparcoord(iris, columns = 1:4, groupColumn = 5, showPoints = TRUE ,
alphaLines = 0.3)
```

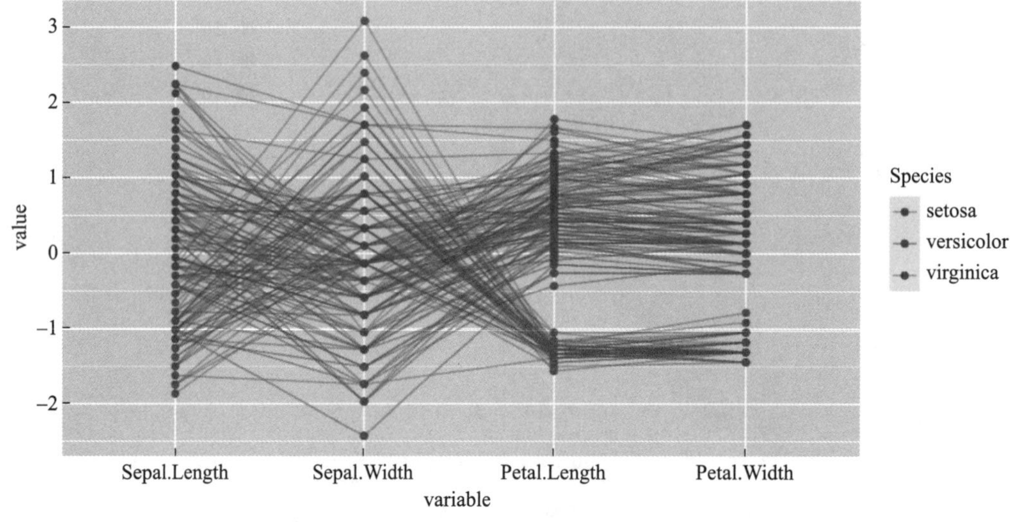

图 5-22 平行坐标图

前文介绍的雷达图,实际上相当于将平行坐标图轴径向排列。另外,ggplot2 拓展包 ggradar 中的 ggradar( )函数也可以绘制雷达图,此处不再赘述。

5.4.2 条形图和箱线图

对于离散型变量,一般可以使用条形图来显示频数。在 ggplot 中不需要像基础绘图那样使用函数 barchart( )先对数据进行汇总,这里直接使用 geom="bar" 即可,如果需要对数据进行分组,则可以使用参数 weight 来表达。如图 5-23 所示。

```
> qplot(color,data=diamonds,geom="bar")
> qplot(color,data=diamonds,geom="bar",weight=carat)+scale_y_continuous("carat")
```

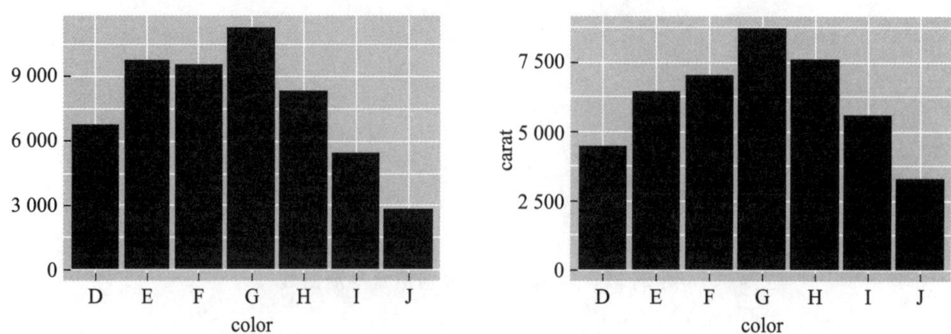

图 5-23 钻石颜色条形图(左)和按照钻石重量进行加权的条形图(右)

此外,还可以分组绘制不同类型的条形图。一般调整的参数有 stack、dodge、fill 和 identity。stack 表示将不同年份数据堆叠放置;dodge 表示将不同年份的数据并列放置;fill 和 stack 类似,但 *Y* 轴显示的不再是计数而是百分比数字;identity 表示不做任何改变直接显示出来,需要设置透明度才能看得清楚。系统默认的参数是 stack。下列代码将产生如图 5-24 所示的图。

```
> p <- ggplot(data=diamonds,aes(x=color,fill=factor(cut)))
> p + geom_bar(position='stack')
> p + geom_bar(position='dodge')
> p + geom_bar(position='fill')
> p + geom_bar(position='identity',alpha=0.3)
```

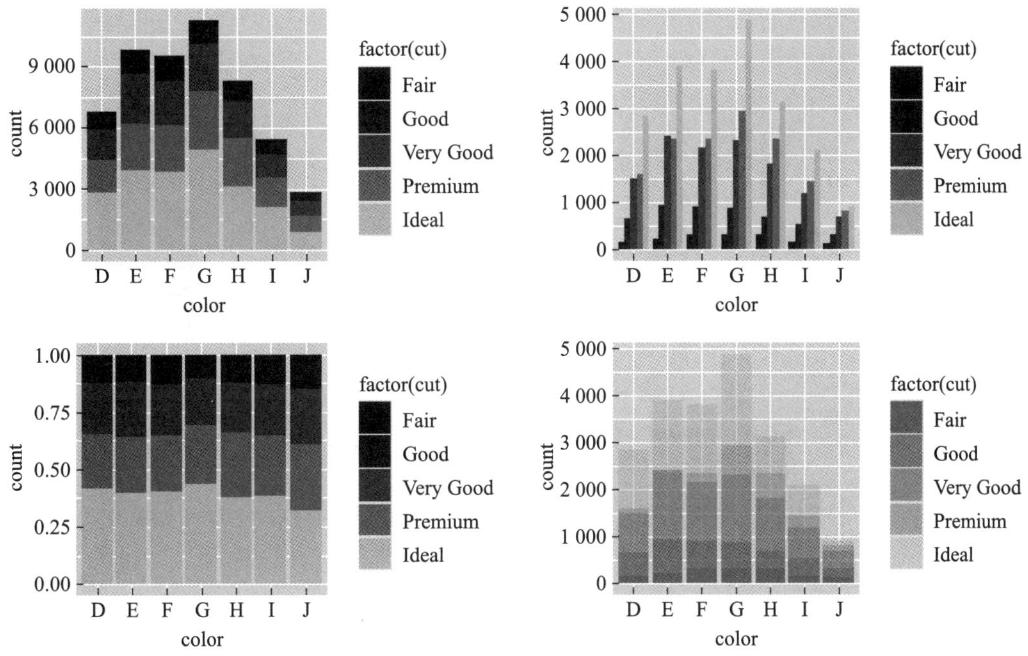

图 5-24　优化显示

箱线图可用来描述连续变量在不同类别下的变化情况,参数为 geom="boxplot"。例如,研究不同颜色下每克拉钻石价格的分布情况,可用如下代码产生如图 5-25 所示的图。

```
> qplot(color,price/carat,data=diamonds,geom="boxplot")
```

使用 ggplot( ) 函数还可以绘制小提琴样式的箱线图。其中 geom_violin( ) 表示绘制小提琴图,geom_jitter( ) 表示绘制扰动点图,可用如下代码产生如图 5-26 所示的图。

```
> p <- ggplot(diamonds,aes(color,price/carat,fill=color))
> p + geom_boxplot()
> p + geom_violin(alpha=0.8,width=0.9) + geom_jitter(shape= 21, alpha = 0.03)
```

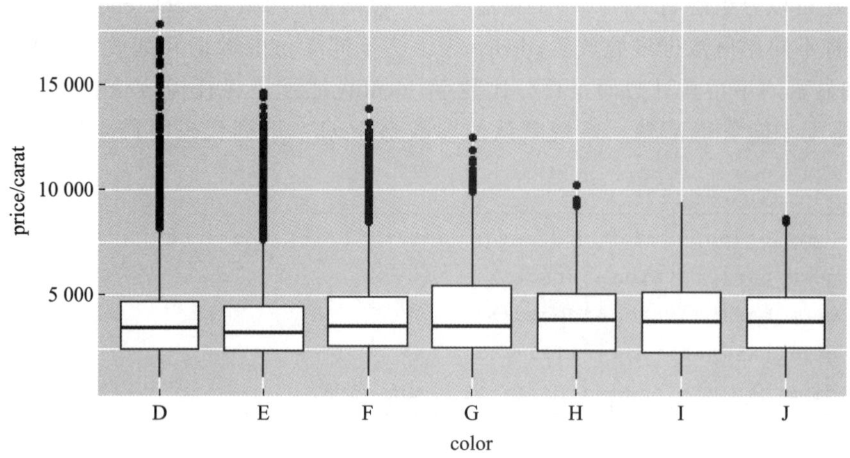

图 5-25　箱线图

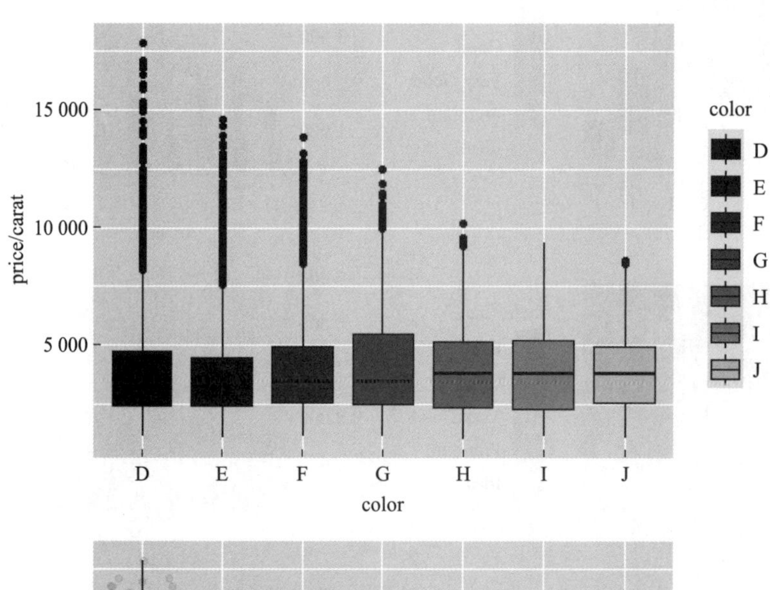

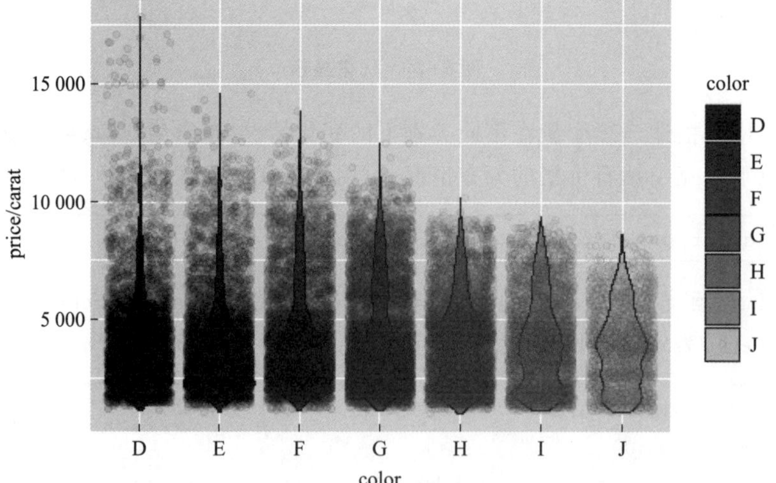

图 5-26　小提琴图

5.4.3　直方图和密度曲线图

一般对于连续型数据,我们会绘制直方图或者密度曲线图。这里只需在 qplot( )上添加参数 geom = " histogram" 或 geom = " density" 来实现。其中,直方图的组距使用参数 binwidth 调整,密度曲线的平滑程度则使用参数 adjust 设定。下面代码产生图 5-27 所示的图。

```
> qplot(carat,data=diamonds,geom="histogram",binwidth=1)
> qplot(carat,data=diamonds,geom="histogram",binwidth=0.1)
> qplot(carat,data=diamonds,geom="histogram",binwidth=0.01)
```

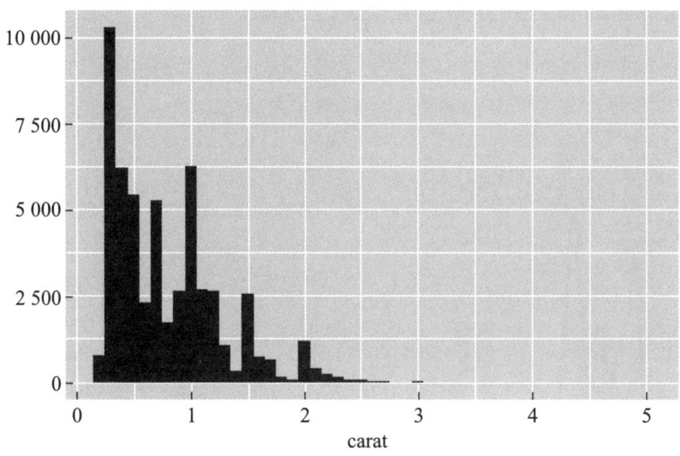

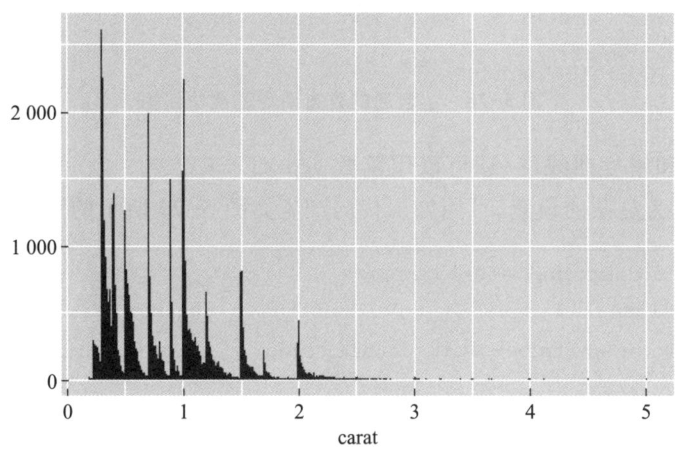

图 5-27　不同组距的直方图

此外,还可以使用参数 fill 或 colour 指定分类的变量从而实现在同一图上使用不同颜色来标识不同种类的信息。可用如下代码产生如图 5-28 所示的图。

```
> qplot(carat,data=diamonds,geom="histogram",fill=cut)
> qplot(carat,data=diamonds,geom="density",colour=cut)
```

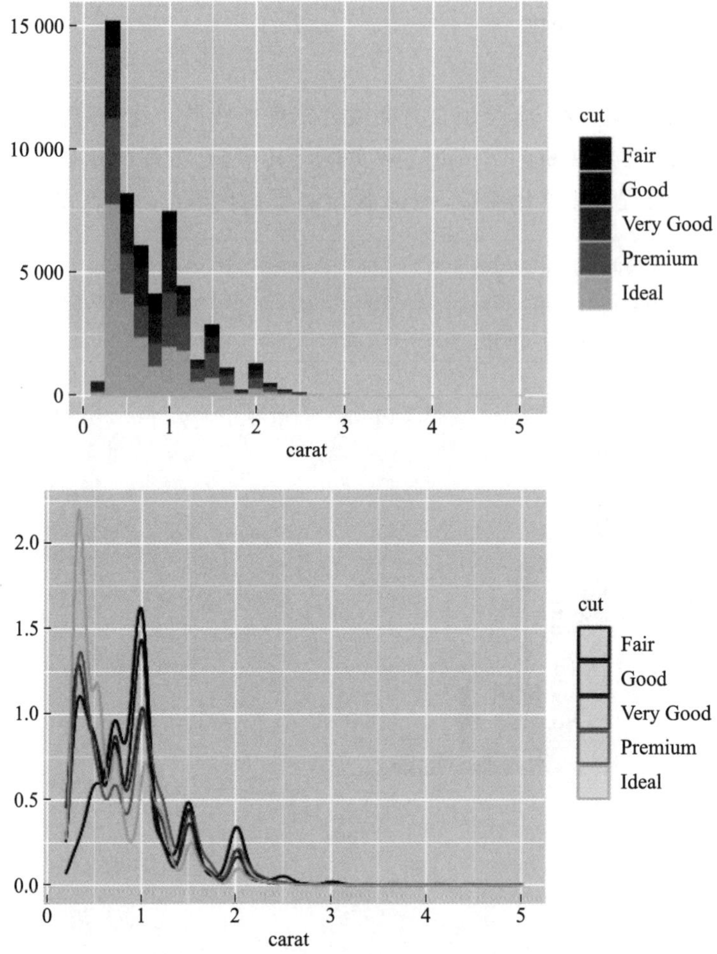

图 5-28　上色后的直方图和密度曲线图

对于直方图和密度曲线图，还可以用函数 ggplot( )来绘制。也可以把上面两个图合并在一起，再加上更为复杂的设置，可用如下代码产生如图 5-29 所示的图。

```
> p <- ggplot(diamonds, aes(carat))
> p + geom_histogram(position = 'identity', alpha = 0.3, aes(y = ..density..,
fill = cut), color="white") + stat_density(geom = 'line', position = 'identity',
aes(colour = cut))
```

图 5-29 在之前的基础上添加了带有不透明度的直方图，并且按照切工进行颜色区分。直方图边界颜色为白色，并加上了对不同切工的密度曲线图。当然，ggplot2 还可以添加更多内容。

5.4.4　时间序列图与图形标注

对于时间序列数据绘图，其实就是绘制线条图，只需要添加参数 geom = "line" 即可。

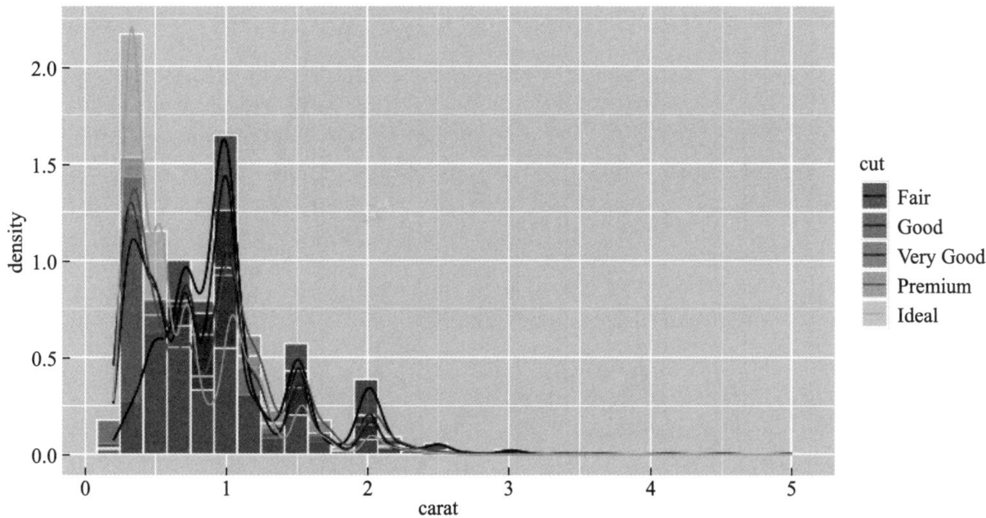

图 5-29　直方图和密度曲线图同在一个图

例如,使用 economics 数据集绘制一个关于失业率的时间序列图,可用如下代码产生如图 5-30 所示的图。

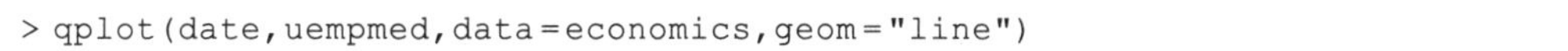

```
> qplot(date,uempmed,data=economics,geom="line")
```

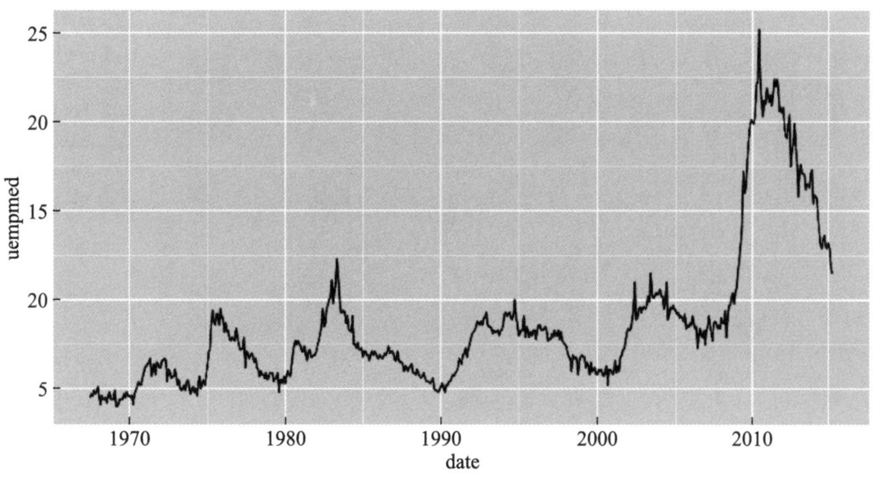

图 5-30　时间序列图

在绘图步骤完成之后,一般还需要加上额外的文字和图标来标注。例如,在前面的失业率时间序列上加上每任美国总统就职的时间点,或者如果觉得这种标识比较单调,我们也可以对不同总统任期的区域背景进行不同的着色。下面代码产生如图 5-31 所示的图。

```
> (unemp <- qplot(date, uempmed, data=economics, geom="line"))
> presidential <- presidential[-(1:3),]
> unemp + geom_vline(aes(xintercept = as.numeric(start)), data = presidential)
```

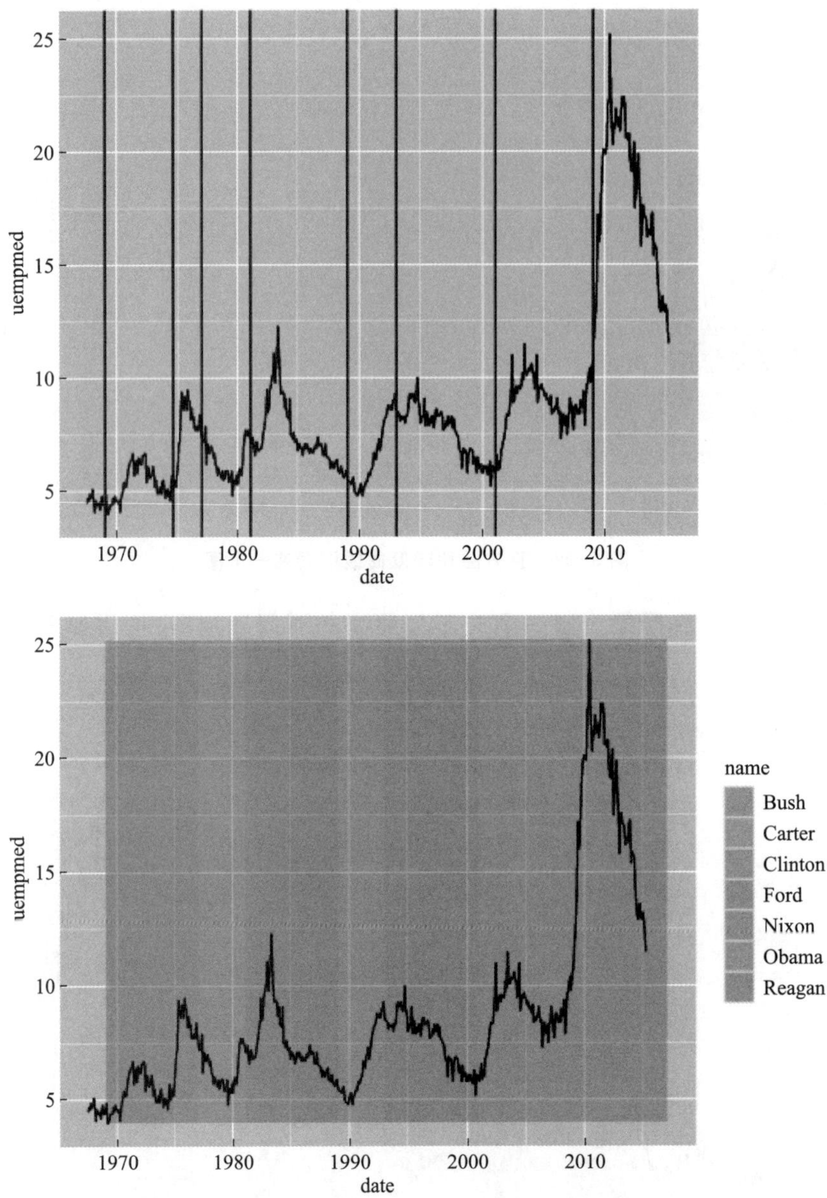

图 5-31　使用竖线标注(上)和使用背景着色标注(下)

实际上,ggplot2 与基础绘图函数最大的差别是基础绘图函数是在已有的图形上进行添加,而 ggplot2 则是向已有图形数据中添加一个新的图层。表 5-1 列出了一些常用的基础绘图函数和 ggplot2 中图层函数的对照。

表 5-1　常用的基础绘图函数和 ggplot2 中图层函数的对照

基础绘图函数	ggplot2 中的图层
curve()	geom_curve()
hline()	geom_hline()
lines()	geom_line()

续表

基础绘图函数	ggplot2 中的图层
points( )	geom_point( )
polygon( )	geom_polygon( )
rect( )	geom_rect( )
rug( )	geom_rug( )
segments( )	geom_segment( )
text( )	geom_text( )
vline( )	geom_vline( )
abline(lm(y ~ x))	geom_smooth(method = " lm")
lines(density(x))	geom_density( )
lines(loess(x, y))	geom_loess( )

5.5　文本数据可视化

在目前流行的文本挖掘中,词云(图)是一个常用的对文本词汇频次进行表现的图形。一般通过文字字号的大小来表示词频的多少,还可以使用不同颜色对不同的词加以区分。下面的代码产生如图 5-32 所示的图形。

```
> library(wordcloud2); library(tm)
> # 制作英文词云图
> data(crude)
> crude <- tm_map(crude, removePunctuation)
> crude <- tm_map(crude, function(x)removeWords(x,stopwords()))
> tdm <- TermDocumentMatrix(crude); m <- as.matrix(tdm)
> v <- sort(rowSums(m),decreasing=TRUE)
> d <- data.frame(word = names(v),freq=v)
> wordcloud2(d, minSize = 10)
> library(jiebaR) # 制作中文词云图, 需先进行分词
> words<-segment (code = "此处可直接使用文本,也可使用文本文档路径。
+                如果使用文本文档,请运行被注释的代码。
+                本例跳过去停用词,如果需去停用词,请运行被注释的代码。",
+                jiebar = worker())
> # doc <- scan(doc,sep='n',what='',encoding="UTF-8") # 使用文本文档时请运行此行代码
> # 使用以下三行代码去除停用词
> # stopwords=read.table(file="stopwords.txt",header = FALSE ,sep='\n',
fileEncoding="utf8")
> # stopwords=as.vector(stopwords[,1])
> # words=removeWords(doc,stopwords)
```

```
> words <- qseg[words]; words <- freq(words)
> words <- data.frame(char=words$char,freq=words$freq)
> wordcloud2(words,size = 0.5)
```

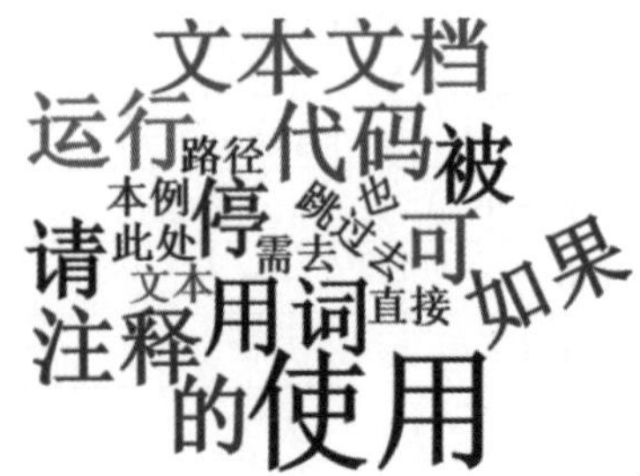

图 5-32　词云图

5.6　习　　题

1. R 的数据集“state. area”记录了美国 50 个州的面积。

(1) 计算均值、中位数、方差、标准差、极差、变异系数、偏度、峰度。

(2) 绘制散点图、直方图、密度估计曲线,并将密度估计曲线与正态密度曲线相比较。

(3) 绘制箱线图,并计算分位数来概括数据。

(4) 探索数据中是否有离群值。

2. R 的数据集“state. x77”记录了美国 50 个州 8 个变量的数据,这 8 个变量分别为人口、人均收入、文盲率、预期寿命、谋杀率、高中毕业生百分比、主要城市最低温度低于冰点的平均天数、土地面积。

(1) 将 50 个州按人口数(单位:万人)分为小于 2 000、2 000 至 6 000、大于 6 000 三种规模,请绘制人口数的频数表和饼图。

(2) 在(1)的基础上,对不同人口规模分别绘制人均收入的箱线图。

(3) 以高中毕业生百分比为横轴,人均收入为纵轴,绘制散点图。

(4) 绘制散点图矩阵和相关关系图,哪些数据间可能存在线性相关关系?

(5) 在(1)的基础上,对不同人口规模使用不同颜色,对其余变量绘制分类散点图矩阵。

3. 对头发与眼睛颜色数据集(HairEyeColor)绘制马赛克图。

4. 对黑樱桃树数据集(trees)绘制三维散点图。

5. 请使用 ggplot2 包对 mtcars 数据进行分析。

(1) 以不同发动机类型(vs)分类,绘制每加仑汽油行驶的英里数(mpg)、排量(disp)、总马力(hp)、行驶 1/4 英里所用时间(qsec)的平行坐标图。你有何发现?

(2) 以重量(wt)为横坐标、排量(disp)为纵坐标绘制散点图,不同颜色代表不同汽缸数(cyl),分析变量之间的关系。

(3) 对前进挡齿轮数(gear)和汽化器数量(carb)绘制复式条形图。你有何发现?

6. 请对一篇你喜欢的文章绘制词云图。

第 6 章

假设检验

假设检验是用来判断样本与样本、样本与总体的差异是由抽样误差还是本质差别造成的统计推断方法。其基本原理是先对总体的特征作出某种假设,然后通过抽样研究的统计推理,对此假设应该被拒绝还是不拒绝作出推断。假设检验可分为参数假设检验和非参数假设检验。本章先介绍参数假设检验的思想与步骤,然后再介绍常见的参数假设检验方法,最后再介绍常用的非参数假设检验方法。

6.1 参数假设检验的思想与步骤

6.1.1 假设检验的基本思想

关于假设检验,我们先看一个经典的女士品茶问题。

例 6.1 在 20 世纪 20 年代后期,英国剑桥一个夏日的午后,一群大学的绅士和他们的夫人们享用着下午茶。在品茶过程中,一位女士坚称:把茶加进奶里,或把奶加进茶里,不同的做法,会使茶的味道品起来不同。在场的一帮科学精英们,对这位女士的“胡言乱语”嗤之以鼻。这怎么可能呢?然而,在座的一个身材矮小、戴着厚眼镜、下巴上蓄着短胡须的费希尔先生,却不这么看,他对这个问题很感兴趣。他兴奋地说道:“让我们来检验这个命题吧!”并开始策划一个实验。在实验中,坚持茶有不同味道的那位女士被奉上 10 杯已经调制好的茶,其中,有的是先加茶后加奶制成的,有的则是先加奶后加茶制成的。接下来,这位先生不加评论地记下了该女士的说法,结果是该女士准确地分辨出了 10 杯中的每一杯。

给出两种假设,分别是原假设 H_0 和与之相反的命题备择假设 H_1。在这个问题中我们做如下假设:

原假设 H_0:该女士没有此种鉴别能力;备择假设 H_1:该女士有此种鉴别能力。

在原假设成立的前提下,即每一杯茶她有 0.5 的概率猜对。10 杯茶全部猜对的概率是 0.5^{10},这是一个非常小的概率,认为在一次实验中不会发生,但这件事情发生了,只能说明原假设不当,应该拒绝,而认为该女士有鉴赏能力。

若 10 杯中只有 6 杯说对了,怎么判断这个问题呢?

若 100 杯中有 60 杯说对了,怎么判断这个问题呢?

假设检验是常用的一种统计推断方法。其基本思想是小概率反证法。即将待检验的问题分为两个相互矛盾的假设，分别为原假设 H_0 和备择假设 H_1。先假定原假设 H_0 成立，并在原假设成立条件下，建立相应的枢轴量。通过枢轴量的分布，划定小概率区间。若已发生样本对应的枢轴量落于小概率区间内，因为小概率事件往往不发生，则认为有理由拒绝原假设，而接受备择假设；反之，则不能拒绝原假设，但往往不能说就接受原假设。因为或许是数据量小了，导致小概率事件没有发生，这时没有理由确信原假设一定正确。但若样本量很大时我们都不能拒绝原假设，往往我们说“可以接受原假设”。

假设检验分为参数假设检验和非参数假设检验。参数假设检验是总体分布类型已知，用样本指标对总体参数进行推断的统计分析方法。非参数假设检验不对总体的分布类型进行假设，即所判断的假设不涉及总体参数。

在数学推导上，参数假设检验是与区间估计相联系的，而在方法上，二者又有区别。对于区间估计，人们主要是通过数据推断未知参数的取值范围；而对于假设检验，人们则是做出一个关于未知参数的假设，然后根据观察到的样本判别该假设是否正确。在 R 中，区间估计和假设检验使用的是同一个函数。

6.1.2　假设检验的基本步骤

对于来自正态分布总体的样本$(X_1,X_2,\cdots,X_n)$，其可能的分布为 $N(\mu,\sigma^2)$，若我们已经确定标准差为 σ，如何判定均值就是 μ 呢？

这是假设检验问题，即判别某一假定是否正确。

首先给出两个相互矛盾的假定：

原假设 $H_0:\mu=\mu_0$；备择假设 $H_1:\mu\neq\mu_0$

其次构造枢轴量：$u=\dfrac{\overline{X}-\mu_0}{\sigma/\sqrt{n}}$

根据中心极限定理，可以证明在 H_0 成立时，$u\sim N(0,1)$。所以 u 落在图 6-1 中阴影覆盖部分是小概率事件，概率为 α。α 被称作显著性水平，是指小概率区间的概率大小，一般取值为 0.05 或者 0.01。若 $-1.96<u<1.96$，说明落在接受区间，则不能拒绝 H_0；若 $u<-1.96$ 或者 $u>1.96$，则拒绝原假设 H_0，接受 H_1。如图 6-1 所示。

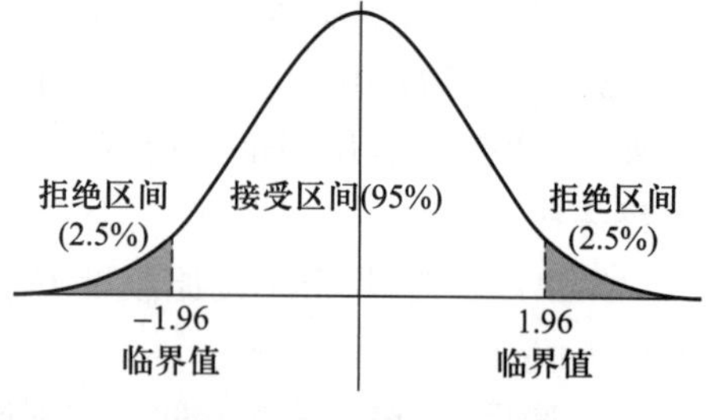

图 6-1　假设检验示意图

若通过上述计算得到的统计量 u，对应的 P 值为 p，则代表在原假设成立的前提下，统计量为 u 的概率为 p。当 P 值大于显著性水平时，不能拒绝原假设，也就是没有证据认为原假设不成立。反之，当 P 值小于显著性水平时，拒绝原假设，认为原假设不成立。

综合以上论述，我们可以看出假设检验分为以下几个步骤：

(1) 建立两个互斥的假设：分别设为原假设 H_0 和备择假设 H_1。注意这两个假设的互换可能会导致结论有差异，因为假设检验原理是一个反证法，只能明确地说明原假设不成立，但往往不能证明原假设是对的。

(2) 找到合适的枢轴量。上面例子中的 u 在原假设成立的条件下,分布已知。这时候可以依据其分布给出小概率区间,即拒绝域。

(3) 通过样本计算枢轴量,做出判别,或者给出 P 值。对于给定的显著性水平,当通过样本计算出来的 u 值落入拒绝域时,接受备择假设,否则不能拒绝原假设。

那么显著性水平如何选取呢?

在原假设成立的条件下,拒绝原假设称为第一类错误(拒真错误);当原假设不正确时,却没能拒绝原假设称为第二类错误(取伪错误)。

将检验假设写为:$H_0:\theta\in\Theta_0$,$H_1:\theta\in\Theta_1$,设拒绝域为 W,犯第一类错误的概率为 $\alpha=P_\theta(X\in W\mid\theta\in\Theta_0)$,犯第二类错误的概率为 $\beta=P_\theta(X\notin W\mid\theta\in\Theta_1)$。

检验的势函数,或称为功效函数(power function),定义为样本观测值落入拒绝域的概率,即 $g(\theta)=P_\theta(X\in W\mid\theta\in\Theta_0\cup\Theta_1)=\begin{cases}\alpha(\theta), & \theta\in\Theta_0\\1-\beta(\theta), & \theta\in\Theta_1\end{cases}$。

观察势函数,若要减小 α,则需要扩大拒绝域,进而导致 β 增加;若要减小 β,则需要缩小拒绝域,进而导致 α 增加。因此要同时减小两类错误,只能增加样本量,在现实生活中增加样本量有时候是可行的,有时候是不可行的。例如,上面的女士品茶实验,当样本量增加以后,女士的口感也就弱化了,本来有鉴别能力,但大量增加品茶次数之后,鉴别能力或许就没有了。

根据刚才的分析,显著性水平越高,犯第一类错误的可能性越大,显著性水平越低,犯第二类错误的可能性越大,因此通常的做法仅限制犯第一类错误的概率,即将 α 取为 1% 或 5%。显著性水平的大小要根据具体研究问题来选取,在很多统计软件中,为了避免显著性水平 α 的大小的选取,取而代之的是给出 u 值相应的 P 值,让读者自己取舍。

6.2　正态总体单样本参数假设检验

自然界和人类社会中很多变量服从或者近似服从正态分布,本节以随机变量服从正态分布为前提,介绍对正态总体参数的假设检验。本节先介绍单个正态总体的参数假设检验问题。

6.2.1　均值的检验

1. 方差已知情形

设 $x_1,x_2,\cdots,x_n$ 来自 $X\sim N(\mu,\sigma^2)$,σ^2 已知,对均值 μ 进行检验。检验步骤如下:

(1) 建立假设:$H_0:\mu=\mu_0$,$H_1:\mu\neq\mu_0$;给定显著性水平 α。

(2) 枢轴量 $u=\dfrac{\bar{x}-\mu_0}{\sigma/\sqrt{n}}$在 H_0 成立时服从标准正态分布。

(3) 根据样本计算 u。若 u 值落在拒绝域内，则拒绝 H_0；反之不能拒绝 H_0。

也可以通过计算 u 统计量对应的 P 值来进行判断。若 $p \leqslant \alpha$，则拒绝 H_0，接受 H_1；反之则不拒绝 H_0。

容易推导，原假设发生变化时，拒绝域的变化如图 6-2 所示各图的阴影部分。

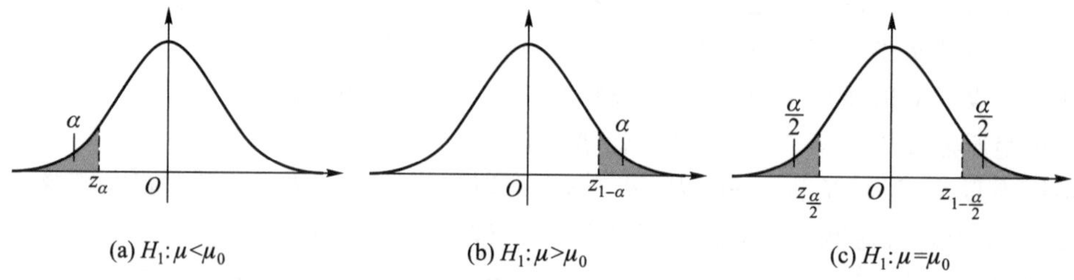

图 6-2　不同原假设下的检验拒绝域

通常，我们将拒绝域所在区域与检验相对应。图 6-2(c) 为双边检验情况，前面两种都是单边检验，分别称为左侧检验和右侧检验。

以左侧检验为例，需要检验的假设是 $H_0:\mu \geqslant \mu_0$ 和 $H_1:\mu < \mu_0$。

可以构造枢轴量：$u=\dfrac{\bar{x}-\mu_0}{\sigma/\sqrt{n}}$。在 $\mu=\mu_0$ 时，u 服从 $N(0,1)$。也就是说在原假设成立的条件下，u 落在图 6-3 拒绝区域中的概率较小。计算 u 值对应的 P 值，若 $p \leqslant \alpha$，则拒绝 H_0，接受 H_1；若 $p>\alpha$，则不拒绝 H_0。

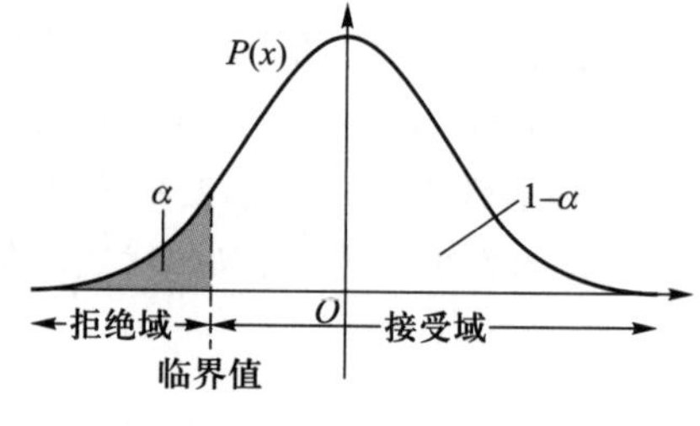

图 6-3　左侧检验示意图

例 6.2　R 中岩石数据集(rock)是石油储层中 48 个岩石样本的测量数据，包含孔隙面积(area，单位为 256×256 像素)、周长(peri)、形状(shape = peri/$\sqrt{\text{area}}$)、渗透率(perm)。假定岩石样本的孔隙面积服从正态分布，已知其标准差为 2 684，若研究员 A 声称石油储层中岩石孔隙面积的均值超过 7 200，他的说法是否与这批样本不一致？

我们可以自己编写 u.test 函数，使之能做双边检验、左侧单边检验和右侧单边检验。在此例中原假设 $H_0:\mu \geqslant 7\,200$，备择假设 $H_1:\mu<7\,200$，即该检验是左侧单边检验。

```
> u.test<-function(a,mu,thegma,alternative="twoside")

+ {  Se=thegma/sqrt(length(a))
+ u=(mean(a)-mu)/Se
+ if (alternative=="twoside") p=2* (1-pnorm(abs(u))) # "twoside":双边检验
+ else if (alternative=="less") p=pnorm(u) # "less":左侧单边检验
+ else   p=1-pnorm(u) # "greater":右侧单边检验
+ return(data.frame(u,p.value=p)) }
> head(rock)
```

```
  area    peri      shape   perm
1 4990  2791.90  0.0903296   6.3
2 7002  3892.60  0.1486220   6.3
3 7558  3930.66  0.1833120   6.3
4 7352  3869.32  0.1170630   6.3
5 7943  3948.54  0.1224170  17.1
> u.test(rock$area,7200,2684,alternative="less")  # 左侧单边检验
            u     p.value
1 -0.03167467  0.4873657
```

检验的 u 统计量是-0.031 674 67,对应的 P 值是 0.487 365 7,即在 H_0 成立的前提下,u 统计量为-0.031 674 67 的概率为 0.487 365 7,大于 0.05。说明在 0.05 的显著性水平下,不能拒绝原假设,即落在接受域内,不能认为研究员 A 的说法与这批样本不一致。

另外,研究员 B 声称石油储层中岩石孔隙面积的均值等于 7 200,研究员 C 声称石油储层中岩石孔隙面积的均值小于 7 200,他们的说法是否与这批样本不一致?

对研究员 B,原假设 $H_0:\mu=7\,200$,备择假设 $H_1:\mu\neq7\,200$,即双边检验。

```
> u.test(rock$area,7200,2684,alternative="twoside")  # 双边检验
            u     p.value
1 -0.03167467  0.9747315
```

对研究员 C,原假设 $H_0:\mu\leqslant7\,200$,备择假设 $H_1:\mu>7\,200$,即右侧单边检验。

```
> u.test(rock$area,7200,2684,alternative="greater")  # 右侧单边检验
            u     p.value
1 -0.03167467  0.5126343
```

观察双边检验和右侧单边检验的 P 值,都不能拒绝相对应的原假设,即不能认为研究员 B 和 C 的说法与这批样本不一致。

2. 方差未知情形

设 $x_1,x_2,\cdots,x_n$ 来自 $X\sim N(\mu,\sigma^2)$,σ^2 未知,对均值 μ 进行检验。与方差已知情况检验步骤类似,区别在于,枢轴量变为 $t=\dfrac{\overline{x}-\mu_0}{s/\sqrt{n}}$,在 H_0 成立的情况下服从自由度为 $n-1$ 的 t 分布。

当原假设是 $\mu=\mu_0$ 时是双边检验,其他两种情况是单边检验。当样本量很大时,如 $n>30$,t 分布与正态分布的区别较小,可以认为枢轴量 t 近似服从标准正态分布。

例 6.3　对于例 6.2 的数据集 rock,仍假定岩石样本的孔隙面积服从正态分布,但不知其总体分布的标准差,若研究员 A 依然声称石油储层中岩石孔隙面积的均值超过 7 200,他的说法是否与这批样本不一致?

本例中设 $H_0:\mu\geqslant\mu_0$ 和 $H_1:\mu<\mu_0$,取显著性水平 $\alpha=0.05$。用 R 的 t.test( ) 函数进行检验,t.test( ) 函数默认使用双边检验,对应参数 alternative = " twoside",左侧单边检验对应 " less",右侧单边检验对应" greater"。

```
> t.test(rock$area,mu=7200,alternative ="less") # 左侧单边检验
       One Sample t-test
t = -0.031676, df = 47, p-value = 0.4874
alternative hypothesis: true mean is less than 7200
95 percent confidence interval:
       -Inf 7837.725
sample estimates: mean of x
7187.729
```

检验的 P 值为 0.487 4,大于 0.05,因此在显著性水平 $\alpha=0.05$ 时不拒绝 H_0,不可认为研究员 A 的说法与这批样本不一致。

6.2.2　方差检验

方差的大小表现的是总体的离散程度,在很多现实情况需要对方差是否相等进行检验。设 $x_1,x_2,\cdots,x_n$ 来自 $X\sim N(\mu,\sigma^2)$,要对方差 σ^2 是否与 σ_0^2 相等进行检验。检验步骤:

(1) 建立假设:$H_0:\sigma^2=\sigma_0^2$ 和 $H_1:\sigma^2\neq\sigma_0^2$;给定显著性水平 α。

(2) 枢轴量 $\chi^2=(n-1)s^2/\sigma_0^2$ 在 H_0 成立时服从 $\chi^2(n-1)$。

(3) 若 χ^2 值落在拒绝域内,则接受 H_1;反之不能拒绝 H_0。也可以通过计算 χ^2 值对应的 P 值来进行判断。

若原假设发生变化时,拒绝域的变化与上节类似。当原假设是 $\sigma^2=\sigma_0^2$ 时是双边检验,其他两种情况是单边检验。

例 6.4　对于例 6.2 的数据集 rock,仍假定岩石样本的孔隙面积服从正态分布,但不知其总体分布的标准差,若研究员 D 声称石油储层中岩石孔隙面积服从 $N(7\,200,2\,700^2)$,他的说法是否与这批样本不一致?

对于这个问题,需要检验均值是否 7 200,标准差是否 2 700。这两个指标若有差异,都说明研究员 D 的说法和这批样本不一致。

```
> var.test1(rock$area,2700)
      var df     chisq2  P_value
1 7203045 47   125386.3          1
> u.test(rock$area,7200,2700,alternative="twoside")  # 双边检验
            u     p.value
1 -0.03148697   0.9748812
```

对于标准差,通过 P 值可以知道 χ^2 值没有落在拒绝域内,不能认为研究员 D 的说法和这批样本不一致。

然后使用该标准差对均值进行检验,通过 P 值可以知道 u 统计量没有落在拒绝域内,因此不能拒绝孔隙面积服从 $N(7\,200,2\,700^2)$ 的原假设。

6.3　正态总体双样本参数假设检验

现实生活中,往往需要比较两个正态总体的样本参数是否相同。由于均值的检验中需要用到方差的检验,所以本节先介绍两样本方差的检验,然后再介绍两样本均值检验。

6.3.1　两样本方差的检验(方差齐性检验)

假设总体 $X_1 \sim N(\mu_1, \sigma_1^2)$、$X_2 \sim N(\mu_2, \sigma_2^2)$,$X_1$ 与 X_2 相互独立,记 s_1^2 和 s_2^2 分别为两个样本的方差,n_1 和 n_2 分别为样本量,问题是如何检验两总体方差 σ_1^2 与 σ_2^2 是否相等,或者说哪个明显地大?

对 σ_1^2 与 σ_2^2 是否相等进行检验,使用 F 检验步骤如下:

(1) 建立假设:$H_0:\sigma_1^2=\sigma_2^2$ 和 $H_1:\sigma_1^2\neq\sigma_2^2$;给出显著性水平 α。

(2) 枢轴量 $F=\dfrac{s_1^2/\sigma_1^2}{s_2^2/\sigma_2^2}$

在 H_0 成立时,统计量 $F=\dfrac{s_1^2}{s_2^2}\sim F(n_1-1,n_2-1)$。

(3) 根据样本计算 F 值。若 F 值落在拒绝域内,则接受 H_1;反之不能拒绝 H_0。

当原假设是 $\sigma_1^2=\sigma_2^2$ 时是双边检验,其他两种情况是单边检验,如图 6-4 所示。

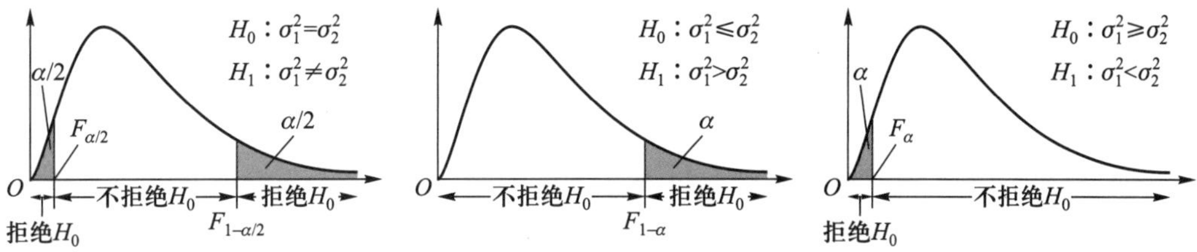

图 6-4　不同原假设下的检验拒绝域

例 6.5　R 语言的植物生长数据集(PlantGrowth)共有 30 个样本观察值,分成 ctrl(对照组)、trt1(处理组 1)、trt2(处理组 2)三组,每组记录 10 个样本的植物产量(以植物的干重衡量),假设数据服从正态分布,检验对照组和处理组 1 的方差是否相等。

```
> attach(PlantGrowth)
> var.test(weight[group == 'ctrl'],weight[group == 'trt1'])
    F test to compare two variances
F = 0.53974, num df = 9, denom df = 9, p-value = 0.3719
alternative hypothesis: true ratio of variances is not equal to 1
95 percent confidence interval:
```

```
    0.1340645 2.1730025
sample estimates: ratio of variances
        0.5397431
```

在显著性水平为 0.05 的条件下，F 检验统计量为 0.539 74，对应的检验 P 值为 0.371 9，因而不拒绝原假设，认为两者方差没有明显的差异。

6.3.2　两样本均值检验

两样本均值检验为将一个样本与另一样本均值相比较的检验，在分析上和单样本检验类似，但在计算上则有一些区别。两样本均值检验分为两独立样本检验和配对样本检验。两者适用条件不同，两独立样本检验适用于两个样本来源相互独立，配对样本检验则适用于两个样本是配对样本的情形。

1. 两独立样本 t 检验

(1) 方差齐性时。当两个总体的方差相等，即 $\sigma_1=\sigma_2=\sigma$，设 $x_1,x_2,\cdots,x_n$ 来自总体 $X\sim N(\mu_1,\sigma^2)$，$y_1,y_2,\cdots,y_m$ 来自总体 $Y\sim N(\mu_2,\sigma^2)$，其中 m 和 n 为两个样本的样本容量。

对 μ_1 与 μ_2 是否相等进行检验，步骤如下：

① 建立假设：$H_0:\mu=\mu_2$ 和 $H_1:\mu\neq\mu_2$；给定显著性水平 α。

② 枢轴量 $t=\dfrac{(\bar{x}-\bar{y})-(\mu_1-\mu_2)}{s_w\sqrt{\dfrac{1}{m}+\dfrac{1}{n}}}$，

其中：$s_w=\dfrac{1}{m+n-2}\left[\sum\limits_{i=1}^{m}(x_i-\bar{x})+\sum\limits_{i=1}^{n}(y_i-\bar{y})\right]$，在 H_0 成立时，统计量 $t=\dfrac{(\bar{x}-\bar{y})-(\mu_1-\mu_2)}{s_w\sqrt{\dfrac{1}{m}+\dfrac{1}{n}}}\sim t(m+n-2)$。

③ 根据样本计算 t 值。若 t 值落在拒绝域内，则接受 H_1；反之不能拒绝 H_0。当原假设变化时，拒绝域也相应地发生变化。当原假设是 $\mu_1=\mu_2$ 时是双边检验，其他两种情况是单边检验。

(2) 方差不齐时。当两个总体的方差不齐时，设 $x_1,x_2,\cdots,x_n$ 来自总体 $X\sim N(\mu_x,\sigma_x^2)$，$y_1,y_2,\cdots,y_m$ 来自总体 $Y\sim N(\mu_y,\sigma_y^2)$。对 μ_x 与 μ_y 是否相等进行检验，步骤与方差齐性时类似，区别在于枢轴量的构造。

枢轴量 $t=\dfrac{(\bar{x}-\bar{y})-(\mu_x-\mu_y)}{\sqrt{\dfrac{s_x^2}{m}+\dfrac{s_y^2}{n}}}$，$s_x^2$ 和 s_y^2 分别为来自总体 X 和总体 Y 的样本的样本方差，在 H_0 成立时，枢轴量 $t=\dfrac{(\bar{x}-\bar{y})-(\mu_x-\mu_y)}{\sqrt{\dfrac{s_x^2}{m}+\dfrac{s_y^2}{n}}}\sim t(l)$，其中 $l=\left(\dfrac{s_x^2}{m}+\dfrac{s_y^2}{n}\right)^2\Big/\left(\dfrac{s_x^4}{m^2(m-1)}+\dfrac{s_y^4}{n^2(n-1)}\right)$。

例 6.6　假设植物生长数据(PlantGrowth)服从正态分布。计算得对照组样本均值为

5.032,小于处理组 2 的均值 5.526。那么这些数据能证明处理组 2 的处理方案提高了植物的产量吗？假设显著性水平为 5%。

在做两样本均值检验时,首先需进行正态性检验,验证样本是否服从正态分布,本处已经假定样本服从正态分布,正态性检验见 6.5 节。然后判断两个样本是否有相同的方差。最后使用 t 检验判断均值是否相等。R 软件中可用函数 t.test 检验两个独立样本均值是否相等,函数默认方差非齐性,如果要假定方差齐性,则设定 var.equal=TRUE。

```
> attach(PlantGrowth)
> var.test(weight[group == 'ctrl'],weight[group == 'trt2'])
    F test to compare two variances
F = 1.7358, num df = 9, denom df = 9, p-value = 0.4239
alternative hypothesis: true ratio of variances is not equal to 1
95 percent confidence interval:
0.4311513 6.9883717
sample estimates:ratio of variances
              1.735813
> t.test(weight[group == 'ctrl'],weight[group == 'trt2'],var.equal=TRUE)
      Two Sample t-test
t = -2.134, df = 18, p-value = 0.04685
alternative hypothesis: true difference in means is not equal to 0
95 percent confidence interval:
-0.980338117 -0.007661883
sample estimates:
mean of x  mean of y
    5.032      5.526
```

方差齐次检验的 P 值为 0.423 9 ,大于 0.05,说明两组数据的方差是一样的。使用 t 检验判断均值是否相等时,P 值为 0.046 85,小于 0.05,拒绝二者均值相等的原假设,说明处理组 2 的处理方案提高了植物的产量。

2. 配对样本 t 检验

配对样本检验假定两样本有一些相同的属性,而不是假定它们是独立正态分布的。

基本的模型是 $Y_i=X_i+\varepsilon_i$,其中 ε_i 为随机项。我们想检验 ε_i 的均值是不是 0,为此用 Y 减去 X 然后做通常的单样本检验。

理论推导和检验步骤如下:

要具体检验假设:$H_0:\mu_1=\mu_2$;$H_1:\mu_1\neq\mu_2$。

在正态性假定下,$d=X-Y$ 近似服从 $N(\mu,\sigma_d^2)$。其中,$\mu=\mu_1-\mu_2$,$\sigma_d^2=\sigma_1^2+\sigma_2^2$。需要将比较 μ_1 与 μ_2 大小的问题转变为检验均值 μ 是否为 0 的问题。

对均值 μ 是否为 0 进行检验:

(1) 建立假设:$H_0:\mu=0$;$H_1:\mu\neq0$。给定显著性水平 α。

(2) 枢轴量 $t=\bar{d}/(s_d/\sqrt{n})$,其中 $d_i=x_i-y_i$,$\bar{d}=\dfrac{1}{n}\sum\limits_{i=1}^{n}d_i$,$s_d=\left[\dfrac{1}{n-1}\sum\limits_{i=1}^{n}(d_i-\bar{d})^2\right]^{\frac{1}{2}}$。

在 H_0 成立时，统计量 $t=\bar{d}/(s_d/\sqrt{n})\sim t(n-1)$。

(3) 根据样本计算 t 值。若 t 值落在拒绝域内，则拒绝 H_0；反之不能拒绝 H_0。

当原假设变化时，拒绝域也相应地变化。当原假设是 $\mu=0$ 时是双边检验，其他两种情况是单边检验。

在 R 中，配对样本检验与独立样本检验是用同样的函数，只要在使用函数 t.test 时设定 paired=TRUE 就可以了。

例 6.7　一个以减肥为主要目标的健美俱乐部声称，参加其训练班可以使肥胖者平均体重减轻 8.5kg。为了验证该宣传是否可信，调查人员随机抽取了 10 名参加者，得到他们参加训练班前后两次的体重记录，验证的 R 程序如下：

```
> before = c(94.5,101,110,103.5,97,88.5,96.5,101,104,116.5)
> after = c(85,89.5,101.5,96,86,80.5,87,93.5,93,102)
> t.test(before,after,paired=T)
      Paired t-test
t = 14.164, df = 9, p-value = 1.854e-07
alternative hypothesis: true difference in means is not equal to 0
95 percent confidence interval:
  8.276847 11.423153
sample estimates: mean of the differences
         9.85
```

由输出结果可知应拒绝原假设，说明该健美俱乐部声称“参加其训练班可以使肥胖者平均体重减轻 8.5kg”的说法还是有一定根据的。

6.4　比例假设检验

现实中有很多数据是比例数据，有时需要对比例数据进行假设检验，由于在比例假设检验中，我们假定样本服从二项分布，因此本节仍然属于参数假设检验的范畴。这一节主要介绍单样本的比例检验和两样本比例检验。

6.4.1　单样本比例检验

设 $X\sim b(1,p)$，p 为事件发生的概率，$x_1,x_2,\cdots,x_n$ 是从总体 X 中抽取的样本，对比例 p 是否为 p_0 进行检验，步骤如下：

(1) 建立假设：$H_0:p=p_0$；$H_1:p\neq p_0$；给定显著性水平 α。

(2) 枢轴量：由于 $X\sim b(1,p)$，均值为 p，方差为 $p(1-p)$，当 n 较大时，根据中心极限定理，$\bar{x}$ 近似服从正态分布 $N(p,p(1-p)/n)$，枢轴量 $u=\dfrac{\bar{x}-p}{\sqrt{p(1-p)/n}}$。

在 H_0 成立时，枢轴量 $u=\dfrac{\bar{x}-p}{\sqrt{p(1-p)/n}}\sim N(0,1)$。

（3）根据样本计算 u 值。若 u 值落在拒绝域内，则拒绝 H_0，接受 H_1；反之不能拒绝 H_0。

当原假设变化为单边检验时，拒绝域也相应地变化。

例 6.8　为调查某大学男女比率是否是 1∶1，在校门处观察，发现 100 学生中有 45 个女性。那么，这是否支持该大学总体男性占比为 50%的假设？

本例中验证问题为：$H_0:p=0.5$；$H_1:p\neq 0.5$。这是一个双边假设检验。

由于上述介绍的方法与软件中默认使用的函数 prop.test 使用的检验有区别，在这里我们自行编写函数使用上述介绍的方法进行假设检验。命令如下：

```
> proptest<-function(x,n,p,alternative){
+     Se=sqrt(p* (1-p)/n); u=(x/n-p)/Se
+     if (alternative=="twoside")  p=2* (1-pnorm(abs(u))) # "twoside":双边检验
+     else if (alternative=="less")  p=pnorm(u)# "less":左侧单边检验
+     else   p=1-pnorm(u)                       # "more":右侧单边检验
+     return(data.frame(u=u, p.value=p))}
> proptest(45,100,0.5,alternative="twoside")
     u    p.value
1  -1  0.3173105
```

注意 P 值为 0.317 3，在这个例子中，备择假设是双边的，即检验统计量或者太小，或者太大。具体来说，P 值是某大学男女比率为 0.5 时，被抽查到回答“是”的人数小于等于 45 或大于等于 55 的概率。

现在 P 值没有那么小，即通过本次观测，我们没有充分理由拒绝原假设，故接受原假设。

接下来，重复上面的例子，假设我们询问 1 000 个人，有 450 人回答“是”，现在问原假设 $p=0.5$ 是否还成立？

```
> proptest(450,1000,0.5,alternative="twoside")
           u       p.value
1  -3.162278  0.001565402
```

这次，P 值比较小，因此拒绝原假设。此例表明 P 值的大小与 n 有关。特别地，当 n 逐渐增大时，样本均值的标准误逐渐减少。简单地说，样本量越大，从样本获取的信息越充分，样本更能反映总体，我们统计推断得到的结论更加准确。

6.4.2　两样本比例检验

检验两个总体比例是否相等时，在原假设下，假定两个总体比例是相等的（$\pi_1=\pi_2$），因此，总体比例的合并估计等于（x_1+x_2）除以总样本容量（n_1+n_2）。详细步骤如下：

（1）建立原假设：$H_0:\pi_1=\pi_2$，双边备择假设 $H_1:\pi_1\neq\pi_2$。

(2) 枢轴量 $Z_{\text{STAT}}=\dfrac{(p_1-p_2)-(\pi_1-\pi_2)}{\sqrt{\bar{p}(1-\bar{p})\left(\dfrac{1}{n_1}+\dfrac{1}{n_2}\right)}}\sim N(0,1)$。其中:$\bar{p}=\dfrac{x_1+x_2}{n_1+n_2}$,$p_1=\dfrac{x_1}{n_1}$,$p_2=\dfrac{x_2}{n_2}$。

(3) 计算出 Z 值,依照前面的 u 检验,作出判断。

若原假设变化为单边检验时,拒绝域也相应地发生变化。

例 6.9 民意测验专家想知道某广告是否受观众喜欢,为此做了为期两周的调查。结果显示,第一周有 45 名观众表示喜欢,35 名观众不喜欢;第二周有 56 名观众表示喜欢,47 名观众不喜欢。第一周和第二周表达喜欢的观众比例是否相同?

这里可使用命令 prop. test 去处理此种问题。函数 prop. test 的用法为 prop. test(x,n),其中,x 为实际观测数,n 为总数。由于有两个 x 的取值,现在是验证两者喜欢的比例是否相同。

```
>prop.test(c(45,56),c(45+35,56+47))
X-squared = 0.0108, df = 1, p-value = 0.9172
alternative hypothesis: two.sided
95 percent confidence interval:
-0.1374478 0.1750692
sample estimates:
   prop 1      prop 2
0.5625000  0.5436893
```

观察 P 值可知为 0.917 2,因此不拒绝原假设,即 $\pi_1=\pi_2$。

6.5 非参数假设检验:图示法和正态性检验

前文介绍了已知随机变量分布类型,对分布的参数进行的检验,即参数假设检验。在现实生活中,很多情况随机变量分布类型是未知的,如对随机变量的类型进行检验,或者对样本是否独立进行检验,或者对两个样本是否来自同一个分布进行检验等,我们称为非参数假设检验。非参数假设检验方法有很多,如图示法、常用正态性检验、卡方检验、秩和检验和 K-S 检验(Kolmogorov-Smirnov test)。

6.5.1 图示法

图示法是最简单的了解样本分布的方式,通过上一章中已介绍过的直方图,便可观察样本的大致分布情况,并与假设的真实分布相比较,此处不再赘述。

Q-Q 图是更为直观的、用于观察两个分布关系的图形。Q-Q 图通常用于验证数据的正态性,它以标准正态分布的分位数为横坐标,以处在相同百分位的样本分位数为纵坐标,把样本表现为直角坐标系中的散点。如果样本来自正态分布总体,则样本点应该围绕在第一象限的对角线周围。

例 6.10　对于例 6.2 的岩石数据集(rock),判断孔隙面积是否服从正态分布。生成图 6-5 的代码如下所示:

```
> qqnorm(rock$area); qqline(rock$area)
```

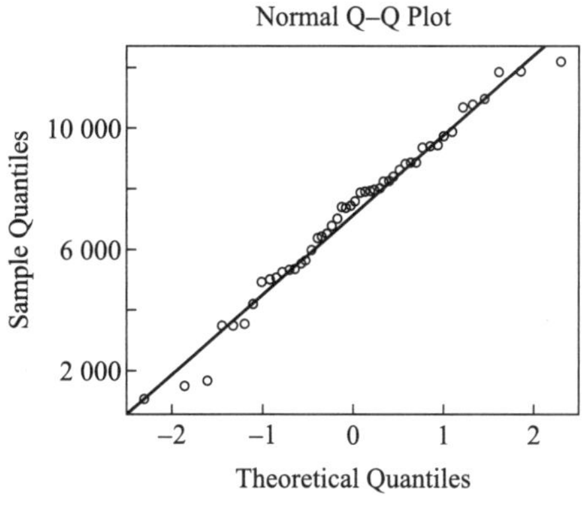

图 6-5　正态分布 Q-Q 图

尽管两端的样本点与直线相隔较远,但可以认为岩石样本的孔隙面积近似服从正态分布。

其他图示法还有经验分布图、箱式图(观测离群值和中位数)等方法。虽然这些方法直观,但是不能定量化地判别检验。并且当样本量较小时,也不能直观看出来。下面将介绍量化检验方法。

6.5.2　常用正态性检验

现实生活中,正态分布是最为普遍的一类分布,也因为其普遍性,在统计建模时,很多都要求样本来源于正态总体,本小节介绍几种正态性的量化检验方法。

1. 偏度、峰度检验法

(1) 用样本偏度、峰度的极限分布做检验。偏度(skewness)反映单峰分布的对称性。峰度(kurtosis)反映分布峰的尖峭程度。为了能直观地了解两者差异,可以参看表 6-1。

表 6-1　偏度和峰度之间的差别

	偏度(skewness)	峰度(kurtosis)
公式	$\beta_s = E\left[\left(\frac{X-\mu}{\sigma}\right)^3\right] = \frac{\mu_3}{\sigma^3}$ 其中 $\mu_3 = E(X-\mu)^3$, $\mu = E(X), \sigma^2 = D(X)$	$\beta_k = E\left[\left(\frac{X-\mu}{\sigma}\right)^4\right] = \frac{\mu_4}{\sigma^4}$ 其中 $\mu_4 = E(X-\mu)^4$, $\mu = E(X), \sigma^2 = D(X)$

续表

	偏度(skewness)	峰度(kurtosis)
图例(与标准正态分布比较)	$\beta_s>0$	$\beta_k>3$
经验性检验方法	$\beta_s<0$ $\beta_s\approx 0$ 认为正态性已经足够好	$\beta_k<3$ $\beta_k\approx 3$ 认为正态性已经足够好
检验大样本正态性的方法	记样本偏度为 b_s 检验统计量:$\sqrt{n}b_s$ 渐近分布:$N(0,6)$ P 值:$p=2P\left(N(0,1)\geqslant\sqrt{\frac{200}{6}}b_s\right)$ 判断:$p<\alpha$ 拒绝原假设,认为不服从正态分布	记样本峰度为 b_k 检验统计量:$\sqrt{n}(b_k-3)$ 渐近分布:$N(0,24)$ P 值:$p=2P\left(N(0,1)\geqslant\left\|\sqrt{\frac{n}{24}}(b_k-3)\right\|\right)$ 判断:$p<\alpha$ 拒绝原假设,认为不服从正态分布

(2) Jarque-Bera(J-B)检验(偏度和峰度的联合分布检验法)。样本偏度 b_s 和样本峰度 b_k 还可以联合起来作为正态性检验问题的检验统计量。检验统计量为 $\mathrm{JB}=\frac{n-k}{6}\left(S^2+\frac{1}{4}K^2\right)\sim\chi^2(2)$,JB 统计量过大或过小时,拒绝原假设。相对来说,J-B 检验法较为实用。J-B 检验可以使用 tseries 包中的 jarque. bera. test 函数。

例 6.11 对岩石数据集,使用 J-B 检验判断孔隙面积是否服从正态分布。

```
>install.packages("tseries"); library(tseries)
> jarque.bera.test(rock$area)
X-squared = 0.87663, df = 2, p-value = 0.6451
```

P 值为 0.6451>0.05,说明没有足够证据拒绝服从正态分布的原假设。

2. Shapiro-Wilk 检验

(1) 一元正态性检验。夏皮洛-威尔克(Shapiro-Wilk)检验也称为 W 检验,当 $8\leqslant n\leqslant 50$(n 为样本量)时 W 检验比较有效。

W 检验是建立在次序统计量的基础上,将 n 个独立观测值按非降次序排列,记为 $x_{(1)}$, $x_{(2)}$,…,$x_{(n)}$,检验统计量为

$$W=\frac{\left[\sum_{i=1}^{n}(a_i-\bar{a})(x_{(i)}-\bar{x})\right]^2}{\sum_{i=1}^{n}(a_i-\bar{a})^2\sum_{i=1}^{n}(x_{(i)}-\bar{x})^2}\qquad(6.1)$$

其中：系数 $a_1, a_2, \cdots, a_n$ 具有如下性质：$a_i=-a_{n+1-i}, i=1,2,\cdots, \sum_{i=1}^{n} a_i=0, \sum_{i=1}^{n} a_i^2=1$，据此可将 W 检验简化为

$$W=\frac{\left[\sum_{i=1}^{n} a_i\left(x_{(n+1-i)}-x_{(i)}\right)\right]^2}{\sum_{i=1}^{n}\left(x_{(i)}-\bar{x}\right)^2} \tag{6.2}$$

可以证明，总体分布为正态分布时，W 值应该接近 1，因此，在显著性水平 α 下，如果统计量 W 值小于其 α 分位数，则拒绝原假设，即拒绝域为 $\{W \leqslant W_{\alpha}\}$。

例 6.12　对岩石数据集，使用 Shapiro-Wilk 检验，验证孔隙面积是否服从正态分布。

```
> shapiro.test(rock$area)
W = 0.97944, p-value = 0.5555
```

P 值为 0.555 5>0.05，说明没有足够证据拒绝服从正态分布的原假设。

（2）多元正态分布检验（Shapiro-Wilk Multivariate Normality Test）。有时候不仅仅需要对单一总体做正态性检验，还需要对样本做多元正态性验证。下面不加证明地给出 R 语言的应用。在 R 中可以调用 mvnormtest 包中的 mshapiro. test 函数进行多元正态性检验。

例 6.13　R 的数据集 EuStockMarkets 中包含了 1991 年至 1998 年每个工作日欧洲主要股票市场股指收盘价，包括德国 DAX、瑞士 SMI、法国 CAC 和英国 FTSE，是数据长度为 1860 的四维数据。试验证前 20 个时刻的欧洲主要股指是否服从多元正态分布。

```
>install.packages("mvnormtest"); library(mvnormtest)
> head(EuStockMarkets)
         DAX     SMI     CAC    FTSE
[1,] 1628.75  1678.1  1772.8  2443.6
[2,] 1613.63  1688.5  1750.5  2460.2
[3,] 1606.51  1678.6  1718.0  2448.2
[4,] 1621.04  1684.1  1708.1  2470.4
> C <- t(EuStockMarkets[1:20,])
> mshapiro.test(C)
     Shapiro-Wilk normality test
W = 0.81928, p-value = 0.0017
```

P 值为 0.001 7<0.05，因此拒绝原假设，认为前 20 个时刻的欧洲主要股指不服从多元正态分布。

3. 其他常用正态性检验

除了以上介绍的几种正态性检验方法，R 中 nortest 包还提供了其他正态性检验方法，比如 AD 正态性检验（ad. test）、Cramer-von Mises 正态性检验（cvm. test）、Lilliefors 正态性检验（lillie. test）、Pearson 卡方正态性检验（pearson. test）和 Shapiro-Francia 正态性检验（sf. test），读者可自行尝试。

6.6　非参数假设检验：卡方检验

6.6.1　卡方拟合优度检验

卡方拟合优度检验(Chi-squared goodness of fit tests)是用来检验样本是否来自特定类型分布的一种假设检验,是并未假定数据分布类型的非参数检验。下面从离散型和连续型随机变量两种情况介绍该检验。

1. 离散型分布验证

例 6.14　如果掷一骰子 150 次并得到以下分布数据,问此骰子是均匀的吗?

点数	1	2	3	4	5	6	合计
出现次数	22	21	22	27	22	36	150

若骰子是均匀的,你会理所当然地认为各面出现的概率都一样,为 1/6,即在 150 次投掷中骰子的每一面将期望出现 25 次。但表中数据表明数字为 6 的一面却出现了 36 次,这是纯属巧合还是其他什么原因?

回答这个问题的关键是看观测值与期望值离得有多远。如果令 f_i 为观测到的第 i 类数据的出现频数,e_i 为第 i 类数据出现次数的理论期望值,则 χ^2 统计量可表示为

$$\chi^2 = \sum_{i=1}^{n} \frac{(f_i - e_i)^2}{e_i} \tag{6.3}$$

直观地,如果实际观测频数和理论预期频数相差很大,χ^2 统计量的值将会很大;反之则较小。在数据为独立同分布的假定下,χ^2 统计量将近似服从自由度为 $n-1$ 的卡方分布。假设检验的原假设为第 i 类数据对应的概率为 p_i(在此例中 $p_i=1/6$),备择假设为至少有一类数据对应的概率不等于 p_i。在使用检验函数之前首先要指定实际频数和理论预期概率。

```
> freq = c(22,21,22,27,22,36)
> probs = rep(1/6,6)   # 指定理论概率(多项分布)
> chisq.test(freq,p=probs)
X-squared = 6.72, df = 5, p-value = 0.2423
```

我们看到,χ^2 值为 6.72,自由度为 $df=6-1=5$。P 值为 0.242 3,所以没有理由拒绝骰子是均匀的假设。

2. 连续型分布验证

对于连续型分布的验证,本质是将其离散化,即分成相应的区域,通过每个区间的理论概率及频数构造枢轴量。具体如下:原假设为样本来源于某特定分布,将数轴$(-\infty,+\infty)$分成 k 个区间:$I_1=(-\infty,a_1)$,$I_2=[a_1,a_2)$,$\cdots$,$I_k=[a_{k-1},+\infty)$,记这些区间的理论概率分布为 $p_1,p_2,\cdots,p_k$,$p_i=P\{X\in I_i\}$,$i=1,2,\cdots,k$。f_i 为 $x_1,x_2,\cdots,x_n$ 落在区间 I_i 内的个数,则构造枢

轴量：$\chi^2=\sum_{i=1}^{k}\frac{(f_i-np_i)^2}{np_i}$。在原假设成立的条件下，当 $n\to\infty$ 时，χ^2 依分布收敛于自由度为 $k-1$ 的 χ^2 分布。给定显著性水平 α，当 $\chi^2>\chi^2_\alpha(k-1)$ 时则拒绝原假设。同样也可以通过 P 值来判断。

当连续型分布中有未知参数时，先估计出未知参数，再用同样的方法构造枢轴量，但其服从的卡方分布自由度将会降低 r，r 是被估参数的个数。上述过程写成数学语言如下：

当参数已知时：

$$\text{当 } n\to\infty,\ \chi^2=\sum_{i=1}^{k}\frac{n}{p_i}\left(\frac{f_i}{n}-p_i\right)^2=\sum_{i=1}^{k}\frac{(f_i-np_i)^2}{np_i}\sim\chi(k-1);$$

当含有 r 个未知参数时：

$$\text{当 } n\to\infty,\ \chi^2=\sum_{i=1}^{k}\frac{n}{\hat{p}_i}\left(\frac{f_i}{n}-\hat{p}_i\right)^2=\sum_{i=1}^{k}\frac{(f_i-n\hat{p}_i)^2}{n\hat{p}_i}\sim\chi(k-r-1)。$$

若原假设为真时，χ^2 应较小，否则就怀疑原假设，从而拒绝域为 $R=\{\chi^2\geqslant d\}$，对于给定的 α 有 $P\{\chi^2\geqslant d\}=\alpha$，即 d 是卡方分布的 α 上分位数。

例 6.15　检验例 6.2 中岩石数据集的孔隙面积是否服从 $N(7\,200,2\,700^2)$ 的分布。

```
> attach(rock)
> fn=table(cut(area,breaks=c(min(area),seq(2000,14000,2000),max(area))))
> F=pnorm(c(min(area),seq(2000,14000,2000),max(area)),7200,2700)
> P=c(F[1],diff(F)[1:6],1-F[7])
> chisq.test(fn,p=P)
X-squared = 28.986, df = 7, p-value = 0.0001455
```

由于 P 值较小，所以应该拒绝原假设，认为岩石的孔隙面积不服从 $N(7\,200,2\,700^2)$ 的分布。

值得注意的是，χ^2 拟合优度检验的检验结果依赖于分组情况，当不能拒绝原假设时，并不能说明原假设就是正确的，特别是在数据量不够大的时候。而且对于连续型分布，卡方检验是把连续数据转换成离散数据后再进行检验，在转换过程中存在信息丢失的情况，所以对于卡方分布检验的结果需要小心。

6.6.2　卡方独立性检验

卡方独立性检验（Chi-squared tests of independence），是在原假设两个因素相互独立的前提下，比较两个及两个以上样本率（构成比）并做两个分类变量的关联性分析。其根本思想就是比较理论频数和实际频数的吻合程度或拟合优度问题。基于这一原理，构造同前章节中的卡方统计量来检验列联表中的两个因子是否相互独立。

例 6.16　判断 R 的头发与眼睛颜色数据集（HairEyeColor）中，眼睛颜色与性别是否独立？不同性别的眼睛颜色分布是否不同？对此我们可使用卡方检验。

理论预期频数为多少？在独立性的原假设下，P（棕色眼睛的女性）$=P$（棕色眼睛）P（女性），是由棕色眼睛（该列之和除以总数）的比例和女性（该行之和除以总数）的比例来估计的。那么，预期频数即为频率乘以总数 n；或者简单地，各行之和乘以各列之和再除以总数

n,即$\frac{n_{\text{Brown}}}{n}\cdot\frac{n_{\text{Female}}}{n}\cdot n$。

```
> (eye_sex.t<- apply(Hair EyeColor, c(3,2), sum))
          Eye
   Sex  Brown  Blue  Hazel  Green
  Male     98   101     47     33
Female    122   114     46     31
> chisq.test(eye_sex.t)
X-squared = 1.5298, df = 3, p-value = 0.6754
```

上述过程检验了两行因子相互独立的原假设。在此例中,P 值较大说明不应该拒绝原假设,即它们是相互独立的。

6.6.3　卡方两样本同质性检验

卡方两样本同质性检验,是检验两样本是否来自同一个总体,即两样本的总体分布是否有差异。直观地,如果各行因子来自相同的总体,每一类的出现概率应该是差不多的,而卡方统计量则将帮助我们解释“差不多”的含义。

例 6.17　通过使用 sample 命令,我们可以很容易地模拟抛掷一颗骰子。抛一个均匀的,再抛一个不均匀的,以测试卡方检验能否检验出它们的差别。

首先抛掷均匀骰子 100 次,再抛掷不均匀骰子 100 次,代码如下:

```
> die.fair = sample(1:6,100,p=c(1,1,1,1,1,1)/6,rep=T)     # 均匀骰子
> die.bias = sample(1:6,100,p=c(.5,.5,1,1,1,2)/6,rep=T)  # 不均匀骰子
> res.fair = table(die.fair);res.bias = table(die.bias)
> count=rbind(res.fair,res.bias)
> count
            1   2   3   4   5   6
res.fair   15  21  22  17  15  10
res.bias    7   4  18  22  16  33
```

这些数据是来自同一分布的吗?我们看到不均匀骰子出现数字 6 的次数很多,而出现数字 2 的次数却很少,所以答案显然不是。卡方同质性检验所做的分析和卡方独立性检验是一样的:对于每一个单元格它计算出预期频数,然后将预期频数与观测到的频数进行比较。那么,各个单元的理论预期频数应为多少?考虑对于一个均匀的骰子,出现数字 2 的预期频数应为 100 乘以出现数字 2 的概率。如果假定两个行因子服从相同的分布,那么,边际概率将对数字 2 出现的概率给出估计。总的边际值为 25/200=(21+4)/(100+100),所以对于均匀分布骰子,数字 2 的理论预期频数为 100×(25/200)= 12.5,而实际上我们得到的频数是 4。

我们将这些离差平方除以预期值并加总起来,得到统计量:

$$\chi^2=\sum\frac{(f_i-e_i)^2}{e_i}$$

在原假设下，两个数据集都来自相同的总体，即两个样本具有同质性，且样本服从于自由度为(2-1)(6-1)=5(即行数减 1 乘列数减 1)的卡方分布。以上过程可由函数 chisq. test 来实现。

```
>chisq.test(count)
        Pearson's Chi-squared test
data:  count
X-squared = 27.84, df = 5, p-value = 3.903e-05
```

注意到 P 值很小，充分说明两个样本具有非同质性。

6.7　非参数假设检验：秩和检验

秩和检验是一种在没有样本先验信息的前提下，基于计算出的秩和做出的检验。

非参数检验通常是将数据转换成秩来进行分析的。秩就是数据按照升幂排列之后，每个观测值的位置。设 R_i 是数据 x_i 的秩。利用秩的大小进行推断就避免了不知道数据分布的困难。这也是大多数非参数检验的优点。多数非参数检验明显地或隐含地利用了秩的性质。

6.7.1　单样本符号秩和检验

当样本分布近似对称但并不服从正态分布时，要对中位数进行检验可用非参数的 Wilcoxon 符号秩和检验，在 R 中可使用函数 wilcox. test( )。

检验样本 $x_1, x_2, \cdots, x_n$ 的总体的中位数是否为 θ，即检验原假设 $H_0: F(\theta)=0.5$。

计算 $x_1-\theta, x_2-\theta, \cdots, x_n-\theta$，累加结果为正的样本的秩和，得到符号秩和统计量 $W^+ = \sum\limits_{x_i-\theta>0} R_i$，累加结果为负的样本的秩和，得到符号秩和统计量 $W^- = \sum\limits_{x_i-\theta<0} R_i$。

若 H_0 成立，$W^+ \approx W^- \approx \dfrac{n(n+1)}{4}$。设统计量 T 为 W^+ 或 W^-，当 T 过大或过小时，倾向于拒绝原假设。当样本量足够大时，T 的近似分布为 $\dfrac{T-E(T)}{Var(T)} \sim N(0,1)$，其中 $E(T)=\dfrac{n(n+1)}{4}$，$Var(T)=\dfrac{n(n+1)(2n+1)}{24}$。

当样本量小于 50 时，以 W^+ 为例，双侧检验的拒绝域为 $\left\{W^+ \leqslant W^+_{\frac{\alpha}{2}}(n)\right\} \cup \left\{W^+ \geqslant W^+_{1-\frac{\alpha}{2}}(n)\right\}$。通过查表可得 $W^+_\alpha(n)$，而 $W^+_{1-\alpha}(n)=\dfrac{n(n+1)}{2}-W^+_\alpha(n)$。

例 6.18　一位研究员想以 200 为界，将石油储层岩石均分为低渗岩石和高渗岩石两类，即猜测渗透率的中位数为 200。根据例 6.2 中岩石数据集(rock)的渗透率(perm)数据，这是一个合理的分界值吗？

由直方图(图 6-6)可看出分布呈偏态并拖尾,于是考虑用非参数的 Wilcoxon 符号秩和检验。假设 H_0 为中位数等于 200,备择假设为中位数不等于 200。

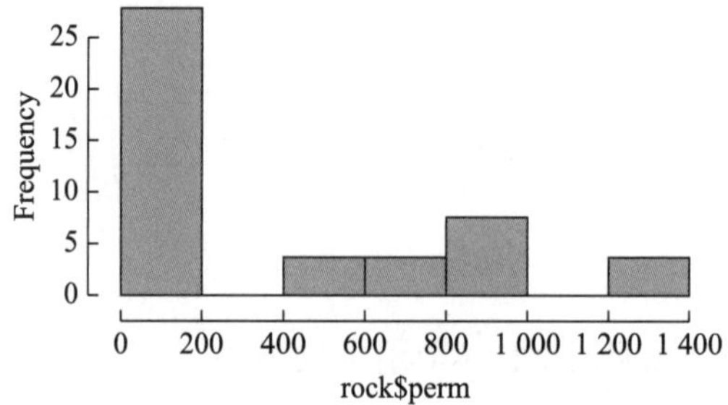

图 6-6　岩石数据集渗透率分布直方图

```
> wilcox.test(rock$perm, mu=200)
      Wilcoxon signed rank test with continuity correction
V = 770, p-value = 0.06246
```

注意到 P 值大于 0.05,因此在 0.05 的显著性水平下不能拒绝原假设,即可以认为 200 是个合理的分界值。然而由于 P 值较小,在显著性水平为 0.1 时我们可以拒绝原假设。

符号秩和检验 wilcox.test 可以看成一种中位数检验,许多书也介绍符号检验,即只考虑比中位数大还是小的符号,而不考虑秩。我们可借助 binom.test( ),检验大于或小于中位数的频率是否为 0.5。也可以编写一个 R 函数 median.test 来计算中位数双边检验的 P 值。

```
> binom.test(sum(rock$perm<200),length(rock$perm),alternative = "two.side")
     Exact binomial test
data:  sum(rock$perm < 200) and length(rock$perm)
number of successes = 28, number of trials = 48, p-value = 0.3123
alternative hypothesis: true probability of success is not equal to 0.5
95 percent confidence interval:
0.4321317 0.7238726
sample estimates:
probability of success
                  0.5833333
> median.test <- function (x, median = NA, alternative){
+   x <- as.vector(x);  n <- length(x)
+   bigger <- sum(x > median); equal <- sum(x == median)
+   count <- bigger + equal/2
+   p <- pbinom(count, n, 0.5)
+   if (alternative=="twoside")  p=2*p     # "twoside":双边检验
+   else if (alternative=="less")  p=p     # "less":左侧单边检验
+   else  p=1-p                            # "greater":右侧单边检验
+   c(Positive=bigger,Negative=n-bigger,P=p) }
> median.test(rock$perm, median=200, alternative = "twoside")  # 检验结果
```

```
   Positive    Negative           P
20.0000000  28.0000000  0.3123268
```

Positive 表示正号有 20 个,Negative 表示负号有 28 个,P 值为 0.312 326 8,结果为不显著。

需要注意的是符号检验只考虑比中位数大还是小的符号,相对于 Wilcoxon 符号秩和检验,其利用的信息量较少,因此,我们推荐使用 Wilcoxon 符号秩和检验。

6.7.2　两独立样本秩和检验

两样本 Wilcoxon 秩和检验也可由函数 wilcox. test 完成,用法和单样本检验相似。

假定第一个样本有 m 个观测值,第二个有 n 个观测值。两个样本混合之后把这 $m+n$ 个观测值按升幂排序,记下每个观测值在混合排序下面的秩。之后分别把两个样本所得到的秩相加。记第一个样本观测值的秩和为 W_X,而第二个样本观测值的秩和为 W_Y。这两个值可以互相推算,称为 Wilcoxon 统计量。

该统计量的分布和两个总体分布无关。该检验需要的唯一假定就是两个总体的分布有类似的形状,但不一定要求分布是对称的。直观上看,如果 W_X 与 W_Y 之中有一个显著地大,则可以选择拒绝原假设。

例 6.19　对例 6.5 中的植物生长数据(PlantGrowth),检验对照组(ctrl)和处理组 2(trt2)的中位数是否相等。

```
> boxplot(weight ~ group, data = PlantGrowth)
> attach(PlantGrowth)
> wilcox.test(weight[group == 'ctrl'],weight[group == 'trt2'])
     Wilcoxon rank sum test with continuity correction
W = 25, p-value = 0.06301
```

箱线图(图 6-7)显示分布有些偏态,因此,更适合使用基于中位数的检验。由于 P 值等于 0.063 01,因此我们在 0.05 的显著性水平下不拒绝原假设,在 0.1 的显著性水平下拒绝原假设。

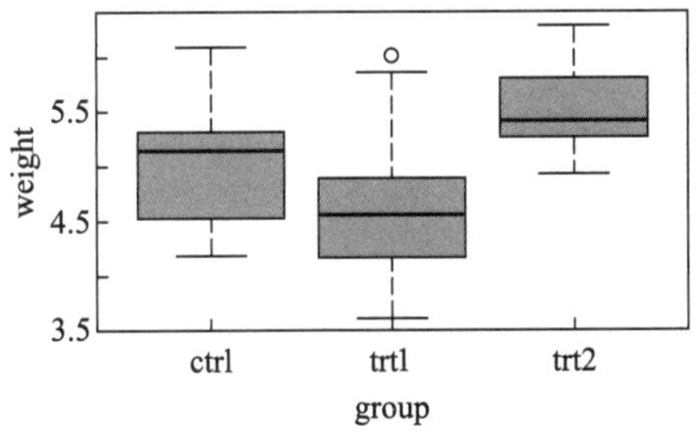

图 6-7　植物生长数据分组箱线图

6.7.3　多个独立样本的秩和检验

多个独立样本的非参数检验可用 Kruskal-Wallis 秩和检验,这个检验的目的是比较多个总体的位置参数是否一样。

设有 k 个连续型随机变量总体：$X_1,X_2,\cdots,X_k$。$x_{i1},x_{i2},\cdots,x_{in_i}$ 是来自第 i 个总体 X_i 的样本，其容量为 $n_i,i=1,2,\cdots,k$。总的样本容量为 $N=\sum_{i=1}^{k}n_i$。所有 N 个样本单元都是相互独立的。设第 i 个总体 X_i 的分布函数为 $F(x-\theta_i),i=1,2,\cdots,k$。也就是说，这 k 个随机变量总体 $X_1,X_2,\cdots,X_k$ 的分布函数的形状全都相同，仅有可能是位置参数不同。Kruskal-Wallis 检验可用于检验这 k 个位置参数 $\theta_1,\theta_2,\cdots,\theta_k$ 是否全都相等。它的原假设和备择假设分别为

$$H_0:\theta_1=\theta_2=\cdots=\theta_k,H_1:\theta_1,\theta_2,\cdots,\theta_k \text{ 不全都相等}$$

显然，在原假设为真时，这 k 个连续型随机变量总体 $X_1,X_2,\cdots,X_k$ 同分布。

在方差相等的正态总体假设下，这 k 个位置参数 $\theta_1,\theta_2,\cdots,\theta_k$ 可理解为这 k 个正态总体的均值，可使用 ANOVA 方法检验是否相等。

在数据非正态的情况下，为简化讨论，不妨假设所有 N 个样本单元互不相等。在原假设成立，即 $\theta_1=\theta_2=\cdots=\theta_k$ 时，所有 N 个样本单元都是独立同分布的。为此我们将这 k 组样本合在一起，计算每一个数据在合样本中的秩。记 x_{ij} 在合样本 $\{x_{i1},x_{i2},\cdots,x_{in_i},i=1,2,\cdots,k\}$ 中的秩为 $R_{ij},R_{ij}=1,2,\cdots,N$。Kruskal-Wallis 检验的基本思想是用 x_{ij} 的秩 R_{ij} 代替 x_{ij}，然后用 ANOVA 方法做统计分析。

秩的总的平均 $\overline{R}=\sum_{i=1}^{k}\sum_{j=1}^{n_i}R_{ij}/N=\frac{(N+1)}{2}$，第 i 个总体的样本的秩的平均 $\overline{R}_i=\frac{\sum_{j=1}^{n_i}R_{ij}}{n_i}$，$i=1,2,\cdots,k$。总平方和：$SST=\sum_{i=1}^{k}\sum_{j=1}^{n_i}(R_{ij}-\overline{R})^2=\sum_{i=1}^{k}\sum_{j=1}^{n_i}R_{ij}^2-N\overline{R}^2=\frac{N(N^2-1)}{12}$，它是一个常数；组间平方和 $SSB=\sum_{i=1}^{k}n_i(\overline{R}_i-\overline{R})^2=\sum_{i=1}^{k}n_i\left(\overline{R}_i-\frac{(N+1)}{2}\right)^2$；组内平方和 $SSW=\sum_{i=1}^{k}\sum_{j=1}^{n_i}(R_{ij}-\overline{R}_i)^2$。由 $SSB+SSW=SST$ 知，如果算得组间平方和 SSB 的值，那么也就得到了它的组内平方和 SSW 的值。所以基于秩的 ANOVA 仅需要计算 SSB 的值，且算得的 SSB 的值与计量单位无关，这个 SSB 就可以作为检验统计量。

我们在 SSB 的值比较大的时候认为这 k 个位置参数不全都相等。W. H. Kruskal 和 W. A. Wallis 将 SSB 乘以常数因子 $\frac{12}{N(N+1)}$，从而将 SSB 变换为 H。

$$\frac{12}{N(N+1)}SSB=\frac{12}{N(N+1)}\sum_{i=1}^{k}n_i\left(\overline{R}_i-\frac{(N+1)}{2}\right)^2=\frac{12}{N(N+1)}\sum_{i=1}^{k}\frac{R_{i+}^2}{n_i}-3(N+1)^2 \qquad (6.4)$$

显然，在 H 的值比较大的时候认为这 k 个位置参数不全都相等。将 H 作为检验统计量的检验称为 Kruskal-Wallis 检验。其中 $R_{i+}=n_i\overline{R}_i=\sum_{j=1}^{n_i}R_{ij}$ 是来自第 i 个总体的样本的秩和，$i=1,2,\cdots,k$。

可以证明，在原假设 H_0 为真，即 k 个总体 $X_1,X_2,\cdots,X_k$ 为同一连续型分布时，若 $\min\{n_1,\cdots,n_k\}\to\infty$，且对所有的 $i=1,2,\cdots,k$ 都有 $\frac{n_i}{N}\to\lambda_i\in(0,1)$，则 Kruskal-Wallis 检验统计

量 H 渐近服从 $\chi^2(k-1)$ 分布。这里要注意的是,若在有相同观测值时要对秩取平均,则统计量也要做相应修正。

Kruskal-Wallis 检验是一个基于原始数据的检验,可在数据非正态的情况下代替单因素方差分析。

例 6.20　对植物生长数据(PlantGrowth)进行 Kruskal-Wallis 检验,分析 ctrl(对照组)、trt1(处理组 1)、trt2(处理组 2)三组植物的生长是否存在明显的差别。

```
> kruskal.test(weight ~ group, data=PlantGrowth)
          Kruskal-Wallis rank sum test
Kruskal-Wallis chi-squared = 7.988, df = 2, p-value = 0.01842
```

我们看到 P 值为 0.018 42,这意味着在 5%的显著性水平下拒绝均值相等的原假设。注意到这里的 P 值虽小,但比方差分析中的 P 值要大,不过,两种检验都表明原假设值得怀疑。

6.7.4　多个相关样本的秩和检验

设有一个 k 个处理 b 个区组的区组设计。假设第 i 个处理在第 j 个区组的观察值 x_{ij} 的分布函数为 $F_j(x-\theta_i)$, $i=1,2,\cdots,k$, $j=1,2,\cdots,b$。也就是说,同一个区组,例如第 j 个区组内的 k 个观察值 $x_{1j},x_{2j},\cdots,x_{kj}$ 的分布函数的形状都相同,仅有可能的是位置参数不同。而不同区组内的观察值的分布函数的形状有可能不同。k 个处理 b 个区组的区组设计共有 $N=bk$ 个观察值。所有这 N 个观察值都是相互独立的。Friedman 检验用于检验这 k 个位置参数 $\theta_1,\theta_2,\cdots,\theta_k$ 是否全都相等。它的原假设和备择假设分别为

$$H_0:\theta_1=\theta_2=\cdots=\theta_k, H_1:\theta_1,\theta_2,\cdots,\theta_k \text{ 不全都相等}$$

当原假设成立时,同一个区组内的 k 个观察值独立同分布。为此我们计算每一个数据在它所在区组的 k 个观察值中的秩。记第 i 个处理第 j 个区组的观察值 x_{ij} 在第 j 个区组的 k 个观察值 $x_{1j},x_{2j},\cdots,x_{kj}$ 中的秩为 R_{ij}。为简化讨论,不妨假设同一个区组内的 k 个观察值互不相等,从而有 $R_{ij}=1,2,\cdots,k$。同 Kruskal-Wallis 检验,Friedman 检验的基本思想也是用 x_{ij} 的秩 R_{ij} 代替 x_{ij},然后计算组间平方和 SSB。

我们一共有 k 组。第 i 组就是第 i 个处理的 b 个观察值的秩为 $\{R_{i1},R_{i2},\cdots,R_{ib}\}$, $i=1,2,\cdots,k$。这 k 组之间的组间平方和 $SSB=b\sum_{i=1}^{k}(\overline{R}_i-\overline{R})^2$,其中 $\overline{R}_i=\frac{\sum_{j=1}^{b}R_{ij}}{b}$ 是第 i 个处理的 b 个观察值的秩的平均,$\overline{R}=\frac{\sum_{i=1}^{k}\sum_{j=1}^{b}R_{ij}}{N}=\frac{(k+1)}{2}$ 是总的平均数,为一个常数。

这个 SSB 可以作为检验统计量。我们在它的值比较大的时候认为这 k 个位置参数不全都相等。M. Friedman 将 SSB 乘以常数因子 $\frac{12}{k(k+1)}$,从而将 SSB 变换为 $Q=\frac{12}{k(k+1)}SSB=\frac{12b}{k(k+1)}\sum_{i=1}^{k}\left(\overline{R}_i-\frac{(k+1)}{2}\right)^2$。在 Q 的值比较大的时候可以认为这 k 个位置参数不全都相等。

Q 作为检验统计量的检验称为 Friedman 检验。

在原假设 H_0 为真，即同一个区组内的 k 个观察值独立同分布时，若 k 固定，而 $b\to\infty$，则 Friedman 检验统计量 Q 渐近服从 $\chi^2(k-1)$ 分布。

根据随机区组试验设计的资料，也可直接进行 F 检验。步骤如下：

将每一区组的数据按大小排列，有相同数据时以平均等级计算，其秩次为 R_{ij}，再计算各个处理的秩和 R_i，并计算所有秩的平方和 $A=\sum_{i=1}^{k}\sum_{j=1}^{b}R_{ij}^2$，以及各个处理秩的平方和的均值 $B=\frac{1}{b}\sum_{i=1}^{k}R_i^2$。其统计量 $F=\frac{(b-1)[B-bk(k+1)^2/4]}{A-B}$ 服从自由度为 $k-1$ 和 $(b-1)(k-1)$ 的 F 分布。和 Kruskal-Wallis 检验一样，Friedman 检验只能提示若干总体的中心可能不全相等，而不能指出哪些总体有相同的中心，哪些总体存在位置方面的差异，于是我们必须进行多重比较。

例 6.21　美国通用、福特与克莱斯勒汽车公司 5 种不同车型油耗情况如表 6-2 所示。

表 6-2　不同公司不同车型油耗情况

公司	超小型	小型	中型	大型	运动型
通用	20.3	21.2	18.2	18.6	18.5
福特	25.6	24.7	19.3	19.3	20.7
克莱斯勒	24.0	23.1	20.6	19.8	21.4

数据分析关心的问题之一是三家公司汽车耗油有无差异，如果这些数据满足方差分析中所需要的条件，我们可以直接通过方差分析进行统计检验。若在无法验证或确保满足方差分析条件的情况下，应使用非参数的 Friedman 检验方法。

```
> X=matrix(c(20.3,21.2,18.2,18.6,18.5,25.6,24.7,19.3,19.3,20.7, 24.0, 23.1,
20.6,19.8,21.4),5)
> friedman.test(X)
      Friedman rank sum test
  data:  X
  Friedman chi-squared = 7.6, df = 2, p-value = 0.02237
```

于是由 Friedman 检验可知，三家汽车公司 5 种不同车型产品油耗不完全相同。

6.8　非参数假设检验：K-S 检验(Kolmogorov-Smirnov)

6.8.1　K-S 单样本总体分布验证

这是一种基于经验分布函数(ECDF)的检验，记：$D=\max|F_n(x)-F_0(x)|$，$F_n(x)$ 表示一组随机样本的累积概率函数，$F_0(x)$ 表示真实的分布函数。

当原假设为真时，D 的值应较小，若过大，则应怀疑原假设。

设总体服从连续分布函数 $F(x)$,从中抽取容量为 n 的样本,并设累积经验分布函数为 $F_n(x)$,则 $D_n=\sup_x|F_n(x)-F(x)|$ 在 $n\to\infty$ 时有极限分布

$$P(\sqrt{n}D_n<\lambda)\to K(\lambda)=\begin{cases}\sum_{j=-\infty}^{n}(-1)^j\exp(-2j^2\lambda^2), & \text{当 }\lambda>0\\ 0, & \text{当 }\lambda\leqslant 0\end{cases} \tag{6.5}$$

例 6.22 检验分布是否服从已知参数的连续型分布。

```
> x=rnorm(50)
> y=runif(50,0,1)
> ks.test(x, "pnorm", mean=0, sd=1)
D = 0.1081, p-value =0.5657
> ks.test(y, "punif", 0,1 )
D = 0.1168, p-value =0.4682
> ks.test(x,"pexp",0.5)
D = 0.56, p-value =2.887e-15
```

因此,不拒绝 $x\sim N(0,1)$ 和 $y\sim U(0,1)$ 的原假设,拒绝 $x\sim\exp(0.5)$ 的原假设。

6.8.2 K-S 两独立样本同质检验

假定有来自独立总体的两个样本。要想检验总体分布相同的零(原)假设,可以进行两独立样本的 Kolmogorov-Smirnov 检验。其检验原理完全和单样本情况一样,只不过把检验统计量中零(原)假设的分布换成另一个样本的累积经验分布即可。

假定两个样本的样本量分别为 n_1 和 n_2,用 $F_1(x)$ 和 $F_2(x)$ 分别表示两个样本的累积经验分布函数。再记 $D_j=F_1(x_j)-F_2(x_j)$。

大样本时近似正态分布的检验统计量 $Z=\max_j|D_j|\sqrt{\dfrac{n_1n_2}{n_1+n_2}}$。

例 6.23 例 6.5 植物生长数据(PlantGrowth)中对照组与处理组 2 的分布是否相同?

```
> ks.test(weight[group == 'ctrl'],weight[group == 'trt2'])
D = 0.5, p-value =0.1678
```

由于样本量太小,不考虑渐近检验的结果。因此,对于 0.05 的显著性水平,不能拒绝两个分布相同的零假设。

6.9 习 题[①]

1. 从一批钢管中抽取 10 根,测得其内径(单位:mm)为

① 本章习题在没有注明显著性水平时,显著性水平均取 $\alpha=0.05$。

100.36　100.31　99.99　100.11　100.64　100.85　99.42　99.91　99.35　100.10

设这批钢管内径服从正态分布 $N(\mu,\sigma^2)$，试分别在下列条件下检验假设 $H_0:\mu=100$；$H_1:\mu>100$。

(1) 已知 $\sigma=0.5$；

(2) σ 未知。

2. R 的 12 月海狸体温数据集(beaver1)为 12 月 12 日至 13 日每隔 10 分钟测量的四只海狸的体温数据，假设海狸体温(temp)服从正态分布 $N(\mu,\sigma^2)$，试检验如下假设检验：

(1) $H_0:\mu=36.5$；$H_1:\mu\neq36.5$；

(2) $H_0:\sigma^2=0.04$；$H_1:\sigma^2\neq0.04$。

3. R 的 11 月海狸体温数据集(beaver2)为 11 月 3 日至 4 日每隔 10 分钟测量的四只海狸的体温数据，假设海狸体温服从正态分布并且方差保持不变，试判断 11 月和 12 月海狸体温是否不同？

4. 仍对 11 月海狸体温数据集(beaver2)和 12 月海狸体温数据集(beaver1)进行分析，假定海狸体温服从正态分布，总体方差反映了体温的波动性。请问海狸体温在 11 月和 12 月的波动性是否有所差异？

5. 下面给出两种型号的计算器充电以后所能使用的时间(h)的观测值。

型号 A：5.5　5.6　6.3　4.6　5.3　5.0　6.2　5.8　5.1　5.2　5.9；

型号 B：3.8　4.3　4.2　4.0　4.9　4.5　5.2　4.8　4.5　3.9　3.7　4.6。

试问：能否认为型号 A 的计算器平均使用时间比型号 B 长(取 $\alpha=0.01$)？

6. R 的学生睡眠数据集(sleep)为两种药物(group)对 10 例患者(ID)的影响，共 10 条睡眠时间增量(extra，小时)数据。为了比较两种药物的效果，假定睡眠时间增量服从正态分布，试问：两种药物的平均效果有无差异？(成对数据检验)

7. 有一批蔬菜种子的平均发芽率 $p_0=0.85$，现随机抽取 500 粒，用种衣剂进行浸种处理，结果有 445 粒发芽，试检验种衣剂对种子发芽率有无影响？

8. 据以往经验，新生儿染色体异常率一般为 1%，某医院观察了当地 400 名新生儿，只有 1 例染色体异常，问该地区新生儿染色体异常是否低于一般水平？

9. R 的老忠实间歇泉数据集(faithful)记录了老忠实间歇泉的喷发持续时间(eruptions)和两次喷发之间的间隔时间(waiting，分钟)。

(1) 对喷发持续时间和间隔时间分别进行描述性统计分析(提示：画出直方图和 Q-Q 图)，使用图示法判断是否服从正态分布。

(2) 使用 J-B 检验和 W 检验判断喷发持续时间和间隔时间是否服从正态分布。

(3) 判断喷发持续时间和间隔时间是否服从多元正态分布。

10. 卢瑟福以 7.5 秒为时间单位做 2 608 次观察，得到一枚放射性 α 物质在单位时间内放射的质点数如下：

质点数	0	1	2	3	4	5	6	7	8	9	10	11	12	13	14
观察数	57	203	383	525	532	408	273	139	45	27	10	4	2	0	0

检验 7.5 秒中放射出的 α 质点数是否服从泊松分布？(离散型卡方拟合优度检验)

(提示:用 $\bar{x}$ 估计 $\hat{\lambda}$,则 $\hat{p}_k=\frac{\hat{\lambda}}{k!}e^{-\hat{\lambda}}$)

11. 在一批灯泡中抽取 300 只做寿命测试,其结果如下:

寿命/h	(-∞,100)	[100,200)	[200,300)	[300,+∞)
灯泡数/只	121	78	43	58

能否认为灯泡寿命服从指数分布 exp(0.005)?(连续型卡方拟合优度检验)

12. 为研究儿童智力发展与营养的关系,某研究机构调查了 1 436 名儿童,得到如下数据:

智商		80	80~89	90~99	100
营养状况	良好	367	342	266	329
	不良	56	40	20	16

判断智力发展与营养有无关系?(卡方独立性检验)

13. 某地区从事管理工作的职员的月收入的中位数是 6 500 元。现有一个该地区从事管理工作的 20 个妇女组成的样本。她们的月收入数据如下:

6 200　5 100　6 300　4 900　7 100　5 700　4 900　5 200　6 600　7 200

6 500　6 900　5 500　5 800　6 400　7 000　3 900　5 100　7 500　6 300

检验该地区从事管理工作的妇女的月收入的中位数是否低于 6 500 元?比较符号检验和符号秩和检验两种方法的检验结果有什么差别。

14. R 的鸡体重数据集(chickwts)记录了不同补充物(feed)下的鸡生长速率(weight,克)。新孵化的小鸡被随机分为 6 组,每组使用不同的饲料补充物,包括蚕豆(horsebean)、亚麻籽(linseed)、大豆等,6 周后测量鸡的体重。试检验"蚕豆和亚麻籽对鸡生长的影响没有差异"的假设。(Wilcoxon 秩和检验)

15. 对上题中的鸡体重数据集(chickwts),绘制分组箱线图,并检验这 6 种补充物对鸡生长的影响是否相同。(Kruskal-Wallis 检验)

16. R 的美国各州的暴力犯罪率数据集(USArrests)包含 1973 年美国 50 个州中每 10 万居民因袭击(Assault)、谋杀(Murder)和强奸(Rape)而被捕的情况。检验暴力犯罪率与州的关系,判断不同州的暴力犯罪率是否不同。(Friedman 检验方法)

下篇　数据挖掘与机器学习

第 7 章

数据挖掘与机器学习概述

通过本章,读者可以了解到数据挖掘和机器学习的概念、发展历史以及基本流程。

7.1 数据挖掘概述

7.1.1 数据挖掘的概念

随着计算机、信息技术与互联网的高速发展,人类社会发生了巨大的变化。大数据时代已经到来,人类社会每天产生的数据量都呈现爆炸式增长。根据 Statista 公司的估计,2018 年全球数据量为 33ZB(ZB 代表十万亿亿字节),并且预测 2024 年这个数字将要达到 149ZB。数据就是这个时代宝贵的财富,而随着存储技术的发展,不管是企业还是科研机构都存储了大量的数据。数据虽然是十分宝贵的战略资产,但其本身并不能产生价值,只有进行数据的再加工,从数据中提取有用的信息,才能为人类感兴趣的问题提供决策建议。数据挖掘(data mining)就是一个从数据中提取知识的过程。

数据挖掘涉及统计学、机器学习、数据库管理等多个领域。目前,关于数据挖掘还没有形成统一的定义。数据挖掘的一个普遍采用的定义为:从大量的数据中,运用有效的方法,抽取隐含的、未知的、具有潜在价值的模式或规律等知识的复杂过程。

数据挖掘提取的知识通常有这几种形式:概念、规则、规律、模式、约束和可视化等。以数据挖掘中经典的关联规则算法为例。关联规则是用于分析数据中属性之间的有趣的相关关系的一种技术,最早是针对购物篮分析问题提出的。

通过关联规则,超市可以分析顾客的购买习惯,了解哪些商品之间的销售具有相关关系,从而更有针对性地规划超市货架的摆放和商品的陈列,甚至可以推出相应的促销活动。随着线上购物平台的兴起,超市的数据库积累了大量的且不断更新的数据,关联规则的分析结果可以为超市对线上平台促销活动的设计以及主页商品的安排提供建议。一个经典的案例是:20 世纪 90 年代的美国超市中,超市数据挖掘人员分析销售数据时发现“啤酒”与“尿布”两件看上去毫无关系的商品会经常出现在同一个购物篮中,这种独特的销售现象经常出现在年轻的父亲身上。如今,关联规则被广泛应用于营销、医疗诊断和生物信息学等领域。通过关联规则得出的相关关系就是一种数据挖掘提取出来的知识,这些知识原本被隐藏在庞大的数据当中,通过数据挖掘,才能被人们所使用。数据挖掘的目的大体可以分为描述和预测两类。描述就是为了探究数据隐藏的内部规律和模式以及各个属性的特点，典型的方法有聚类、关联规则分析和探索性数据分析。预测关注的则是人们感兴趣变量的未来取值，常用的方法有回归和分类。

数据挖掘不只是一些用于解决问题的技术的集合，还是一个从数据中提出问题、选用合适的方法解决问题并且不断修改的过程，旨在从数据中尽可能地抽取最有用的信息。虽然在计算机上模型可以自动学习，但整个数据分析过程仍需要分析者的高度参与，它需要分析者具有专业的知识以及多角度的思维模式，能够提出问题，并且根据需求不断对模型进行调整和修改。目前，数据挖掘已经被广泛地应用于商业管理、生物学、医学和天文学等领域。

数据挖掘实际上是数据库中的知识发现（knowledge discovery from database，KDD）的过程。1989 年 8 月，在美国召开的第 11 届国际人工智能联合会议的专题会议上，Gregory Piatesky-Shapiro 组织了 KDD 专题研讨会。后来专题研讨会的规模逐渐扩大，发展成为国际学术大会，KDD 也在人工智能和机器学习领域开始流行。1995 年，在美国计算机年会（ACM）上，数据挖掘的概念第一次被正式提出。因为数据挖掘是 KDD 当中十分重要的一个过程，人们多用数据挖掘直接指代 KDD，所以现在人们对这两个概念基本不做区别。本书提到的数据挖掘指的也是 KDD。

7.1.2　数据挖掘的历程

数据挖掘的发展可以归结为统计学和计算机领域的发展。统计学是数据挖掘的理论基础，为其提供理论依据和分析手段，而数据的存储、数据库管理以及海量数据的计算则需要运用计算机技术。面对人类日益增长的对于数据分析的需求，统计学和计算机技术相互促进，更是推动了数据挖掘的发展。随着计算机存储技术的发展，数量庞大且类型多样的数据对统计理论和方法提出了更高的要求，促进了统计学的发展，而新的统计理论和方法也对计算机的计算能力提出了更高要求。

1. 统计学的发展历程

人类最早的计数活动可以追溯到 5 000 多年前的原始社会，可以说是统计学发展的源头。数据是人类生产活动必不可少的一种“生产资料”，而统计学就是一门研究数据的收集、整理、分析与推断的科学。人类对数据已经有了上千年的探索过程，但作为一门系统的学科，统计学只有 300 多年的历史。根据统计方法以及历史演变顺序，通常可以将统计学分为古典统计学时期、近代统计学时期和现代统计学时期三个阶段。

古典统计学萌芽于 17 世纪中叶，当时的欧洲正处于封建社会解体和资本主义社会兴起的阶段，社会生产力迅速发展，为了满足政治管理和经济发展的需求，一系列的统计学工作在欧洲相继开展。这一时期的统计学可以根据学术派别分为国势学派和政治算术学派。国势学派起源于 17 世纪的德国。该学派以文字记述国家显著事项，“统计学”（statistics）一词也是从德文的国势学得来，并沿用至今。其主要代表人物是海尔曼 · 康令和阿亨华尔。国势学派主要是通过对比分析各个国家之间的人口、领土、资源财富等与国家强盛有关的显著事项的强弱，探索国家盛衰的原因，为德国的政治提供服务。该学派更注重对事物性质的解释，而不注重数量的对比和计算，但由该学派提出的重要概念“显著事项”却是建立统计指标的重要前提，为统计学理论的发展奠定了基础。同样在 17 世纪，政治算术学派诞生在英国，其主要代表人物是威廉·配第和格朗特。该学派更加关注社会经济领域的研究，“政治”指的就是政治经济学。与国势学派不同的是，政治算术学派更注重数量的对比分析，核心思想是计量和归纳，运用分组、平均数和相对数等统计方法对比各国的国情国力，为统计学的发展奠定了方法论的基础。

18 世纪末至 19 世纪末为近代统计学发展时期。工业革命后，欧洲各国的政治和经济也得到了高速发展，各行各业累积了一定规模的数据资料，对统计的要求再一次提高。这一时期，统计学的发展也分为了两个学派：数理统计学派和社会统计学派。数理统计学派注重统计学理论和方法的研究。19 世纪中叶，数理统计学派的创始人凯特勒把古典概率论正式引入统计学，运用大数定律来研究人类社会活动的规律，使得统计学的发展进入新的阶段。各种统计概念与统计方法，如正态分布曲线、最小二乘法和误差测定等被大量应用到经济、人口和法律等领域。而社会统计学派产生于 19 世纪后半叶，代表人物有恩格尔和梅尔等人。社会统计学派关注解决社会政治、经济等问题，研究社会的结构、动态和趋势以及人类活动的规律，强调对总体的研究，其研究主要围绕统计指标展开，同时也注重数据的收集和整理方法，为国家的政治经济管理服务。

进入 20 世纪，科学技术飞速发展，过去的描述性统计（即通过图形或者数学方法对数据进行分析和描述的方法），已经无法满足人们的需求，推断性统计（即通过样本数据来推断总体的方法）成了统计学的重心。这一时期，卡方分布、t 分布和 F 分布等经典分布相继提出，区间估计和假设检验理论不断完善。统计预测和决策科学开始兴起，统计学不再只是对过去和正在发生的事物进行统计分析，更可以对未来进行预测，为决策提供意见。

20 世纪 70 年代，John Tukey 提出的探索性数据分析（exploratory data analysis，EDA）可以说是统计学发展的重大转折。EDA 给统计学带来的重大突破在于它不再局限于传统统计学对于模型的各种假设与依赖，而是注重与真实数据的结合和分析，从数据出发，通过图形和表格等可视化的工具来探索数据中的有效信息，这与数据挖掘的核心内涵不谋而合。从此，统计学在与数据相结合的道路上发展出新的天地。以广义线性模型为例。广义线性模型突破了线性回归模型中正态分布的假设，不改变数据原本的度量，而是通过连接函数把自变量的线性组合与响应变量 Y 的期望值联系起来，使得 Y 的分布可以是任意形式的指数族分布，对各种不同分布的数据更加具有针对性。而 logistic 回归更是如今数据挖掘中最常用的方法之一。

而后贝叶斯统计、非参数统计、多元统计、时间序列和计量经济学等统计学分支逐渐发展成熟，自助法（bootstrap）和非参领域中的核光滑方法（kernel smoothing）等统计学领域新技术的诞生，使统计学在应用领域的前景更加广阔，统计学在分子生物学、医学、天文学和社会经济等多个领域都有着广泛的应用。统计学是一门交叉学科，其他学科的发展也给统计学带来新的机遇。作为一门起源于应用的学科，统计学如今仍蕴含着巨大的发展潜能。

2. 数据库技术的发展历程与数据挖掘的诞生

数据挖掘的诞生建立在人类对数据分析巨大的需求上，统计学的理论知识最终还是要落地到实际的数据分析上。虽然计算机技术的发展和诞生要晚于统计学，但发展十分迅速。可以说，是日益增长的数据量和人类对数据分析的需求推动着数据挖掘的诞生和发展。早期，数据只是一些基础的文件，也没有统一的格式存储，人们对数据的应用非常局限，多数时间还是凭借经验进行决策。20 世纪 60 年代，数据库技术的发展，为人们使用数据库提供了更多复杂的方法,使人们可以更方便地查询和分析数据。20 世纪 70 年代,关系型数据库系统面世,并且在 80 年代成为了主流的数据库系统。数据库的出现,为人们深入有效地分析数据提供了条件。运用数据库,人们可以很方便地查询到想要的信息,比如工龄超过 15 年的员工列表。

但数据库本身并不是为了分析数据而设计的,它最大的功用还是在于如何高效、有条理地存储和管理数据,所以直接使用数据库语言来分析数据并不是很方便,不足以满足用户的分析需求。数据仓库则是为了支持管理决策而设计的,它是一个面向主题的、集成的、相对稳定的、能反映历史变化的数据集合,由数据仓库之父比尔 · 恩门(Bill Inmon)于 1990 年提出。举一个例子,在一个公司的数据库中,顾客的信息和产品的信息是分开存储的,这样虽然能提高存储效率,但不利于主管进行分析。而在数据仓库中,顾客信息和产品信息融为了一张表,主管可以方便地对数据进行切片分析,例如查看购买某个产品顾客的地域分布,帮助其进行后续的销售布局决策。

随着数据库技术的发展,存储的数据越来越多样化,结构也更加复杂。文本型、音频型、图像型的数据,给传统的统计学带来了新的挑战。面对数据库和数据仓库中如此庞大且复杂的数据,传统的统计方法显然已经不能满足数据分析的需要,数据挖掘因此诞生。数据挖掘所挖掘的就是数据库和数据仓库当中的数据。可以说,数据挖掘就是大数据时代的统计学,是统计学借助计算机工具面对大数据的一个扩展与应用,是统计学新的发展方向。

7.1.3　数据挖掘流程

数据挖掘一般要经历以下几个过程(图 7-1):

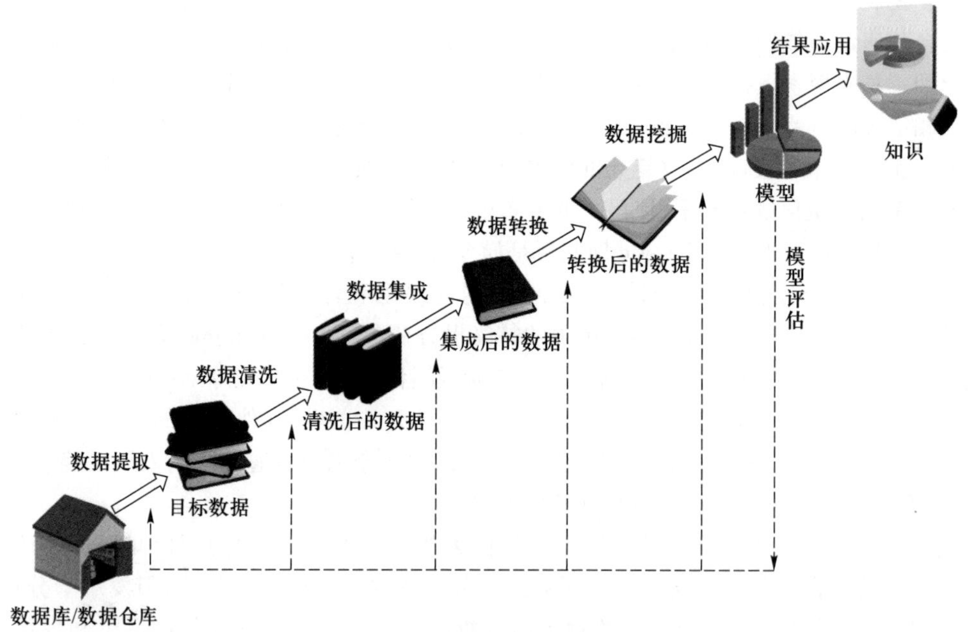

图 7-1　数据挖掘流程图

(1) 数据提取。把要分析的数据从数据库或者数据仓库中取出来。

(2) 数据清洗。对选择的数据进行再加工,去除数据的噪声,检查数据的完整性和异常值,对缺失的数据进行填补或者删除,方便后续的分析处理。

(3) 数据集成。要分析的数据可能存储于不同的数据库,数据集成就是从数据库或者数据仓库中把所需要分析的数据提取出来,把多源的数据融合在一起,缩小数据处理的范围。

(4) 数据转换。对数据进行再处理,如平滑、聚合、泛化、规范化以及属性和特征的重构等操作,把数据转换成便于数据挖掘的形式。

(5) 数据挖掘。运用合适的算法(如分类、回归、聚类等)对数据进行分析。

(6) 模型评估。根据决策目的对模型进行分析,判断模型的结果是否能提供有效信息,如果不能,则需要重新进行数据挖掘过程。面对同一个问题,可能有多种模型可以解决,需要对多个模型的结果进行比较,才能确定最终的结果。数据的质量和数量都可能影响数据挖掘的结果。如果选择的数据有问题,比如所选取的数据和决策者使用场景的数据分布不同,结果就会产生大的偏差。没有被发现的异常值也可能对模型结果产生重大影响。数据挖掘是一个不断反复的过程,需要我们不断地分析、检查,根据实际碰到的问题进行调整,所以每个环节都十分重要。

(7) 结果应用。把模型的结果通过可视化等决策支持工具提交给决策者,帮助其进行决策。模型结果的说明非常重要,我们需要把模型的结果转化成决策者可以简单理解并且实施的样式。可视化就是非常直观的一种方法。各种图形可以帮助决策者了解数据的情况,清楚模型的作用和效果。

7.2　机器学习概述

7.2.1　机器学习的概念

很多时候,人们都会基于经验对新的情况做出判断。例如,在阅读时,人们能够结合自身的经历,感同身受地体会作者的情感是悲伤还是喜悦。在阅读量积累到一定程度后,有些人甚至能够行云流水地写出自己的佳作。那么,计算机是否能够模拟人工,基于“经验”对新的情况作出有效的决策?机器学习正是一门研究该问题的学科。

与数据挖掘相类似,机器学习也是多领域交叉的学科,它涉及统计学、计算机理论、仿生学等学科领域。目前学术界对机器学习的定义多样,普遍采用的定义为如果一个程序在任务 T 上,效果 P 随着经验 E 的增加而随之增加,则可以称程序在经验中学习。该定义由卡内基梅隆大学的教授汤姆·迈克尔·米切尔在 1997 年提出,并沿用至今。在上述案例中,任务 T 为判断文本的情感,甚至是写出一篇语言逻辑严谨、内容完整的文章,随着程序训练案例和次数 E 的增加,任务完成度 P 也将随之提高。

机器学习是一类算法的统称。简单来说,机器学习是寻找一个复杂的函数,使得输入样本数据后返回预期结果,且该结果具有良好的“学习”能力(泛化能力),如图 7-2 所示。

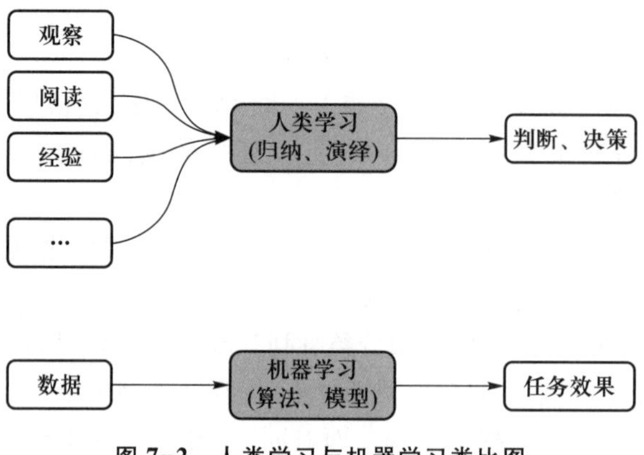

图 7-2　人类学习与机器学习类比图

7.2.2　机器学习的发展历程

认识新知识和适应新环境是智能体的本质特征之一。与传统的机器人执行人类输入好的指令工作不同,机器学习经历了从被动到主动、从模式化施行指令到自主学习的过程。20 世纪五六十年代,人工智能的发展经历了“推理期”,人们试图通过赋予机器逻辑推理能力使机器获得智能,但由于机器缺乏学习能力,远不能实现真正的智能。70 年代,人工智能的发展进入“知识期”,即试图将人类的知识总结出来教给机器,使机器获得智能,但由于人类知识量巨大,故出现“知识工程瓶颈”。于是,人们开始探索机器学习的能力。

机器学习正式成形始于 20 世纪 80 年代。这一时期出现了“符号主义学习”和“链接主义学习”两个流派。1984 年由 Breiman 等人提出分类与回归树模型,是“符号主义学习”流派的典型代表。与传统基于人工规则的方法不同,这里的决策树规则是通过训练得到的,至今它还在很多领域被使用。20 世纪 80 年代末 90 年代初,代表“链接主义学习”的神经网络理论性研究是热门的问题。在这一时期,大量神经网络的理论在数学上被证明,同时反向传播算法的出现使得多层神经网络的真正实现成为可能。1989 年,LeCun 开始使用卷积神经网络识别手写数字,它是早期卷积神经网络中最有代表性的实验之一。

1990—2006 年是机器学习蓬勃发展时期,诞生了众多的理论和算法,真正走向了实用。最具代表性的是支持向量机(support vector machine,SVM)。SVM 由 Vapnik 在 1995 年提出,与神经网络相比,SVM 拥有更完善的数学理论基础。在诞生之后的近 20 年里,它在很多模式识别问题上取得了当时最好的性能。同一时期,AdaBoost 算法、循环神经网络(RNN)和 LSTM、流形学习、随机森林等相继出现,并且走向实际应用。典型的应用是车牌识别、文字识别、人脸检测技术(数码相机中用于人脸对焦)、推荐系统、垃圾邮件识别、自然语言处理技术、网页排序等。

2006 年之后是深度学习(deep learning)时期,深度学习自 2006 年诞生后迅速发展。人们发现 SVM、AdaBoost 等所谓的浅层模型在图像识别、语音识别等复杂的问题上存在严重的过拟合问题,而由于自身算法的改进、大量训练样本的支持以及计算能力的进步,训练深层、复杂的神经网络成为可能,它们在一些复杂问题上显示出明显的优势,较好地解决了现阶段人工智能的一些重点问题,并带来了产业界的快速发展。

7.3　数据挖掘、机器学习、数据科学和人工智能

数据挖掘、机器学习、数据科学和人工智能这几个概念比较接近,既有联系也有区别,所以接下来归纳总结这些术语,帮助读者理清四者之间的关系。

数据挖掘注重的是把数据变成知识的整个分析过程,包括问题的提出、数据清洗和模型的选择与评估等。人工智能是对智能主体(intelligent agent)进行研究与设计,借以模拟人类的智能活动。机器学习,顾名思义就是让计算机也能实现像人一样具有学习行为的一种方法,是实现人工智能的一种重要手段。它强调的是,在问题已经被定义好的情况下,让计算机能够从历史积累的数据中学习复杂的模式与规律并具有良好的泛化能力。数据挖掘和机器学习涉及很多相同的算法,比如常见的决策树算法、支持向量机算法和随机森林算法等。但机器学习中还有许多数据挖掘没有涉及的内容,比如学习理论和强化学习。我们常说的深度学习是机器学习的一个子领域,也是神经网络的一个延伸,拥有比经典机器学习算法更强大的功能。

数据科学是一门分析和挖掘数据并从中提取规律和利用数据学习知识的学科,因此其概念也更广,包含了统计、机器学习、数据可视化、高性能计算等。数据科学研究的范围十分广泛,包括了数据清洗、数据分析、算法的开发与编程实现、模型优化、结果可视化等,可以说只要和数据有关的都是数据科学要研究的问题。

四者的关系如图 7-3 所示。

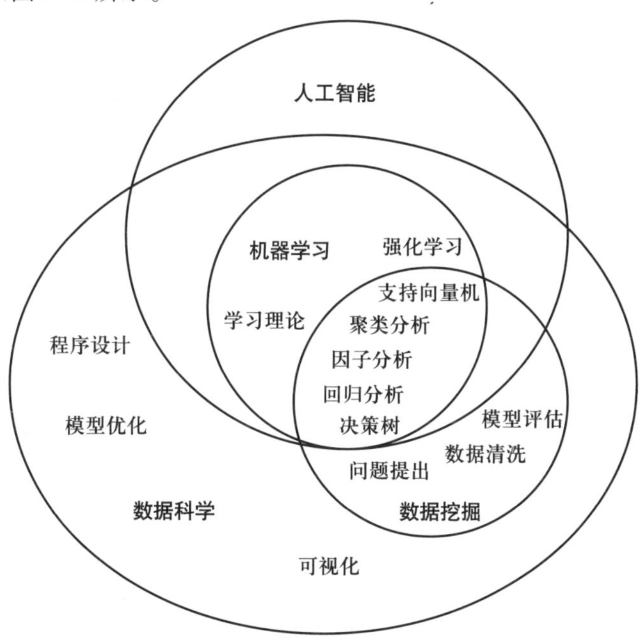

图 7-3　数据挖掘、机器学习、数据科学和人工智能关系图

7.4　数据挖掘和机器学习的学习方法

按照分析的数据是否有标签 y,数据挖掘和机器学习的学习方法可以分为三大类:有监督学习(supervised learning)、无监督学习(unsupervised learning)和半监督学习(semi-supervised learning)。

有监督学习是指在建模时,对每一个(某些)自变量 $x_i=(x_{i1},x_{i2},\cdots,x_{ip})^{\mathrm{T}}$(向量默认用列表示),$i=1,2,\cdots,n$,都有对应的因变量 y_i。模型学习的好坏,可以由因变量的实际观察值评判,一个好的模型对因变量的预测值要尽可能接近其对应的真实观察值。

另外,根据因变量 $y=(y_1,y_2,\cdots,y_n)^{\mathrm{T}}$ 取连续值或离散值,有监督学习又分为回归(regression)和分类(classification)两大类问题。当因变量取连续值时,我们称之为回归。回归分析(regression analysis)是研究一个变量关于另一个(些)变量的具体依赖关系的计算方法和理论。通过后者的已知或设定值,去估计和(或)预测前者的(总体)均值。回归模型可以表示为

$$y=f(X)+\varepsilon$$

其中:y 是因变量向量;$X=(X_1,X_2,\cdots,X_p)$ 是含有 p 个自变量的矩阵;f 是关于 X 的函数。f 的形式可以是已知的(比如最简单的就是线性回归,即 $y=X\beta+\varepsilon$),我们称这类方法为参数回归;也可以是未知的,此时就需要根据数据去估计 f,我们称这类方法为非参数回归。ε 是随机误差项(error term),这部分我们是无法预测的。建模时,我们要拟合一个比较合理的 $\hat{f}$ 去估计 f,当给定了 X,我们就可以得到 $\hat{y}=\hat{f}(X)$。由于变量间关系的随机性,回归分析关心的是根据 X 的给定值,考察 y 的总体均值 $E(y\mid X)$,即当解释变量取某个确定值时,被解释变量所有可能出现的对应值的平均值。

不同的学科或者不同的教材对 y 和 X 有不同的术语,我们把这些术语整理归纳,免得读者产生混淆。y 通常称为被解释变量(explained variable)、因变量(dependent variable)或响应变量(response variable),X 称为解释变量(explanatory variable)、自变量(independent variable)或者协变量(covariate variable)。在数据挖掘和机器学习里,模型 f 往往被看成"机器"(machine)或者"箱子"(box),因此,y 往往又被更加形象地称为输出变量(output variable),X 称为输入变量(input variable)。即输入变量 X 丢入"机器"("箱子")里,输出变量 y 就被输出来。所以,当模型 f 比较简单、容易理解的时候往往也被称为"白箱子"(white box),而当模型 f 比较复杂、难以理解的时候也就相应地被称为"黑箱子"(black box)。

当因变量取离散值时,我们称之为分类。比如,在信用卡违约预测的时候,我们的因变量 y 取值是{违约,不违约},这是一个二元(binary)的取值。模仿回归模型的表达式,我们可以将分类问题写成

$$y=C(X)$$

其中:C 是关于 X 的函数,往往被称为分类器(classifier),比如 Logit 模型、决策树、随机森林和支持向量机等都是经典的分类器。

无监督学习研究的数据则没有标签 y,它的目的不再是预测,而是找到数据集 X_1,$X_2,\cdots,X_p$ 内部的结构关系和特征。典型的无监督学习方法有:聚类分析(clustering)、主成

分分析(principal component analysis,PCA)、因子分析(factor analysis,FA)和典型相关分析(canonical correlation analysis,CCA)等。

半监督学习是一种结合了有监督学习和无监督学习的方法,它主要解决的是部分数据有标签的问题。比如,在银行的数据库中有 1 000 名顾客的资料,其中只有 600 名顾客已经发放了贷款,且已知 50 名发生了违约,550 名没有发生违约。而剩下的 400 名顾客由于还未发放贷款,所以无法知晓他们是否会违约。有监督学习只能利用已经发放贷款的 600 名顾客的信息进行建模,而半监督学习还可以利用 400 名没有标签的顾客的信息进行建模,提升模型的预测效果。

数据挖掘和机器学习中的学习方法可粗略归纳为图 7-4 所示。在后面的章节中,本书会介绍上述各种有监督学习和无监督学习的方法。

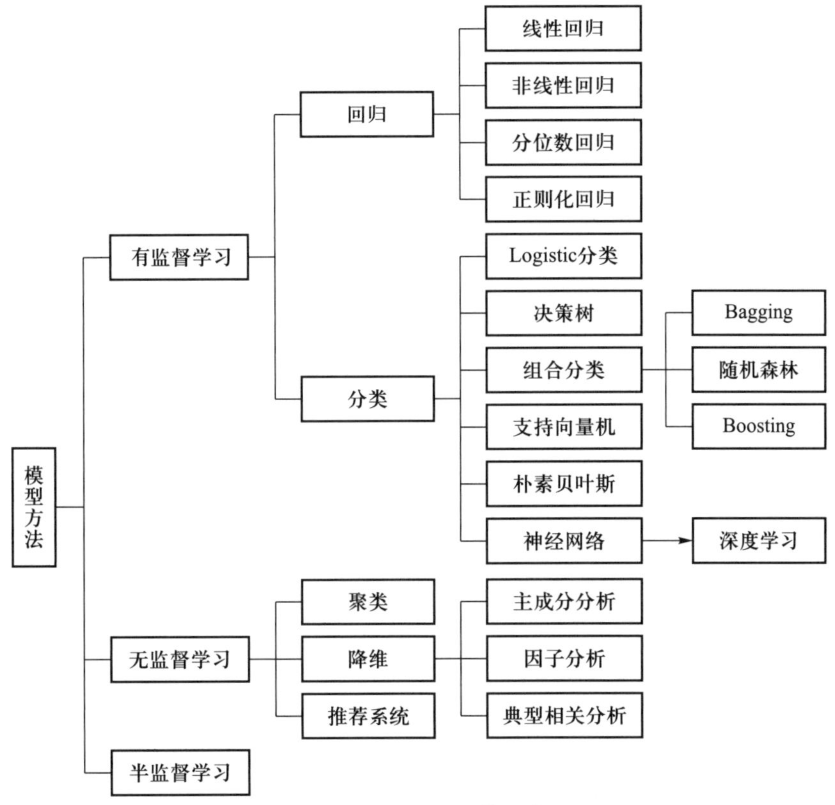

图 7-4　数据挖掘的模型方法

需要注意的是,图 7-4 所展示的数据科学模型方法的划分并不是绝对的。例如,对于 Logistic 分类,主要是针对因变量取离散值的问题,但在很多书上,我们习惯称之为 Logistic 回归。再比如,决策树、随机森林、支持向量机、神经网络等方法除了可以针对取离散值的因变量建模外(即分类),还可以针对取连续值的因变量建模(即回归),但在实际应用中,这些方法更多是应用到分类问题上,所以在本书中我们主要将它们归到分类中。另外,图 7-4 罗列的这些方法并非是全部的方法,随着该领域快速发展,每年都有很多新的方法提出,由于篇幅有限,本书主要讲解在实践中被反复使用的经典方法,这只能是数据科学方法浩瀚大海里取的一瓢水而已。

7.5 习　　题

1. 请阐述有监督学习与无监督学习的区别。
2. 请分别举一些有监督学习和无监督学习的应用场景。
3. 请思考统计学在数据挖掘与机器学习中的作用。

第 8 章

线性回归

回归分析是对客观事物数量依存关系的分析，是统计中一个常用的方法，被广泛应用于自然现象和社会经济现象中变量之间的数量关系研究。本章将介绍线性回归的原理、估计方法以及 R 语言的实现。

8.1 问题的提出

例 8.1 医学上认为人的身高和体重是有很大关系的，R 的女性(women)数据集记录了不同身高(height，单位：英寸(1 英寸 = 25.4 毫米))的美国女性的体重(weight，单位：磅(1 磅 = 454 克))，如表 8-1 所示。

表 8-1 身高与体重的调查数据

身高	58	59	60	61	62	63	64	65	66	67	68	69	70	71	72
体重	115	117	120	123	126	129	132	135	139	142	146	150	154	159	164

我们首先对数据进行探索性分析，发现身高和体重具有很强的正相关关系，pearson 相关系数为 0.995 494 8。通过图 8-1 的散点图可以看出，两者有着明显的线性关系。但从身高如何确定体重呢？要解决这个问题，就需要用到回归分析。

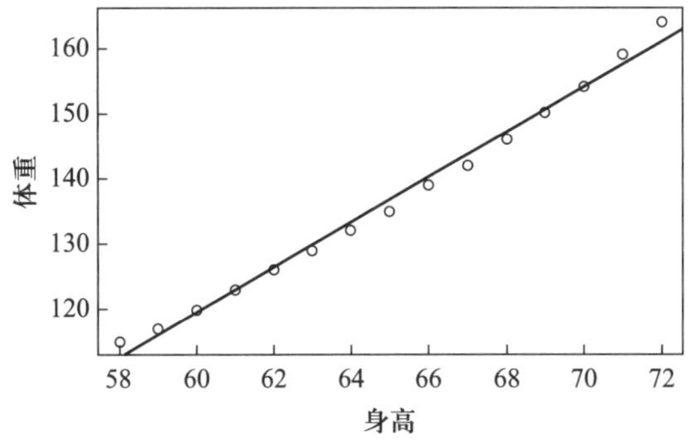

图 8-1 身高与体重的散点图

8.2　一元线性回归

一元线性回归是回归分析模型中最简单的一种形式，也是学习回归分析的基础，只有掌握好一元线性回归，才能更好地理解多元线性回归和非线性回归等。

8.2.1　一元线性回归概述

例 8.2　在一个假想的由 100 户家庭组成的社区中，我们想要研究该社区每月家庭消费支出与每月家庭可支配收入的关系（参见表 8-2），例如随着家庭月可支配收入的增加，其平均月消费支出是如何变化的？

表 8-2　某社区家庭每月可支配收入和消费支出

	每月家庭可支配收入 X/元									
	800	1 100	1 400	1 700	2 000	2 300	2 600	2 900	3 200	3 500
每月家庭消费支出 Y/元	561	638	869	1 023	1 254	1 408	1 650	1 969	2 090	2 299
	594	748	913	1 100	1 309	1 452	1 738	1 991	2 134	2 321
	627	814	924	1 144	1 364	1 551	1 749	2 046	2 178	2 530
	638	847	979	1 155	1 397	1 595	1 804	2 068	2 266	2 629
		935	1 012	1 210	1 408	1 650	1 848	2 101	2 354	2 860
		968	1 045	1 243	1 474	1 672	1 881	2 189	2 486	2 871
			1 078	1 254	1 496	1 683	1 925	2 233	2 552	
			1 122	1 298	1 496	1 716	1 969	2 244	2 585	
			1 155	1 331	1 562	1 749	2 013	2 299	2 640	
			1 188	1 364	1 573	1 771	2 035	2 310		
			1 210	1 408	1 606	1 804	2 101			
				1 430	1 650	1 870	2 112			
				1 485	1 716	1 947	2 200			
						2 002				
总计	2 420	4 950	11 495	16 445	19 305	23 870	25 025	21 450	21 285	15 510

资料来源：李子奈，潘文卿．计量经济学[M]．北京：高等教育出版社，2010.

从表 8-2 可以看出：

（1）每月可支配收入相同的家庭，其每月消费支出不一定相同，即每月可支配收入和每月消费支出的关系不是完全确定的。

(2) 由于是假想的总体，给定每月可支配收入水平 X 的消费支出 Y 的分布是确定的，即在 X 给定下 Y 的条件分布(conditional distribution)是已知的，如 $P(Y=638 \mid X=800)=\frac{1}{4}$。

表 8-2 中的数据对应的散点图见图 8-2。

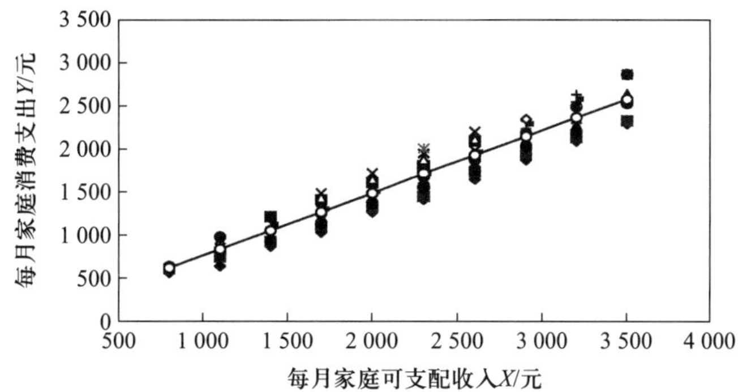

图 8-2　某社区消费支出散点图

从图 8-2 可以发现每月家庭消费支出的平均值随着每月可支配收入的增加而增加，且 Y 的条件均值和收入 X 近似落在一条直线上。我们称这条直线为总体回归线，相应的函数为 $E(Y \mid X_i)=f(X_i)$，称为总体回归函数(population regression function, PRF)，刻画了因变量 Y 的平均值随自变量 X 变化的规律。其中 $f(X_i)$ 可以是线性的也可以是非线性的。例 8.2 中，当将每月家庭消费支出看成每月家庭可支配收入的线性函数时，总体回归函数为

$$E(Y \mid X_i)=\beta_0+\beta_1 X_i \tag{8.1}$$

其中：β_0、β_1 是未知参数，也称为回归系数(regression coefficients)。

总体回归函数描述了在给定的每月家庭可支配收入水平 X 下，每月家庭的平均消费支出水平。但对某一个别的家庭，其每月家庭消费支出可能与该平均水平有偏差。记 $\mu_i=Y_i-E(Y \mid X_i)$，这是一个不可观测的随机变量，称为随机误差项(error term)或随机干扰项(disturbance)。

例 8.2 中，个别家庭每月的消费支出为

$$Y_i=E(Y \mid X_i)+\mu_i=\beta_0+\beta_1 X_i+\mu_i \tag{8.2}$$

即给定每月家庭收入水平 X_i，个别家庭每月的消费支出可表示为两部分之和：

(1) 该收入水平下所有家庭每月的平均消费支出 $E(Y \mid X_i)$，称为系统性(systematic)或确定性(deterministic)部分。

(2) 其他随机或非系统性(nonsystematic)部分 μ_i。

自然的想法是能否画一条直线尽可能好地拟合这些散点，如图 8-2 中的直线，这条直线称为样本回归线(sample regression lines)。$\hat{Y}_i=f(X_i)=\hat{\beta}_0+\hat{\beta}_1 X_i$，称为样本回归函数(sample regression function, SRF)。样本回归函数有如下随机形式：$Y_i=\hat{Y}_i+\hat{\mu}_i=\hat{\beta}_0+\hat{\beta}_1 X_i+e_i$。其中：$e_i$ 称为残差(residual)，代表了其他影响 Y_i 的随机因素的集合，可以看成是 μ_i 的估计量 $\hat{\mu}_i$。

8.2.2　一元线性回归的参数估计

回归分析的主要目的是要通过样本回归函数(模型)SRF 尽可能准确地估计总体回归函

数(模型)PRF,即利用 $\hat{\beta}_j(j=0,1)$ 去估计 $\beta_j(j=0,1)$。参数估计方法有多种,其中使用最广泛的是普通最小二乘估计法(ordinary least squares,OLS)和极大似然估计法(maximum likelihood estimation,MLE)。

为保证参数估计量具有良好的性质,通常要求模型满足若干基本假设。

假设 1　自变量 X 是确定的,不是随机变量。

假设 2　随机误差项 μ_i 具有零均值、同方差和无序列相关性,即:

$$E(\mu_i)=0 \qquad i=1,2,\cdots,n$$

$$Var(\mu_i)=\sigma^2 \qquad i=1,2,\cdots,n$$

$$Cov(\mu_i,\mu_j)=0 \qquad i\neq j \quad i,j=1,2,\cdots,n$$

假设 3　随机误差项 μ_i 与自变量 X_i 之间不相关,即:

$$Cov(X_i,\mu_i)=0 \qquad i=1,2,\cdots,n$$

假设 4　μ_i 服从正态分布,即:

$$\mu_i \sim N(0,\sigma^2) \qquad i=1,2,\cdots,n$$

以上假设也称为线性回归模型的**经典假设**或**高斯(Gauss)**假设,满足该假设的线性回归模型,也称为**经典线性回归模型**(classical linear regression model,CLRM)。

1. 普通最小二乘估计(OLS)

普通最小二乘法(ordinary least squares,OLS)是求解参数 $\hat{\beta}_j(j=0,1)$,使得样本观测值和拟合值之差的平方和最小,即:

$$\min:Q=\sum_{i=1}^{n}(Y_i-\hat{Y})^2=\sum_{i=1}^{n}[Y_i-(\hat{\beta}_0+\hat{\beta}_1X_i)]^2 \tag{8.3}$$

式 8.3 对 $\hat{\beta}_0$ 和 $\hat{\beta}_1$ 分别求一阶导后可得正规方程组(normal equations):

$$\begin{cases}\sum(\hat{\beta}_0+\hat{\beta}_1X_i-Y_i)=0\\ \sum(\hat{\beta}_0+\hat{\beta}_1X_i-Y_i)X_i=0\end{cases} \tag{8.4}$$

解正规方程组 8.4 可得:

$$\begin{cases}\hat{\beta}_0=\dfrac{\sum X_i^2\sum Y_i-\sum X_i\sum Y_iX_i}{n\sum X_i^2+(\sum X_i)^2}\\ \hat{\beta}_1=\dfrac{n\sum Y_iX_i-\sum Y_i\sum X_i}{n\sum X_i^2+(\sum X_i)^2}\end{cases} \tag{8.5}$$

由于

$$\sum(X_i-\overline{X})^2=\sum X_i^2-\frac{1}{n}(\sum X_i)^2$$

$$\sum(X_i-\overline{X})(Y_i-\overline{Y})=\sum X_iY_i-\frac{1}{n}\sum X_i\sum Y_i$$

因此,上述参数估计量也可以写成:

$$\begin{cases}\hat{\beta}_1=\dfrac{\sum(X_i-\overline{X})(Y_i-\overline{Y})}{\sum(X_i-\overline{X})^2}\\ \hat{\beta}_0=\overline{Y}-\hat{\beta}_1\overline{X}\end{cases} \tag{8.6}$$

当模型参数估计出后，需考察参数估计量的统计性质，可从如下几个方面考察其优劣性：

(1) 线性性，即它是否为另一随机变量的线性函数；

(2) 无偏性，即它的期望值是否等于总体的真实值 $E(\hat{\beta}_j)=\beta_j(j=0,1)$；

(3) 有效性，即它是否在所有线性无偏估计量中具有最小方差。

这三个准则也称作估计量的小样本性质。拥有以上性质的估计量称为最佳线性无偏估计量(best linear unbiased estimator，BLUE)。

在经典假定下，最小二乘估计量是具有最小方差的线性无偏估计量(best linear unbiased estimator，BLUE)。

2. 参数估计量的概率分布及随机干扰项方差的估计

参数估计量 $\hat{\beta}_0$ 与 $\hat{\beta}_1$ 的概率分布。普通最小二乘估计量 $\hat{\beta}_0$、$\hat{\beta}_1$ 分别是 Y_i 的线性组合，所以 $\hat{\beta}_0$ 与 $\hat{\beta}_1$ 的分布取决于 Y 的分布。在 μ 是正态分布的假设下，Y 也是正态分布，则 $\hat{\beta}_0$、$\hat{\beta}_1$ 也服从正态分布，分别为

$$\hat{\beta}_1 \sim N\left(\beta_1, \frac{\sigma^2}{\sum (X_i-\overline{X})^2}\right), \quad \hat{\beta}_0 \sim N\left(\beta_0, \frac{\sum X_i^2}{n\sum (X_i-\overline{X})^2}\sigma^2\right)$$

在 $\hat{\beta}_0$ 与 $\hat{\beta}_1$ 的方差中，都含有随机扰动项 μ 的方差 σ^2。由于 σ^2 实际上是未知的，因此 $\hat{\beta}_0$ 与 $\hat{\beta}_1$ 的方差实际上未知，这就需要对其进行估计。由于随机项 μ_i 不可观测，只能从 μ_i 的估计(残差 e_i)出发，对 σ^2 进行估计。

σ^2 的最小二乘估计量为 $\hat{\sigma}^2=\dfrac{\sum e_i^2}{n-2}$，可以证明它是 σ^2 的无偏估计量。

因此，参数 $\hat{\beta}_0$ 与 $\hat{\beta}_1$ 的方差估计量分别是：

$\hat{\beta}_1$ 的样本方差：

$$S_{\hat{\beta}_1}^2=\hat{\sigma}^2 \Big/ \sum (X_i-\overline{X})^2$$

$\hat{\beta}_0$ 的样本方差：

$$S_{\hat{\beta}_0}^2=\hat{\sigma}^2 \sum X_i^2 \Big/ n\sum (X_i-\overline{X})^2$$

8.2.3　一元线性回归模型的检验

回归分析的目的是要通过样本所估计的参数($\hat{\beta}_0$，$\hat{\beta}_1$)来代替总体的真实参数(β_0，β_1)，或者说是用样本回归线代替总体回归线。尽管从统计性质上可以保证如果有足够多的重复抽样，参数的估计值的期望(均值)就等于其总体的参数真值，即具有无偏性。但在一次抽样中，估计值不一定就等于该真值。那么，在一次抽样中，参数的估计值与真值的差异有多大、是否显著，这就需要进一步进行统计检验，主要有拟合优度检验、变量显著性检验。

1. 拟合优度检验

拟合优度检验是对回归拟合值与观测值之间拟合程度的一种检验。度量拟合优度的指

标主要是可决系数(coefficient of determination)R^2。要理解 R^2 需先理解总离差平方和的分解。

Y 的第 i 个观测值与样本均值的离差$(Y_i-\overline{Y})$可分解为两部分之和：

$$(Y_i-\overline{Y})=(Y_i-\hat{Y}_i)+(\hat{Y}_i-\overline{Y})=e_i+\hat{y}_i \tag{8.7}$$

其中：$(\hat{Y}_i-\overline{Y})$是样本回归拟合值与观测值的平均值之差，可认为是离差中可由回归直线解释的部分；$e_i=(Y_i-\hat{Y}_i)$是实际观测值与回归拟合值之差，是回归直线不能解释的部分。如果 $Y_i=\hat{Y}_i$ 即实际观测值落在样本回归“线”上，则拟合得最好。对于所有样本点，则需考虑这些点与样本均值离差的平方和，可以证明：

$$\sum_{i=1}^{n}(Y_i-\overline{Y})^2=\sum_{i=1}^{n}(\hat{Y}_i-\overline{Y})^2+\sum_{i=1}^{n}(Y_i-\hat{Y}_i)^2 \tag{8.8}$$

记：

$TSS=\sum_{i=1}^{n}(Y_i-\overline{Y})^2$ 为总体平方和(total sum of squares)

$ESS=\sum_{i=1}^{n}(\hat{Y}_i-\overline{Y})^2$ 为回归平方和(explained sum of squares)

$RSS=\sum_{i=1}^{n}(Y_i-\hat{Y}_i)^2=\sum_{i=1}^{n}e_i^2$ 为残差平方和(residual sum of squares)

三者之间有如下关系：$TSS=ESS+RSS$，所以，Y 的观测值围绕其均值的总离差(total variation)可分解为两部分：一部分来自回归(ESS)，另一部分则来自随机因素(RSS)。在给定样本下，TSS 不变，实际观测点离样本回归线越近，则 ESS 在 TSS 中占的比重越大。

记 $R^2=\dfrac{ESS}{TSS}=1-\dfrac{RSS}{TSS}$，$R^2$ 的取值范围为$[0,1]$，R^2 越接近 1，说明实际观测点离样本线越近，拟合优度越高。

2. 变量显著性检验

回归分析的目的之一是要判断 X 是否 Y 的一个显著影响因素。这就需要进行变量的显著性检验。我们已经知道回归系数估计量 $\hat{\beta}_1$ 服从正态分布，即 $\hat{\beta}_1\sim N\left(\beta_1,\dfrac{\sigma^2}{\sum(X_i-\overline{X})^2}\right)$。又由于真实的 σ^2 未知，利用它的无偏估计量 $\hat{\sigma}^2=\dfrac{\sum e_i^2}{n-2}$替代时，可构造检验统计量

$$t=\frac{\hat{\beta}_1-\beta_1}{\sqrt{\hat{\sigma}^2/\sum(X_i-\overline{X})^2}}=\frac{\hat{\beta}_1-\beta_1}{S_{\hat{\beta}_1}}\sim t(n-2) \tag{8.9}$$

进行检验。具体的检验步骤为

(1) 对总体参数提出假设。

$$H_0:\beta_1=0,H_1:\beta_1\neq 0$$

(2) 在原假设 H_0 成立下，构造 t 统计量 $t=\dfrac{\hat{\beta}_1}{S_{\hat{\beta}_1}}$。

(3) 给定显著性水平 α，查 t 分布表，得临界值 $t_{1-\alpha/2}(n-2)$。

（4）比较，判断：

若 $|t|>t_{1-\alpha/2}(n-2)$，则拒绝 H_0；

若 $|t|\leqslant t_{1-\alpha/2}(n-2)$，则不拒绝 H_0。

（5）对于一元线性回归方程中的截距项 $\hat{\beta}_0$，同理可构造如下 t 统计量：

$$t=\frac{\hat{\beta}_0-\beta_0}{\sqrt{\hat{\sigma}^2\ \sum X_i^2/n\sum(X_i-\overline{X})^2}}=\frac{\hat{\beta}_0}{S_{\hat{\beta}_0}}\sim t(n-2) \tag{8.10}$$

具体的检验步骤与 $\hat{\beta}_1$ 的检验步骤类似，在此就不再赘述。

8.2.4　一元线性回归的预测

对于拟合得到的一元线性回归模型 $\hat{Y}_i=\hat{\beta}_0+\hat{\beta}_1X_i$，给定样本以外的自变量观测值 X_0，可以得到因变量的预测值 $\hat{Y}_0$，并以此作为其条件均值 $E(Y|X=X_0)$ 或 Y_0 的一个估计，我们称之为点预测。给定显著性水平下，可以求出 Y_0 的预测区间，我们称之为区间预测。

1. 点预测

对总体回归函数 $E(Y|X)=\beta_0+\beta_1X$，当 $X=X_0$ 时，$E(Y|X=X_0)=\beta_0+\beta_1X_0$。通过样本回归函数 $\hat{Y}=\hat{\beta}+\hat{\beta}_1X$，求得拟合值为 $\hat{Y}_0=\hat{\beta}_0+\hat{\beta}_1X_0$，于是两边取期望可得：

$$E(\hat{Y}_0)=E(\hat{\beta}_0+\hat{\beta}_1X_0)=E(\hat{\beta}_0)+X_0E(\hat{\beta}_1)=\beta_0+\beta_1X_0=E(Y|X=X_0) \tag{8.11}$$

可见，$\hat{Y}_0$ 是 $E(Y|X=X_0)$ 的无偏估计。

对总体回归模型 $Y=\beta_0+\beta_1X+\mu$，当 $X=X_0$ 时，$Y_0=\beta_0+\beta_1X_0+\mu$，两边取期望可得：

$$E(Y_0)=E(\beta_0+\beta_1X_0+\mu)=\beta_0+\beta_1X_0+E(\mu)=\beta_0+\beta_1X_0 \tag{8.12}$$

而通过样本回归函数 $\hat{Y}=\hat{\beta}_0+\hat{\beta}_1X$，求得拟合值为 $\hat{Y}_0=\hat{\beta}_0+\hat{\beta}_1X_0$ 的期望为：

$$E(\hat{Y}_0)=E(\hat{\beta}_0+\hat{\beta}_1X_0)=E(\hat{\beta}_0)+X_0E(\hat{\beta}_1)=\beta_0+\beta_1X_0\neq Y_0 \tag{8.13}$$

可见 $\hat{Y}_0$ 不是个值 Y_0 的无偏估计。

2. 区间预测

可以证明，$\hat{Y}_0\sim N\left(\beta_0+\beta_1X_0,\sigma^2\left(\frac{1}{n}+\frac{(X_0-\overline{X})^2}{\sum(X_i-\overline{X})^2}\right)\right)$，由于 σ^2 未知，将 $\hat{\sigma}^2$ 代替 σ^2，可构造 t 统计量：

$$t=\frac{\hat{Y}_0-(\beta_0+\beta_1X_0)}{S_{\hat{Y}_0}}=\frac{\hat{Y}_0-(\beta_0+\beta_1X_0)}{\sqrt{\hat{\sigma}^2\left(\frac{1}{n}+\frac{(X_0-\overline{X})^2}{\sum\limits_{i=1}^{n}(X_i-\overline{X})^2}\right)}}\sim t(n-2) \tag{8.14}$$

于是，在给定显著性水平 α 下，总体均值 $E(Y_0|X_0)$ 的置信区间（confidence interval）为

$$\hat{Y}_0-t_{1-\frac{\alpha}{2}}(n-2)\times S_{\hat{Y}_0}<E(Y_0|X_0)<\hat{Y}_0+t_{1-\frac{\alpha}{2}}(n-2)\times S_{\hat{Y}_0} \tag{8.15}$$

由 $Y_0=\beta_0+\beta_1X_0+\mu$ 可得 $Y_0\sim N(\beta_0+\beta_1X_0,\sigma^2)$，于是我们可以得到 $\hat{Y}_0-Y_0$ 的分布

$$\hat{Y}_0-Y_0\sim N\left(0,\sigma^2\left(1+\frac{1}{n}+\frac{(X_0-\overline{X})^2}{\sum\limits_{i=1}^{n}(X_i-\overline{X})^2}\right)\right) \tag{8.16}$$

将 $\hat{\sigma}^2$ 代替 σ^2,可构造 t 统计量:

$$t=\frac{\hat{Y}_0-Y_0}{S_{\hat{Y}_0-Y_0}}=\frac{\hat{Y}_0-Y_0}{\sqrt{\hat{\sigma}^2\left(1+\frac{1}{n}+\frac{(X_0-\overline{X})^2}{\sum_{i=1}^{n}(X_i-\overline{X})^2}\right)}}\sim t(n-2) \tag{8.17}$$

于是,在给定显著性水平 α 下,Y_0 的预测区间(prediction interval)为

$$\hat{Y}_0-t_{1-\frac{\alpha}{2}}(n-2)\times S_{\hat{Y}_0-Y_0}<Y_0<\hat{Y}_0+t_{1-\frac{\alpha}{2}}(n-2)\times S_{\hat{Y}_0-Y_0}。 \tag{8.18}$$

8.3　多元线性回归分析

例 8.3　R 的瑞士数据集(swiss)记录了 1988 年瑞士 47 个法语城市标准化的生育率指标和社会经济指标。为了研究影响生育率的主要原因,对生育率进行有效调整,需要建立回归模型。影响生育率的因素很多,主要有:从事农业的男性百分比(Agriculture)、小学以上学历百分比(Education)、天主教徒百分比(Catholic)、寿命小于一年的婴儿死亡率(Infant. Mortality),如表 8-3 所示。

表 8-3　例 8.3 瑞士生育率指标和社会经济指标相关数据

	Fertility	Agriculture	Education	Catholic	Infant. Mortality
Courtelary	80.2	17	12	9.96	22.2
Delemont	83.1	45.1	9	84.84	22.2
Franches-Mnt	92.5	39.7	5	93.4	20.2
⋮	⋮	⋮	⋮	⋮	⋮
Rive Droite	44.7	46.6	29	50.43	18.2
Rive Gauche	42.8	27.7	29	58.33	19.3

例 8.3 中自变量个数不止一个,该如何建模分析?这就需要利用多元回归分析方法。比如可以建立模型

$$Y_i=\beta_0+\beta_1X_{1i}+\beta_2X_{2i}+\beta_3X_{3i}+\varepsilon_i \tag{8.19}$$

8.3.1　多元线性回归模型及假定

线性模型的一般形式是:

$$Y_i=\beta_0+\beta_1X_{1i}+\beta_2X_{2i}+\cdots+\beta_kX_{ki}+\varepsilon_i,i=1,2,\cdots,n \tag{8.20}$$

其中:Y_i 为因变量;$X_{1i},X_{2i},\cdots,X_{ki}$ 为自变量;ε_i 是随机误差项;β_0 为模型的截距项;β_j,$(j=1,\cdots,k)$为模型的回归系数。

我们还可将上述模型用矩阵形式记为

$$Y=X\beta+\varepsilon \tag{8.21}$$

总体回归方程为 $E(Y|X)=X\beta$。其中，X 是设计矩阵（design matrix），截距项可视为各变量取值为 1 的自变量。

那么，样本回归模型为

$$Y=X\hat{\beta}+e \tag{8.22}$$

样本回归方程为

$$\hat{Y}=X\hat{\beta} \tag{8.23}$$

其中：$\hat{Y}$ 表示 Y 的样本估计值向量；$\hat{\beta}$ 表示回归系数 β 估计值向量；e 表示残差向量。

经典线性回归模型必须满足的假定条件有：

假设 1　零均值。假定随机干扰项 ε 的期望向量或均值向量为零，即：

$$E(\varepsilon)=E\begin{pmatrix}\varepsilon_1\\ \varepsilon_2\\ \vdots\\ \varepsilon_n\end{pmatrix}=\begin{pmatrix}E\varepsilon_1\\ E\varepsilon_2\\ \vdots\\ E\varepsilon_n\end{pmatrix}=\begin{pmatrix}0\\ 0\\ \vdots\\ 0\end{pmatrix}=\mathbf{0}$$

假设 2　同方差和无序列相关。假定随机干扰项 ε 不存在序列相关且方差相同，即：

$$Var(\varepsilon)=E[(\varepsilon-E\varepsilon)(\varepsilon-E\varepsilon)']=E(\varepsilon\varepsilon')=\sigma^2 I_n$$

假设 3　随机干扰项 ε 与自变量相互独立。即 $E(X'\varepsilon)=0$。

假设 4　无多重共线性。假定数据矩阵 X 列满秩，即 $Rank(X)=k+1$。

假设 5　正态性。假定 $\varepsilon\sim N(\mathbf{0},\sigma^2 I_n)$。

8.3.2　参数估计

对于总体回归模型 $Y=X\beta+\varepsilon$，求参数 β 的方法是普通最小二乘（OLS）法。即求 $\hat{\beta}$ 使得残差平方和 $\sum e_i^2=e'e$ 达到最小。令：

$$\begin{aligned}Q(\hat{\beta})&=e'e\\&=(Y-X\hat{\beta})'(Y-X\hat{\beta})\\&=Y'Y-\hat{\beta}'X'Y-Y'X\hat{\beta}+\hat{\beta}'X'X\hat{\beta}\\&=Y'Y-2\hat{\beta}'X'Y+\hat{\beta}'X'X\hat{\beta}\end{aligned} \tag{8.24}$$

对式 8.24 关于 $\hat{\beta}$ 求偏导，并令其为零，可以得到方程

$$\frac{\partial Q(\hat{\beta})}{\partial\hat{\beta}}=-2X'Y+2X'X\hat{\beta}=\mathbf{0} \tag{8.25}$$

整理后可得 $(X'X)\hat{\beta}=X'Y$，称其为正则方程。

因为 $X'X$ 是一个非退化矩阵，所以有：

$$\hat{\beta}=(X'X)^{-1}X'Y \tag{8.26}$$

这就是线性回归模型参数的最小二乘估计量。

在线性模型经典假设的前提下，线性回归模型参数的最小二乘估计具有优良的性质，满足高斯-马尔可夫（Gauss-Markov）定理，即在线性模型的经典假设下，参数的最小二乘估计量是线性无偏估计中方差最小的估计量（BLUE 估计量），具体证明参考相关教材（朱建平，

等,2009;李子奈,等,2010)。

参数 σ^2 的估计量可以用 $S^2=\dfrac{\boldsymbol{e}'\boldsymbol{e}}{n-k-1}$估计,可以证明 S^2 为 σ^2 的无偏估计量,即 $E(S^2)=E\left(\dfrac{\boldsymbol{e}'\boldsymbol{e}}{n-k-1}\right)=\sigma^2$。

类似一元线性回归,参数估计量的分布为

$$\hat{\beta}\sim N(\beta,\sigma^2E[(\boldsymbol{X}'\boldsymbol{X})^{-1}])$$

8.3.3　模型检验

多元线性回归模型的检验类似于一元线性回归模型的检验。此处主要讲解拟合优度检验、方程整体显著性检验以及单个变量显著性检验。

1. 拟合优度检验

与一元线性回归类似,拟合优度检验是对回归拟合值与观测值之间拟合程度的检验,一个自然的想法是能否利用判定系数(可决系数)R^2 来实现。总离差平方和的分解公式为

$$TSS=RSS+ESS \tag{8.27}$$

其中:$TSS=\hat{\boldsymbol{Y}}'\hat{\boldsymbol{Y}}-n\overline{Y}^2$,$ESS=\boldsymbol{Y}'\boldsymbol{Y}-n\overline{Y}^2$,$RSS=\boldsymbol{e}'\boldsymbol{e}$。

我们应该注意到,可决系数 R^2 有一个问题:如果观测值 Y_i 不变,可决系数 R^2 将随着自变量数目的增加而增大。如果用 R^2 去选择模型,会选取自变量数目最多的模型,这与实际不符合。

为了解决这一问题,我们定义修正可决系数为

$$\overline{R}^2=1-\frac{ESS/(n-k-1)}{TSS/(n-1)} \tag{8.28}$$

修正可决系数 $\overline{R}^2$ 描述了,当增加一个对因变量有较大影响的自变量时,残差平方和 $\boldsymbol{e}'\boldsymbol{e}$ 比 $n-k$ 减小得更显著,修正可决系数 $\overline{R}^2$ 就增大;如果增加一个对因变量没有多大影响的自变量,残差平方和 $\boldsymbol{e}'\boldsymbol{e}$ 没有 $n-k$ 减小得显著,$\overline{R}^2$ 会减小,说明不应该引入这个不重要的自变量。

另外,由于

$$\begin{aligned}\overline{R}^2&=1-\left(\frac{n-1}{n-k-1}\right)\frac{ESS}{TSS}\\&=1-\left(\frac{n-1}{n-k-1}\right)(1-R^2)\\&=R^2-\left(\frac{k-1}{n-k-1}\right)(1-R^2)\end{aligned} \tag{8.29}$$

所以容易证明 $\overline{R}^2\leqslant R^2$。

可见,对于多元线性回归,应该使用修正后的可决系数 $\overline{R}^2$ 对模型的拟合度进行检验。

2. 方程整体显著性检验

方程的整体显著性检验,旨在对模型中因变量与自变量之间的线性关系在总体上是否显著成立做出推断。

检验模型 $Y_i=\beta_0+\beta_1X_{1i}+\beta_2X_{2i}+\cdots+\beta_kX_{ki}+\varepsilon_i,(i=1,2,\cdots,n)$ 所有参数 β_i 都等于 0。可提出如下假设:

$$H_0:\beta_1=\beta_2=\cdots=\beta_k=0$$

$$H_1:\beta_j \text{ 不全为 } 0$$

根据数理统计学中的知识,在原假设 H_0 成立的条件下,统计量

$$F=\frac{ESS/k}{RSS/(n-k-1)}\sim F(k,n-k-1) \tag{8.30}$$

给定显著性水平 α,可得到临界值 $F_{1-\alpha}(k,n-k-1)$。如果 $F<F_{1-\alpha}(k,n-k-1)$,则不拒绝原假设,即该模型的所有回归系数都等于 0,该模型是没有意义的;如果 $F>F_{1-\alpha}(k,n-k-1)$ 则拒绝原假设,即认为模型是有意义的,但无法确认所有的回归系数是否都显著,这需要做进一步的检验,即需要对单个变量进行显著性检验。

3. 单个变量显著性检验

单个变量的显著性检验一般利用 t 检验。

可提出如下假设:

$$H_0:\beta_j=0(j=1,2,\cdots,k)$$

$$H_1:\beta_j\neq 0$$

根据数理统计学中的知识,在原假设 H_0 成立的条件下,统计量

$$t=\frac{\hat{\beta}_j-\beta_j}{S_{\hat{\beta}_j}}\sim t(n-k-1) \tag{8.31}$$

给定显著性水平 α,可得到临界值 $t_{1-\alpha/2}(n-k-1)$。若 $|t|<t_{1-\alpha/2}(n-k-1)$,则不拒绝原假设,即该模型的 $\beta_j=0$,说明自变量 X_j 对因变量是没有影响的;若 $|t|>t_{1-\alpha/2}(n-k-1)$,则拒绝原假设,即认为自变量 X_j 对因变量是有影响的。

8.3.4　预测

1. 单值预测

针对线性回归模型 $\boldsymbol{Y}=\boldsymbol{X\beta}+\varepsilon$,对给定的自变量矩阵 $\boldsymbol{X}_0=(1,X_{20},X_{30},\cdots,X_{k0})_{1\times k}$,假设在预测期或预测范围内,有关系式 $Y_0=\boldsymbol{X}_0\boldsymbol{\beta}+\varepsilon_0$。如果代入样本回归模型 $\hat{\boldsymbol{Y}}=\boldsymbol{X}\hat{\boldsymbol{\beta}}$ 中可得 $\hat{Y}_0=\boldsymbol{X}_0\hat{\boldsymbol{\beta}}$。与一元线性回归模型类似,$\hat{Y}_0$ 是 $E(Y_0)$ 的点估计值,也是 Y_0 的点估计值。

此外,$\hat{Y}_0$ 是 $E(Y_0)$ 的无偏估计,因为

$$E(\hat{Y}_0)=E(\boldsymbol{X}_0\hat{\boldsymbol{\beta}})=\boldsymbol{X}_0E(\hat{\boldsymbol{\beta}})=\boldsymbol{X}_0\boldsymbol{\beta}=E(Y_0) \tag{8.32}$$

但是 $\hat{Y}_0$ 不是 Y_0 的无偏估计,因为

$$E(\hat{Y}_0)=E(\boldsymbol{X}_0\hat{\boldsymbol{\beta}})=\boldsymbol{X}_0E(\hat{\boldsymbol{\beta}})=\boldsymbol{X}_0\boldsymbol{\beta}=Y_0-\varepsilon_0 \tag{8.33}$$

2. $\boldsymbol{E(Y_0)}$ 和 $\boldsymbol{Y_0}$ 区间预测

为了得到 $E(Y_0)$ 的置信区间,首先要得到 $\hat{Y}_0$ 的方差。

$$
\begin{aligned}
Var(\hat{Y}_0) &= E\{[\hat{Y}_0-E(\hat{Y}_0)]^2\} \\
&= E\{[\boldsymbol{X}_0\hat{\boldsymbol{\beta}}-E(\boldsymbol{X}_0\hat{\boldsymbol{\beta}})]^2\} \\
&= E[(\boldsymbol{X}_0\hat{\boldsymbol{\beta}}-\boldsymbol{X}_0\boldsymbol{\beta})^2] \\
&= \boldsymbol{X}_0E[(\hat{\boldsymbol{\beta}}-\boldsymbol{\beta})(\hat{\boldsymbol{\beta}}-\boldsymbol{\beta})']\boldsymbol{X}_0' \\
&= \boldsymbol{X}_0Cov(\hat{\boldsymbol{\beta}})\boldsymbol{X}_0' \\
&= \sigma_\varepsilon^2\boldsymbol{X}_0(\boldsymbol{X}'\boldsymbol{X})^{-1}\boldsymbol{X}_0'
\end{aligned} \tag{8.34}
$$

实际中 σ_ε^2 是未知的，所以用样本估计量 S^2 代替 σ_ε^2。于是得到：

$$V\hat{a}r(\hat{Y}_0)=S^2\boldsymbol{X}_0(\boldsymbol{X}'\boldsymbol{X})^{-1}\boldsymbol{X}_0'。$$

由于 $\hat{Y}_0\sim N(\boldsymbol{X}_0\boldsymbol{\beta},\sigma_\varepsilon^2\boldsymbol{X}_0(\boldsymbol{X}'\boldsymbol{X})^{-1}\boldsymbol{X}_0')$，所以 $\dfrac{\hat{Y}_0-E(Y_0)}{S\sqrt{\boldsymbol{X}_0(\boldsymbol{X}'\boldsymbol{X})^{-1}\boldsymbol{X}_0'}}\sim t(n-k)$。在给定显著性水平 α 下，$E(Y_0)$ 的 $(1-\alpha)$ 置信区间为

$$\hat{Y}_0\pm t_{1-\alpha/2}(n-k)S\sqrt{\boldsymbol{X}_0(\boldsymbol{X}'\boldsymbol{X})^{-1}\boldsymbol{X}_0'} \tag{8.35}$$

为了得到 Y_0 的预测区间，首先要得到 $(Y_0-\hat{Y}_0)$ 的方差：

$$Var(Y_0-\hat{Y}_0)=E\{[(Y_0-\hat{Y}_0)-E(Y_0-\hat{Y}_0)]^2\} \tag{8.36}$$

由于 $\hat{Y}_0=\boldsymbol{X}_0\hat{\boldsymbol{\beta}}$，$Y_0-\hat{Y}_0=\boldsymbol{X}_0(\boldsymbol{\beta}-\hat{\boldsymbol{\beta}})+\varepsilon_0$，$E(Y_0-\hat{Y}_0)=E(\boldsymbol{X}_0(\boldsymbol{\beta}-\hat{\boldsymbol{\beta}}))+E(\varepsilon_0)$，所以

$$
\begin{aligned}
Var(Y_0-\hat{Y}_0) &= E[(\boldsymbol{X}_0(\boldsymbol{\beta}-\hat{\boldsymbol{\beta}})+\varepsilon_0)^2] \\
&= E[(\boldsymbol{X}_0(\boldsymbol{\beta}-\hat{\boldsymbol{\beta}})+\varepsilon_0)(\boldsymbol{X}_0(\boldsymbol{\beta}-\hat{\boldsymbol{\beta}})+\varepsilon_0)] \\
&= \sigma_\varepsilon^2(1+\boldsymbol{X}_0(\boldsymbol{X}'\boldsymbol{X})^{-1}\boldsymbol{X}_0')
\end{aligned} \tag{8.37}
$$

用 S^2 代替 σ_ε^2，$V\hat{a}r(Y_0-\hat{Y}_0)=S^2(1+\boldsymbol{X}_0(\boldsymbol{X}'\boldsymbol{X})^{-1}\boldsymbol{X}_0')$。

由于 $(Y_0-\hat{Y}_0)\sim N(\boldsymbol{X}_0\boldsymbol{\beta},\sigma_\varepsilon^2(1+\boldsymbol{X}_0(\boldsymbol{X}'\boldsymbol{X})^{-1}\boldsymbol{X}_0'))$，所以

$$\frac{Y_0-\hat{Y}_0}{S\sqrt{1+\boldsymbol{X}_0(\boldsymbol{X}'\boldsymbol{X})^{-1}\boldsymbol{X}_0'}}\sim t(n-k) \tag{8.38}$$

在给定显著性水平 α 下，Y_0 的 $(1-\alpha)$ 预测区间为

$$\hat{Y}_0\pm t_{1-\alpha/2}(n-k)S\sqrt{1+\boldsymbol{X}_0(\boldsymbol{X}'\boldsymbol{X})^{-1}\boldsymbol{X}_0'} \tag{8.39}$$

8.4　R 语言实现

8.4.1　一元线性回归

R 里 OLS 的估计可用 lm( ) 函数。lm( ) 的用法是：

lm (formula , data , subset , weights , na. action , method = "qr" ,...)

其中：formula 表示回归里的表达式，一般是 y ~ X，“ ~ ”左边是因变量，“ ~ ”右边是自变量，默认是包含截距项，如果不需要截距项的可以在自变量前面加“ -1 ”，即 y ~ -1+X。

比如，例 8.1 的 OLS 估计结果为

```
> lm1 <- lm(weight ~ height, data = women)        # 将回归结果保存在 lm1 对象里
> coef(lm1)                                        # 提取估计系数
(Intercept)  height
     -87.52    3.45
> coef(lm(weight ~ -1 + height, data = women))     # 不加截距项
height
   2.11
```

例 8.1 的 $\hat{\beta}_0$ 和 $\hat{\beta}_1$ 的 OLS 估计结果分别是-87.52 和 3.45。如果去掉截距项后，回归系数为 2.11。

R 里求 OLS 的方差估计量 $\hat{\sigma}^2$，需要用 summary( )函数先将 lm( )的结果保存在 slm 对象里，然后提取 sigma 成分，即为 $\hat{\sigma}^2$。若要计算参数 $\hat{\beta}_0$ 与 $\hat{\beta}_1$ 的标准差，先提取出 coef 矩阵，然后再提取矩阵的第二列即为参数 $\hat{\beta}_0$ 与 $\hat{\beta}_1$ 的标准差。

查看例 8.1 的估计结果：

```
> slm <- summary(lm1)
> slm$sigma               # 得到总体方差的 OLS 估计量
[1] 1.53
> slm$coef                # 得到系数有关的矩阵
             Estimate  Std. Error  t value  Pr(>|t|)
(Intercept)    -87.52      5.9369    -14.7  1.71e-09
     height      3.45      0.0911     37.9  1.09e-14
> slm$coef [ , 2]         # 得到矩阵第二列，即系数标准差
(Intercept)  height
     5.9369  0.0911
> slm$r.squared           # 提取 R^2
[1] 0.991
```

例 8.1 中 $\hat{\sigma}^2$ 为 1.53，$\hat{\beta}_0$ 与 $\hat{\beta}_1$ 的样本标准差分别为 5.936 9 和 0.091 1。模型的 R^2 很接近 1，说明例 8.1 回归模型的拟合效果不错。

R 里 summary( )函数会自动提供线性回归的 t 检验，可以得到回归系数估计值、标准差、t 值和相应的 p 值。

例 8.1 的变量显著性检验程序和结果：

```
> slm<- summary(lm1)
> slm
Call:
lm(formula = weight ~ height, data = women)
Residuals:
   Min      1Q Median     3Q    Max
-1.733  -1.133-0.383  0.742  3.117
```

```
Coefficients:
             Estimate  Std. Error  t value     Pr(>|t|)
(Intercept)  -87.5167      5.9369    -14.7   1.7e-09 ***
    height     3.4500      0.0911     37.9   1.1e-14 ***
---
Signif. codes:  0 '***' 0.001 '**' 0.01 '*' 0.05 '.' 0.1 ' ' 1
Residual standard error: 1.53 on 13 degrees of freedom
Multiple R-squared:  0.991,Adjusted R-squared:  0.99
F-statistic: 1.43e+03 on 1 and 13 DF,  p-value: 1.09e-14
```

例 8.1 的 $\hat{\beta}_0$ 和 $\hat{\beta}_1$ 的 t 值分别为 -14.7 和 37.9,对应的 p 值分别为 1.7×10^{-9} 和 1.1×10^{-14},说明 $\hat{\beta}_0$ 和 $\hat{\beta}_1$ 都显著。

在 R 里求均值的置信区间可以用 predict( )函数,但要将 interval 参数设为 confidence,如果求个值的预测区间需要将 interval 参数设为 prediction。例 8.1 中,当身高为 64.5 英寸时,求 $E(Y_0\mid X_0)$ 的置信区间和 Y_0 的预测区间。

```
> predict (lm1 , newdata = data.frame(height = 64.5),
+          interval = "confidence", level = 0.95)  # 均值预测区间,level 为置信度
     fit     lwr     upr
1 135.01  134.15  135.86
> predict ( lm1 , newdata = data.frame (height = 64.5) ,
+          interval = "prediction" , level = 0.95 )  # 个值预测区间
     fit    lwr     upr
1 135.01  131.6  138.41
```

结果中 fit 值是点预测值,upr 和 lwr 分别是区间预测的上限和下限。例 8.1 中,当身高为 64.5 英寸时,$E(Y_0\mid X_0)$ 和 Y_0 的置信度为 95%的置信区间和预测区间分别为[134.15, 135.86]和[131.6,138.41],并且 Y_0 的预测区间比 $E(Y_0\mid X_0)$ 的预测区间要宽,这与理论结果一致。

下面将例 8.1 的样本内观测值、回归线、均值预测区间、个值预测区间画在同一张图上,如图 8-3 所示。

```
> attach(women);  sx <- sort (height)                # 把自变量先从小到大排序
> # 求均值的预测区间
> conf <- predict(lm1, data.frame(height = sx), interval = "confidence" )
> # 求个值的预测区间
> pred <- predict(lm1, data.frame(height = sx), interval = "prediction" )
> plot(height,weight, xlab = "身高", ylab = "体重")  # 画散点图
> abline(lm1)                                        # 添加回归线
> lines(sx, conf [ , 2 ] ); lines(sx, conf [ , 3 ] )
> lines(sx, pred [ , 2 ], lty = 3); lines(sx, pred[ , 3], lty = 3)
```

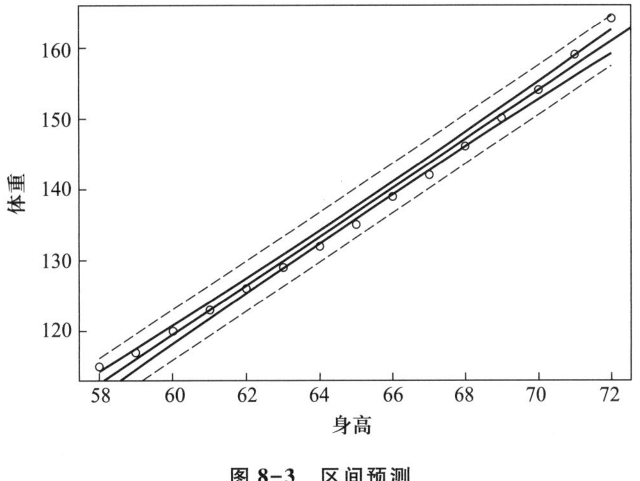

图 8-3　区间预测

图 8-3 的散点是实际观测值,中间的直线是拟合的回归线,两边的两条实线是总体均值 $E(Y|X)$ 的置信区间,最外面的两条虚线是个体值的预测区间。

8.4.2　多元线性回归

与一元线性回归类似,R 使用 lm( ) 函数求多元线性回归的最小二乘估计。例 8.3 的估计结果为

```
> lm2 <- lm(Fertility ~ Agriculture+Education+Catholic+Infant.Mortality,
data = swiss)                                       # 多个自变量用+链接
> # lm2 <- lm(Fertility ~ . , data = swiss)  # 使用其余全部自变量时可用"."代替
> coef(lm2)
(Intercept)  Agriculture  Education  Catholic  Infant.Mortality
      62.10        -0.15      -0.98      0.12              1.08
```

模型估计结果说明,在假定其他变量不变的情况下,从事农业的男性百分比每增加 1,生育率指标减少 0.15;在假定其他变量不变的情况下,小学以上学历百分比每增加 1,生育率指标减少 0.98;在假定其他变量不变的情况下,天主教徒百分比每增加 1,生育率指标增加 0.12;在假定其他变量不变的情况下,寿命小于一年的婴儿死亡率每增加 1,生育率指标增加 1.08。

可以用 summary( ) 函数返回估计结果。

```
> summary(lm2)
Call:
lm(formula = Fertility ~ Agriculture + Education + Catholic + Infant.Mortality,
data = swiss)
Residuals:
```

```
     Min       1Q  Median      3Q     Max
-14.676  -6.052   0.751  3.166  16.142
Coefficients:
                    Estimate  Std. Error  t value     Pr(>|t|)
     (Intercept)     62.1013      9.6049     6.47  8.5e-08 ***
     Agriculture     -0.1546      0.0682    -2.27     0.0286 *
       Education     -0.9803      0.1481    -6.62  5.1e-08 ***
        Catholic      0.1247      0.0289     4.31  9.5e-05 ***
Infant.Mortality      1.0784      0.3819     2.82    0.0072 **
---
Signif. codes:  0 '***' 0.001 '**' 0.01 '*' 0.05 '.' 0.1 ' ' 1
Residual standard error: 7.2 on 42 degrees of freedom
Multiple R-squared:  0.699,Adjusted R-squared:  0.671
F-statistic: 24.4 on 4 and 42 DF,  p-value: 1.72e-10
```

其中 F 检验统计量为 24.4,两个自由度分别为 4 和 42,对应的检验 p 值小于 0.05,说明模型整体是显著的。单个变量显著性检验,截距项和所有自变量的 p 值都小于 0.05,说明它们都是显著的。

对例 8.3 的估计结果提取可决系数 R^2 和修正后的可决系数 $\overline{R}^2$。

```
> slm2 <- summary(lm2)
> slm2$r.squared
[1] 0.7
> slm2$adj.r.squared
[1] 0.67
```

在 R 里求 $\hat{Y}_0$,可以将给定的 X_0 代入回归模型中。比如例 8.3 中,假设第二年某城市从事农业的男性百分比、小学以上学历百分比、天主教徒百分比、寿命小于一年的婴儿死亡率分别为 50%、15%、30%、20%。代入上面的回归模型中,进行点预测,预测结果为 65。

```
> coef(lm2)
(Intercept)  Agriculture  Education  Catholic  Infant.Mortality
      62.10        -0.15      -0.98      0.12              1.08
> coef(lm2)[1]+coef(lm2)[2]*50+coef(lm2)[3]*15+coef(lm2)[4]*30+coef(lm2)[5]*20
(Intercept)
65
```

也可以基于回归结果 lm2,利用 predict( )函数进行预测。

```
> predict(lm2, newdata =
+    data.frame(Agriculture=50,Education=15,Catholic=30,Infant.Mortality=20))
65
```

8.5 习　　题

1. 推导一元线性回归参数的最小二乘估计量表达式，即式 8.5 或式 8.6。

2. 证明总离差平方和的分解式，即式 8.9。

3. 证明在一元线性回归中，最小二乘估计量具有无偏性。在多元线性回归中最小二乘估计量还具有无偏性吗？

4. 证明在一元线性回归中，$\hat{\sigma}^2=\dfrac{\sum e_i^2}{n-2}$是 σ^2 的无偏估计量。

5. 证明在多元线性回归中，若自变量为 k 维，则 $\hat{\sigma}^2=\dfrac{\sum e_i^2}{n-k-1}$是 σ^2 的无偏估计量。

6. 在线性回归的经典假设下，证明：

(1) 在一元线性回归中，$\hat{\beta}_1\sim N\left(\beta_1,\dfrac{\sigma^2}{\sum x_i^2}\right)$，$\hat{\beta}_0\sim N\left(\beta_0,\dfrac{\sum X_i^2}{n\sum x_i^2}\sigma^2\right)$。

(2) 在多元线性回归中，$\hat{\boldsymbol{\beta}}\sim N(\boldsymbol{\beta},\sigma^2(\boldsymbol{X}'\boldsymbol{X})^{-1})$。

7. 假设一元线性回归模型 $Y=2+3X+\varepsilon$，其中 X 服从 $N(2,2)$ 分布，扰动项 ε 服从 $N(0,1)$ 分布。

(1) 请模拟样本容量为 100 的随机数，做出 Y 和 X 的散点图，并用最小二乘法估计出系数，在散点图上添加估计出来的回归线，并添加上真实的回归线，比较两者的差异。

(2) 重复模拟 1 000 次，请将 1 000 次模拟的系数估计结果用箱线图进行分析，并计算它们的均值和中位数，看看与真实参数是否存在差异。

8. 请分析 MASS 包里的 Boston 数据集，想要研究该地区的房屋价格中位数（medv）与该地区的底层人口比例（lstat）的关系。

(1) 请先分析 medv 的分布情况，做直方图、箱线图以及密度函数图分析分布情况。请计算 medv 的最小值、最大值、中位数、下四分位数和上四分位数以及标准差。

(2) 请做散点图分析 medv 与 lstat 的关系，并计算它们之间的相关系数。

(3) 请做回归分析 medv 和 lstat 的关系，估计的回归系数是否都显著？解释这些回归系数的含义。

(4) 请预测当 lstat 分别为 5、10、15 时 medv 的值。

(5) 若想要研究该地区的房屋价格中位数（medv）与其他影响因素的关系，请用矩阵式散点图分析各个因素之间的关系，哪些因素可能会影响房屋价格？

9. 假设多元线性回归模型 $Y=2+3X_1+1.5X_2+\varepsilon$，其中 X_1 和 X_2 是服从均值为(1,1)，边际方差为(2,2)，协方差为 1 的二元正态分布，扰动项 ε 服从 $N(0,2)$ 分布。

(1) 请模拟样本容量为 100 的随机数，分别画出 Y 和 X_1、X_2 的散点图，并用最小二乘法估计出系数。

(2) 重复模拟 1 000 次，请将 1 000 次模拟的系数估计结果用箱线图进行分析，并计算它们的均值和中位数，看看与真实参数是否存在差异。

第 9 章

线性分类

线性回归模型假设因变量 Y 是定量(quantitative)的或连续取值的,但在很多实际问题中,因变量却是定性的(qualitative)。所谓定性变量,是指这些量的取值并非有数量上的变化,而只有性质上的差异。例如,血型是定性变量,取值为 A 型、B 型、O 型和 AB 型。定性变量也称为离散(categorical)变量,因此预测一个观测的定性响应值的过程也称为分类(classification)。大部分的分类问题都是先从预测定性变量取不同类别的概率开始,进而将分类问题作为概率估计的一个结果,所以从这个角度看,分类问题与回归问题有许多类似之处。

根据定性因变量取值的特点,我们可将其分为二元变量(binary variable)和多分类变量(multinomial variable)。二元变量的取值一般为 1 和 0,当取值为 1 时表示某件事情的发生,取值为 0 则表示不发生,比如信用卡客户发生违约记为 1,不违约记为 0。多分类变量可进一步分为有序变量和无序变量,如“大、中、小”和“牛肉、羊肉、鸡肉”。

9.1 问题的提出

例 9.1 医学诊断往往需要医生通过经验判断,而针对医学数据建立诊断模型,有利于提高诊断效率,降低误诊可能性。R 的 MASS 包中的皮马印第安女性糖尿病数据集(Pima. tr、Pima. tr2、Pima. te)记录了居住在亚利桑那州凤凰城附近的 21 岁以上皮马印第安女性的糖尿病检查数据,除去含缺失值的样本外,共有 532 个样本。数据包括怀孕次数(npreg)、试验中的血糖浓度(glu)、血压(bp)、皮肤厚度(skin)、体重指数(bmi)、糖尿病谱系功能(ped)、年龄(age),以及诊断结果,即是否患有糖尿病(type)。如表 9-1 所示。请问上述因素是如何影响诊断结果的呢?该如何建立诊断模型进行分析?根据模型,如何预测诊断结果?

表 9-1 皮马印第安女性糖尿病诊断数据

编号 *obs*	怀孕次数 *npreg*	血糖浓度 *glu*	血压 *bp*	皮肤厚度 *skin*	体重指数 *bmi*	糖尿病谱系功能 *ped*	年龄 *age*	诊断结果 *y*
1	5	86	68	28	30.2	0.364	24	0
2	7	195	70	33	25.1	0.163	55	1
⋮	⋮	⋮	⋮	⋮	⋮	⋮	⋮	⋮

9.2 Probit 与 Logit 模型

9.2.1 线性概率模型

$\boldsymbol{X}_i$ 是包含常数项的 k 元设计矩阵,Y_i 是二元取值的因变量,考虑二元选择模型:

$$Y_i=\boldsymbol{X}_i'\boldsymbol{\beta}+\varepsilon_i \quad i=1,2,\cdots,N \tag{9.1}$$

$$Y_i=\begin{cases}1 & \text{某一件事件发生}\\0 & \text{某一件事件不发生}\end{cases}$$

若假定 $E(\varepsilon_i \mid \boldsymbol{X}_i)=0$,则总体回归方程为

$$E(Y_i \mid \boldsymbol{X}_i)=\boldsymbol{X}_i'\boldsymbol{\beta} \tag{9.2}$$

进一步地,假设在给定 $\boldsymbol{X}_i$ 的时候,某一事件发生的概率为 p,不发生的概率为 $1-p$,即 $\text{Prob}(Y_i=1 \mid \boldsymbol{X}_i)=p$,$\text{Prob}(Y_i=0 \mid \boldsymbol{X}_i)=1-p$。

因为 Y_i 只取 1 和 0 两个值,所以其条件期望为

$$\begin{aligned}E(Y_i \mid \boldsymbol{X}_i)&=1\cdot\text{Prob}(Y_i=1 \mid \boldsymbol{X}_i)+0\cdot\text{Prob}(Y_i=0 \mid \boldsymbol{X}_i)\\&=1\cdot p+0\cdot(1-p)=p\end{aligned} \tag{9.3}$$

综合式 9.2 和式 9.3 可以得到:

$$E(Y_i \mid \boldsymbol{X}_i)=\boldsymbol{X}_i'\boldsymbol{\beta}=\text{Prob}(Y_i=1 \mid \boldsymbol{X}_i)=p \tag{9.4}$$

因此,式 9.1 拟合的是当给定自变量 $\boldsymbol{X}_i$ 的值时,某事件发生(即 Y_i 取值为 1)的平均概率。在式 9.4 中,这一概率体现为线性的形式 $\boldsymbol{X}_i'\boldsymbol{\beta}$,因此式 9.1 称为线性概率模型(linear probability model,LPM)。这实际上就是用普通的线性回归方法对二元取值的因变量直接建模。

对于线性概率模型,我们也可以采用普通的最小二乘法进行估计,但是会存在如下一些问题:

(1) 我们对式 9.1 进行的拟合,实际上是对某一事件发生的平均概率的预测,即 $\hat{Y}_i=\text{Prob}(Y_i \mid \boldsymbol{X}_i)=\boldsymbol{X}_i'\hat{\boldsymbol{\beta}}$。但是,这里的 $\boldsymbol{X}_i'\hat{\boldsymbol{\beta}}$ 的值并不能保证在 0 和 1 之间,完全有可能出现大于 1 和小于 0 的情形。比如例 9.1 中,诊断结果关于血糖浓度做一元线性回归,拟合的结果如图 9-1 所示。

(2) 由于 Y 是二元变量,因此扰动项

$$\varepsilon_i=\begin{cases}1-\boldsymbol{X}_i'\boldsymbol{\beta} & (Y_i=1)\\-\boldsymbol{X}_i'\boldsymbol{\beta} & (Y_i=0)\end{cases}$$

也应该是二元变量,它应该服从二项分布,而不是我们通常假定的正态分布。但是,当样本足够多时,二项分布收敛于正态分布。

(3) 在 LPM 中,扰动项的方差为

$$\begin{aligned}Var(\varepsilon_i)&=(1-\boldsymbol{X}_i'\boldsymbol{\beta})^2\cdot p+(-\boldsymbol{X}_i'\boldsymbol{\beta})^2\cdot(1-p)\\&=(1-\boldsymbol{X}_i'\boldsymbol{\beta})\boldsymbol{X}_i'\boldsymbol{\beta}\neq\text{常数}\end{aligned} \tag{9.5}$$

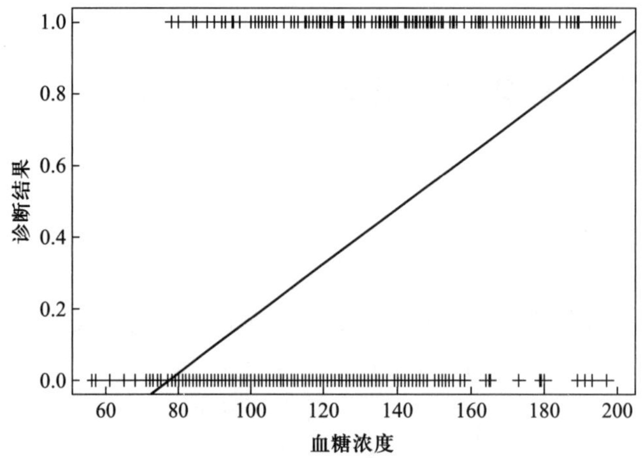

图 9-1　线性概率模型拟合图

因此,扰动项是异方差的。

由于存在着上述诸多问题,因此对于二元定性因变量,一般不推荐使用 LPM,而是需要其他更为科学的方法。

9.2.2　Probit 与 Logit 模型

在 LPM 中,通过适当的假设可以使得 $Y_i=1$ 的概率 $\mathrm{Prob}(Y_i=1\mid \boldsymbol{X}_i)$ 与 $\boldsymbol{X}_i$ 是线性关系,即:

$$p(\boldsymbol{X}_i)=\mathrm{Prob}(Y_i=1\mid \boldsymbol{X}_i)=F(\boldsymbol{X}_i'\boldsymbol{\beta})=\boldsymbol{X}_i'\boldsymbol{\beta} \tag{9.6}$$

但是,式 9.6 存在的问题是,$\boldsymbol{X}_i'\hat{\boldsymbol{\beta}}$ 并不能保证概率的取值在 0 到 1 之间。所以,为了保证估计的概率取值范围能在[0,1],一个直接的想法就是用分布函数 $F(\cdot)$ 对其进行作用。

如果分布函数为标准正态分布函数 $\boldsymbol{\Phi}(\cdot)$,即:

$$p(\boldsymbol{X}_i)=\mathrm{Prob}(Y_i=1\mid \boldsymbol{X}_i)=\boldsymbol{\Phi}(\boldsymbol{X}_i'\boldsymbol{\beta})=\int_{-\infty}^{\boldsymbol{X}_i'\boldsymbol{\beta}}\frac{1}{\sqrt{2\pi}}\exp\left(-\frac{z^2}{2}\right)\mathrm{d}z$$

其中:$\boldsymbol{\Phi}(\boldsymbol{X}_i'\boldsymbol{\beta})$ 是标准正态分布的分布函数,取值范围是[0,1]。这时的概率模型我们就称为 Probit 模型。

如果式 9.6 中的 $F(\boldsymbol{X}_i'\boldsymbol{\beta})$ 取 Logistic 分布函数 $\Lambda(\cdot)$,则产生的概率模型为 Logit 模型,往往也称为 Logistic 回归。

$$p(\boldsymbol{X}_i)=\mathrm{Prob}(Y_i=1\mid \boldsymbol{X}_i)=\boldsymbol{\Lambda}(\boldsymbol{X}_i'\boldsymbol{\beta})=\frac{\exp(\boldsymbol{X}_i'\boldsymbol{\beta})}{1+\exp(\boldsymbol{X}_i'\boldsymbol{\beta})}$$

这里,$\Lambda(\cdot)$ 的取值也在 0 和 1 之间。

或者也可以变换成:

$$\log\left(\frac{p(\boldsymbol{X}_i)}{1-p(\boldsymbol{X}_i)}\right)=\boldsymbol{X}_i'\boldsymbol{\beta}=\beta_0+\beta_1X_{1i}+\cdots+\beta_pX_{pi}$$

其中：$\log\left(\frac{p(\boldsymbol{X}_i)}{1-p(\boldsymbol{X}_i)}\right)$称为连接函数(link function)，$\frac{p(\boldsymbol{X}_i)}{1-p(\boldsymbol{X}_i)}$称为机会比(odds ratio)，即$Y_i$取1的概率与取0的概率的比值。

9.2.3 基于潜变量模型的理解

二元选择模型也可以从潜变量回归模型去解释，首先考察以下模型：

$$Y_i^* = \boldsymbol{X}_i' \boldsymbol{\beta} + \varepsilon_i \quad i=1,2,3,\cdots,N$$

$$Y_i = \begin{cases} 1 & \text{如果 } Y_i^* > 0 \\ 0 & \text{如果 } Y_i^* \leqslant 0 \end{cases} \tag{9.7}$$

其中：Y_i^*是潜变量或隐变量(latent variable)，它无法获得实际观测值，但是却可以观测到$Y_i^*>0$还是$Y_i^*\leqslant 0$。因此，我们实际上观测到的变量是Y_i而不是Y_i^*。式9.7称为潜变量响应函数(latent response function)或指示函数(index function)。

如果我们做如下假设：

假设1 $E(\varepsilon_i \mid \boldsymbol{X}_i)=0$。

假设2 ε_i是i.i.d.的正态分布。

假设3 $\text{rank}(\boldsymbol{X}_i)=k$。

在上述假定之下，考察式9.7中Y_i的概率特征：

$$\begin{aligned} \text{Prob}(Y_i=1 \mid \boldsymbol{X}_i) &= \text{Prob}(Y_i^*>0 \mid \boldsymbol{X}_i) \\ &= \text{Prob}(\boldsymbol{X}_i'\boldsymbol{\beta}+\varepsilon_i>0 \mid \boldsymbol{X}_i) \\ &= \text{Prob}(\varepsilon_i>-\boldsymbol{X}_i'\boldsymbol{\beta} \mid \boldsymbol{X}_i) \\ &= \int_{-\boldsymbol{X}_i'\boldsymbol{\beta}}^{\infty} f(\varepsilon_i)\,\mathrm{d}\varepsilon_i \end{aligned} \tag{9.8}$$

则当$f(\varepsilon_i)$为标准正态分布的概率密度函数

$$f(\varepsilon_i)=\frac{1}{\sqrt{2\pi}}\exp\left(-\frac{\varepsilon_i^2}{2}\right)$$

时，式9.8可以写成：

$$\begin{aligned} \text{Prob}(Y_i = 1 \mid \boldsymbol{X}_i) &= 1 - \int_{-\infty}^{-\boldsymbol{X}_i'\boldsymbol{\beta}} f(\varepsilon_i)\,\mathrm{d}\varepsilon_i \\ &= 1-\Phi(-\boldsymbol{X}_i'\boldsymbol{\beta}) \\ &= \Phi(\boldsymbol{X}_i'\boldsymbol{\beta}) \end{aligned} \tag{9.9}$$

这样，式9.9正是Probit模型。

如果我们做如下假设：

假设1 $E(\varepsilon_i \mid \boldsymbol{X}_i)=0$。

假设2 ε_i是i.i.d.的Logistic分布。

假设3 $\text{rank}(\boldsymbol{X}_i)=k$。

则在上述假定之下，式9.7中Y_i的概率特征可表示为

$$
\begin{aligned}
\text{Prob}(Y_i=1 \mid \boldsymbol{X}_i) &= \text{Prob}(Y_i^*>0 \mid \boldsymbol{X}_i) \\
&= \text{Prob}(\boldsymbol{X}_i'\boldsymbol{\beta}+\varepsilon_i>0 \mid \boldsymbol{X}_i) \\
&= \text{Prob}(\varepsilon_i>-\boldsymbol{X}_i'\boldsymbol{\beta} \mid \boldsymbol{X}_i) \\
&= 1-\int_{-\infty}^{-\boldsymbol{X}_i'\boldsymbol{\beta}} f(\varepsilon_i)\,\mathrm{d}\varepsilon_i \\
&= 1-\frac{\exp(-\boldsymbol{X}_i'\boldsymbol{\beta})}{1+\exp(-\boldsymbol{X}_i'\boldsymbol{\beta})} \\
&= \frac{\exp(\boldsymbol{X}_i'\boldsymbol{\beta})}{1+\exp(\boldsymbol{X}_i'\boldsymbol{\beta})} = \Lambda(\boldsymbol{X}_i'\boldsymbol{\beta})
\end{aligned} \tag{9.10}
$$

这里,式 9.10 正是 Logit 模型。

9.2.4 最大似然估计(MLE)

Probit 和 Logit 模型的参数估计常用最大似然法。对于 Probit 或 Logit 模型来说:

$$\text{Prob}(Y_i=1 \mid \boldsymbol{X}_i)=F(\boldsymbol{X}_i'\boldsymbol{\beta})$$

$$\text{Prob}(Y_i=0 \mid \boldsymbol{X}_i)=1-F(\boldsymbol{X}_i'\boldsymbol{\beta})$$

所以似然函数为

$$L=\prod_{i=1}^{N} F(\boldsymbol{X}_i'\boldsymbol{\beta})^{Y_i}[1-F(\boldsymbol{X}_i'\boldsymbol{\beta})]^{1-Y_i}$$

对数似然函数为

$$\ln L=\sum_{i=1}^{N}\{Y_i\cdot\log F(\boldsymbol{X}_i'\boldsymbol{\beta})+(1-Y_i)\cdot\log[1-F(\boldsymbol{X}_i'\boldsymbol{\beta})]\} \tag{9.11}$$

最大化 $\log L$ 的一阶条件为

$$
\begin{aligned}
\frac{\partial \ln L}{\partial \boldsymbol{\beta}} &= \sum_{i=1}^{N}\left\{Y_i\cdot\boldsymbol{X}_i\frac{f(\boldsymbol{X}_i'\boldsymbol{\beta})}{F(\boldsymbol{X}_i'\boldsymbol{\beta})}+(1-Y_i)\cdot\boldsymbol{X}_i\frac{-f(\boldsymbol{X}_i'\boldsymbol{\beta})}{1-F(\boldsymbol{X}_i'\boldsymbol{\beta})}\right\} \\
&= \sum_{i=1}^{N}\left\{\boldsymbol{X}_i f(\boldsymbol{X}_i'\boldsymbol{\beta})\frac{Y_i-F(\boldsymbol{X}_i'\boldsymbol{\beta})}{F(\boldsymbol{X}_i'\boldsymbol{\beta})[1-F(\boldsymbol{X}_i'\boldsymbol{\beta})]}\right\}=0
\end{aligned} \tag{9.12}
$$

其中:$f(\boldsymbol{X}_i'\boldsymbol{\beta})=F'(\boldsymbol{X}_i'\boldsymbol{\beta})$。由于式 9.12 不存在显示解或封闭解,所以要用非线性方程的迭代法进行求解。常用的有 Newton-Raphson 法或二次爬坡法(quadratic hill climbing)。

9.2.5 边际效应分析

对于 Probit 模型来说,其边际效应为

$$\frac{\partial \text{Prob}(Y_i=1 \mid \boldsymbol{X}_i)}{\partial \boldsymbol{X}_i}=\Phi'(\boldsymbol{X}_i'\boldsymbol{\beta})\boldsymbol{\beta}=\phi(\boldsymbol{X}_i'\boldsymbol{\beta})\boldsymbol{\beta} \tag{9.13}$$

对于 Logit 模型,其边际效应为

$$\frac{\partial \text{Prob}(Y_i=1 \mid \boldsymbol{X}_i)}{\partial \boldsymbol{X}_i}=\Lambda'(\boldsymbol{X}_i'\boldsymbol{\beta})\boldsymbol{\beta}=\Lambda(\boldsymbol{X}_i'\boldsymbol{\beta})(1-\Lambda(\boldsymbol{X}_i'\boldsymbol{\beta}))\boldsymbol{\beta} \tag{9.14}$$

其中:$\Lambda'(\cdot)=\Lambda(\cdot)[1-\Lambda(\cdot)]$。

从式 9.13 和式 9.14 可以看出,在 Probit 和 Logit 模型中,自变量对 Y_i 取值为 1 的概率的边际影响并不是常数,它会随着自变量取值的变化而变化。所以对于 Probit 和 Logit 模型来说,其回归系数的解释就没有线性回归那么直接了,相应地,它们的边际影响也不像线性回归模型那样,直接等于其系数。那么对于这两个模型,该如何进行边际效应分析呢?一种常用的方法是计算其平均边际效应,即对于非虚拟的自变量,一般是用其样本均值代入式 9.13 和式 9.14 中,估计出平均的边际影响。但是,对于虚拟自变量而言,则需要先分别计算其取值为 1 和 0 时 $\text{Prob}(Y_i=1 \mid \boldsymbol{X}_i)$ 的值,二者的差即为虚拟自变量的边际影响。

但由于式 9.13 的 $\Phi'(\boldsymbol{X}_i'\boldsymbol{\beta}) \geqslant 0$ 和式 9.14 的 $\Lambda'(\boldsymbol{X}_i'\boldsymbol{\beta}) \geqslant 0$。所以,如果 $\beta_j>0$,则 $\text{Prob}(Y_i=1 \mid \boldsymbol{X}_i)$ 随 X_j 的增加而增加;如果 $\beta_j<0$,则 $\text{Prob}(Y_i=1 \mid \boldsymbol{X}_i)$ 随 X_j 的增加而减少。

9.2.6　似然比检验

似然比检验类似于检验模型整体显著性的 F 检验,原假设为全部自变量的系数都为 0,检验的统计量 LR 为

$$LR=2(\ln L-\ln L_0) \tag{9.15}$$

其中:$\ln L$ 为对数似然函数值,$\ln L_0$ 为只有截距项的模型的对数似然函数值,往往也称为空模型,即模型中不包含任何自变量。当原假设成立时,LR 的渐近分布是自由度为 $k-1$(即除截距项外的自变量的个数)的 χ^2 分布。

9.2.7　预测

如果我们得到了系数的估计值 $\hat{\boldsymbol{\beta}}$,那么我们就可以预测出在给定 $\boldsymbol{X}_0$ 下,$p(\boldsymbol{X}_0)=\text{Prob}(Y_i=1 \mid \boldsymbol{X}_0)$ 的概率预测值。即:

对于 Probit 模型

$$\hat{p}(\boldsymbol{X}_0)=\widehat{\text{Prob}}(Y_i=1 \mid \boldsymbol{X}_0)=\Phi(\boldsymbol{X}_0'\hat{\boldsymbol{\beta}})=\int_{-\infty}^{X_0'\hat{\beta}} \frac{1}{\sqrt{2\pi}} \exp\left(-\frac{z^2}{2}\right) \mathrm{d}z$$

对于 Logit 模型

$$\hat{p}(\boldsymbol{X}_0)=\widehat{\text{Prob}}(Y_i=1 \mid \boldsymbol{X}_0)=\boldsymbol{\Lambda}(\boldsymbol{X}_0'\hat{\boldsymbol{\beta}})=\frac{\exp(\boldsymbol{X}_0'\hat{\boldsymbol{\beta}})}{1+\exp(\boldsymbol{X}_0'\hat{\boldsymbol{\beta}})}$$

当然,对于 Logit 模型,我们也可以直接预测得到模型的连接(link)值:

$$\widehat{Link}=\log\left(\frac{\hat{p}(\boldsymbol{X}_0)}{1-\hat{p}(\boldsymbol{X}_0)}\right)=\boldsymbol{X}_0'\hat{\boldsymbol{\beta}}=\beta_0+\hat{\beta}_1 X_{10}+\cdots+\hat{\beta}_p X_{p0}$$

9.2.8　多分类 Logit 模型

当因变量 Y_i 为分类变量,有 K 种取值时,我们也可以使用 Probit 与 Logit 模型,但需要对其进行一定的修改,同时保证后验概率的和为 1 且每一个都落在[0,1]内。令前 $K-1$ 类的连接函数为

$$\log \frac{\text{Prob}(Y_i=1 \mid \boldsymbol{X}_i)}{\text{Prob}(Y_i=K \mid \boldsymbol{X}_i)} = \beta_{10} + \boldsymbol{\beta}_1^{\mathrm{T}} \boldsymbol{X}_i$$

$$\log \frac{\text{Prob}(Y_i=2 \mid \boldsymbol{X}_i)}{\text{Prob}(Y_i=K \mid \boldsymbol{X}_i)} = \beta_{20} + \boldsymbol{\beta}_2^{\mathrm{T}} \boldsymbol{X}_i$$

$$\cdots\cdots\cdots\cdots$$

$$\log \frac{\text{Prob}(Y_i=K-1 \mid \boldsymbol{X}_i)}{\text{Prob}(Y_i=K \mid \boldsymbol{X}_i)} = \beta_{(K-1)0} + \boldsymbol{\beta}_{K-1}^{\mathrm{T}} \boldsymbol{X}_i$$

即模型由 $K-1$ 个 Logit 变换来确定，通常使用最后一类或第一类作为机会比的分母。此处可简单计算得到属于每一类的概率为

$$\text{Prob}(Y_i=k \mid \boldsymbol{X}_i) = \frac{\exp(\beta_{k0} + \boldsymbol{\beta}_k^{\mathrm{T}} \boldsymbol{X}_i)}{1 + \sum_{l=1}^{K-1} \exp(\beta_{l0} + \boldsymbol{\beta}_l^{\mathrm{T}} \boldsymbol{X}_i)}, \quad k=1,2,\cdots,K-1$$

$$\text{Prob}(Y_i=K \mid \boldsymbol{X}_i) = \frac{1}{1 + \sum_{l=1}^{K-1} \exp(\beta_{l0} + \boldsymbol{\beta}_l^{\mathrm{T}} \boldsymbol{X}_i)}$$

显然它们相加等于 1。类似也可以推得多分类 Probit 模型。

9.3 判别分析

对于二元因变量，Logit 模型采取的方法是直接对 $P(Y=k \mid X=x)$ 进行建模，用统计术语说，就是在给定自变量 X 下，建立因变量 Y 的条件分布模型。在本小节我们将介绍另一种间接估计这些概率的方法——判别分析。判别分析采取的方法是先对每一个给定的 Y 建立自变量 X 的分布，然后使用贝叶斯定理反过来去估计后验概率 $P(Y=k \mid X=x)$。

那么，什么情况下我们会考虑使用判别分析呢？一方面，当类别的区分度较高的时候，或者当样本量 n 较小且自变量 X 近似服从正态分布时，Logit 模型的参数估计会相对不够稳定，而判别分析就不存在这样的问题；另一方面，在现实生活中，有很多因变量取值超过两类的情形，虽然我们可以把二元 Logit 模型推广到多元的情况，但在实际应用中更常使用的是判别分析法。

接下来，我们就介绍判别分析的几种常用方法：线性判别分析（linear discriminant analysis，LDA）和二次判别分析（quadratic discriminant analysis，QDA）。

9.3.1 贝叶斯分类器

Y 的映射（函数）：$f(X) \to Y$，它将输入空间划分成几个区域，每个区域对应一个类别。区域的边界可以是各种函数形式，其中最重要且最常用的一类就是线性的。对于第 k 类，记 $\hat{g}_k(x) = \hat{\beta}_{k0} + \hat{\boldsymbol{\beta}}_k^{\mathrm{T}} x\ (k=1,\cdots,K)$，则第 k 类和第 m 类的判别边界为 $\hat{g}_k(x) = \hat{g}_m(x)$，也就是所有使得 $(\hat{\beta}_{k0} - \hat{\beta}_{m0}) + (\hat{\boldsymbol{\beta}}_k - \hat{\boldsymbol{\beta}}_m)^{\mathrm{T}} x = 0$ 成立的点 x。需要说明，实际上我们只需要 $K-1$ 个边界函数。

为了确定边界函数，在构造分类器时，我们最关注的便是一组测试观测值上的测试错误率，在一组测试观测值(x_0,y_0)上的误差计算具有以下形式：

$$Ave(I(y_0 \neq \hat{y}_0)) \tag{9.16}$$

其中：$\hat{y}_0$ 是用模型预测的分类变量，$I(y_0 \neq \hat{y}_0)$是示性变量，当 $y_0 \neq \hat{y}_0$ 时示性变量的值等于 1，说明测试值被误分；当 $y_0 = \hat{y}_0$ 时示性变量的值等于 0，说明测试值被正确分类。一个好的分类器应使式 9.16 表示的测试误差最小。

一个非常简单的分类器是将每个观测值分到它最大可能所在的类别中，即给定 $X=x_0$ 的情况下，将它分到条件概率最大的 j 类中：

$$\max_j P(Y=j \mid X=x_0) \tag{9.17}$$

这类方法称为贝叶斯分类器。这种分类器将产生最低的测试错误率，称为贝叶斯错误率，在 $X=x_0$ 这一点的错误率为 $1-\max_j P(Y=j \mid X=x_0)$，整个分类器的贝叶斯错误率为

$$1-E(\max_j P(Y=j \mid X)) \tag{9.18}$$

9.3.2　贝叶斯定理

假设因变量分成 K 类，即因变量 Y 的取值为$\{1,2,\cdots,K,K\geqslant 2\}$，取值顺序对结果并无影响。设 π_k 为随机选择的观测属于因变量 Y 的第 k 类的概率，即先验概率；$f_k(x)=P(X=x \mid Y=k)$表示第 k 类观测的 X 的密度函数。则根据贝叶斯定理，我们可得观测 $X=x$ 属于第 k 类的后验概率为

$$P(Y=k \mid X=x)=\frac{\pi_k f_k(x)}{\sum_{k=1}^{K}\pi_k f_k(x)} \tag{9.19}$$

我们记 $p_k(x)=P(Y=k \mid X)$，因此只要估计出 π_k 和 $f_k(x)$就可以计算 $p_k(x)$。通常 π_k 的估计比较容易，可通过计算属于第 k 类的样本占总样本的比例来估计，即 $\hat{\pi}_k=\frac{n_k}{n}$。$f_k(x)$的估计则要复杂一些，除非假设它们的密度函数形式很简单。

我们知道，贝叶斯分类器是将一个观测分到 $p_k(x)$最大的类中，它在所有分类器中测试错误率是最小的。如果我们找到合适的方法估计 $f_k(x)$，便可构造一个与贝叶斯分类器类似的分类方法。

9.3.3　一元线性判别分析

我们在进行分类时，首先要获取 $f_k(x)$的估计，然后代入式 9.19 从而估计 $p_k(x)$，并根据 $p_k(x)$的值，将观测分到概率值最大的一类中。为获取 $f_k(x)$的估计，要先对其做一些假设。

通常假设 $f_k(x)$的分布是正态的，当 $p=1$，密度函数为一维正态密度函数：

$$f_k(x)=\frac{1}{\sqrt{2\pi}\,\sigma_k}\exp\left(-\frac{1}{2\sigma_k^2}(x-\mu_k)^2\right) \tag{9.20}$$

其中：μ_k 和 σ_k^2 分别为第 k 类的均值和方差。再假设 $\sigma_1^2=\cdots=\sigma_K^2=\sigma^2$，即所有 K 个类别

方差相同，均为 σ^2。将式 9.20 代入式 9.19，可得：

$$p_k(x)=\frac{\pi_k\frac{1}{\sqrt{2\pi}\sigma}\exp\left(-\frac{1}{2\sigma^2}(x-\mu_k)^2\right)}{\sum_{i=1}^{K}\pi_i\frac{1}{\sqrt{2\pi}\sigma}\exp\left(-\frac{1}{2\sigma^2}(x-\mu_i)^2\right)} \tag{9.21}$$

对式 9.21 取对数，并将对 $p_k(x)$ 大小无影响的项去掉，整理式子可得：

$$\delta_k(x)=x\cdot\frac{\mu_k}{\sigma^2}-\frac{\mu_k^2}{2\sigma^2}+\log\pi_k \tag{9.22}$$

易知，最大化式 9.21 等价于最大化式 9.22，而式 9.22 的计算更简单，所以实际中往往采用式 9.22 计算判别得分 $\delta_k(x)$，将观测判别为得分 $\delta_k(x)$ 最大的类。由于式 9.22 是关于 x 的线性函数，因此往往也称为线性判别函数（linear discriminant analysis，LDA）。

例如，$K=2$，且 $\pi_1=\pi_2$，当 $2x(\mu_1-\mu_2)>\mu_1^2-\mu_2^2$ 时，LDA 把观测分到第一类，反之分到第二类。此时决策边界对应的点为

$$x=\frac{\mu_1^2-\mu_2^2}{2(\mu_1-\mu_2)}=\frac{\mu_1+\mu_2}{2} \tag{9.23}$$

在实际中，即使确定 X 服从正态分布，但总体参数 $\mu_1,\cdots,\mu_K,\pi_1,\cdots,\pi_K,\sigma^2$ 仍然需要进行估计，常用的参数估计如下：

$$\begin{aligned}\hat{\mu}_k&=\frac{1}{n_k}\sum_{i:y_i=k}x_i\\ \hat{\sigma}^2&=\frac{1}{n-K}\sum_{k=1}^{K}\sum_{i:y_i=k}(x_i-\mu_k)^2\\ &=\sum_{k=1}^{K}\frac{n_k-1}{n-K}\cdot\hat{\sigma}_k^2\end{aligned} \tag{9.24}$$

其中：n 为随机抽取的样本数；n_k 为属于第 k 类的样本数；μ_k 的估计值为第 k 类观测的均值；$\hat{\sigma}_k^2=\frac{1}{n_k-1}\sum_{i:y_i=k}(x_i-\mu_k)^2$ 为第 k 类观测的样本方差；σ^2 的估计值可以看作 K 类样本方差的加权平均。

实际中，有时我们可以掌握每一类的先验概率 $\pi_1,\cdots,\pi_K$，但当信息不全时需要用样本进行估计，LDA 是用属于第 k 类的观测的比例作为 π_k 的估计，即：

$$\hat{\pi}_k=\frac{n_k}{n} \tag{9.25}$$

将式 9.24 和式 9.25 的估计值代入式 9.22，即得线性判别分析的判别函数

$$\hat{\delta}_k=x\cdot\frac{\hat{\mu}_k}{\hat{\sigma}^2}-\frac{\hat{\mu}_k^2}{2\hat{\sigma}^2}+\log\hat{\pi}_k \tag{9.26}$$

LDA 分类器将观测 $X=x$ 分到 $\hat{\delta}_k$ 值最大的一类中。

与贝叶斯分类器比较，LDA 分类器是建立在观测都来自均值不同、方差相同的正态分布假设上的，将均值、方差和先验概率的参数估计代入贝叶斯分类器便可得到 LDA 分类器。

9.3.4　多元线性判别分析

若自变量维度 $p>1$,假设 $X=(X_1,\cdots,X_p)$ 服从一个均值不同、协方差矩阵相同的多元正态分布,即假设第 k 类观测服从一个多元正态分布 $N(\mu_k,\Sigma)$,其中 μ_k 是一个均值向量,Σ 为所有 K 类共同的协方差矩阵,其密度函数形式为

$$f_k(x)=\frac{1}{(2\pi)^{p/2}|\Sigma|^{1/2}}\exp\left(-\frac{1}{2}(x-\mu_k)^{\mathrm{T}}\Sigma^{-1}(x-\mu_k)\right) \tag{9.27}$$

类似于一维自变量的方法,我们可以知道贝叶斯分类器将 $X=x$ 分入判别得分 $\delta_k(x)$ 最大的一类。其中 $\delta_k(x)$ 为

$$\delta_k(x)=x^{\mathrm{T}}\Sigma^{-1}\mu_k-\frac{1}{2}\mu_k^{\mathrm{T}}\Sigma^{-1}\mu_k+\log\pi_k \tag{9.28}$$

同样,需要估计未知参数 $\mu_1,\cdots,\mu_K,\pi_1,\cdots,\pi_K$ 和 Σ,估计方法与一维情况类似。LDA 分类器将各个参数估计值代入判别函数式 9.28 中,并将观测值 $X=x$ 分到使 $\hat{\delta}_k(x)$ 值最大的一类。我们发现多元情况下判别函数关于 x 也是线性的,即可以写作 $\delta_k(x)=c_{k0}+c_{k1}x_1+\cdots+c_{kp}x_p$ 的形式。

可以看到,对于类别 k 和 l,决策边界 $\{x:\delta_k(x)=\delta_l(x)\}$ 是关于 x 的线性函数,如果我们将 R^p 空间分成 K 个区域,这些分割将是超平面。

9.3.5　二次判别分析

正如前面讨论的,LDA 假设每一类观测服从协方差矩阵相同的多元正态分布,但现实中可能很难满足这样的假设。二次判别分析放松了这一假设,虽然 QDA 分类器也假设观测服从正态分布,并把参数估计代入贝叶斯定理进行预测,但 QDA 假设每一类观测有自己的协方差矩阵,即假设第 k 类观测服从的分布为 $X\sim N(\mu_k,\Sigma_k)$,其中 Σ_k 是第 k 类观测的协方差矩阵。此时,二次判别函数为

$$\begin{aligned}\delta_k(x)&=-\frac{1}{2}(x-\mu_k)^{\mathrm{T}}\Sigma_k^{-1}(x-\mu_k)+\log\pi_k\\&=-\frac{1}{2}x^{\mathrm{T}}\Sigma_k^{-1}x+x^{\mathrm{T}}\Sigma_k^{-1}\mu_k-\frac{1}{2}\mu_k^{\mathrm{T}}\Sigma_k^{-1}\mu_k+\log\pi_k\end{aligned} \tag{9.29}$$

QDA 分类器把 μ_k、Σ_k、π_k 的估计值代入式 9.29,然后将观测分入使 $\hat{\delta}_k(x)$ 值最大的一类。我们发现判别函数式 9.29 是关于 x 的二次函数,类别 k 和 l 的决策边界也是一条曲线边界,这也是二次判别分析名字的由来。

那么,面对一个分类问题时,我们该如何在 LDA 和 QDA 中做出选择呢?这其实是一个偏差-方差权衡(bias-variance trade-off)的问题。这里不妨假设我们有 p 个自变量,并且因变量包含 K 个不同类别,于是上述问题我们可以这样分析:

首先,假设 p 个自变量的协方差矩阵不同,由于预测一个协方差矩阵就需要 $p(p+1)/$

2 个参数，而 QDA 需要对每一类分别估计协方差矩阵，因而共需要 $Kp(p+1)/2$ 个参数；另一方面，若我们假设 K 类的协方差矩阵相同，那么 LDA 模型对 x 来说是线性的，这时候就只需要估计 Kp 个线性系数。从这个角度看，LDA 没有 QDA 分类器光滑，因此拥有更低的方差，所以说 LDA 模型有改善预测效果的潜力。

但是，从另一个角度看，如果 K 类协方差矩阵相同的假设与实际情况差别很大，那么 LDA 就会产生很大的偏差。所以说需要在方差与偏差之间进行权衡。一般而言，如果训练数据相对较少，那么降低模型的方差就显得很有必要，这个时候 LDA 是一个比 QDA 更好的选择。反之，如果训练集非常大，则我们会更倾向于使用 QDA，因为这时候 K 类的协方差矩阵相同的假设是站不住脚的。

9.4　分类问题评价准则

在分类问题中需要基于一定的准则对分类器进行评价。以二分类问题为例。设 $Y \in \{+,-\}$，例如在信用卡用户的违约问题中，我们可以将“+”理解为“违约”，将“-”理解为“未违约”。如果与经典的假设检验进行结合，那么就可以将“-”看作零假设，而将“+”看作备择（非零）假设。

对于二分类问题，预测结果可能出现四种情况：如果一个点属于阴性（-）并被预测到阴性（-）中，即为真阴性值（true negative，TN）；如果一个点属于阳性（+）但被预测到阴性（-）中，称为假阴性值（false negative，FN）；如果一个点属于阳性（+）并且被预测到阳性（+）中，即为真阳性值（true positive，TP）；如果一个点属于阴性（-）但被预测到阳性（+）中，称为假阳性值（false positive，FP）。可用表 9-2 的混淆矩阵来表示这四类结果。

表 9-2　混淆矩阵

		预测分类		
		-或零	+或非零	总计
真实分类	-或零	真阴性值（TN）	假阳性值（FP）	N
	+或非零	假阴性值（FN）	真阳性值（TP）	P
	总计	N^*	P^*	

于是，模型整体的正确率可表示为 $\text{accuracy}=(TN+TP)/(N+P)$，相应地，整体错误率即为 1-accuracy。

不过，很多时候我们更关心的其实是模型在每个类别上的预测能力，尤其是在不平衡分类（imbalance classification）问题下，模型对不同类别点的预测能力可能差异很大，如果只关注整体预测的准确性，模型很有可能将所有数据都预测为最多类别的那一类，而这样的模型是没有意义的。所以需要如表 9-3 所示评价指标来综合判断模型的准确性。

表 9-3　分类和诊断测试中重要的评价指标

名称	定义	相同含义名称
假阳性率 *FPR*	FP/N	第Ⅰ类错误,1-特异度(specificity)
真阳性率 *TPR*	TP/P	第Ⅱ类错误,灵敏度(sensitivity)、召回率(recall)
预测阳性率	TP/P^*	精确率(precision)
预测阴性率	TN/N^*	
F1 值	$\frac{2\text{Precision}\times\text{Recall}}{\text{Precision}+\text{Recall}}$	

另外,对于二分类模型,很多时候并不是直接给出每个样本的类别预测,而是给出其中一类的预测概率,因此需要选取一个阈值,比如 0.5,当预测概率大于阈值时,将观测预测为这一类,否则预测为另一类。不同的阈值对应不同的分类预测结果。对于不平衡数据,可以通过 ROC 曲线来比较模型优劣。ROC 曲线是一种可以同时展示出所有可能阈值对应的两类错误的图像,它是通过将阈值从 0 到 1 移动,获得多对以 *FPR*(1-specificity)为横轴,以 *TPR*(sensitivity)为纵轴的点,将各点连接起来而得到的一条曲线。下面我们详细地介绍 ROC 曲线的原理。

首先,考虑图 9-2 中的四个点和一条线。第一个点(0,1),即 $FPR=0$,$TPR=1$,这意味着 FP(false positive)$=FN$(false negative)$=0$,这种情况表示我们得到了一个完美的分类器,因为它将所有的样本都正确分类。第二个点(1,0),即 $FPR=1$,$TPR=0$,类似地分析可以发现这是一个最差的分类器,因为它对所有样本的分类都是错误的。第三个点(0,0),即 $FPR=TPR=0$,这时 FP(false positive)$=TP$(true positive)$=0$,可以发现此时的分类器将所有的样本都预测为负样本(negative)。类似地,第四个点(1,1),表示此时的分类器将所有的样本都预测为正样本(positive)。所以,经过上述分析我们就可以明确,ROC 曲线越接近左上角,说明该分类器的性能是越好的。另外,图中用虚线表示的对角线上的点其实表示的是一个采用随机猜测策略的分类器的结果,例如(0.5,0.5),它表示该分类器随机地将一半的样本猜测为正样本,另外一半的样本猜测为负样本。

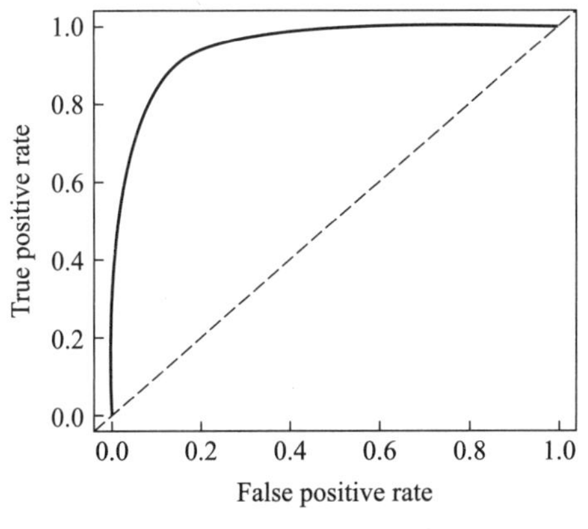

图 9-2　ROC 曲线

接下来,我们讨论如何绘制出 ROC 曲线。我们知道,对于一个特定的分类器和数据集,我们显然只能得到一个分类结果,即一对 *FPR* 和 *TPR* 的结果,而要得到一条 ROC 曲线,实际上需要多对 *FPR* 和 *TPR* 的值。但是,我们前面提到了,很多分类器的输出其实是一个概率值,即该分类器认为某个样本具有多大的概率属于正样本。当然,对于后面章节中将介绍的其他分类器,如基于树的分类器、支持向量机等,也都是可以通过某种机理得到一个概率输出的。所以,当我们得到了所有样本的概率输出(即属于正样本的概率),将它们从小到大排列,并从最小的概率值开始,依次将概率值作为阈值,当样本的输出概率大于等于这个值时,将其判定为正样本,反之判定为负样本。于是,每次我们都可以得到一对 *FPR* 和 *TPR*,即 ROC 曲线上的一点,最终我们就可以得到与样本个数相同的 *FPR* 和 *TPR* 的对数。注意,当我们将阈值设置为 1 和 0 时,就可以分别得到 ROC 曲线上的(0,0)和(1,1)这两个点,将这两个点与之前得到的这些(*FPR*,*TPR*)点连接起来,就得到了 ROC 曲线。注意,选取的阈值个数越多,ROC 曲线就越平滑。

不过,很多时候由 ROC 曲线并不能清晰地看出哪个分类器的效果更好,所以可以采用 ROC 曲线下面的面积(area under the ROC curve,AUC)来代表分类器的性能,显然这个数值不会大于 1。前面提到,一个理想的 ROC 曲线会紧贴左上角,所以 AUC 值越大,分类器的效果就越好。另外不难理解,任何一个有效的分类器的 AUC 值都应该大于 0.5。

9.5　R 语言实现

9.5.1　描述统计

现在对例 9.1 的数据进行分析。在建模之前,需先把诊断结果转换为 0-1 变量 y,$y=1$ 为患有糖尿病;$y=0$ 为没有患糖尿病,求出数据的基本描述统计量,R 程序如下。

```
> Pima = rbind(Pima.tr,Pima.te)[,1:7]
> y<- as.numeric(rbind(Pima.tr,Pima.te)$type)-1
> Pima = data.frame(Pima,y)
> attach(Pima)
> summarys <- function(x) {data.frame(mean=mean(x), max=max(x),min=min(x),
sd=sd(x))} # 自编一个求基本描述统计量简单函数
> summarys(npreg); summarys(glu); summarys(bp); summarys(skin)
> summarys(bmi); summarys(ped); summarys(age); summarys(y)
```

整理后的结果见表 9-4。

表 9-4　数据的基本描述

变量	均值	最大值	最小值	标准差
y	0.332 71	1	0	0.471 63
npreg	3.516 92	17	0	3.312 04

续表

变量	均值	最大值	最小值	标准差
glu	121. 03	199	56	30. 999 2
bp	71. 505 6	110	24	12. 310 3
skin	29. 182 3	99	7	10. 523 9
bmi	32. 890 2	67. 1	18. 2	6. 881 11
ped	0. 5029 7	2. 42	0. 085	0. 344 55
age	31. 614 7	81	21	10. 761 6

9.5.2　Logit 模型

R 中可以用 glm( ) 函数拟合广义线性模型,包含 Logistic 回归中的 probit 模型和 logit 模型。glm( ) 的形式与 lm( ) 类似,只是多了一些参数。函数的基本形式为

```
glm ( formula , family = family ( link = function ) , data = )
```

其中:formula 是模型表达式,与 lm( ) 的表达式一致。family 参数用于设置模型的连接函数对应的分布族,比如 Gaussian 分布、Poisson 分布等,详见表 9-5。

表 9-5　glm( ) 的 family 参数代表的分布族

分布族(family)	连接函数
binomial	(link = "logit" 或 "probit" 或 "cauchit")
Gaussian	(link = "identity")
gamma	(link = "inverse" 或 "identity" 或 "log")
inverse. gaussian	(link = "1/mu^2")
Poisson	(link = "log" 或 "identity" 或 "sqrt")
quasi	(link = "identity" , variance = "constant")
quasibinomial	(link = "logit")
quasipoisson	(link = "log")

与 lm( ) 连用的许多函数在 glm( ) 中也有对应的形式,其中常用的函数见表 9-6。

表 9-6　与 glm( ) 常用的连用函数

函数	用途
summary( )	给出拟合模型的信息摘要
coefficients( )/coef( )	列出拟合模型的参数
confint( )	给出模型参数的置信区间
residuals( )	列出拟合模型的残差值

续表

函数	用途
anova( )	生成两个拟合模型的方差分析表
plot( )	生成评价拟合模型的诊断图
predict( )	用拟合的模型对原有数据进行拟合或者对新数据进行预测
aic( )	计算拟合模型的 AIC 值

接下来,就开始建立模型。首先设定以下线性概率模型:

$$y=\beta_0+\beta_1\cdot npreg+\beta_2\cdot glu+\beta_3\cdot bp+\beta_4\cdot skin+\beta_5\cdot bmi+\beta_6\cdot ped+\beta_7\cdot age+\varepsilon$$

其中:y 取 1 表示被诊断为患有糖尿病,0 表示没有患糖尿病;其他变量的定义见例 9.1。

1. OLS 估计

用 OLS 估计这一线性概率模型的 R 程序和结果如下:

```
> lpm <- lm (y ~ npreg+glu+bp+skin+bmi+ped+age, data = Pima)
> summary(lpm)
Residuals:
     Min         1Q     Median        3Q       Max
-1.17935  -0.26403  -0.06998  0.27128  1.00835
Coefficients:
              Estimate  Std. Error  t value     Pr(>|t|)
(Intercept)  -1.0372591  0.1189123   -8.723    < 2e-16 ***
      npreg   0.0201144  0.0065716    3.061   0.002321 **
        glu   0.0060256  0.0005831   10.334    < 2e-16 ***
         bp  -0.0009059  0.0015195   -0.596       0.551318
       skin   0.0006001  0.0021024    0.285       0.775433
        bmi   0.0118797  0.0033199    3.578   0.000378 ***
        ped   0.1803291  0.0494867    3.644   0.000295 ***
        age   0.0042948  0.0021671    1.982    0.048021 *
---
Signif. codes:  0 '***' 0.001 '**' 0.01 '*' 0.05 '.' 0.1 ' ' 1
Residual standard error: 0.3834 on 524 degrees of freedom
Multiple R-squared:  0.348,Adjusted R-squared:  0.3392
F-statistic: 39.95 on 7 and 524 DF,  p-value: < 2.2e-16
```

从分析的结果看,在 5%的显著性水平上,怀孕次数、血糖浓度、体重指数、糖尿病谱系功能、年龄对糖尿病诊断结果的影响是显著的,这五种指标的上升,会带来诊断结果 y 的增加,对诊断为糖尿病概率的边际影响分别为 0.020 114 4、0.006 025 6、0.011 879 7、0.180 329 1 和 0.004 294 8。而血压、皮肤厚度对诊断结果的影响不显著。

2. Logit 模型估计

Logit 模型的 R 程序和估计结果:

```
> logit_m <- glm ( y ~ npreg+glu+bp+skin+bmi+ped+age,
+                  family = binomial ( link = "logit" ), data = Pima)
# 注意 link 设为 logit
> summary(logit_m)
Deviance Residuals:
   Min       1Q   Median     3Q     Max
-3.010  -0.661  -0.369  0.643  2.479
Coefficients:
              Estimate  Std. Error z  value     Pr(>|z|)
(Intercept)   -9.55465     0.99422  -9.61   < 2e-16 ***
      npreg    0.12252     0.04374   2.80   0.00510 **
        glu    0.03532     0.00424   8.32   < 2e-16 ***
         bp   -0.00770     0.01031  -0.75      0.45560
       skin    0.00677     0.01476   0.46      0.64624
        bmi    0.08268     0.02333   3.54   0.00040 ***
        ped    1.30871     0.36404   3.59   0.00032 ***
        age    0.02637     0.01400   1.88      0.05958.
(Dispersion parameter for binomial family taken to be 1)
    Null deviance: 676.79  on 531  degrees of freedom
Residual deviance: 466.32  on 524  degrees of freedom
AIC: 482.3
Number of Fisher Scoring iterations: 5
```

对应的 Logit 模型(保留两位小数)为

$$\text{Prob}(y_i=1\mid \boldsymbol{X}_i)=\Lambda(-9.55+0.12\cdot npreg+0.04\cdot glu-0.01\cdot bp+ 0.01\cdot skin+0.08\cdot bmi+1.31\cdot ped+0.03\cdot age)$$

下面给出模型的 LR 检验:

```
> lrtest (logit_m ) # LR 检验
Likelihood ratio test
Model 1: y ~ npreg + glu + bp + skin + bmi + ped + age
Model 2: y ~ 1
  #Df  LogLik  Df  Chisq   Pr(>Chisq)
1   8    -233
2   1    -338  -7    210   <2e-16 ***
```

LR 值即为 Chisq 的值,为 210,它对应的 p 值小于 2×10^{-16}。因此,它是显著的,表明模型整体是显著的。

与线性概率模型不同,Probit 和 Logit 模型中的回归系数并没有实际的经济意义。但可以依据式 9.13 或式 9.14,通过将相应的回归系数乘以 $F'(\overline{\boldsymbol{X}}_i'\hat{\boldsymbol{\beta}})$ 的值得到自变量对因变量的平均边际影响,其 R 程序如下:

```
> coe.l <- coef ( logit_m ) # 提取 logit 模型系数
> logit <- dlogis (coe.l[1] + coe.l[2]* mean (npreg) + coe.l[3]* mean(glu) +
coe.l[4]* mean(bp) + coe.l[5]* mean(skin) + coe.l[6]* mean(bmi) + coe.l[7]*
mean(ped) +coe.l[8]* mean(age))
> coe.l * logit # 求 logit 模型平均边际影响
(Intercept)   npreg     glu       bp      skin     bmi      ped      age
    -1.8872  0.0242  0.0070  -0.0015  0.0013  0.0163  0.2585  0.0052
```

Probit 模型的 R 程序与 Logit 模型的 R 程序类似,这里不再列出,有关的计算结果整理后见表 9-7。

表 9-7　Probit 和 Logit 模型边际影响分析对比

$F'(\overline{X}_i'\hat{\beta})=f(\overline{X}_i'\hat{\beta})$	Probit 模型		Logit 模型	
	$\phi(\overline{X}_i'\hat{\beta})=0.3353$		$\Lambda'(\overline{X}_j'\hat{\beta})=0.1975$	
变量	回归系数	平均边际影响	回归系数	平均边际影响
npreg	0. 070 51	0. 023 64	0. 122 52	0. 024 2
glu	0. 020 4	0. 006 84	0. 035 32	0. 006 98
bp	-0. 004 4	-0. 001 5	-0. 007 7	-0. 001 5
skin	0. 004 49	0. 001 51	0. 006 77	0. 001 34
bmi	0. 047 57	0. 015 95	0. 082 68	0. 016 33
ped	0. 652 24	0. 218 67	1. 308 71	0. 258 49
age	0. 016 06	0. 005 39	0. 026 37	0. 005 21

9.5.3　判别分析

在这部分,我们同样用例 9.1 的数据进行判别分析。

R 中的 MASS 包提供了 lda( )和 qda( )函数分别做线性判别分析和二次判别分析,R 包 kla 提供了 NaiveBayes( )函数做朴素贝叶斯分类。

1. 线性判别分析

我们首先使用 MASS 包中的 lda( )函数来拟合一个 LDA 模型。

```
> lda.fit<- lda(y ~ npreg+glu+bp+skin+bmi+ped+age, data=Pima)
> lda.fit
Call:
lda(y ~ npreg + glu + bp + skin + bmi + ped + age, data = Pima)
Prior probabilities of groups:
     0       1
0.6673  0.3327
```

```
Group means:
  npreg    glu     bp   skin    bmi     ped    age
0 2.927  110.0  69.91  27.29  31.43  0.4463  29.22
1 4.701  143.1  74.70  32.98  35.82  0.6166  36.41
Coefficients of linear discriminants:
               LD1
npreg     0.089454
  glu     0.026798
   bp    -0.004029
 skin     0.002669
  bmi     0.052832
  ped     0.801972
  age     0.019100
```

LDA 输出表明 $\hat{\pi}_1=0.6673$，$\hat{\pi}_2=0.3327$，也就是说，约 33.27%的观测被诊断为患有糖尿病。同时，LDA 也输出了类平均值，即每类中每个自变量的平均，用来估计 μ_k。另外，LDA 给出了线性判别函数中各自变量的组合系数，用来形成 LDA 的决策函数，即：

$$LD=0.089\,454\cdot npreg+0.026\,798\cdot glu-0.004\,029\cdot bp+0.002\,669\cdot skin+0.052\,832\cdot bmi+0.801\,972\cdot ped+0.019\,100\cdot age$$

若上式的值很大，则 LDA 分类器预测诊断对象患有糖尿病；若很小，则预测没有患糖尿病。

还可以通过 plot( ) 函数生成线性判别图像。下面的代码可生成如图 9-3 所示的图。

```
> plot ( lda.fit )
```

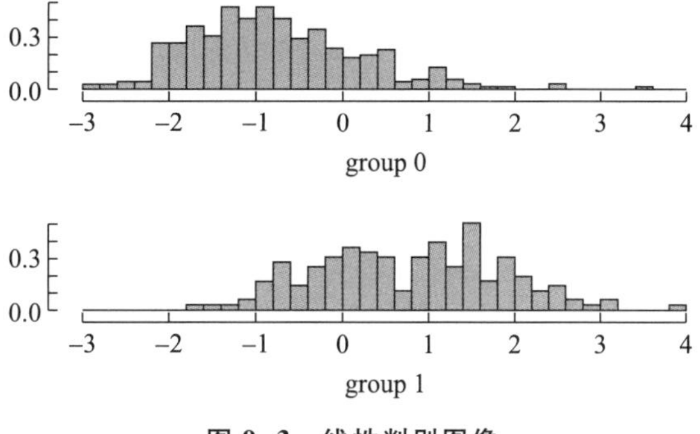

图 9-3　线性判别图像

另外，可以使用 predict( ) 函数对 LDA 模型进行预测。predict( ) 函数返回一个三元列表，第一个元素 class 存储了是否被诊断为糖尿病的预测；第二个元素 posterior 是一个矩阵，其中第 k 列是观测属于第 k 类的后验概率；最后一个元素 x 包含着线性判别。

例如，这里我们对 LDA 模型的训练误差进行估计：

```
> lda.pred <- predict(lda.fit, Pima)
> names(lda.pred)
```

```
[1] "class"     "posterior" "x"
> lda.class <- lda.pred $ class
> table(lda.class, Pima$y, dnn = c("Prediction" , "Actual"))
          Actual
Prediction   0   1
         0 317  75
         1  38 102
> mean(lda.class ! = Pima$y)
[1] 0.2124
```

估计得到的 LDA 模型训练误差为 0.212 4。

2. 二次判别分析

接下来我们对上面的数据用 QDA 模型进行拟合,可以通过 MASS 库中的 qda( )函数实现,它的语法与 lda( )函数一样。

```
> qda.fit <- qda (y ~ npreg+glu+bp+skin+bmi+ped+age, data = Pima)
> qda.fit
Call:
qda(y ~ npreg + glu + bp + skin + bmi + ped + age, data = Pima)
Prior probabilities of groups:
     0        1
0.6673  0.3327
Group means:
   npreg   glu     bp  skin    bmi     ped   age
0  2.927 110.0  69.91 27.29  31.43  0.4463 29.22
1  4.701 143.1  74.70 32.98  35.82  0.6166 36.41
```

从结果可以看出,QDA 模型的输出同样包含类平均值,但不再包含线性判别系数,这是因为 QDA 分类器是一个二次函数,不是自变量的线性函数了。

同样可以用 predict( )函数进行预测,对模型的训练误差进行估计,使用语法与 LDA 一样。

```
> qda.pred <- predict ( qda.fit , Pima)
> names ( qda.pred )
[1] "class"     "posterior"
> qda.class <- qda.pred$class
> table(qda.class, Pima$y, dnn = c ( "Prediction" , "Actual" ) )
          Actual
Prediction   0   1
         0 305  69
         1  50 108
> mean(qda.class ! = Pima$y)
[1] 0.2237
```

估计得到的 QDA 模型训练误差为 0.223 7，略高于 LDA 模型。

9.5.4　模型比较

我们将从两个方面，即模型的错分率和 ROC 曲线来分别对前面介绍的三种模型（Logit、LDA、QDA）的分类效果进行比较。

1. 错分率

前面我们已经计算了 LDA、QDA 模型在训练集上的错分率（训练误差），这里我们再算 Logit 模型的错分率，并将结果汇总于表 9-8 中。

```
> logit.pred <- predict ( logit_m , Pima , type = "response" )
> logit.class <- rep ( 0 , nrow (Pima) )
> logit.class [ logit.pred > 0.5 ] <- 1 # 阈值设为 0.5
> table ( logit.class , Pima$y , dnn = c ( "Prediction" , "Actual" ) )
          Actual
Prediction    0    1
         0  317   75
         1   38  102
> mean ( logit.class ! = Pima$y)
[1] 0.2124
```

根据表 9-8 的结果可以发现，若单纯从错分率来看，模型的优劣情况为，Logit 与 LDA 相同，并且表现最优，QDA 次之。

2. ROC 曲线

R 中的 pROC 包可以用于生成 ROC 曲线。首先，为了能画出 ROC 曲线，需要将所有输出变为概率值，不同的模型概率输出的方式不一样，详见下面的代码：

```
> logit.pred2 <- predict ( logit_m , Pima , type = "response" )
> lda.pred2 <- predict ( lda.fit,Pima)$posterior [ , 2 ]
> qda.pred2 <- predict ( qda.fit,Pima)$posterior [ , 2 ]
```

接下来，加载 pROC 包，然后调用 roc( ) 函数画出每种模型的 ROC 曲线。三种模型的 ROC 曲线如图 9-4 所示。

```
> par ( mfrow = c ( 2 , 2 ) )
> roc(y, logit.pred2, plot=TRUE, main = "Logit")
Area under the curve: 0.86
> roc(y, lda.pred2, plot=TRUE, main = "LDA")
Area under the curve: 0.86
> roc(y, qda.pred2, plot=TRUE, main = "QDA")
Area under the curve: 0.85
```

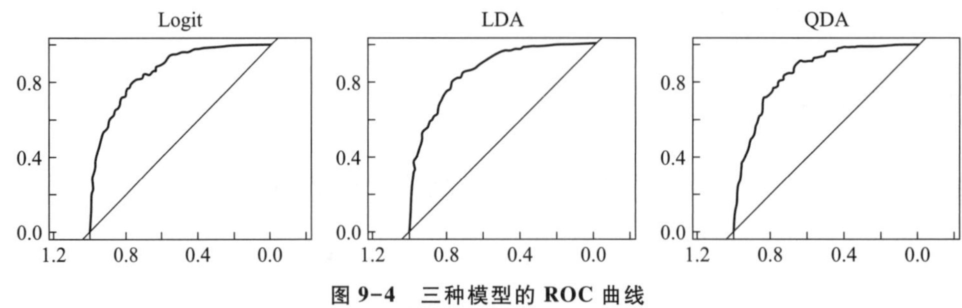

图 9-4　三种模型的 ROC 曲线

roc()函数输出的三种模型的 AUC 汇总于表 9-8 中。可以看到 LDA 与 Logit 的 AUC 相等，QDA 的 AUC 次之，这与从错分率的角度得到的结论相同。在实际应用中，我们更多的是使用 ROC 曲线来对分类器的性能进行评价。

表 9-8　三种模型的错分率与 AUC 的比较

模型	Logit	LDA	QDA
错分率	0.212 4	0.212 4	0.223 7
AUC	0.86	0.86	0.85

9.6　习　　题

1. ISLR 包中的 Default 数据集给出了信用贷款违约数据，包括是否违约（default）、贷款人是否为学生（student）、每月信用卡平均余额（balance）、收入（income）。请根据该数据集建立分类模型，用于预测贷款人是否会违约。

（1）default 为 Yes 表示违约，请分析 default 的分布情况，并计算违约率。

（2）请分析 default 与 student、balance 和 income 的关系。

（3）请用一元 Logistic 建模分析 default 分别与 student、balance、income 的关系。

（4）请用多元 Logistic 建模分析 default 与 student、balance、income 的关系，并比较分析一元 Logistic 回归分析结果与多元 Logistic 回归分析结果。

（5）请基于多元 Logistic 回归的分析预测当一个申请者是 student，balance = 2 500，income = 50 000 的违约概率。

2. MASS 包中的 biopsy 数据集给出了乳腺癌患者的活检数据，去除缺失数据后，按照 7∶3 的比例划分为训练集和测试集，分别建立 Logit 模型和 Probit 模型，求两个模型在测试集上的假阳性率、真阳性率、预测阳性率、预测阴性率、F1 值和 AUC 值，哪个模型更好？

3. 用判别分析方法分析 ISLR 包中的 Default 数据集，按照 7∶3 的比例切分训练集和测试集。

（1）用 LDA 对训练集建模，计算训练集和测试集的准确率。

（2）用 QDA 对训练集建模，计算训练集和测试集的准确率。

(3) 用 ROC 曲线比较 Logistic 分类、LDA 和 QDA 的测试集预测效果，并分别计算它们的 AUC 值。

4. 参考多分类 Logistic 模型，推导多分类 Probit 模型的连接函数和每一类的概率。

5. 对于表 9-3 中的评价指标：

(1) 如果我们关注模型识别出正样本的能力，应该使用什么指标来评价模型？

(2) 如果识别错误会导致严重的不良后果，我们应该使用什么指标来选择模型？

(3) 有效的分类器的 AUC 值都应该大于 0.5，类似地，有效分类器的 F1 值应大于多少？相比于表中其他指标，F1 值有何优点？

6. 设 $n_1=11$ 个和 $n_2=12$ 个样本分别取自两个随机变量 X_1 和 X_2，假定这两个变量服从二元正态分布，且有相同的协方差矩阵，但均值向量 μ_1 和 μ_2 有差别。样本均值向量、联合协方差矩阵为

$$\overline{X}_1=\begin{pmatrix}-1\\-1\end{pmatrix},\overline{X}_2=\begin{pmatrix}2\\1\end{pmatrix},S=\begin{pmatrix}7&1\\1&4\end{pmatrix}$$

(1) 构造线性判别函数。

(2) 新样本 $x_0=(0\quad 1)^{\mathrm{T}}$ 应该被分配到哪个类中？

第 10 章
重抽样

重抽样(resampling)方法是统计学上一个非常重要的工具,它通过反复从训练集中抽取样本,然后对每一个样本重新拟合一个感兴趣的模型,来获取关于拟合模型的附加信息。本章介绍两种最为重要且常用的重抽样方法:交叉验证法(cross-validation)和自助法(Bootstrap)。

10.1 基本概念

首先,我们介绍两组基本概念:一是训练误差和测试误差;二是偏差和方差。

10.1.1 训练误差和测试误差

在模型训练过程中,一般可通过训练误差和测试误差来衡量模型的拟合精度。所谓训练误差,顾名思义,就是将一个机器学习方法用于某些观测集上进行训练,将得到的模型重新用于这部分观测集进行预测得到的平均误差;而测试误差则是将该模型用于一个新的观测集上(这些观测在训练模型时是没有用到的)来预测对应的因变量所产生的平均误差,它衡量了模型的外推预测(泛化)能力。

通常而言,随着模型复杂度的增加,模型的训练误差会一直减小并趋向于0(最后的模型就是逐点拟合,即出现了过拟合),如图 10-1 下方的曲线所示。而模型的测试误差的变化

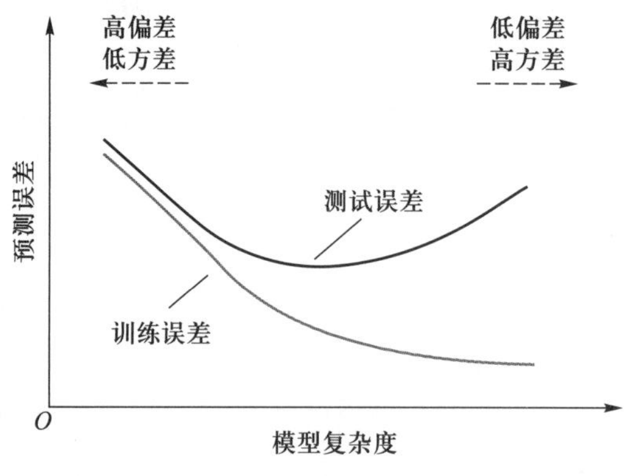

图 10-1 模型复杂度与模型的预测误差

则如图 10-1 上方的曲线所示，通常在模型过于简单时，误差偏高，此时模型欠拟合（underfitting）。随着模型复杂度的增加，测试误差会先减少后增加。所以，不管是欠拟合还是过拟合，模型的泛化能力都较差，因此存在一个中等复杂的模型使得测试误差达到最小，我们的目标就是要找到这个最优的模型。

10.1.2　偏差和方差

前面介绍了用于衡量模型拟合精度的两类误差，接下来介绍误差的来源。在机器学习中，通常存在三种误差来源，即随机误差、偏差和方差。

随机误差是数据本身的噪声带来的，这种误差是不可避免的。一般假设随机误差服从高斯分布，记作 $\varepsilon \sim N(0,\sigma_\varepsilon^2)$。因此，若假定 Y 是因变量，X 是自变量，则有：

$$Y=f(X)+\varepsilon$$

偏差描述的是模型拟合结果的期望与真实结果之间的差异，反映的是模型本身的精度，可以表示为

$$Bias(\hat{f}(X))=E[\hat{f}(X)]-f(X)$$

方差则描述了模型每一次拟合结果与模型拟合结果的期望之间的差异的平方，反映的是模型的稳定性，可以表示为

$$Var(\hat{f}(X))=E(\hat{f}(X)-E\hat{f}(X))^2$$

因此，模型在任意一点 $X=x_0$ 的均方误差（Mean Square Error，MSE）可表示为

$$\begin{aligned} MSE &= E[(Y-\hat{f}(x_0))^2 \mid X=x_0] \\ &= E(f(x_0)+\varepsilon-\hat{f}(x_0))^2 \\ &= [E\hat{f}(x_0)-f(x_0)]^2+E(\hat{f}(x_0)-E\hat{f}(x_0))^2+\sigma_\varepsilon^2 \\ &= Bias^2(\hat{f}(x_0))+Var(\hat{f}(x_0))+\sigma_\varepsilon^2 \end{aligned}$$

即均方误差可以分解为偏差的平方、方差与随机误差的方差之和。

由于随机误差是不可避免的，所以在实际应用中，我们只能设法减小偏差和方差。然而，在一个实际系统中，偏差与方差往往是无法兼得的。若想降低模型的偏差，就会在一定程度上提高模型的方差；反之亦然。图 10-2 给出了模型复杂度与误差的关系。一般而言，

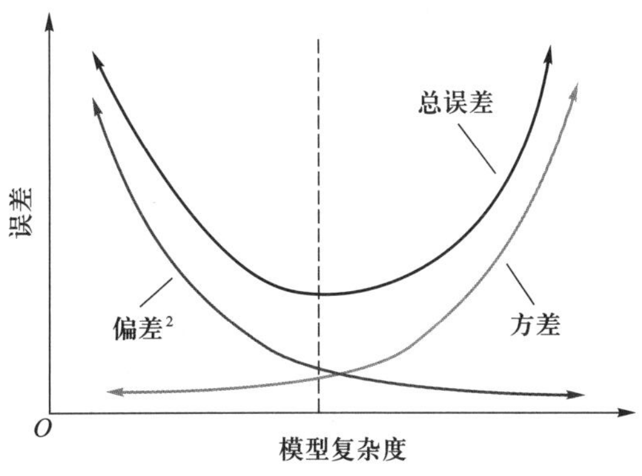

图 10-2　模型复杂度与方差、偏差的关系

当模型较简单时,偏差较大,方差较小,此时模型是欠拟合的。随着模型复杂度的增加,偏差会逐渐减小,而方差会逐渐增大,达到一定程度会出现过拟合的现象。因此,模型过于简单或复杂都是不好的,如何选择一个复杂度适中的模型,即如何对偏差与方差进行权衡(bias-variance trade-off)是机器学习中的一个重要问题。

10.2 交叉验证法

前面我们提到可以用测试误差来衡量模型的泛化能力,但是一般情况下,由于数据存在稀缺性,我们并不能事先得到一个测试观测集,并且我们试图使用尽可能多的数据来进行训练。幸运的是,现如今已有很多方法可以通过对可获得的训练数据来估计测试误差。在本节中,我们所采取的方法是:在拟合过程中,保留训练观测的一个子集,先在其余的观测上拟合模型,进而将拟合的模型用于所保留的观测子集上进行预测,从而得到其预测误差的估计。

10.2.1 验证集方法

对于某个给定的观测集,假如我们想要估计用某种模型拟合所产生的测试误差,应该如何操作呢?一种最简单、直接的方法是验证集方法,它的原理可以概括为

(1) 把给定的观测集随机地分为不重复的两部分:一部分用于训练,称为训练集(training set);另一部分用于验证,称为验证集(validation set)或测试集(test set)。

(2) 我们只在训练集上拟合模型,然后将拟合的模型用于验证集上,对验证集中观测的因变量进行预测。

(3) 在验证集上估计得到的拟合值与真实值的均方误差(回归问题)或分类误差(分类问题)就是该模型的测试误差。

可以看出,验证集方法的原理非常简单且易于执行,但是它也存在弊端:最终模型的选取将极大程度地依赖于训练集和验证集的划分方式,因为不同的划分方式会得到不同的测试误差。

例 10.1 auto 数据集是 R 中的 392 个有关汽车信息的数据集,这里为了检验测试误差,用多项式回归模型拟合 horsepower 对 mpg 的关系,多项式次数从 1 取到 10。然后将该数据集的 392 个数据进行 10 次不同的随机划分,每次都取 196 个观测值作为训练集,最终得到所有不同划分下的所有测试误差。

图 10-3 是例 10.1 在验证集方法下的结果。可以看到,不同的划分下,不同的多项式的次数对应的测试误差有较大的差异。也就是说,验证集方法的测试误差依赖于验证集的划分,具有不稳定性。此外,该方法只用了部分数据进行训练,会高估测试误差。而交叉验证法(cross-validation,CV)是针对验证集方法存在的上述两个弊端的改进。

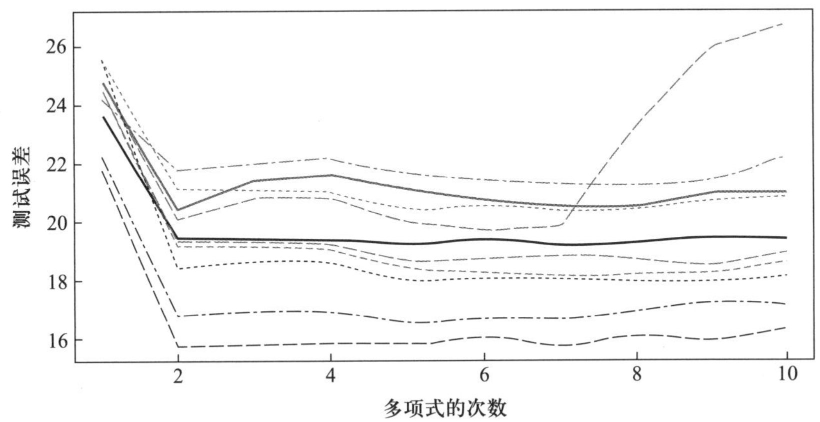

图 10-3　验证集方法下 10 种不同的划分方式的测试误差

10.2.2　*K* 折交叉验证法

K 折交叉验证方法的原理为

(1) 对于给定的样本容量为 n 的观测集，随机地将其分为 K 个大小相当的组，或者说折(fold)，令 $k=1,2,\cdots,K$:

① 将第 k 折的所有观测视为验证集，剩余 $K-1$ 折的观测均视为训练集。

② 在训练集上拟合模型，然后将拟合的模型用于验证集上，对验证集中观测的因变量进行预测。这时我们可以得到测试误差的一个估计 MSE_k(回归问题)或 Err_k(分类问题)。

(2) 将(1)中得到的 K 个测试误差的估计取均值即得到测试均方误差的 K 折交叉验证估计。

回归问题:

$$CV_{(K)}=\frac{1}{K}\sum_{k=1}^{K}MSE_k \tag{10.1}$$

分类问题:

$$CV_{(K)}=\frac{1}{K}\sum_{k=1}^{K}Err_k \tag{10.2}$$

当 $K=n$，就是留一交叉验证(leave one out cross validation, LOOCV)，可以看作 K 折交叉验证方法的一个特例。LOOCV 方法由于每一次的训练都使用了几乎所有的(($n-1$)个)观测，所以拟合得到的模型的偏差较小。不过，LOOCV 方法的缺点也是很明显的。由于需要拟合模型 n 次，当 n 很大，或者每个单独的模型拟合起来耗时很长时，计算成本将非常大。

但是对于线性回归或者多项式回归，LOOCV 有个简便计算方式:

$$CV_{(n)}=\frac{1}{n}\sum_{i=1}^{n}[y_i-\hat{f}^{-i}(x_i)]^2=\frac{1}{n}\sum_{i=1}^{n}\left(\frac{y_i-\hat{f}(x_i)}{1-H_{ii}}\right)^2 \tag{10.3}$$

其中:$\hat{f}^{-i}(x_i)$表示除第 i 个样本外的剩余样本作为训练集学习得到的模型对第 i 个样本的预测值;$\hat{f}(x_i)$是基于全样本数据训练学习得到的模型对第 i 个样本的预测值;H_{ii} 是帽子矩阵(hat matrix)的第 i 个对角元素。

式 10.5 说明 LOOCV 的测试误差等价于在全样本数据的训练误差基础上修正后的误差,也就是说 LOOCV 法不用重复计算 n 折验证误差,只需要对全样本数据训练一次,对训练误差做适当修正即可得到 LOOCV 的测试误差,这可大大简化计算。但是需要注意,该简便计算公式只对线性回归或多项式回归成立,对其他模型不一定成立。

对于 K 折交叉验证,该如何确定 K? 这就涉及偏差—方差权衡的问题。我们从两个方面考虑:一方面,K 越大,即每次用于拟合模型的训练集包含的样本越多,模型的偏差就越小。特别地,当 $K=n$,对于 LOOCV,由于每一次的训练都包含了 $n-1$ 个,即近乎所有的观测,故能提供一个近似无偏的测试误差估计。另一方面,K 越大,就意味着每一次用于拟合模型的训练集的观测数据越相似,特别地,对于 LOOCV,每一次训练的观测数据几乎是相同的,因此这样拟合得到的结果之间是高度(正)相关的,因此 K 越大,得到的测试误差估计的方差也将更大。

所以,考虑到上述问题,在实际应用中我们一般选取 $K=5$ 或 $K=10$,因为根据经验,这两个取值会使得测试误差的估计不会有过大的偏差或方差。

图 10-4 是例 10.1 在 K 折交叉验证法下的结果,其中 K 取 10。可以看到,K 折交叉验证法在不同训练集下的测试误差的差异很小,10 次划分的结果很接近,这也说明在估计测试误差时,K 折交叉验证法比验证集方法更好。

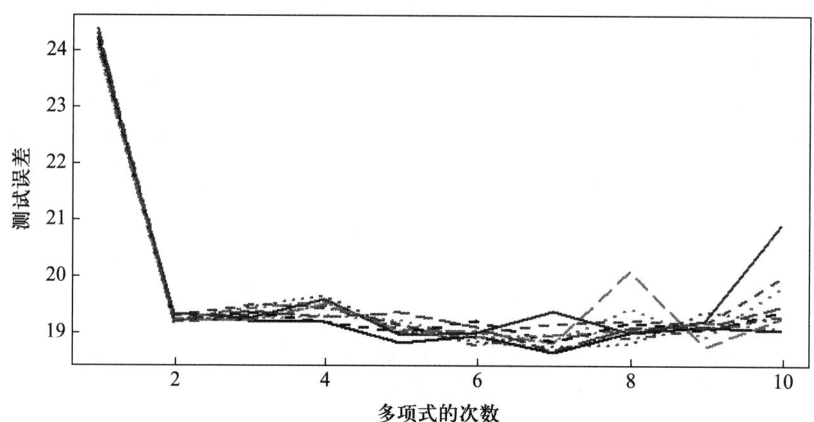

图 10-4　K 折交叉验证法下 10 种不同的划分方式的测试误差

10.2.3　广义交叉验证法

对于线性回归或者多项式回归,在平方误差损失下,LOOCV 有简便的计算公式,可以大大减少计算量。那么,对于一般的模型,是否也有类似的简便计算公式呢? 广义交叉验证(generalized cross validation,GCV)提供了一个近似 LOOCV 的计算公式:

$$GCV=\frac{1}{n}\frac{\sum_{i=1}^{n}(y_i-\hat{y}_i)^2}{(1-\mathrm{trace}(\boldsymbol{S})/n)^2}=\frac{1}{n}\frac{\sum_{i=1}^{n}MSE_i}{(1-df/n)^2} \tag{10.4}$$

其中:$\boldsymbol{S}=\boldsymbol{X}(\boldsymbol{X}^{\mathrm{T}}\boldsymbol{X})\boldsymbol{X}^{\mathrm{T}}$ 是线性回归模型 $\boldsymbol{Y}=\boldsymbol{X}^{\mathrm{T}}\boldsymbol{\beta}+\boldsymbol{\varepsilon}$ 的投影矩阵,它将向量 $\boldsymbol{Y}$ 映射到 $\boldsymbol{X}$ 张成

的线性空间中，即 $\hat{\boldsymbol{Y}}=\boldsymbol{SY}$；$df=\mathrm{trace}(\boldsymbol{S})=\sum_{i=1}^{n}S_{ii}$ 是有效参数的个数，也被称作有效自由度。

在实际使用中，使用广义交叉验证能在保证结果正确的同时，大大减小计算量，并减轻交叉验证趋向于欠光滑的问题。

10.3 自　助　法

自助法（Bootstrap）是 Efron 在 1979 年提出的一种重抽样方法，是统计学上一种广泛使用且非常强大的方法。Bootstrap 这个词来自 18 世纪的小说《吹牛大王历险记》的一个情节：

"*The Baron had fallen to the bottom of a deep lake. Just when it looked like all was lost, he thought to pick himself up by his own bootstraps.*"

该情节讲的是主人公一次掉到湖里，在快要淹死的时候，他突然想起来拉着自己的靴带（bootstraps）将自己拉起来而获救。Bootstrap 在这里延伸为自助或者自力更生的意思，而统计学里的 Bootstrap 方法的本质思想也是自助的意思。Bootstrap 的基本原理是，对已有的原始数据进行重抽样得到不同的样本，对每个样本进行估计，进而对总体的分布特征进行统计推断。所谓重抽样，就是指有放回的抽取，即一个观测有可能被重复抽取多次。

本质上，Bootstrap 方法，就是将一次的估计过程，重复上千上万次，从而得到了上千个甚至上万个估计值，于是利用重复多次得到的估计值，我们就可以估计其均值、标准差、中位数等。尤其当有些估计量的理论分布很难证明时，可以利用 Bootstrap 方法进行估计。下面以估计一个线性回归拟合模型的系数的标准误差为例，对 Bootstrap 方法的基本步骤进行描述。

假设现在有一部分包含 X 和 Y 的容量为 n 的样本，记为 Z，我们想对其建立线性回归模型，那么如何对斜率参数 θ 进行估计呢？在传统的方法中，我们一般会使用所有已有的样本进行估计得到 $\hat{\theta}$。但若采用 Bootstrap 方法，我们便可以更好地去估计总体的分布特征，即不仅可以估计 θ，还可以估计 θ 的方差、中位数等。那么，Bootstrap 是如何做到的呢？我们将它的步骤概括如下：

（1）指定重抽样次数 $b, b=1,2,\cdots,B$：

① 在原有的样本中通过重抽样得到一个与原样本大小相同的新样本，记为 Z_b^*；

② 基于新产生的样本，计算 θ 的估计量 $\hat{\theta}_b$。

（2）对于（1）中得到的 B 个 $\hat{\theta}_b$，计算被估计量 θ 的均值和它的标准误差。

均值：

$$\bar{\theta}=\frac{1}{B}\sum_{i=1}^{B}\hat{\theta}_b$$

标准误差：

$$SE(\hat{\theta})=\sqrt{\frac{1}{B-1}\sum_{b-1}^{B}(\hat{\theta}_b-\bar{\theta})^2}$$

不妨假设 $n=3$，那么上述过程就可以用图 10-5 来展示。

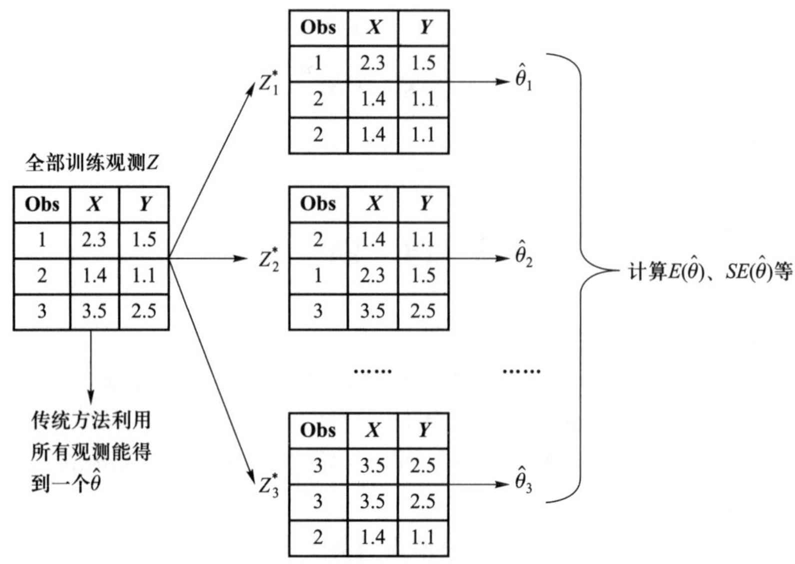

图 10-5　考虑 $n=3$ 时对 θ 进行估计的 Bootstrap 原理图

上述描述的就是估计一个线性回归拟合模型的系数的标准误差的例子。当然,在线性回归的情况下,Bootstrap 可能不是特别有用,因为很容易根据公式导出 $\hat{\theta}$ 估计量的分布,但是当估计量 $\hat{\theta}$ 的分布很难导出的时候,Bootstrap 就显得很有用,可以估计 $\hat{\theta}$ 的方差、分位数、置信区间等。Bootstrap 的强大之处在于,它可以方便地应用于很多统计方法中(用于创造数据的随机性),包括对一些很难获取的波动性指标的估计。

10.4　R 语言实现

使用 MASS 库中的 Boston 数据集来拟合多元线性模型,计算不同的重抽样方法下的测试误差。

```
> library ( MASS )
> data ( Boston )
> dim ( Boston )
[1] 506  14
```

这里先介绍一个 set. seed( ) 函数,它可以用来为 R 的随机数生成器设定一个种子(seed),这样读者就可以得到与我们的展示完全相同的结果。

10.4.1　验证集方法

先用 set. seed( ) 函数为 R 的随机生成器设定一个种子,然后用 sample( ) 函数把数据集随机分成大小相等的两份，一份作为训练集，一份作为验证集。

```
> set.seed ( 1 )
> train1 <- sample ( 506 , 506 / 2 )
```

然后使用 lm( )函数对训练集的数据拟合一个多元线性回归模型，其中，参数 subset 用于选择进行建模所用的子集。

```
> lmfit1 <- lm ( medv ~ . , data = Boston , subset = train1 )
```

接下来使用 predict( )函数对验证集预测其因变量，再用 mean 函数计算它们与真实值之间的均方误差。注意，attach( )函数用于指定搜索路径为 Boston，这样接下来访问 Boston 对象时就不需要再使用“$”符号，在最后使用 detach( )函数就可以解除这种指定。

```
> attach ( Boston )
> pred1 <- predict ( lmfit1 , Boston [ - train1 , ] )
> mean ( ( medv [ - train1 ] - pred1 ) ^ 2 )
[1] 26.28676
```

用多元线性回归拟合模型所产生的测试均方误差为 26.286 76。

接下来，重复运用验证集方法 10 次，即每次用一种不同的随机分割把观测分为一个训练集和一个测试集。

```
> err1 <- rep ( 0 , 10 )
> for ( i in 1 : 10 ) {
       train2 <- sample ( 506 , 506 / 2 )
       lmfit2 <- lm ( medv ~ . , data = Boston , subset = train2 )
       pred2 <- predict ( lmfit2 , Boston [ - train2 , ] )
       err1 [ i ] <- mean ( ( medv [ - train2 ] - pred2 ) ^ 2 )
}
> plot ( 1 : 10 , err1 , xlab = "" , ylim = c ( 20 , 30 ) , type = "l" ,
        main = "选取 10 个不同的训练集对应的测试误差" )
> detach ( Boston )
```

观察图 10-6 可知，使用验证集方法所产生的测试均方误差具有较大的波动性。

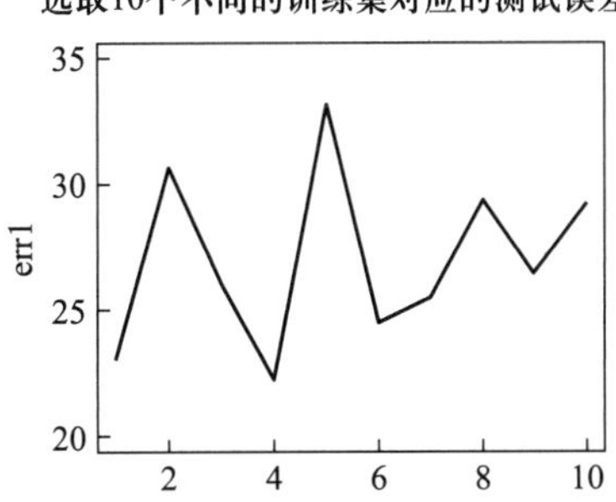

图 10-6　验证集方法的结果

10.4.2 留一交叉验证方法

R 中 boot 包的 cv. glm( )函数可以实现交叉验证法。这里需要先说明的是,对于任意一个广义线性模型,都可以用 glm( )函数拟合对应的模型。如果使用 glm( )函数时没有指定 family 参数的值,即默认 family = " gaussian",那这时它就跟 lm( )函数一样执行的是线性回归。

```
> library ( boot )
> glmfit1 <- glm ( medv ~ . , data = Boston )
> cv.err1 <- cv.glm ( Boston , glmfit1 )
> cv.err1$delta
[1] 23.72575 23.72388
```

cv. glm( )函数默认 $K=n$,即留一交叉验证。cv. err1$delta 给出的就是交叉验证的结果,这里 delta 里有两个数字,其中第一个是式 10. 1 中的标准 LOOCV 估计,第二个是偏差校正后的结果,在这个数据集上,这两个结果相差不大。另外需要说明的是,对于 LOOCV,在同一个训练集,不管训练多少次,结果都将是一样的。

10.4.3 *K* 折交叉验证方法

使用 cv. glm( )函数同样可以实现 K 折交叉验证,只需要通过参数 K 设置所需折数。这里选择 $K=10$,并且设定一个随机种子。

```
> set.seed ( 3 )
> glmfit2 <- glm ( medv ~ . , data = Boston )
> cv.err2 <- cv.glm ( Boston , glmfit2 , K = 10 )
> cv.err2$delta
[1] 24.52474 24.38088
```

通过运行代码就可以发现,K 折交叉验证的运算要比 LOOCV 快很多。

接下来,运用 10 折交叉验证方法 10 次,即每次用一种不同的随机分割把数据集分为 10 个部分,看看表现如何。

```
> err2 <- rep ( 0 , 10 )
> for ( i in 1 : 10 ) {
        glmfit3 <- glm ( medv ~ . , data = Boston )
        cv.err3 <- cv.glm ( Boston , glmfit3 , K = 10 )
        err2 [ i ] <- cv.err3 $ delta [ 1 ]}
> plot ( 1 : 10 , err2 , xlab = "" , ylim = c ( 20 , 30 ) , type = "l" ,
main = "10 次不同的交叉验证误差" )
```

通过图 10-7 可以看出，与验证集方法相比，10 折交叉验证方法产生的测试误差更加稳健，这也进一步展示了 K 折交叉验证方法的优势。

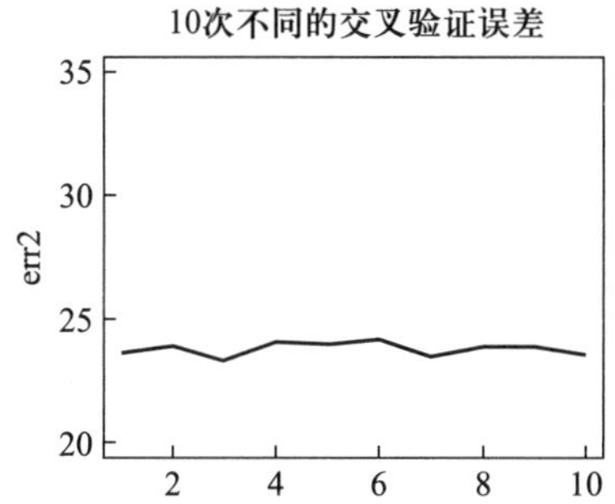

图 10-7 10 折交叉验证方法的结果

10.4.4 自助法

下面我们同样以 Boston 数据集为例进行介绍。为了方便分析，这里我们只考虑最简单的一元线性回归的情况，即用变量 lstat（社会经济地位低的家庭所占比例）来预测 medv（房价中位数），读者可以自然地将其推广到多元的情况。

使用 Bootstrap 需要两个步骤：① 创建一个计算感兴趣的统计量的函数；② 用 boot 包中的 boot( ) 函数，通过反复从数据集中有放回地抽取观测来执行 Bootstrap。接下来我们就使用 Boston 数据集来具体说明。

首先，创建一个简单的函数 boot. f( )，这个函数可以通过输入数据集和观测的序号返回线性回归模型的截距项和斜率的估计。

```
> boot.f <- function ( data , index ){
          fit <- lm ( medv ~ lstat , data = data , subset = index )
          return ( coef ( fit ) )}
```

例如，使用全部的数据进行拟合：

```
> boot.f ( Boston , 1 : 506 )
(Intercept)       lstat
34.5538409   -0.9500494
```

再比如，通过有放回地从观测里抽样进行拟合，其中 sample( ) 函数的参数 replace 就是用来设定是否有放回抽样。

```
> set.seed ( 4 )
> boot.f ( Boston , sample ( 506 , 506 , replace = T ) )
(Intercept)       lstat
  34.99572    -0.96963
```

接下来，就使用 boot( )函数来计算 1 000 个截距项和斜率的估计，该函数能自动输出它们的估计值和对应的标准误差。

```
> boot ( Boston , boot.f , 1000 )
ORDINARY NONPARAMETRIC BOOTSTRAP
Call:
boot(data = Boston, statistic = boot.f, R = 1000)
Bootstrap Statistics :
       original          bias     std. error
t1 *  34.5538409  -0.0243015171   0.7458422
t2 *  -0.9500494   0.0006828497   0.0495254
```

上面的输出结果表明，$SE(\hat{\beta}_0)$的 Bootstrap 估计为 0. 745 842 2，$SE(\hat{\beta}_1)$的 Bootstrap 估计为 0. 049 525 4。

下面使用一般的公式来求线性回归模型中系数的标准误差，可通过 summary( )函数实现。

```
> fit <- lm ( medv ~ lstat , data = Boston )
> summary ( fit ) $ coef
              Estimate  Std. Error    t value      Pr(>|t|)
(Intercept)  34.5538409  0.56262735   61.41515  3.743081e-236
      lstat  -0.9500494  0.03873342  -24.52790   5.081103e-88
```

可以看到，用这种方法得到的 $SE(\hat{\beta}_0)$为 0. 562 627 35，$SE(\hat{\beta}_1)$为 0. 038 733 42，与 Bootstrap 得到的结果有些区别。这是由于，线性模型给出的标准误差的计算公式是依赖于某些假设的，当假设不成立时，所得的结果是会有误差的。此例用的是 boot 包，当然也可以自己编写循环实现 Bootstrap，这里就不再赘述。

10.5 习　　题

1. 分析 ISLR 包中的 Auto 数据集，以 mpg 为因变量，以 horsepower 为自变量建立多项式回归，选取最优的幂次(幂次从 1 到 10 中选择)。

(1) 利用 5 折交叉验证法选取最优的幂。

(2) 利用留一交叉验证选取最优的幂，并和 5 折交叉验证选取的结果进行比较。

2. 分析 MASS 包中的 Boston 数据集。

(1) 估计 medv 变量的均值 $\hat{\mu}$ 和 $\hat{\mu}$ 的标准差。

(2) 利用自助法估计 $\hat{\mu}$ 的标准差，并与(1)中估计的结果进行比较。

(3) 估计 medv 变量的均值的中位数 $\hat{\mu}_{\text{med}}$ 和 $\hat{\mu}_{\text{med}}$ 的标准差，此时 $\hat{\mu}_{\text{med}}$ 的标准差可能没法

用公式表示，请使用自助法估计。

3. 使用自助法，求例 8.3 中的瑞士数据集（swiss）多元线性回归系数的估计值和标准差，并与 summary( ) 函数的输出进行比较。

4. 设原始数据集 $\boldsymbol{X}=(X_1,\cdots,X_n)$ 独立同分布于 binomial$(1,\theta)$，从中使用自助法得到自助伪数据集 $\boldsymbol{X}^*=(X_1,\cdots,X_N)$，由自助伪数据集求得均值 $\overline{X}^*$ 作为参数 θ 的估计量，求 $E(\overline{X}^*)$ 和 $Var(\overline{X}^*)$。

5. 对上题进行模拟，并将结果与原始数据集上的结果进行对比，你发现了什么？

第 11 章

模型选择与正则化

21 世纪是信息爆炸的时代，计算机技术的飞速发展，极大地便利了数据的获取和存储，各个部门每天都有大量的数据产生，比如股票市场的逐笔交易记录、商业银行交易记录、超市的销售记录、政府统计中各中小企业的财务报表等。同时数据的维度也越来越高，高维数据广泛出现在生物信息、管理科学、经济学、金融学等领域，比如从成千上万只股票中选择投资组合、信用评分中上千个自变量、研究房价的高维面板模型等。高维数据模型有两个共同点：一是自变量个数 p 很大，甚至可能随着样本数 n 的增加而增长；二是噪声多，存在许多跟因变量无关的自变量，即高维数据模型回归系数存在稀疏性质（sparsity），也就是绝大部分自变量的系数为 0。

高维数据模型中噪声变量多，一个最重要的问题是模型选择，在许多情形下，这就等价于如何选择自变量的问题。若不对它们加以筛选，引入过多变量，从理论上来说，一方面会导致模型不稳健，极大地降低估计和预测精度；另一方面会加大模型的复杂度，无法突出最重要的自变量。从应用角度来说，某些自变量的数据获取需要一定的代价，比如中小企业信用评分模型中客户的征信记录、客户特征等变量的获取需要一定的经济成本，若将一些不必要的或者不是很重要的自变量纳入模型，势必为实际应用带来不必要的经济上的浪费。出于这些原因，在统计建模时对自变量进行筛选是十分必要的。近年来，生物信息、图像处理、经济管理等领域产生的高维数据为模型选择带来了更大的挑战。比如，在生物信息中，基因位点成千上万个，而真正与疾病相关的基因位点往往是少数的几个或者几十个，科学家需要在成千上万的基因表达数据中提取与疾病真正相关的变量。再比如，信用卡信用评分中，银行收集到的客户数据有人口统计信息、征信信息、第三方数据等，变量总数往往高达几百上千，而与信用评分真正相关的变量可能只需几十个。

模型选择方法通常可分为三类：一是传统的子集选择法（subset selection），包括最优子集法（best subset）和逐步选择法（stepwise）；二是基于压缩估计（shrinkage estimation）的模型选择方法，又称为正则化（regularization）方法；三是降维法（dimension reduction），最典型的降维法是主成分分析法（principal component analysis）。前两类方法在本质上是一致的，都是从原始变量集合中选择一个合理的子集来达到降维的目的。其中子集选择法是将选择和判别分开，每一个子集便是一个选择，最后通过相应的判别准则来决定选择哪一个最佳的子集；而正则化方法则是将选择和判别融为一个过程，在全变量的目标函数中加入惩罚约束，以达到系数估计和模型选择的目的。降维法与前两类方法的不同之处在于，它不是直接使用原始变量，而是将原始变量投影转换为新的综合变量，通过选取少数的综合变量解释原始变量的大部分信息。

本章主要介绍前两类模型选择方法，降维法将在第 17 章中介绍。

11.1　子集选择法

子集选择法是通过从 p 个预测变量中挑选出与因变量相关的变量形成子集，再用缩减后的变量集合来拟合模型。常见的子集选择法有最优子集法和逐步选择法。

11.1.1　最优子集法

最优子集法本质上是穷举的思想，对 p 个预测变量的所有可能组合逐一进行拟合，找到最优的模型。这个过程可以概括为算法 11.1。

算法 11.1　最优子集法

1. 记不含预测变量的零模型为 M_0。
2. 对 $k=1,2,\cdots,p$：

(1) 拟合 C_p^k 个包含 k 个预测变量的模型。

(2) 在上述 C_p^k 个模型中，选择 RSS 最小或 R^2 最大的模型作为最优模型，记为 M_k。

3. 对于得到的 $p+1$ 个模型 $M_0,M_1,\cdots,M_p$，进一步根据交叉验证法、C_p、AIC、BIC 或调整的 R^2 选出一个最优模型，即为最后得到的最优模型。

在算法 11.1 中，我们总共需要拟合 2^p 个模型。另外需要注意的是，在步骤 2 中，对变量个数相同的模型我们是根据 RSS 或 R^2 来选择最优模型；在步骤 3 中，对变量个数不同的模型我们需要用交叉验证法、C_p、AIC、BIC 或调整的 R^2 来选择最优模型。这样做的原因将在 11.1.3 节中解释。

最优子集法的优点是思想简单，而且肯定能找到最优模型。但是其可操作性不强，原因在于计算量太大，随着自变量的增加计算量成指数级增长，比如当自变量仅仅为 10 个时，备选模型就达到了 $2^{10}=1\ 024$ 个。

11.1.2　逐步选择法

最优子集法的计算效率较低，不适用于维数很大的情况。除此之外，当搜索空间增大时，通过此法得到的模型虽然能很好地拟合训练数据，但往往对新数据的预测效果不理想，即会存在过拟合和系数估计方差高的问题。接下来要介绍的逐步选择法则限制了搜索空间，大大减少了搜索计算量。

1. 向前逐步选择法

向前逐步选择法(forward stepwise)是以一个不包含任何预测变量的零模型为起点，依次往模型中添加变量，每次只将能够最大限度地提升模型效果的变量加入模型中，直到所有的预测变量都包含在模型中。详见算法 11.2。

算法 11.2　向前逐步选择法

1. 记不含预测变量的零模型为 M_0。

2. 对 $k=0,1,2,\cdots,p-1$：

(1) 拟合 $p-k$ 个模型，每个模型都是在 M_k 的基础上只增加一个变量。

(2) 在上述 $p-k$ 个模型中，选择 RSS 最小或 R^2 最大的模型作为最优模型，记为 M_{k+1}。

3. 对于得到的 $p+1$ 个模型 $M_0,M_1,\cdots,M_p$，进一步根据交叉验证法、C_p、AIC、BIC 或调整的 R^2 选出一个最优模型，即为最后得到的最优模型。

向前逐步选择法需要拟合的模型个数为 $\sum_{k=0}^{p-1}(p-k)=1+p(p+1)/2$，所以当 p 较大时，与最优子集法相比较，它在运算效率上具有很大的优势。不过，向前逐步选择法无法保证找到的模型是 2^p 个模型中最优的。例如，给定包含三个变量 X_1、X_2 和 X_3 的数据集，其中，最优的单变量模型是只包含 X_1 的模型，最优的双变量模型是包含 X_2 和 X_3 的模型，则对于该数据集，通过向前逐步选择法是无法找到最优的双变量模型的，因为 M_1 包含了 X_1，故 M_2 只能包含 X_1 和另一个变量，即 X_2 或 X_3，如表 11-1 所示。

表 11-1　向前逐步选择法和最优子集法结果比较

变量数	向前逐步选择法	最优子集法
1	X_1	X_1
2	X_1,X_2	X_2,X_3

2. 向后逐步选择法

向后逐步选择法(backward stepwise)从含有所有变量的模型开始，依次剔除不显著的变量。详见算法 11.3。

算法 11.3　向后逐步选择法

1. 记包含全部 p 个预测变量的全模型为 M_p。

2. 对 $k=p,p-1,\cdots,1$：

(1) 拟合 k 个模型，每个模型都是在 M_k 的基础上只减少一个变量。

(2) 在上述 k 个模型中，选择 RSS 最小或 R^2 最大的模型作为最优模型，记为 M_{k-1}。

3. 对于得到的 $p+1$ 个模型 $M_0,M_1,\cdots,M_p$，进一步根据交叉验证法、C_p、AIC、BIC 或调整的 R^2 选出一个最优模型，即为最后得到的最优模型。

与向前逐步选择法类似，向后逐步选择法需要拟合的模型个数同样为 $\sum_{k=0}^{p-1}(p-k)=1+p(p+1)/2$，大大少于最优子集法，但是向后逐步选择法也无法保证找到的模型是 2^p 个模型中最优的。

不过，向后逐步选择法还需要满足 $n>p$ 的条件，因为其第一步是对全模型进行估计，需要保证全模型是可估的，而向前逐步选择法是从空模型开始，不需要这个条件限制。因此，当 p 非常大时，应选择向前逐步选择法。

11.1.3　模型选择准则

在算法 11.1~11.3 中，步骤 2 和 3 都需要选择最优模型，传统的 RSS 和 R^2 可以用于步骤 2 中对具有相同变量个数的模型进行选择，但不适用于步骤 3 中对变量个数不同的模型进行选择。这是由于随着模型中变量数的增加，RSS 会不断减小，R^2 会不断增大，所以包含所有预测变量的模型总能具有最小的 RSS 和最大的 R^2，因为它们只与训练误差有关。而实际中，我们希望找到的是测试误差最小的模型，即泛化能力最好的模型。所以，对于包含不同变量数的模型评价就不能用 RSS 和 R^2。模型选择的本质是选择测试误差最小的模型。测试误差的估计方法主要有两种：一种是对训练误差进行适当调整来间接估计测试误差，比如 C_p、AIC、BIC 和调整的 R^2；另一种是利用交叉验证法来直接估计测试误差。

1. C_p

若采用最小二乘法拟合一个包含 d 维自变量的模型，则 C_p 的值为

$$C_p=\frac{1}{n}(RSS+2d\hat{\sigma}^2)$$

其中：$\hat{\sigma}^2$ 是随机扰动项 ε 的方差估计值。实际上是在训练误差 RSS 的基础上添加了惩罚项 $2d\hat{\sigma}^2$，也就是在训练误差和模型复杂度之间做权衡（trade off）。通常而言，测试误差较低的模型其 C_p 值也更小，因而在模型选择时，应选择 C_p 值最小的模型。

2. *AIC*

AIC 准则适用于许多使用极大似然法进行拟合的模型，它的一般公式为

$$AIC=-2\log L(\hat{\theta})+2d$$

其中：等号右边第一项为负对数似然函数，第二项是对模型参数个数（模型复杂度）的惩罚。实际应用中，我们选取 *AIC* 值最小的模型。

另外，对于随机扰动项服从正态分布的线性回归模型而言，极大似然估计和最小二乘估计是等价的，此时，模型的 *AIC* 值为

$$AIC=\frac{1}{n\hat{\sigma}^2}(RSS+2d\hat{\sigma}^2)$$

可以看出，对于最小二乘法而言，C_p 和 *AIC* 是成比例的，也就是说此时 C_p 和 *AIC* 是等价的。

3. *BIC*

BIC 准则是从贝叶斯的角度推导出来的，与 *AIC* 准则相似，都是用于最大化似然函数的拟合。对于包含 d 个预测变量的模型，*BIC* 的一般公式为

$$BIC=-2\log L(\hat{\theta})+d\log n$$

可以看出 *BIC* 与 *AIC* 非常相似，只是把 *AIC* 中的 2 换成了 $\log n$。所以，当 $n>e^2$ 时，*BIC* 对复杂模型的惩罚更大，故更倾向于选取简单的模型。同样类似于 C_p，测试误差较低的模型 *BIC* 的值也较低，故通常选择具有最低 *BIC* 值的模型为最优模型。并且对于最小二乘估计，*BIC* 可写成

$$BIC=\frac{1}{n}[RSS+\log(n)d\hat{\sigma}^2]$$

4. 调整可决系数 R^2

对于包含 d 个变量的最小二乘估计，其调整可决系数 R^2 可由下式计算得到：

$$\bar{R}^2=1-\frac{RSS/(n-d-1)}{TSS/(n-1)}$$

其中：$TSS=\sum_{i=1}^{n}(y_i-\bar{y})^2$ 是因变量的总平方和。与前面介绍的三个准则不同，调整可决系数 $\bar{R}^2$ 越大，模型的测试误差越低。其中，随着模型包含的变量个数 d 的增大，RSS 逐渐减小，不过$\frac{RSS}{n-d-1}$可能增大也可能减小，故不存在随着模型包含的变量个数越多，调整可决系数 $\bar{R}^2$ 就越大的问题。

例 11.1　ISLR2 包有个 College 数据集，其中 Apps（申请人数）为因变量，其他变量为自变量，用最优子集法进行变量选择，并利用 C_p、BIC 和调整的 R^2 选择不同变量数下的最优模型。

在图 11-1 中，不同的测试误差最终选择的变量数是不一样的，但是相差不大。其中用 C_p 选出的最优的变量数是 12 个，BIC 选出来的是 10 个，调整可决系数 R^2 最终选择 13 个变量。

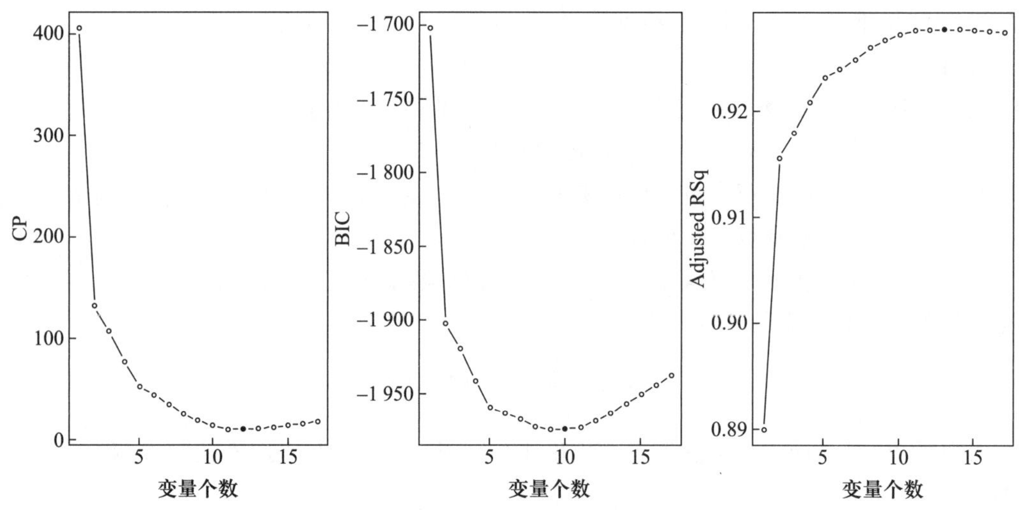

图 11-1　模型选取的变量个数与不同统计指标的关系

11.2　基于压缩估计的变量选择

传统的子集选择法虽然思想简单，但是存在一些缺陷。首先，子集选择法是一个离散而不稳定的过程，模型选择会因数据集的微小变化而变化；其次，模型选择和参数估计分两步进行，后续的参数估计没有考虑模型选择产生的偏误，从而会低估实际方差；最后，子集选择法的计算量相对比较大。

另一种变量选择方法就是基于惩罚函数（penalty function）的压缩估计法（shrinkage estimator），其思想是通过惩罚函数约束模型的回归系数，同步实现变量选择和系数估计，模型估计是一个连续的过程,因而稳健性高。根据变量间的结构,该方法又可分为三类:逐个变量选择(individual variable selection)、整组变量选择(group variable selection)和双层变量选择(bi-level variable selection)。

假设自变量为 $\boldsymbol{X}\in R^p$,因变量记为 $\boldsymbol{Y}$,回归系数记为 $\boldsymbol{\beta}$,截距项为 $\boldsymbol{\beta}_0$。目标函数的一般形式为

$$\min_{\beta} Q(\boldsymbol{\beta}_0,\boldsymbol{\beta})=\min_{\beta}\{L(\boldsymbol{\beta}_0,\boldsymbol{\beta}\mid \boldsymbol{Y},\boldsymbol{X})+P(\mid\boldsymbol{\beta}\mid;\lambda)\} \tag{11.1}$$

其中:$L(\boldsymbol{\beta}_0,\boldsymbol{\beta}\mid \boldsymbol{Y},\boldsymbol{X})$ 是损失函数,不同模型的损失函数形式不同,通常有最小二乘函数、似然函数的负向变换等。其中,线性回归模型的损失函数常用最小二乘函数,即:

$$L(\boldsymbol{\beta}_0,\boldsymbol{\beta}\mid \boldsymbol{Y},\boldsymbol{X})=(\boldsymbol{Y}-\boldsymbol{X\beta}-\boldsymbol{\beta}_0)^{\mathrm{T}}(\boldsymbol{Y}-\boldsymbol{X\beta}-\boldsymbol{\beta}_0)/n \tag{11.2}$$

而对于 Logistic 回归,它的损失函数为极大似然函数的负向变换,比如:

$$L(\boldsymbol{\beta}_0,\boldsymbol{\beta}\mid \boldsymbol{Y},\boldsymbol{X})=-l(\boldsymbol{\beta}_0,\boldsymbol{\beta})/n=[-(\boldsymbol{\beta}_0+\boldsymbol{X\beta})^{\mathrm{T}}\boldsymbol{Y}+\log(1+\mathrm{e}^{(\boldsymbol{\beta}_0+\boldsymbol{X\beta})})^{\mathrm{T}}\mathbf{1}_n]/n \tag{11.3}$$

其中 $l(\boldsymbol{\beta}_0,\boldsymbol{\beta})$ 为 Logistic 回归的极大似然函数,$1_n=\underbrace{(1,\cdots,1)}_{n个}{}^{\mathrm{T}}$。

式 11.1 第二部分 $P(\mid\boldsymbol{\beta}\mid;\lambda)$ 叫惩罚函数,该函数是关于 $\mid\boldsymbol{\beta}\mid$ 和 λ 都递增的非负函数,$\lambda(\lambda\geqslant 0)$ 为调整参数(tuning parameter)。λ 平衡式 11.1 两部分的数值,λ 越大,目标函数(式 11.1)中第二部分所占比重越高,这样不利于 $Q(\boldsymbol{\beta})$ 总体达到最小,因此必须压缩 $\mid\boldsymbol{\beta}\mid$ 的值以降低 $P(\mid\boldsymbol{\beta}\mid;\lambda)$ 所占比重,实现总目标函数最小化。由此可知当 λ 大到一定程度时,回归系数可能被压缩为 0,就出现了变量选择的结果。而当 λ 接近 0 时,惩罚函数 $P(\mid\boldsymbol{\beta}\mid;\lambda)$ 所占比例很小,估计值会接近于使损失函数 $L(\boldsymbol{\beta}\mid \boldsymbol{Y},\boldsymbol{X})$ 最小的解(比如 MLE 或者 OLS)。因此,λ 的选择是非常重要的。如何选择最优的 λ 我们将在 11.2.4 小节中详细介绍。惩罚函数$P(\mid\beta\mid;\lambda)$的形式很多,我们主要介绍四种最常用的方法,分别为 Ridge、Lasso、SCAD 和 MCP。

11.2.1　Ridge 惩罚

岭回归(ridge regression)是 Hoerl 和 Kennard 于 1970 年提出的,最初目的是解决多重共线性的问题,其惩罚函数为

$$P_{\mathrm{Ridge}}(\mid\boldsymbol{\beta}\mid;\lambda)=\lambda\sum_{i=1}^{p}\beta_i^2 \tag{11.4}$$

岭回归通过最小化目标函数 $RSS+\lambda\sum_{j=1}^{p}\beta_j^2$ 来估计参数 $\hat{\boldsymbol{\beta}}^{\mathrm{ridge}}$。目标函数也可以用矩阵的形式表示为

$$RSS(\lambda)=(\boldsymbol{y}-\boldsymbol{X\beta})^{\mathrm{T}}(\boldsymbol{y}-\boldsymbol{X\beta})+\lambda\boldsymbol{\beta}^{\mathrm{T}}\boldsymbol{\beta} \tag{11.5}$$

岭回归的解在矩阵的形式下也可以表示为

$$\boldsymbol{\beta}^{\mathrm{ridge}}=(\boldsymbol{X}^{\mathrm{T}}\boldsymbol{X}+\lambda\boldsymbol{I})^{-1}\boldsymbol{X}^{\mathrm{T}}\boldsymbol{y} \tag{11.6}$$

这里的 $\boldsymbol{I}$ 是 p 维的单位矩阵。如果 $\boldsymbol{X}$ 存在多重共线性,则 $\boldsymbol{X}^{\mathrm{T}}\boldsymbol{X}$ 的逆矩阵不存在或接近于奇异矩阵而导致逆矩阵非常大,从而估计系数的方差也很大,估计的精确性降低,估计值稳定性变差。式 11.6 在 $\boldsymbol{X}^{\mathrm{T}}\boldsymbol{X}$ 的对角元素上都加了 λ 值来解决以上问题。

下面从 $\boldsymbol{X}$ 的奇异值分解角度来理解 Ridge 惩罚的作用。$\boldsymbol{X}$ 的奇异值分解为 $\boldsymbol{X}=\boldsymbol{UDV}^{\mathrm{T}}$，这里的 $\boldsymbol{U}$ 和 $\boldsymbol{V}$ 分别是 $n\times p$ 和 $p\times p$ 的正交矩阵，其中 $\boldsymbol{U}$ 的列向量是负责分解 $\boldsymbol{X}$ 的列向量空间，$\boldsymbol{V}$ 的列向量是负责分解 X 的行向量空间，$\boldsymbol{D}$ 是 p 维的对角矩阵，且对角元素满足 $d_1\geqslant d_2\geqslant\cdots\geqslant d_p\geqslant 0$，并称之为 $\boldsymbol{X}$ 的奇异值(singular value)。通过 $\boldsymbol{X}$ 的奇异值我们能更好地理解岭回归的本质，这是因为在这种分解下，最小二乘法得到的拟合结果可以表示为

$$
\begin{aligned}
\boldsymbol{X}\hat{\boldsymbol{\beta}}^{ls} &= \boldsymbol{X}(\boldsymbol{X}^{\mathrm{T}}\boldsymbol{X})^{-1}\boldsymbol{X}^{\mathrm{T}}\boldsymbol{y} \\
&= \boldsymbol{UU}^{\mathrm{T}}\boldsymbol{y}
\end{aligned}
\tag{11.7}
$$

岭回归得到的拟合结果为

$$
\begin{aligned}
\boldsymbol{X}\hat{\boldsymbol{\beta}}^{ridge} &= \boldsymbol{X}(\boldsymbol{X}^{\mathrm{T}}\boldsymbol{X}+\lambda\boldsymbol{I})^{-1}\boldsymbol{X}^{\mathrm{T}}\boldsymbol{y} \\
&= \boldsymbol{UD}(\boldsymbol{D}^2+\lambda\boldsymbol{I})^{-1}\boldsymbol{DU}^{\mathrm{T}}\boldsymbol{y} \\
&= \sum_{j=1}^{p}\boldsymbol{u}_j\frac{d_j^2}{d_j^2+\lambda}\boldsymbol{u}_j^{\mathrm{T}}\boldsymbol{y}
\end{aligned}
\tag{11.8}
$$

其中：u_j 是 $\boldsymbol{U}$ 的列向量。可以发现由于 $\lambda\geqslant 0$，就有 $d_j^2/(d_j^2+\lambda)\leqslant 1$。和线性回归一样，岭回归也计算了 $\boldsymbol{U}$ 的正交基下 $\boldsymbol{y}$ 的坐标，但是岭回归通过乘以系数 $d_j^2/(d_j^2+\lambda)$ 压缩了 $\boldsymbol{y}$ 的坐标。同时可以看出，λ 越大，压缩的程度也就越大。

与最小二乘法一样，岭回归通过使损失函数 RSS 最小来估计参数。当 $\beta_1,\cdots,\beta_n$ 接近 0 的时候，目标函数的第二项，即式 11.4 才会足够小，所以 $\lambda\sum_{j=1}^{p}\beta_j^2$ 叫作压缩惩罚项(shrinkage penalty)，起到了向 0 压缩系数的作用。

对于 Ridge 回归问题，式 11.1 等价于如下带约束的优化问题：

$$
\begin{aligned}
&\min\{L(\beta_0,\beta\mid \boldsymbol{Y},\boldsymbol{X})\} \\
&\text{s.t. } \sum_{j=1}^{p}\beta_j^2\leqslant t
\end{aligned}
\tag{11.9}
$$

式 11.4 中的参数 λ 和式 11.9 中的参数 t 存在一一对应的关系。要特别指出的是，惩罚函数一般不对截距项进行压缩。

此外，还需要注意 Ridge 惩罚中量纲的问题。标准最小二乘法的估计值具有量纲等变性，即若将 X_j 乘上一个常数 c，对应系数的估计值也会对应地变成原来的 $1/c$，也就是说估计值 $X_j\hat{\beta}_j$ 是不变的。但是在 Ridge 回归中，因为在损失函数的基础上加了式 11.4 的 Ridge 惩罚函数，所以当因变量的量纲改变时，估计量也会改变。因此，在运用 Ridge 回归前，需要将因变量标准化，消除量纲的影响。

例 11.2　ISLR2 包中 Hitters 的数据集，有 263 个棒垒球选手的数据，包括打击数、跑垒数、是否在联盟里等有关职业技能的一共 20 个变量。以薪资作为因变量，其他 19 个变量作预测，其中离散型变量都转为虚拟变量进行回归。

在图 11-2 中，可以看到 Ridge 回归不能用来选择变量，因为即使调整参数 λ 很大，变量的参数也只能够无限逼近 0，但始终不能等于 0。

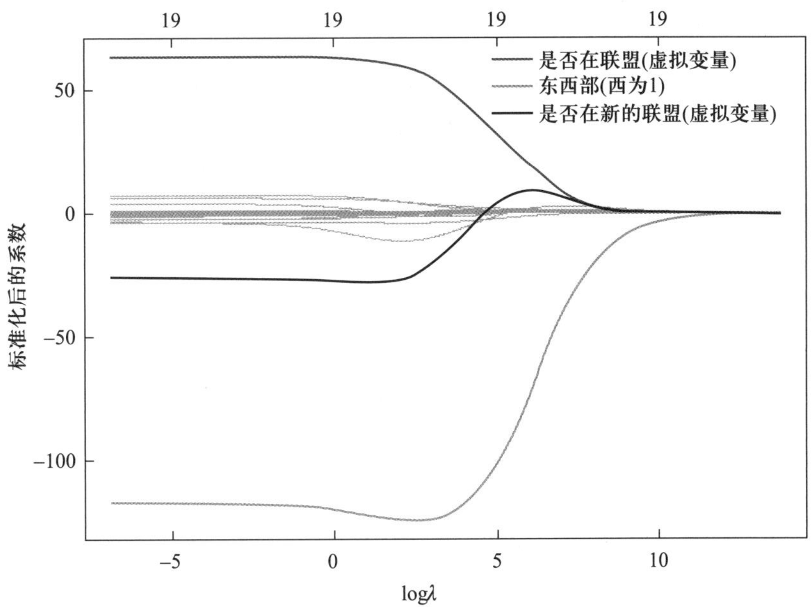

图 11-2　例 11.2 运用 Ridge 回归时系数和调整参数 λ 的关系

11.2.2　Lasso 惩罚

惩罚函数方法中具有里程碑意义的是由 Tibshirani 1996 年提出的 Lasso(least absolute shrinkage and selection operator)方法。Lasso 惩罚函数为

$$P_{\text{Lasso}}(|\boldsymbol{\beta}|;\boldsymbol{\lambda})=\boldsymbol{\lambda}\sum_{j=1}^{p}|\beta_j|$$

对于线性回归,其目标函数可以写成:

$$RSS(\lambda)=(\boldsymbol{y}-\boldsymbol{X\beta})^{\mathrm{T}}(\boldsymbol{y}-\boldsymbol{X\beta})+\boldsymbol{\lambda}\sum_{j=1}^{p}|\beta_j| \tag{11.10}$$

记 $\|\boldsymbol{\beta}\|_1=\sum_{j=1}^{p}\beta_j$,即向量 $\boldsymbol{\beta}$ 的 L1 范数,因此式 11.10 也可以写成:

$$RSS(\lambda)=(\boldsymbol{y}-\boldsymbol{X\beta})^{\mathrm{T}}(\boldsymbol{y}-\boldsymbol{X\beta})+\boldsymbol{\lambda}\|\boldsymbol{\beta}\|_1$$

而对应的 Ridge 惩罚也可以写成 L2 范数的平方,即 $\|\boldsymbol{\beta}\|_2^2=\sum_{j=1}^{p}\beta_j^2$。

类似于 Ridge 回归,式 11.10 可转化为约束条件下的优化形式:

$$\min\{L(\boldsymbol{\beta}_0,\boldsymbol{\beta}\mid \boldsymbol{Y},\boldsymbol{X})\}$$

$$\text{s. t. }\sum_{j=1}^{p}|\beta_j|\leqslant t$$

直观上去理解,Ridge 惩罚是在损失函数基础上加上 L2 范数的平方的惩罚,而 Lasso 惩罚是在损失函数基础上加上 L1 范数。为何 Ridge 惩罚只能压缩系数而不能进行变量选择,而 Lasso 惩罚就能进行变量选择呢?

为了理解该问题,我们从优化角度来解释。Lasso 虽然和 Ridge 形式上类似,但是性质上有着重要的差别。下面我们以二元线性回归为例,以最小二乘函数(式 11.2)作为损失函数,从图形上区别 Lasso 惩罚和 Ridge 惩罚。在图 11-3 中,菱形和圆分别表示 Lasso 和 Ridge 对两个回归系数($\boldsymbol{\beta}_1,\boldsymbol{\beta}_2$)的约束区域,即 $|\boldsymbol{\beta}_1|+|\boldsymbol{\beta}_2|\leqslant t$ 和 $\boldsymbol{\beta}_1^2+\boldsymbol{\beta}_2^2\leqslant t^2$ 所构成的范围。椭圆簇是残差平方和损失函数关于($\boldsymbol{\beta}_1,\boldsymbol{\beta}_2$)的等高线,其中心点即最小二乘估计值。那么在等价的优化问题下,Lasso 的求解是在菱形可行集范围内,找到损失函数的最小值,也就是找到与菱形相交且最小的椭圆。若菱形与最小椭圆相交的点,刚好是菱形的顶点时,会出现某一回归系数 β_j 为 0,从而在估计参数的同时实现了变量选择。而在式 11.9 下,右图中 Ridge 的区域是圆形,在椭圆中心点(即最小二乘估计)$\hat{\boldsymbol{\beta}}$ 不存在 0 元素的情况下,椭圆簇都不会与坐标轴平行,因此圆形与最小椭圆的交点不可能落在坐标轴上,故无法进行变量选择。

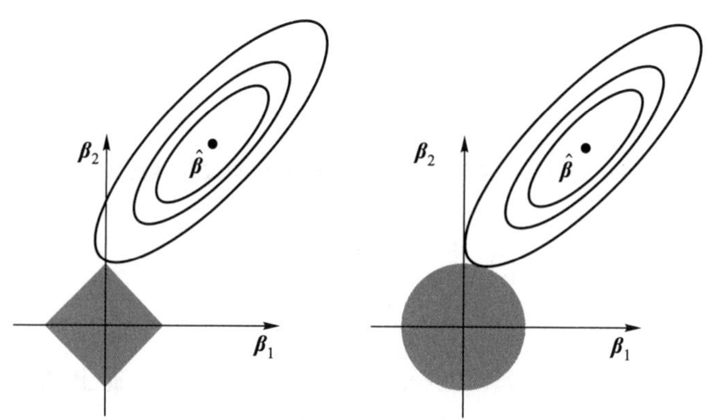

图 11-3　Lasso 惩罚(左)和 Ridge 惩罚(右)的估计图

资料来源:Hastie 等(2009)。

11.2.3　SCAD 惩罚

Fan 和 Li(2001)提出一个好的估计量应该要满足三个性质:无偏性(unbiasedness)、稀疏性(sparsity)和连续性(continuity)。

下面对线性模型 $\boldsymbol{y}=\boldsymbol{X\beta}+\boldsymbol{\varepsilon}$ 在 $\boldsymbol{X}$ 是正定矩阵的条件下讨论这三个性质。

容易求得 $\hat{\boldsymbol{\beta}}=\boldsymbol{X}^{\mathrm{T}}\boldsymbol{Y}$,此时的目标函数 $Q(\boldsymbol{\beta})=\frac{1}{2}\|\boldsymbol{y}-\boldsymbol{X\beta}\|^2+\lambda\sum_{j=1}^{p}p_j(|\beta_j|)$ 可以化为 $Q(\boldsymbol{\beta})=\frac{1}{2}\|y-\hat{y}\|^2+\frac{1}{2}\sum_{j=1}^{p}(z_j-\beta_j)^2+\lambda\sum_{j=1}^{p}p_j(|\beta_j|)$,其中 $\boldsymbol{z}\equiv\boldsymbol{X}^{\mathrm{T}}\boldsymbol{Y}$。因为 $Q(\boldsymbol{\beta})$ 的第一项不随 $\boldsymbol{\beta}$ 变化,所以最小化目标函数的问题可以简化成最小化下式:

$$Q(\theta)=\frac{1}{2}(z-\theta)^2+p_\lambda(|\theta|) \tag{11.11}$$

对式 11.11 求导:

$$\frac{\mathrm{d}Q(\theta)}{\mathrm{d}\theta}=(\theta-z)+\mathrm{sign}(\theta)p_\lambda'(|\theta|) \tag{11.12}$$
$$=\mathrm{sign}(\theta)\{|\theta|+p_\lambda'(|\theta|)\}-z$$

令式 11.12 等于 0,得到 $Q(\theta)$ 的最小值。

无偏性是指当真实的参数很大时,估计量是几乎无偏的。无偏性的充分条件为:当 $|\theta|$ 大的时候,$p_\lambda'(|\theta|)=0$。满足该条件时,式 11.12 可以化为 $(\theta-z)+\mathrm{sign}(\theta)p_\lambda'(|\theta|)$,那么,当 $|\theta|$ 大的时候,$p_\lambda'(|\theta|)=0$ 时,估计量 $\hat{\theta}=z$,也就是无偏的。

稀疏性是指估计量足够小的时候估计值能自动被压缩到 0,等同于当 z 小的时候,$Q(\theta)$ 的最小值为 0。在导数上的要求就是,当 $\theta>0$ 时,$\frac{\mathrm{d}Q(\theta)}{\mathrm{d}\theta}>0$;当 $\theta<0$ 时,$\frac{\mathrm{d}Q(\theta)}{\mathrm{d}\theta}<0$。由式 11.12 得:当 $\theta>0$ 时,$|\theta|+p_\lambda'(|\theta|)>z$;当 $\theta<0$ 时,$|\theta|+p_\lambda'(|\theta|)<z$。所以,得到压缩的阈值 $\min_{\theta\neq 0}\{|\theta|+p_\lambda'(|\theta|)\}$,即当 $|z|<\min_{\theta\neq 0}\{|\theta|+p_\lambda'(|\theta|)\}$ 时,$\hat{\theta}=0$。因此,稀疏性的一个充分条件是 $\min_\theta\{|\theta|+p_\lambda'(|\theta|)\}>0$。

连续性就是估计量在 z 上的连续性。仅考虑 $\theta>0$,当 $|\theta|+p_\lambda'(|\theta|)>|z|$ 时,$\mathrm{d}Q(\theta)/\mathrm{d}\theta>0$,为最小化 $Q(|\theta|)$,取 $\hat{\theta}=0$;当 $|\theta|+p_\lambda'(|\theta|)=|z|$ 时,$\mathrm{d}Q(\theta)/\mathrm{d}\theta=0$,$\hat{\theta}=\theta_0$。若 $\arg\min_{\theta\neq 0}\{|\theta|+p_\lambda'(|\theta|)\}=a>0$,估计量会在 $|\theta|+p_\lambda'(|\theta|)=|z|=a$ 处间断,即此处 $\hat{\theta}=\theta_0>0$。所以,连续性的一个充要条件是 $\arg\min_{\theta\neq 0}\{|\theta|+p_\lambda'(|\theta|)\}=0$。

但是前面讨论过的方法都不能够同时满足这三个条件:最优子集法虽然满足无偏性和稀疏性但是不满足连续性,而 Ridge 惩罚稀疏性和无偏性都不满足,Lasso 惩罚的估计量也是有偏的。

λ 除了平衡参数的压缩程度和损失函数外,另可以作为权重。例如,在 Lasso 惩罚函数中,对系数的压缩权重都是 λ。然而对所有参数一视同仁,会导致大的系数被过分压缩,带来较大的估计偏差。理想的状态是大系数和小系数要区别对待,大系数不应该被压缩,以降低它们估计的偏差,而小系数尤其是接近 0 的系数要重点压缩,以更好地识别到不显著变量。

Fan 和 Li 在 2001 年提出的 SCAD(smoothly clipped absolute deviation)惩罚,较好地考虑到了上述问题,使得估计量同时满足无偏性、稀疏性和连续性。SCAD 的惩罚函数如下:

$$P_{\mathrm{SCAD}}(|\beta|;\lambda,a)=\begin{cases}\lambda|\beta| & 若\ 0\leqslant|\beta|<\lambda\\ -\dfrac{\beta^2-2a\lambda|\beta|+\lambda^2}{2(a-1)} & 若\ \lambda\leqslant|\beta|<a\lambda\\ (a+1)\lambda^2/2 & 其他\end{cases} \tag{11.13}$$

其中 $a(a>2)$ 是另一个调整参数,常取 3.7。从式 11.13 可以看出,当惩罚参数较小时,SCAD 等同于 Lasso,随着参数增大,惩罚的程度会减轻,当惩罚参数大于 $a\lambda$ 时,惩罚度为零。SCAD 惩罚减少了参数估计的偏差,大系数会以更大的概率选入模型。

例 11.3　利用例 11.2 里提到的 Hitters 数据集,利用 Lasso 惩罚和 SCAD 惩罚方法进行变量选择,分别得到图 11-4 和图 11-5。从两图可以看出 Lasso 和 SCAD 都具有变量选择的作用,因为在 λ 足够大的情况下,一些足够小的系数能够被压缩到 0。同时也能观察到,两种方法的压缩速度是不一样的,这是因为两种方法的惩罚函数不同。

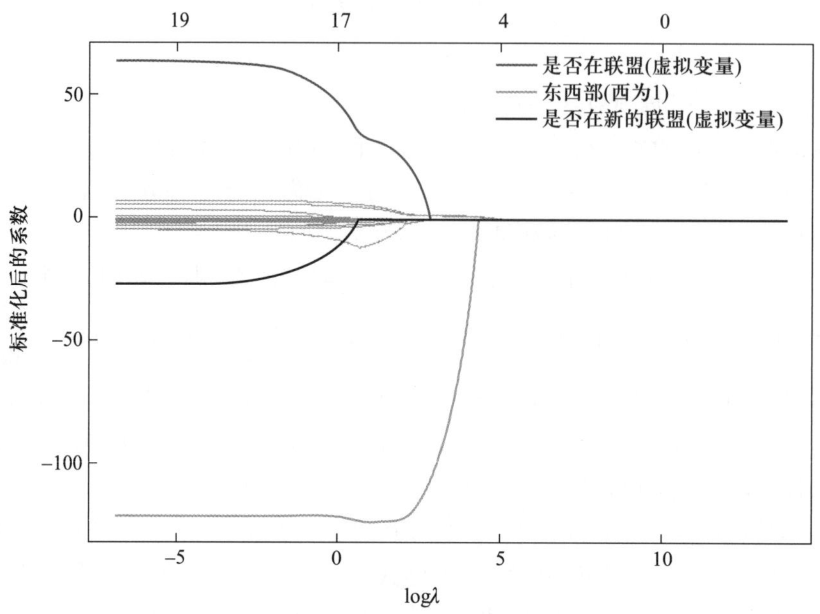

图 11-4　例 11.2 运用 Lasso 回归时系数和调整参数 λ 的关系

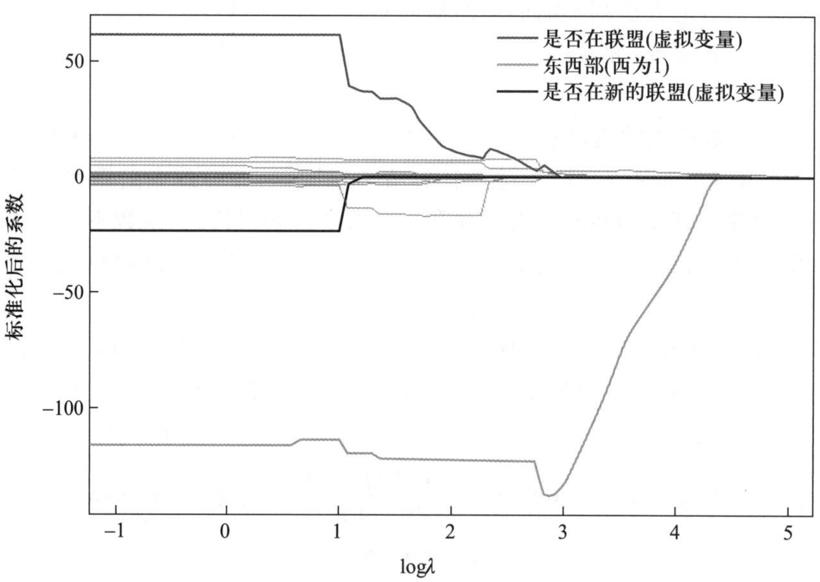

图 11-5　例 11.2 运用 SCAD 回归时系数和调整参数 λ 的关系

11.2.4　*X* 正交矩阵时的解

当 $\boldsymbol{X}$ 为正交矩阵($\boldsymbol{X}^{\mathrm{T}}\boldsymbol{X}=\boldsymbol{I}$)时,可以得到最优子集法、Ridge 惩罚函数、Lasso 惩罚函数和 SCAD 方法估计值的表达式,令 z 为最小二乘估计量,$z_{(M)}$ 表示自变量系数估计值从大到小排在第 M 大的值,x_+是指 x 取正的部分,四种方法结果比较见表 11-2。

表 11-2　四种方法结果比较

方法	估计值
最优子集法(最优选择 M 个变量)	$z \cdot I(\|z\| \geqslant \|z_{(M)}\|)$
Ridge	$z/(1+\lambda)$
Lasso	$\text{sign}(z)(\|z\|-\lambda)_+$
SCAD	$\begin{cases} \text{sign}(z)(\|z\|-\lambda)_+, & 当 \|z\| \leqslant 2\lambda \\ \{(a-1)z-\text{sign}(z)a\lambda\}/(a-2), & 当 2\lambda < \|z\| \leqslant a\lambda \\ z, & 当 \|z\| > a\lambda \end{cases}$

图 11-6 是表 11-2 的具体表现,其中 SCAD 方法中取 $\lambda=2, a=3.7$。

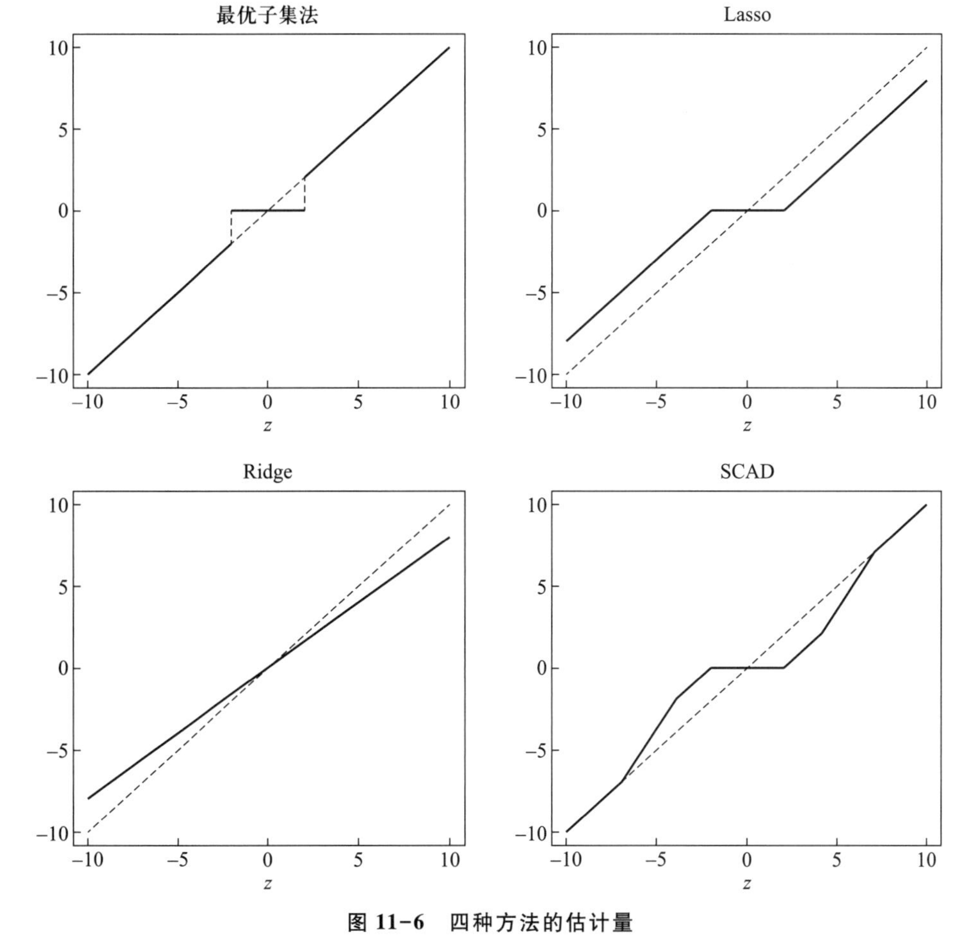

图 11-6　四种方法的估计量

从图 11-6 中可以进一步理解四种方法在无偏性、稀疏性和连续性上的表现。在最优子集法和 SCAD 方法中,当 z 较大的时候,估计值和实际值是重合的,也就是说估计值是近似无偏的,而 Lasso 的估计值有一个 λ 的偏差,Ridge 是将估计值压缩到了实际值的 $1/(1+\lambda)$。除了 Ridge,可以发现其他三种方法在 z 取较小值的时候,估计值都会直接压缩到 0,这也再次说明了 Ridge 不能选择变量。同时可以注意到，最优子集法在 $z_{(M)}$ 处间断，不是连续的，而另外三种方法都是连续的。

11.2.5　MCP 惩罚

Zhang(2010)提出的 MCP(minimax concave penalty)是与 SCAD 类似的方法，也是理论性质良好的惩罚方法。它对 $|\beta|$ 也是分阶段惩罚，避免大系数过度被压缩，惩罚函数为

$$P_{\mathrm{MCP}}(|\beta|;\lambda,a)=\begin{cases}\lambda|\beta|-\dfrac{|\beta|^2}{2a} & 若\ |\beta|\leqslant a\lambda\\ \dfrac{a\lambda^2}{2} & 若\ |\beta|>a\lambda\end{cases}$$

$$P'_{\mathrm{MCP}}(|\beta|;\lambda,a)=\begin{cases}\lambda-\dfrac{|\beta|}{a} & 若\ |\beta|\leqslant a\lambda\\ 0 & 若\ |\beta|>a\lambda\end{cases}$$

其中参数 $a>0$ 为待定参数。可以看出在 $|\beta|\leqslant a\lambda$ 时，MCP 函数的一阶导数随 $|\beta|$ 增大而减小，即 $|\beta|$ 越大，惩罚函数上升越缓慢；当 $|\beta|>a\lambda$ 时，惩罚函数的一阶导数为 0，即对大的回归系数不惩罚。MCP 也同样改善了 Lasso 过度惩罚大系数的缺点。

下面我们从图形上来理解 Lasso、SCAD、MCP 的压缩特征。图 11-7 是当 $\lambda=1$ 时这三种变量选择方法在一维情形下的惩罚函数值。可以看出，在参数值 β 较小时，SCAD、MCP、Lasso 都是 β 的线性函数，三种惩罚形式一致；随着 β 的增大，SCAD、MCP 由直线惩罚变为曲线惩罚，惩罚力度会慢慢减弱，但是 Lasso 一直是线性惩罚。当参数大到一定程度时，SCAD 和 MCP 的值与 β 无关，即不再对 β 进行惩罚，这样可以保证大系数被选入模型。

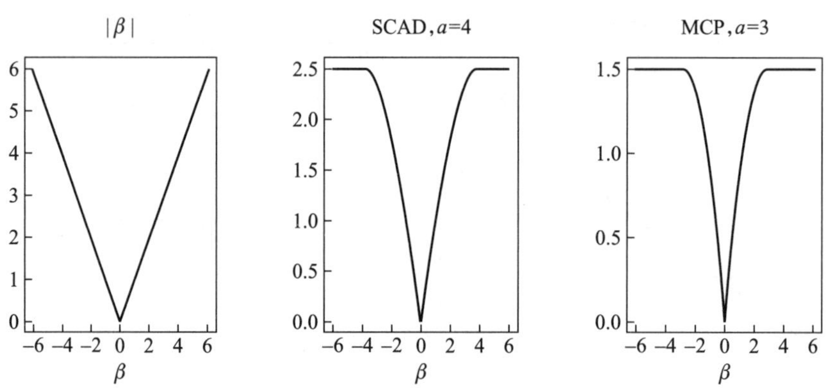

图 11-7　$\lambda=1$ 时 Lasso、SCAD、MCP 的惩罚函数

11.2.6　调整参数选择

调整参数 λ 连接损失函数和惩罚函数，λ 越大，惩罚函数越大，压缩越严重，模型结构会越简单，反之得到的模型越复杂。因此基于一定的评价准则，选择合适的调整参数来平衡模型拟合优度和复杂度，使模型结构精简又拟合良好。常用的方法有交叉验证(cross validation,CV)、广义交叉验证(GCV)、广义信息准则(GIC)、AIC、BIC、风险膨胀准则(RIC)、C_p 准则等。其中,用 CV 求解调整参数的思路是:

(1) 随机地将样本分为等量的 k 份。

(2) 选择其中 $k-1$ 份样本作为训练集(train set)来构建模型,剩下的样本作为测试集(test set)用于检验模型的预测能力,得到这份样本的预测误差平方和。

(3) 循环第(2)步直到所有样本都被预测一次,加总所有样本的预测误差平方和(PRESS)。

(4) 对于每个可能取值的 λ,计算它们相应的 PRESS 值,选择使 PRESS 最小的 λ 作为最优调整参数估计值。

11.3　基于压缩估计的组变量选择

组变量选择的含义是,某些变量会因为特殊关系而"绑"在一起作为一个整体参与变量选择的过程,绑在一起的变量被选择的结果是相同的,要么全部选入,要么全部剔除。

在某些实际应用中,自变量呈现分组结构,最常见的是基于先验信息形成的自然分组结构,它具有一定的客观存在性,不是主观定义的结构。具体是指多水平的分类变量在参与建模时,将会转化为虚拟变量组,这组虚拟变量都是描述同一个指标的,因此客观存在一定的整体性。此外,在非参数模型中,基于某一变量的基函数组也具有一定的整体结构性。那么,为什么要以它们作为一个整体进行变量选择以确保同进同出呢?例如,在研究季节对某计算机销售量的影响时,季节用三个虚拟变量来描述,若季节带来的影响不显著,那么这三个虚拟变量的回归系数应该都显著为 0,此时合理的变量选择方法必须能够正确地剔除整组变量而非单个变量。

这类方法的惩罚目标函数与式 11.1 有所不同,它是对参数以组为整体进行惩罚,一般形式如下:

$$\min_{\beta} Q(\beta_0,\beta)=\min_{\beta}\left\{L(\boldsymbol{\beta}_0,\boldsymbol{\beta}\mid \boldsymbol{Y},\boldsymbol{X})+\sum_{j=1}^{J}P(\mid\boldsymbol{\beta}^{(j)}\mid;\lambda)\right\}$$

其中:回归系数向量分为 J 个组,即 $\boldsymbol{\beta}^{\mathrm{T}}=(\beta^{(1)\mathrm{T}},\cdots,\beta^{(J)\mathrm{T}})$。$\boldsymbol{X}_j=(x_{j1},\cdots,x_{jp_j})$ 和 $\boldsymbol{\beta}^{(j)}=(\beta_1^{(j)},\cdots,\beta_{p_j}^{(j)})^{\mathrm{T}}$ 分别是第 j 组自变量的 $n\times p_j$ 维设计矩阵和 $p_j\times 1$ 维回归系数,$\sum_{j=1}^{J}p_j=p$。$\sum_{j=1}^{J}P(\mid\boldsymbol{\beta}^{(j)}\mid;\lambda)$类似于式 11.1 的 $P(\mid\boldsymbol{\beta}\mid;\lambda)$,不同的是此处在系数组间存在可加的结构。对于这样的问题,逐个变量选择是无法解决的。因此接下来介绍组变量选择方法,最常用的是 Yuan 和 Lin(2006)提出的 Group Lasso。它的惩罚函数为

$$P_{\mathrm{GLasso}}(\mid\boldsymbol{\beta}\mid;\lambda)=\lambda\sum_{j=1}^{J}\sqrt{p_j}\,\|\beta^{(j)}\|_2 \tag{11.14}$$

其中 $\|\cdot\|_2$ 为 L2 范数。从该方法惩罚函数的形式可知,同组变量的回归系数 $\beta^{(j)}=(\beta_1^{(j)},\cdots,\beta_{p_j}^{(j)})^{\mathrm{T}}$ 是以$(\beta_1^{(j)})^2+\cdots+(\beta_{p_j}^{(j)})^2$ 的关系存在的,可理解为组内惩罚是岭惩罚,由于岭

惩罚不能选择变量，因此这里 Group Lasso 在组内也是不能选择变量的。组间系数 $\beta^{\mathrm{T}}=(\beta^{(1)\mathrm{T}},\cdots,\beta^{(J)\mathrm{T}})$ 的构成形式为 $[P_{\text{Ridge}}(\beta^{(1)})]^{1/2}+\cdots+[P_{\text{Ridge}}(\beta^{(J)})]^{1/2}$，其中函数 P_{Ridge} 是岭惩罚函数的形式，那么组间是具有变量选择功能的 Bridge 惩罚。之所以能保证整组变量同时被剔除，是因为组间的 Bridge 可以选择整组。

11.4　基于压缩估计的双层变量选择

Group Lasso 的特点是一组变量要么全被选入要么全被剔除，无法在组内选择重要的变量。但是在某些应用中，不仅要选择组，还要在组内进行选择，例如研究某一疾病发病的影响因素，基因 pathway 由一组变量来描述，但是理论研究表明该组变量中并非每一个都会对该病有显著影响，因此在选择重要基因的同时，还要识别基因中重要的变量。这一过程分为两个层次，第一层选择显著组，第二层选择组内显著的单个变量，因此很形象地被称为双层变量选择。双层变量选择在多任务学习、多源数据融合等方面有较多的应用。双层变量选择在理论上的研究比组变量选择要多，应用更广，模型的形式也更具一般性。根据惩罚函数的形式，双层变量选择可分为复合函数型双层变量选择方法和可加型双层变量选择方法。下面将分别介绍这两类方法。

11.4.1　复合函数型双层变量选择

复合函数型双层变量选择是指惩罚函数表示为组间惩罚 P_{outer} 和组内惩罚 P_{inner} 的复合函数，这类方法的特点是组间惩罚函数 P_{outer} 和组内惩罚函数 P_{inner} 都具有单个变量选择功能。对第 j 组变量，复合惩罚可以表示为

$$P_{\text{outer}}\left(\sum_{k=1}^{p_j}P_{\text{inner}}(|\beta_k^{(j)}|)\right)$$

1. Group Bridge

Huang 等 2009 年提出的 Group Bridge 是最早的双层变量选择方法，Group Bridge 惩罚函数如下：

$$P_{\text{GBridge}}(\beta;\lambda,\gamma)=\sum_{j=1}^{j}\lambda p_j^{\gamma}\|\beta^{(j)}\|_1^{\gamma} \tag{11.15}$$

其中 $0<\gamma<1$，p_j 是第 j 组变量所包含的个数，在此的作用是权重，即变量数越多，权重越大，被压缩的程度越高。由于 Lasso 和 Bridge 都具有单个变量选择的效果，因此 Group Bridge 具有双层选择功能。它在组内进行 Lasso 惩罚，即以 $|\beta_1^{(j)}|+\cdots+|\beta_{p_j}^{(j)}|$ 的形式进行组合。组间进行 Bridge 惩罚，以 $(P_{\text{Lasso}}(\beta^{(1)}))^{1/\gamma}+\cdots+(P_{\text{Lasso}}(\beta^{(j)}))^{1/\gamma}+\cdots$ 的形式组合，其中函数 P_{Lasso} 是 Lasso 惩罚。

2. Composite MCP

Breheny 和 Huang 在 2009 年提出的 Composite MCP 是另一双层变量选择方法，其函数结构与 Group Bridge 类似，都是复合型函数，但组内和组间惩罚都是 MCP 函数，惩罚问题为

$$P_{\mathrm{CMCP}}(\beta;\lambda_1,a_1,\lambda_2,a_2)=\sum_{j=1}^{J}P_{\mathrm{MCP}}\left(\sum_{k=1}^{p_j}P_{\mathrm{MCP}}(\,|\beta_k^{(j)}|\,;\lambda_1,a_1);\lambda_2,a_2\right)\tag{11.16}$$

类似地,将 MCP 函数换为 SCAD 函数时,又有 Composite SCAD 方法,也能进行双层变量选择。不同方法在二维情形下的惩罚函数见图 11-8。

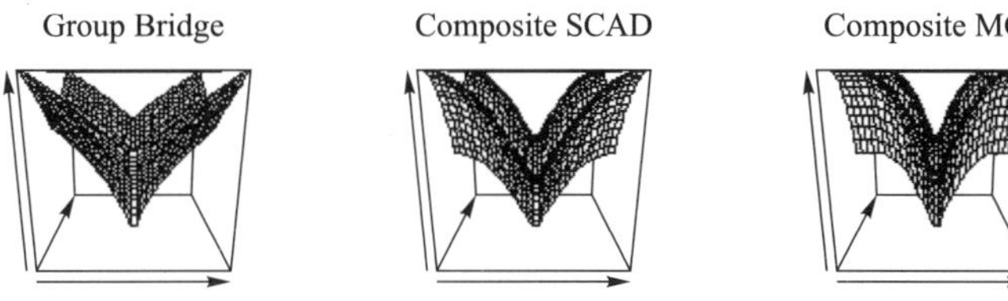

图 11-8　二维情形下三种双层变量选择方法的惩罚函数图像

11.4.2　可加型双层变量选择

另一类双层选择方法是稀疏组惩罚(sparse group penalty),又称为可加惩罚(additive penalty),它的惩罚函数不是两个具有逐个变量选择功能惩罚的复合函数,而是逐个变量惩罚和组变量惩罚的线性组合,逐个变量和组变量的惩罚函数分开。惩罚函数的一般形式如下:

$$P_{\mathrm{indiv}}(\,|\beta|\,;\lambda_1)+P_{\mathrm{grp}}(\,|\beta|\,;\lambda_2)P_{\mathrm{indiv}}(\,|\beta|\,;\lambda_1)+P_{\mathrm{grp}}(\,|\beta|\,;\lambda_2)$$

其中:$P_{\mathrm{indiv}}(\cdot)$是具有逐个变量选择功能的惩罚函数,它作用在每个系数上,比如 Lasso、SCAD 和 MCP;$P_{\mathrm{grp}}(\cdot)$是仅具组变量选择功能的惩罚函数,作用在组变量上,比如 Group Lasso。

Simon 等(2013)提出的 Sparse Group Lasso(SGL)属于这类方法,它通过 Lasso 和 Group Lasso 的线性组合来进行双层选择,惩罚问题为

$$P_{\mathrm{SGL}}(\,|\beta|\,;\lambda,\alpha)=\lambda\alpha\|\beta\|_1+\lambda(1-\alpha)\sum_{j=1}^{J}\|\beta^{(j)}\|_2\tag{11.17}$$

式 11.17 中的第一项惩罚是 Lasso,用于选择逐个变量,因此具有变量选择效果的方法如 MCP、SCAD 等都可以代替它。同样地,第二项惩罚是 Group Lasso,是为了选择重要的变量组,理论上任何具有组变量选择功能的方法都能代替该项。在 SGL 方法中,不同变量的系数或者不同组的系数可能具有同等的重要性,在进行惩罚时都施以相同的压缩力度。但是在实际中应当区别它们的重要性,对不同的系数施加不同的惩罚,Fang 等 2014 提出的 Adaptive SGL 满足这一要求,惩罚函数为

$$P_{\mathrm{AdSGL}}(\,|\beta|\,;\alpha,\lambda)=(1-\alpha)\lambda\sum_{j=1}^{J}w_j\|\beta^{(j)}\|_2+\alpha\lambda\sum_{j=1}^{J}\xi^{(j)\mathrm{T}}|\beta^{(j)}|$$

其中:$w_j\in R_+$为第 j 组系数作为一个整体的权重,$\xi^{(j)}=(\xi_1^{(j)},\cdots,\xi_{p_j}^{(j)})^{\mathrm{T}}$ 是第 j 组系数内部的权重向量,其元素 $\xi_i^{(j)}(i=1,\cdots,p_j)$为第 j 组中第 i 个系数 β_i^j的权重。因此它对单个系数和组系数分别建立了权重,使不同的组具有不同的重要性,不同的单个系数也具备不完全相同的重要性。当两组权重都为 1 时,该方法退化为 SGL 方法。

11.5　R 语言实现

11.5.1　子集选择法

首先载入数据，将 College 数据集中的 Apps（申请人数）作为因变量，其他变量作为预测。

```
> library ( ISLR )
> data ( College )
> names ( College ) # 返回数据集变量名，限于篇幅省略打印
> dim ( College )
[1] 777  18
```

1. 最优子集法

R 语言 leaps 包中的 regsubsets( ) 函数可以用于实现最优预测变量子集的筛选。regsubsets( ) 函数的语法与 lm( ) 类似。

```
> library ( leaps )
> subset.full <- regsubsets ( Apps ~ . , College )
> summary ( subset.full )
Subset selection object
Call: regsubsets.formula ( Apps ~ . , College )
17 Variables  (and intercept)
# 限于篇幅，此处省略
1 subsets of each size up to 8
Selection Algorithm: exhaustive
  PrivateYes Accept Enroll Top10perc Top25perc F.Undergrad P.Undergrad Out-
state
1  ( 1 ) " "  "*"  " "  " "  " "  " "  " "  " "
2  ( 1 ) " "  "*"  " "  "*"  " "  " "  " "  " "
3  ( 1 ) " "  "*"  " "  "*"  " "  " "  " "  " "
4  ( 1 ) " "  "*"  " "  "*"  " "  " "  " "  "*"
5  ( 1 ) " "  "*"  "*"  "*"  " "  " "  " "  "*"
6  ( 1 ) " "  "*"  "*"  "*"  " "  " "  " "  "*"
7  ( 1 ) " "  "*"  "*"  "*"  "*"  " "  " "  "*"
8  ( 1 ) "*"  "*"  "*"  "*"  " "  " "  " "  "*"
  Room.Board Books Personal PhD Terminal S.F.Ratio perc.alumni Expend Grad.
Rate
```

```
1  ( 1 ) " "  " "  " "  " " " "  " "  " "  " "   " "
2  ( 1 ) " "  " "  " "  " " " "  " "  " "  " "   " "
3  ( 1 ) " "  " "  " "  " " " "  " "  " "  "*"   " "
4  ( 1 ) " "  " "  " "  " " " "  " "  " "  "*"   " "
5  ( 1 ) " "  " "  " "  " " " "  " "  " "  "*"   " "
6  ( 1 ) "*"  " "  " "  " " " "  " "  " "  "*"   " "
7  ( 1 ) "*"  " "  " "  " " " "  " "  " "  "*"   " "
8  ( 1 ) "*"  " "  " "  "*" " "  " "  " "  "*"   " "
```

输出结果中的“ *”表示列对应的变量包含于行对应的模型当中。例如,在上述输出结果中,最优的两变量模型是仅包含 Accept 和 Top10perc 两个变量的模型。regsubsets( ) 函数默认只输出截至最优 8 个变量模型的筛选结果,若想要改变输出的预测变量个数,可通过函数中的参数 nvmax 来进行更改。例如,我们想要输出截至最优 17 个变量的模型:

```
> subset.full <- regsubsets ( Apps ~ . , College , nvmax = 17 )
> full.summary <- summary ( subset.full )
```

另外,summary( ) 函数还返回了相应模型的 R^2、RSS、调整的 R^2、C_p、BIC 等指标。我们可以通过比较这些统计指标来筛选出整体上最优的模型。例如,当模型中只含一个变量时 R^2 约为 89.0%,当模型中包含所有变量时 R^2 增大到 92.9%。从这里就可以看出,R^2 随着模型中引入变量个数的增多而递增。

```
> names ( full.summary )
[1] "which"  "rsq"  "rss"  "adjr2"  "cp"  "bic"  "outmat"  "obj"
> full.summary $ rsq
[1] 0.8900990 0.9157839 0.9183356 0.9212640 0.9237599 0.9247464 0.9257649
[8] 0.9268725 0.9276780 0.9283103 0.9288011 0.9289945 0.9291223 0.9291632
[15] 0.9291878 0.9291885 0.9291887
```

我们还可以画出一些图像来帮助选择最优的模型。which. min( ) 和 which. max( ) 函数用于识别一个向量中最大值和最小值对应点的位置,points( ) 函数用于将某个点加在已有图像上。下面的代码可以生成图 11-9。

```
> par ( mfrow = c ( 1 , 3 ) )
# CP
> which.min ( full.summary $ cp )
[1] 12
> plot ( full.summary $ cp , xlab = "Number of Variables" , ylab = "CP" , type = "b" )
> points ( 12 , full.summary $ cp [ 12 ] , col = "red" , cex = 2 , pch = 20 )
# BIC
> which.min ( full.summary $ bic )
[1] 10
> plot ( full.summary $ bic , xlab = "Number of Variables" , ylab = "BIC" , type =
"b" )
```

```
> points ( 10 , full.summary $ bic [ 10 ] , col = "red" , cex = 2 , pch = 20 )
# Adjusted Rsq
> which.max ( full.summary $ adjr2 )
[1] 13
> plot ( full.summary$adjr2 , xlab = "Number of Variables" , ylab = "Adjusted RSq" , type = "b" )
> points ( 13 , full.summary $ adjr2 [ 13 ] , col = "red" , cex = 2 , pch = 20 )
```

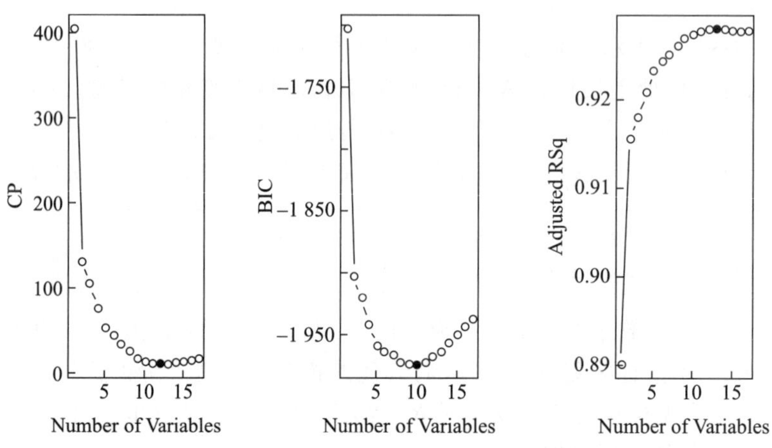

图 11-9　模型选取的变量个数与不同统计指标的关系

还可以用 coef( )提取该模型的参数估计值,例如,要提取含有 10 个变量的最优模型。

```
> coef ( subset.full , 10 )
  (Intercept)    PrivateYes       Accept       Enroll     Top10perc     Top25perc
-100.51668243 -575.07060789 1.58421887 -0.56220848 49.13908916 -13.86531103
    Outstate   Room.Board          PhD       Expend    Grad.Rate
-0.09466457   0.16373674  -10.01608705   0.07273776   7.33268904
```

2. 向前逐步选择法和向后逐步选择法

向前逐步选择法和向后逐步选择法也可以通过 regsubsets( )函数来实现,只需要设置参数为 method = "forward"或 method = "backward"。

```
# (1) 向前逐步选择法
> subset.fwd <- regsubsets ( Apps ~ . , College , nvmax = 17 , method = "forward" )
> summary ( subset.fwd )
# 限于篇幅,此处省略
# (2) 向后逐步选择法
> subset.bwd <- regsubsets ( Apps ~ . , College , nvmax = 17 , method = "backward" )
> summary ( subset.bwd )
# 限于篇幅,此处省略
```

对这个数据集而言,使用最优子集法和向前逐步选择法选择的从最优单变量模型到最优 6 变量模型的结果是完全一致的,但是从最优 7 变量模型开始,三种方法所得的结果就不一样了。

11.5.2　压缩估计法

1. 线性回归

模拟产生样本量为 200 的样本,$p=20$,各自变量独立同分布于标准正态分布,回归系数的真实值由 beta 变量给定,截距项为 0,误差项满足标准正态分布。注意,glmnet 包中的 cv. glmnet 函数默认使用 Lasso 方法选择变量,ncvreg 包中的 cv. ncvreg 函数默认使用 MCP 方法选择变量,模型可以有多种,均由 family 参数赋值,默认值为"gaussian",即线性回归。三种方法的估计结果如下:

```
> x <- matrix ( rnorm ( 100 *20 ) , 100 , 20 )
> beta <- c ( seq ( 1 , 2 , length.out = 6 ) , 0 , 0 , 0 ,  0 , rep ( 1 , 10 ) )
> y <- x %* %beta + rnorm ( 100 )
# (1) Lasso 惩罚
> library ( glmnet )
> fit1 <- cv.glmnet ( x , y , family = "gaussian" )
> beta.fit1 <- coef ( fit1 )                          # 提取参数的估计值
> beta.fit1
21 × 1 sparse Matrix of class "dgCMatrix"
```

(Intercept)	0.22107597	V11	0.91660575
V1	1.07078564	V12	1.01732755
V2	0.92873628	V13	1.03031400
V3	1.29251538	V14	0.79554151
V4	1.42091683	V15	1.06862775
V5	1.69264590	V16	1.02252502
V6	1.98246988	V17	1.01463598
V7	.	V18	1.04317595
V8	-0.01970388	V19	0.64361753
V9	0.05541718	V20	0.63119819
V10	.		

```
> resid1 <- ( x %* %beta.fit1 [ -1 ] + beta.fit1 [ 1 ] - y )
> MSE1 <- sum ( resid1 ^ 2 )                          # 计算残差平方和
> MSE1
107.5669
# (2) MCP 惩罚
> library ( ncvreg )
> fit2 <- cv.ncvreg ( x , y , family = "gaussian" )
> fit.mcp <- fit2$fit
> beta.fit2 <- fit.mcp$beta [ , fit2$min ]      # 提取参数的估计值
```

```
> round ( beta.fit2 , 3 )                                    # 保留三位小数
(Intercept)     V1     V2     V3     V4     V5     V6     V7     V8     V9    V10
      0.133 1.142 1.038 1.393 1.506 1.765 2.075 0.000 0.000 0.000 0.000
        V11    V12    V13    V14    V15    V16    V17    V18    V19    V20
      0.999 1.092 1.055 0.878 1.190 1.107 1.068 1.079 0.748 0.725
> resid2 <- ( x %*%beta.fit2 [ -1 ] + beta.fit2 [ 1 ] - y )
> MSE2 <- sum( resid2 ^ 2 )                                  # 计算残差平方和
> MSE2
98.49723
# (3) SCAD 惩罚
> fit3 <- cv.ncvreg ( x , y , family = "gaussian" , penalty = "SCAD" )
> fit.scad <- fit3$fit
> beta.fit3 <- fit.scad$beta [ , fit3$min ]        # 提取参数的估计值
> round ( beta.fit3 , 3 )                                    # 保留三位小数
(Intercept)     V1     V2     V3     V4     V5     V6     V7     V8     V9    V10
      0.133 1.142 1.039 1.393 1.506 1.765 2.077 0.000 0.000 0.011 0.000
        V11    V12    V13    V14    V15    V16    V17    V18    V19    V20
      1.000 1.089 1.058 0.879 1.192 1.106 1.067 1.080 0.746 0.725
> resid3 <- ( x %*%beta.fit3 [ -1 ] + beta.fit3 [ 1 ] - y )
> MSE3 <- sum( resid3 ^ 2 )                                  # 计算残差平方和
> MSE3
98.11981
```

分析以上结果,首先从模型选择的结果看,MCP 的选择是 100%准确的,将第 7~10 个变量压缩为 0,截距项也接近 0,SCAD 识别出了其中三个零系数,而 Lasso 只将第 7 和第 10 个变量成功选择出来。再从 MSE 来评价三种方法的参数估计能力,MCP 和 SCAD 的 MSE 分别为 98.497 23 和 98.119 81,均比 Lasso 的 107.566 9 小,这说明 MCP 和 SCAD 的参数估计结果要比 Lasso 更好。其实,在实际应用中,MCP 和 SCAD 的效果相当,且都比 Lasso 要好。

2. Logistic 回归

在这部分所使用的数据来自 ncvreg 包中自带的 heart 数据集。

```
> library ( ncvreg )
> data ( heart )
> x <- as.matrix ( heart [ , 1 : 9 ] )
> y <- heart $ chd
# (1) Lasso 惩罚
> library ( glmnet )
> fit1 <- cv.glmnet ( x , y , family = "binomial" )
> beta.fit1 <- coef ( fit1 )
> beta.fit1
10 × 1 sparse Matrix of class "dgCMatrix"
```

```
                            1    famhist      0.516247338
  (Intercept)     -3.265555818   typea        0.006829911
  sbp                  .         obesity      .
  tobacco          0.045237374   alcohol      .
  ldl              0.084175104   age          0.032644419
  adiposity            .
#(2) MCP 惩罚
> fit2 <- cv.ncvreg ( x , y , family = "binomial" )
> fit.mcp <- cvfit.mcp $ fit
> beta.fit2 <- fit.mcp $ beta [ , fit2 $ min]
> beta.fit2
 (Intercept)          sbp       tobacco          ldl    adiposity
-6.261745725   0.0000000   0.080241489  0.164707815     0.000000
     famhist        typea       obesity      alcohol          age
 0.909393005  0.03685869  -0.007391584     0.000000  0.050702038
#(3) SCAD 惩罚
> fit3 <- cv.ncvreg ( x , y , family = "binomial" , penalty = "SCAD" )
> fit3 <- cvfit.scad $ fit
> beta.fit3 <- fit.scad $ beta [ , fit3 $ min]
> beta.fit3
 (Intercept)           sbp       tobacco          ldl    adiposity
-6.350302864  0.002146815   0.080082494  0.170419891      0.00000
     famhist         typea       obesity      alcohol          age
 0.912651281  0.037773295  -0.017317769     0.000000  0.050087532
```

从以上参数估计结果得出，Lasso、MCP 和 SCAD 分别选择了 5、6、7 个变量来建立模型。MCP 和 SCAD 的参数估计结果接近，但与 Lasso 的值相差较大。因此，在 Logistic 回归中，SCAD 和 MCP 的表现也是差不多的。

11.5.3　组变量选择

R 的 grpreg 包常用来处理 Group Lasso 问题，而弹性网可通过前面介绍的 glmnet 包实现。接下来我们以 grpreg 包中的 birthwt. grpreg 数据为例进行分析。

1. 线性回归

首先了解数据的形式，以便体会变量分组结构的含义。

```
> library ( grpreg )
> data ( birthwt.grpreg )
> X <- as.matrix ( birthwt.grpreg [ , -1 : -2 ] )
> y <- birthwt.grpreg $ bwt
> colnames ( X )
[1] "age1"  "age2"  "age3"  "lwt1"  "lwt2"  "lwt3"  "white"  "black"  "smoke"
"ptl1"  "ptl2m"  "ht"  "ui"  "ftv1"  "ftv2"  "ftv3m"
> group <- c ( 1 , 1 , 1 , 2 , 2 , 2 , 3 , 3 , 4 , 5 , 5 , 6 , 7 , 8 , 8 , 8 )  #变量组结构
```

通过查看自变量的名称以及分组结构可知，共有 8 组，其中第 4、6、7 组是由单变量构成的，其余是由多个变量成的组，例如 age1、age2 和 age3 都是关于年龄的变量。

拟合该数据，就可以得到参数估计和模型选择结果，其中 coef( ) 函数输出了最优 λ 下的估计结果，而调整参数是用 CV 准则进行选择的。

```
> cvfit <- cv.grpreg ( X , y , group , penalty = "grLasso" )
> coef ( cvfit ) # Beta at minimum Cross-Validation Error
(Intercept)        age1        age2        age3        lwt1        lwt2
 3.03980161  0.06605057  1.22157782  0.72417976  1.45304814 -0.07667569
       lwt3       white       black       smoke        ptl1       ptl2m
 1.07987795  0.25511386 -0.11491470 -0.24778502 -0.25537334  0.15024454
         ht          ui        ftv1        ftv2       ftv3m
-0.46412745 -0.44048368  0.05015767  0.01708853 -0.07517179
```

从估计值可以看出，Group Lasso 将所有变量都选入了模型。

2. Logistic 回归

接下来，同样使用 birthwt. grpreg 数据集对 Group Lasso 在 Logistic 回归问题中的使用进行介绍。注意，cv. grpreg( ) 函数可以根据因变量的类型自动识别是线性回归问题还是 Logistic 回归问题，所以这里可以省略参数“family”。

```
> library ( grpreg )
> data ( birthwt.grpreg )
> X <- as.matrix ( birthwt.grpreg [ , -1 : -2 ] )
> y <- birthwt.grpreg$low
> group <- c ( 1 , 1 , 1 , 2 , 2 , 2 , 3 , 3 , 4 , 5 , 5 , 6 , 7 , 8 , 8 , 8 ) # 变量的分组结构
> cvfit <- cv.grpreg ( X , y , group , penalty = "grLasso" )
> coef ( cvfit ) # Beta at minimum Cross-Validation Error
 (Intercept)         age1         age2         age3         lwt1         lwt2
 0.254271970 -0.125734126 -0.061604766  0.006872249 -0.673684419  0.084708069
        lwt3        white        black        smoke         ptl1        ptl2m
-0.420177679 -0.073716576  0.039466934  0.086290980  0.272284639 -0.011222035
          ht           ui         ftv1         ftv2        ftv3m
 0.240495141  0.107842459 -0.032038315 -0.019871825  0.028053504
> summary ( cvfit )
grLasso-penalized linear regression with n=189, p=16
At minimum cross-validation error (lambda=0.0198):
  Nonzero coefficients: 16
  Nonzero groups: 8
  Cross-validation error of 0.20
  Maximum R-squared: 0.09
  Maximum signal-to-noise ratio: 0.10
Scale estimate (sigma) at lambda.min: 0.442
```

参数估计结果显示模型的所有变量都选入了模型。summary()函数输出惩罚估计的模型评价和选择的相关指标,从中能得出最优 λ 为 0.019 8,在该 λ 值下,模型的交叉验证误差达到最小,为 0.20。我们也可以从图像上来看一系列近似连续的 λ 值下交叉验证误差的变化。

```
> plot ( cvfit )
```

图 11-10 中,下面的 x 轴表示 $\log(\lambda)$,上面的 x 轴表示选入模型的组数,y 轴为交叉验证计算所得到的误差,当 $\log(\lambda)=-3.922\,073$ 时(即虚线所示位置),交叉验证误差达到最小,模型达到最优,此时有 8 组变量被选入模型。从图 11-10 也可以得出,当 $\log(\lambda)$ 较大时(-2.2 左右),所有组都被剔除,随着 $\log(\lambda)$ 减小,被选择的组数增多,当小到一定程度时,所有组都被选入模型。

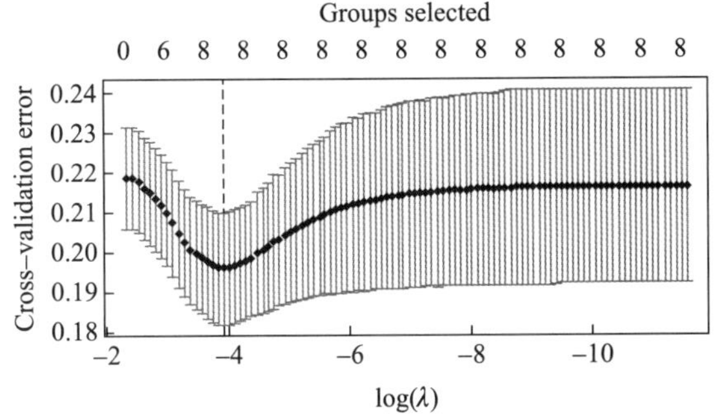

图 11-10 birthwt.grpreg 使用 Group Lasso 方法的交叉验证图

11.5.4 双层变量选择

1. 线性回归

```
# (1) Group Bridge
> library ( grpreg )
> data ( birthwt.grpreg )
> X <- as.matrix ( birthwt.grpreg [ , -1 : -2 ] )
> y <- birthwt.grpreg $ bwt
> group <- c ( 1 , 1 , 1 , 2 , 2 , 2 , 3 , 3 , 4 , 5 , 5 , 6 , 7 , 8 , 8 , 8 ) # 变量的分组结构
> cvfit.b <- gBridge ( X , y , group ) # L1 group bridge
> select ( cvfit.b ) $ beta
(Intercept)        age1        age2        age3        lwt1        lwt2
 2.99828275  0.00000000  0.88487300  0.27400847  1.00999184  0.00000000
       lwt3       white       black       smoke        ptl1       ptl2m
 0.73202308  0.26614561 -0.03940054 -0.22143201 -0.17146875  0.00000000
         ht          ui        ftv1        ftv2       ftv3m
-0.28424954 -0.38434970  0.00000000  0.00000000  0.00000000
```

```
#（2）Composite MCP
> cvfit.m <- cv.grpreg ( X , y , group , penalty = "cMCP" , gama = 2.5 )
> coef ( cvfit.m )
(Intercept)        age1        age2        age3        lwt1        lwt2
 3.03356397  0.00000000  1.19551692  0.60858915  1.37706565  0.00000000
       lwt3       white       black       smoke        ptl1       ptl2m
 0.95690954  0.29741588 -0.07031732 -0.27205278 -0.24569795  0.03671572
         ht          ui        ftv1        ftv2       ftv3m
-0.47175797 -0.45020423  0.02207935  0.00000000 -0.04190141
```

Group Bridge 剔除了 age1、lwt2、ptl2m、ftv1、ftv2、ftv3m 这 6 个变量，其中 ftv1、ftv2 和 ftv3m 属于同一组，该组变量被全部剔除。age1 与 age2、age3 属于同一组，在这组变量内实现了组内选择，这一现象在 Group Lasso 中并未出现，而是同组变量一起显著。

Composite MCP 的结果与 Group Bridge 类似。但是它选择的变量只有上述 6 个中的 3 个。非零参数的符号是一致的。此方法的结果依赖于 MCP 函数的参数 a 的值，即代码中的参数 gama，此例中取为 2.5。

2. 稀疏组惩罚：SGL

```
> library ( SGL )
> library ( grpreg )
> data ( birthwt.grpreg )
> X <- as.matrix ( birthwt.grpreg [ , -1 : -2 ] )
> y <- birthwt.grpreg $ bwt
> group <- c ( 1 , 1 , 1 , 2 , 2 , 2 , 3 , 3 , 4 , 5 , 5 , 6 , 7 , 8, 8 ,8) # 变量的分组结构
> data <- list ( x = X , y = y )
> cvFit <- cvSGL ( data , group , type = "linear" ) # SGL
> lambda.min <- which.min ( cvFit $ lldiff )
> cvFit $ fit $ beta [ , lambda.min ]
 0.0000000  1.4428484  0.7672427  1.7192625  0.0000000  1.2259704  1.8724141
-0.6588856  -1.7136471  -1.3453811  0.3434001  -1.6959587  -2.1734458  0.4434236
0.0000000  -0.4432124
```

11.6 习　　题

1. 请编写程序分析例 11-1。

2. 请编写程序分析例 11-2 和例 11-3。

3. 请分析 MASS 包中的 Boston 数据集：

（1）利用 Lasso、MCP 和 SCAD 三种惩罚方法找出影响房屋价格 medv 的因素，比较这些影响因素。

（2）使用逐步回归方法找出影响房屋价格 medv 的因素，并比较 Lasso 方法与逐步回归方法筛选出来的结果。

4. 请分析 ISLR 包中的 Smarket 数据集。以 Direction 为因变量，请用 Lasso、MCP 和 SCAD 三种惩罚方法找出影响股票价格涨跌方向的因素，并比较三种方法找出的影响因素是否一样。

5. 将例 8.3 的瑞士数据集（swiss）按 7：3 切分为训练集和测试集，对训练集使用子集选择法、向前逐步选择和向后逐步选择，并与多元线性回归结果进行比较。

（1）比较不同子集选择方法在变量选择结果和测试集上的预测效果。

（2）对向前逐步选择和向后逐步选择，以变量子集的大小为横坐标，分别绘制训练和预测的均方误差折线图，你发现了什么？

6. 请模拟生成 X 由多元正态分布产生，$p=100$，$n=100$，X_i、X_j 对应的相关系数是 $\rho^{|i-j|}$，$\rho=0.1$、0.5、0.9，回归系数 $\beta=(1,1,1,1,1,0.5,0.5,0.5,0.5,0.5,0,\cdots,0)$，随机扰动项是标准正态分布，请模拟 100 次，分别用 Lasso、MCP 和 SCAD 去筛选变量，比较变量筛选的 FNR 和 FDR。

7. 请模拟生成 X 由多元正态分布产生，$p=100$，$n=100$，相邻 5 个变量为一组，同一组内 X_i、X_j 对应的相关系数是 $\rho=0.8$，不同组间 X_i、X_j 对应的相关系数是 $\rho=0.2$，回归系数为 $\beta=(1,1,1,0.5,0.1,0.6,0.4,0.2,0.1,0.1,0,0,\cdots,0)$。随机扰动项是标准正态分布，请模拟 100 次。

（1）组模型选择：用 Group Lasso 和弹性网去筛选变量，比较变量筛选的 FNR 和 FDR。

（2）双层模型选择：用 Group Bridge、Composite MCP 和 SGL 去筛选变量，比较变量筛选的 FNR 和 FDR，并与（1）的结果进行比较。

第 12 章

决策树

基于树的方法是机器学习里最常用的方法之一，本质上它是一种非参数方法，因为我们不需要事先对总体的分布做任何假设。决策树(decision tree)模型呈树形结构，可以用于分类，称之为分类树(classification tree)，也可以用于回归，称之为回归树(regression tree)。决策树本质上可以理解为一系列 if-then 规则，也可以理解为定义在特征空间(feature space)的条件概率分布。决策树的算法很多，比较经典的算法有 ID3(Quilan,1986)、C4.5(Quilan,1993)和 CART(Breiman 等,1984)等。

本章首先介绍决策树的基本概念，然后结合 ID3 和 C4.5 介绍决策的特征选择、生成过程和修剪枝，最后介绍 CART 算法。

12.1 问题的提出

例 12.1 Airline Passenger Satisfaction 数据集是一个航空公司旅客的满意度调查数据，其中训练集有 103 904 个样本，测试集有 25 976 个样本。数据包括了顾客的性别、年龄和客户类型(是否为忠诚客户)等个人信息，还有顾客某次航行的舱位类型和飞行距离等与航行有关的信息，以及顾客对饮食、座椅舒适度等服务的满意程度打分(打分范围为 1～5 分)共 22 个变量，如表 12-1 所示。需要预测的变量是顾客对航空公司的满意度，其中满意为一个类别，中立或不满意为另一个类别。根据这 13 个特征的信息来预测客户是否对航空公司的服务感到满意，是一个机器学习中的分类问题。该如何利用决策树建模诊断？

表 12-1 Airline Passenger Satisfaction 数据集

	Satisfaction	Gender	Age	Class	Cleanliness	Checkin. service
1	neutral or dissatisfied	Male	13	Eco Plus	5	4
2	neutral or dissatisfied	Male	25	Business	1	1
3	neutral or satisfied	Female	26	Business	5	4
⋮	⋮	⋮	⋮	⋮	⋮	⋮

例 12.2 二手车价格数据集来自英国的一个包含了宝马、福特和现代等多种车型的二手车信息的数据集，二手车的信息包括汽车的品牌、注册年份、交易价格、变速器、里程数、燃

料类型、道路税、每加仑营利数和发动机尺寸，如表 12-2 所示。如果可以通过这些信息来预测二手车的交易价格，就可以帮助车主评估车辆的价格，这是机器学习的回归问题。该如何利用决策树建模预测？

表 12-2　二手车价格数据集

	mileage	fuelType	tax	mpg	engineSize	year
1	50 000	Diesel	195	47.1	2.0	2012
2	22 166	Petrol	200	40.4	2.0	2016
3	2 000	Petrol	145	38.2	2.0	2020
⋮	⋮	⋮	⋮	⋮	⋮	⋮

12.2 基本概念

12.2.1 决策树模型

决策树模型是用来描述对样本进行划分的树形结构，由节点（node）和有向边（directional edge）组成。决策树包含三种节点，分别是根节点（root node）、中间节点或内节点（internal node）、叶节点（leaf node）或终端节点（terminal node）。建模之初，全部样本组成的节点，没有入边，只有出边，称为根节点。不再继续分裂的节点称为树的终端节点或叶节点。叶节点没有出边，只有入边，它的个数决定了决策树的规模（size）和复杂程度。根节点和叶节点之外的都称作中间节点或内节点。中间节点既有入边，又有出边。

根节点在一定的分割规则下被分割成子节点，这个过程在子节点上重复进行，直至无法再分为叶节点为止。用图 12-1 表示一棵决策树的分割过程，则 t_1 是这棵树的根节点，它没有入边，但有两条出边；t_2、t_3、t_4 是中间节点，有一条入边和两条出边；R_m 是叶节点，只有一条入边，没有出边。

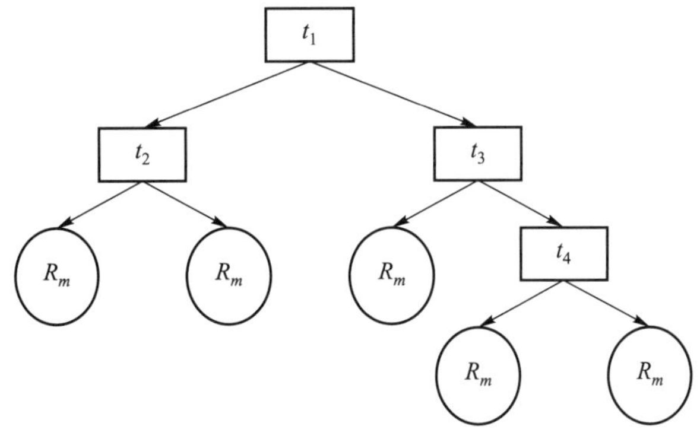

图 12-1　决策树分割过程

12.2.2　决策树与 if-then 规则

决策树本质上是一系列 if-then 规则的集合。从根节点到叶节点的路径就是一条决策规则，路径上的内节点特征划分对应着规则的条件，叶节点的取值对应着规则的结论。但是需要注意的是决策树的路径或者 if-then 规则具有“互斥且完备”的性质，也就是说每一个样本点只能对应着一条路径或者一个规则，所有叶节点上的样本点汇总等于总训练样本。

例如，以 UCI 数据库中的 Concrete Compressive Strength 混凝土数据为例，研究水泥(cement)和水(water)这两种成分对混凝土抗压强度(csMPa)的影响，利用决策树模型生成一棵如图 12-2(上)所示的含有三个叶节点的决策树。因为混凝土的抗压强度是一个连续的变量，所以该决策树是一个回归树。这棵树是由从根节点开始的一系列分裂规则构成的。根节点的分裂特征是 cement，中间节点的分裂特征是 water，则所有 cement<352.5 且 water<179.95(规则的条件)的混凝土都将被预测为 37.37(规则的结论)，这是这棵树的第一个叶节点。所有 cement<352.5 且 water≥179.95(规则的条件)的混凝土都将被预测为 27.91(规则的结论)，这是这棵树的第二个叶节点。最后，所有 cement≥352.5(规则的条件)的混凝土，其抗压强度都将被预测为 48.9(规则的结论)，这是这棵树的第三个叶节点。

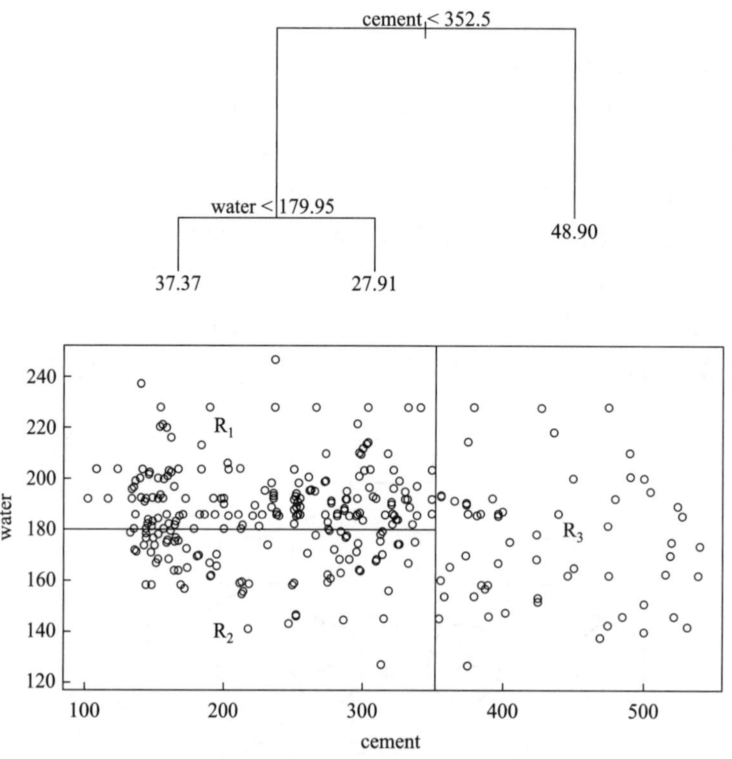

图 12-2　上：回归决策树，根据水泥和水的含量预测混凝土的抗压强度；下：根据左边的回归树将特征空间划分成三个区域

12.2.3　决策树与特征空间的划分

决策树的构建过程也可以理解为对特征空间的划分。决策树对特征的每一次分裂(split)都对应着特征空间的一次划分,决策树的一条路径(或一个叶节点)对应着特征空间的一个区域(region),所以决策树的叶节点数等于特征空间的区域数。叶节点数量代表着树的规模,叶节点越多,特征空间划分的区域也就越多,模型就越复杂。

例如图 12-2(下)是两维的特征空间,被划分为三个区域,对应着图 12-2(上)的三个叶节点。特征空间的划分过程:根据根节点是否 cement<352.5 将特征空间划分为两个区域,其中右边区域 R_3 不再划分,而左边区域又根据是否 water<179.95 划分为 R_1 和 R_2 两个区域,划分结束。图 12-2(下)的区域 R_3 就是满足 cement≥352.5 的所有观测的混凝土样本,这些样本 csMPa 的平均值为 48.90,且对任意给定的一个新的观测,若其落入此区域(即满足 cement≥352.5),则我们也将把它的 csMPa 预测为 48.90。同理可得,区域 R_1 和 R_2 的平均值分别是 27.91 和 37.37。

将上述过程推广至一般情形,决策树的学习过程可概括为以下两个步骤:

(1) 将特征空间(即 $X_1, X_2\cdots, X_p$ 的所有可能取值构成的集合)分割成 J 个互不重叠的区域 $R_1, R_2, \cdots, R_J$。

(2) 对落入区域 R_j 的每个观测,都将其预测为 R_j 上训练集的响应值的简单算术平均(回归树)或者条件概率最大的类别(分类树)。

12.2.4　决策树的学习

给定训练集

$$D=\{(x_1,y_1),(x_2,y_2),\cdots,(x_n,y_n)\}$$

其中,$x_i=(x_{i1},x_{i2},\cdots,x_{ip})^{\mathrm{T}}$ 表示第 i 个样本点,有 p 个特征,y_i 可以是连续变量(此时构建的决策树称为回归树),也可以是离散变量(此时构建的决策树称为分类树)。决策树的学习目标就是根据给定的训练集构建一个决策树模型,希望不仅对训练集能有较好的预测效果,而且对测试集也能有较好的预测效果,即有较好的泛化能力。

决策树学习本质上是从训练集中学习和归纳出一组决策规则,也可以理解为对特征空间进行合理的划分。问题是该如何划分区域 $R_1, R_2\cdots, R_J$ 呢? 理论上,我们可以将区域的形状作任意分割,但出于模型的简化和可解释性考虑,一般只将区域划分为高维矩形。不过,若要将特征空间划分为 J 个矩形区域的所有可能性都进行考虑,在计算上是不可行的,这是一个 NP 完全问题。所以,我们对区域的划分一般采用一种自上而下(top-down)、贪婪(greedy)的方法。"自上而下"指的是从树顶端开始依次分裂特征空间,每个分裂点都产生新的分裂。"贪婪"意指在建立树的每一步中,最优分裂确定仅限于某一步进程,而不是针对全局选择那些能够在未来进程中构建出更好的树的分裂点。对每一个节点重复以上过程,寻找继续分割数据集的最优特征和最优分裂点。此时被分割的不再是整个特征空间,而是之前确定的两个区域之一。这一过程不断持续,直到符合某个停止准则。譬如,当叶节点包含的观测值个数低于某个最小值时,分裂停止。

如何确定最优的分裂方案？决策树划分的目的是希望分支节点所包含的样本尽可能属于同一类别，即节点不纯度（impurity）越来越低。所以，我们基于不纯度的减少值作为分裂准则，即通过最小化节点不纯度的减少来确定最优分裂特征和最优分裂点。与分类树和回归树有不同的衡量节点不纯度的指标 $Q_m(t)$，我们将在后面进行具体的描述。

决策树的构建过程包括分裂特征选择、决策树的生成和决策树的剪枝。

12.3　分裂特征选择

决策树分裂需要选择最优特征，在最优分裂点进行分裂。如果对一个特征的分裂能大大提升决策树的预测效果，则说明该特征对因变量具有较好的预测能力。相反，如果一个特征的分裂不能提升决策树的预测效果，则称该特征对因变量不具有预测能力，经验上扔掉该特征对决策树的学习的精度影响不大。这里很重要的一个问题是如何选择最优的特征进行分裂呢？首先需要一个能衡量特征选择好坏的准则。

对于分类树，常用的准则有信息增益和信息增益比率。对于回归树，常用的准则是残差平方和。下面先介绍信息增益和信息增益比率，对于回归树的准则我们将在后面的 CART 算法中介绍。

12.3.1　信息增益

在信息论中，熵（entropy）是表示随机变量不确定性的一种度量方法。

定义 12.1　熵：假设 X 是一个有限取值的离散随机变量，具概率质量函数为：$P(X=x_k)=p_k, k=1,2,\cdots,K$，则随机变量 X 的熵为

$$En(X) = -\sum_{k=1}^{K} p_k \log p_k \tag{12.1}$$

式中：对数若以 2 为底，此时熵的单位称作比特（bit）；若以 e 为底，此时熵的单位称作纳特（nat）。由定义可知，熵只依赖于随机变量 X 的分布，而与 X 的取值无关。熵越大，随机变量的不确定性越大。

由定义可得：

$$0 \leqslant En(X) \leqslant \log K$$

当随机变量 X 只取两个值，比如 0、1，则 X 服从伯努利分布：

$$P(X=1)=p,\quad P(X=0)=1-p$$

则 X 的熵为

$$En(X) = -p\log_2 p-(1-p)\log_2(1-p) \tag{12.2}$$

此时，熵 $En(X)$ 随概率 p 变化的曲线如图 12-3 所示。

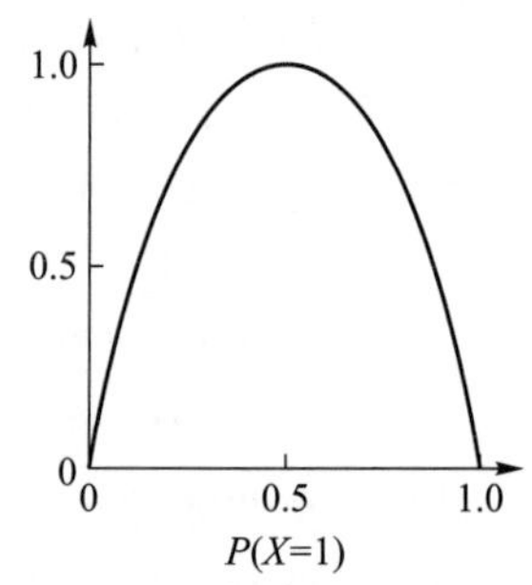

图 12-3　伯努利分布时熵与概率的关系

从图 12-3 可以看出，当 $p=0$ 或 $p=1$ 时，$En(X)=0$，即确定性事件的熵为 0。当 $p=0.5$ 时，熵取最大值 $En(X)=1$，此时随机变量的不确定性最大。

定义 12.2　条件熵(conditional entropy):假设随机向量(X,Y)的联合概率分布为$P(X=x_k,Y=y_j)=p_{kj}$,　$k=1,2,\cdots,K;j=1,2,\cdots,J$,条件熵$En(Y|X)$为

$$En(Y|X)=\sum_{k=1}^{K}p_kEn(Y|X=x_k)$$

当熵和条件熵的概率由数据估计得到时,所对应的熵和条件熵分别称为经验熵(empirical entropy)和条件经验熵(empirical conditional entropy)。

定义 12.3　信息增益(information gain):是指已知X信息而使Y的信息的不确定性减少的程度。特征X_j对训练集D的信息增益$g(D,X_j)$为D的经验熵$En(D)$与X_j给定下D的经验条件熵$En(D|X_j)$之差,即

$$g(D,X_j)=En(D)-En(D|X_j) \tag{12.3}$$

训练集D的经验熵$En(D)$表示对训练集D进行分类的不确定性,而经验条件熵$En(D|X_j)$表示给定特征X_j的条件下对训练集D进行分类的不确定性,两者之差即为信息增益,这个差异主要由特征X_j所带来。若$g(D,X_j)>0$,说明特征X_j有助于降低对训练集D进行分类的不确定性,$g(D,X_j)$越大,表明特征X_j对训练集D的预测能力越强。基于信息增益准则的决策树分裂是:对训练集D,计算所有特征的信息增益,挑选信息增益最大的特征进行分裂。

设训练集D的样本容量为n,因变量有K个类$C_k,k=1,2,\cdots,K,n_k$为每个类C_k的样本数,$\sum_{k=1}^{K}n_k=n$。设特征X_j是离散变量,有Q个不同的取值,根据特征X_j的取值将训练集D划分为Q个子集$D_q,q=1,2,\cdots,Q,n_q$为D_q的样本量。记子集D_q中属于类C_k的样本的集合为D_{qk},n_{qk}为D_{qk}的样本量。信息增益的算法如下:

算法 12.1　信息增益算法

输入:训练集D和特征X_j。

输出:信息增益$g(D,X_j)$。

(1) 计算训练集D的经验熵$En(D)$。

$$En(D)=-\sum_{k=1}^{K}\frac{n_k}{n}\log_2\frac{n_k}{n}$$

(2) 计算特征X_j对训练集D的经验条件熵$En(D|X_j)$。

$$En(D|X_j)=\sum_{q=1}^{Q}\frac{n_q}{n}En(D_q)=-\sum_{q=1}^{Q}\frac{n_q}{n}\sum_{k=1}^{K}\frac{n_{qk}}{n_q}\log_2\frac{n_{qk}}{n_q}$$

(3) 计算特征X_j的信息增益。

$$g(D,X_j)=En(D)-En(D|X_j)$$

例 12.3　消费贷数据。假如表 12-3 是某互联网金融公司的消费贷数据。因变量是违约情况,4 个特征分别是借款人的学历、是否有房、是否已婚、收入情况。希望利用该训练集学习一个借款人信用预测决策树,以对新客户的信用状况进行预测。

表 12-3　互联网金融公司的消费贷数据

ID	学历	是否有房	是否已婚	收入	是否违约
1	高中及以下	No	No	低	Yes
2	高中及以下	No	No	中等	Yes

续表

ID	学历	是否有房	是否已婚	收入	是否违约
3	高中及以下	Yes	No	中等	No
4	高中及以下	Yes	Yes	低	No
5	高中及以下	No	No	低	Yes
6	大学本科	No	No	低	Yes
7	大学本科	No	No	中等	Yes
8	大学本科	Yes	Yes	中等	No
9	大学本科	No	Yes	高	No
10	大学本科	No	Yes	高	No
11	研究生	No	Yes	高	No
12	研究生	No	Yes	中等	No
13	研究生	Yes	No	中等	No
14	研究生	Yes	No	高	No
15	研究生	No	No	低	Yes

解:首先,针对表 12-3 的数据,利用信息增益准则选择最优特征。

(1) 计算训练集 D 经验熵 $En(D)$。

$$En(D)=-\left(\frac{9}{15}\log_2\frac{9}{15}+\frac{6}{15}\log_2\frac{6}{15}\right)=0.971$$

(2) 计算每个特征对训练集 D 的信息增益。

$$\begin{aligned}g(D,X_1)&=En(D)-\left[\frac{5}{15}En(D_1)+\frac{5}{15}En(D_2)+\frac{5}{15}En(D_3)\right]\\&=0.971-\left[\frac{5}{15}\left(-\frac{2}{5}\log_2\frac{2}{5}-\frac{3}{5}\log_2\frac{3}{5}\right)+\right.\\&\quad\left.\frac{5}{15}\left(-\frac{3}{5}\log_2\frac{3}{5}-\frac{2}{5}\log_2\frac{2}{5}\right)+\frac{5}{15}\left(-\frac{4}{5}\log_2\frac{4}{5}-\frac{1}{5}\log_2\frac{1}{5}\right)\right]\\&=0.971-0.888=0.083\end{aligned}$$

其中:D_1、D_2、D_3 分别是训练集 D 中特征 X_1(学历)取值为高中及以下、大学本科、研究生的样本子集。

类似可得:

$$g(D,X_2)=0.324,g(D,X_3)=0.420,g(D,X_4)=0.363$$

(3) 比较各特征的信息增益,X_3(是否已婚)对训练集 D 的信息增益最大,所以在根节点处选择 X_3 作为最优特征分裂。

12.3.2　信息增益比率

以信息增益选择最优特征分裂,倾向于选择取值较多的特征。比如,我们以表 12-3 数据为例,如果把 ID 作为候选特征进行划分,则计算其信息增益值为 0.971,大于其他候选特征。因为 ID 有 15 个取值,则分裂为 15 个节点,每个分支节点都只有一个样本,此时节点纯度最高。然而这样的决策树不具有泛化能力。为了解决这个问题,可以使用信息增益比率(information gain ratio)。

信息增益比率:特征 X_j 对训练集 D 的信息增益比率 $g\_ratio(D,X_j)$ 为其信息增益 $g(D,X_j)$ 与训练集 D 关于特征 X_j 的熵 $En_{X_j}(D)$ 的比值,即

$$g\_ratio(D,X_j)=\frac{g(D,X_j)}{En_{X_j}(D)} \tag{12.4}$$

其中:$En_{X_j}(D)=-\sum_{q=1}^{Q}\frac{n_q}{n}\log_2\frac{n_q}{n}$。

12.3.3　连续特征

需要注意的是,前面关于最优分裂特征的选择都是基于离散变量,但是实际上有些特征是连续的,由于连续取值理论上是无限的,因此不可能直接根据连续特征的取值来对节点进行划分。常用的做法是将连续变量离散化,即将连续变量分成若干个区间,把区间看作连续变量的取值,这样可以减少取值的数量。其中,最简单的离散化就是二分法(bi-partition),即找到一个分裂点,把连续变量分成两个区间,这也正是 C4.5 决策树采用的方法(Quilan,1993)。

给定训练集 D 和某一连续特征 X_j,X_j 在训练集 D 上有 Q 个不同的取值,且有 $X_j^1<X_j^2<\cdots<X_j^Q$,假如存在某一分裂点 t 将 D 划分为两个子集 D_t^-、D_t^+。D_t^- 包含特征 $X_j<t$ 的样本,D_t^+ 包含特征 $X_j\geqslant t$ 的样本。现在问题是分裂点 t 怎么确定?可以按如下步骤:

(1) 计算候选分裂点集合。计算 X_j 每个取值的两两中位点集合:

$$M_j=\left\{\frac{X_j^q+X_j^{q+1}}{2}\ \middle|\ 1\leqslant q\leqslant Q-1\right\}$$

(2) 计算候选分裂点集合 M_j 中每个候选分裂点划分的不纯度的变化(比如信息增益或者信息增益比率),从中选择最优分裂点。

12.4　决策树的生成

决策树的生成算法有 ID3、C4.5 和 CART 等经典算法。本节先介绍 ID3 和 C4.5 算法,CART 算法将在后面介绍。

12.4.1　ID3 算法

ID3 算法是 Quilan 在 1986 年提出的决策树生成算法,其核心是在每个节点上利用信息

增益准则选择最优的特征进行分裂,然后在每个子节点上又利用信息增益准则选择最优特征进行分裂,不断递归地调用以上方法,直到不能分裂为止。最终会得到一棵决策树。ID3 算法如下:

算法 12.2　ID3 算法

输入:训练集 D 和特征集 X;

过程函数:$TreeG(D,X)$;

输出:决策树 T。

(1) 生成根节点 T_{root}

(2) if D 中样本全属于同一类别 C_k then

　　将 T_{root} 标记为 C_k 类叶节点;return

End if

(3) If $X=\varnothing$ OR D 中样本在 X 上取值相同 then

　　将 T_{root} 标记为叶节点,其类别标记为 D 中样本最多的类;return

End if

(4) 按算法 12.1 计算 X 中所有特征对 D 的信息增益,选择信息增益最大的特征 X_j;

For X_j 的每一取值 X_{jq} do

　　为 T_{root} 生成一个分支;令 D_q 为 D 中在 X_j 上取值为 X_{jq} 的样本子集;

　　If D_q 为空集 then

　　　　将分支节点标记为叶节点,其类别标记为 D 中样本最多的类;return

　　Else

　　　　以 $TreeG(D,X\backslash\{X_j\})$ 为分支节点

　　End if

End for

从算法 12.2 可以看出,决策树生成的关键是选择最优特征进行分裂。

例 12.4　构建决策树。对表 12-3 的数据,利用 ID3 算法构建决策树。

解:在例 12.3 中,根节点的最优特征是 X_3(是否已婚),因此将训练集 D 按照是否已婚划分为两支,对应的两个子集为 D_1(已婚)和 D_2(未婚)。其中,D_1 上的因变量都是同一类,因此没有必要再划分,即成为一个叶节点。而 D_2 则需要从 X_1(学历)、X_2(是否有房)、X_4(收入)选择最优的特征进行划分。计算每个特征的信息增益:

$$g(D_2,X_1)=0.251,\quad g(D_2,X_2)=0.918,$$
$$g(D_2,X_4)=0.474$$

选择信息增益最大的 X_2(是否有房)作为该节点的分裂特征并将其划分为两支:一个分支节点包含 3 个样本点,都属于同一类,划分停止;另一个分支节点包含 6 个样本点,也都属于同一类,划分停止。因此,可以得到图 12-4 的决策树。

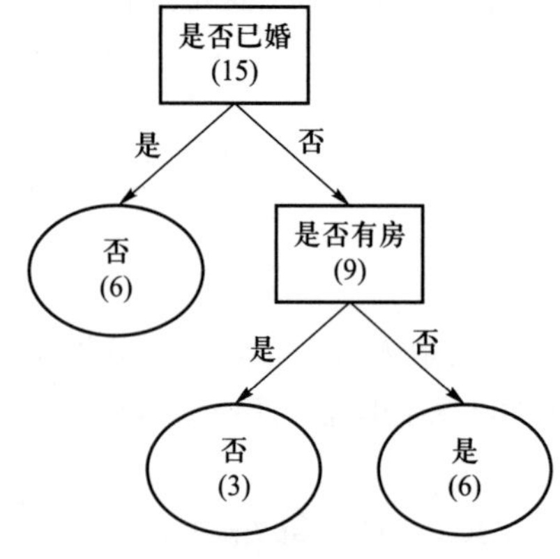

图 12-4　表 12-3 数据的 ID3 算法决策树

注意 ID3 算法并没有限定决策树是二叉分裂,一般根据特征的属性取值进行分裂,分支节点与分裂特征的属性取值数目相等。

12.4.2　C4.5 算法

C4.5 算法与 ID3 算法类似,主要差异在于 ID3 算法的分裂特征选择是基于信息增益准则,而 C4.5 算法的分裂特征选择是基于信息增益比率准则。C4.5 算法的详细步骤参考算法 12.2。但需要注意的是 C4.5 算法并非完全直接用信息增益比率代替信息增益,而是先从候选特征中找出信息增益高于平均水平的特征,再从中选择信息增益比率最高的作为分裂特征,因为信息增益比率准则容易倾向于选择取值数目较少的特征。

12.5　决策树的剪枝

决策树生成算法通过递归方式产生决策树,可能在训练集中取得良好的预测效果,却很有可能造成数据过拟合,导致在测试集上效果不佳。所以,为了防止决策树过度生长出现过拟合现象,我们需要对决策树进行剪枝。

剪枝方法一般有事先剪枝(pre-prune)和事后剪枝(post-prune)两种。事先剪枝方法在建树过程中要求每个节点的分裂使得不纯度下降超过一定阈值。这种方法具有一定的短视,因为很有可能某一节点分裂不纯度的下降没超过阈值,但是其在后续节点分裂时不纯度会下降很多,而事先剪枝法则在前一节点就已经停止分裂了。所以实际中,更多的是使用事后剪枝法,其中的代价复杂性剪枝(cost complexity pruning)是最常用的方法。这种方法是先让树尽情生长,得到 T_0,然后再在 T_0 基础上进行修剪。

设 $|T|$ 表示子树 T 的叶节点数目,n_m 表示叶节点 R_m 的样本量,则代价复杂性剪枝法为

$$C_\alpha(T)=\sum_{m=1}^{|T|} n_m Q_m(T)+\alpha|T| \tag{12.5}$$

其中:$Q_m(T)$ 为叶节点 R_m 的不纯度,比如 ID3 和 C4.5 算法用经验熵 $En_m(T)$ 作为不纯度:

$$En_m(T)=-\sum_{k=1}^{K}\frac{n_{mk}}{n_m}\log_2\frac{n_{mk}}{n_m} \tag{12.6}$$

α 是调和参数,每一个 α 的取值对应一棵子树 $T\subset T_0$,它通过对 T_0 进行剪枝得到,也就是减去 T_0 某个中间节点的所有子节点,使其成为 T 的叶节点。我们的目标是确定 α,使得子树 T_α 最小化 $C_\alpha(T)$。调整参数 α 控制着模型对数据的拟合与模型的复杂度(树的大小)之间的平衡。当 $\alpha=0$ 时,子树 T 等于原树 T_0。随着 α 取值增大,树变得越来越小,模型就越来越简单。可以用交叉验证法确定 α,然后在整个数据集中找到与之对应的子树。

12.6　CART 算法

CART(classification and regression tree)算法是 Breiman 等 1984 年提出来的一种非参数

方法,它可以用于解决分类问题(预测定性变量,或者说当因变量是因子时),又可以用于回归问题(预测定量变量,或者说当因变量是连续变量时),分别称为分类树(classification tree)和回归树(regression tree)。

CART 算法同样包括分裂特征选择、树的生成和剪枝。CART 算法是一种**递归二叉分裂**(recursive binary splitting)方法,在计算过程中充分利用二叉树,在一定的分割规则下将当前样本集分割为两个子样本集,使得生成的决策树的每个非叶节点都有两个分裂,这个过程又在子样本集上重复进行,直至无法再分成叶节点为止。

需要注意的是,ID3 和 C4.5 算法并没有限定是二叉树,但实际上多叉树可以通过二叉树多次分裂得到,在计算过程中,二叉树相对比较简单。

12.6.1　分类树的生成

我们首先介绍分类树。当因变量为定性变量时,可建立分类树模型。分类树是一种特殊的分类模型,是一种直接以树的形式表征的非循环图。它的建模过程就是通过基尼指数(Gini index)选择最优分裂特征,然后根据该特征进行分裂。

假设数据(x_i,y_i),$(i=1,2,\cdots,n)$包含 p 个特征和一个分类型的因变量 $y\in\{1,\cdots,K\}$,样本量为 n,第 k 类样本量为 n_k。

定义 12.4　基尼指数:假设因变量分为 K 类,样本点属于第 k 类的概率为 p_k,则基尼指数定义为

$$Gini(p)=\sum_{k=1}^{K}p_k(1-p_k)=1-\sum_{k=1}^{K}p_k^2 \tag{12.7}$$

对于给定的训练集 D,其基尼指数为

$$Gini(D)=\sum_{k=1}^{K}\hat{p}_k(1-\hat{p}_k)=1-\sum_{k=1}^{K}\hat{p}_k^2 \tag{12.8}$$

其中:$\hat{p}_k=\dfrac{n_k}{n}$。

Gini 指数本质上衡量的是 K 个类别的总方差,若所有 $\hat{p}_k$ 的取值都接近 0 或 1,则 Gini 指数会很小,因此它被视为衡量节点纯度的指标。类似地,对于熵而言,若所有 $\hat{p}_k$ 的取值都接近 0 或 1,则熵接近于 0。所以,第 m 个节点的纯度越高,Gini 指数和熵的值都越小。事实上,Gini 指数和熵在数值上是相当接近的,且相比于错分率,这两种方法对节点纯度更敏感,因此在实际中使用也更多。特别地,对于二分类的情况,若用 p 表示节点 m 包含其中一类的比例,则错分率、Gini 指数和熵的取值分别为 $1-\max(p,1-p)$,$2p(1-p)$,$-p\log p-(1-p)\log(1-p)$,图 12-5 给出了三者的关系。注意:图 12-5 中的熵实际上应该是熵的一半。当 p 取 0 或者 1 时,这三种不纯度度量准则都为 0,表示这时该节点样本是最纯的,只归属于某一类;当 p 取 0.5 时,三种不纯度度量准则都取得最大值(此时熵实际上为 1),表示此时该节点样本最不纯。从对样本不纯度的敏感性来看,熵是最敏感的,Gini 指数其次,最不敏感的是错分率。

现在我们想把数据分成 M 个区域(或称为节点),第 m 个区域 R_m 的样本量为 $n_m(m=1,2,\cdots,M)$,则建立分类树的过程可以用算法 12.3 表示。

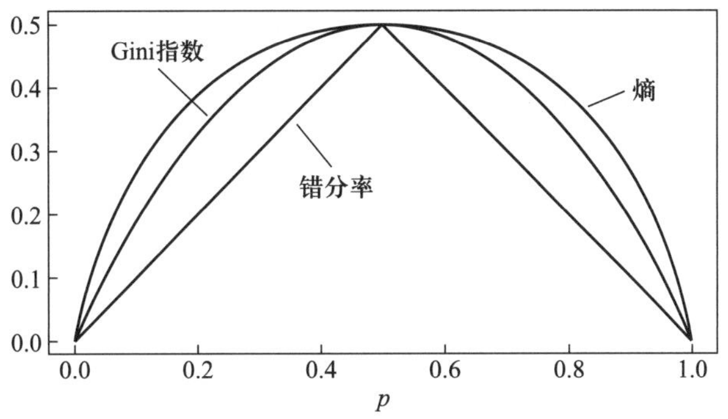

图 12-5　衡量节点不纯度的三种指标

算法 12.3　分类树算法

(1) 采用递归二叉分裂法在训练集中生成一棵分类树。最优的分裂方案是使得 M 个节点的不纯度减少达到最小,其中,衡量节点不纯度的指标 Q_m 有:

$$错分率:\frac{1}{n_m}\sum_{x_i\in R_m} I(y_i\neq k(m)) = 1-\hat{p}_{m,k(m)}$$

$$\text{Gini 指数}:\sum_{k\neq k'}\hat{p}_{m,k}\hat{p}_{m,k'} = \sum_{k=1}^{K}\hat{p}_{m,k}(1-\hat{p}_{m,k})$$

$$熵:-\sum_{k=1}^{K}\hat{p}_{m,k}\log\hat{p}_{m,k}$$

(2) 剪枝。

① 对大树进行代价复杂性剪枝,得到一系列最优子树,子树是 α 的函数。

② 利用 K 折交叉验证选择 α,找出此 α 对应的子树。

(3) 预测。令 $\hat{p}_{m,k}=\frac{1}{n_m}\sum_{x_i\in R_m} I(y_i=k)$ 表示节点 m 中第 k 类样本点的比例,则预测节点 m 的类别为

$$k(m)=\underset{k}{\operatorname{argmax}}\,\hat{p}_{m,k}$$

即节点 m 中类别最多的一类。

关于分类树的剪枝细节,我们将在后面详细介绍。

12.6.2　回归树的生成

当因变量为连续型变量时,可建立回归树模型。回归树和分类树的思想类似,只在分裂准则的确定上略有差异,对于回归树,分裂准则一般可以用样本残差平方和。对于分类树,将落在该叶节点的观测点的最大比例类别作为该叶节点预测值,而对于回归树,则是将落在该叶节点的观测点的平均值作为该叶节点的预测值。

假设数据(x_i,y_i),$(i=1,2,\cdots,n)$包含 p 个 t 特征和一个连续型的因变量 y,样本量为 n。假设把数据分成 M 个区域(或称为节点),第 m 个区域 R_m 的样本量为 $n_m(m=1,2,\cdots,M)$,且有一个固定的输出值 c_m。回归树模型可表示为

$$f(x)=\sum_{m=1}^{M} c_m I(x\in R_m) \tag{12.9}$$

当特征空间的划分确定后，用平方误差 $\sum_{x_i \in R_m}(y_i-\hat{y}_{R_m})^2$ 表示区域 R_m 的训练误差，用平方误差最小准则求解每个区域的最优输出值。易知，区域 R_m 上的 c_m 的最优估计值 $\hat{c}_m$ 是 R_m 上所有样本对应的因变量的均值，即：

$$\hat{c}_m = ave(y_i \mid c_i \in R_m) = \frac{1}{n_m}\sum_{i \in R_m} y_i \tag{12.10}$$

现在的问题是如何对特征空间进行划分？也就是说要找到最优的分裂特征(split feature)和分裂点(split point)？遍历搜索显然在计算上是不可行的。因此，往往采用启发式方法，选定第 j 个变量 x_j 和它的分裂点 s，并定义两个区域：

$$R_1(j,s)=\{x \mid x_j \leqslant s\} \text{ 和 } R_2(j,s)=\{x \mid x_j > s\}$$

然后通过求解

$$\min_{j,s}\left[\min_{c_1}\sum_{x_i \in R_1(j,s)}(y_i-c_1)^2+\min_{c_2}\sum_{x_i \in R_2(j,s)}(y_i-c_2)^2\right] \tag{12.11}$$

寻找最优分裂变量 x_j 和最优分裂点 s。

回归树的过程可用算法 12.4 概括。

算法 12.4　回归树算法

(1) 采用递归二叉分裂法在训练集中生成一棵分类树。最优的分裂方案是使得 M 个节点的不纯度减少达到最小，其中，衡量节点不纯度的指标 Q_m 为样本残差平方和的平均：

$$Q_m(T)=\frac{1}{n_m}\sum_{x_i \in R_m}(y_i-\hat{y}_{R_m})^2$$

① 求解式 12.11 选择最优分裂变量 x_j 和最优分裂点 s。

② 用选定的 (j,s) 划分区域并决定相应的输出值。

$$R_1(j,s)=\{x \mid x_j \leqslant s\} \text{ 和 } R_2(j,s)=\{x \mid x_j > s\}$$

$$\hat{c}_m=\frac{1}{n_m}\sum_{i \in R_m} y_i, \quad m=1,2$$

③ 对子区域递归重复步骤(1)(2)，直到满足条件停止。

④ 将特征空间划分成 M 个区域，得到回归树：

$$f(x)=\sum_{m=1}^{M} c_m I(x \in R_m)$$

(2) 剪枝。

① 对树进行代价复杂性剪枝，得到一系列最优子树，子树是 α 的函数。

② 利用 K 折交叉验证选择 α，找出此 α 对应的子树。

(3) 预测。区域划分好后，可以确定某一给定预测数据所属的区域，并用这一区域的训练集的平均响应值对其进行预测：

$$\hat{y}_{R_m}=\frac{1}{n_m}\sum_{x_i \in R_m} y_i$$

12.6.3　CART 剪枝

CART 剪枝一般采用事后剪枝法，其中的代价复杂性剪枝(cost complexity pruning)是最常用的方法。这种方法是先让树尽情生长，得到 T_0，然后再在 T_0 基础上进行修剪。

CART 剪枝的过程：

1. 剪枝形成子树序列

设 $|T|$ 表示子树 T 的叶节点数目，n_m 表示叶节点 R_m 的样本量，则子树的损失函数：

$$C_\alpha(T)=C(T)+\alpha|T| \tag{12.12}$$

其中：$C(T)=\sum_{m=1}^{|T|}n_mQ_m(T)$，是训练集的预测误差，$Q_m(T)$ 为叶节点 R_m 的不纯度，比如回归树时可以用误差平方和，分类树时可以用基尼指数。α 是调整参数，控制着模型对数据的拟合与模型的复杂度（树的大小）之间的平衡。当 $\alpha=0$ 时，子树 T 等于原树 T_0。随着 α 取值增大，树变得越来越小，模型越来越简单。

Breiman 等证明：可以用递归方法对树进行剪枝。令 $0=\alpha_0<\alpha_1<\cdots<\alpha_M<\infty$，可得一系列区间 $[\alpha_i,\alpha_{i+1})$，$i=0,1,\cdots,M$，剪枝得到区间 $[\alpha_i,\alpha_{i+1})$，$i=0,1,\cdots,M$ 对应的子树序列 $\{T_0,T_1,\cdots,T_M\}$。

证明：先从 T_0 开始剪枝。对 T_0 的任意内节点 t，以 t 为单节点树的损失函数为

$$C_\alpha(t)=C(t)+\alpha$$

以 t 为根节点树的损失函数为

$$C_\alpha(T_t)=C(T_t)+\alpha|T_t|$$

当 $\alpha=0$ 及 α 足够小时，$C_\alpha(T)\leqslant C_\alpha(t)$。

随着 α 增长，在某一处使得 $C_\alpha(T_t)=C_\alpha(t)$，也就是说 T_t 和以 t 为单节点树的损失函数相等，而 t 的节点更少，应该对 T_t 剪枝。此时可得 $\alpha=\dfrac{C(t)-C(T_t)}{|T_t|-1}$。因此，对 T_0 的每个节点 t，计算

$$\beta(t)=\frac{C(t)-C(T_t)}{|T_t|-1}$$

表示剪枝后整体损失函数减少的程度。对 T_0 减去使 $\beta(t)$ 最小的 T_t，得到子树 T_1，将最小的 $\beta(t)$ 记为 α_1，因此，当 α 取值 $[0,\alpha_1)$ 对应的树是 T_0。

重复上述过程可以得一系列区间 $[\alpha_i,\alpha_{i+1})$，$i=0,1,\cdots,M$ 和其对应的子树序列 $\{T_0,T_1,\cdots,T_M\}$。

2. 交叉验证选择最优子树

利用交叉验证方法从 $\{\alpha_1,\alpha_2,\cdots,\alpha_M\}$ 选择最优的参数 α_i，对应着子树 T_i，这就是我们剪枝后的最优决策树。

12.7　决策树的优缺点

1. 优点

(1) 易理解，解释性强；

(2) 不需要任何先验假设；

(3) 与传统的回归和分类方法相比，更接近人的大脑决策模式；

（4）可以用图形展示，可视化效果好，非专业人士也可轻松解释；

（5）可以直接处理定性的特征，而不需像线性回归那样将定性变量转换成虚拟变量。

2. 缺点

决策树方差大、不稳定，很小的数据扰动可能得到完全不同的分裂结果，有可能是完全不同的决策树。

不过，通过集成学习（ensemble learning），即集成大量决策树（回归或分类模型）可以降低方差，显著提升预测效果。目前，常用的集成算法主要有装袋法（Bagging）、随机森林法（random forest，RF）和提升法（Boosting）等。我们将在下一章详细介绍。

12.8　R 语言实现

12.8.1　分类树

在 R 中，tree 包中的 tree( ) 函数、party 包中的 ctree( ) 函数和 rpart 包中的 rpart( ) 函数都可以实现决策树算法。下面介绍 tree 函数的使用方法。

以 Airline Passenger Satisfaction 数据集为例，首先读取训练集数据。当预测变量为因子时，tree( ) 函数会自动生成一个分类树。

```
> library(tree)
> train_d<-read.csv("train.csv",header = T,sep = ",")
> train_d<-train_d[complete.cases(train_d),]
> train_d<-train_d[,-c(1,2)]
> tree1=tree(satisfaction~.,data = train_d)
> summary(tree1)
Classification tree:
tree(formula = satisfaction ~ ., data = train_d)
Variables actually used in tree construction:
[1] "Online.boarding"        "Inflight.wifi.service"
[3] "Class"                  "Inflight.entertainment"
[5] "Customer.Type"          "Type.of.Travel"
Number of terminal nodes:  12
Residual mean deviance:  0.4849 = 50220 / 103600
Misclassification error rate: 0.1009 = 10455 / 103594
> tree1
node), split, n, deviance, yval, (yprob)
      * denotes terminal node
1) root 103594 141800.0 neutral or dissatisfied ( 0.566606 0.433394 )
  2) Online.boarding < 3.5 52271  43990.0 neutral or dissatisfied ( 0.851084
0.148916 )
```

```
      4) Inflight.wifi.service < 3.5 47553  30800.0 neutral or dissatisfied
( 0.900574 0.099426 )
        8) Inflight.wifi.service < 0.5 1764  102.3 satisfied ( 0.004535
0.995465 ) *
        9) Inflight.wifi.service > 0.5 45789  22000.0 neutral or dissatisfied
( 0.935094 0.064906 )
          18) Class: Eco,Eco Plus 32928  5560.0 neutral or dissatisfied ( 0.983418
0.016582 ) *
          19) Class: Business 12861  12460.0 neutral or dissatisfied ( 0.811368
0.188632 )
            38) Inflight.entertainment < 3.5 9015  4716.0 neutral or dissatisfied
( 0.926900 0.073100 ) *
            39) Inflight.entertainment > 3.5 3846  5306.0 neutral or dissatisfied
( 0.540562 0.459438 )
              78) Customer.Type: disloyal Customer 1556  514.7 neutral or dissat-
isfied ( 0.960797 0.039203 ) *
              79) Customer.Type: Loyal Customer 2290  2600.0 satisfied ( 0.255022
0.744978 ) *
      5) Inflight.wifi.service > 3.5 4718  6122.0 satisfied ( 0.352268 0.647732 ) *
    3) Online.boarding > 3.5 51323  60560.0 satisfied ( 0.276874 0.723126 )
      6) Type.of.Travel: Business travel 40872  34430.0 satisfied ( 0.149149
0.850851 )
        12) Online.boarding < 4.5 23749  26530.0 satisfied ( 0.246621 0.753379 )
          24) Inflight.entertainment < 3.5 6957  9623.0 neutral or dissatisfied
( 0.527526 0.472474 ) *
          25) Inflight.entertainment > 3.5 16792  12990.0 satisfied ( 0.130241
0.869759 )
            50) Class: Eco,Eco Plus 3599  4705.0 satisfied ( 0.360378 0.639622 ) *
            51) Class: Business 13193  6518.0 satisfied ( 0.067460 0.932540 ) *
        13) Online.boarding > 4.5 17123  2517.0 satisfied ( 0.013958 0.986042 ) *
      7) Type.of.Travel: Personal Travel 10451  11110.0 neutral or dissatisfied
( 0.776385 0.223615 )
        14) Inflight.wifi.service < 4.5 9336  7246.0 neutral or dissatisfied
( 0.869109 0.130891 ) *
        15) Inflight.wifi.service > 4.5 1115     0.0 satisfied ( 0.000000
1.000000 ) *
```

summary()的结果显示了 tree1 一共用到了 6 个变量，叶节点为 12 个，错分率为 0.100 9。直接查看模型 tree1，结尾有“ *”的节点为叶节点，每个节点的括号内为两个类别样本的频率。用 plot()函数可以画出树(图 12-6)具体的形式。

```
> plot(tree1)
> text(tree1,pretty=0,cex=1.5)
```

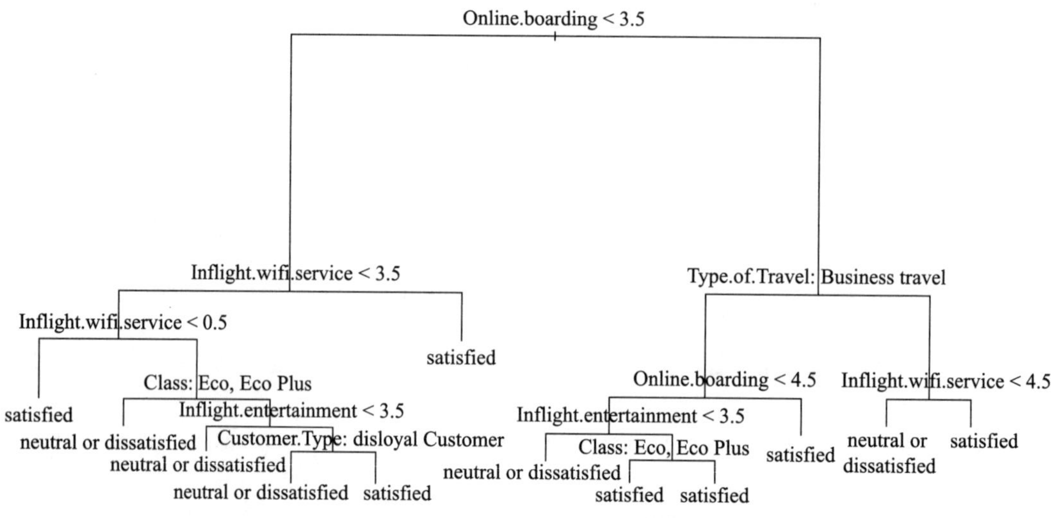

图 12-6　Airline Passenger Satisfaction 数据集未剪枝的树

对照 tree1 的结果，该决策树在根节点处按照 Online. boarding 分裂，Online. boarding<3. 5 的节点有 52 271 个样本，其余的样本则分到 Online. boarding≥3. 5 中。其余的节点分裂规则也可以照此解读。另外这里再说明一个问题，从 treel 的结果可以发现，叶节点 50 和 51 是由节点 25 分裂出来的，但是预测的结果都是 satisfied。其实，这些结果存在的意义在于增加该节点的纯度。叶节点 50 中 satisfied 的比例为 0. 639 622，而叶节点 51 中 satisfied 的比例为 0. 932 540。那么，给定一个新的观测，若其落入叶节点 51 中，那我们将它判定为 satisfied 的把握更大。

接着我们对得到的这棵树进行剪枝。下面的代码可以生成图 12-7。

```
> set.seed(123)
> cvl=cv.tree(tree1,K=5)
> par(mfrow=c(1,2))
> plot(cvl$size,cvl$dev,type='b',xlab = "Tree size",ylab = "Error")
> prune1=prune.tree(tree1,best=9)
> plot(prune1)
> text(prune1,pretty=0)
> set.seed(123)
> cvl=cv.tree(tree1,K=5)
> par(mfrow=c(1,2))
> plot(cvl$size,cvl$dev,type='b',xlab = "Tree size",ylab = "Error")
> prune1=prune.tree(tree1,best=9)
> plot(prune1)
> text(prune1,pretty=0)
```

交叉验证的结果显示，当叶节点个数为 12 时，交叉验证误差达到最低，但节点数超过 9 之后误差相差无几。所以选择叶节点的个数为 9 进行剪枝。

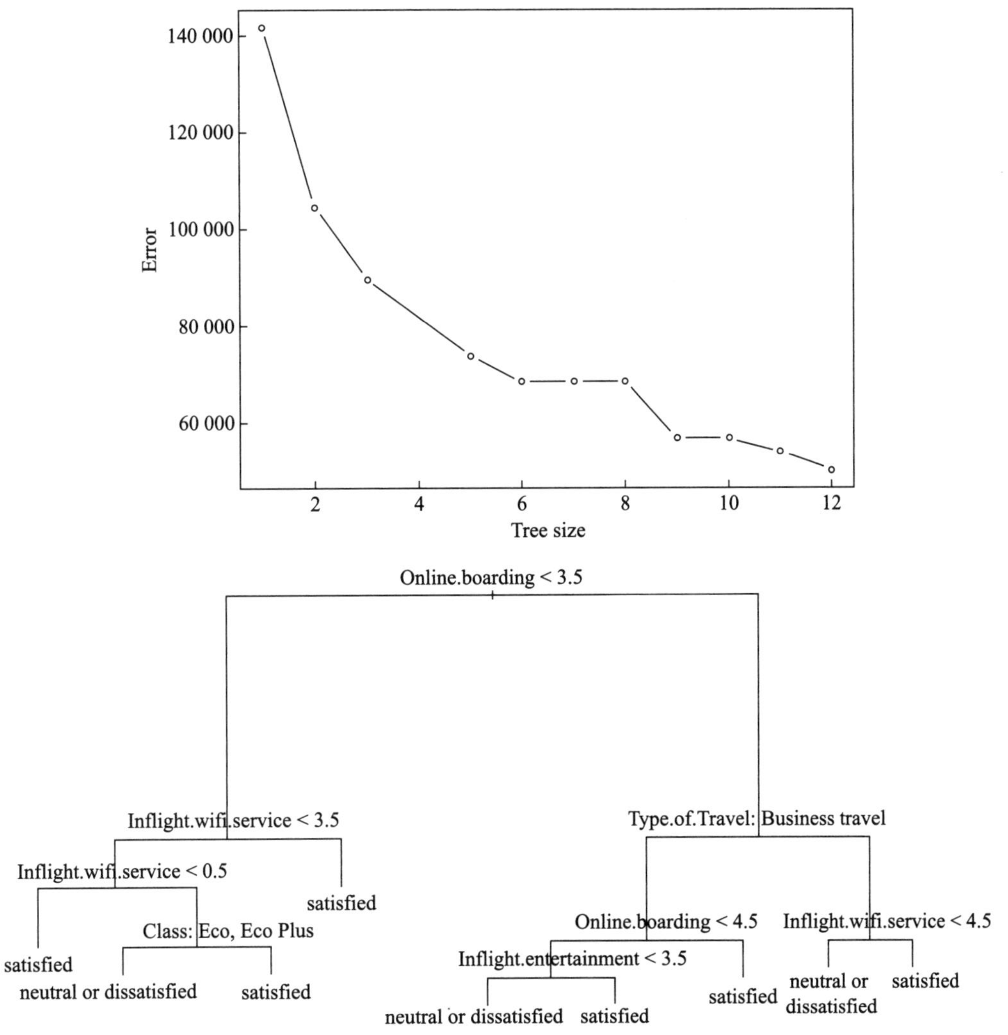

图 12-7　Airline Passenger Satisfaction 数据集(上:剪枝后不同规模的树对应的交叉验证误差;下:根据交叉验证误差剪枝的树)

接下来用训练好的分类树对测试集的样本进行预测。

```
> test_d<-read.csv("test.csv",header = T,sep = ",")
> test_d<-test_d[complete.cases(test_d),]
> test_d<-test_d[,-c(1,2)]
> pred1<-predict(tree1,test_d,type = "class")
> table(true=test_d$satisfaction,predict=pred1)
                                    predict
true                                neutral or dissatisfied  satisfied
  neutral or dissatisfied                             13354       1174
  satisfied                                            1443       9922
> mean(pred1==test_d$satisfaction)
[1] 0.898 930 2
```

测试集上的预测效果较好，正确率为 0.898 930 2。

12.8.2　回归树

以二手车交易价格预测数据集为例，当预测变量为数值型时，tree( )函数会自动生成一个回归树。这个数据集实际上包括十几种品牌车的数据，如果细分到具体型号，有近 200 个类别。由于 tree( )函数对因子型变量种类的上限为 32，所以这里我们只对品牌为奥迪的车辆进行建模和预测。首先读取数据并划分训练集和测试集。

```
audi<-read.csv("./car/audi.csv",header=T,sep=",")
audi$price<-log(audi$price)
n<-dim(audi)[1]
train<-sample(1:n,0.7*n)
train_d<-audi[train,]
test_d<-audi[-train,]
```

用 tree( )函数建模如下：

```
> tree2=tree(price~.,data = train_d)
> summary(tree2)

Regression tree:
tree(formula = price ~ ., data = train_d)
Variables actually used in tree construction:
[1] "year"      "model"      "tax"       "mpg"       "engineSize"
Number of terminal nodes:  12
Residual mean deviance:  0.04268 = 318.2 / 7455
Distribution of residuals:
     Min. 1   st Qu.  Median    Mean  3rd Qu.    Max.
   -1.6160  -0.1181  0.0034  0.0000   0.1242  1.1030
> tree2
node), split, n, deviance, yval
      *denotes terminal node
1) root 7467 1646.000  9.932
   2) year < 2017.5 4104  589.400  9.653
     4) model:  A1, A3, A4, S4 2085  213.400  9.474
       8) year < 2013.5 189   30.810  8.922 *
       9) year > 2013.5 1896  119.300  9.529
        18) tax < 135 1400   65.960  9.457 *
        19) tax > 135 496   25.330  9.734 *
     5) model:  A5, A6, A7, A8, Q2, Q3, Q5, Q7, R8, RS3, RS4, RS5, RS6, RS7, S3,
S5, S8, SQ5, SQ7, TT 2019  240.300  9.838
      10) model:  A5, A6, A7, A8, Q2, Q3, Q5, RS4, S3, S5, SQ5, TT 1874  165.700  9.791
```

```
          20) year < 2014.5 303   44.070  9.406
            40) year < 2010.5 34     7.959  8.702 *
            41) year > 2010.5 269   17.160  9.494 *
          21) year > 2014.5 1571   68.000  9.865
            42) mpg < 43.8 240   10.450 10.140 *
            43) mpg > 43.8 1331   36.730  9.816 *
        11) model:  Q7, R8, RS3, RS5, RS6, RS7, S8, SQ7 145   16.330 10.450 *
    3) year > 2017.5 3363   348.200 10.270
      6) engineSize < 2.25 2818   140.800 10.170
        12) model:  A1, A3, A4, Q2 1539   53.920 10.050
          24) engineSize < 1.8 973   22.630  9.965 *
          25) engineSize > 1.8 566   13.380 10.190 *
        13) model:  A5, A6, A7, Q3, Q5, S3, S4, SQ5, TT 1279   32.820 10.330 *
      7) engineSize > 2.25 545   38.650 10.780 *
```

从 summary( )的结果可以看出 tree2 只用到了 5 个变量。与分类树不同,回归树的每个叶节点最后显示的是该节点的偏差与预测值。

用 plot( )函数查看树的具体结构,如图 12-8 所示。

```
plot(tree2)
text(tree2,cex=1)
```

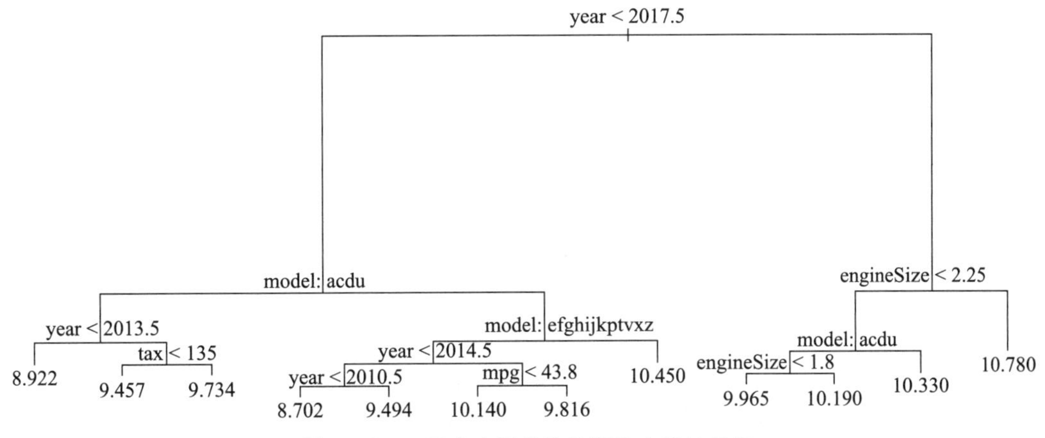

图 12-8 二手车交易价格数据集未剪枝的树

当 text( )函数中不设置 pretty 这个参数的时候,数据中的因子变量不会以原来的值出现,而是被自动编号为 a,b,…,z,0,…,5。这样的好处是当决策树涉及的因子种类过多时,标注的文字不会重叠和遮挡,形式也更为简洁。接下来对 tree2 进行剪枝。下面的代码可以生成图 12-9。

```
> set.seed(1)
> cv2=cv.tree(tree2,K=5)
> par(mfrow=c(1,2))
```

```
> plot(cv2$size,cv2$dev,type='b',xlab = "Tree size",ylab = "Error")
> prune2=prune.tree(tree2,best=8)
> plot(prune2)
> text(prune2)
```

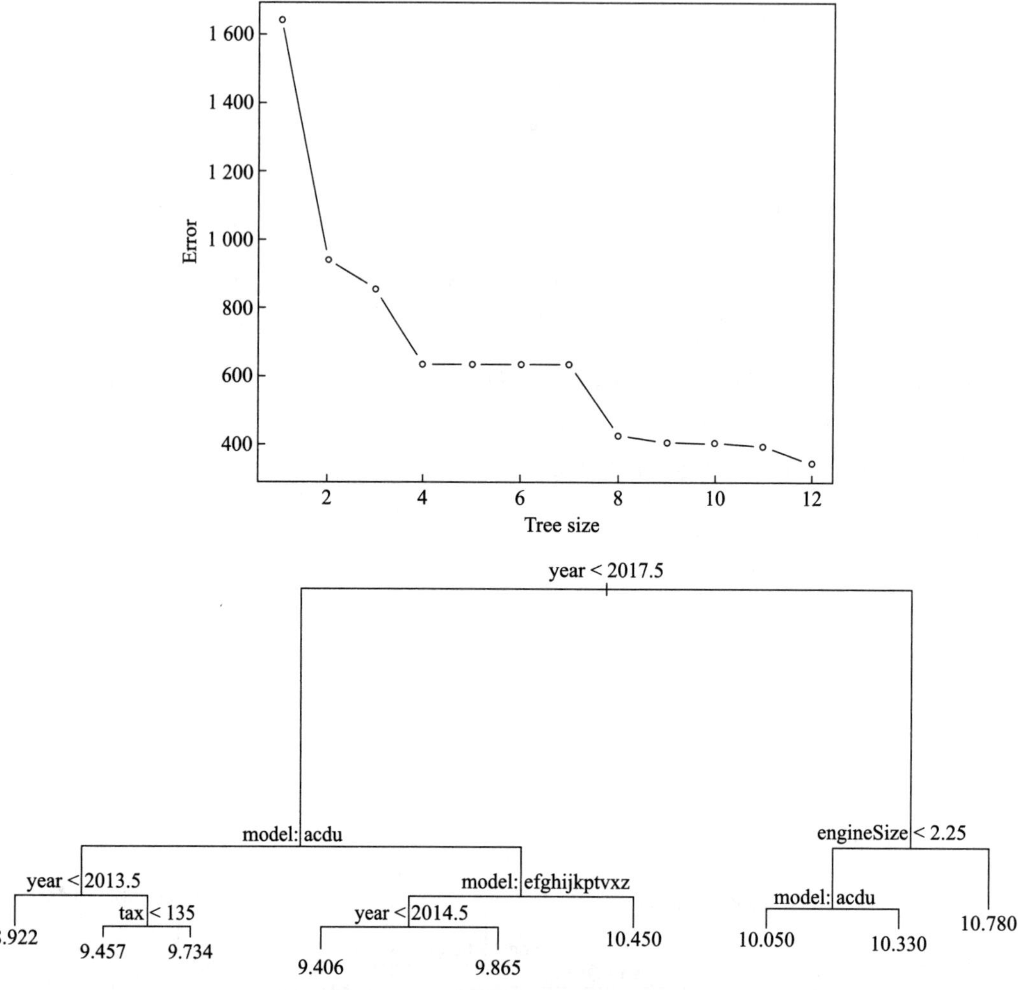

图 12-9　二手车交易价格数据集(上:剪枝后不同规模的树对应的交叉验证误差;下:根据交叉验证误差剪枝的树)

可以发现当树的叶节点个数为 12 的时候交叉验证的误差最小,但与树的叶节点个数大于 8 时交叉验证误差的区别并不大,所以选择叶节点的个数为 8 进行剪枝。

```
> pred<-predict(tree2)
> mean(sqrt((pred-train_d$price)^2))
[1] 0.1552463
> pred2<-predict(prune2,newdata = test_d)
> mean(sqrt((pred2-test_d$price)^2))
[1] 0.174526
```

从预测的结果来看，训练集和测试集上的均方根误差分别为 0.155 2 和 0.174 5。

12.9 习　　题

1. 为什么信息增益比率准则比信息增益准则更倾向于选择取值数目较少的特征？

2. 试找一个合适的数据集，分别运用信息增益比率（C4.5）和信息增益（ID3）生成决策树，验证问题 1 中的情况。

3. 证明在 CART 的代价复杂性剪枝算法中，当 α 确定时，存在唯一的最小子树 T_α 使损失函数 $C_\alpha(T)$ 最小。

4. 用 CART 算法的回归树做回归分析存在哪些缺陷？

5. 根据表 12-3 数据，利用信息增益比率（C4.5）和基尼指数（CART）分别生成决策树。

6. 请从 UCI 找一个适合于决策树分类的数据集。

（1）请将数据集按 6∶4 的比例划分为训练集和测试集，分别利用 ID3、C4.5 和 CART 算法对训练集构建决策树模型，要求利用事后剪枝方法进行剪枝，然后利用测试集对所构建的模型进行测试。比较这几个模型的训练集预测准确率以及测试集的预测准确率。

（2）用 ROC 曲线比较模型的好坏，并计算模型的 AUC 值。

（3）请思考如何选择最优的模型来预测。

第 13 章

集成学习

我们在前一章讲到单棵决策树往往泛化能力较差，且方差大、预测结果不稳定。解决这个问题的一种策略就是集成多个模型（也称为学习器）来提升综合模型的泛化能力和减小方差。集成学习（ensemble learning）通过构建多个个体学习器（individual learner）或者基学习器（base learner），然后再用某种策略将它们结合起来，产生一个更好效果的强学习器。实际上，有点类似于“三个臭皮匠顶个诸葛亮”，其基本原理如图 13-1 所示。集成学习在实际中表现出很好的预测效果，很多著名的数据挖掘竞赛的冠军使用了集成算法。

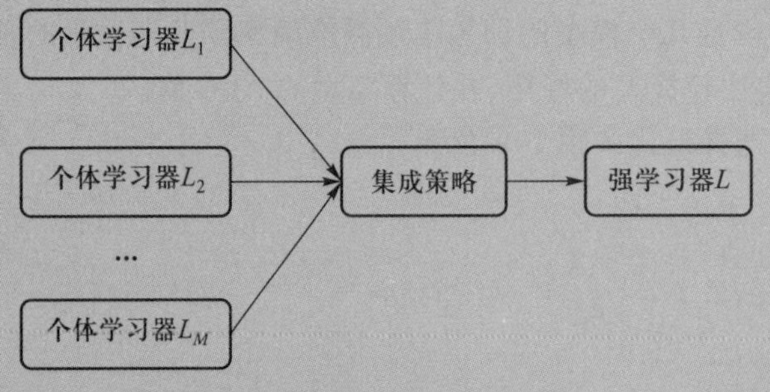

图 13-1　集成学习示意图

集成学习的思想主要来自 PAC（probably approximately correct）学习理论。若某学习问题能被个体学习器高精度地学习，则称该问题是强可学习问题，并称相应的个体学习器为强学习器；反之，若某学习问题能被个体学习器低精度地学习，则称该问题是弱可学习问题，并称相应的个体学习器为弱学习器。在 PAC 学习框架下，一个问题是强可学习的充分条件是这个问题是弱可学习的。也就是说，在学习中，如果已经发现了弱学习器，那么能否将它提升为强学习器？因为在现实中，发现弱学习器通常比发现强学习器要容易得多。那具体如何提升弱学习器呢？这就是集成学习所要研究的重要问题。

集成学习有三个关键点：个体学习器的选择、个体学习器的生成方式、结合策略。个体学习器有同质性（homogeneous）和异质性（heterogeneous）两种类型。同质性指的是集成学习中的个体学习器都是同种类型的，比如决策树集成的个体学习器都是决策树。异质性指的是集成学习中的个体学习器不都是同种类型的，比如 stacking 算法可以集成决策树、支持向量机、神经网络等个体学习器。学习器的生成方式一般有两种：一种是个体学习器之间不存在强依赖关系、可同时生成的并行化方法，典型代表是 Bagging 和随机森林（random forest）；另一种是个体学习器存在强依赖关系、必须串行生成的序列化方法，典型代表是 Boosting。关于集成的结合策略，对于回归问题，有简单平均法（比如 Bagging 和随机森林）和加权平均法（比如 AdaBoost）等。对于分类问题，有绝对多数投票法（majority vote）和加权投票法（weighted vote）等。此外还有一种“学习法”结合策略，比如 Stacking 算法在基学习器预测结果基础上采取了元学习器的结合策略。

13.1 Bagging

13.1.1 Bagging 算法

Bagging 是 Bootstrap aggregating 的缩写，是加州大学伯克利分校统计系教授 Breiman（1996）提出的一种并行集成学习方法。Bagging 的主要思想是利用 Bootstrap 抽样方法对训练集进行抽样，得到一系列新的训练集，对每个训练集构建一个基学习器（base learner），最后集成所有学习器得到最终的学习器。为什么需要进行 Bagging？我们先来看一个概率论的例子。

例 13.1　给定 n 个独立同分布（i. i. d）的观测值 $Z_1, Z_2, \cdots, Z_n$，每个观测值的方差都是 σ^2，则它们的平均值 $\overline{Z}$ 的方差为 σ^2/n。也就是说，对一组观测值求平均可以减小方差。

受此启发，我们是否也可以通过集成多个学习器来降低预测的方差呢？假设训练样本集 T 为 $\{(x_i, y_i), i=1,2,3,\cdots,n\}$，其中 x_i 为 p 维自变量；y_i 为因变量。对此数据集，我们自然想，若能从总体中抽取多个训练集，对每个训练集分别建立预测模型，再对由此得到的多个预测值进行“投票”便能得出最后的结果。遗憾的是，一般情况下我们只有一个训练集，对于一个训练集，如何建立多个预测模型呢？这时可以用 Bootstrap 抽样法解决，此处即对 n 个样本点进行概率为 $1/n$ 的等概率有放回抽样，样本量仍为 n。这就是 Bagging 方法的基本思想（见图 13-2）。事实证明，通过成百甚至上千棵树的组合，Bagging 方法能大幅提升预测准确性。

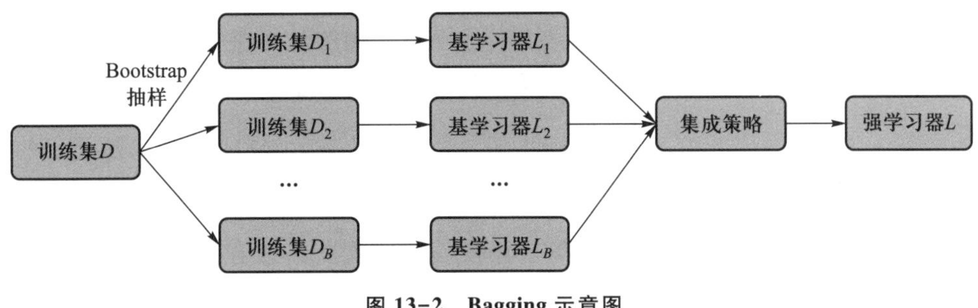

图 13-2　Bagging 示意图

我们可以将上述 Bagging 算法概括如算法 13.1。

算法 13.1　Bagging 算法

输入：训练集 $T=\{(x_i, y_i), i=1,2,3,\cdots,n\}$。

输出：Bagging 模型。

(1) 对一个训练集 T，我们进行 Bootstrap 抽样，得到 B 个样本量为 n 的训练样本集 $\{T_1, T_2, \cdots, T_B\}$。

(2) 用这 B 个训练集进行决策树生成，得到 B 个决策树模型：

① 对于回归问题，我们得到回归树，记为 $f(x;T_b)$，$b=1,2,\cdots,B$。

② 对于分类问题，我们得到分类树，记为 $h(x;T_b)$，$b=1,2,\cdots,B$。

(3) 当对新样本进行预测时，由每个决策树得到一个预测结果，再进行“投票”得出最后的结果：

① 对于回归问题，最后的预测结果为所有决策树预测值的平均数。

$$F(x) = \sum_{b=1}^{B} f(x;T_b)/B$$

② 对于分类问题，最终的预测结果为所有决策树预测结果中最多的那类。

$$H(x) = \underset{j}{\operatorname{argmax}} N_j$$

其中：$N_j = \sum_{b=1}^{B} \{I[h(x;T_b)=j]\}$，$I(\cdot)$ 为示性函数。

需要注意的是，算法 13.1 中以决策树为例进行集成，但 Bagging 算法不仅仅用在决策树模型上，也可以用到其他模型中。树的棵数 B 并不是一个对 Bagging 算法起决定作用的参数，B 值很大时也不会产生过拟合，但会增加计算量。在实践中，我们取足够大的 B 值，比如 200 左右，就可以使误差稳定下来。

假设基学习器的计算复杂度为 $O(n)$，则 Bagging 的计算复杂度为 $B(O(n)+O(s))$，其中 $O(s)$ 是 Bootstrap 抽样和集成过程（平均或者投票）的计算复杂度。所以训练 Bagging 和只训练一个基学习器的计算复杂度是同阶的。而且针对海量大数据，Bagging 可以采用并行计算。从偏差方差分解的角度来理解 Bagging，因为每个学习器 $T_b(b=1,2,\cdots,B)$ 是独立同分布的，所以 Bagging 的期望应该等于 T_b 的期望，Bagging 的偏差也等于 T_b 的偏差，即 $Bias(Bagging)=Bias(T_b)$。但 Bagging 比单个学习器 T_b 的方差更小，所以综合起来，Bagging 往往比单个学习器的泛化误差更小。

13.1.2　袋外误差估计

可以用交叉验证的方法来估计 Bagging 模型的测试误差，但是这种方法需要大量的计算时间，这里提出一种更加快速方便的方法。

在上面介绍的 Bagging 组合算法中，我们注意到在对训练集 T 进行 Bootstrap 抽样（样本量为 n）以获得新的训练集 $\{T_b, b=1,2,\cdots,B\}$ 时，鉴于 Bootstrap 抽样的性质，可以证明 T 中每次大约有 1/3 的样本点不在 T_b 中$\left(因为 \lim_{n\to\infty}\left(1-\frac{1}{n}\right)^n = e^{-1} \approx 0.368\right)$，这些未被使用的观测值称为袋外（out-of-bag，OOB）观测值。

可以将这些 OOB 观测值作为测试集来评估模型的效果。对于第 i 个观测值，在 B 个 Bootstrap 数据集中，约有 $B/3$ 个 Bootstrap 数据集中没有包含第 i 个观测值，所以我们可以用这 $B/3$ 个没有包含第 i 个观测值的数据集训练 $B/3$ 个基学习器，这样，便会生成约 $B/3$ 个对第 i 个观测值的预测。我们可以对这些预测响应值求平均（回归情况下）或执行多数投票（分类情况下），得到第 i 个观测值的一个 OOB 预测。用这种方法可以求出每个观测值的 OOB 预测，然后可以计算总体的 OOB 均方误差（对回归问题）或分类误差（对分类问题）。

由此得到的 OOB 误差是对 Bagging 模型测试误差的有效估计。所以 OOB 误差本质上是利用留一验证法(leave one out cross validation)得到的误差。

13.1.3　变量重要性的度量

如前所述,与单棵树相比,Bagging 通常能提高预测的精度。但遗憾的是,由此得到的模型可能难以解释。回忆前文可知,决策树的优点之一是它能得到漂亮且易于解释的图形。然而,当大量的树被组合后,就无法仅用一棵树展现结果,也无法知道在整个过程中哪些变量最为重要。因此可以说,集成学习方法对预测准确性的提高是以牺牲解释性为代价的。

不过庆幸的是,我们可以使用 RSS(针对回归树)或信息增益(针对分类树),比如 Gini 指数,对自变量的重要性做出整体概括。比如对于回归树,我们可以打乱给定任一变量的顺序,这样该变量与因变量就没有任何关系,实际上是一个无任何作用的自变量,计算该自变量打乱前后而减小的 RSS 的总量,对每个减小总量在所有 B 棵树上取平均,值越大说明自变量越重要。同样,对于分类树,可以对某一给定的自变量在一棵树上因分裂而使 Gini 指数的减小量加总,再取所有 B 棵树的平均,值越大说明自变量越重要。另一种方法是先计算每一个变量在每棵树分裂过程中的 RSS 减小值或者信息增益值,然后计算所有 B 棵树的平均值来衡量变量的重要性。

13.2　随机森林

随机森林是 Breiman 于 2001 年提出来的一种统计学习理论。与 Bagging 算法类似,随机森林算法首先建立若干互不相关的树,再对各树的结果进行“投票”得到最终的预测结果。可以发现,随机森林与 Bagging 的区别在于建立的树是“互不相关”的,顾名思义,随机森林是通过对树做了去相关(decorrelate)处理,从而实现对 Bagging 改进的一种算法。

为什么要对树进行去相关处理呢?回忆在例 13.1 提到的例子,给定 n 个独立同分布观测值 $Z_1,Z_2,\cdots,Z_n$,每个观测值的方差都是 σ^2,则它们的平均值 $\overline{Z}$ 的方差为 σ^2/n。但是,若 $Z_1,Z_2,\cdots,Z_n$ 是来自同一分布但不独立的样本,比如两两之间的相关系数(pairwise correlation)为 ρ,则此时 $\overline{Z}$ 的方差变为

$$Var(\overline{Z})=\rho\sigma^2+\frac{1-\rho}{n}\sigma^2 \tag{13.1}$$

在式 13.1 中,随着 n 的增大,第二部分的方差可以减少直至趋近于 0,但是第一部分的方差并不受 n 值的影响,主要取决于 ρ。所以,不妨假定我们的数据集中有一个很强的自变量和一些中等强度的自变量。那么在 Bagging 树的集合中,大多数(甚至可能是所有)树都会将最强的自变量用于顶部分裂点,这就将使得所有的树看起来都很相似,因为这些 Bagging 树中的自变量是高度相关的。所以说,Bagging 算法对于不相关的树求平均可以显著降

低其方差,但是对于高度相关的树求平均并不能显著带来方差的减小,也就是说,在这种情况下,Bagging 与单棵树相比并不会带来方差的大幅度降低。

那么,如何对树做去相关处理呢?其实,在随机森林中,建立每一棵决策树时均有两个随机采样的过程。首先我们需要用 Bootstrap 抽样得到一系列训练样本集,这个过程和 Bagging 是一样的。接着在建立决策树时,每考虑树上的一个分裂点,都要从全部的 p 个自变量中选出一个包含 $m(m<p)$ 个自变量的随机样本作为候选变量,这个分裂点所用的自变量只能从这 m 个变量中选择。如此一来有平均 $(p-m)/p$ 的分裂点,大大降低了树之间的相关性,这样得到的树的平均值有更小的方差。

随机森林按这种方式得到的每一棵树可能都是比较弱的,但把这些树组合在一起后就很强了。一个不是很恰当的比喻:这里得到的每一棵树都是一个精通于某一个领域的专家(因为我们是从 p 个随机变量中只选择 m 个让每一棵决策树进行学习),于是在随机森林中我们实际上是得到了很多个精通于不同领域的专家。因此,对于一个新的问题,即给定一些新的输入数据,这些专家可以从不同角度去看待它,最终投票得到结果。

我们将上述随机森林算法概括如算法 13.2。

算法 13.2　随机森林算法

(1) 对于每棵树 $b=1,2,\cdots,B$:

① 从包含全部样本的训练集 T 中进行 Bootstrap 抽样,得到一个样本量为 n 的训练样本集 T^*。

② 利用 T^* 建立一棵决策树,对于树上的每一个节点,重复以下步骤,直到节点的样本数达到指定的最小限定值 $n_{\min}$:从全部 p 个随机变量中随机取 $m(m<p)$ 个;从这 m 个变量中选取最优分裂变量,将此节点分裂成两个子节点。

注:对于分类问题,构造每棵树时默认使用 $m=\sqrt{p}$ 个随机变量,节点最小样本数为 1;对于回归问题,构造每棵树时默认使用 $m=p/3$ 个随机变量,节点最小样本数为 5。

(2) 当对新样本进行预测时,由每个决策树得到一个预测结果,再进行“投票”得出最后的结果,“投票”的含义同 Bagging 算法。

其实 Bagging 和随机森林最大的不同就在于自变量子集的规模 m。若取 $m=p$ 建立随机森林,则等同于建立 Bagging 树。另外,和 Bagging 一样,随机森林也可以使用袋外(OOB)预测值估计预测误差,也能得到变量的重要性排序,并且也不会因为 B 的增大而造成过拟合,所以在实践中应取足够大的 B,比如 $B\geqslant 200$,就能使分类错误率降低到一个稳定的水平。

13.3　Boosting

Boosting 也是一种非常通用的将多个弱学习器组合成强学习器的方法。回忆前文,Bagging 通过 Bootstrap 抽样得到多个训练集,对每个训练集建立基学习器,最后将这些基学习器集成起来建立一个最终的学习器。Boosting 也采用类似的方法,只是这里的基学习器都是由序列生成的,即每个基学习器的构建都需要用到之前基学习器中的信息。

在本书中,我们介绍最经典的几个 Boosting 算法,即 AdaBoost、提升树 GBDT 以及 XGBoost。

13.3.1　AdaBoost 算法

Boosting 族算法里最著名的当属 Freund 和 Schapire 在 1996 年提出的 AdaBoost(Adaptive Boosting 的缩写)算法。AdaBoost 是一种具有自适应性质的 Boosting 集成学习算法,可以自动提升被错误预测样本的权重,自动减少被正确预测样本的权重,这样在后续的训练中会更多考虑判错的样本的学习。AdaBoost 算法的流程见图 13-3。

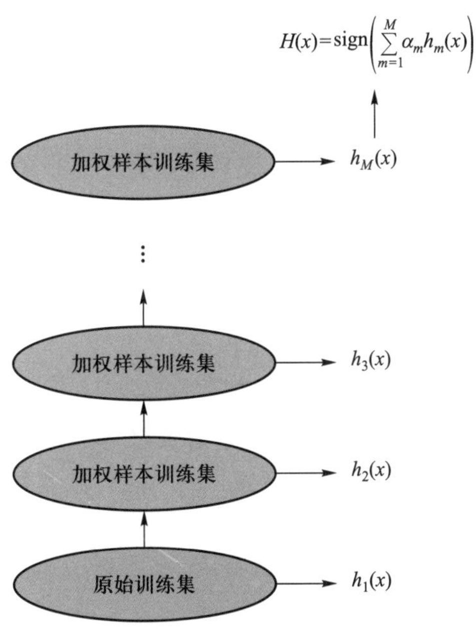

图 13-3　AdaBoost 算法流程图

下面以二分类为例介绍 AdaBoost 算法,具体算法如算法 13.3。

算法 13.3　Adaboost 算法

输入:训练集 $T=\{(x_i,y_i),i=1,\cdots,n\}$,其中 x_i 为 p 维自变量,$y\in\{-1,+1\}$。

输出:最终分类器 $H(x)$。

(1) 初始化样本抽样权重 $w_i=\frac{1}{n},i=1,2,\cdots,n$。

(2) 对 $m=1,2,\cdots,M$:

① 以 w_i 为样本权重对于训练集 T_m 建模并得到分类器 $h_m(x)$;

② 应用 $h(x,T_m)$ 预测训练集 T 中所有样本点,计算:

$$err_m=\frac{\sum_{i=1}^{n}w_iI(y_i\neq h_m(x))}{\sum_{i=1}^{n}w_i} \tag{13.2}$$

③ 计算:

$$\alpha_m=\log\left(\frac{1-err_m}{err_m}\right) \tag{13.3}$$

④ 重新计算样本抽样权重。

$$w_{m+1,i}=\frac{w_{mi}}{Z_m}\exp[-\alpha_m y_i h_m(x_i)],\quad i=1,2,\cdots,n \tag{13.4}$$

其中：Z_m 为规范化常数(normalization constant)。

$$Z_m=\sum_{i=1}^{n} w_{mi}\exp(-\alpha_m y_i h_m(x_i)) \tag{13.5}$$

(3) 通过投票建立加权函数。

$$f(x)=\sum_{m=1}^{M}\alpha_m h_m(x) \tag{13.6}$$

得到最终分类器：

$$H(x)=\mathrm{sign}[f(x)]=\mathrm{sign}\left(\sum_{m=1}^{M}\alpha_m h_m(x)\right) \tag{13.7}$$

算法 13.3 中，步骤 1 假设初始训练集的样本是等权重的。步骤 2 是序列地学习 M 个基学习器，每步学习完成都需要计算 $\alpha_m\geqslant 0$ 和调整下一步中样本的权重，式 13.4 可写成：

$$w_{m+1,i}=\begin{cases}\dfrac{w_{mi}}{Z_m}\mathrm{e}^{-\alpha_m}, & y_i=h_m(x_i)\\[2ex] \dfrac{w_{mi}}{Z_m}\mathrm{e}^{\alpha_m}, & y_i\neq h_m(x_i)\end{cases}$$

这说明被误分的样本在下一步学习中会增大样本权重，被正确分类的样本将会减小样本权重。步骤 3 的加权函数 $f(x)$ 把 M 个基学习器线性组合在一起，权重是 $\alpha_m=\log\left(\dfrac{1-err_m}{err_m}\right)$，说明训练误差越小的基学习器在最终学习器中的权重就越大。$f(x)$ 的符号决定样本的类别，$f(x)$ 的绝对值表示分类的可信度，值越大表示分类正确的可信度越高。

模型中参数 M 可通过交叉验证法进行选择。AdaBoost 能在学习过程中不断减小训练误差。

定理 13.1　AdaBoost 的训练误差界：AdaBoost 算法最终分类器的训练误差界为

$$\frac{1}{n}\sum_{i=1}^{n}I(H(x_i)\neq y_i)\leqslant\frac{1}{n}\sum_{i=1}^{n}\exp(-y_i f(x_i))=\prod_{m=1}^{M}Z_m \tag{13.8}$$

证明：当分类错误，即当 $H(x_i)\neq y_i$ 时，$y_i f(x_i)<0$，所以 $\exp(-y_i f(x_i))\geqslant 1$，$\dfrac{1}{n}\sum_{i=1}^{n}I(H(x_i)\neq y_i)\leqslant\dfrac{1}{n}\sum_{i=1}^{n}\exp(-y_i f(x_i))$ 成立。

然后：

$$\begin{aligned}\frac{1}{n}\sum_{i=1}^{n}\exp(-y_i f(x_i))&=\frac{1}{n}\sum_{i=1}^{n}\exp\left(-\sum_{m=1}^{M}\alpha_m y_i h_m(x_i)\right)\\&=\sum_{i=1}^{n}w_{1i}\prod_{m=1}^{M}\exp(-\alpha_m y_i h_m(x_i))\\&=Z_1\sum_{i=1}^{n}w_{2i}\prod_{m=2}^{M}\exp(-\alpha_m y_i h_m(x_i))\end{aligned}$$

$$
\begin{aligned}
&= Z_1 Z_2 \sum_{i=1}^{n} w_{3i} \prod_{m=3}^{M} \exp(-\alpha_m y_i h_m(x_i)) \\
&\cdots \\
&= Z_1 Z_2 \cdots Z_{M-1} \sum_{i=1}^{n} w_{Mi} \exp(-\alpha_M y_i h_M(x_i)) \\
&= \prod_{m=1}^{M} Z_m
\end{aligned}
$$

定理 13.1 表明,要使最终分类器 $H(x)$的训练误差较小,要求每一轮的学习要选取合适的 $h_m(x)$使得 Z_m 较小。

定理 13.2　二分类问题 AdaBoost 的训练误差界:

$$
\begin{aligned}
\frac{1}{n}\sum_{i=1}^{n} I(H(x_i) \neq y_i) \leqslant \prod_{m=1}^{M} Z_m &= \prod_{m=1}^{M} 2\sqrt{err_m(1-err_m)} \\
&= \prod_{m=1}^{M} \sqrt{(1-4\gamma_m^2)} \leqslant \exp\left(-2\sum_{m=1}^{M}\gamma_m^2\right)
\end{aligned}
\tag{13.9}
$$

其中:$\gamma_m = \frac{1}{2} - err_m$。

证明:对于二分类问题,$y \in \{-1,+1\}$,如果分类正确,即 $y_i = h_m(x_i)$,则 $y_i h_m(x_i) = 1$;反之 $y_i \neq h_m(x_i)$,则 $y_i h_m(x_i) = -1$。

$$
\begin{aligned}
Z_m &= \sum_{i=1}^{n} w_{mi}\exp(-\alpha_m y_i h_m(x_i)) = \sum_{y_i = h_m(x_i)} w_{mi}\mathrm{e}^{-\alpha_m} + \sum_{y_i \neq h_m(x_i)} w_{mi}\mathrm{e}^{\alpha_m} \\
&= (1-err_m)\mathrm{e}^{-\alpha_m} + err_m \mathrm{e}^{\alpha_m} = 2\sqrt{err_m(1-err_m)} = \sqrt{1-4\gamma_m^2}
\end{aligned}
$$

然后,可由 e^x 和$\sqrt{1-x}$在 $x=0$ 处泰勒展开得:

$$
\sqrt{1-4\gamma_m^2} \leqslant \exp(-2\gamma_m^2)
$$

所以,$\prod_{m=1}^{M} Z_m = \prod_{m=1}^{M}\sqrt{1-4\gamma_m^2} \leqslant \exp\left(-2\sum_{m=1}^{M}\gamma_m^2\right)$。

推论 13.1　如果存在 $\gamma>0$,对所有 m 有 $\gamma_m>\gamma$,则:

$$
\frac{1}{n}\sum_{i=1}^{n} I(H(x_i) \neq y_i) \leqslant \exp(-2M\gamma^2) \tag{13.10}
$$

这说明 AdaBoost 算法的训练误差以指数速度下降。

需要注意的是,定理 13.1 表明 AdaBoost 算法的最终分类器训练误差有上界,且以指数速度在减小,但这并不意味着测试误差就小。假如弱学习器"简单"且 M 不是很大时,训练误差和测试误差的差值在理论上也是有界的,具体证明可以见文献(Freund 和 Schapire, 1996)。

13.3.2　AdaBoost 算法的统计解释

AdaBoost 算法有一个统计学意义上的解释,即可以理解为一个可加模型(additive model),以指数函数(exponential function)作为损失函数,采用向前逐步算法(forward stagewise algorithm)的二分类学习方法。

首先我们介绍可加模型和向前逐步算法。

可加模型：

$$f(x)=\sum_{m=1}^{M}\beta_m b(x;\gamma_m) \tag{13.11}$$

其中：$b(x;\gamma_m)\in R, m=1,2,\cdots,M$ 为一组基函数；γ_m 为基函数的参数；β_m 是基函数的系数。显然式 13.6 是一个可加模型，$h_m(x)$ 是其对应的基函数。除 AdaBoost 算法之外，很多模型都可以理解为可加模型，比如样条回归、决策树、神经网络等。

在给定训练数据及损失函数 $L(y,f(x))$ 下，学习可加模型 $f(x)$ 成为经验风险最小化即损失函数最小化问题：

$$\min_{\{\beta_m,\gamma_m\}_1^M}\sum_{i=1}^{n}L\Big(y_i,\sum_{m=1}^{M}\beta_m b(x_i;\gamma_m)\Big) \tag{13.12}$$

其中，$L(y,f(x))$ 是损失函数，可以是平方损失函数或者似然函数等。直接优化式 13.12 是比较复杂且困难的。一种解决办法就是把式 13.12 拆分成很多可加的子问题进行优化，每次只优化一个子问题，也就是只求解一个基函数及其系数，比如每步求解：

$$\min_{\beta,\gamma}\sum_{i=1}^{n}L(y_i,\beta b(x_i;\gamma)) \tag{13.13}$$

向前逐步算法就是针对可加模型，每次只学习一个基函数及系数，从前向后逐步学习，将同时优化求解 β_m 和 $\gamma_m(m=1,2,\cdots,M)$ 的问题简化为逐步求解 β_m 和 γ_m，这样可以化繁为简，分而治之，其具体算法见算法 13.4。

算法 13.4　向前逐步算法

输入：训练集 $T=\{(x_i,y_i),i=1,\cdots,n\}$，损失函数 $L(y,f(x))$，基函数 $\{b(x;\gamma_m)\}$。

输出：可加模型 $f(x)$。

(1) 给定初始值 $f_0(x)=0$。

(2) 对 $m=1,2,\cdots,M$：

① 极小化损失函数计算：

$$(\beta_m,\gamma_m)=\arg\min_{\beta,\gamma}\sum_{i=1}^{n}L(y_i,f_{m-1}(x_i)+\beta b(x_i;\gamma)) \tag{13.14}$$

② 更新：

$$f_m(x)=f_{m-1}(x_i)+\beta_m b(x_i;\gamma_m) \tag{13.15}$$

(3) 得到可加模型。

$$f(x)=f_M(x)=\sum_{m=1}^{M}\beta_m b(x;\gamma_m) \tag{13.16}$$

定义 13.1　指数损失函数：y 是因变量，x 是自变量，$f(x)$ 是所要求解的模型，则指数损失函数为

$$L(y,f(x))=\exp(-yf(x)) \tag{13.17}$$

定理 13.3　AdaBoost 算法等价于可加模型的指数损失函数最小化，采用向前逐步算法求解。

证明：AdaBoost 算法的最终分类器可以写成由一组基分类器组成的可加模型。

$$f(x)=\sum_{m=1}^{M}\beta_m h_m(x) \tag{13.18}$$

直接优化式 13.18 是比较困难的，往往采用向前逐步算法求解如下的式子：

$$(\beta_m, h_m(x)) = \arg\min_{\beta,h} \sum_{i=1}^{n} L(y_i, f_{m-1}(x_i) + \beta h(x_i)) \tag{13.19}$$

采用指数损失函数 $L(y,f(x)) = \exp(-yf(x))$，则式 13.19 转为

$$(\beta_m, h_m(x)) = \arg\min_{\beta,h} \sum_{i=1}^{n} \exp\{-y_i[f_{m-1}(x_i) + \beta h(x_i)]\} \tag{13.20}$$

这样，每次只要求解 $\beta_m, h_m(x)$，$f_{m-1}(x_i)$ 为前一步求得的结果，属于已知，所以可以令 $w_i^{(m)} = \exp[-y_i f_{m-1}(x_i)]$，则式 13.20 可写成：

$$(\beta_m, h_m(x)) = \arg\min_{\beta,h} \sum_{i=1}^{n} w_i^{(m)} \exp(-\beta y_i h(x_i)) \tag{13.21}$$

现在证明式 13.21 达到最小的 $\beta_m, h_m(x)$ 就是 AdaBoost 算法的 $\alpha_m, h_m(x)$。分两步求解：

首先，求 $h_m(x)$。对任意的 $\beta>0$，使得式 13.21 达到最小的 $h_m(x)$ 为

$$h_m(x) = \arg\min \sum_{i=1}^{n} w_i^{(m)} I(y_i \neq h(x_i)) \tag{13.22}$$

此时的分类器 $h_m(x)$ 就是 AdaBoost 算法的基本分类器 $h_m(x)$。

其次，求 β_m。式 13.21 中：

$$\begin{aligned}\sum_{i=1}^{n} w_i^{(m)} \exp[-\beta y_i h(x_i)] &= \sum_{y_i = h_m(x_i)} w_i^{(m)} e^{-\beta} + \sum_{y_i \neq h_m(x_i)} w_i^{(m)} e^{\beta} \\ &= (e^{\beta} - e^{-\beta}) \sum_{i=1}^{n} w_i^{(m)} I[y_i \neq h(x_i)] + e^{-\beta} \sum_{i=1}^{n} w_i^{(m)}\end{aligned} \tag{13.23}$$

把式 13.22 代入式 13.23，对 β 求导可得到：

$$\beta_m^* = \frac{1}{2}\log\frac{1-err_m}{err_m}$$

这里的 err_m 就是加权误差率：

$$err_m = \frac{\sum_{i=1}^{n} w_i^{(m)} I[y_i \neq h_m(x)]}{\sum_{i=1}^{n} w_i^{(m)}}$$

此处的 β_m 是 AdaBoost 算法中 α_m 的一半，即 $\alpha_m = 2\beta_m$。

再看可加模型的每一步更新，由

$$f_m(x) = f_{m-1}(x) + \beta_m h_m(x)$$

引起每一步样本权重的更新

$$w_i^{(m+1)} = w_i^{(m)} e^{-\beta_m y_i h_m(x_i)}$$

又由于 $-y_i h_m(x_i) = 2I[y_i \neq h_m(x_i)] - 1$，所以

$$w_i^{(m+1)} = w_i^{(m)} e^{\alpha_m I[y_i \neq h_m(x_i)]} e^{-\beta_m}$$

这与式 13.4 中样本权重迭代相差一个常数 $e^{-\beta_m}$。

13.3.3　提升树

Boosting 方法本质上是由一组基学习器组成的可加模型。提升树(Boosting tree)是指以决策树作为基学习器的 Boosting 方法,其可加模型可表示为

$$f_M(x)=\sum_{m=1}^{M}T(x;\Theta_m) \tag{13.24}$$

其中:$T(x;\Theta_m)$表示决策树,Θ_m 为决策树的参数,M 为树的棵数。提升树的求解可以采用向前逐步算法。对于第 m 步的模型:

$$f_m(x)=f_{m-1}(x)+T(x;\Theta_m) \tag{13.25}$$

每步只要学习第 m 棵决策树 $T(x;\Theta_m)$,即求解式子:

$$\hat{\Theta}_m=\underset{\Theta_m}{\arg\min}\sum_{i=1}^{n}L(y_i,f_{m-1}(x_i)+T(x_i;\Theta)) \tag{13.26}$$

对于二分类问题,提升树算法只需将 AdaBoost 算法中的基本分类器换成二分类决策树即可,也可以理解为此时的提升树是 AdaBoost 算法的特例,此处不再赘述。对于回归问题的提升树算法可以表示为算法 13.5。

算法 13.5　提升回归树算法

输入:训练集 $T=\{(x_i,y_i),i=1,\cdots,n\}$。

输出:提升回归树 $f_M(x)$。

(1) 设定初始值 $f_0(x)=0$,记 $r_i=y_i,i=1,2,\cdots,n$。

(2) 对 $m=1,2,\cdots,M$,重复以下步骤:

① 基于训练集 $T=\{(x_i,r_i),i=1,\cdots,n\}$ 训练决策树 $f_m(x)$;

② 更新提升回归树模型

$$f_m(x)=f_{m-1}(x)+T(x;\Theta_m)$$

③ 更新拟合残差

$$r_{mi}=y_i-f_{m-1}(x_i)$$

(3) 得到提升回归树

$$f_M(x)=\sum_{m=1}^{M}T(x;\Theta_m)$$

从算法 13.5 中看出,对于提升回归树,每步只需要拟合前一步模型的残差。当损失函数是平方损失或者指数损失函数时,提升树的每一步优化问题是比较简单的。但是对于一般损失函数,每步的优化可能就不简单了。为了解决该问题,Freidman(2001)提出了 GBDT(gradient boost decision tree)算法。与 AdaBoost 算法不同,GBDT 在迭代的每一步构建一个能够沿着梯度最陡的方向降低损失(steepest-descent)的学习器来弥补已有模型的不足。经典的 AdaBoost 算法只能处理采用指数损失函数的二分类学习任务,而 GBDT 算法通过设置不同的可微损失函数处理各类学习任务(多分类、回归、Ranking 等),应用范围大大扩展。

算法 13.6　GBDT 算法

(1) 给定损失函数 $L(y_i,\gamma)$,初始化 $f_0(x)=\arg\min\limits_{\gamma}\sum\limits_{i=1}^{n}L(y_i,\gamma)$,得到只有一个根节点的树,即 γ 是一个

常数值。

(2) 对 $m=1,2,\cdots,M$：

① 计算损失函数的负梯度在当前模型的值，将它作为残差的估计值：

$$r_{i,m}=-\left[\frac{\partial L(y_i,f(x_i))}{\partial f(x_i)}\right]_{f=f_{m-1}},\quad i=1,2,\cdots,n$$

② 根据 $r_{i,m}$ 训练回归树得到叶节点区域 $R_{j,m}$，$j=1,2,\cdots,J_m$。

③ 利用线性搜索估计叶节点区域的值，使损失函数极小化：

$$\gamma_{j,m}=\underset{\gamma}{\operatorname{argmin}}\sum_{x_i\in R_{j,m}}L(y_i,f_{m-1}(x_i)+\gamma),\quad j=1,2,\cdots,J_m$$

④ 更新回归树 $f_m(x)=f_{m-1}(x)+\sum_{j=1}^{J_m}\gamma_{j,m}I(x\in R_{j,m})$。

(3) 输出最终模型 $\hat{f}(x)=f_M(x)$。

13.3.4　XGBoost 算法

XGBoost 是 Extreme Gradient Boosting 的简称，是陈天奇在 2016 年提出的，兼具线性模型求解器和树学习算法。它是在 GBDT 算法上的改进，更加高效。传统的 GBDT 方法只利用了一阶的导数信息，XGBoost 则是对损失函数做了二阶的泰勒展开，并在目标函数之外加入了正则项整体求最优解，用以权衡目标函数的下降和模型的复杂程度，避免过拟合，使求得模型的最优解的效率更高。XGBoost 提供多种目标函数，包括回归、分类和排序等。由于在预测性能上的强大表现，XGBoost 成为很多数据挖掘比赛的理想选择。

算法 13.7　XGBoost 算法

(1) 假设我们有 K 个基分类器。

① 模型为

$$\hat{y}_i=\sum_{k=1}^{K}f_k(x_i)$$

② 目标函数为

$$Obj=\sum_{i=1}^{n}l(y_i,\hat{y}_i)+\sum_{k=1}^{K}\Omega(f_k)$$

注：目标函数第一部分是训练误差，可采用平方误差等形式；第二部分是基分类器的复杂程度，以决策树为基分类器，可以用叶节点个数或树的深度来衡量。这是一个加法模型，类似向前逐步算法。

(2) 每次保留原来的模型不变，加入一个新的基分类器到模型中。

$$\hat{y}_i^{(0)}=0$$

$$\hat{y}_i^{(1)}=f_1(x_i)=\hat{y}_i^{(0)}+f_1(x_i)$$

$$\hat{y}_i^{(2)}=f_1(x_i)+f_2(x_i)=\hat{y}_i^{(1)}+f_2(x_i)$$

…………

$$\hat{y}_i^{(t)}=\sum_{k=1}^{K}f_k(x_i)=\hat{y}_i^{(t-1)}+f_t(x_i)$$

(3) 选取每一轮新的基分类器，这个新的基分类器使得目标函数最大限度地降低。因为

$$\hat{y}_i^{(t)}=\hat{y}_i^{(t-1)}+f_t(x_i)$$

所以

$$Obj^{(t)}=\sum_{i=1}^{n} l(y_i,\hat{y}_i^{(t)})+\sum_{k=1}^{K}\Omega(f_k)=\sum_{i=1}^{n} l(y_i,\hat{y}_i^{(t-1)}+f_t(x_i))+\Omega(f_t)+const$$

（4）将目标函数做泰勒展开，并引入正则项。

$$Obj^{(t)}=\sum_{i=1}^{n}\left[l(y_i,\hat{y}_i^{(t-1)})+g_i f_t(x_i)+\frac{1}{2}h_i f_t^2(x_i)\right]+\Omega(f_t)+const$$

$$=\sum_{i=1}^{n}\left[g_i f_t(x_i)+\frac{1}{2}h_i f_t^2(x_i)\right]+\Omega(f_t)+const$$

其中：$g_i=\partial_{\hat{y}^{(t-1)}} l(y_i,\hat{y}^{(t-1)})$，$h_i=\partial^2_{\hat{y}^{(t-1)}} l(y_i,\hat{y}^{(t-1)})$。

13.4　Stacking

前文提到的 Bagging 和 Boosting 都是针对同质学习器，即集成的都是同一种模型。Stacking 算法可以集成异质学习器，即可以集成不同类型的基学习器。异质学习器往往称为个体学习器。此外，Bagging 通过简单平均或者投票法确定最终学习器，Boosting 通过加权平均或者加权投票法确定最终学习器，而 Stacking 通过元学习器(meta-learner)集成基学习器的结果。其基本思路是先通过个体学习器学习训练集，然后把每个学习器的预测结果作为元学习器的输入变量，元学习器的预测结果作为最终集成的预测结果，见图 13-4。注意，Stacking 算法的基分类器可以是异质的，比如可以是决策树、神经网络、支持向量机或者其他分类器。

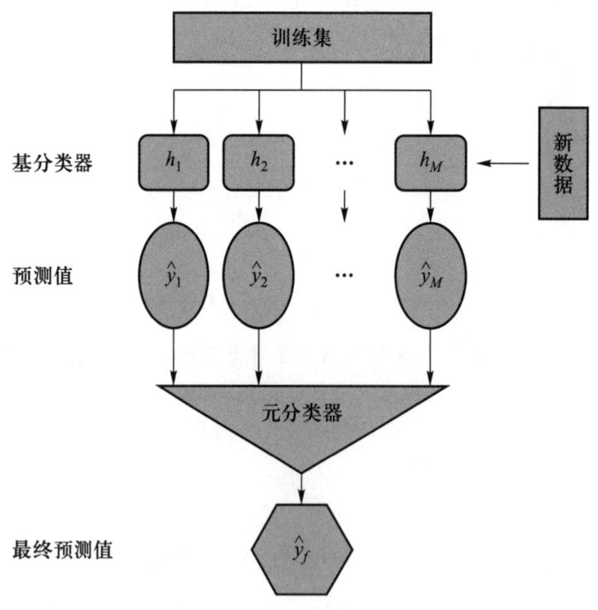

图 13-4　Stacking 流程图

下面以分类问题为例，讲解 Stacking 算法。

算法 13.8　Stacking

输入：训练集 $D=\{(x_i,y_i),i=1,\cdots,n\}$。

输出:集成分类器 h_f。

(1) 学习个体分类器。

对 $m=1,2,\cdots,M$,基于训练集 D 学习个体分类器 h_m。

(2) 构建新的训练集 D'。

对于 $i=1,2,\cdots,n$,添加(x_i',y_i)到新的训练集 D',其中 $x_i'=(h_1(x_i),h_2(x_i),\cdots,h_M(x_i))$。

(3) 学习元分类器 $h_f(D')$。

对于 Stacking 算法可能会倾向于出现过拟合,因为 Stacking 算法的元分类器主要依赖于基分类器的预测结果,如果基分类器出现了过拟合,则元学习器也会倾向于出现过拟合。为了解决该问题,往往使用 K 折交叉验证 Stacking 或者留一交叉验证 Stacking。

对于 K 折交叉验证 Stacking,首先将原始训练集随机拆分为 K 折,选择第 $k(k=1,2,\cdots,K)$折作为验证集,剩下的 $K-1$ 折作为训练集来训练 M 个个体分类器(注意此处的基分类器也允许是异质的),然后利用这 M 个个体分类器对验证集进行预测。此处不直接对训练集预测而对验证集预测就是为了避免过拟合。上述过程重复 K 次,这样可以得到每个个体分类器在每个样本上的预测值,利用这 M 个预测结果$(\hat{y}_1,\hat{y}_2,\cdots,\hat{y}_M)$作为元分类器的输入变量进行最终的预测(见图 13-5)。

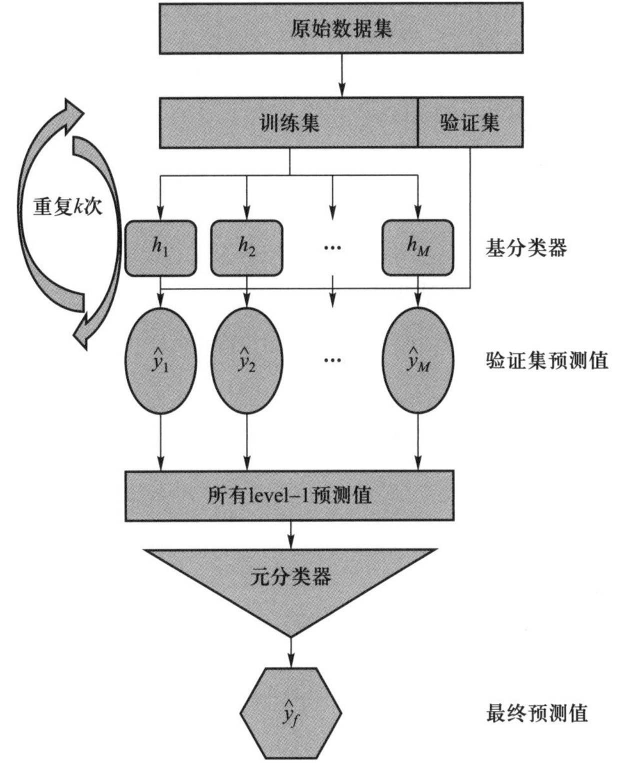

图 13-5　交叉验证 Stacking 算法流程图

交叉验证 Stacking 算法的详细步骤如下:

算法 13.9　交叉验证 Stacking 算法

输入:训练集 $D=\{(x_i,y_i),i=1,\cdots,n\}$。

输出：集成分类器 h_f。

(1) 学习个体分类器。

① 将原始训练集 D 随机拆分为 K 等份 $D=\{D_1,D_2,\cdots,D_K\}$。

② 对 $k=1,2,\cdots,K,m=1,2,\cdots,M$，基于训练集 $D\backslash D_k$ 学习个体分类器 h_m，得到基分类器 h_m 在验证集 D_k 上的预测值 $\{h_m(x_i)\}_{i\in D_k}$。

(2) 构建新的训练集 D'，$D'=\{D_1',D_2',\cdots,D_K'\}$，其中 $D_k'=\{(x_i',y_i)\}_{i\in D_k}$，$x_i'=(h_1(x_i),h_2(x_i),\cdots,h_M(x_i))$。

(3) 学习元分类器 $h_f(D')$ 并返回最终预测值。

13.5　集成学习总结

集成学习的目标是获得具有更好泛化性能的学习器。如何才能得到更好的泛化性能呢？集成学习过程中需要注意什么问题？下面以回归为例，通过分析影响模型泛化误差的因素，研究如何集成泛化性能更好的学习器。

假设给定训练集 $D=\{(x_i,y_i),i=1,\cdots,n\}$，$y_i\in R$，真实回归模型为 $f(x)$，集成回归器 $H(x)$ 集成 M 个基回归器 $h_m(x)$，$m=1,2,\cdots,M$。对于给定输入样本 x_0，集成回归器的预测为

$$H(x_0)=\frac{1}{M}\sum_{m=1}^{M}h_m(x_0) \tag{13.27}$$

则集成回归器的误差为

$$E(H,x_0)=[f(x_0)-H(x_0)]^2 \tag{13.28}$$

基回归器与集成回归器的预测结果差异为

$$D(h_m,x_0)=[h_m(x_0)-H(x_0)]^2 \tag{13.29}$$

则一组基回归器的差异度可表示为

$$\overline{D}(h_m,x_0)=\frac{1}{M}\sum_{m=1}^{M}[h_m(x_0)-H(x_0)]^2 \tag{13.30}$$

对上式分解可得：

$$\overline{D}(h_m,x_0)=\frac{1}{M}\sum_{m=1}^{M}[h_m(x_0)-f(x_0)]^2-[f(x_0)-H(x_0)]^2 \tag{13.31}$$

令 $E(h_m,x_0)$ 表示所有基回归器的平均误差：

$$E(h_m,x_0)=\frac{1}{M}\sum_{m=1}^{M}[f(x_0)-h_m(x_0)]^2$$

所以

$$E(H,x_0)=E(h_m,x_0)-\overline{D}(h_m,x_0) \tag{13.32}$$

式 13.32 说明要想集成回归器的预测误差小，有两种思路：降低基回归器的平均误差和增加基回归器的差异度或多样性。上面的分析最早是由 Krogh 和 Vedelsby(1995) 给出的，称为误差-分歧分解(error-ambiguity decomposition)。

另外，再举个简单的例子：针对二分类问题，有三个基分类器在三个测试样本的表现

如图 13-6 所示,其中"o"表示分类正确,"×"表示分类错误。图 13-6(a)每个基学习器的精度都是 2/3,且具有多样性,集成学习提升了性能;图 13-6(b)虽然每个基学习器的精度都是 2/3,但对三个样本的预测结果都是一样的,不具有多样性,集成学习不起作用;图 13-6(c)每个基学习器的精度只有 1/3,虽然学习器具有多样性,但是太差的基学习器精度使集成学习起副作用。

	样本1	样本2	样
h_1	○	○	
h_2	×	○	
h_3	○	×	
集成	○	○	

(a) 集成提升性能

	样本1	样本2	样
h_1	○	×	
h_2	○	×	
h_3	○	×	
集成	○	×	

(b) 集成不起作用

	样本1	样本2	样
h_1	○	×	
h_2	×	×	
h_3	×	○	
集成	×	×	

(c) 集成起副作用

图 13-6　集成学习器的集成效果

上面的分析告诉我们集成学习提升性能的关键是选择"好而不同"的基学习器。所以在集成学习的时候尽可能选择精度较高的学习器。另外,如何增强学习器的多样性呢? 常用的方法有:

(1) 增加数据样本扰动。数据样本扰动通常基于抽样方法。比如 Bagging 和随机森林都采用 Bootstrap 抽样。AdaBoost 本质上也是一种序列抽样,每步学习调整下一步样本的权重,增加数据样本的扰动。对于决策树、神经网络等基学习器,训练样本稍加变化就会导致学习器显著变化,数据样本扰动对这些不稳定基学习器具有较好的效果。但是对于线性学习器、支持向量机、k 近邻等稳定基学习器,增加数据样本扰动效果不是很明显,往往可以增加输入特征扰动。

(2) 增加输入特征扰动。训练数据集通常由一组特征描述,不同的特征提供了观察数据的不同角度,所以不同特征训练出来的学习器必然有所不同。随机森林和 Bagging 都可以增加样本数据扰动,但随机森林还可以同时增加输入特征的扰动,每一次分裂都从 p 个特征中随机选择 m 个特征。另外,随机子空间(random subspace)方法也可以增加输入特征扰动,详见 Ho(1998)。对于包含大量冗余特征的数据,随机抽取部分特征子集训练基学习器,不仅能产生多样性的基学习器而且还能节省计算时间。但若数据中的特征较少,且冗余特征也很少,则不宜增加输入特征扰动。

(3) 增加算法参数扰动。很多基学习器中一般都需要设置参数,比如神经网络的隐藏层神经元数、k 近邻的参数 k 等,通过设置不同的参数可以产生有差异的基学习器,从而达到增强学习器多样性的目的。

13.6　R 语言实现

13.6.1　Bagging 和随机森林

Bagging 和随机森林算法可以用包 randomForest 里的 randomForest( )实现(见表 13-1)。

表 13-1　randomForest( )函数主要参数介绍

参数	介绍
x,formula	数据框形式或矩阵形式的预测变量,以及需要拟合函数模型的形式
y	响应变量的向量,如果是因子形式的,模型会被设定为分类模型,否则就会被设定为回归模型
ntree	生成的树的个数
mtry	每次节点分裂时所选取的变量的个数,分类模型的默认值为 sqrt(p),x 中的变量个数,回归模型的默认值是 $p/3$
importance	是否存储变量的重要性

首先介绍 Bagging 算法的实现。仍旧以 Airline Passenger Satisfaction 数据集为例,由于集成算法的实现需要耗费一定的时间,所以这里只随机抽取 10 000 个训练集样本进行训练,以便程序能快速运行。根据 Bagging 的原理,设置参数 mtry 为 x 中的变量个数,就可以实现 Bagging 算法。

```
> library(randomForest)
> set.seed(1)
> train_d<-read.csv("train.csv",header = T,sep = ",")
> train_d<-train_d[sample(dim(train_d)[1],10000),]
> train_d<-train_d[complete.cases(train_d),]
> train_d<-train_d[,-c(1,2)]
> bag1<-randomForest(satisfaction~.,data = train_d,mtry=22,importance=T,
ntree=500)
> varImpPlot(bag1)
```

当 importance=T 时,varImpPlot( )可以画出模型的重要性图。图 13-7 左图是根据预测的准确率得出的重要性图,右图是根据基尼系数得出的重要性图,可以发现重要性的排序大体上是一致的。

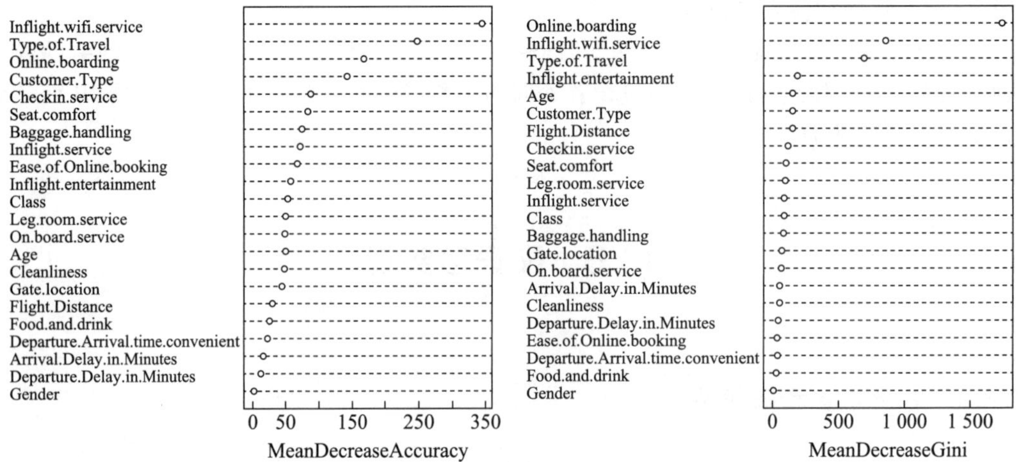

图 13-7　预测变量的重要性

这里从测试数据集中随机抽取 3 000 个样本作为测试集。可以发现与 12.7.1 的单棵决策树相比，Bagging 算法在测试集的预测效果上有了明显的提升。

```
> set.seed(1)
> test_d<-read.csv("test.csv",header = T,sep = ",")
> test_d<-test_d[sample(dim(test_d)[1],3000),]
> test_d<-test_d[complete.cases(test_d),]
> test_d<-test_d[,-c(1,2)]
> pred1<-predict(bag1,test_d,type = "class")
> table(true=test_d$satisfaction,predict=pred1)
                              predict
true                           neutral or dissatisfied  satisfied
  neutral or dissatisfied                         1639         51
  satisfied                                         84       1213
```

修改参数 mtry 为一个比变量个数小的值，就可以实现随机森林算法。如果不设置参数 mtry，当模型是分类模型时，mtry 的默认值为预测变量个数的平方根。mtry 的值也可以通过交叉验证选取。

```
> rf1<-randomForest(satisfaction~.,data = train_d,importance=T,ntree=500)
> rf1
Call:
randomForest(formula = satisfaction ~ ., data = train_d, importance = T, nt-
ree = 500)
               Type of random forest: classification
                     Number of trees: 500
No. of variables tried at each split: 4
        OOB estimate of  error rate: 5.42%
Confusion matrix:
                        neutral or dissatisfied  satisfied
neutral or dissatisfied                    5406        199
              satisfied                     341       4022
                        class.error
neutral or dissatisfied 0.03550401
satisfied                 0.07815723
```

从随机森林的结果可知每次分裂时选取的变量个数为 4，是 $\sqrt{22}$ 的整数部分。结果中还展示了 OOB 的预测误差以及混淆矩阵。

13.6.2 AdaBoost

AdaBoost 算法可以通过 adabag 包中的 boosting 函数实现。还是以 wine 数据集为例，参数 mfinal 表示生成的树的个数，即迭代的次数。模型拟合以及预测的代码如下：

```
> library(adabag)
> ada1<-boosting(satisfaction~.,data = train_d,boos = T,
+                mfinal = 100)
> pred.ada<-predict(ada1,test_d,type="class")
> pred.ada$confusion
                          Observed Class
Predicted Class           neutral or dissatisfied satisfied
  neutral or dissatisfied                    1646        67
  satisfied                                    44      1230
```

13.6.3 GBDT

GBDT 算法可以用 gbm 包中的函数 gbm()实现。以 wine 数据集为例。参数 distribution 表示模型的类型,bernoulli 为二分类模型,multinomial 为多分类模型,gaussian 为回归模型。但是 gbm 函数对 multinomial 的支持有一定的问题,无论模型正常与否,R 都会返回警告信息,这并不影响实际的计算。以第 12 章中的二手车交易价格数据为例。下面的代码用以生成图 13-8。

```
> library(gbm)
> audi<-read.csv("./car/audi.csv",header=T,sep=",")
> audi$price<-log(audi$price)
> n<-dim(audi)[1]
> train<-sample(1:n,0.7*n)
> train_d<-audi[train,]
> test_d<-audi[-train,]
> gbm1<-gbm(price~.,data = train_d,n.trees = 1000,distribution = "gaussian",
shrinkage = 0.01)
> summary(gbm1)
                      var    rel.inf
year                 year 42.1306753
model               model 16.7313525
mpg                   mpg 15.7073494
mileage           mileage  9.7384210
transmission transmission  7.6332490
engineSize     engineSize  7.2910490
tax                   tax  0.7679038
fuelType         fuelType  0.0000000
```

summary()函数会返回每个变量相对影响并自动生成相对影响图。gbm.perf()会自动生成一张如图 13-9 的迭代次数与误差关系图。图中,黑色表示在训练集上的误差,绿色[①]代表交叉验证的误差,如果不想要生成图片可以设置参数 plot.it = F。method 参数还有

① 编辑注:因为本书采用黑白印刷,所以实际的颜色可通过运行相应代码产生的图来观察。下同。

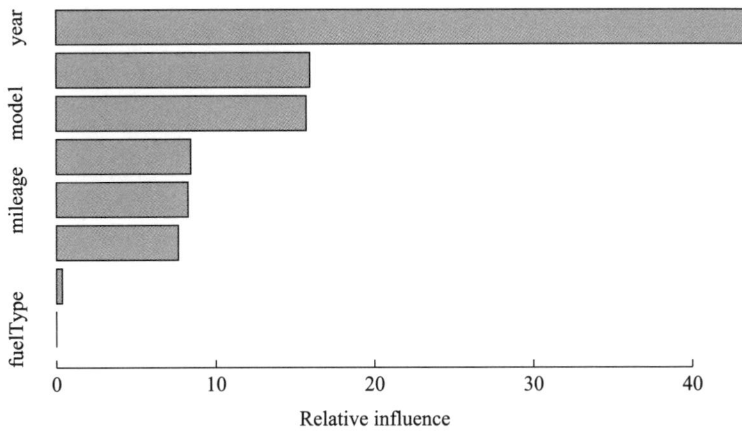

图 13-8　GBDT 模型的相对影响图

其他取值:① OOB 可计算 out-of-bag 的误差,也是 method 的默认取值;② test 可计算在测试集上的误差,这个选项需要在 gbm 函数中设定参数 train. fraction,即训练集占总数据集的比例;③ cv 计算交叉验证的误差,cv 的取值为交叉验证的折数。

```
>gbm.perf(gbm1,method = "OOB")
[1] 1000
attr(,"smoother")
Call:
loess(formula = object$oobag.improve ~ x, enp.target = min(max(4,
     length(x)/10), 50))

Number of Observations: 1000
Equivalent Number of Parameters: 40
Residual Standard Error: 9.983e-06
```

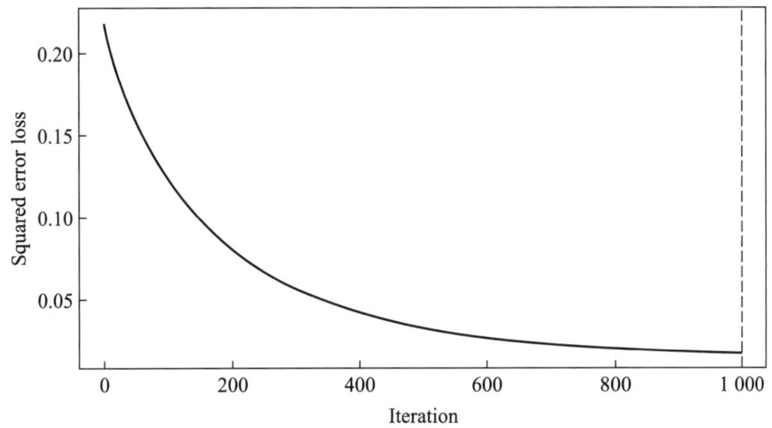

图 13-9　gbm 迭代次数与误差关系图

对测试集进行预测,发现与第 12 章中的回归树结果相比,GBDT 模型的均方根误差明显减小了。

```
> pred.gbm<-predict(gbm1,newdata = test_d,n.trees = 1000,type = "response")
> mean(sqrt((pred.gbm-test_d$price)^2))
[1] 0.1014537
```

13.6.4 XGBoost

XGBoost 算法可以使用 xgboost 包中的 xgboost()函数和 xgb.train()函数实现。xgboost()是 xgb.train()函数的精简版本,功能不如 xgb.train()多,但是可以支持 matrix 和 xgb.DMatrix 两种格式的数据输入,而 xgb.train 只接受 xgb.DMatrix 格式的数据。下面演示两个函数的具体用法,仍以 Airline Passenger Satisfaction 数据集为例。

```
> library(xgboost)
> set.seed(1)
> train_d<-read.csv("train.csv",header = T,sep = ",")
> train_d<-train_d[sample(dim(train_d)[1],10000),]
> train_d<-train_d[complete.cases(train_d),]
> train_d<-train_d[,-c(1,2)]
> set.seed(1)
> test_d<-read.csv("test.csv",header = T,sep = ",")
> test_d<-test_d[sample(dim(test_d)[1],3000),]
> test_d<-test_d[complete.cases(test_d),]
> test_d<-test_d[,-c(1,2)]
> X<-model.matrix(satisfaction~.,data=train_d)[,-1]
> dtrain<-xgb.DMatrix(X,label=as.numeric(train_d$satisfaction)-1)
> param<-list(booster="gbtree",objective="multi:softprob",
+ num_class=2,nthread=2)
> xgb<-xgb.train(param,dtrain,list(tr=dtrain),nrounds = 200,eta=0.05)
[17:29:10] WARNING: amalgamation/../src/learner.cc:1061: Starting in XGBoost 1.3.0, the default evaluation metric used with the objective 'multi:softprob' was changed from 'merror' to 'mlogloss'. Explicitly set eval_metric if you'd like to restore the old behavior.
[1]tr-mlogloss:0.656005
[2]tr-mlogloss:0.622450
[3]tr-mlogloss:0.591016
[4]tr-mlogloss:0.562288
[5]tr-mlogloss:0.536016
#限于篇幅只展示部分结果
```

要把数据转换为 xgb.DMatrix 格式,首先要把因子变量转换成虚拟变量,可以用 model.matrix()函数来实现。xgb.train()函数要求多分类的响应变量从 0 开始编号,故需要将原先的编码减去 1。xgb. train( )函数中的 params 参数里输入具体的参数设置,booster 有 gbtree 和 gblinear 两种选项,分别表示基于树模型和线性模型。参数 objective 表示模型的类型,xgb. train( )支持多种模型的拟合,具体可以查询官方文档。在本例中,使用 objective = "multi:softprob"来拟合一个多分类模型。num_class 表示响应变量的类别总数,在本例中有 3 种葡萄酒所以取值为 3。thread 表示训练时使用的 cpu 线程的个数。nrounds 表示最大迭代次数。eta 为学习率。

对测试集的预测代码如下,同样也需要注意对预测结果进行结构的转换才能得到方便使用的结果。

```
> Xtest<-model.matrix(satisfaction~.,data = test_d)[,-1]
> dtest<-xgb.DMatrix(Xtest,label=as.numeric(test_d$satisfaction)-1)
> pred.xgb<-predict(xgb,newdata = dtest)
> pred.xgb<-matrix(pred.xgb,ncol = 2,byrow = T)
> pred_labels <- max.col(pred.xgb) - 1
> table(true=test_d$satisfaction,predict=pred_labels)
                           predict
true                           0    1
  neutral or dissatisfied   1651   39
  satisfied                   83 1214
```

xgboost( )函数的使用方法如下,预测时与 xgb. train( )的操作相同,此处不再赘述。

```
> xgb2<-xgboost(data=X,
+               label = as.numeric(train_d$satisfaction)-1,nrounds = 200,
+               booster="gbtree",objective="multi:softprob",
+             num_class=2,nthread=2)
[17:33:57] WARNING: amalgamation/../src/learner.cc:1061: Starting in XGBoost 1.3.0, the default evaluation metric used with the objective 'multi:softprob' was changed from 'merror' to 'mlogloss'. Explicitly set eval_metric if you'd like to restore the old behavior.
[1]train-mlogloss:0.498317
[2]train-mlogloss:0.383976
[3]train-mlogloss:0.311534
[4]train-mlogloss:0.263638
[5]train-mlogloss:0.229358
# 限于篇幅只展示部分结果
```

13.7 习　　题

1. 集成学习中的个体学习器具备哪些特点才能使集成学习器的泛化性能提高?

2. 请分析和总结 AdaBoost 算法与 Bagging 算法和随机森林算法的异同。

3. 找一个数据集建立随机森林模型,并用交叉验证方法选取最优的分裂变量数,画出不同分裂变量数与交叉验证误差的关系图。

4. 找两个数据集分别建立分类树和回归树,并选取一种集成算法建立模型,比较集成算法与单棵决策树的效果。

5. 对例 12-1 的 Airline Passenger Satisfaction 数据集建立随机森林模型,找出以基尼系数衡量的最重要的五个变量,以这五个变量画出满意的顾客和不满意的顾客的雷达图。

6. 不调用现成的函数,自己编程实现 AdaBoost 算法、Bagging 算法和随机森林算法,并找一数据训练比较三种算法的效果。

7. 请简述 Stacking 算法的思路和步骤。

第 14 章

支持向量机

支持向量机(support vector machine,SVM)最早是由 Cortes 和 Vapnik 在 1995 年提出来的机器学习方法,由于它在分类任务(尤其是文本分类)中表现出卓越的性能,很快成为机器学习的主流方法,并掀起了“统计学习”(statistical learning)的高潮。

支持向量机根据发展历程以及模型繁简程度一般可分为三类:① 最大间隔分类器(maximal margin classifier),也称为线性可分支持向量机;② 支持向量分类器(support vector classifier),也称为线性支持向量机;③ 非线性支持向量机(nonlinear support vector machine)。本章将以最常用的二分类问题为例,介绍支持向量机的原理。首先,介绍在线性可分情形下基于超平面(hyperplane)和硬间隔(hard margin)的最大间隔分类器。这种方法设计巧妙,原理简单,对大部分数据都容易应用,但是,由于超平面是由少数训练样本观测点(即支持向量)所确定的,这就使得最大间隔分类器对样本的局部扰动反应灵敏。接着,介绍了软间隔(soft margin)的支持向量分类器。这两种方法都属于线性支持向量机,然而,在实际问题中,不同类别的样本观测点常常是线性不可分的,面对这种情况,我们就需要引入非线性支持向量机方法。非线性支持向量机是将低维输入空间投影到高维特征空间中,从而在高维特征空间中实现线性可分,并且,在计算中使用了核函数技巧(kernel trick)的一种方法。最后,我们将讨论稀疏支持向量机、多分类支持向量机以及支持向量回归问题。

14.1 线性可分支持向量机

这一节我们主要介绍线性可分支持向量机,即假设训练样本是线性可分的,其中最经典的方法是最大间隔分类器。

14.1.1 超平面与间隔

超平面(hyperplane)是指 p 维线性空间中维度为 $p-1$ 维的线性子空间。例如,二维空间的超平面是它的一维子空间,即一条直线;三维空间的超平面是它的二维子空间,即一个平面。例如,图 14-1 给出的直线 $1-2x_1-x_2=0$ 即为二维空间的一个超平面。

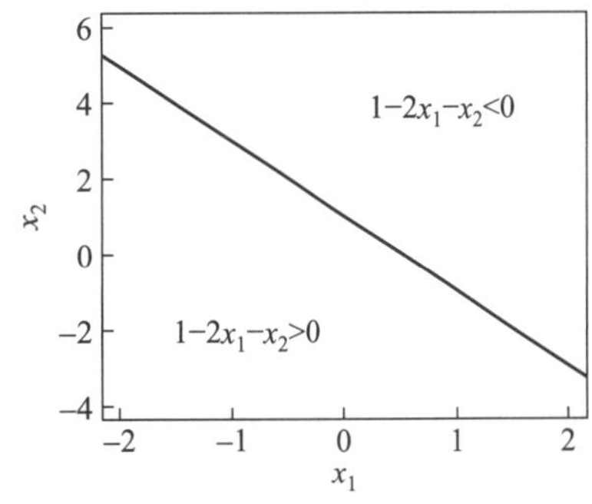

图 14-1 超平面 $1-2x_1-x_2=0$

如果用数学符号来表示,那么一个 p 维空间的超平面可定义为

$$\beta_0+\beta_1x_1+\beta_2x_2+\cdots+\beta_px_p=0 \tag{14.1}$$

其中:β_k,($k=0,1,\cdots,p$)为参数,也称 $\beta=(\beta_1,\beta_2,\cdots,\beta_p)$为法向量(normal vector)。法向量的方向与超平面是正交的。如图 14-2 所示,在两维平面上,箭头是法向量($\beta_1=0.8,\beta_2=0.6$)的方向,与法向量垂直的斜实线是超平面 $\beta_1x_1+\beta_2x_2-6=0$,沿着法向量方向移动超平面,不改变法向量 β 的值,只改变截距项 β_0 的值。

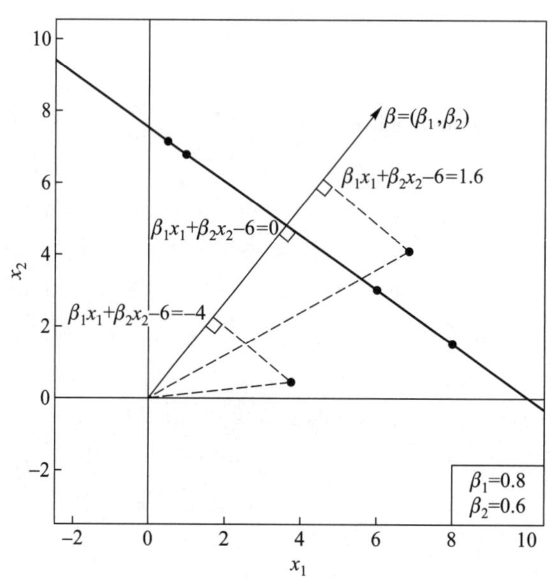

图 14-2　法向量与超平面

任何满足式 14.1 的点 x 都会落在超平面上。那么,对于不满足式 14.1 的点 $x=(x_1,\cdots,x_p)$,若

$$\beta_0+\beta_1x_1+\beta_2x_2+\cdots+\beta_px_p>0$$

说明此时的 x 位于超平面的一侧。若

$$\beta_0+\beta_1x_1+\beta_2x_2+\cdots+\beta_px_p<0$$

则此时的 x 位于超平面的另一侧。因此,可以说超平面将空间分成了两个部分。

对于任意给定的点 x_i,我们只需要将其代入式 14.1 的左侧,就可以根据它的符号来判断 x_i 是位于超平面的哪一侧。

那么,上述思想是不是可以运用到一个二分类问题当中呢?答案是肯定的,这就是我们接下来要介绍的基于分割超平面的分类方法,也是支持向量机的基本思想。

假设给定一个训练数据集

$$D=\{(x_1,y_1),(x_2,y_2),\cdots,(x_n,y_n)\}$$

其中:$x_i=(x_{i1},x_{i2},\cdots,x_{ip})^{\mathrm{T}}$,$y_i\in\{-1,1\}$,$i=1,\cdots,n$,其中-1 和 1 代表两个不同的类别,即负例和正例。注意,在支持向量机的问题中,我们一般都用“-1”和“1”来表示两个类别。我们的目标是基于训练数据集建立一个分类器,使得对于新的测试数据我们能准确地识别它们属于哪一类。

本节内容主要是基于线性可分的分类问题,我们首先了解线性可分支持向量机。

定义 14.1　线性可分支持向量机:给定线性可分训练数据集,通过间隔最大化方法或等价地求解相应的凸二次规划问题学习得到的分离超平面为

$$\beta_0+\beta^{\mathrm{T}}x=0$$

相应的分类决策函数为

$$c(x)=\mathrm{sign}(\beta_0+\beta^{\mathrm{T}}x)$$

则称此分类决策函数为线性可分支持向量机,其中 sign(·)表示符号函数。

对于线性可分的情形,假设我们可以构造一个超平面把两个类别的观测点完全分割开来:

$$f(x)=\beta_0+\beta_1x_1+\beta_2x_2+\cdots+\beta_px_p=\beta_0+\beta^{\mathrm{T}}x=0$$

那么这个超平面应该满足:

$$\begin{aligned}f(x_i)=\beta_0+\beta_1x_{i1}+\beta_2x_{i2}+\cdots+\beta_px_{ip}=\beta_0+\beta^{\mathrm{T}}x>0,若\ y_i=1\\ f(x_i)=\beta_0+\beta_1x_{i1}+\beta_2x_{i2}+\cdots+\beta_px_{ip}=\beta_0+\beta^{\mathrm{T}}x<0,若\ y_i=-1\end{aligned}\tag{14.2}$$

所以,如果满足式 14.2 的超平面存在,那么我们就可以利用它来构造分类器,测试样本观测点属于哪一类就取决于它落在超平面的哪一侧。

例 14.1　假设有 10 个观测点,它们分属于两个类别,其中观测点 1~5 是一类,观测点 6~10 是另一类,如表 14-1 所示。现在想建立一个分类器,使得对给定的任意一个新的观测点,都能将它正确分类。那么,如何利用支持向量机建立这样的分类器呢?

表 14-1　两个类别的 10 个观测点数据

Obs	1	2	3	4	5	6	7	8	9	10
x_1	0.5	1	1.5	1	2.5	2.5	3	3	4	4
x_2	3	2.5	3.5	2	3.8	1	2	1.5	3	1
y	-1	-1	-1	-1	-1	1	1	1	1	1

对于例 14.1 给出的观测点,如图 14-3(左)所示,黑色实线就是我们构造的一个超平面,它使得不同类别的观测点(1~5)和观测点(6~10)分别位于超平面的两侧。

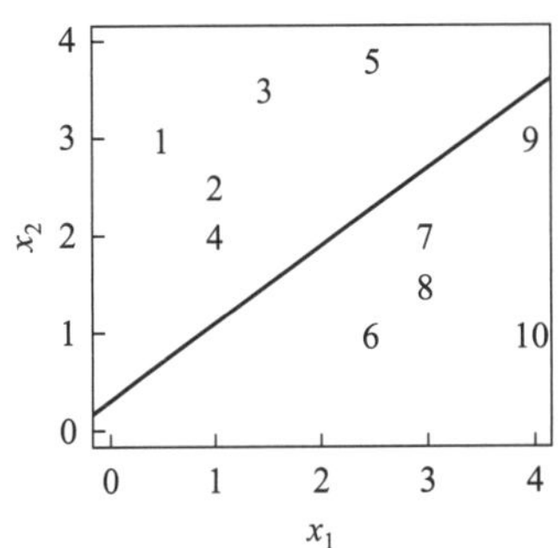

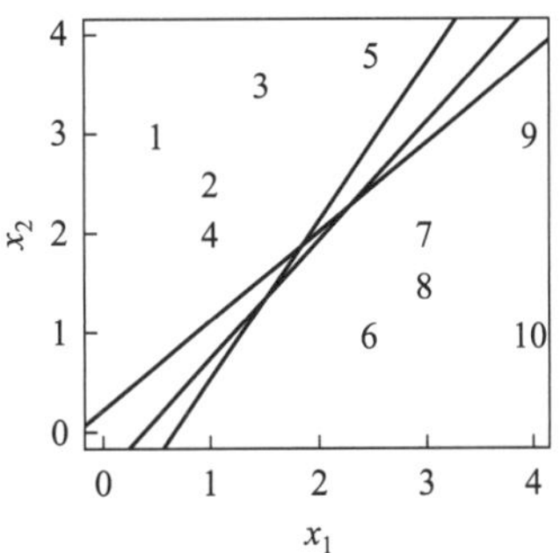

图 14-3　左:例 14.1 观测点的分割超平面;右:例 14.1 观测点可能的多个分割超平面

式 14.2 可以归纳为 $y_if(x_i)>0$,此时 y_i 与 $f(x_i)$ 的符号相同,即表示该观测点分类正确;反之若 $y_if(x_i)<0$,此时 y_i 与 $f(x_i)$ 的符号相反,表示该观测点分类错误。对于一个观测点,离超平面的距离越远,则分类的可信度就越高;离超平面的距离越近,则分类的可信

度就越低。可以用 $y_i f(x_i)$ 的值来衡量分类的正确性和可信度，$y_i f(x_i)$ 也称为函数间隔（functional margin）。

定义 14.2　函数间隔：对于给定的训练集 D 和超平面 $f(x)=\beta_0+\beta^{\mathrm{T}}x=0$，定义超平面与样本点 (x_i,y_i) 的函数间隔为

$$M_i=y_i(\beta_0+\beta^{\mathrm{T}}x_i)$$

定义超平面关于训练集 D 的函数间隔为

$$M=\min_{i=1,\cdots n} M_i$$

函数间隔可以衡量分类的正确性和可信度，但是没法根据函数间隔确定分割超平面，因为同比例改变 β 和 β_0 的值，即 $c(\beta_0+\beta^{\mathrm{T}}x)=0$，此时超平面并未改变，但是函数间隔是原来的 c 倍。为了确定间隔，我们可以对法向量 β 施加约束，比如令 $\|\beta\|=1$，此时函数间隔变成了几何间隔（geometric margin）。

由几何知识可知，点 x_i 到超平面 $H=\{x:f(x)=\beta_0+\beta^{\mathrm{T}}x=0\}$ 的距离为：$D(H,x_i)=\dfrac{|\beta^{\mathrm{T}}(x_i-x_0)|}{\|\beta\|}=\dfrac{|\beta^{\mathrm{T}}x_i+\beta_0|}{\|\beta\|}=\dfrac{|f(x_i)|}{\|\beta\|}=y_i\dfrac{f(x_i)}{\|\beta\|}$，其中 $\beta^*=\dfrac{\beta}{\|\beta\|}$ 是该超平面的单位法向量，x_0 是超平面上的一个点。

定义 14.3　几何间隔：对于给定的训练集 D 和超平面 $\beta_0+\beta^{\mathrm{T}}x=0$，定义超平面与样本点 (x_i,y_i) 的几何间隔为

$$\widetilde{M}_i=\frac{y_i}{\|\beta\|}(\beta_0+\beta^{\mathrm{T}}x_i)$$

定义超平面关于训练集 D 的几何间隔为

$$\widetilde{M}=\min_{i=1,\cdots,n}\widetilde{M}_i$$

几何间隔与函数间隔之间的关系：

$$\widetilde{M}_i=\frac{M_i}{\|\beta\|}\tag{14.3}$$

$$\widetilde{M}=\frac{M}{\|\beta\|}\tag{14.4}$$

可以看出，如果 $\|\beta\|=1$，则函数间隔与几何间隔相等；如果超平面参数 β_0 和 β 都乘以常数 c，此时超平面没变化，但函数间隔成比例变化，而几何间隔不变。

14.1.2　最大间隔分类器

一般来说，若对于给定的训练集，我们可以构造某个超平面将它们分割开来，那么将这个超平面上移或下移或旋转，只要不碰到原有的那些观测点，那么我们就能得到另外的超平面。对于线性可分的训练集，理论上我们可以找到无穷多个超平面。例如，在图 14-3（右）中画出了三个不同的超平面（理论上可以画出无穷多个这样的超平面），它们均可以把不同类别的数据完美地分割开来。

为了合理地构造分类器，有必要选择一个“最合适”的超平面。那么，哪一个超平面才是“最合适”的呢？这就是我们要介绍的最大间隔超平面（maximal margin hyperplane）。

首先，把位于超平面两侧的所有训练观测点到超平面的距离的最小值称作观测点与超平面的几何间隔，简称间隔。前面提到，观测点离超平面距离越远，则对于该观测点的判断会更加有信心，这也表明间隔实际上代表了误差的上限。基于此，就应该选择与这些观测点具有最大间隔的超平面作为分类器，称它为最大间隔分类器（maximal margin classifier）。

下面用数学表达式来描述如何构建一个最大间隔分类器，求解几何间隔最大的超平面，即优化如下问题：

$$\begin{aligned}&\max_{\beta_0,\beta}\widetilde{M}\\&\text{s.t. } y_i\frac{f(x_i)}{\|\beta\|}=y_i\left(\frac{\beta_0}{\|\beta\|}+\frac{\beta^{\mathrm{T}}}{\|\beta\|}x_i\right)\geqslant\widetilde{M},\quad i=1,2,\cdots,n\end{aligned}\tag{14.5}$$

即我们希望最大化几何间隔 $\widetilde{M}$，约束条件表示每个观测点到超平面的几何距离都大于等于几何间隔 $\widetilde{M}$。

根据几何间隔与函数间隔的关系式（式 14.4），将式 14.5 改写为

$$\begin{aligned}&\max_{\beta_0,\beta}\frac{M}{\|\beta\|}\\&\text{s.t. } y_if(x_i)=y_i(\beta_0+\beta^{\mathrm{T}}x_i)\geqslant M,\quad i=1,2,\cdots,n\end{aligned}\tag{14.6}$$

或者改写为

$$\begin{aligned}&\max_{\beta_0,\beta}M\\&\text{s.t. } \|\beta\|=\sum_{j=1}^{p}\beta_j^2=1\\&\qquad y_if(x_i)=y_i(\beta_0+\beta^{\mathrm{T}}x_i)\geqslant M,\quad i=1,2,\cdots,n\end{aligned}\tag{14.7}$$

对于式 14.7 的优化问题，我们希望最大化超平面关于训练集的函数间隔，但是函数间隔实际上是不唯一的，因此第一个约束条件是令 $\|\beta\|=1$，实际上是保证求解上述最优化问题时能得到参数的解是唯一的。

对于式 14.6，函数间隔 M 的取值并不影响最优化问题的解，不妨令 $M=1$，且最大化 $\frac{1}{\|\beta\|}$ 等价于最小化 $\|\beta\|^2$，则式 14.6 的优化问题等价于

$$\begin{aligned}&\min_{\beta_0,\beta}\frac{1}{2}\|\beta\|^2\\&\text{s.t. } y_i(\beta_0+\beta^{\mathrm{T}}x_i)\geqslant 1,\quad i=1,2,\cdots,n\end{aligned}\tag{14.8}$$

这是一个凸二次规划（convex quadratic programming）问题，由于所有观测点线性可分，故可行域非空，该问题有解。

下面总结线性可分支持向量机的最大间隔算法。

算法 14.1　线性可分支持向量机的最大间隔算法

输入：线性可分训练集 $D=\{(x_1,y_1),(x_2,y_2),\cdots,(x_n,y_n)\}$，其中 x_i 是特征向量，类别标签 $y_i\in\{-1,1\}$，$i=1,\cdots,n$。

输出：最大间隔分割超平面和分类决策函数。

(1) 求解约束最优化问题：

$$\min_{\beta_0,\beta} \frac{1}{2}\|\beta\|^2$$
$$\text{s.t. } y_i(\beta_0+\beta^{\mathrm{T}}x_i) \geqslant 1, i=1,2,\cdots,n$$

解得最优解 $\hat{\beta}_0,\hat{\beta}$。

(2) 求得分割超平面

$$f(x)=\hat{\beta}_0+\hat{\beta}^{\mathrm{T}}x=0$$

和分类决策函数

$$c(x)=\operatorname{sign}(f(x))=\operatorname{sign}(\hat{\beta}_0+\hat{\beta}^{\mathrm{T}}x)$$

在线性可分情形下，训练集中与分割超平面距离最近的样本点的观测（observations）称为支持向量（support vector）。支持向量是使式 14.8 约束条件等号成立的点，即

$$y_i(\beta_0+x_i^{\mathrm{T}}\beta)-1=0$$

如图 14-4 所示，$B_1: y_i(\beta_0+x_i^{\mathrm{T}}\beta)=1$ 和 $B_2: y_i(\beta_0+x_i^{\mathrm{T}}\beta)=-1$ 上的点就是支持向量，对 $y_i=+1$ 的正例点，支持向量落在超平面 B_1 上；对 $y_i=-1$ 的负例点，支持向量落在超平面 B_2 上。B_1 和 B_2 称为间隔边界（margin boundary），B_1 和 B_2 之间的距离称为间隔（margin），等于 $\frac{2}{\|\beta\|}$。分割超平面与 B_1 和 B_2 平行，且在 B_1 和 B_2 正中间。分割超平面是由支持向量决定的，相当于超平面是由这些点支撑（持）的，而每个点都是自变量空间中的一个向量。

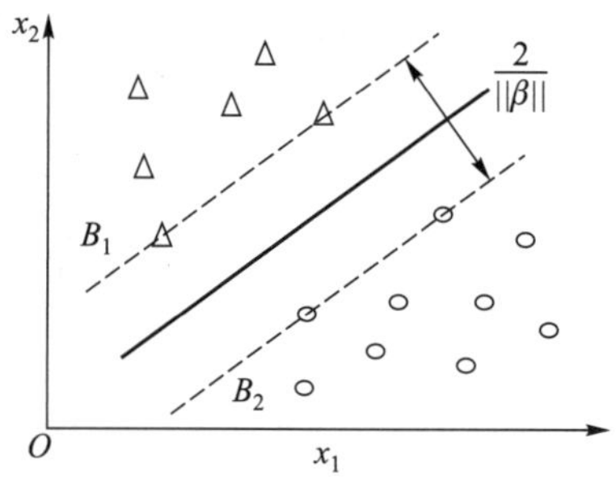

图 14-4　支持向量

14.1.3　对偶算法

式 14.8 是一个凸二次规划问题，对该问题直接求解会比较复杂，往往将该原问题（primal problem）转化为对偶问题（dual problem）来求解。这样做的好处是一方面对偶问题往往比原问题求解更容易，另一方面是可以自然引入核函数从而推广到非线性支持向量机。

首先构造原问题的拉格朗日函数（lagrange function）：

$$L(\beta,\beta_0,\alpha)=\frac{1}{2}\|\beta\|^2-\sum_{i=1}^{n}\alpha_i[y_i(\beta^{\mathrm{T}}x_i+\beta_0)]+\sum_{i=1}^{n}\alpha_i \tag{14.9}$$

其中：$\alpha_i \geqslant 0, i=1,\cdots,n$ 为拉格朗日乘子（lagrange multiplier），$\alpha=(\alpha_1,\alpha_2,\cdots,\alpha_n)^{\mathrm{T}}$ 为拉格朗日乘子向量。

根据拉格朗日对偶性，原问题的对偶问题是极大极小问题：

$$\max_{\alpha}\min_{\beta,\beta_0} L(\beta,\beta_0,\alpha)$$

可求得式 14.8 的对偶问题为

$$\begin{aligned}&\min \frac{1}{2}\sum_{i=1}^{n}\sum_{j=1}^{n}\alpha_i\alpha_j y_i y_j(x_i\cdot x_j)-\sum_{i=1}^{n}\alpha_i\\&\text{s.t. } \sum_{i=1}^{n}\alpha_i y_i=0\\&\qquad \alpha_i\geqslant 0, i=1,2,\cdots,n\end{aligned} \tag{14.10}$$

解：

（1）求$\min\limits_{\beta,\beta_0} L(\beta,\beta_0,\alpha)$：

将拉格朗日函数 $L(\beta,\beta_0,\alpha)$ 分别对 β 和 β_0 求偏导并令其等于 0。

$$\begin{cases}\dfrac{\partial L(\beta,\beta_0,\alpha)}{\partial \beta}=\beta-\sum\limits_{i=1}^{n}\alpha_i y_i x_i=0\\ \dfrac{\partial L(\beta,\beta_0,\alpha)}{\partial \beta_0}=-\sum\limits_{i=1}^{n}\alpha_i y_i=0\end{cases}$$

可得：

$$\begin{cases}\beta=\sum\limits_{i=1}^{n}\alpha_i y_i x_i\\ \sum\limits_{i=1}^{n}\alpha_i y_i=0\end{cases}\tag{14.11}$$

将式 14.11 代入式 14.9 可得：

$$\min_{\beta,\beta_0} L(\beta,\beta_0,\alpha)=-\frac{1}{2}\sum_{i=1}^{n}\sum_{j=1}^{n}\alpha_i\alpha_j y_i y_j(x_i\cdot x_j)+\sum_{i=1}^{n}\alpha_i$$

（2）求$\max\limits_{\alpha}\min\limits_{\beta,\beta_0} L(\beta,\beta_0,\alpha)$，即：

$$\begin{aligned}&\max -\frac{1}{2}\sum_{i=1}^{n}\sum_{j=1}^{n}\alpha_i\alpha_j y_i y_j(x_i\cdot x_j)+\sum_{i=1}^{n}\alpha_i\\ &\text{s. t.}\ \sum_{i=1}^{n}\alpha_i y_i=0\\ &\qquad \alpha_i\geqslant 0, i=1,2,\cdots,n\end{aligned}\tag{14.12}$$

将式 14.12 的目标函数最大化问题转为最小问题即可得到式 14.10。设式 14.10 最优化问题的解为 $\hat{\alpha}=(\hat{\alpha}_1,\cdots,\hat{\alpha}_n)^{\mathrm{T}}$，可以由 $\hat{\alpha}$ 求解出原问题（式 14.9）的解 $\hat{\beta}$ 和 $\hat{\beta}_0$。

定理 14.1　设 $\hat{\alpha}=(\hat{\alpha}_1,\cdots,\hat{\alpha}_n)^{\mathrm{T}}$ 为对偶问题（式 14.10）的解，则存在下标 j，使得 $\hat{\alpha}_j>0$，按下式求得原问题（式 14.9）的解：

$$\hat{\beta}=\sum_{i=1}^{n}\hat{\alpha}_i y_i x_i\tag{14.13}$$

$$\hat{\beta}_0=y_j-\sum_{i=1}^{n}\hat{\alpha}_i y_i(x_i\cdot x_j)\tag{14.14}$$

该定理的证明可以利用 KKT 条件和反证法，此处省略，作为习题请读者自行证明。

线性可分的支持向量机的对偶算法与算法 14.1 不同，对于给定线性可分的训练数据集，首先求对偶问题（式 14.10）的解 $\hat{\alpha}$，然后利用式 14.13 和式 14.14 求得原问题（式 14.9）的解 $\hat{\beta}$ 和 $\hat{\beta}_0$，最后求得分割超平面和分类决策函数。线性可分支持向量机的对偶算法如算法 14.2。

算法 14.2　线性可分支持向量机的对偶算法

输入：线性可分训练集 $D=\{(x_1,y_1),(x_2,y_2),\cdots,(x_n,y_n)\}$，其中，$x_i$ 是特征向量，类别标签 $y_i\in\{-1,1\}$，$i=1,\cdots,n$。

输出：最大间隔分割超平面和分类决策函数。

(1) 求解对偶问题的最优化：

$$\min \frac{1}{2}\sum_{i=1}^{n}\sum_{j=1}^{n}\alpha_i\alpha_j y_i y_j(x_i \cdot x_j)-\sum_{i=1}^{n}\alpha_i$$

$$\text{s.t.} \sum_{i=1}^{n}\alpha_i y_i=0$$

$$\alpha_i \geqslant 0, i=1,2,\cdots,n$$

解得最优解 $\hat{\alpha}=(\hat{\alpha}_1,\cdots,\hat{\alpha}_n)^{\mathrm{T}}$。

(2) 求原问题的解：

$$\hat{\beta}=\sum_{i=1}^{n}\hat{\alpha}_i y_i x_i$$

$$\hat{\beta}_0=y_j-\sum_{i=1}^{n}\hat{\alpha}_i y_i(x_i \cdot x_j)$$

(3) 求得分割超平面：

$$f(x)=\hat{\beta}_0+\hat{\beta}^{\mathrm{T}}x=0$$

和分类决策函数

$$c(x)=\operatorname{sign}(f(x))=\operatorname{sign}(\hat{\beta}_0+\hat{\beta}^{\mathrm{T}}x)$$

由式 14.13 和式 14.14 可以发现 $\hat{\beta}$ 和 $\hat{\beta}_0$ 的解只依赖于 $\hat{\alpha}_i>0$ 所对应的样本点 (x_i,y_i)，而与其他样本点无关。我们将训练数据集中对应 $\hat{\alpha}_i>0$ 的 x_i 称为支持向量。根据 KKT 互补条件可知：

$$\hat{\alpha}_i[y_i(\hat{\beta}_0+\hat{\beta}^{\mathrm{T}}x_i)-1]=0, \quad i=1,\cdots,n$$

所以，对应 $\hat{\alpha}_i>0$，必有 $y_i(\hat{\beta}_0+\hat{\beta}^{\mathrm{T}}x_i)-1=0$，即 $\hat{\beta}_0+\hat{\beta}^{\mathrm{T}}x_i=\pm 1$。因此支持向量一定在间隔边界上。

那如何求解式 14.10？其实这也是一个二次规划问题，可以用二次规划的算法求解。但是该问题的 α_i 参数个数等于训练样本数，当样本量比较大的时候，同时求解所有 $\alpha_i(i=1,2,\cdots,n)$ 计算量很大，为了解决该问题，Platt(1998) 提出了 SMO(sequential minimal optimization) 算法。SMO 算法的基本思想是每次只选取两个参数 α_i 和 α_j 进行优化，固定其他参数，又由于有约束 $\sum_{i=1}^{n}\alpha_i y_i=0$，也就是 α_j 可以写成关于 α_i 的函数形式，实际求解的问题就变成了关于 α_i 单变量的二次规划问题，这样的二次规划具有封闭解，不需要调用数值优化算法。不断循环执行以上步骤直至收敛。SMO 算法详细请见本章附录。

14.2　线性支持向量机

14.2.1　线性不可分的情形

前面所讲的最大间隔分类器是针对线性可分情形，但是实际中很多数据是线性不可分的，也就是说线性不可分的情形会更加普遍。而前面所讲的最大间隔分类器方法不适用于线性不可分情形。如图 14-5(左)，我们改变了例 14.1 中观测点 9 的位置，那么这个时候将找不到任何一个超平面可以完美地将不同类别的观测点分割开来,当然更不存在最大间隔超平面了,那么该如何处理呢?

此外,最大间隔分类器对异常值(outlier)敏感,因为最大间隔超平面其实是由少数几个训练观测点,即支持向量所决定的,所以它对这些观测点局部扰动的反应是非常灵敏的。例如我们同样轻微移动观测点 9 的位置,这个时候就会使最大间隔超平面发生巨大变化,如图 14-5(右)所示。也正是由于超平面对观测点局部扰动的反应非常灵敏,所以它很有可能会对训练数据产生过拟合,导致对测试数据的划分效果不好。

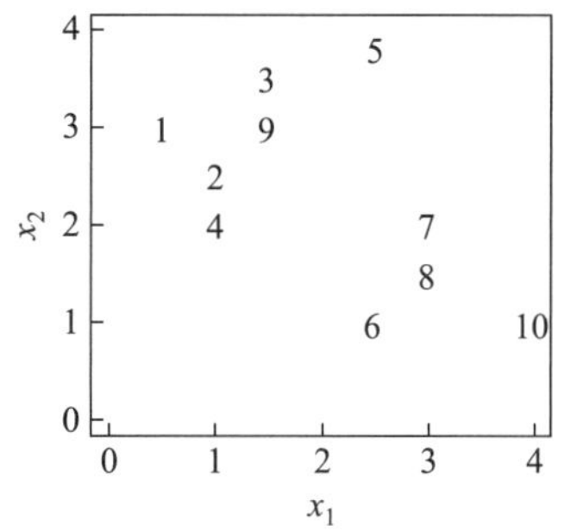
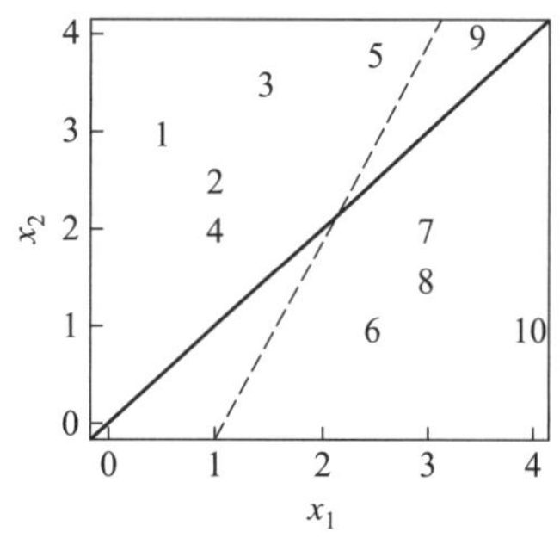

图 14-5　左:改变观测点 9 的位置,此时最大间隔超平面不存在;右:轻微移动观测点 9 的位置,此时最大间隔超平面发生巨大变化,由黑色实线变为虚线

所以,为了提高最大间隔分类器的稳定性以及对测试数据分类的效果,有必要对间隔概念进行扩展,引入软间隔(soft margin)概念,与之相对的是原来的间隔也往往被称为硬间隔(hard margin)。软间隔只要求超平面能将大部分不同类别的观测点区别开来,并不需要将所有训练集观测点完美区分开来。软间隔又包含两种情况:一是允许部分观测点穿过边界(图 14-6(左)中的观测点 5、9),但此时对观测点的分类仍然是正确的;二是允许部分观测点数据分类错误(图 14-6(右)中的观测点 9)。

同样,从图 14-6 可以看出,只有落在边界上的观测点 4、7 和穿过边界的观测点 5、9 会影响超平面,我们只需要这几个观测点就能建立一个分类器。所以,这几个观测点就是我们所建立的分类器的支持向量。

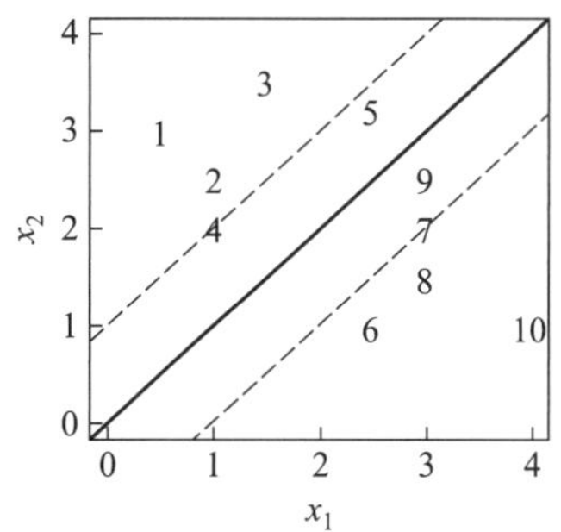
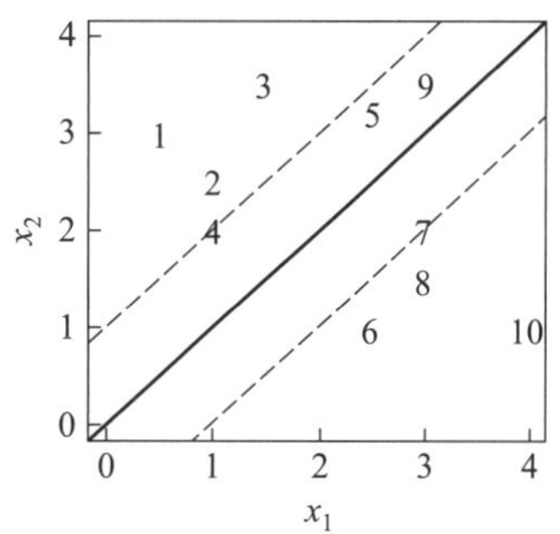

图 14-6　例 14.1 观测点的软间隔;左:允许部分观测点穿过边界(如观测点 5、9),但此时对所有观测点的分类仍然是正确的;右:允许部分观测点(如观测点 9)分类错误

将由软间隔建立的分类器称为支持向量分类器(support vector classifier)或者线性支持向量机(linear support vector machine)。最大间隔分类器也称为硬间隔分类器(hard margin classifier),是线性支持向量机的特例。由于实际数据往往是线性不可分的,所以线性支持向量机具有更广的适用性。

14.2.2　线性支持向量机的模型与算法

由软间隔建立的分类器同样是通过建立超平面将训练观测点分成两侧,以测试观测点落入哪一侧来判断归属于哪一类,不同的只是这时的超平面是允许部分观测点穿过边界,或者部分观测点分类错误的。用数学表达式来描述线性支持向量机就是优化求解如下问题:

$$\begin{aligned}&\max_{\beta_0,\beta,\varepsilon} M\\&\text{s.t. } \|\beta\|=\sum_{j=1}^{p}\beta_j^2=1\\&y_i f(x_i)=y_i(\beta_0+x_i^{\mathrm{T}}\beta)\geqslant M(1-\varepsilon_i),\quad \forall i\\&\sum_{i=1}^{n}\varepsilon_i\leqslant C,\quad \varepsilon_i\geqslant 0\end{aligned}\tag{14.15}$$

可以发现,最优化问题式 14.15 与式 14.7 的最大区别就在于多了松弛变量(slack variable)$\varepsilon_i, i=1,2,\cdots,n$。松弛变量的作用在于允许训练观测点中小部分观测点穿过边界,甚至是穿过超平面。

现在来分析最优化问题式 14.15 中的各个约束条件。同最优化问题式 14.7 一样,第一个约束条件保证了求解上述最优化问题时能得到参数的唯一解,以及此时可以用 $y_i f(x_i)$ 表示观测点到超平面的距离。对于第二个约束条件,现在不等号右边不再是简单的间隔 M,而是多乘了一项$(1-\varepsilon_i)$。可以根据 ε_i 的值判断第 i 个观测点的位置。如果 $\varepsilon_i=0$,即$(1-\varepsilon_i)=1$,此时不等号右边还是等于 M,则观测点 i 是落在边界正确的一侧(图 14-7 中除点 5、9、11 以外的点);如果 $0<\varepsilon_i<1$,此时不等号右边的值小于 M,则说明此时允许观测点 i 穿过边界,但是分类还是正确的(图 14-7 中的点 11);如果 $\varepsilon_i>1$ 即$(1-\varepsilon_i)<0$,此时不等号右边的值小于 0,则此时允许观测点 i 穿过超平面,即分类是错误的(图 14-7 中的点 5、9)。对于第三个约束,C 是所有松弛变量和的上界,也就是能容忍观测点穿过边界的数量或者说程度。

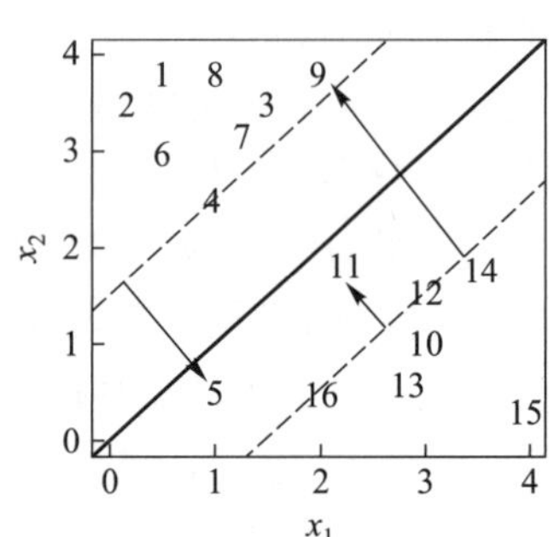

图 14-7　观测点位置与松弛变量的关系

那么,C 一般要怎么选择呢?其实这又涉及了偏差-方差的权衡问题。当 C 越大时,我们能容忍观测点穿过边界的程度越大,间隔越宽,此时虽然能够降低方差,却可能因拟合不足而产生较大的偏差;相反,C 越小,间隔越窄,则分类器很有可能会过度拟合数据,即虽然降低了偏差,但可能产生较大的方差。所以在实际问题中,一般也是通过交叉验证的方法来确定 C。

最后,再来讨论最优化问题式 14.15 的求解。同样,转化为对偶问题的求解会更容易些,这里依然采用约束 $M=\dfrac{1}{\|\beta\|}$来控制求解得到的参数的唯一性。最优化问题式 14.15 还可以写成下面的形式:

$$\begin{aligned}&\min_{\beta_0,\beta}\frac{1}{2}\|\beta\|^2+\lambda\sum_{i=1}^{n}\varepsilon_i\\&\text{s.t. } y_i f(x_i)=y_i(\beta_0+x_i^{\mathrm{T}}\beta)\geqslant 1-\varepsilon_i,\\&\quad\varepsilon_i\geqslant 0, i=1,2,\cdots,n\end{aligned}\tag{14.16}$$

其中 λ 是调和参数(tuning parameter),在最小化目标函数处加了 $\lambda\sum_{i=1}^{n}\varepsilon_i$ 相当于对松弛变量 ε 施加了一个惩罚,它与将 $\sum_{i=1}^{n}\varepsilon_i\leqslant C$ 放在约束条件处的作用类似。λ 越大,对 ε 的惩罚越大,即 ε 被压缩得越小,所以解出的 β 越大,即间隔 $M=\frac{1}{\|\beta\|}$越小,这就意味着允许观测点穿过边界的程度越小。C 和 λ 一一对应,C 越大对应的 λ 越小。

最优化问题式 14.16 是一个凸二次规划问题,直接求解比较复杂,往往将其转为对偶问题求解。

14.2.3　对偶算法

原始问题式 14.16 的对偶问题是:

$$\begin{aligned}&\min\frac{1}{2}\sum_{i=1}^{n}\sum_{j=1}^{n}\alpha_i\alpha_j y_i y_j(x_i\cdot x_j)-\sum_{i=1}^{n}\alpha_i\\&\text{s.t. }\sum_{i=1}^{n}\alpha_i y_i=0\\&\quad 0\leqslant\alpha_i\leqslant C, i=1,2,\cdots,n\end{aligned}\tag{14.17}$$

解:原始问题式 14.16 的拉格朗日函数为

$$L(\beta,\beta_0,\varepsilon,\alpha,\gamma)=\frac{1}{2}\|\beta\|^2+\lambda\sum_{i=1}^{n}\varepsilon_i-\sum_{i=1}^{n}\alpha_i[y_i(\beta x_i+\beta_0)-1+\varepsilon_i]-\sum_{i=1}^{n}\gamma_i\varepsilon_i\tag{14.18}$$

其中:$\alpha_i\geqslant 0,\gamma_i\geqslant 0$。

(1) 求 $L(\beta,\beta_0,\varepsilon,\alpha,\gamma)$ 对 $\beta,\beta_0,\varepsilon$ 的极小值。由

$$\begin{cases}\dfrac{\partial L(\beta,\beta_0,\varepsilon,\alpha,\gamma)}{\partial\beta}=\beta-\sum_{i=1}^{n}\alpha_i y_i x_i=0\\\dfrac{\partial L(\beta,\beta_0,\varepsilon,\alpha,\gamma)}{\partial\beta_0}=-\sum_{i=1}^{n}\alpha_i y_i=0\\\dfrac{\partial L(\beta,\beta_0,\varepsilon,\alpha,\gamma)}{\partial\varepsilon_i}=\lambda-\alpha_i-\gamma_i=0\end{cases}\tag{14.19}$$

得

$$\begin{cases}\beta=\sum_{i=1}^{n}\alpha_i y_i x_i\\\sum_{i=1}^{n}\alpha_i y_i=0\\\lambda-\alpha_i-\gamma_i=0\end{cases}\tag{14.20}$$

将式 14.20 代入式 14.18 得：

$$\min_{\beta,\beta_0,\varepsilon} L(\beta,\beta_0,\varepsilon,\alpha,\gamma) = -\frac{1}{2}\sum_{i=1}^{n}\sum_{j=1}^{n}\alpha_i\alpha_j y_i y_j (x_i \cdot x_j) + \sum_{i=1}^{n}\alpha_i$$

（2）求 $\min_{\beta,\beta_0,\varepsilon} L(\beta,\beta_0,\varepsilon,\alpha,\gamma)$ 对 α 的极大问题，可得对偶问题：

$$\max_{\alpha} -\frac{1}{2}\sum_{i=1}^{n}\sum_{j=1}^{n}\alpha_i\alpha_j y_i y_j (x_i \cdot x_j) + \sum_{i=1}^{n}\alpha_i \tag{14.21}$$

$$\text{s.t.} \sum_{i=1}^{n}\alpha_i y_i = 0 \tag{14.22}$$

$$\lambda - \alpha_i - \gamma_i = 0 \tag{14.23}$$

$$\alpha_i \geqslant 0 \tag{14.24}$$

$$\gamma_i \geqslant 0, i=1,2,\cdots,n \tag{14.25}$$

将约束式 14.23～式 14.25 等价写成：

$$0 \leqslant \alpha_i \leqslant \lambda$$

再将目标函数的极大化问题转换为极小化问题即可得对偶问题式 14.18。

定理 14.2　设 $\hat{\alpha}=(\hat{\alpha}_1,\cdots,\hat{\alpha}_n)^{\mathrm{T}}$ 是对偶问题式 14.15～式 14.17 的一个解，若存在一个 $\hat{\alpha}_j$ 且满足 $0<\hat{\alpha}_j<\lambda$，则可得原始问题的解：

$$\begin{cases} \hat{\beta} = \sum_{i=1}^{n}\hat{\alpha}_i y_i x_i \\ \hat{\beta}_0 = y_j - \sum_{i=1}^{n} y_i \hat{\alpha}_i (x_i \cdot x_j) \end{cases}$$

定理 14.2 利用 KKT 条件即可以得到证明，此处证明省略，作为习题请读者证明。

下面给出线性支持向量机的对偶学习算法。

算法 14.3　线性支持向量机对偶学习算法

输入：线性可分训练集 $D=\{(x_1,y_1),(x_2,y_2),\cdots,(x_n,y_n)\}$，其中，$x_i$ 是特征向量，类别标签 $y_i \in \{-1,1\}$，$i=1,\cdots,n$。

输出：分割超平面和分类决策函数。

（1）选择调和参数 λ，构造并求解对偶问题：

$$\min \frac{1}{2}\sum_{i=1}^{n}\sum_{j=1}^{n}\alpha_i\alpha_j y_i y_j (x_i \cdot x_j) - \sum_{i=1}^{n}\alpha_i$$

$$\text{s.t.} \sum_{i=1}^{n}\alpha_i y_i = 0$$

$$0 \leqslant \alpha_i \leqslant \lambda, i=1,2,\cdots,n$$

解得最优解 $\hat{\alpha}=(\hat{\alpha}_1,\cdots,\hat{\alpha}_n)^{\mathrm{T}}$。

（2）求原问题的解：

选择一个 $\hat{\alpha}_j$ 且满足 $0<\hat{\alpha}_j<\lambda$，得：

$$\begin{cases} \hat{\beta} = \sum_{i=1}^{n}\hat{\alpha}_i y_i x_i \\ \hat{\beta}_0 = y_j - \sum_{i=1}^{n} y_i \hat{\alpha}_i (x_i \cdot x_j) \end{cases}$$

(3) 求分割超平面和分类决策函数。

求得超平面

$$f(x)=\hat{\beta}_0+\hat{\beta}^{\mathrm{T}}x=0$$

和分类决策函数

$$c(x)=\operatorname{sign}(f(x))=\operatorname{sign}(\hat{\beta}_0+\hat{\beta}^{\mathrm{T}}x)$$

需要注意的是，理论上 β_0 的解可能是不唯一的。此时可以把所有满足 $0<\hat{\alpha}_j<\lambda$ 的 $\hat{\alpha}_j$ 求得原问题的 $\hat{\beta}_0$ 进行平均作为 β_0 的解。

在线性不可分情形下，将对偶问题的解 $\hat{\alpha}_i>0$ 所对应的 x_i 称为支持向量，但是此时要比线性可分时的情况复杂。根据 $\hat{\alpha}_i$ 和松弛变量 ε_i 的取值，可分为如下情况：

(1) 当 $\hat{\alpha}_i=0$ 时，则 $\varepsilon_i=0$，点 x_i 落在间隔外边。

(2) 当 $0<\hat{\alpha}_i<\lambda$ 时，则 $\varepsilon_i=0$，点 x_i 落在间隔边界上。

(3) 当 $\hat{\alpha}_i=\lambda$ 且 $0<\varepsilon_i<1$ 时，点 x_i 落在间隔边界与超平面之间。

(4) 当 $\hat{\alpha}_i=\lambda$ 且 $\varepsilon_i=1$ 时，点 x_i 落在超平面上。

(5) 当 $\hat{\alpha}_i=\lambda$ 且 $\varepsilon_i>1$ 时，点 x_i 落在超平面的另一侧。

可以证明，线性支持向量机的解可以描述为内积的形式：

$$f(x)=\beta_0+\sum_{i=1}^{n}\hat{\alpha}_i y_i(x\cdot x_i) \tag{14.26}$$

式 14.26 中有 n 个参数 $\hat{\alpha}_i, i=1,2,\cdots,n$，每个训练集观测点对应一个参数 $\hat{\alpha}_i$。为了计算 $f(x)$ 的值，需要计算新的观测点 x 与每个训练观测点 x_i 的内积 $x\cdot x_i$。但事实证明，有且仅有支持向量对应的 α_i 是非零的，所以，若用 $S=\{i:\hat{\alpha}_i>0\}$ 表示支持向量观测点的指标集合，那么式 14.26 可以改写成：

$$f(x)=\beta_0+\sum_{i\in S}\hat{\alpha}_i y_i(x\cdot x_i) \tag{14.27}$$

14.2.4　合页损失函数

线性支持向量机的求解方法除了前文所讲的软间隔最大化方法外，还有另外一种求解方法，即最小化如下目标函数：

$$\min\sum_{i=1}^{n}[1-y_i(\beta_0+\beta^{\mathrm{T}}x_i)]_{+}+\tau\|\beta\|^2 \tag{14.28}$$

该目标函数是统计学里常用的“损失函数+惩罚函数”的形式。式 14.28 第 1 项为合页损失函数(hinge loss function)。其中下标“+”表示取正值的函数，即：

$$[1-y_i(\beta_0+\beta^{\mathrm{T}}x_i)]_{+}=\begin{cases}1-y_i(\beta_0+\beta^{\mathrm{T}}x_i), & 1-y_i(\beta_0+\beta^{\mathrm{T}}x_i)>0\\ 0, & 1-y_i(\beta_0+\beta^{\mathrm{T}}x_i)\leqslant 0\end{cases}$$

式 14.28 第 2 项为惩罚函数，其中 $\|\beta\|^2$ 是法向量 β 的 L2 范数，其中 τ 为调和参数。可以从数学上证明软间隔最大化方法和合页损失函数法是等价的。下面先看定理 14.3。

定理 14.3　线性支持向量机软间隔最大化问题：

$$\min_{\beta_0,\beta} \frac{1}{2}\|\beta\|^2+\lambda\sum_{i=1}^{n}\varepsilon_i$$
$$\text{s.t. } y_i f(x_i)=y_i(\beta_0+x_i^{\mathrm{T}}\beta)\geqslant 1-\varepsilon_i,\quad (14.29)$$
$$\varepsilon_i\geqslant 0, i=1,2,\cdots n$$

等价于最小化

$$\min_{\beta,\beta_0}\sum_{i=1}^{n}[1-y_i(\beta_0+\beta^{\mathrm{T}}x_i)]_+ +\tau\|\beta\|^2 \quad (14.30)$$

证明：先证明从式 14.30 可以导出式 14.29。令$[1-y_i(\beta_0+\beta^{\mathrm{T}}x_i)]_+=\varepsilon_i$，由合页损失函数性质可知满足 $\varepsilon_i\geqslant 0$ 的条件。又由合页损失函数可知：

当 $1-y_i(\beta_0+\beta^{\mathrm{T}}x_i)>0$ 时，有 $1-y_i(\beta_0+\beta^{\mathrm{T}}x_i)=\varepsilon_i$，即 $y_i(\beta_0+\beta^{\mathrm{T}}x_i)=1-\varepsilon_i$；

当 $1-y_i(\beta_0+\beta^{\mathrm{T}}x_i)\leqslant 0$ 时，有 $\varepsilon_i=0$，即 $y_i(\beta_0+\beta^{\mathrm{T}}x_i)\geqslant 1-\varepsilon_i$；

综合以上两种情况有 $y_i(\beta_0+\beta^{\mathrm{T}}x_i)\geqslant 1-\varepsilon_i$。所以式 14.30 的最优化问题可写成：

$$\min_{\beta,\beta_0}\sum_{i=1}^{n}\varepsilon_i+\tau\|\beta\|^2$$

若取 $\tau=\frac{1}{2\lambda}$，则$\min_{\beta,\beta_0}\frac{1}{\lambda}\left(\frac{1}{2}\|\beta\|^2+\lambda\sum_{i=1}^{n}\varepsilon_i\right)$与式 10.29 的目标函数等价。

反之，也可以证明从式 14.29 可以导出式 14.30，请读者自行证之，此处就不再赘述。

合页损失函数的图形见图 14-8。当 $y_i(\beta_0+\beta^{\mathrm{T}}x_i)>1$ 时损失函数为 0，即函数间隔大于 1 时，损失函数为 0，否则损失函数为 $1-y_i(\beta_0+\beta^{\mathrm{T}}x_i)$。也就是说，并非只要正确分类损失即为 0，而是要正确分类且分类确信度（函数间隔）大于 1，损失才为 0。所以合页损失函数相对于感知机（perceptron）损失函数要求更高。另外，图中还给出了 0-1 损失函数，它是二分类问题的真正损失函数，但是它本身不是连续可导的，直接优化 0-1 损失函数比较困难。可以理解为线性支持向量机是优化由 0-1 损失函数的上界构成的目标函数，这时的上界损失函数又称为代理损失函数（surrogate loss function）。

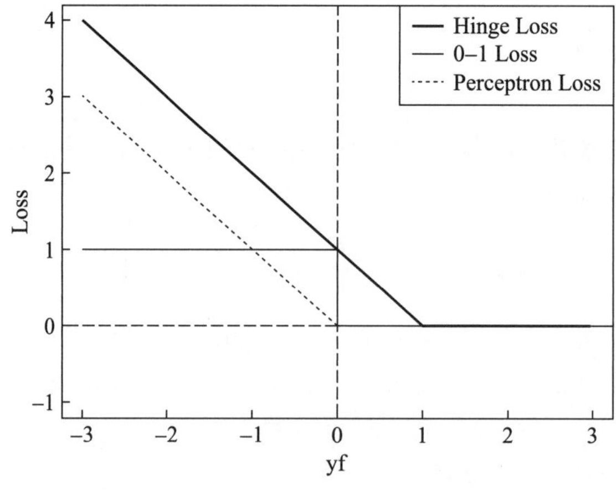

图 14-8　合页损失函数图

合页损失函数由于在点(1,0)上不可导，直接优化合页损失函数也是比较困难的。Rosset 和 Zhu(2007)提出了用 Huberized 合页损失函数来逼近标准合页损失函数。Huberized 合

页损失函数为

$$l(y_i f_i)=\begin{cases}0, & y_i f_i>1\\ \dfrac{(1-y_i f_i)^2}{2\delta}, & 1-\delta<y_i f_i\leqslant 1\\ \dfrac{1-t-\delta}{2\delta}, & y_i f_i\leqslant 1-\delta\end{cases}$$

其中 $\delta>0$ 是一个事先给定的常数。随着 δ 的减小，Huberized 合页损失函数越来越逼近标准合页损失函数，见图 14-9。比如，当 δ 取比较小的值时，Huberized 合页损失函数可以逼近标准合页损失函数，而且 Huberized 合页损失函数是处处可导的。

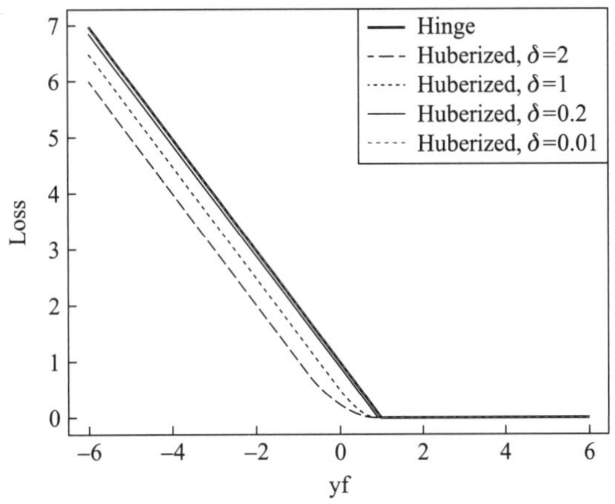

图 14-9　Huberized 合页损失函数

14.3　非线性支持向量机

14.3.1　非线性决策边界情形

一般情况下，如果两个类别的观测点之间存在线性边界，那么线性支持向量机是一种非常有效的方法。但是在有些情况下，决策边界是非线性的，这就需要建立非线性支持向量机。先看一个简单的例子，如图 14-10(左)，在一个一维空间中有几个观测点，它们分属于两个类别，分别用圆圈和三角形表示不同的类别。此时，无法用一个点(即一维空间的超平面)将不同类别的观测点分开，而只有用曲线才能将它们分开。

为了解决上述问题，尝试将自变量的二次项添加到超平面中，即此时的超平面是：

$$f(x)=\beta_0+\beta_1 x+\beta_2 x^2=0 \tag{14.31}$$

对于式 14.31，为了更好地理解，其实可以将 x 看作一个变量 x_1，x^2 看作另一个变量 x_2，这样它就变成了一个二维空间的问题。如图 14-10(右)，在构造的这个二维空间中，观测点之间就可以用一个线性超平面(即图中的黑色实线)来分割开了。

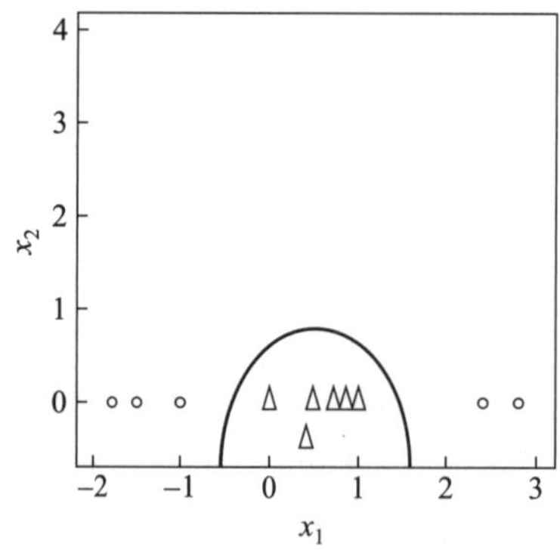

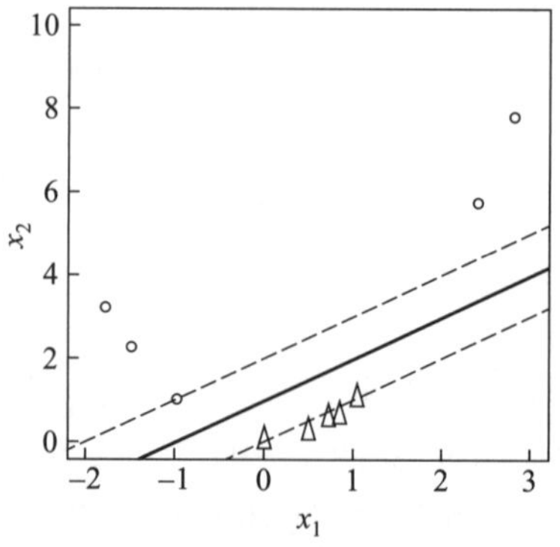

图 14-10　左:在一维空间中,观测点无法用一个线性边界分割开来;
右:将空间扩展到二维空间中,此时可以用一个线性超平面将观测点分割开来

把这个问题扩展到 p 维空间中,可以类似处理,还可以考虑使用观测点 x_i 的不同多项式,如二次、三次甚至是更高阶多项式,或者不同观测点的交互项来扩大特征空间,进而在这个扩大的特征空间中构造一个线性超平面。例如,对于 p 维观测点 $x_i=(x_{i1},x_{i2},\cdots,x_{ip})^{\mathrm{T}}$,使用 $2p$ 个特征 $x_{i1},x_{i1}^2,x_{i2},x_{i2}^2,\cdots,x_{ip}^2$ 来构造线性支持向量机,此时的最优化问题为

$$\begin{aligned}
&\max_{\beta_0,\beta_1,\beta_2,\varepsilon} M \\
&\text{s.t.}\quad \sum_{k=1}^{2}\sum_{j=1}^{p}\beta_{kj}^2=1 \\
&\qquad y_i f(x_i)=y_i(\beta_0+\beta_1^{\mathrm{T}}x_i+\beta_2^{\mathrm{T}}x_i^2)\geqslant M(1-\varepsilon_i), \\
&\qquad \sum_{i=1}^{n}\varepsilon_i\leqslant C,\quad \varepsilon_i\geqslant 0, i=1,2,\cdots,n
\end{aligned}\tag{14.32}$$

求解最优化问题式 14.32 就能得到一个线性的决策边界,这个决策边界在原始输入空间中是非线性的。

前面方法的基本思想是首先通过多项式来扩展特征空间的维度,在更高维的特征空间里利用线性支持向量机求解得到超平面和线性决策边界,然后再投影回原始输入空间就可以得到非线性决策边界。通过多项式扩展特征空间是其中一种方法,该方法比较简单、容易理解,但是该方法使得特征空间的维度扩展过快,计算量是比较惊人的。下面将要介绍一种更加有效的特征空间扩展方法,即核方法(kernels methods)。

14.3.2　核函数

核函数(kernel function)其实是一类用来衡量观测点之间相似性的函数,下面先给出核函数的定义。

定义 14.4　核函数: 设 $\mathcal{X}$ 是输入空间(欧式空间 R^n 的子集或者离散集合),又设 $\mathcal{H}$ 为特征空间(希尔伯特空间),如果存在一个从 $\mathcal{X}$ 到 $\mathcal{H}$ 的映射 $\phi(x):\mathcal{X}\to\mathcal{H}$ 使得对所有的 x, $z\in\mathcal{X}$,函数 $K(x,z)$ 满足条件 $K(x,z)=\phi(x)\cdot\phi(z)$,则称 $K(x,z)$ 为核函数。

需要注意的是,$\phi(\cdot)$ 是输入空间 $\mathcal{X}$ 到特征空间 $\mathcal{H}$ 的映射,特征空间 $\mathcal{H}$ 一般是高维的,甚至是无穷维的。对于给定的核函数 $K(x,z)$,特征空间 $\mathcal{H}$ 和映射函数 $\phi(\cdot)$ 的取法不是唯一的。显然若已知映射函数 $\phi(\cdot)$,则可以通过 $\phi(x)\cdot\phi(z)$ 得到核函数 $K(x,z)$。但在实际中我们通常不知道映射函数 $\phi(\cdot)$ 的具体形式。那么,能否不用知道映射函数 $\phi(\cdot)$ 具体形式而直接判断一个给定的函数是否核函数呢?也就是说满足什么条件的函数能做核函数呢?通常所说的核函数都是正定核函数(positive definite kernel function),下面给出正定核的充要条件。

定理 14.4　正定核的充要条件: 设 $K:\mathcal{X}\times\mathcal{X}\to R$ 是对称函数,则 $K(x,z)$ 为正定核函数的充要条件是对任意 $x_i\in\mathcal{X}, i=1,\cdots,n$, $K(x,z)$ 对应的 Gram 矩阵

$$K=[K(x_i,x_j)]_{n\times n}$$

总是半正定的。

实际上要检验一个函数 $K(x,z)$ 是否核函数是比较困难的,因为要对任意有限输入集 $\{x_1,x_2,\cdots,x_n\}$ 验证 K 对应的 Gram 矩阵是否为半正定的。实际中,更多的是利用已有的核函数或者根据核函数的性质来构造新的核函数。表 14-2 列出了最常使用的核函数。

表 14-2　最常使用的核函数

名称	表达式	参数
线性核函数	$K(x_i,x_k)=x_i^{\mathrm{T}}x_k$	
多项式核函数	$K(x_i,x_k)=(1+x_i^{\mathrm{T}}x_k)^d$	$d\geqslant 1$ 为多项式幂次数
高斯核函数	$K(x_i,x_k)=\exp\left(-\dfrac{1}{2\sigma^2}\Vert x_i-x_k\Vert^2\right)$	$\sigma>0$ 为高斯核的带宽
sigmoid 核函数	$K(x_i,x_k)=\tanh(\upsilon x_i^{\mathrm{T}}x_k+\eta)$	Tanh 为双曲正切函数,$\upsilon>0,\eta<0$

其中高斯核函数所对应的支持向量机是高斯径向基核函数(radial basis function)分类器,高斯径向基核函数往往又写成 $K(x_i,x_k)=\exp(-\gamma\Vert x_i-x_k\Vert^2)$,其中 γ 用来控制分类决策边界的非线性程度,γ 越大,决策边界非线性程度越高。γ 一般可以用数据驱动的方法(比如交叉验证法)选取最优值。

假设 $K_1(x,z)$ 和 $K_2(x,z)$ 是核函数,则通过表 14-3 所示方式构造的新函数也是核函数。

表 14-3　核函数构造方法

构造方法	说明
$K(x,z)=cK_1(x,z)$	其中 $c>0$ 是常数
$K(x,z)=f(x)K_1(x,z)f(z)$	$f(\cdot)$ 是任意函数
$K(x,z)=q(K_1(x,z))$	$q(\cdot)$ 是非负系数的多项式函数
$K(x,z)=\exp(K_1(x,z))$	
$K(x,z)=K_1(x,z)+K_2(x,z)$	
$K(x,z)=K_1(x,z)K_2(x,z)$	

14.3.3 基于核方法的非线性支持向量机

基于核方法的非线性支持向量机也称为核支持向量机(kernel SVM),其基本思想是首先通过非线性的变换(映射 $\phi(\cdot)$)将原始输入空间(欧式空间 R^n 或离散集合)变换为特征空间(希尔伯特空间 $\mathcal{H}$),而特征空间往往是更高维度的,甚至是无穷维的。然后在特征空间里用线性支持向量机方法从训练数据集中学习模型,特征空间 $\mathcal{H}$ 里训练得到的超平面对应于原始输入空间 R^n 中的超曲面。

所以,在变换后的特征空间中支持向量机问题变成:

$$\begin{aligned}&\min_{\beta_0,\beta}\|\beta\|\\&\text{s. t. } y_i(\beta_0+\phi(x_i)^{\mathrm{T}}\beta)\geqslant 1-\varepsilon_i,\\&\sum_{i=1}^{n}\varepsilon_i\leqslant C,\quad \varepsilon_i\geqslant 0, i=1,2,\cdots,n\end{aligned}\tag{14.33}$$

于是特征空间中的超平面所对应的模型为 $f(x)=\beta_0+\phi(x_i)^{\mathrm{T}}\beta$。其对偶问题是:

$$\begin{aligned}&\min\frac{1}{2}\sum_{i=1}^{n}\sum_{j=1}^{n}\alpha_i\alpha_j y_i y_j K(x_i,x_j)-\sum_{i=1}^{n}\alpha_i\\&\text{s. t. }\sum_{i=1}^{n}\alpha_i y_i=0\\&0\leqslant\alpha_i\leqslant\lambda, i=1,2,\cdots,n\end{aligned}\tag{14.34}$$

在线性支持向量机的对偶问题中,目标函数和决策函数都存在关于观测点之间的内积 $x_i\cdot x_j$,在非线性支持向量机中用 $\phi(x_i)\cdot\phi(x_j)$ 替换 $x_i\cdot x_j$,根据核函数的定义,还可以用核函数 $K(x_i,x_j)=\phi(x_i)\cdot\phi(x_j)$ 代替。

求解问题式 14.34 得到的分类决策函数为

$$c(x)=\text{sign}\Big(\beta_0+\sum_{i\in S}\hat{\alpha}_i y_i K(x,x_i)\Big)$$

需要说明的是:

(1) 核函数的选择一直以来都是支持向量机研究的热点,但是学者们通过大量的研究并没有形成定论,即没有最优核函数。通常情况下,径向核函数是非线性支持向量机使用最多的。

(2) 采用核函数而不是类似 14.3.1 节提到的直接扩展特征空间方式的优势在于,使用核函数,仅需要计算 $C_n^2=\dfrac{n(n-1)}{2}$ 个成对组合的 $K(x_i,x_k)$,而若采取直接扩展特征空间的方式,是没有明确的计算量的。

(3) 线性支持向量机某种角度上可以看作核支持向量机的特例,因为取线性核函数即为线性支持向量机。

类似于线性支持向量机,核支持向量机也可以写成“损失函数+惩罚函数”形式:

$$\min_{f\in\mathcal{H}}\frac{1}{n}\sum_{i=1}^{n}[1-y_i f(x_i)]_{+}+\tau\|f\|_{\mathcal{H}}^{2}\tag{14.35}$$

根据希尔伯特空间可再生核(reproducing kernel Hilbert space)理论(Wahba,1990)可知,式 14.35 的解是由可再生核函数组成的有限维表达式,即:

$$\hat{f}(x)=\hat{\beta}_0+\sum_{i=1}^{n}\hat{\alpha}_i K(x,x_i)$$

其中 $\hat{\beta}_0$ 和 $\hat{\alpha}$ 是如下式子的解：

$$\min_{\beta_0,\alpha}\frac{1}{n}\sum_{i=1}^{n}\left[1-y_i\left(\hat{\beta}_0+\sum_{j=1}^{n}\hat{\alpha}_j K(x_i,x_j)\right)\right]_+ +\tau\alpha^{\mathrm{T}}K\alpha$$

14.4　稀疏支持向量机

前面所介绍的线性支持向量机和核支持向量机都是针对低维下的分类问题，但是在高维数据的分类问题中，也就是说当自变量个数 p 大于样本数 n 时，前面介绍的线性支持向量机和核支持向量机就不再适用。因为在高维数据中，往往假设只有少部分变量是显著的，存在大量不显著的变量，即稀疏性假设。由于大量噪声变量的存在，在支持向量分类中由于噪声的累积使得分类精度下降以及分类模型的可解释性降低。

在标准支持向量机的“损失函数+惩罚函数”表达式 14.28 中，惩罚项是 β 的 L2 范数 $\|\beta\|^2=\sum_{j=1}^{p}\beta_j^2$，该惩罚函数不具有变量选择功能。一个很自然的想法是把式 14.28 中的 L2 惩罚函数替换成 L1 惩罚函数 $\|\beta\|_1=\sum_{j=1}^{p}|\beta_j|$：

$$\min_{\beta_0,\beta}\frac{1}{n}\sum_{i=1}^{n}[1-y_i(\beta_0+\beta^{\mathrm{T}}x_i)]_+ +\tau\|\beta\|_1 \tag{14.36}$$

这就是 Bradley 和 Mangasarian(1998)提出的 L1 SVM。

可进一步写出稀疏支持向量机一般化的目标函数：

$$\min_{\beta_0,\beta}\frac{1}{n}\sum_{i=1}^{n}l(y_i(\beta_0+\beta^{\mathrm{T}}x_i))+\sum_{j=1}^{p}p_\lambda(|\beta_j|) \tag{14.37}$$

式 14.37 的第一项是损失函数，可以是 hinge 损失，也可以是 huberized hinge 损失。第二项是惩罚函数，可以是 Lasso 惩罚函数，也可以是 elastic-net、SCAD、MCP 等惩罚函数。

14.5　多分类问题

前文所介绍的支持向量机分类都是只限于二分类问题，但实际中我们常常碰到多分类问题，即因变量类别 $K>2$。那如何将二分类支持向量机扩展到更加一般的多分类问题呢？很遗憾支持向量机超平面的概念并不能很自然扩展到多分类问题。处理多分类问题常用的策略有两类：一是将多分类问题转化为一系列二分类问题；二是构建单一目标函数同时优化求解多分类问题。

(1) 将多分类问题转化为一系列二分类问题。该方法又分为一对一(one-versus-one)和一对余类(one-versus-the-rest 或者 one-versus-all)。而这些方法本质上还是基于二分类支持向量机,构造一系列二分类问题,并建立相应的二分类支持向量机,然后合并所有二分类结果推断样本的归属。一对一方法是把每个类别进行两两配对,这样共有 C_K^2 个组合,对每个组合都构建一个二分类支持向量机,这样可以训练得到 $K(K-1)/2$ 个二分类支持向量机。对于一个测试样本观测点,代入 $K(K-1)/2$ 个二分类支持向量机里,然后根据“投票”原则,把测试样本点预测为得票数最多的类别。该方法主要的缺点是当 K 比较大时,要训练的二分类支持向量机比较多,计算量比较大。一对余类是把第 k 类($k=1,2,\cdots,K$)看作正样本,剩下的 $K-1$ 类合并后看作负样本来训练二分类支持向量机 $f_k(x)$,这样可以训练得到 K 个二分类支持向量机。对于一个测试样本观测点 x^*,代入 K 个二分类支持向量机里,把测试样本点预测为 $f_k(x^*)$ 最大的类别,即 $c(x^*)=\max\limits_k f_k(x^*)$。该方法的缺点是对于不平衡(imbalance)的多分类问题效果比较差,比如有的类别样本数比较少,采用一对余类的策略,可能会加剧这种不平衡问题。

(2) 构建单一目标函数同时优化求解多分类问题。该方法使用 K 个分类函数来分别表示相应优化中的 K 个类别,其预测规则为将样本点归为在分类函数上取值最大的类,如 Liu 等(2011)提出的强化 MSVM(reinforced multicategory support vector machines)模型,Zhang 等(2014)提出的基于角度间隔的多分类支持向量机(angle-based multicategory support vector machines,AMSVM)。AMSVM 基本思想为:对于 K 分类问题,首先在 R^{K-1} 找到事先给定的 K 个顶点。

$$W_j=\begin{cases}(K-1)^{-1/2}\zeta, & j=1\\ \dfrac{-(1+K^{1/2})}{(K-1)^{3/2}}\zeta+\left(\dfrac{K}{K-1}\right)^{1/2}e_{j-1}, & j=2,\cdots,K\end{cases}$$

其中:ζ 是每个元素都为 1 的 $K-1$ 维向量,e_{j-1} 是 R^{K-1} 上的单位向量。每个顶点与原点构成的向量代表一个类别。其次,通过最小化拟合函数和样本数据相应类别的角度寻找 $K-1$ 维拟合函数 $f(x)=(f_1(x),f_2(x),\cdots,f_{K-1}(x))^{\mathrm{T}}$,即:

$$\min_f \sum_{i=1}^{n} Q(f(x_i)\cdot W_{y_i})+\gamma P(f)$$

其中:$Q(\cdot)$为损失函数;$P(\cdot)$为控制 f 复杂度的惩罚函数。图 14-11 为基于角度间隔的分类示意图。相应判别规则为

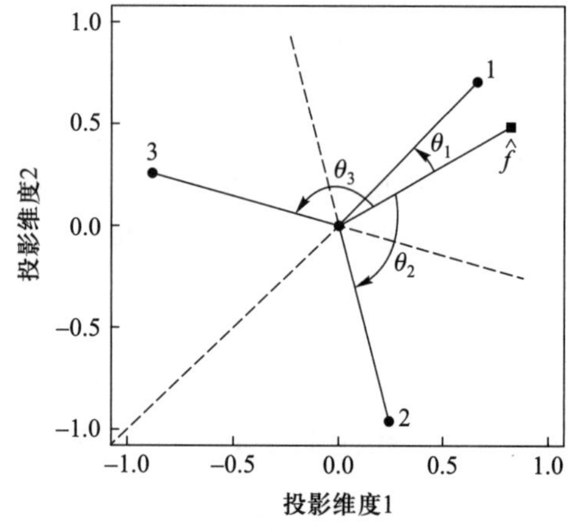

图 14-11　基于角度间隔的分类示意图($K=3$)

$$\hat{y}=\underset{j=1,2,\cdots,K}{\arg\max} W_j\cdot\hat{f}$$

14.6　支持向量回归

这一节将介绍如何将支持向量机从分类问题扩展到回归问题中,即支持向量回归

(support vector regression, SVR)。接下来介绍线性支持向量回归问题。给定训练数据集 $D=\{(x_1,y_1),(x_2,y_2),\cdots,(x_n,y_n)\}$, $y_i\in R$,希望学习得到如

$$f(x)=\beta_0+\beta^{\mathrm{T}}x_i \tag{14.38}$$

的回归模型,使得 $f(x)$ 与 y 尽可能接近,其中 β_0 和 β 是待估的截距项和回归系数。要估计待估参数,首先需要定义损失函数。传统的回归模型是基于 $f(x)$ 与 y 的差的平方来定义损失函数的(即平方损失函数),也就是说当且仅当 $f(x)$ 完全等于 y 时,损失才为 0。实际中要模型预测结果 $f(x)$ 正好等于实际值 y 是很困难的。支持向量回归允许 $f(x)$ 与 y 之间最多有 ϵ 的偏差,其损失函数称为 ϵ-不敏感损失(ϵ-*insensitive loss*),它将与超平面的距离小于 ϵ 的观测点的损失定义为 0,而距离大于等于 ϵ 的观测点的损失定义为绝对值的形式。如图 14-12 所示,其具体形式为

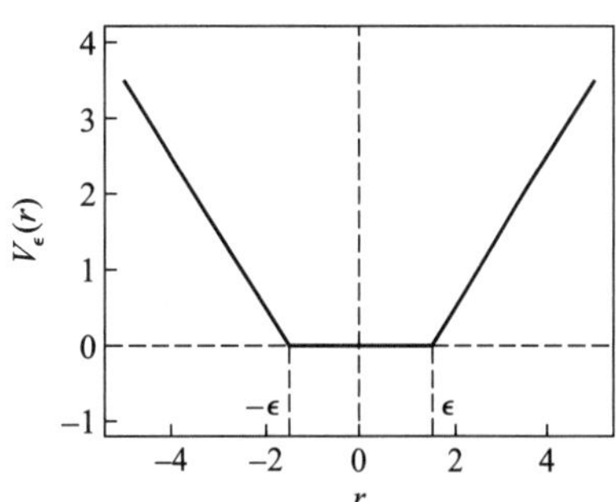

图 14-12　ϵ-不敏感损失

$$V_\epsilon(r)=\begin{cases}0, & \text{若 } |r|<\epsilon\\ |r|-\epsilon, & \text{其他}\end{cases}$$

于是 SVR 的问题就可以写成

$$\min_{\beta_0,\beta}\frac{1}{2}\|\beta\|^2+\lambda\sum_{i=1}^{n}V_\epsilon[f(x_i)-y_i] \tag{14.39}$$

其中:λ 为正则化参数。

引入松弛变量 ξ_i 和 $\tilde{\xi}_i$,可将式 14.39 重写为

$$\begin{aligned}&\min_{\beta_0,\beta,\xi,\tilde{\xi}}\frac{1}{2}\|\beta\|^2+\lambda\sum_{i=1}^{n}(\xi_i+\tilde{\xi}_i)\\ &\text{s.t. } f(x_i)-y_i\leqslant\epsilon+\xi_i,\\ &\qquad y_i-f(x_i)\leqslant\epsilon+\tilde{\xi}_i,\\ &\qquad \xi_i\geqslant 0,\tilde{\xi}_i\geqslant 0, i=1,2,\cdots,n\end{aligned} \tag{14.40}$$

类似支持向量分类,通过引入拉格朗日乘子,得到式 14.40 的拉格朗日函数:

$$\begin{aligned}&L(\beta,\beta_0,\alpha,\tilde{\alpha},\xi,\tilde{\xi},\mu,\tilde{\mu})\\ &=\frac{1}{2}\|\beta\|^2+\lambda\sum_{i=1}^{n}(\xi_i+\tilde{\xi}_i)-\sum_{i=1}^{n}\mu_i\xi_i-\sum_{i=1}^{n}\tilde{\mu}_i\tilde{\xi}_i+\\ &\sum_{i=1}^{n}\alpha_i[f(x_i)-y_i-\epsilon-\xi_i]+\sum_{i=1}^{n}\tilde{\alpha}_i[y_i-f(x_i)-\epsilon-\tilde{\xi}_i]\end{aligned} \tag{14.41}$$

令 $L(\beta,\beta_0,\alpha,\tilde{\alpha},\xi,\tilde{\xi},\mu,\tilde{\mu})$ 对 β_0、β、ξ 和 $\tilde{\xi}$ 的偏导为零可得:

$$\beta=\sum_{i=1}^{n}(\tilde{\alpha}_i-\alpha_i)x_i \tag{14.42}$$

$$0=\sum_{i=1}^{n}(\tilde{\alpha}_i-\alpha_i) \tag{14.43}$$

$$\lambda=\alpha_i+\mu_i \tag{14.44}$$

$$\lambda=\tilde{\alpha}_i+\tilde{\mu}_i \tag{14.45}$$

将式 14.42~14.45 代入式 14.41 可得 SVR 的对偶问题:

$$\max_{\alpha,\widetilde{\alpha}} \sum_{i=1}^{n} y_i(\widetilde{\alpha}_i-\alpha_i)-\epsilon(\widetilde{\alpha}_i+\alpha_i)-\frac{1}{2}\sum_{i=1}^{n}\sum_{j=1}^{n}(\widetilde{\alpha}_i-\alpha_i)(\widetilde{\alpha}_j-\alpha_j)x_i^{\mathrm{T}}x_j$$
$$\text{s.t.} \sum_{i=1}^{n}(\widetilde{\alpha}_i-\alpha_i),\quad 0\leqslant\alpha_i,\widetilde{\alpha}_i\leqslant\lambda \tag{14.46}$$

上述过程需要满足 KKT 条件：

$$\begin{cases}\alpha_i[f(x_i)-y_i-\epsilon-\xi_i]=0,\\ \widetilde{\alpha}_i[y_i-f(x_i)-\epsilon-\widetilde{\xi}_i]=0,\\ \alpha_i\widetilde{\alpha}_i=0,\xi_i\widetilde{\xi}_i=0,\\ (\lambda-\alpha_i)\xi_i=0,(\lambda-\widetilde{\alpha}_i)\widetilde{\xi}_i=0\end{cases} \tag{14.47}$$

从 KKT 条件可以看出，当且仅当 $f(x_i)-y_i-\epsilon-\xi_i=0$ 时，$\alpha_i\neq0$；当且仅当 $y_i-f(x_i)-\epsilon-\widetilde{\xi}_i=0$ 时，$\widetilde{\alpha}_i\neq0$。此外 $f(x_i)-y_i-\epsilon-\xi_i=0$ 和 $y_i-f(x_i)-\epsilon-\widetilde{\xi}_i=0$ 不能同时成立，因此 α_i 和 $\widetilde{\alpha}_i$ 至少有一个为零。

将式 14.42 代入式 14.38，求得 SVR 的解：

$$f(x)=\beta_0+\sum_{i=1}^{n}(\widetilde{\alpha}_i-\alpha_i)x_i^{\mathrm{T}}x_i \tag{14.48}$$

再由 KKT 条件知，对每个样本 (x_i,y_i) 都有 $(\lambda-\alpha_i)\xi_i=0$ 且 $\alpha_i[f(x_i)-y_i-\epsilon-\xi_i]=0$。求得最优的 α_i，若 $0<\alpha_i<\lambda$，则必有 $\xi_i=0$，则可进一步求得：

$$\beta_0=y_i+\epsilon-\sum_{i=1}^{n}(\widetilde{\alpha}_i-\alpha_i)x_i^{\mathrm{T}}x_i \tag{14.49}$$

理论上，任意选取满足 $0<\alpha_i<\lambda$ 所对应的样本通过式 14.46 都可以求得 β_0。实际中，往往选取多个（或所有）满足条件 $0<\alpha_i<\lambda$ 的样本求得 β_0 的值再取其均值。

从式 14.48 和式 14.49 可以看出，只有 $(\widetilde{\alpha}_i-\alpha_i)\neq0$ 的样本观测点才会影响 SVR 的解，我们称这些观测点为支持向量。从图 14-13 上可以看出，只有 $f(x)$ 与 y 之间距离大于等于 ϵ 的观测点才会影响 SVR 的解，也就是说落在 ϵ 间隔带外面的点才是支持向量，而落在 ϵ 间隔带内的样本点对 SVR 没有影响。

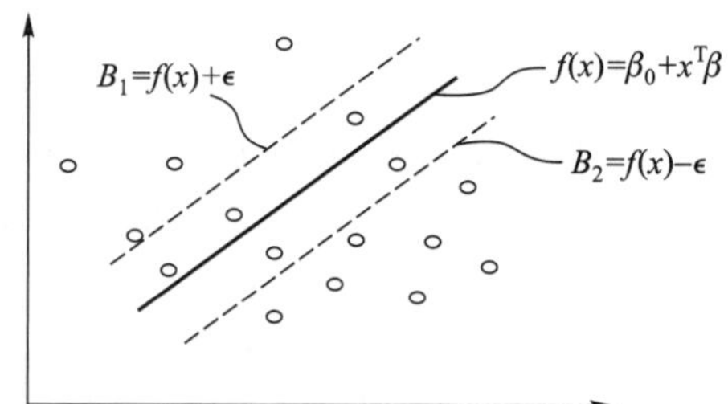

图 14-13　支持向量回归示意图

对于非线性 SVR，我们可以采取与非线性支持向量分类类似的方法，考虑如下回归模型：

$$f(x)=\beta_0+\beta^{\mathrm{T}}\phi(x_i) \tag{14.50}$$

则支持向量回归所选的超平面是如下最优化问题的解：

$$\min_{\beta_0,\beta}\frac{1}{2}\|\beta\|^2+\lambda\sum_{i=1}^{n}V_\epsilon[f(x_i)-y_i] \tag{14.51}$$

可以证明，最优化问题式 14.51 的解可以表示为

$$f(x)=\sum_{i=1}^{n}(\widetilde{\alpha}_i-\alpha_i)K(x,x_i)+\beta_0 \tag{14.52}$$

其中：$K(x_i, x_j) = \phi(x_i)^{\mathrm{T}}\phi(x_j)$ 是核函数。

上述介绍的支持向量回归其实是对普通线性回归的一种非线性推广，相比较于处理线性回归的最小二乘法而言，它的好处在于避开了对回归中因变量分布的假设，也不再局限于线性模型。

14.7　R 语言实现

在 R 中，能实现支持向量机的包有很多，其中最常用的就是 e1071 包中的 svm( ) 函数。svm( ) 函数可以利用支持向量机的原理实现分类和预测，如果因变量为因子型数据的分类变量，则自动执行标准的支持向量分类，如果因变量为数值型数据，则自动执行支持向量回归，特定的训练方式可以通过函数中的 type 参数进行选择。该函数中各参数的具体含义可以参考 e1071 包的说明文档，这里只介绍与核函数的设置相关的参数，见表 14-4。

表 14-4　svm( ) 核函数解释

核函数类型	释义	参数设定
线性核函数	kernel = " linear"	无
d 次多项式	kernel = " polynomial"	gamma, degree, coef0
径向基	kernel = " radial" (默认)	gamma

在 svm( ) 函数中，最重要的两个参数是 cost 和 gamma。cost 是对松弛变量的惩罚，即式 14.18 中的调节参数 λ，cost 参数值设置越大，则间隔会越窄，就会有更少的支持向量落在边界上或穿过边界；cost 参数值设置越小，则间隔会越宽，就会有更多的支持向量落在边界上或穿过边界。gamma 是除线性核函数外其余核函数都需要的参数，不同的参数设定对分类效果影响很大。e1071 包中的 tune. svm( ) 可以帮助我们自动选择最优的参数。

另外，由于支持向量机是一种有监督的机器学习方法，通常对训练集进行学习后，要用测试集进行分类效果检验。与 svm( ) 函数搭配使用的函数有 predict( ) 与 plot. svm( )，可用于建模后的预测和可视化。

不过，对于高维数据，svm( ) 函数并不是很理想。在高维甚至超高维情况下，通过核函数进行更高维映射的效果与对原空间直接做线性支持向量机差别不大。因此，在高维数据中，LiblineaR 包效果更好。

14.7.1　支持向量分类器

先展示在二维空间上观测线性可分或近似线性可分的情况下 svm( ) 函数的应用。先随机生成两个属于不同类别的观测集。

```
> set.seed ( 123 )
> x <- matrix (rnorm ( 40 *2 ) , ncol = 2 )
> y <- rep ( c ( -1 , 1 ) , each = 20 )
> x [ y == 1 , ] <- x [ y == 1 , ] + 3
```

用 plot( ) 函数将这些观测画出来，观测它们的分布情况。

```
> plot(x,pch=y+6,xlab = "x1",ylab = "x2")
```

从图 14-14 中可以看出，两个类别的观测是线性可分的，所以接下来考虑两种情况，即对两种类别的观测建立两种分类器：支持向量分类器和最大间隔分类器。

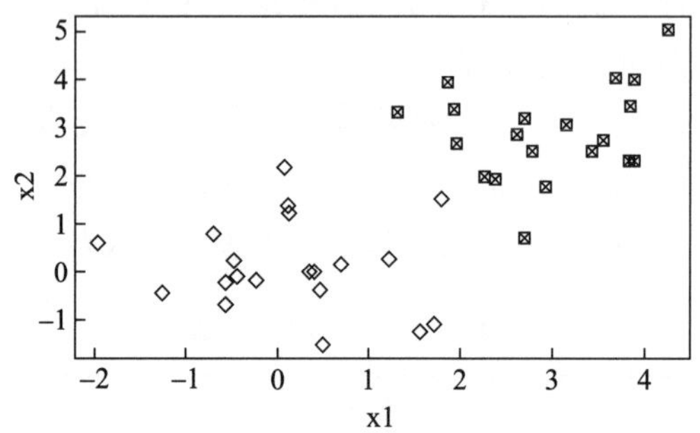

图 14-14　随机生成的两类具有线性决策边界的观测

首先建立支持向量分类器，这个时候 kernel 应该设置为 linear，cost 此处先设置为 1。注意 svm( ) 函数处理分类问题时要求响应变量必须为因子型，所以将 y 转化为因子型，并与预测变量一起建立一个数据框。

```
> y <- as.factor ( y )
> dat <- data.frame ( x = x , y = y )
>svm1 <- svm ( y ~ . , data = dat , kernel = "linear" , cost = 1 )
```

可以通过 summary( ) 函数查看拟合的这个分类器的基本信息。

```
> summary (svm1 )
Call:
svm(formula = y ~ ., data = dat, kernel = "linear",
    cost = 1)
Parameters:
   SVM-Type:  C-classification
SVM-Kernel:  linear
       cost:  1
Number of Support Vectors:  6
( 3 3 )
Number of Classes:  2
Levels:
-1 1
```

summary()函数指出了这个分类器共有 6 个支持向量。我们可以通过以下命令具体查看哪几个观测是支持向量。

```
>svm1$index
[1]  4 11 16 24 26 32
```

进一步地,我们还可以使用 plot. svm()函数画出决策边界,如图 14-15。plot. svm()有两个参数,一个是调用的函数的结果,另一个是所使用的数据。

```
> plot (svm1 , dat )
```

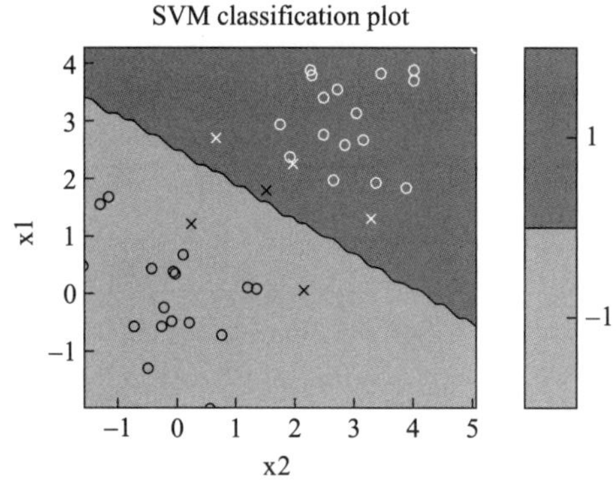

图 14-15　cost=1 的支持向量分类器

图中标“×”的是支持向量,其余观测都使用圆圈表示。可以看出,确实有 6 个支持向量。另外,蓝色和粉色区域分别表示两个类别,它们的分割是一条直线,即线性的决策边界。

现在,尝试将 cost 的值缩小为 0. 1,再次拟合数据。

```
>svm2 <- svm ( y~ ., data = dat , kernel = "linear" , cost = 0.1 )
> summary (svm2 )
Call:
svm(formula = y ~ ., data = dat, kernel = "linear", cost = 0.1)
Parameters:
   SVM-Type:  C-classification
SVM-Kernel:  linear
       cost:  0.1
      gamma:  0.5
Number of Support Vectors:  16
( 8 8 )
Number of Classes:  2
Levels:
-1 1
>plot(svm2,data)
```

从图 14-16 可以看到,此时只有 3 个支持向量,可以看出间隔非常窄。

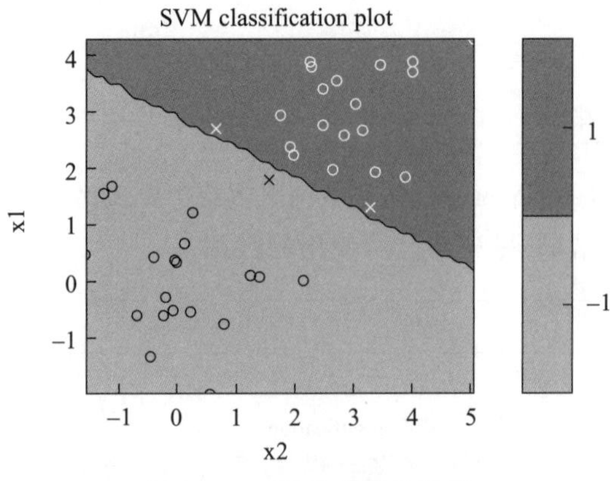

图 14-16　最大间隔分类器

现在用 e1071 包中的 tune( )函数来实现交叉验证。例如,想通过交叉验证选择合适的 cost 值,那么就可以通过 range 参数来设置。

```
> set.seed ( 1234 )
> tune1 <- tune (svm , y ~. , data = dat , kernel = "linear" ,
ranges = list ( cost = c ( 0.01 , 0.1 , 1 , 10 , 50 ) ) )
```

使用 summary( )函数可以查看每个模型对应的交叉验证误差。

```
> summary ( tune1 )
Parameter tuning of 'svm':
- sampling method: 10-fold cross validation
- best parameters:
cost
  0.1
- best performance: 0.025
- Detailed performance results:
    Cost  error  dispersion
1   0.01  0.200  0.30731815
2   0.10  0.025  0.07905694
3   1.00  0.025  0.07905694
4  10.00  0.050  0.10540926
5  50.00  0.075  0.12076147
```

结果显示,当 cost=0.1 或 1 时,交叉验证误差最小。所以,就能使用这个交叉验证误差最小的 cost 对应的模型来建立分类器。注意,可以直接使用如下命令调用这个最优的模型:

```
> best <- tune1 $ best.model
```

接下来,再生成一些测试观测来检验最优模型的效果,可以用 predict( )函数进行预测。

```
> set.seed ( 1 )
> xt <- matrix (rnorm ( 40 *2 ) , ncol = 2 )
> yt <- rep ( c ( -1 , 1 ) , each = 20 )
> xt [ yt == 1 , ] <- xt [ yt == 1 , ] + 3
> yt <- as.factor ( yt )
>datt <- data.frame ( x = xt , y = yt )
>pred1 <- predict ( best , datt )
> table ( predict =pred1 , true = yt )
         true
predict    -1   1
     -1    20   0
      1     0  20
```

从结果看出,所有观测都被正确分类了,拟合效果非常好。

最后,使用最大间隔超平面来对测试观测进行预测,看看效果怎么样。

```
>pred2 <- predict ( svm3 , datt )
> table ( predict =pred2 , true = yt )
         true
predict    -1   1
     -1    20   2
      1     0  18
```

正如我们预想的,此时效果并没有比建立支持向量分类器来得好,有 2 个观测被错误分类了。

14.7.2 支持向量机

接下来使用 svm( ) 函数来拟合具有非线性决策边界的 SVM。同样先生成一些具有非线性决策边界的观测。

```
> set.seed ( 123 )
> x <- matrix (rnorm ( 100 *2 ) , ncol = 2 )
> y <- rep ( c ( -1 , 1 ) , each = 50 )
> x [ y == -1 , ] <- 2 *x [ y == -1 , ]
> x [ y == 1 , ] <- 0.8 *x [ y == 1 , ]
> plot ( x , col = y + 5 ,xlab = "x1" , ylab = "x2" )
```

从图 14-17 可以看出,此时是没有办法找到一个线性边界将不同类别的观测分割开来的。所以在这里,选用径向核函数来拟合模型,即设置 svm( ) 函数的参数 kernel = "radial",并且此时还需要设置参数 gamma,即为径向核函数中的 γ 赋值。

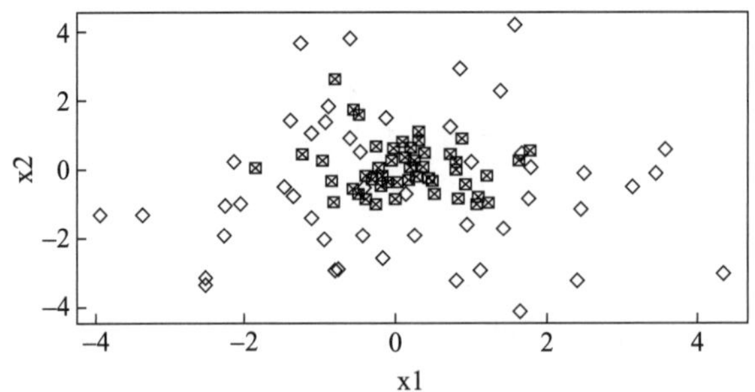

图 14-17　随机生成的两类不具有线性决策边界的观测

```
> y <- as.factor ( y )
> dat <- data.frame ( x = x , y = y )
>svm4 <- svm ( y ~. , data = dat , kernel = "radial" , gamma = 1 , cost = 1 )
> summary ( svm4 )
Call:
svm ( formula = y ~. , data = dat , kernel = "radial" , gamma = 1 , cost = 1 )
Parameters:
  SVM-Type:  C-classification
SVM-Kernel:  radial
      cost:  1
     gamma:  1
Number of Support Vectors:  58
( 32 26 )
Number of Classes:  2
Levels:
-1 1
> plot ( svm4 , dat )
```

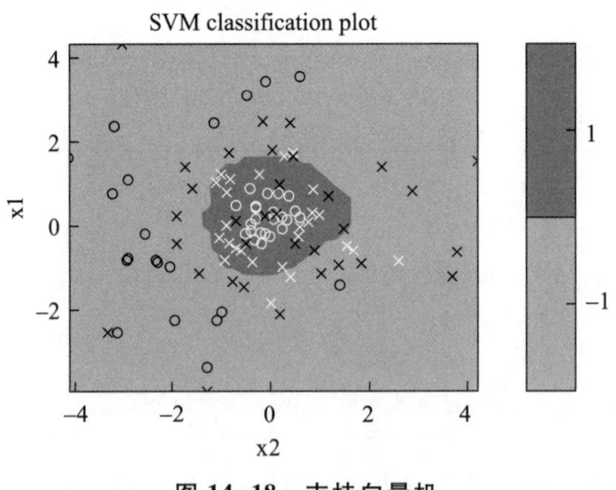

图 14-18　支持向量机

结果显示，在这种设置下，模型有 58 个支持向量，其 SVM 分类图如图 14-18 所示。

同样，对 SVM 运用 tune( ) 函数，即使用交叉验证来选择径向核函数最优的 γ 以及 cost。

```
> set.seed ( 1234 )
> tune2 <- tune (svm , y~. , data = dat , kernel = "radial" , ranges =
list ( cost = c ( 0.01 , 0.1 , 1 , 10 , 50 ) , gamma = c ( 0.1 , 0.5 , 1 , 3 , 5 ) ) )
> summary ( tune2 )
Parameter tuning of 'svm':
- sampling method: 10-fold cross validation
- best parameters:
cost gamma
  0.1   0.5
- best performance: 0.17
- Detailed performance results:
    cost gamma error dispersion
1   0.01  0.1  0.62  0.12292726
2   0.10  0.1  0.58  0.13165612
3   1.00  0.1  0.24  0.16465452
4  10.00  0.1  0.21  0.11972190
5  50.00  0.1  0.21  0.07378648# 限于篇幅,此处省略
```

重新生成一些预测观测,并使用最优模型进行预测。

```
> set.seed(123)
> best2<-tune2$best.model
> xt<-matrix(rnorm(100 * 2),ncol = 2)
> yt<-rep(c(-1,1),each=50)
> xt[yt==-1,]<-2 * xt[yt==-1,]
> xt[yt==1,]<-0.8 * xt[yt==1,]
> yt<-as.factor(yt)
> datt<-data.frame(x=xt,y=yt)
> pred3<-predict(best2,datt)
> table(predict=pred3,true=yt)
          true
predict     -1   1
      -1    38   3
       1    12  47
```

14.7.3　SMS 垃圾短信数据集

SMS 垃圾短信数据集(SMS Spam Collection Data Set)是 UCI 数据库中一个包含了 5 574 条手机 SMS 信息以及是否为垃圾短信的数据集。其中垃圾短信被标记为 spam,非垃圾短信被标记为 ham。部分数据示例如表 14-5 所示。

表 14-5　SMS 垃圾短信数据集示例

短信类型	短信内容
ham	Go until jurong point, crazy... Available only in bugis n great world la e buffet... Cine there got amore wat...
spam	Free entry in 2 a wkly comp to win FA Cup final tkts 21st May 2005. Text FA to 87121 to receive entry question(std txt rate)T&C's apply 08452810075over18's
ham	U dun say so early hor... U c already then say...
spam	XXXMobileMovieClub:To use your credit, click the WAP link in the next txt message or click here>> http://wap. xxxmobilemovieclub. com? n=QJKGIGHJJGCBL

首先加载数据,对数据进行检查后,删去 4 个乱码数据。

```
library(tm)
dt<-read.csv("spam.csv",header = F,sep = ",")
dt$V2<-as.character(dt$V2)
dt<-dt[-c(1267,3548,4552,5082),]
```

将数据集的 70%用作训练集,剩余的用作测试集。

```
set.seed(123)
n<-dim(dt)[1]
train<-sample(1:n,0.7*n)
dt.train<-dt[train,]
dt.test<-dt[-train,]
y.train<-dt$V1[train]
y.test<-dt$V1[-train]
```

这里简单介绍文本数据的处理方法。文本本身是一个非结构化的数据,并不能直接用于模型的训练,所以需要对文本数据进行一定的处理才能把它输入模型当中。文本是由一个个词语组成的,所以一个很直观的想法就是用文本中每个词语出现的次数,即词频(term frequency,TF),来提取文本的信息。所以首先需要对文本进行分词处理,把句子划分成一个个词语。用函数 TermDocumentMatrix()可以生成词频矩阵,矩阵的每一行代表一个在训练文本中出现的单词,所以行数为训练文本中出现的单词总数;矩阵的每一列表示一个样本。所以词频矩阵的第 i 行第 j 列表示第 i 个词语在第 j 个文本中出现的次数。由于文本的长度都不相同,所以一般对词频进行标准化,即用词频除以文本的总词数。

```
    train.corpus<-Corpus(VectorSource(dt.train$V2))      #分词
    control <- list(stopwords = TRUE, removePunctuation = TRUE, removeNumbers =
TRUE)#去除停用词、标点符号和数字
    train.tdm <- TermDocumentMatrix(train.corpus, control)#生成词频矩阵
    train.tdm<-as.matrix(train.tdm)
    train.tdm<-train.tdm[rowSums(train.tdm)>1,]          #保留词频大于 1 的词
    train.tf<-apply(train.tdm, 2, function(x) x/ifelse(sum(x)>0,sum(x),1))#标准化
```

而只用词频来刻画一个词语的重要性是不够的，例如在一篇文章中，“中国”和“羽毛球”这两个词出现了相同的次数，但显然“羽毛球”比“中国”带有更多的信息量，因为“中国”是一个更常见的词，这个时候使用词频是不能区分出这两个词的重要性的区别的。所以我们还需要另外一个指标来衡量单词本身携带的信息量，即逆文档频率(Inverse Document Frequency，IDF)，计算方式如下：

$$IDF=\frac{\log(\text{语料库中文档总数})}{\text{包含该词的文档数}+1}$$

语料库中包含某个词的文档数量越多，该词的 IDF 就越小。计算出 IDF 后，把 IDF 和 TF 相乘，得到的结果就可以作为训练的数据。

```
train.idf<-apply(train.tdm,1,function(x) log(ncol(train.tdm)/(sum(x>0)+1)))#计算逆文档频率
tf.idf<-train.tf*train.idf
x.train<-t(tf.idf)
```

接下来对测试集的文本数据进行处理。要注意的是测试集中的文本所含的单词和训练集所含的单词不完全相同，所以生成的词频矩阵不能直接用于后面的计算，需要一个和训练集的词频矩阵的单词一样的词频矩阵。处理的代码如下：

```
test.corpus<-Corpus(VectorSource(dt.test$V2))
control <- list(stopwords = TRUE, removePunctuation = TRUE, removeNumbers = TRUE)
test.tdm <- TermDocumentMatrix(test.corpus, control)
test.tdm<-as.matrix(test.tdm)
test.tf<-apply(test.tdm, 2, function(x) x/ifelse(sum(x)>0,sum(x),1))
test.tf1<-matrix(0,nrow = nrow(train.tf),ncol = ncol(test.tf))
test.word<-rownames(test.tdm)
train.word<-rownames(train.tdm)
for (i in 1:ncol(train.tdm)) {
  if(train.word[i] %in%test.word){
    test.tf1[i,]<-test.tf[i,]
  }
}
test.tf.idf<-test.tf1*train.idf # IDF 用的仍是训练集的
x.test<-t(test.tf.idf)
```

接下来建立线性的支持向量机分类器，设置一系列 cost 值，用交叉验证法选择最优的 cost，并对测试集进行预测。

```
>library(e1071)
>tune1<-tune(svm,train.x = x.train,train.y = y.train,kernel="linear",
             ranges=list(cost=c(0.1,1,5,10,50,100)))
best1<-tune1$best.model
```

```
> summary(best2)
Call:
best.tune(method = svm, train.x = x.train,
    train.y = y.train, ranges = list(cost = c(0.1,
        1, 5, 10, 50, 100)), kernel = "linear")
Parameters:
   SVM-Type:  C-classification
SVM-Kernel:  linear
       cost:  1
Number of Support Vectors:  916
( 625 291 )
Number of Classes:  2
Levels:
ham spam
> best1$gamma
[1] 0.0003414135
> pred1<-predict(best1,x.test)
> table(true=y.test,predict=pred1)
         predict
  true       ham  spam
   ham      1270   182
  spam       185    34
> mean(pred1==y.test)
[1] 0.780371
```

结果显示,在 cost=1 的时候,交叉验证的错误率最低,此时模型的拟合效果最好,模型在测试集上的正确率为 78.04%,但对 spam 的预测准确率还不是很理想。读者可尝试其他类型的支持向量机,这里仅展示线性核的结果。

14.8 习　　题

1. 请证明定理 14.1。

2. 请证明定理 14.2。

3. 以 $2X_1+5X_2=5$ 为边界模拟生成一个二分类样本,要求每一类的样本量为 100,且样本线性可分。

(1) 在 R 中画出两类样本和实际边界。

(2) 构建一个最大间隔分类器,用交叉验证方法选取最优的参数 cost。

(3) 画出最大间隔分类器的超平面并与实际边界进行比较。

4. 以 $X_1^2+4X_2^2=9$ 为边界模拟生成一个二分类样本,要求每一类的样本量为 100,不要求样本可分。

（1）构建一个高斯核函数的支持向量机，用交叉验证方法选取最优的参数 cost 和 gamma。

（2）画出所构建的支持向量机的边界并与实际边界进行比较。

5. 请分析 R 软件 ISLR 包中的股票数据 Smarket，以股票的涨跌方向 Direction 为因变量，以 Lag1～Lag5 以及 Volume 为自变量，进行如下分析：

（1）分析该数据集的股票涨跌天数以及它们的比例。

（2）请以 2005 年数据为训练集，2005 年及之后的数据为测试集。用训练集数据进行建模，先分析当 cost＝1 时的建模结果，然后利用交叉验证方法选取最优的 cost 参数，并分析最优的模型结果。

（3）利用得到的最优模型对测试集进行预测，分析预测准确率。

6. 请分析 R 软件 ISLR 包中的 Auto 数据集：

（1）将 Auto 数据集中的 mpg 按照中位数划分为两类，新增一个变量 grade，并用 0 和 1 分别表示。

（2）从该数据集随机抽取 292 个样本作为训练集，剩下的作为测试集。

（3）利用 maximal margin classifier 进行建模，利用交叉验证选取最优的模型，分析该最优模型的结果，并利用该最优模型对测试集进行预测分析。

（4）请利用 radial kernel 的 SVM 对训练集进行建模，利用交叉验证选择最优的模型，分析该最优模型的结果，并利用最优模型对测试集进行预测分析。

本章附录
序列最小优化算法（SMO 算法）

1. SVM 及其对偶问题

SMO 算法是求解 SVM 问题的一个高效算法。以线性不可分情况下线性支持向量机（SVM）的求解问题为例（采用非线性核函数时的情况完全类似）：给定一个训练数据集 $T=\{(x_i,y_i)\}_{i=1}^{N}$，其中 x_i 为 p 维自变量，而 $y_i\in\{-1,1\}$ 为二值型因变量。则需要考虑如下优化问题：

$$\begin{aligned}&\min_{w,b,\xi}\quad \frac{1}{2}\|w\|^2+C\sum_{i=1}^{N}\xi_i\\&\text{s.t.}\quad y_i(w^{\mathrm{T}}x_i+b)\geqslant 1-\xi_i,\quad i=1,2,\cdots,N\\&\qquad\quad \xi_i\geqslant 0\end{aligned}\tag{14.53}$$

其中，w 与 b 为 SVM 线性分离超平面的相关参数；而 $\xi_i,i=1,\cdots,N$ 为“松弛变量”。根据拉格朗日乘子法及相关计算可得问题（14.53）的对偶问题为如下凸二次规划问题：

$$\begin{aligned}&\min_{\alpha}\quad \frac{1}{2}\sum_{i=1}^{N}\sum_{j=1}^{N}\alpha_i\alpha_jy_iy_jx_i^{\mathrm{T}}x_j-\sum_{i=1}^{N}\alpha_i\\&\text{s.t.}\quad \sum_{i=1}^{N}\alpha_iy_i=0\\&\qquad\quad 0\leqslant\alpha_i\leqslant C,\quad i=1,2,\cdots,N\end{aligned}\tag{14.54}$$

其中 $\alpha_i, i=1,2,\cdots,N$ 为相关的拉格朗日乘子。虽然优化问题(14.54)可使用二次规划相关的算法进行求解,但由于其自变量数量与数据集的大小 N 相同,当 N 过大时相关算法的求解效率较低。而序列最小优化算法(SMO 算法)基于优化问题(14.54)本身的特性,采用启发式的方法给出了对于对偶问题求解的步骤与算法。

2. SMO 算法

SMO 算法的主要思想与坐标下降法类似:每次启发式地选取两个变量,并在固定其余所有参数的情况下,求解该子优化问题,重复该步骤直至收敛。需要注意的是:在子优化问题中,由于存在约束条件 $\sum_{i=1}^{N}\alpha_i y_i=0$,两个变量实际上只有一个自由变量,因而可以方便地求出显示解而无须迭代,这是 SMO 算法效率高的一大原因。

具体而言,SMO 算法主要包含两个部分:求解子优化问题的算法及选择变量的启发式算法。

(1) 求解子优化问题的算法。

不妨假设子优化问题选择的变量是 α_1 和 α_2。并假设初始情况下 α_1 与 α_2 的取值分别为 α_1^{old} 与 α_2^{old}。根据 $\sum_{i=1}^{N}\alpha_i y_i=0$,我们得到 $\alpha_1=-\alpha_2 y_1 y_2-y_1\sum_{i=3}^{N}\alpha_i y_i=\alpha_1^{old}+y_1 y_2(\alpha_2^{old}-\alpha_2)$,将该表达式代入优化问题(14.54)的目标函数中可得:

$$W(\alpha_2)=\frac{1}{2}K_{11}(\zeta-\alpha_2 y_2)^2+\frac{1}{2}K_{22}\alpha_2^2+y_2K_{12}(\zeta-\alpha_2 y_2)\alpha_2-(\zeta-\alpha_2 y_2)y_1-\alpha_2+v_1(\zeta-\alpha_2 y_2)+y_2 v_2\alpha_2 \tag{14.55}$$

其中 $\zeta=-\sum_{i=3}^{N}\alpha_i y_i;K_{ij}=x_i^{\mathrm{T}}x_j,i,j=1,\cdots,N;v_i=\sum_{j=3}^{N}\alpha_j y_j K_{ij},i=1,\cdots,N$ 为相关常数。若暂不考虑问题(14.54)中的不等式约束条件,则可得到:

$$\alpha_2^{new,unc}=\underset{\alpha_2}{\operatorname{argmin}}W(\alpha_2)=\alpha_2^{old}+\frac{y_2(E_1-E_2)}{\eta} \tag{14.56}$$

其中 $\alpha_2^{new,unc}$ 为未考虑不等式约束时 α_2 的最优取值(也称"未经剪辑的解");$\alpha_i^{old},i=1,2$ 表示初始情况下 α_i 的取值,因而有 $\zeta=\alpha_1^{old}y_1+\alpha_2^{old}y_2;E_i=\left(\sum_{j=1}^{N}\alpha_j y_j x_j^{\mathrm{T}}x_i+b\right)-y_i,i=1,2;\boldsymbol{\eta}=K_{11}+K_{22}-2K_{12}$。

进一步考虑引入不等式约束 $0\leqslant\alpha_1\leqslant C,0\leqslant\alpha_2\leqslant C$ 的影响。结合 $\alpha_1=\alpha_1^{old}+y_1y_2(\alpha_2^{old}-\alpha_2)$ 可得 α_2 取值所需满足的约束范围如下:

$$L\leqslant\alpha_2\leqslant H \tag{14.57}$$

其中,当 $y_1\neq y_2$ 时:$L=\max(0,\alpha_2^{old}-\alpha_1^{old}),H=\min(C,C+\alpha_2^{old}-\alpha_1^{old})$;而当 $y_1=y_2$ 时,$L=\max(0,\alpha_2^{old}-\alpha_1^{old}-C),H=\min(C,\alpha_2^{old}+\alpha_1^{old})$。

结合式(14.56)中的未经剪辑的解及式(14.57)的约束条件,我们可得最终的优化问题的解如下:

$$\alpha_2^{new}=\begin{cases}H & \alpha_2^{new,unc}>H\\ \alpha_2^{new,unc} & L\leqslant\alpha_2^{new,unc}\leqslant H\\ L & \alpha_2^{new,unc}<L\end{cases} \tag{14.58}$$
$$\alpha_1^{new}=\alpha_1^{old}+y_1y_2(\alpha_2^{old}-\alpha_2^{new})$$

（2）选择变量的启发式算法。

SMO 采用启发式的方法确定每次迭代所要优化的变量 α_1 与 α_2。注意到若 α_1 与中有一个不满足优化问题的 KKT 条件，则目标函数就会在迭代后减小。因此，在每步迭代中，SMO 算法选择违背 KKT 条件“程度最大”的变量作为 α_1。而对于第二个变量的选取，SMO 选择优化更新后变动足够大的变量作为 α_2。根据式（14.56），$|\alpha_2^{new}-\alpha_2^{old}|=\frac{|E_1-E_2|}{\eta}$，因此一个简单的做法是选择变量 α_2 以使得 $|E_1-E_2|$ 达到最大。

SMO 算法不断迭代进行子优化问题的求解直至各 KKT 条件在设定精度 ε 下均得到满足。此时我们即得到了对偶问题（14.54）的解 $\alpha^*=(\alpha_1^*,\cdots,\alpha_N^*)$，并可据此求得原问题的最优解 w^*,b^*。

第 15 章

神经网络

人工神经网络(artificial neural network,ANN),简称神经网络(neural network),是一种应用类似于人类大脑神经突触连接结构进行信息处理的数学模型。它模拟人类大脑处理信息的方法,通过调整神经网络内部大量节点之间相互连接的关系,达到处理信息的目的。人工神经网络起源于20世纪40年代,到今天已有近80年历史。人工神经网络的发展历程大致经历了三次高潮(见图15-1):

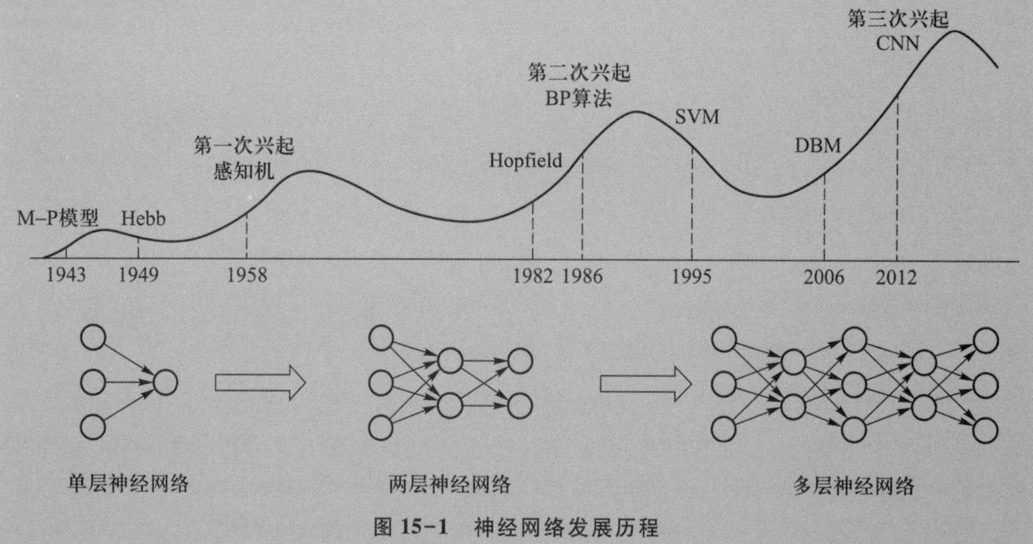

图 15-1 神经网络发展历程

(1) 第一次高潮(20世纪40年代—60年代),控制论阶段。1943年,美国的心理学家McCulloch和控制论专家Pitts提出了一个非常简单的神经元模型,即M-P模型,开创了神经网络模型的研究。此后,心理学家Hebb在1949年又提出了著名的Hebb学习规则。1958年,Rosenblatt等人研制出了首个具有学习型神经网络特点的模式识别装置,即代号为Mark I的感知机(perceptron)。但是1969年Minsky和Papert在其所著《感知机》一书中指出感知机模型的两大缺陷:基本感知机无法处理异或回路;当时计算机的计算能力不足以用来处理大型神经网络,这使得神经网络的研究在之后很长一段时间都处在低迷期。

(2) 第二次高潮(20世纪80年代—90年代),联结主义阶段。1982年美国加州理工学院的生物物理学家Hopfield提出Hopfield模型,标志着神经网络的研究进入第二阶段。1983年Sejnowski和Hinton提出了隐单元的概念,并且提出了Boltzmann机。1986年

Rumelhart 和 McClelland 对多层网络的误差反向传播算法进行了详尽的分析，进一步推动了反向传播算法(back propagation)的发展。1992 年 Schmidhuber 对梯度消失问题进行了研究，提出了两步训练一个多层循环神经网络的方法。90 年代中期，统计学习方法(以支持向量机和 boosting 为代表的集成学习方法)兴起，与神经网络相比，其具有可解释性强、理论基础完善等优点。受限于当时的计算机性能，多层神经网络的巨大计算量和优化求解难度使其在实际应用中存在很大的局限性，因此神经网络的研究再度陷入了低潮期。

(3) 第三次高潮(2006 年至今)，深度学习阶段。2006 年 Hinton 等使用逐层训练的方法克服了传统方法在训练深层神经网络时遇到的困难，实现了数据降维并获得了良好的效果。他们提出的深度学习概念为神经网络的研究翻开了新的篇章，标志着神经网络的研究进入了第三阶段，即深度学习阶段。随着计算机性能的不断提升，训练一个大型神经网络已经不再困难，这也是深度学习技术蓬勃发展的客观因素之一。现在，深度学习技术已经在语言识别、图像识别、自然语言处理等领域得到广泛应用。

本章首先介绍神经网络的基本概念，包括神经网络的基本单位、神经网络的结构、神经网络的学习；接着介绍一些经典的神经网络模型，包括单层感知机、BP 神经网络和 Rprop 神经网络；最后介绍 R 语言实现。

15.1　神经网络概述

15.1.1　M-P 模型

在人的大脑中，大概有 10^{11} 个生物神经元(neuron)，这些生物神经元相互连接组成生物神经网络，每个生物神经元大概与 10^{4} 个生物神经元连接。生物神经元的主要结构有细胞体、树突(用来接收信号)和轴突(用来传输信号)，如图 15-2 所示。一个生物神经元的轴突末梢和其他生物神经元的树突相接触，形成突触。生物神经元通过轴突和突触把产生的信号送到其他的生物神经元。信号就从树突上的突触进入本细胞，生物神经元利用一种未知的方法，把所有从树突突触上进来的信号进行相加，如果全部信号的总和超过某个阈值，就会激发生物神经元进入兴奋状态，产生神经冲动并传递给其他生物神经元。如果信号总和没有达到阈值，生物神经元就不会兴奋。

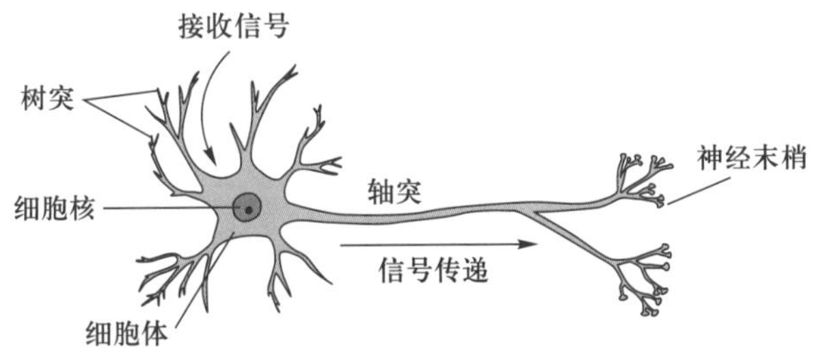

图 15-2　生物神经元

M-P 模型是首个模拟生物神经元结构和工作原理的数学模型。图 15-3 和图 15-4 就是最简单的 M-P 模型。图中,对于神经元 k,$x_1,x_2,\cdots,x_m$ 表示其输入信号,既可以是原始的信号源,也可以是其他神经元传递的输入信号,记为$\{x_m\}$序列。连接到神经元 k 的突触 j 上的输入信号 x_j 的突触权重记为 w_{kj},注意这里的权重可以取正值也可以取负值。神经元 k 的每一个输入都有一个权重 $w_{k1},w_{k2},\cdots,w_{km}$,记为$\{w_{km}\}$序列。然后把各输入信号与相应突触权重加权求和,即 $v_k=\sum\limits_{j=1}^{m}x_jw_{kj}+b_k$,其中 b_k 是神经元 k 的偏置,相当于线性回归的常数项(截距项)。也可以把偏置 b_k 看作一个新增的突触,即 $x_0=1,w_{k0}=b_k$,这样 v_k 可以写成 $v_k=\sum\limits_{j=1}^{m}x_jw_{kj}+b_k=\sum\limits_{j=0}^{m}x_jw_{kj}$。若令 $\boldsymbol{x}_k=(x_0,x_1,\cdots,x_m)^{\mathrm{T}}$,$\boldsymbol{w}_k=(w_{k0},w_{k1},\cdots,w_{km})^{\mathrm{T}}$,则 $v_k=\boldsymbol{x}_k^{\mathrm{T}}\boldsymbol{w}_k$。

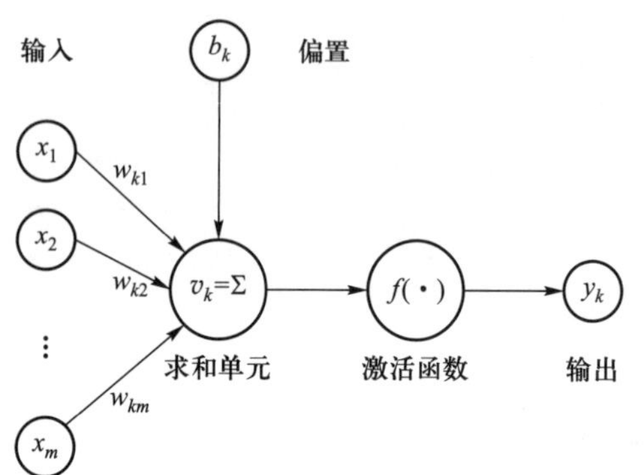

图 15-3 神经元结构图

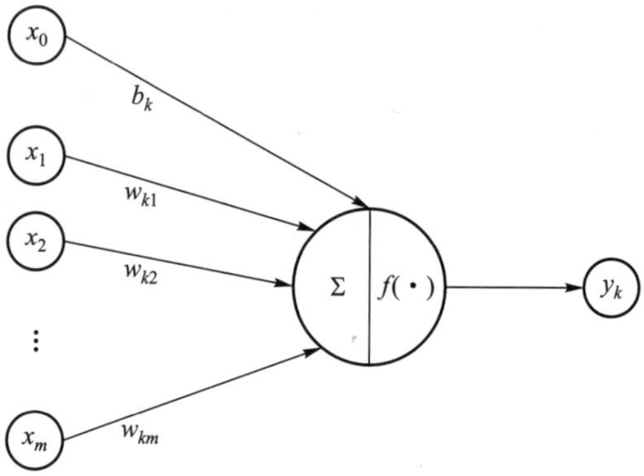

图 15-4 神经元结构简化模式

神经元 k 会计算传送过来的信号总和,只有当这个总和超过了阈值 θ_k 时(此处即为 $-b_k$),神经元才会被激活,否则不会被激活,即:

$$y_k=f(v_k)=f(\boldsymbol{x}_k^{\mathrm{T}}\boldsymbol{w}_k)=f\left(\sum_{j=1}^{m}x_jw_{kj}+b_k\right)=f\left(\sum_{j=1}^{m}x_jw_{kj}-\theta_k\right) \tag{15.1}$$

其中:$f(\cdot)$是激活函数(activation function)。M-P 模型的激活函数为

$$f(x)=\begin{cases}1, & x\geqslant 0\\ 0, & x<0\end{cases}$$

该激活函数的输出只有 0 或者 1,分别表示该神经元处于抑制或者兴奋状态,故称该激活函数为单极性阈值函数。又因为其函数形状(见图 15-5)如阶梯,也称为阶梯函数。

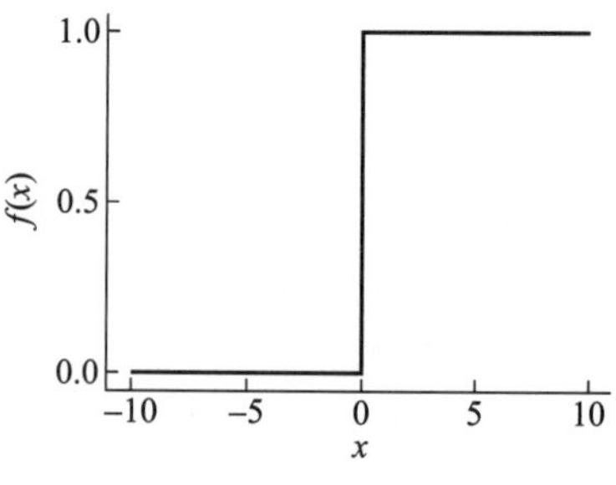

图 15-5 阶梯函数

15.1.2 激活函数

激活函数 $f(\cdot)$本质上是一种非线性变换,用来控制模型的输出 $y_k=f(v_k)=f(\boldsymbol{x}_k^{\mathrm{T}}\boldsymbol{w}_k)=f\left(\sum\limits_{j=1}^{m}x_jw_{kj}+b_k\right)$。激活函数在神经网络中非常重要,如果没有激活函数,多层神经网络是没有意义的。因为对于多层神经网络,在进行层之间的连接时,实际上是在做一个线性组合,如果

没有激活函数,到下一层网络仍然是上一层网络的线性组合,而线性组合的线性组合仍然是线性组合,这相当于只用单层神经网络。而激活函数通过非线性变换使得层与层之间的传递变得有意义。激活函数的种类很多,除了前面的阶梯函数外,还有以下几种常见的激活函数:

(1) 符号函数。符号函数和阶梯函数类似,其输出只有两个状态(-1 和 1)。符号函数的表达式为

$$f(x)=\text{sign}(x)=\begin{cases}1, & x\geqslant 0\\ -1, & x<0\end{cases} \tag{15.2}$$

符号函数的形状(见图 15-6)与阶梯函数相似,但是它是从-1 跳跃到 1,也往往称为双极性阈值函数。后面要介绍的感知机(perceptron)就是采用符号函数作为激活函数。

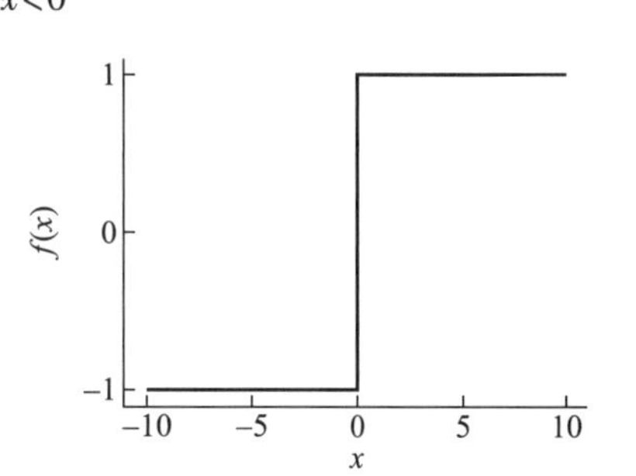

图 15-6　符号函数

(2) Sigmoid 函数。Sigmoid 函数也称 S 形函数,其值域是 0 到 1 的连续区间,具有非线性、单调性和可微性,在线性和非线性之间具有较好的平衡,是构造人工神经网络最常用的激活函数。Sigmoid 函数的表达式如下:

$$f(x)=\frac{1}{1+\exp(-ax)} \tag{15.3}$$

其中:a 是倾斜参数,修改 a 可以改变函数的倾斜程度,在极限的情况下,倾斜参数趋于无穷,Sigmoid 函数就变成了简单的符号函数。Sigmoid 函数的形状如图 15-7 所示。Sigmoid 函数也可以理解为阶梯函数的连续逼近,因为阶梯函数是一个跳跃函数,在 0 点不可导,给优化带来困难,而 Sigmoid 函数是处处可导的,优化会更容易。

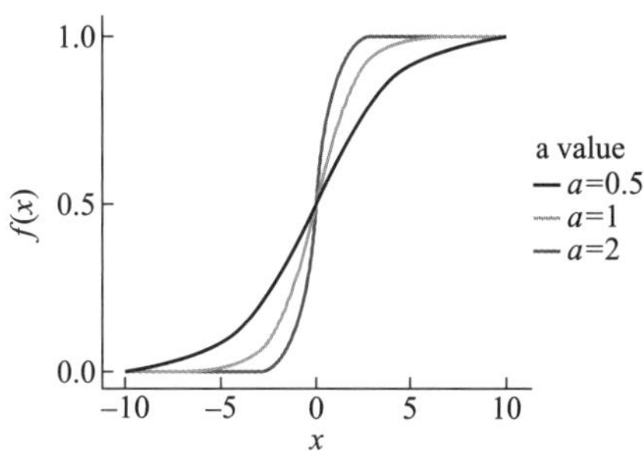

图 15-7　Sigmoid 函数

(3) 双曲正切函数。双曲正切函数是 Sigmoid 函数的变形,其值域是-1 到 1 的连续区间(见图 15-8)。表达式为

$$f(x)=\tanh(x)=\frac{2}{1+e^{-2x}}-1=\frac{1-e^{-2x}}{1+e^{-2x}} \tag{15.4}$$

双曲正切函数也可以理解为符号函数的连续逼近,因为符号函数在 0 点跳跃不可导,而双曲正切函数处处可导。

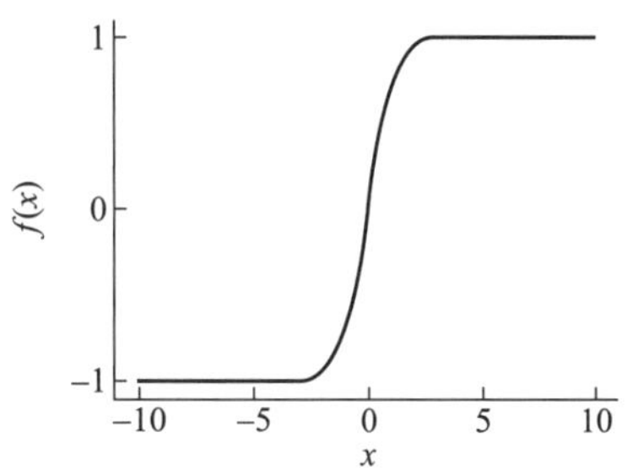

图 15-8　双曲正切函数

使用 Sigmoid 函数和双曲正切函数作为激活函数有一个缺陷,就是会出现梯度饱和问题。当输入非常大或者非常小时,函数的梯度接近于 0,在反向传播算法中计算出的梯度也会接近于 0。这样在调整参数时,就会存在参数弥散问题,传到前几层的梯度已经非常靠近 0 了,参数几乎不会再更新,这就会使参数收敛速度很慢,严重影响训练的效率。

(4) ReLU 激活函数(rectified linear unit)。近年来,ReLU 激活函数越来越受欢迎,它的表达式为

$$f(x)=\max(0,x) \tag{15.5}$$

相比于 sigmoid 函数和 tanh 函数，ReLU 激活函数的优势有两点：一是梯度不饱和。当 $x>0$ 时，梯度为 1，从而在反向传播过程中，减轻了梯度弥散的问题。二是计算速度快。ReLU 激活函数只需要一个阈值就可以得到激活值，加快了正向传播的计算速度。因此，ReLU 激活函数可以极大地加快收敛速度。ReLU 激活函数的形状如图 15-9 所示。在 ReLU 激活函数的基础上，还有 Leaky-ReLU、P-ReLU、R-ReLU 等变形和改进。

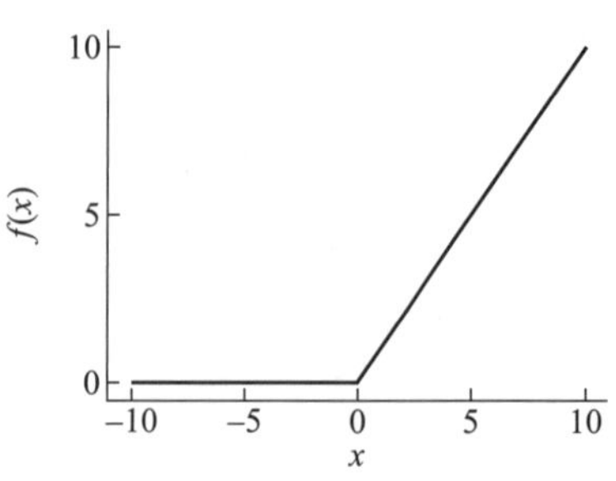

图 15-9 ReLU 激活函数

15.1.3 学习规则

神经网络的学习规则也就是修改权重或调整参数的规则。常用的有 Hebb 学习规则、δ 学习规则、最小均方学习规则等。

1. Hebb 学习规则

Hebb 学习规则是一种纯前馈、无监督的规则，是最早也是最著名的训练算法，至今仍在各种神经网络模型中起着重要作用。受启发于巴甫洛夫的条件反射实验，Hebb 规则假定：若神经元 k 接收了神经元 i 的输入信号，当这两个神经元同时处于兴奋状态时，它们之间的连接强度应该增强。这条规则与"条件反射"学说一致，后来得到了神经细胞学说的证实。

设 $\boldsymbol{x}_k(t)=(x_0(t),x_1(t),\cdots,x_m(t))^{\mathrm{T}}$ 为神经元 k 在第 t 步的输入信号，$\boldsymbol{w}_k(t)=(w_{k0}(t),w_{k1}(t),\cdots,w_{km}(t))^{\mathrm{T}}$ 为第 t 步的连接权重，则神经元 k 在第 t 步的输出信号为 $y_k(t)=f(\boldsymbol{x}_k(t)^{\mathrm{T}}\boldsymbol{w}_k(t))$，对应的 Hebb 规则为

$$\begin{gathered}\Delta w_{ki}(t)=\eta y_k(t)x_i(t)=\eta f(\boldsymbol{x}_k(t)^{\mathrm{T}}\boldsymbol{w}_k(t))x_i(t)\\ w_{ki}(t+1)=w_{ki}(t)+\Delta w_{ki}(t)\end{gathered} \tag{15.6}$$

其中：η 为学习率。Hebb 学习规则需预先设置权重饱和值，以防输入和输出正负始终一致时权重无约束增加。此外，要对权重进行初始化，也就是对 $\boldsymbol{w}_k(0)$ 赋予 0 附近的小随机数。

2. δ(Delta)学习规则

1986 年，认知心理学家 McClelland 和 Rumelhart 提出了 δ 学习规则，也称作误差修正规则或连续感知机学习规则。δ 学习规则的关键思想是利用梯度下降法来找到最佳的权重。

设 t 为神经元迭代过程中的时间步，则第 t 步的训练数据集为 $D_t=\{(\boldsymbol{x}_n(t),d_n(t)),1\leqslant n\leqslant N\}$，这里 $\boldsymbol{x}_n(t)$ 是考虑偏置的 $m+1$ 维向量，即 $\boldsymbol{x}_n(t)=[1,x_{n1}(t),x_{n2}(t),\cdots,x_{nm}(t)]^{\mathrm{T}}$，权重向量为 $\boldsymbol{w}_k(t)=[w_{k0}(t),w_{k1}(t),w_{k2}(t),\cdots,w_{km}(t)]^{\mathrm{T}}$，$d_n(t)$ 代表期望的输出，$f(g)$ 是激活函数，$y_n(t)=f(\boldsymbol{w}_k(t)^{\mathrm{T}}\boldsymbol{x}_n(t))$ 是网络的实际输出，误差函数为 $E(t)=\dfrac{1}{2}\sum_{n=1}^{N}[d_n(t)-y_n(t)]^2=\sum_{n=1}^{N}E_n(t)$。

接下来的问题是调整权重使误差最小，这里采用梯度下降法来对权重进行调整。梯度下降法是从任意一个初始向量开始，以很小的步伐反复修改这个向量，每一步都沿着误差曲线最陡峭的下降方向修改权向量，直到得到全局的最小误差点。由于梯度向量 $\nabla E(\boldsymbol{w}_k)=$

$\left[\frac{\partial E(t)}{\partial w_{k0}},\frac{\partial E(t)}{\partial w_{k1}},\frac{\partial E(t)}{\partial w_{k2}},\cdots,\frac{\partial E(t)}{\partial w_{km}}\right]$确定了使 $E(t)$ 最陡峭上升的方向，所以梯度下降法即 $\Delta \boldsymbol{w}_k(t)=-\eta\nabla E(\boldsymbol{w}_k)$，于是可得到下面的式子：

$$\Delta w_{ki}(t)=-\eta\frac{\partial E(t)}{\partial w_{ki}}=\eta\sum_{n=1}^{N}[d_n(t)-y_n(t)]f'[\boldsymbol{w}_k(t)^{\mathrm{T}}\boldsymbol{x}_n(t)]x_{ni}(t),\quad i=0,1,2,\cdots,m$$
$$w_{ki}(t+1)=w_{ki}(t)+\Delta w_{ki}(t) \tag{15.7}$$

δ 学习规则适用于训练监督学习的神经网络，要求激活函数是可导的，如 Sigmoid 函数。

3. 最小均方学习规则(least mean square，LMS)

1962 年，美国机电工程师 B. Widrow 和 M. Hoff 提出了 Widrow-Hoff 学习规则，也称为最小均方规则，可以用如下式子表示：

$$\Delta w_{ki}(t)=-\eta\frac{\partial E(t)}{\partial w_{ki}}=\eta\sum_{n=1}^{N}[d_n(t)-y_n(t)]x_{ni}(t),\quad i=0,1,2,\cdots,m$$
$$w_{ki}(t+1)=w_{ki}(t)+\Delta w_{ki}(t) \tag{15.8}$$

最小均方学习规则与 δ 学习规则很相似，可将最小均方学习规则看作 δ 学习规则中 $f'(\boldsymbol{w}_k(t)^{\mathrm{T}}\boldsymbol{x}_n(t))=1$ 的特殊情况。该规则不仅学习速度快而且有较高的精度，权重可任意初始化。另外，它与神经元采用的激活函数无关，因此不要求激活函数可导。

15.2 感　知　机

感知机(perceptron)是 Rosenblatt 在 1957 年提出的二分类线性分类模型，是神经网络和支持向量机的基础。

假设输入空间(特征空间)是 $\mathcal{X}\subseteq R^p$，输出空间是 $\mathcal{Y}=\{-1,+1\}$。输入 $x\in\mathcal{X}$ 是样本点的特征向量，输出 $y\in\mathcal{Y}$ 是样本点的类别标签。由输入空间到输出空间的如下函数：

$$f(x)=\text{sign}(wx+b) \tag{15.9}$$

称为感知机。其中，$w\in R^p$ 是权重向量，$b\in R$ 是偏置，sign(·)是符号函数。

将感知机用神经网络图形展示(见图 15-10，注意图中 $w_0=b$)，通过输入层接收输入信息 $x=(x_0,x_1,\cdots,x_m)$，由于输入层仅负责接收外部信息而不参与处理数据，故输入层也称为感知层。感知机接收到外部信息后通过权重加权求和并通过激活函数(感知机采用的是符号函数)变换后再输出。由于感知机只有一个神经元，所以只能完成二分类，输出为-1 或者 1。

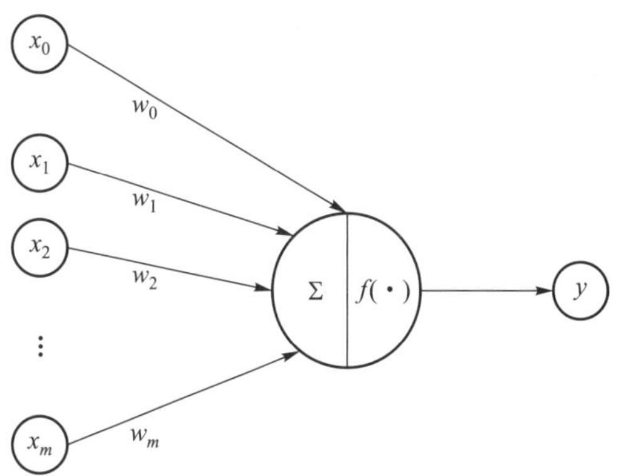

图 15-10　单神经元感知机

感知机的几何解释类似于支持向量机。线性方程 $wx+b=0$ 是特征空间 R^p 中的一个超平面 H，其中 b 是超平面的截距，w 是超平面的法向量。感知机学习的目的是求得一个能够将训练集完全正确分开的分割超平面,这就需要定义损失函数。关于损失函数,一个自然的想法是用误分类的样本数作为损失函数,但是这样的损失函数不是关于参数 w 和 b 连续可导的,不易直接优化;另一个想法是用误分类样本点到超平面 H 的总距离作为损失函数,这就是感知机所采用的损失函数。

误分类点 (x_i,y_i) 到超平面 H 的几何距离为

$$-\frac{1}{\|w\|}y_i(wx_i+b)$$

所以,训练集所有误分类点到超平面 H 的总距离为

$$\sum_{i\in S}-\frac{1}{\|w\|}y_i(wx_i+b) \tag{15.10}$$

其中:S 为训练集中误分类点的集合。由于 $\frac{1}{\|w\|}$ 恒为正,且其中参数已包含在 w 中。因此去掉 $\frac{1}{\|w\|}$,即为感知机的损失函数:

$$L(w,b)=-\sum_{i\in S}y_i(wx_i+b) \tag{15.11}$$

实际上 $L(w,b)$ 是误分类点的函数间隔,由于只统计了训练数据集中错分样本到分割超平面的距离,且 y_i 与 (wx_i+b) 符号相反,所以感知机的损失函数 $L(w,b)$ 是非负的。从式 15.11 可以看出,如果没有误分类点,则损失函数值是 0,而且误分类点越少,误分类点离超平面的距离越近,损失函数值就越小。感知机的学习就是在假设空间中选取使损失函数 $L(w,b)$ 最小的模型参数。

感知机损失函数图与支持向量机的合页(hinge)损失函数很接近。从图形上看,hinge 损失函数的转折点在 $yf=1$ 上,而感知机损失函数的转折点在 $yf=0$ 上,也就是说 hinge 损失函数比感知机损失函数更加严格。只要样本点分类正确,感知机损失函数为 0,而 hinge 损失函数不一定为 0,只有当样本点离超平面足够远时才为 0。

感知机的学习主要是求解损失函数式 15.11 的优化问题,常用的优化方法是随机梯度下降法(stochastic gradient descent)。

首先,任意给定初始值 w^0,b^0,然后用梯度下降法不断极小化目标函数式 15.11。极小化过程中不是一次使 S 中所有误分类点的梯度下降,而是每次随机选取一个误分类点使其梯度下降。

假设误分类点集合 S 固定,则损失函数 $L(w,b)$ 的梯度为

$$\frac{\partial L(w,b)}{\partial w}=-\sum_{x_i\in S}y_ix_i;\quad \frac{\partial L(w,b)}{\partial b}=-\sum_{x_i\in S}y_i$$

随机选取一个误分类点 (x_i,y_i),更新 w 和 b:

$$w\leftarrow w+\eta y_ix_i;\quad b\leftarrow b+\eta y_i$$

其中:$\eta(0<\eta<1)$ 是步长,在统计学习中也称为学习率(learning rate)。每次随机选取一个误分类点,不断重复迭代上述计算过程,直到收敛为止。该算法直观的解释是:如果一个样本点被误分类了,调整参数 w 和 b,使得分割超平面向该误分类点靠近来减少该误分类点与超平面的距离,直到该点被正确分类。

将以上计算过程整理成算法 15.1。

算法 15.1　感知机学习算法

输入：训练数据集 $D=\{(x_1,y_1),(x_2,y_2),\cdots,(x_n,y_n)\}$，$x_i=(x_{i1},x_{i2},\cdots,x_{ip})^{\mathrm{T}}$，$y_i\in\{-1,1\}$，$i=1,\cdots,n$；学习率 $\eta(0<\eta\leqslant 1)$。

输出：感知机模型 $f(x)=\mathrm{sign}(wx+b)$。

(1) 选取初始值 w^0,b^0；

(2) 从训练集中选取数据 (x_i,y_i)；

(3) 如果 $y_i(wx_i+b)\leqslant 0$，

$$w\leftarrow w+\eta y_i x_i$$

$$b\leftarrow b+\eta y_i$$

(4) 重复第(2)(3)步，直到收敛为止。

感知机收敛定理证明了如果训练数据是线性可分的，那么上述算法可以在有限步内收敛，即经过有限次迭代可以得到一个将训练数据集完全正确划分的分割超平面和感知机模型。对于线性不可分的情况，在训练过程中很有可能出现振荡，无法保证算法收敛。

类似于支持向量机，对于感知机的学习算法也可以通过其对偶形式求解，此处就不再赘述。

由于感知机只有一个神经元，所以只能完成二分类。但是对于多分类问题，我们可以通过扩展感知机的输出层使感知机包括不止一个神经元，相应地可以进行多分类。设因变量有 k 个类别，我们可以构建由 k 个神经元构成的神经网络，当样本属于第 k 类时，第 k 个神经元的输出为 1，其余神经元的输出为 0，以此进行多分类，详见图 15-11。

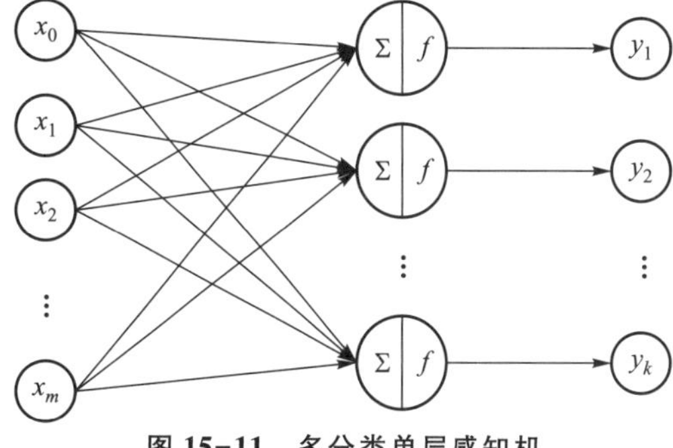

图 15-11　多分类单层感知机

15.3　神经网络的结构

神经元按照一定的方式连接成神经网络，不同的连接方式对应着不同的网络结构，相应的网络训练算法也不同。现在普遍使用的网络结构有三种，分别是前馈神经网络、反馈神经网络、图神经网络。本节主要介绍前馈神经网络和反馈神经网络。

15.3.1　前馈神经网络

前馈神经网络，也称前向神经网络，是最早提出的人工神经网络，也是最简单的人工神经网络模型。在前馈神经网络中，神经元以层的形式组织，可以分为输入层、隐藏层（可以没有）、输出层。各层神经元从输入层开始，只接收前一层神经元的输入信号，并输出到下一层，直至输出层。神经网络中的所有信息向前传播，无信息反向传播。

按照是否含有隐藏层，可以将前馈神经网络分为单层前馈神经网络和多层前馈神经网络。单层前馈神经网络是最简单的分层网络，如 Rosenblatt 感知机，源节点构成输入层，直接投射到神经元的输出层上。这里的单层指的是计算节点输出层，源节点的输入层不算在内。多层前馈神经网络有一个输入层，中间有一个或多个隐含层，相应的计算节点称为隐藏神经元或隐藏单元，还有一个输出层。隐藏是指神经网络的这一部分无论从网络的输入端或者输出端都无法直接观察到。源节点提供输入向量，组成第二层的输入，第二层的输出信号作为第三层的输入，这样一直传递下去，最后的输出层给出相对于源节点的网络输出。图 15-12 给出一个 3-2-3-2 的多层前馈神经网络。常见的多层前馈神经网络有 BP(back propagation)网络、RBF(radial basis function)网络等。

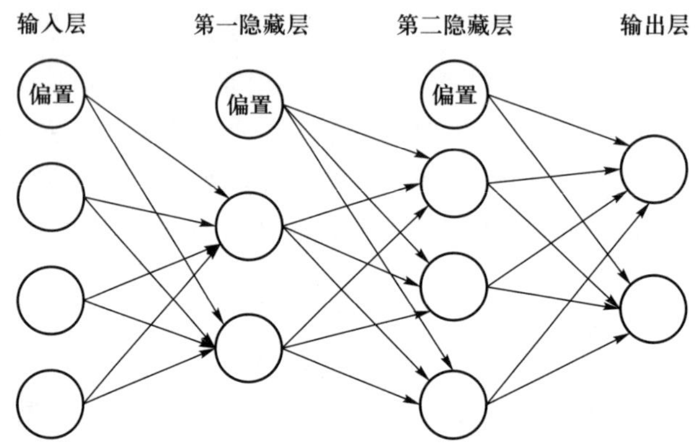

图 15-12　多层前馈神经网络

通用近似定理指出，前馈神经网络在一定条件下能够以任意精度来近似任意欧式空间上的连续函数。Cybenko 最早在 1989 年提出并证明了对任意宽度，使用 Sigmoid 激活函数的前馈神经网络通用近似定理。1991 年 Hornik 证明多层前馈神经网络的架构本身才是让其具有通用近似性质的主导因素，而不是激活函数的选择。下面给出一种形式的通用近似定理(邱锡鹏，2019)。

通用近似定理(Universal Approximation Theorem)：

令 $\sigma(\cdot)$ 是一个非常数、有界、单调递增的连续函数，I_P 是一个 P 维单位超立方体 $[0,1]^P$，$C(I_P)$ 是定义在 I_P 上的连续函数集合。对于任意给定的一个函数 $f\in C(I_P)$，存在一个整数 N 和一组实数 $\alpha_j,\theta_j\in R$，以及实数向量 $\omega_j\in R^P$，$j=1,\cdots,N$，使得我们可以定义一个加和 $G(x)$：

$$G(x)=\sum \alpha_j\sigma(\omega_j^{\mathrm{T}}x+\theta_j)$$

其中，$G(x)$ 满足：

$$|G(x)-f(x)|<\epsilon,\quad \forall x\in I_P$$

其中，$\epsilon>0$ 是一个任意小的正数。

根据通用近似定理，对于具有线性输出层和至少一个使用挤压性质的激活函数的隐藏层组成的前馈神经网络，只要隐藏层神经元的数量足够，它能以任何精度来近似一个定义在实数空间 R^D 中的有界闭集函数。

通用近似定理说明，前馈神经网络不是在输入和输出层之间直接建立复杂的函数关系，而是使用简单的线性操作将复杂的函数分成很多简单的部分，让每一个神经元来处理一个部分。值得注意的是,通用近似定理虽然阐述了在理论上前馈神经网络能够以任意精度来逼近任意函数,但是并没有告诉我们如何去训练这样的一个前馈神经网络。在实践中,无限地增加神经元是不可行的,需要针对具体的实际问题来设计神经网络架构。

15.3.2　反馈神经网络

反馈神经网络也称记忆网络,它与前馈神经网络的区别在于网络中带有一个或多个反馈回路,也就是至少有一个神经元将自身的输出信号作为输入信号反馈给自身或其他神经元,反馈神经网络中的信息可以单向或者双向传播,是一种反馈动力学系统。在反馈神经网络中,输入信号决定反馈系统的初始状态,经过一系列的反馈计算和状态转移,系统逐渐收敛于平衡状态,这样的平衡状态就是反馈神经网络的输出。相较于前馈神经网络,反馈神经网络具有更好的非线性动态特性,可用来实现联想记忆和优化求解问题,常见的有 Hopfield 神经网络模型。图 15-13 给出的是由三个神经元组成的一个反馈神经网络。

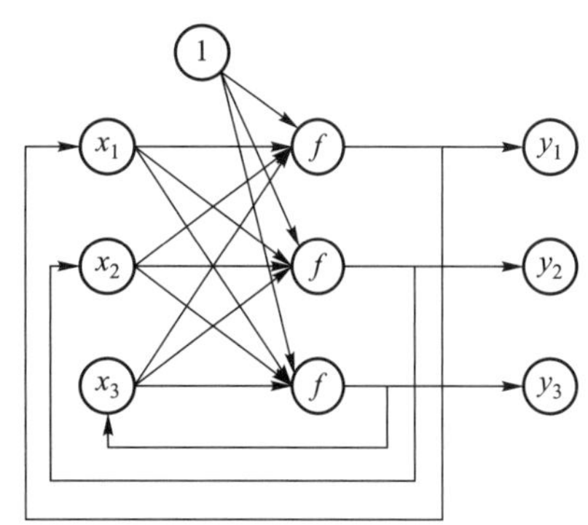

图 15-13　反馈神经网络

15.4　其他常用神经网络模型

神经网络模型有很多,这里主要介绍多层感知机(multi-layer perceptron,MLP)、反向传播神经网络(back propagation,BP)、Rprop 神经网络和径向基函数神经网络。

15.4.1　多层感知机

感知机是一种最简单的前馈神经网络模型,只能处理线性可分的分类问题。可以对感知机模型做扩展,通过隐藏层的方法获得具有更强性能的神经网络模型,实现非线性分类。具体地说,就是在感知机模型基础上添加隐藏层,将输入层的信息传送到隐藏层,由隐藏层对输入信息进行处理并将处理后的信息传送到输出层,输出层对输入的信息做处理得到最终的输出。此类模型通常被称为多层感知机模型或 MLP 模型。

MLP 网络如图 15-14 所示,其网络结构中没有回路,是一类典型的前馈神经网络模型。MLP 的隐藏层可以是一层也可以是多层。MLP 模型中神经元的激活函数通常使用 Sigmoid 函数,所以 MLP 的隐藏层可以将输入信息通过非线性变换映射到另一个空间中,并将模型

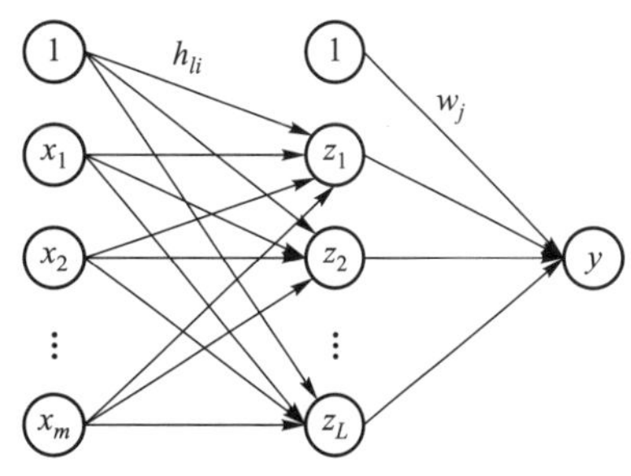

图 15-14　单隐藏层 MLP 模型

输出限定在区间(0,1)中。当$f(x)\geqslant 0.5$时分为正例,反之分为负例。理论上,只要 MLP 模型隐藏层节点数目足够多,MLP 模型可以拟合任意函数。

15.4.2　反向传播神经网络

BP 神经网络是单层感知机的推广,包括输入层、一个或多个隐藏层、输出层(如图 15-15 所示),隐藏层的存在使得 BP 神经网络可以解决线性不可分问题。BP 神经网络通过误差反向传播算法进行训练,这是目前应用最广的神经网络模型。

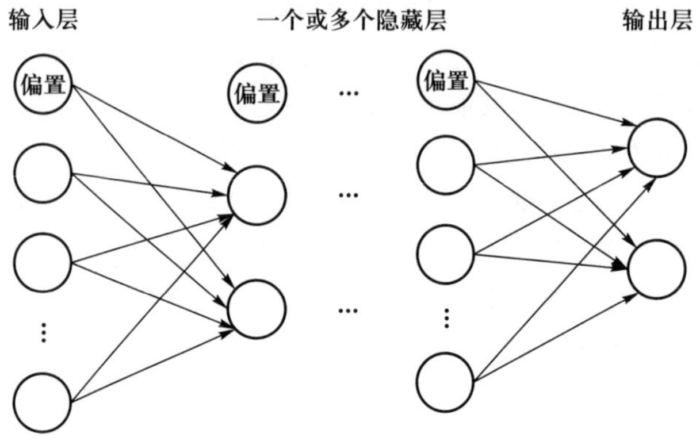

图 15-15　BP 网络结构图

下面以单隐藏层 BP 神经网络为例介绍 BP 算法。单隐藏层 BP 神经网络包含输入层、一个隐藏层和输出层。设训练数据集为$D=\{(\boldsymbol{x}_n,\boldsymbol{d}_n),1\leqslant n\leqslant N\}$。输入层有$m+1$个神经元节点,输入向量为考虑偏置的$m+1$维向量,即$\boldsymbol{x}_n=[x_{n0},x_{n1},x_{n2},\cdots,x_{nm}]^{\mathrm{T}}$,其中$x_{n0}=1,n=1,2,\cdots,N$。隐藏层包含$L$个节点,$h_{li}$表示连接隐藏层的神经元$l$与$x_{ni}$之间的权重,$i=0,1,2,\cdots,m$。$\varphi(g)$表示隐藏层神经元的激活函数,$z_{nl}=\varphi\left(\sum_{i=0}^{m}h_{li}x_{ni}\right),(l=1,2,\cdots,L)$是隐藏层的输出。输出层包含$K$个节点,输出层的输入向量为$\boldsymbol{z}_n=[1,z_{n1},z_{n2},\cdots,z_{nL}]^{\mathrm{T}}$,$w_{kj}$表示连接输出层的神经元$k$与$z_{nj}$之间的权重,$j=0,1,2,\cdots,L$。$f(g)$表示输出层的激活函数,$y_{nk}=f\left(\sum_{l=0}^{L}w_{kl}z_{nl}\right),k=1,2,\cdots,K$。图 15-16 展示了一个单隐藏层 BP 神经网络的结构。

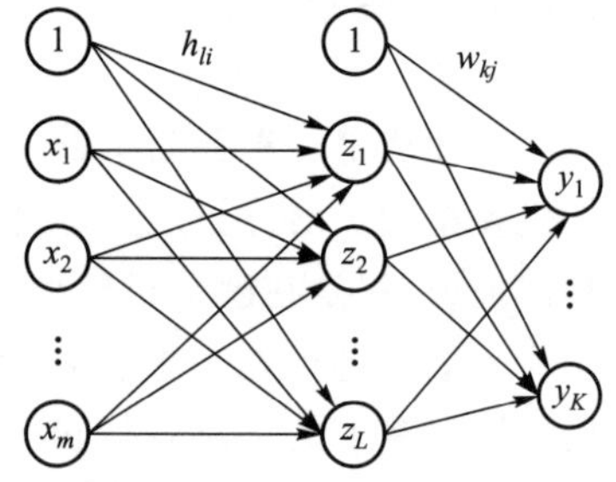

图 15-16　单隐藏层 BP 神经网络

接下来我们将介绍用于训练上述模型的误差反向传播算法,它由输入信号的正向传播和误差信号的反向传播两个过程组成。设第t步的训练数据集为$D_t=\{(\boldsymbol{x}_n(t),\boldsymbol{d}_n(t)),1\leqslant n\leqslant N\}$,输入为$\boldsymbol{x}_n(t)=[1,x_{n1}(t),x_{n2}(t),\cdots,x_{nm}(t)]^{\mathrm{T}}$。

(1) 信号正向传播过程。输入信号首先输入到输入层,然后经过隐藏层,最后到达输出层。分别计算隐藏层和输出层的输入输出信号,设隐藏层神经元的激活函数为$\varphi(g)$,输出层的激活函数为$f(g)$,则:

输入向量:

$$\boldsymbol{x}_n(t)=[1,x_{n1}(t),x_{n2}(t),\cdots,x_{nm}(t)]^{\mathrm{T}},\quad n=1,2,\cdots,N$$

隐藏层神经元 l 的输入信号：

$$\alpha_{nl}(t)=\sum_{i=0}^{m}h_{li}(t)x_{ni}(t),\quad l=1,2,\cdots,L$$

隐藏层神经元 l 的输出信号：

$$z_{nl}(t)=\varphi(\alpha_{nl}(t)),\quad l=1,2,\cdots,L$$

输出层的输入向量为

$$\boldsymbol{z}_n(t)=[1,z_{n1}(t),z_{n2}(t),\cdots,z_{nL}(t)]^{\mathrm{T}},\quad n=1,2,\cdots,N$$

输出层神经元 k 的输入信号：

$$\beta_{nk}(t)=\sum_{j=0}^{L}w_{kj}(t)z_{nj}(t),\quad k=1,2,\cdots,K$$

输出层神经元 k 的输出信号：

$$y_{nk}(t)=f(\beta_{nk}(t)),\quad k=1,2,\cdots,K$$

(2) 误差反向传播过程。从输出层起反向逐层计算每一层的误差，根据梯度下降法更新各层的权重，使网络的实际输出尽可能接近期望输出。

首先令 $\boldsymbol{d}_n(t)=[d_{n1}(t),d_{n2}(t),\cdots,d_{nK}(t)]^{\mathrm{T}}$ 表示输出层 K 个神经元的期望输出，$\boldsymbol{y}_n(t)=[y_{n1}(t),y_{n2}(t),\cdots,y_{nK}(t)]^{\mathrm{T}}$ 表示输出层 K 个神经元的实际输出，则对于每个训练样本 n，误差为：$E_n(t)=\frac{1}{2}\sum_{k=1}^{K}[d_{nk}(t)-y_{nk}(t)]^2,n=1,2,\cdots,N$，网络对 N 个训练样本的总体误差为：$E(t)=\frac{1}{2}\sum_{n=1}^{N}E_n(t)=\frac{1}{2}\sum_{n=1}^{N}\sum_{k=1}^{K}[d_{nk}(t)-y_{nk}(t)]^2$。接着我们使用如下梯度下降法逐层更新权重：

$$\Delta w_{kj}(t)=-\eta\frac{\partial E(t)}{\partial w_{kj}(t)}$$

$$\Delta h_{li}(t)=-\eta\frac{\partial E(t)}{\partial h_{li}(t)}$$

其中：η 为学习率。

$$\begin{aligned}\Delta w_{kj}(t)=-\eta\frac{\partial E(t)}{\partial w_{kj}(t)}&=-\eta\sum_{n=1}^{N}\left[\frac{\partial E_n(t)}{\partial y_{nk}(t)}\frac{\partial y_{nk}(t)}{\partial\beta_{nk}(t)}\frac{\partial\beta_{nk}(t)}{\partial w_{kj}(t)}\right]\\&=\eta\sum_{n=1}^{N}\{[d_{nk}(t)-y_{nk}(t)]f'(\beta_{nk}(t))z_{nj}(t)\}\\&=\eta\sum_{n=1}^{N}[\delta_{nk}(t)z_{nj}(t)]\end{aligned}$$

其中：$\delta_{nk}(t)=[d_{nk}(t)-y_{nk}(t)]f'(\beta_{nk}(t))$。

$$\begin{aligned}\Delta h_{li}(t)=-\eta\frac{\partial E(t)}{\partial h_{li}(t)}&=-\eta\sum_{n=1}^{N}\sum_{k=1}^{K}\left[\frac{\partial E_n(t)}{\partial y_{nk}(t)}\frac{\partial y_{nk}(t)}{\partial\beta_{nk}(t)}\frac{\partial\beta_{nk}(t)}{\partial z_{nl}(t)}\frac{\partial z_{nl}(t)}{\partial\alpha_{nl}(t)}\frac{\partial\alpha_{nl}(t)}{\partial h_{li}(t)}\right]\\&=\eta\sum_{n=1}^{N}\sum_{k=1}^{K}\{[d_{nk}(t)-y_{nk}(t)]f'(\beta_{nk}(t))w_{kl}(t)\varphi'(\alpha_{nl}(t))x_{ni}(t)\}\\&=\eta\sum_{n=1}^{N}\sum_{k=1}^{K}[\delta_{nk}(t)w_{kl}(t)\varphi'(\alpha_{nl}(t))x_{ni}(t)]\end{aligned}$$

其中：$\delta_{nk}(t)=[d_{nk}(t)-y_{nk}(t)]f'(\beta_{nk}(t))$。

综合上面(1)和(2)的讨论，我们可将误差反向传播算法的训练过程总结如下：

第一步：初始化网络权重为小的随机数，并令 $t=0$。

第二步：输入第 t 步的训练数据：

① 信号的正向传播，逐层计算各神经元的输出。

② 误差反向传播，调整输出层及隐藏层的权重：

$$\Delta w_{kj}(t)=\eta\sum_{n=1}^{N}[\delta_{nk}(t)z_{nj}(t)]$$

$$w_{kj}(t+1)=w_{kj}(t)+\Delta w_{kj}(t)$$

$$\Delta h_{li}(t)=\eta\sum_{n=1}^{N}\sum_{k=1}^{K}[\delta_{nk}(t)w_{kl}(t)\varphi'(\alpha_{nl}(t))x_{ni}(t)]$$

$$h_{li}(t+1)=h_{li}(t)+\Delta h_{li}(t)$$

第三步：重复步骤二，直至训练数据集的误差小于预先设定的阈值或达到最大的迭代次数。

需要注意的是，在训练神经网络前，要将数据归一化，以便进行训练和分析。另外，对于 BP 神经网络，初始权重的设定对于网络训练有较大的影响。如果初始值的设定较大，使得加权后的输入落在激活函数的饱和区，会导致网络的权值调整过程缓慢，因此通常将初始权值设定为 0 附近的小随机数。影响 BP 学习算法训练效率的另一个关键因素是学习率，学习率太小会导致训练时间过长，学习率太大可能会在误差减小过程中产生振荡，导致学习过程不收敛，因此在 BP 神经网络的设计中，倾向于选取较小的学习率以保证系统的稳定性，学习率的取值一般在 0.01 和 0.8 之间。

BP 神经网络的输入层和输出层的节点数可以根据数据集的特性进行设定，但对于隐藏层数和隐藏层节点数的选取一般依赖于经验和背景知识。若隐藏层的节点数过少，网络就不能充分提取数据的非线性特征，这会使网络的误差较大；若隐藏层的节点数过多，不仅会使网络的训练时间过长，还容易出现过拟合现象，即网络的测试误差很大。在设计神经网络时，一般先考虑设置一个隐藏层，当增加隐藏层的节点数仍不能改善网络的性能时，可以考虑增加隐藏层。增加隐藏层可以提高网络的非线性映射能力，进一步降低误差，提高训练精度，但加大隐藏层个数必定使训练过程复杂，训练时间延长。

15.4.3　Rprop 神经网络

BP 神经网络存在学习算法收敛速度慢、容易陷入局部极小值等缺陷。针对 BP 神经网络存在的问题，学者们提出了很多改进方法，如附加动量法、自适应学习率法、拟牛顿法、共轭梯度法、LM 算法等，其中比较经典的是弹性反向传播算法（resilient back propagation，Rprop）神经网络。

由于误差超曲面非常复杂，很难从全局获得更多的启发式信息，所以可以考虑对每个权重分别采用不同的自适应学习率，即局部自适应策略。Riedmiller 和 Braun 于 1993 年提出的 Rprop 算法是在前向神经网络中实现监督学习的局部自适应方案。

设 w_{ij} 是联系神经元 i 和神经元 j 之间的权重，$E^{(t)}$ 是可微的误差函数，上标代表迭代次数。Rprop 算法可以消除偏导数对权值改变的影响，权重更新的方向仅基于偏导数的符号，由专门的弹性更新值或步长（step-size）来确定，每个权重都有相对应的步长，记作 Δ_{ij}。典型的 Rprop 算法包括两个部分。

第一部分：调整步长。

$$\Delta_{ij}^{(t)}=\begin{cases}\eta^{+}\Delta_{ij}^{(t-1)} & \text{如果}\dfrac{\partial E}{\partial w_{ij}}^{(t-1)}\cdot\dfrac{\partial E}{\partial w_{ij}}^{(t)}>0\\ \eta^{-}\Delta_{ij}^{(t-1)} & \text{如果}\dfrac{\partial E}{\partial w_{ij}}^{(t-1)}\cdot\dfrac{\partial E}{\partial w_{ij}}^{(t)}<0\\ \Delta_{ij}^{(t-1)} & \text{其他情况}\end{cases}$$

其中：$0<\eta^{-}<1<\eta^{+}$，通常取 $\eta^{-}=0.5$，$\eta^{+}=1.2$。步长是有界的，上下界分别记作 $\Delta_{\min}$ 和 $\Delta_{\max}$。

第二部分：调整权重。这里有两种方法：Rprop+和 Rprop−。

（1）Rprop+（Rprop with weight-backtracking）方法。

① 如果$\dfrac{\partial E}{\partial w_{ij}}^{(t-1)}\cdot\dfrac{\partial E}{\partial w_{ij}}^{(t)}>0$，则：

$$\Delta_{ij}^{(t)}=\min(\eta^{+}\Delta_{ij}^{(t-1)},\Delta_{\max})$$

$$\Delta w_{ij}^{(t)}=-\operatorname{sign}\left(\frac{\partial E}{\partial w_{ij}}^{(t)}\right)\Delta_{ij}^{(t)}$$

$$w_{ij}^{(t+1)}=w_{ij}^{(t)}+\Delta w_{ij}^{(t)}$$

② 如果$\dfrac{\partial E}{\partial w_{ij}}^{(t-1)}\cdot\dfrac{\partial E}{\partial w_{ij}}^{(t)}<0$，则：

$$\Delta_{ij}^{(t)}=\max(\eta^{-}\Delta_{ij}^{(t-1)},\Delta_{\min})$$

$$\Delta w_{ij}^{(t)}=-\Delta w_{ij}^{(t-1)}$$

$$w_{ij}^{(t+1)}=w_{ij}^{(t)}-\Delta w_{ij}^{(t-1)}$$

令$\dfrac{\partial E}{\partial w_{ij}}^{(t)}=0\left(\text{相当于强制设定}\dfrac{\partial E}{\partial w_{ij}}^{(t)}=0\right)$

③ 如果$\dfrac{\partial E}{\partial w_{ij}}^{(t-1)}\cdot\dfrac{\partial E}{\partial w_{ij}}^{(t)}=0$，则：

$$\Delta w_{ij}^{(t)}=-\operatorname{sign}\left(\frac{\partial E}{\partial w_{ij}}^{(t)}\right)\Delta_{ij}^{(t)}$$

$$w_{ij}^{(t+1)}=w_{ij}^{(t)}+\Delta w_{ij}^{(t)}$$

权重回溯（weight-backtracking）指的是如果前后两次误差函数的梯度符号改变，则说明前一次的更新太大，跳过了一个局部极小值点，那么令

$$\Delta w_{ij}^{(t)}=-\Delta w_{ij}^{(t-1)}$$

$$\frac{\partial E}{\partial w_{ij}}^{(t)}=0$$

（2）Rprop−（Rprop without weight-backtracking）方法。

① 如果$\dfrac{\partial E}{\partial w_{ij}}^{(t-1)}\cdot\dfrac{\partial E}{\partial w_{ij}}^{(t)}>0$，则：

$$\Delta_{ij}^{(t)}=\min(\eta^{+}\Delta_{ij}^{(t-1)},\Delta_{\max})$$

② 如果$\dfrac{\partial E}{\partial w_{ij}}^{(t-1)}\cdot\dfrac{\partial E}{\partial w_{ij}}^{(t)}<0$，则：

$$\Delta_{ij}^{(t)}=\max(\eta^{-}\Delta_{ij}^{(t-1)},\Delta_{\min})$$

权重更新为 $w_{ij}^{(t+1)}=w_{ij}^{(t)}-\text{sign}\left(\dfrac{\partial E}{\partial w_{ij}}^{(t)}\right)\Delta_{ij}^{(t)}$。

Rprop 算法由于只是根据梯度的方向来决定权重调整的方向，而不考虑梯度值的大小，因此不会受到不可预见的干扰导致的梯度坏值的影响。除了梯度的计算以外，权重的计算实际上也只依赖于弹性更新值(resilient)，而弹性更新值的计算很简单，因此 Rprop 算法的计算量要比其他算法小。此外，一般的调整方法由于激活函数的限制，距离输出层越远的权重调整得越慢，学习能力越弱。而 Rprop 算法不受梯度值大小的影响，在各层网络都具有相同的学习能力，因而不受与输出层距离的影响。

15.4.4　径向基函数神经网络

径向基函数神经网络(radial basis function neural network，RBF)是最初由 Broomhead 和 Lowe 于 1988 年提出的一种前馈神经网络。与前述神经网络不同，RBF 神经网络隐藏层节点的激活函数是径向基函数，只有输出权重需要通过训练得到，因此 RBF 神经网络学习速度相对更快。与 BP 神经网络一样，RBF 神经网络能够以任意精度逼近任意连续函数，具有最佳逼近和全局最优的性能。RBF 神经网络更快的训练速度和不输于 BP 神经网络的性能，使其在模式识别、图像处理、系统建模和工业控制等领域得到了广泛应用，显示出了很大的潜力。

径向基函数神经网络的基本思想是：采用径向基函数作为隐藏层神经元的激活函数，构成隐藏层空间。当径向基函数的中心确定后，就可以将输入向量映射到隐藏层空间，而不需要通过权重连接。而从隐藏层空间到输出层空间的映射是线性的，即网络的输出是隐藏层神经元输出的加权和。因此，网络的输出对可调整参数而言是线性的，网络的权重就可由线性方程组直接解出，从而大大加快学习速度并避免局部极小问题。

1. 径向基函数神经网络的结构

径向基函数神经网络是一种三层前馈神经网络，包含输入层、隐藏层和输出层，结构如图 15-17 所示。输入层包括 n 个节点，输入向量是一个 n 维向量；隐藏层的作用是将输入的 n 维向量作非线性变换映射到隐藏层空间，包含 m 个节点；网络输出为 y，输出层神经元一般采用线性激活函数，而连接隐藏层与输出层间的待估权重是一个 m 维参数向量。

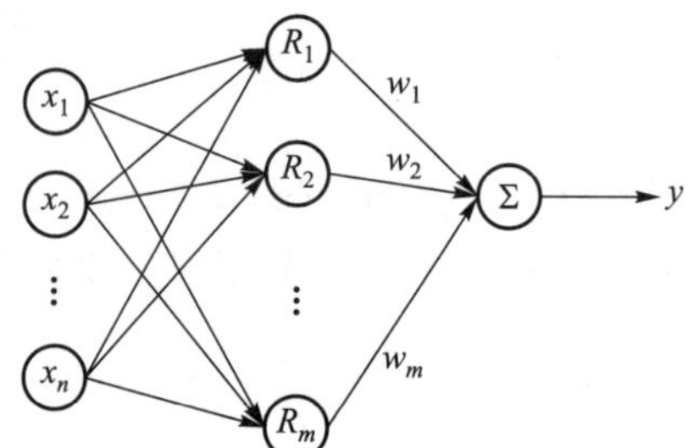

图 15-17　径向基函数神经网络结构

径向基函数神经网络的突出特点是其输入层到隐藏层神经元的非线性映射过程所采用的激活函数为径向基函数。径向基函数的形式有很多，常用的径向基函数有：

（1）高斯函数。

$$\varphi(r)=\exp\left(-\frac{r^2}{2\sigma^2}\right)$$

（2）反演 Sigmoid 函数。

$$\varphi(r)=\frac{1}{1+\exp\left(\frac{r^2}{\sigma^2}\right)}$$

（3）拟多二次函数。

$$\varphi(r)=\frac{1}{(r^2+\sigma^2)^{1/2}}$$

其中：σ 为径向基函数的扩展常数或宽度。最常用的径向基函数是高斯函数，其可调参数包括数据中心和扩展常数。当采用高斯函数为径向基函数时，输入层到隐藏层神经元的非线性映射 $R_i(\boldsymbol{x})$ 可表示为

$$R_i(\boldsymbol{x})=\varphi(\|\boldsymbol{x}-\boldsymbol{c}_i\|)=\exp\left(-\frac{\|\boldsymbol{x}-\boldsymbol{c}_i\|^2}{2\sigma_i^2}\right)$$

其中：$i=1,\cdots,m$；$\varphi(\cdot)$ 表示径向基函数；$\boldsymbol{x}$ 是 n 维输入向量；$\boldsymbol{c}_i$ 是第 i 个径向基函数的数据中心值，与输入向量同维度；$\|\boldsymbol{x}-\boldsymbol{c}_i\|$ 是向量 $\boldsymbol{x}-\boldsymbol{c}_i$ 的范数，表示 $\boldsymbol{x}$ 与 $\boldsymbol{c}_i$ 之间的距离；σ_i 表示第 i 个径向基函数的扩展常数；高斯函数值 $R_i(\boldsymbol{x})$ 在某一函数中心值处取到唯一最大值。随着 $\|\boldsymbol{x}-\boldsymbol{c}_i\|$ 的增大，$R_i(\boldsymbol{x})$ 值减小，直至趋近于零；对于既定的输入值 $\boldsymbol{x}\in R^n$，唯有 $\boldsymbol{x}$ 中心的附近少部分被激活。

而径向基函数神经网络的实际输出为

$$y=\sum_{i=1}^{m}w_iR_i(\boldsymbol{x})=\sum_{i=1}^{m}w_i\varphi(\|\boldsymbol{x}-\boldsymbol{c}_i\|)$$

以上过程也可以用矩阵形式表示为 $\boldsymbol{\Phi w}=\boldsymbol{d}$，其中 $\boldsymbol{\Phi}=[R_1,R_2,\cdots,R_m]$，$\boldsymbol{d}$ 为神经网络的期望输出值，因此可以直接采用最小二乘法求解上式中的待估参数 $\hat{w}$。

$$\hat{\boldsymbol{w}}=(\boldsymbol{\Phi}^{\mathrm{T}}\boldsymbol{\Phi})^{-1}\boldsymbol{\Phi}^{\mathrm{T}}\boldsymbol{d}$$

2. 径向基函数神经网络数据中心和扩展常数的确定

在径向基函数神经网络的训练过程中，确定径向基函数的数据中心 c 和扩展常数 σ 最为重要。常见的数据中心确定方法有以下两种：

（1）从训练样本中选择数据中心，且确定后不再发生变化。当隐藏层神经元数量与训练样本的数量相同时，每一个样本可分别作为一个神经元的中心；当隐藏层神经元数量小于训练样本的数量时，则可以采用随机选择的方法。

（2）数据中心动态调整法。常用的方法有 K-means、梯度下降法等，而实际应用中常用 K-means 法。K-means 法的基本思想是：首先选取 m 个输入样本作为初始数据中心，然后根据“类内相似度最大，类间相似度最小”的原则对所有输入样本进行划分，更新样本的聚类中心，反复迭代直至满足约束条件，最终确定 m 个数据中心。

径向基函数的扩展常数由聚类中心之间的距离来确定，有以下两种主要的确定方法：

（1）$\sigma_j=\lambda d_j$。其中：λ 为重叠系数；$d_j=\min\limits_{i\neq j}\|c_i-c_j\|$ 表示第 j 个聚类中心与其他聚类中心之间的最小距离。

(2) $\sigma_j=\frac{d_{max}}{\sqrt{2m}}$。其中：$d_{max}$ 表示聚类中心之间的最大距离；m 为隐藏层节点个数。

3. 径向基函数神经网络的训练流程

径向基函数神经网络的训练是一种两阶段的学习过程。首先，采用无监督学习确定隐藏层神经元的数据中心和扩展常数。然后，采用有监督学习算法确定隐藏层到输出层之间的权重。

15.5　R 语言实现

应用案例 1：白葡萄酒的品质分析

为了在化学测试的基础上对白葡萄酒品质做出预测，本书选取 UCI 数据库中关于白葡萄酒品质的数据集构建合适的神经网络模型。该数据集包含 4 898 个样本，12 个变量。quality 为结果变量，将白葡萄酒品质分为 11 个等级，0~10 代表白葡萄酒的品质逐步提高，但数据集中仅包括 3~9 这 7 个等级。其余 11 个基本特征分别为非挥发性酸、挥发性酸、柠檬酸、剩余糖分、氯化物、游离二氧化硫、总二氧化硫、密度、酸性、硫酸盐、酒精度。首先，导入数据，对数据进行基本分析：

```
> wwine <- read.csv('winequality-white.csv')
> colnames(wwine)
 [1] "fixed.acidity"  "volatile.acidity"  "citric.acid"  "residual.sugar"
 [5] "chlorides"  "free.sulfur.dioxide"  "total.sulfur.dioxide" "density"
 [9] "pH"  "sulphates"  "alcohol"  "quality"
> dim(wwine)
[1] 4898  12
> head(wwine)
>summary(wwine) # 限于篇幅,描述统计结果省略
```

对数据进行归一化处理，随机将 75%的数据作为训练集，剩下的作为测试集。

接下来使用反向传播算法构建神经网络模型：

```
>library(grid);library(MASS);library(neuralnet)
>formula <- (quality ~ fixed.acidity + volatile.acidity +
citric.acid + residual.sugar + chlorides +
free.sulfur.dioxide + total.sulfur.dioxide +
density + pH + sulphates + alcohol)
>model0<- neuralnet(formula, data = train, hidden = 1,
learningrate = 0.08, algorithm = "backprop",
linear.output = F)
```

```
>(train.error <- model0$result.matrix[1,1])
  error
538.2983
>(steps <- model0$result.matrix[3,1])
steps
    2
>(test.error <- sum( ( compute ( model0, test[, 1:11]) $net.result - test[,12] ) ^
2 )/2)
[1] 178.1365
```

model0 的训练误差为 538.298 3，step 为 2，迭代次数少，测试误差为 178.136 5。该模型拟合得不好，很有可能是陷入了局部极小值，导致误差无法继续下降。利用同样的算法，构造不同结构的神经网络模型，并进行比较，结果见表 15-1。

表 15-1　标准 BP 算法的不同结构模型结果比较

	model1	model2	model3	model4	model5	model6
网络结构	hidden = 4	14	c(3,2)	c(7,2)	c(6,5,4)	c(9,8,5,4)
train. error	460. 972 2	460. 972 2	460. 972 2	538. 305 5	538. 305 4	538. 305 6
steps	3	2	2	2	4	2
test. error	155. 805 5	155. 805 6	155. 805 6	178. 138 9	178. 138 8	178. 138 9

这些模型的网络结构不同，但都拟合得不好，测试误差和训练误差都很大，迭代次数少，说明模型陷入局部极小值，无法使误差继续下降。容易陷入局部极小值是标准的反向传播算法的缺陷（由于初始权重由程序随机设定，所以同样的训练集、同样的程序，有可能得到不同的结果，但这些结果大致是一样的）。

为了提高模型的拟合效果，下面使用 Rprop 算法构建神经网络模型：

```
>model00<- neuralnet(formula, data = train, hidden = 1)
>model00$result.matrix
                                        [,1]
error                          2.839907e+01
reached.threshold              7.752508e-03
steps                          1.554500e+04
Intercept.to.1layhid1         -2.593581e-01
fixed.acidity.to.1layhid1      8.087674e-01
# 限于篇幅,此处省略
>(train.error <- model00$result.matrix[1,1])
error
28.39907
>(steps <- model00$result.matrix[3,1])
steps
```

```
15545
>(test.error <- sum( ( compute ( model00, test[, 1:11])$net.result - test[,12] )
^ 2 )/2)
[1] 9.835939
```

model00 是用 Rprop 算法训练的隐藏层只有一个节点的神经网络模型,误差为 28.399 07,step 为 15 545,和之前的模型相比,误差大大减小,模型拟合得比较好,但网络训练的时间更长。模型的测试误差为 9.835 939,其预测能力还是比较好的。

利用类似的程序构建不同结构的神经网络模型,从中选择最优的模型。模型的比较结果见表 15-2。

表 15-2　Rprop 算法的不同结构模型结果比较

	model01	model02	model03	model04	model05	model06
网络结构	hidden=4	c(2,1)	c(2,2)	c(3,1)	c(2,1,1)	c(3,2)
train. error	25.223 6	26.543 3	26.565 5	25.197 7	26.552 7	24.995 3
steps	20 381	3 978	5 152	18 722	6 854	23 701
test. error	9.085 6	9.285 4	9.334 3	8.833 5	9.300 8	8.730 3

经过多次尝试,构建单隐藏层的网络,且当隐藏层神经元的个数大于 6 时,模型在最大迭代次数下是不收敛的。通过比较上述 7 个模型,可以发现 model06 的测试误差和训练误差都比较小,因此选择 model06 作为拟合模型。

```
>model06<- neuralnet(formula, data = train, hidden = c(3,2))
>model06$result.matrix
                                      [,1]
error                        2.499528e+01
reached.threshold            9.952319e-03
steps                        2.370100e+04
Intercept.to.1layhid1        1.062423e+00
fixed.acidity.to.1layhid1   -7.346989e-01
# 限于篇幅,此处省略
>(train.error <- model06$result.matrix[1,1])
error
24.99528
>(steps <- model06$result.matrix[3,1])
steps
23701
>(test.error <- sum( ( compute ( model06, test[, 1:11])$net.result -
test[,12] ) ^ 2 )/2)
[1] 8.730258
```

model06 的测试误差为 8.730 258,可以通过 model06$result. matrix 调出神经网络的各个

权重,也可以通过 model06$weights 得到。

plot( )函数是该程序包自带的,可以用来画神经网络模型的拓扑结构图(见图 15-18)。

```
>plot(model06, information = F)
```

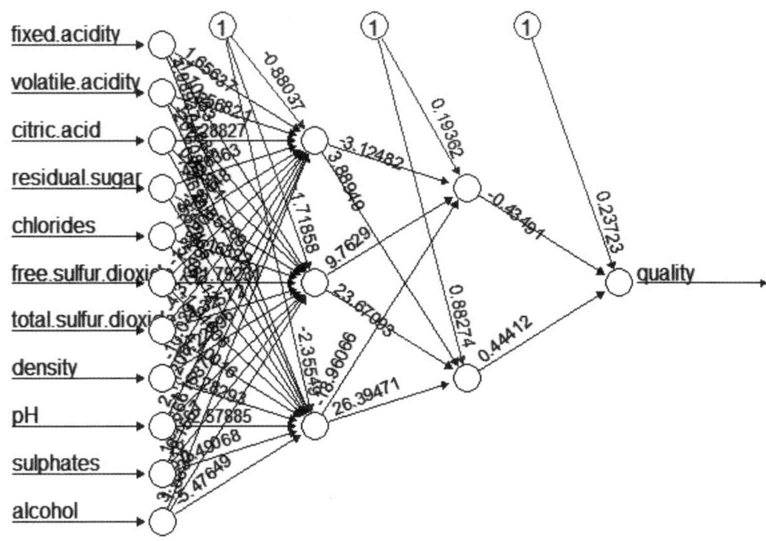

图 15-18　model06 的神经网络结构示意图

从上述的建模过程可以发现,利用不同的算法训练神经网络会得到不同的结果,标准的 BP 算法在实际应用过程中会遇到很多问题,如局部极小值,网络一旦陷入局部极小值就很难跳出来。关于 BP 算法的改进方法很多,可根据具体情况选择,Rprop 算法是较快训练神经网络模型的算法。在预测分析中我们不仅关注神经网络模型的训练误差,还关心模型的测试误差,也就是模型的泛化能力,要通过构建不同的神经网络模型,从中选择比较好的模型。

应用案例 2:手写数字识别

手写数字识别,顾名思义,就是将带有手写数字的图片输入已经训练过的机器,机器能够很快识别出图片中的手写数字,并打印出结果。本节以手写数字识别为例,建立一个多层网络结构并基于 Tensorflow 进行代码实现。我们使用 keras 包,它连接到 Tensorflow 包,而 Tensorflow 包又连接到高效的 Python 代码。这段代码运行速度非常快,而且包结构良好。

MNIST 数据集是一个入门级的计算机视觉数据集,包含庞大的手写数字图片,共有 60 000 个训练集和 10 000 测试数据集。分为图片和标签,图片是 28×28 的像素矩阵,标签为 0~9 共 10 个数字。MNIST 图片示例如图 15-19 所示。

图 15-19　MNIST 图片示例

keras 包附带了许多示例数据集,包括 MNIST 数字数据。我们的第一步是加载 MNIST 数据,这里需要用到 dataset mist( )函数。MNIST 数据被包含在 keras 的数据库模块中,只需要通过以下代码就可以读入数据,并将数据集划分为训练集(x_train 与 x_test)和测试集(g_ train 与 g_test)。具体代码如下所示。

```
> mnist <- dataset _mnist ()
>x_ train <- mnist $ train $x
> g_ train <- mnist $ train $y
> x_ test <- mnist $ test $x
> g_ test <- mnist $ test $y
> dim (x_ train )
[1] 60000 28 28
> dim (x_ test )
[1] 10000 28 28
```

训练数据中有 60 000 张图像,测试数据中有 10 000 张图像。图像是 28×28,要存储为一个三维数组,需要使用函数 array_reshape 将它们重塑成一个矩阵。此外,我们需要一次性对类标签进行编码。为了符合 TensorFlow 的建模要求,需要使用函数 to_categorical 将因变量 g_train 与 g_test 处理成 one-hot 编码形式。

```
> x_ train <-array _reshape (x_train , c( nrow (x_ train ), 784) )
> x_ test <- array _reshape (x_test , c( nrow (x_ test ), 784) )
> y_ train <- to_ categorical (g_train , 10)
> y_ test <- to_ categorical (g_test , 10)
```

神经网络对输入的规模比较敏感。这里的输入是 0 到 255 之间的 8 位 26 灰度值,因此我们需要对其进行归一化处理。

```
> x_ train <- x_ train / 255
> x_ test <- x_ test / 255
```

本模型采用了简单的全连接层构造的前馈神经网络,网络结构如图 15-20 所示。

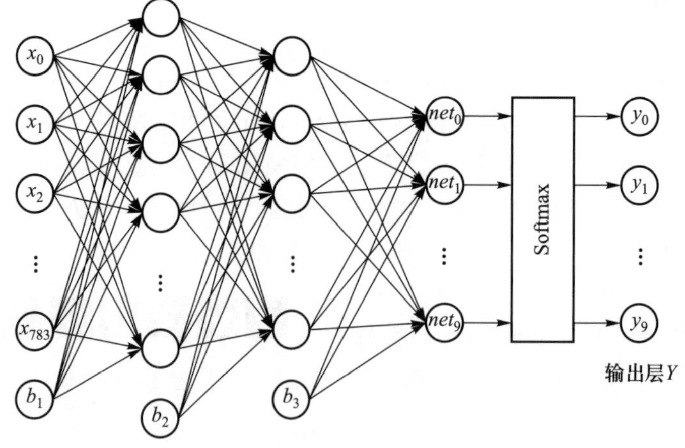

图 15-20　前馈神经网络结构图

（1）输入层 X:MNIST 的每张图片为 28×28 像素的二维图片，为方便计算，将其化为 784 维向量，即 $X=(x_0,x_1,x_2,\cdots,x_{783})$。$b_i$ 代表每层偏置参数。

（2）第一个隐层 H_1:全连接层，激活函数为 ReLU，节点数设置为 256。

（3）第二个隐层 H_2:全连接层，激活函数为 ReLU，节点数设置为 128。

（4）输出层 Y:以 Softmax 为激活函数的全连接输出层。对于有 N 个类别的多分类问题，指定 N 个输出节点，N 维结果向量经过 Softmax 将归一化为 N 个[0,1]范围内的实数值，分别表示该样本属于这 N 个类别的概率。此处的 y_i 即对应该图片为数字 i 的预测概率。由于是 0~9 共 10 个数字，故将输出层大小设置为 10。

前馈神经网络代码如下所示，我们在两个隐藏层后增加了 drop 层来进行 drop 正则化。

```
> modelnn <- keras _ model _ sequential ()
> modelnn %>%
  layer _ dense ( units = 256 , activation = " relu ", input _ shape= c (784) ) %>%
  layer _ dropout ( rate = 0.4) %>%
  layer _ dense ( units = 128 , activation = " relu ") %>%
  layer _ dropout ( rate = 0.3) %>%
  layer _ dense ( units = 10, activation = " softmax ")
```

模型搭建好了之后，可以通过 model. summary( )查看模型结构和参数概要。如图 15-21 所示。

```
> summary ( modelnn )
```

```
________________________________________________________________
Layer (type)                 Output Shape              Param #
================================================================
dense (Dense)                (None, 256)               200960
________________________________________________________________
dropout (Dropout)            (None, 256)               0
________________________________________________________________
dense_1 (Dense)              (None, 128)               32896
________________________________________________________________
dropout_1 (Dropout)          (None, 128)               0
________________________________________________________________
dense_2 (Dense)              (None, 10)                1290
================================================================
Total params: 235,146
Trainable params: 235,146
Non-trainable params: 0
```

图 15-21 多层神经网络结构和参数概要

每一层的参数都包含一个偏置项，参数计数结果为 235 146。例如，第一个隐藏层涉及 (784+1)×256=200 960 个参数。

为了训练模型，我们要先定义损失函数，这里使用的是对数似然函数，该函数在分类任务上比较常用。在 TensorFlow 框架下,这个损失函数为 categorical_crossentropy,监控的目标为精度,设置 metrics=accuracy。

```
> modelnn %>%compile ( loss = " categorical _ crossentropy ",
optimizer = optimizer _ rmsprop () , metrics = c(" accuracy "))
```

最后一步是提供训练数据,并拟合模型。

```
> system . time ( history <- modelnn %>% fit (x_train , y_train , epochs = 30,
batch _ size = 128 ,validation _ split = 0.2) )
```

在这里,我们指定了 20%的验证分割,因此实际上是训练集 60 000 个观察的 80%。这是实际提供验证数据的一种替代方法。我们划分了 30 个 epoch,随机梯度下降算法 SGD 使用 128 个观测数据来计算梯度。这里我们省略了输出,它是按 epoch 分组的模型拟合进展报告。

为了验证模型的预测效果,我们首先编写简单的函数 accuracy( )来比较 predicted 和 true 类标签,然后使用它来评估我们的预测。

```
> accuracy <- function (pred , truth )
+ mean ( drop ( pred ) == drop ( truth ))
> modelnn %>%predict _ classes (x_ test ) %>%accuracy (g_ test )
[1] 0.9813
```

模型在测试集上的预测准确度达到了 98.13%,说明模型的预测能力是很好的。

15.6 习　　题

1. 请推导感知机的对偶形式和对偶算法。

2. 请分析 ISLR 包中的 Auto 数据集:

(1) 将 Auto 数据集中的 mpg 按照中位数划分为两类,新增一个变量 grade,并用 0 和 1 分别表示。

(2) 从该数据集随机抽取 292 个样本作为训练集,剩下的作为测试集。

(3) 利用 BP 神经网络进行建模,分析最优模型的结果,并利用最优模型对测试集进行预测分析。

(4) 利用 Rprop 神经网络对训练集进行建模,分析最优模型的结果,并利用最优模型对测试集进行预测分析。

(5) 用 ROC 和 AUC 值比较 BP 神经网络、Rprop 神经网络和支持向量机对测试集的预测效果。

3. 考虑 UCI 数据库中关于红酒品质的数据集(Wine Quality Data Set)。该数据集包含 1 599 个红葡萄酒样本信息,记录了非挥发性酸含量、挥发性酸含量、柠檬酸含量等 11 个预测变量,响应变量为综合品质得分,取值为 0~10,此样本集仅包含 3~8 这 6 种评分。

(1) 使用 read.csv( )函数读入数据。

(2) 将红葡萄酒品质分为两个等级,其中评分为 3、4、5 的为“bad”品质,评分为 6、7、8 的为“good”品质。

(3) 将预测变量进行归一化处理。

(4) 设置一个随机种子,将数据集按 7 : 3 的比例划分为训练集和测试集。

(5) 使用 nnet 程序包的 nnet( )函数在训练集上构建合适的神经网络模型,隐藏层神经元个数设置为 2。

(6) 在测试集上计算模型的测试错误率。

(7) 选取不同的隐藏层神经元个数构造神经网络模型,根据不同模型的测试错误率选出最优模型。

第 16 章

聚类分析

本章将介绍无监督学习方法中的聚类分析(clustering)。聚类分析是数据挖掘和机器学习的一个重要工具,在信息检索、生物学、心理学、医学、商业等领域有广泛的应用。例如,在经济研究中,为了研究不同地区城镇居民的收入和消费情况,往往需要将居民划分成不同的类型;在商业中,需要把客户细分为几类,根据不同类的客户特征有针对性地营销。

R 语言 flexclust 包中的 nutrient 数据集记录了 27 种食物能量(energy)、蛋白质(protein)、脂肪(fat)、钙(calcium)、铁(iron)这五个特征,见表 16-1。

表 16-1　27 种食物的 5 项指标数据(部分)

序号	能量	蛋白质	脂肪	钙	铁
BEEF BRAISED	340	20	28	9	2.6
HAMBURGER	245	21	17	9	2.7
BEEF ROAST	420	15	39	7	2.0
⋮	⋮	⋮	⋮	⋮	⋮

若要将这 27 种食物进行聚类,那么应该聚成几类?如何划分?这些是本章所关注的问题。

16.1　聚类分析概述

聚类分析是在相似的基础上将样本或者变量按照某一规则组成多个类别的分类方法,通常分为 R 型聚类和 Q 型聚类,R 型聚类是对样本进行聚类,Q 型聚类是对变量进行聚类。本章主要以样本聚类为例对聚类方法进行介绍。

聚类分析的目标是使组内样本相似,使组间样本差异尽可能大。而衡量这种差异的指标有很多,最常用的是“距离”。可以用一组有序对(X,s)或(X,d)表示聚类分析的输入,这里 X 表示一组样本,s 和 d 分别是度量样本间相似度(比如余弦相似度)或相异度(比如距离)的指标。聚类分析的输出是一个分区,用 $\boldsymbol{C}=\{C_1,C_2,\cdots,C_k\}$ 表示在每个类中包含观测序号的集合,需要满足“不重不漏”规则:

(1) $C_1\cup C_2\cup\cdots\cup C_k=\{1,2,\cdots,n\}$,即每个观测都至少属于一类。

（2）$C_i \cap C_j = \varnothing, i \neq j$，即类与类之间是无重叠的，没有一个观测同时属于两个或更多类。

聚类分析方法比较多，本章将着重讨论基于距离的聚类方法。我们首先给出相异度测量的概念，接着介绍两种最经典的聚类方法：K-means 聚类（K-means clustering）和系统聚类（hierarchical clustering）。

16.2 相　异　度

在聚类分析中，常常需要先计算对象之间的相似性（similarity）或者相异性（dissimilarity），如果两个对象比较相近，则倾向于把它们归为一类，反之则倾向于不把它们归为一类。所以，需要定义一个衡量对象之间相似性或者相异性的指标，把它称为相似度或者相异度。当对象之间相似性越强时，相异度的值越小，反之其值越大。

相异度指标的定义有很多种，需要根据实际情况选择，但最常采用的是距离的方法。本小节先讨论观测点间距离的计算。

16.2.1 数值型数据

满足以下性质的函数 $d(x,y)$ 被称为距离函数：

（1）非负性：$d(x,y) \geqslant 0$ 且 $d(x,y)=0 \Leftrightarrow x=y$。

（2）对称性：$d(x,y)=d(y,x)$。

（3）三角不等式：$d(x,y)+d(y,z) \geqslant d(x,z)$。

令 $d(x_i,x_j)=d_{ij}$ 表示样本 $\boldsymbol{X}_i$ 与 $\boldsymbol{X}_j$ 的距离，通常采用以下几种距离对样本观测之间的相异性进行度量：

1. 明考夫斯基距离

$$d_{ij}=\left(\sum_{k=1}^{p}|X_{ik}-X_{jk}|^{q}\right)^{1/q}, q>0$$

明考夫斯基距离（Minkowski distance）简称明氏距离，依据 q 的不同取值可以分成：绝对距离（$q=1$，absolute distance）、欧氏距离（$q=2$，Euclidean distance）和切比雪夫距离（$q=\infty$，Chebyshev distance）。

欧氏距离是常用的距离，但是有一些缺陷。一是它没有考虑到总体的变异对距离远近的影响，显然一个变异程度大的总体可能与更多样本近些，即使它们的欧氏距离不一定最近；二是欧氏距离受变量的量纲影响，不同量纲下的欧式距离会不同。

2. 马氏距离

设 $\boldsymbol{X}_i$ 与 $\boldsymbol{X}_j$ 是来自均值向量为 $\boldsymbol{\mu}$、协方差为 $\boldsymbol{\Sigma}(>0)$ 的总体 G 中的 p 维样本，则两个样本间的马氏距离为

$$d_{ij}^2=(\boldsymbol{X}_i-\boldsymbol{X}_j)'\boldsymbol{\Sigma}^{-1}(\boldsymbol{X}_i-\boldsymbol{X}_j)$$

马氏距离（Mahalanobis distance）又称为广义欧氏距离，它与上述几种距离的主要不同在于它考虑了观测变量之间的相关性。如果各变量之间相互独立，即观测变量的协方差矩阵是对

角矩阵，则马氏距离就退化为用各个观测指标的标准差的倒数作为权数的加权欧氏距离。马氏距离考虑了观测变量之间的变异性，且不再受各指标量纲的影响。将原始数据作线性变换后，马氏距离不变。但是，马氏距离对总体的依赖性较强，在不同总体下，同样的两个样本之间的马氏距离也不同。除此之外，马氏距离要求总体的协方差可逆，有些时候不一定能满足。

3. 余弦距离

余弦距离，也称余弦相似度（cosine similarity），是用向量空间中两个向量夹角的余弦值来衡量两个个体间的差异。向量是多维空间中有方向的线段，如果两个向量的方向一致，则夹角接近 0，这两个向量就相近。设 $\boldsymbol{X}_i$ 与 $\boldsymbol{X}_j$ 是两个 p 维样本，则余弦相似度为

$$d_{ij}=\frac{\boldsymbol{X}'_i\boldsymbol{X}_j}{\|\boldsymbol{X}_i\|_2\|\boldsymbol{X}_j\|_2}$$

它其实是向量 $\boldsymbol{X}_i$ 与 $\boldsymbol{X}_j$ 的夹角的余弦值，即关注的是个体方向上的差异，对绝对数值不敏感，所以可以解决不同个体间存在的度量标准不统一的问题。

除了上述提到的三种距离度量方式，还有曼哈顿距离、汉明距离等。需要注意没有一种距离的度量方式是完美的，每种度量距离的方法都有优势和缺陷，在使用时，需要根据所研究的具体问题选择合适的度量距离的方法。

16.2.2　分类型数据

1. 无序数据

我们首先讨论二元变量的情况，即变量只取两个值：0 或 1，0 表示该变量为空，1 表示该变量存在。例如，给出一个描述病人是否抽烟的变量 smoker，1 表示病人抽烟，0 表示病人不抽烟。对于两个 p 维且每个变量均为二元变量的观测点 $\boldsymbol{X}_i=(x_{i1},\cdots,x_{ip})$，$\boldsymbol{X}_j=(x_{j1},\cdots,x_{jp})$，它们之间的距离可以用表 16-2 所示的二维表来表示。

表 16-2　二元变量观测点 $\boldsymbol{X}_i$ 与 $\boldsymbol{X}_j$ 的分布矩阵

$\boldsymbol{X}_i$	$\boldsymbol{X}_j$		
	1	**0**	**求和**
1	q	r	$q+r$
0	s	t	$s+t$
求和	$q+s$	$r+t$	p

表中变量的定义如下：

q：表示观测点 $\boldsymbol{X}_i$ 和 $\boldsymbol{X}_j$ 取值都为 1 的变量数目；

r：表示仅在观测点 $\boldsymbol{X}_i$ 中取值为 1，而在观测点 $\boldsymbol{X}_j$ 中取值为 0 的变量数目；

s：表示在观测点 $\boldsymbol{X}_i$ 中取值为 0，在观测点 $\boldsymbol{X}_j$ 中取值为 1 的变量数目；

t：是在观测点 $\boldsymbol{X}_i$ 和 $\boldsymbol{X}_j$ 中都取值为 0 的变量数目。

所以，观测点 $\boldsymbol{X}_i$ 和 $\boldsymbol{X}_j$ 的距离可以定义为

$$d(i,j)=\frac{r+s}{p}$$

接下来我们讨论变量的取值多于两类的情况。例如,地图的颜色是一个名义变量,它可能有五个水平:红色、黄色、绿色、粉红色和蓝色。名义变量的水平可以用字母、符号或者一组整数(如 1,2,…,M)来表示,这些整数只是用于数据处理,并不代表任何特定的顺序。

对于两个取值均为名义变量的观测点 $\boldsymbol{X}_i$ 和 $\boldsymbol{X}_j$,它们之间的相异度可以用简单匹配方法来计算,即

$$d(i,j)=\frac{p-m}{p}$$

其中:m 是匹配的数目,即观测点 $\boldsymbol{X}_i$ 和 $\boldsymbol{X}_j$ 取值相同的变量的数目;p 是总变量数。

2. 有序数据

有序数据在实际中也经常碰到,如职位的排序(助理、副手和正职),比赛结果的排名(金牌、银牌和铜牌),学习成绩排序(优秀、良好、及格和不及格)等。另外,若将连续数据划分为有限个区间,从而将其取值离散化,也可以得到有序数据。一个连续的序数型变量可以看成一个未知刻度的连续数据的集合,也就是说,值的相对顺序是必要的,而其实际大小则不重要。一个有序数据的值可以映射为排序,例如,假设一个变量 X_f 有 M_f 个状态,这些有序的状态定义了一个序列 1,…,M_f。

计算有序数据观测点的相异度的基本思想是将有序数据转换成[0,1]上的连续型数据,然后再利用连续型数据相异度方法计算。具体步骤如下:

(1) 第 i 个观测点的第 f 个变量的取值为 x_{if},$x_{if}\in\{1,\cdots,M_f\}$。

(2) 令 $Z_{if}=\dfrac{x_{if}-1}{M_f-1}$,即将每个变量的值域映射到[0,1]上,以便每个变量都有相同的权重。

(3) 对 Z_{if} 相异度的计算可以采用连续型变量所描述的任意一种距离度量方法。

16.3　K-means 聚类

K-means 聚类是一种把数据集分成 K 个不重复类的简单快捷方法。一个好的聚类方法应该让类内差异小,类间差异大。因此,K-means 聚类本质上是需要最小化如下问题:

$$\min_{C_1,\cdots,C_K}\left\{\sum_{k=1}^{K}W(C_k)\right\} \tag{16.1}$$

式 16.1 中的 $W(C_k)$ 表示第 C_k 类的类内差异,可以有多种方法定义,比如可以用欧氏距离的平方来定义:

$$W(C_k)=\frac{1}{|C_k|}\sum_{i,i'\in C_k}\sum_{j=1}^{p}(x_{ij}-x_{i'j})^2 \tag{16.2}$$

其中:$|C_k|$ 表示第 k 类的样本数。综合式 16.1 和式 16.2,可以得到 K-means 聚类的最优化问题:

$$\min_{C_1,\cdots,C_K}\left\{\sum_{k=1}^{K}\frac{1}{|C_k|}\sum_{i,i'\in C_k}\sum_{j=1}^{p}(x_{ij}-x_{i'j})^2\right\} \tag{16.3}$$

直接求解式 16.3 是非常困难的,因为有 K^n 种方法可以把 n 个观测样本分配到 K 个类中,当 K 和 n 较大时,这种穷举法的计算量是非常惊人的。因此,我们需要寻找一种计算量相对小的算法,其中 K-means 算法是一种比较流行的算法。

在进行 K-means 聚类时,需首先设定要得到的类数 K,然后 K-means 聚类算法会将每个观测准确地分配到 K 个类中,使得最终的聚类结果具有如下性质:同一类中的观测具有较高的相似度,而不同类间的观测相似度较小。这里的相似度是根据 16.2 节中介绍的相异度(距离)来度量的。算法 16.1 总结了 K-means 聚类的过程。

算法 16.1 K-means 聚类算法

1. 给定类数 K,为每个观测随机分配一个从 1 到 K 的数字,这些数字即表示这些观测的初始类。

2. 重复以下步骤,直至类的分配结果不变为止:

(1) 分别计算 K 个类的类中心。第 k 个类的类中心是该类中所有 p 维观测向量的均值向量。

(2) 计算每个观测与各个类中心的相异度(距离,如欧式距离),将其重新分配到与其相异度最小的类中。

算法 16.1 可以保证每步结束后,式 16.3 的目标函数值都会减小。为了便于理解这个性质,先看如下恒等式:

$$\frac{1}{|C_k|}\sum_{i,j\in C_k}\left\|x_i-x_j\right\|_2^2=2\sum_{i\in C_k}\left\|x_i-\bar{x}_k\right\|_2^2 \tag{16.4}$$

其中:$\bar{x}_k=\frac{1}{|C_k|}\sum_{i\in C_k}x_i$ 是第 C_k 类中的均值向量,即类中心。第 2(1)步中,每个变量的类中心是使类内总离差平方和最小化的常数,第 2(2)步中,重新分配观测会改善式 16.4。这实际上意味着当算法运行时,所得到的聚类分析结果会持续改善,直到结果不再改变为止,式 16.3 的目标函数值不会增大。当结果不再改变时,就达到了一个局部最优值。

K-means 算法十分简单快速,但是需要注意两个问题:首先,必须事先给定一个类数,不合适的值可能返回较差的结果;其次,K-means 聚类算法找到的解不是全局最优解,而是局部最优解,所得到的结果跟初始值的设置会有关系,不同的初始值可能最终得到的结果是不一样的。

16.4 系统聚类法

系统聚类法是另一种常用的聚类方法。不同于 K-means 聚类法,它不需要事先设定类数 K。系统聚类是将给定的数据集进行层次的分解,直到满足某个条件为止,具体可分为凝聚、分裂两种方案。凝聚的系统聚类采用的是一种自下向上的策略,大多数系统聚类方法属于这一类,所以本章以凝聚系统聚类为例进行介绍。

在系统聚类法中,除了要度量样本之间的相异性,还要对类之间(且其中至少有一个类中包含多个观测)的相异性进行度量,所以需要将样本观测之间相异度的概念扩展到类之间的相异度上。类之间的相异度也往往称为连接度(linkage)。在这里,同样采用“距离”来度量类之间的相异性。表 16-3 列出了 4 种常用的连接度：最短距离法、最长距离法、重心法和类平均法。

表 16-3　4 种常用的距离形式

距离形式	描述
最短距离法	最小类间相异度。计算 A 类和 B 类之间所有观测的相异度，并记录最小的相异度
最长距离法	最大类间相异度。计算 A 类和 B 类之间所有观测的相异度，并记录最大的相异度
重心法	A 类中心（长度为 p 的均值向量）和 B 类中心的相异度
类平均法	平均类间相异度。计算 A 类和 B 类之间的所有观测的相异度，并记录这些相异度的平均值

不难发现，当两类均只包含一个观测时，连接度退化为观测之间的相异度，因此可以统一使用连接度来刻画相异度。有了连接度的定义，就可以介绍系统聚类了。我们先通过一个简单的例子来初步理解系统聚类法的原理。

如图 16-1（左），给定 5 个初始观测，假设事先并不知道它们的类标签，系统聚类法在最开始时将每个观测单独视为一类。假设采用欧氏距离，则系统聚类法首先将最相似的观测 A 和 C 聚为一类；接着采用最短距离法继续判断每个类间的相异度，并将最相似的类聚为一类，如此执行下去，直至所有观测都属于同一类时，聚类过程就完成了。图 16-2 给出了这个过程的图解。现在用另一个图形来总结上述过程，如图 16-1（右），将这个图称为谱系图，它可以看成一棵上下颠倒的树，从叶子开始将类聚集到树干上。

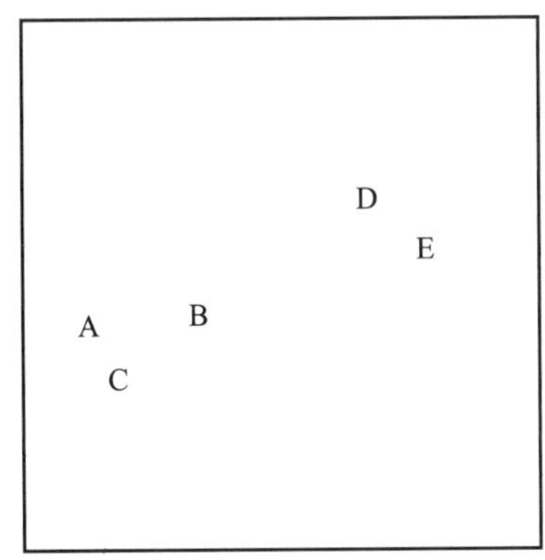

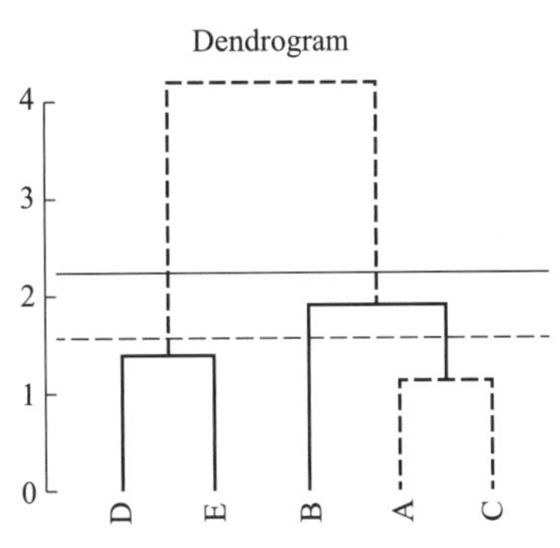

图 16-1　左：原始数据的分布；右：采用欧式距离和最短距离法得到的谱系图

那么，该如何解释得到的这个谱系图呢？在图 16-1（右）的谱系图中，每片叶子代表图 16-1（左）中的 1 个观测，沿着这棵树向上看，一些树叶开始汇入某些枝条中，表示相应的观测非常相似。继续沿着树干往上，枝条本身也开始同叶子或其他枝条汇合。越早（即在树的较低处）汇合的各组观测之间越相似，而越晚（即接近树顶）汇合的各组观测之间差异越大。例如，从图 16-1（右）的谱系图就可以看出，观测 A 和 C 非常相似，因为它们是谱系图中最先汇合（枝条最低）的两个观测。仅次于它们的是观测 D 和 E，因为它们是谱系图中第二汇合（即枝条第二低）的两个观测。

理解了谱系图之后，我们接下来讨论如何根据谱系图确定类。在谱系图中，可以通过做

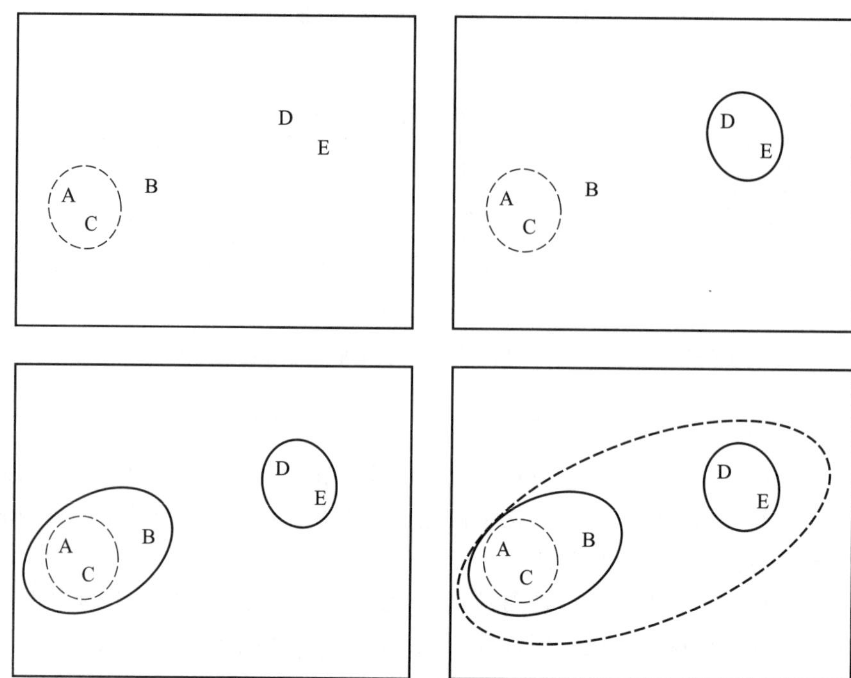

图 16-2　采用欧式距离和最短距离法做系统聚类算法的图解

一个水平切割,然后把位于切口下方的枝条包含的观测均视为一类的方法来确定类。例如,图 16-1(右)中,若用实线进行水平切割,则观测就被分为两类,即 A、B、C 是一类,D、E 是一类;若用虚线进行水平切割,则观测就被分为三类,即 A、C 是一类,B 是一类,D、E 是一类。注意,在谱系图中,切割的位置并不需要那么精确,比如我们将虚线稍微上移或下移,只要不穿过枝条,则分类的结果是不受影响的。

所以说,在系统聚类法中,我们通过一张谱系图就可以得到任意数量的聚类。在实际应用中,人们通常根据枝条汇合的高度结合希望得到的类数来选取合理的类数并决定切割位置。

最后,用算法 16.2 来总结系统聚类的过程。假设有 n 个观测,则:

算法 16.2　系统聚类算法

1. 将每个观测视为一类,共得到 n 个初始类。

2. 计算 n 个观测中所有 $\binom{n}{2}=n(n-1)/2$ 对每两类之间的相异度(距离)。

3. 对 $i=n,n-1,\cdots,2$,重复以下步骤直至所有观测都属于同一类或者满足某个终止条件为止:

(1) 在 i 个类中,比较任意两类间的相异度,将相异度最小的(即最相似的)那一对结合起来;

(2) 计算剩下的 $i-1$ 个新类中每两个类间的相异度。

注意,系统聚类的结果在很大程度上依赖于相似性或相异性的度量方法。

系统聚类法和 K-means 聚类法的算法思想都很简单,它们都是以距离的远近亲疏作为标准进行聚类的。K-means 聚类法只能产生指定类数的聚类结果,具体类数的确定依赖于实验的积累,而系统聚类法可直接产生一系列的聚类结果。但是,系统聚类法不具有很好的可伸缩性,它在合并类时需要检查和估算大量的对象或类,算法的复杂度为 $O(n^2)$,因此当 n 很大时并不是很适用;而 K-means 聚类法则是相对可伸缩的和高效率的,因为它的复杂度是 $O(n)$。两种方法各有千秋,具体使用时常根据经验进行选择。有时候我们可以借助系统聚类法先将一部分样本作为对象进行聚类,再将其结果作为 K-means 聚类法确定类数的参考。

16.5 R 语言实现

16.5.1 数值型数据相异度计算

首先我们考虑使用欧氏距离计算相异度。假设有三个人 A、B 和 C,其中 A 的身高为 160cm,体重为 65 000g;B 的身高为 175cm,体重为 65 000g;C 的身高为 160cm,体重为 64 000g。可以发现 A 与 C 的身形相似;A 与 B 的身形差异较大。我们分别计算 A 与 B、C 的欧氏距离:

```
> A<-c(160,65000)
> B<-c(175,65000)
> C<-c(160,64000)
# A 与 B 的欧氏距离
> dist(rbind(A,B),method="euclidean")  # 计算欧氏距离
   A
B  15
# A 与 C 的欧氏距离
> dist(rbind(A,C),method="euclidean")
     A
C  1000
```

其中 dist( ) 为计算距离的函数,具体用法如下:

```
>dist(x, method = "euclidean", diag = FALSE, upper = FALSE, p = 2)
```

x 为矩阵;method 表示计算的距离类别,包括"euclidean"(欧氏距离)、"manhattan"(曼哈顿距离)、"minkowski"(明考夫斯基距离)等;p 为明考夫斯基距离中对应的 q 值。dist( ) 函数计算了矩阵 $\boldsymbol{x}$ 各行之间的距离。本例中,A 与 B 之间的欧氏距离要远小于 A 与 C 之间的欧氏距离,但是 A 与 C 更加相似,因此用欧氏距离来衡量本例中 A、B、C 三人的相似程度显然是不妥的。

为了解决这个问题,我们计算 A 与 B、C 的马氏距离:

```
# A,B,C 为总体
> G1<-rbind(A,B,C)
> s1<-cov(G1)
```

```
#A与B的马氏距离
> sqrt(t(G1[1,]-G1[2,])%*%solve(s1)%*%(G1[1,]-G1[2,]))
         [,1]
[1,]        2
#A与C的马氏距离
> sqrt(t(G1[1,]-G1[3,])%*%solve(s1)%*%(G1[1,]-G1[3,]))
         [,1]
[1,]        2
#A,B,C,D为总体
> D<-c(170,70000)
> G2<-rbind(A,B,C,D)
> s2<-cov(G2)
#A与B的马氏距离
> sqrt(t(G2[1,]-G2[2,])%*%solve(s2)%*%(G2[1,]-G2[2,]))
             [,1]
[1,]    2.193107
#A与C的马氏距离
> sqrt(t(G2[1,]-G2[3,])%*%solve(s2)%*%(G2[1,]-G2[3,]))
              [,1]
[1,]    0.4049291
```

当我们以A、B和C三人为总体时，A与B的马氏距离与A与C的马氏距离均为2，而以A、B、C、D四人为总体时，A与B的马氏距离为2.193107，A与C的马氏距离为0.4049291。由此可以得出：在该例中，马氏距离与欧氏距离相比更符合实际。

关于余弦距离，考虑两个长方体 *M* 和 *N*，其中 *M* 的长、宽、高分别为10m、5m、3m；*N* 的长、宽、高分别为15m、6m、2m。计算 *N* 在不同量纲下与 *M* 的余弦距离。

```
>M<-c(10,5,3)
>N1<-c(15,6,2)
>N2<-c(1500,500,200)
#N的单位为m
#N与M的欧氏距离
>dist(rbind(M,N1),method="euclidean")
M
N1  5.196152
#N与M的余弦距离
>t(M)%*%t(t(N1))/(sqrt(sum(M^2))*sqrt(sum(N1^2)))
            [,1]
[1,]  0.9870465
#N的单位为cm
#N与M的欧氏距离
>dist(rbind(M,N2),method="euclidean")
```

```
              M
N2  1582.382
#N 与 M 的余弦距离
>t(M)%*%t(t(N2))/(sqrt(sum(M^2))*sqrt(sum(N2^2)))
              [,1]
[1,]  0.9810911
```

从结果中可以看出,改变 N 的量纲,欧氏距离的结果变化很大,而余弦距离对量纲不太敏感。

16.5.2　分类型数据相异度计算

1. 无序数据

例如,现在有 5 个二元变量,是=1,否=0。这 5 个变量分别为是否吸烟、是否黑人、是否女性、是否养宠物以及是否接受过高等教育。小明是一个接受过高等教育的黑人男性烟民,养有一只金毛;小红是一个没有接受过高等教育的黑人女性,她不抽烟也不养宠物。计算小明和小红的相似程度(距离),程序如下:

```
> ming<-c(1,1,0,1,1)
> hong<-c(0,1,1,0,0)
> (sum(ming==0&hong==1)+sum(ming==1&hong==0))/5
[1] 0.8
```

由于距离的取值在 0~1 之间,因此直观上可以得出小明和小红之间的共同点比较少的结论。

当变量取值多于两类时,如考虑人与人之间兴趣的相似性,我们用三个变量进行衡量,分别为:喜欢的运动类型(1=球类,2=田径,3=水上项目,4=不喜欢运动),喜欢的音乐类型(1=民歌,2=摇滚乐,3=流行歌曲,4=合成乐,5=迪斯科),喜欢的季节(1=春,2=夏,3=秋,4=冬)。小刚喜欢球类项目,经常听民谣,最喜欢夏季;小美不喜欢运动,经常听摇滚乐,最喜欢夏季。计算小刚和小美兴趣的相似性(距离)。

```
>gang<-c(1,1,2)
> mei<-c(4,2,2)
> (3-sum(gang==mei))/3
[1] 0.6666667
```

2. 有序数据

考虑某企业的两名员工:小甲和小乙,他们在争夺一个项目的负责人职位。公司总经理认为该项目的负责人最好具备博士学位,有着高级工程师的职称,在上一年度考核中获得优秀的评价并且在上个月围绕项目举办的业务知识竞赛中获得冠军。表 16-4 是小甲和小乙的相关情况,从表中判断谁更适合担任项目负责人?

表 16-4 小甲和小乙基本情况

姓名	学历	职称	年度考核评价	竞赛获奖情况
小甲	博士	中级工程师	良好	冠军
小乙	硕士	高级工程师	优秀	季军

判断小甲和小乙谁更适合担任项目负责人实际上是要求判断他们两个谁与理想中的项目负责人的距离更近。我们考虑四个有序变量,分别为学历(1=高中,2=本科,3=硕士,4=博士),职称(1=初级工程师,2=中级工程师,3=高级工程师),年度考核评价(1=不合格,2=及格,3=良好,4=优秀),竞赛获奖情况(1=未获奖,2=季军,3=亚军,4=冠军),接下来分别计算小甲和小乙与理想中的项目负责人的距离。

```
> cri<-c(4,3,4,4)   # 理想负责人需要具备的特征
> jia<-c(4,2,3,4)   # 小甲基本情况
> yi<-c(3,3,4,2)    # 小乙基本情况
# 将有序数据转换为连续数据
> top<-c(4,3,4,4)
> z.cri<-(cri-1)/(top-1)
> z.jia<-(jia-1)/(top-1)
> z.yi<-(yi-1)/(top-1)
# 计算小甲与理想负责人的欧氏距离
> dist(rbind(z.cri,z.jia),method="euclidean")
          z.cri
z.jia  0.6009252
# 计算小乙与理想负责人的欧氏距离
> dist(rbind(z.cri,z.yi),method="euclidean")
        z.cri
z.yi  0.745356
```

从程序结果中可以看出,小甲更适合担任项目负责人。

16.5.3 聚类分析

UCI 中的"Wholesale customers"数据集介绍了 440 个客户的消费行为,共计 8 个变量,如表 16-5 所示。

表 16-5 变量解释

变量名称	含义	变量名称	含义
Channel	客户消费地点,Horeca(酒店/餐厅/咖啡厅)或者 Retail(零售)	Grocery	杂货店上的年度支出
Region	客户所属地区,里斯农、波尔图或其他	Frozen	冷冻产品的年度支出

续表

变量名称	含义	变量名称	含义
Fresh	新产品上的年度支出	Detergents_Paper	洗涤剂和纸制品的年度支出
Milk	乳制品上的年度支出	Delicassen	熟食的年度支出

除了 Channel 和 Region 两个变量,其余变量刻画了客户的消费行为,我们将根据剩余的 6 个变量进行聚类分析。首先,我们对数据进行描述性分析。

```
# 读取数据
> Whc<-read.csv("C:/Users/lenovo/Desktop/Wholesalecustomers.csv",header=T,
sep=",")
# 箱线图
> library(ggplot2)
> library(reshape2)
> fdata<-melt(Whc[,-c(1,2)])
> ggplot(fdata,aes(x=variable,y=value))+geom_boxplot(fill=seq(1:6),show.
legend=F)
```

从图 16-3 中可以看出该数据集在统计意义上存在离群值。由于 440 对于庞大的客户群体来说只是很小的一部分,是否要对离群值进行处理,即这部分离群值对应的客户是否真实存在,还需要与相关从业人员进行讨论。基于该理由,我们暂时不对离群值进行处理。

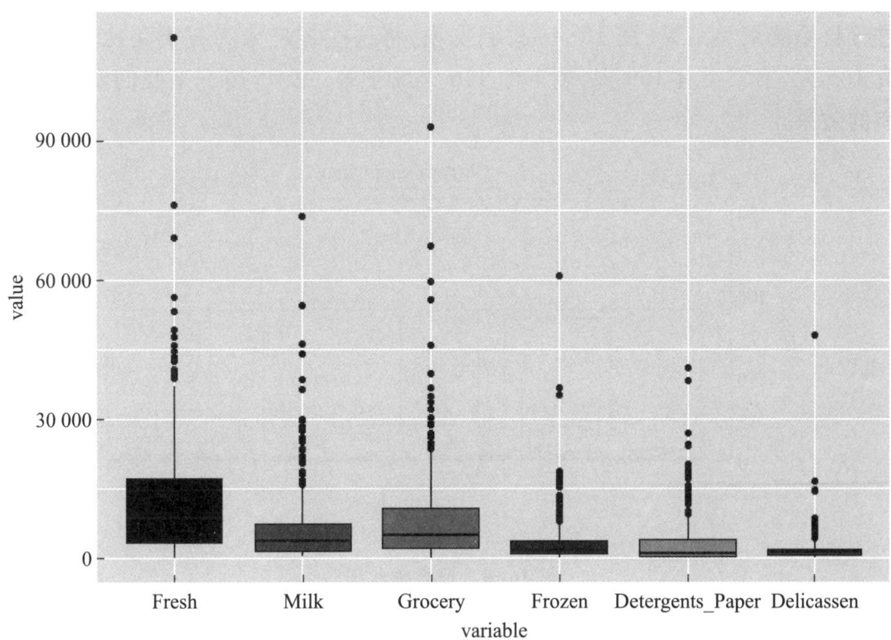

图 16-3　变量箱线图

确定好数据集后,接下来我们使用系统聚类和 K-means 聚类两种方法进行数据分析,并对其结果做简单的比较。

1. 系统聚类

首先,用 dist( )函数计算变量间的距离。通过设置参数"method"可以计算不同的距离,默认计算的是欧氏距离。

接着使用 hclust( )函数执行系统聚类法,句法如下所示:

```
> hclust(d, method = "complete", members = NULL)
```

其中 d 为样本间的相似性,我们可以使用 16.2 节中提到的欧氏距离、马氏距离等方法对样本之间的相似性进行计算;method 是系统聚类中两个类别距离的度量方式,包括"average"(类平均法)、"single"(最短距离法)、"complete"(最长距离法)、"centroid"(重心法)和"ward"(离差平方和法)等方法。这里我们使用离差平方和法。

```
> std.Whc<- scale(Whc[,-c(1,2)],center=TRUE,scale=TRUE) # 数据标准化
> dist.Whc.std<-dist (std.Whc, method = "euclidean",p = 2 ) # 计算各样本间的欧氏距离
> Whc.hc <- hclust (dist.Whc.std,method = "ward.D" ) # 按照"ward"方式进行聚类
> plot(Whc.hc,labels=FALSE,hang=-1,cex=0.7)         # 画出聚类结果
> rect.hclust (Whc.hc,k=3,border="red")             # 用矩形画出聚成 3 类的区域
> Whc.hc$result<-cutree(Whc.hc,k = 3)               # 聚成 3 类
> table(Whc.hc$result )
  1    2    3
165  159  116
```

通过分析系统聚类结果(图 16-4)我们发现,将这些客户分为三类是比较合适的,其中第一类有 165 人,第二类有 159 人,剩下的 116 人属于第三类。接下来我们利用二维图形来显示聚类的效果。

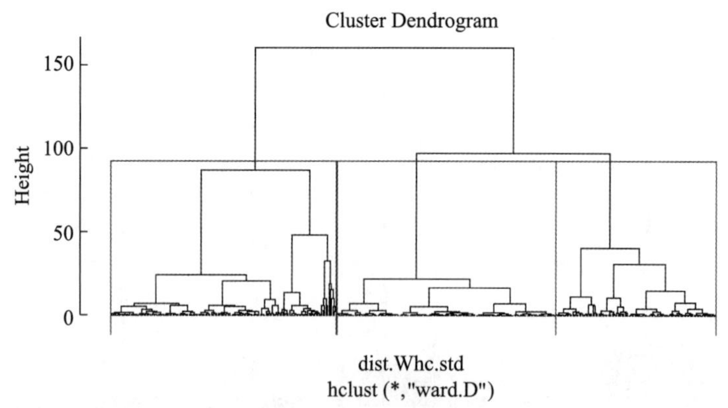

图 16-4　聚类树状图

为了显示聚类的效果,先将数据进行降维,然后利用不同的形状来表示聚类的结果,如图 16-5 所示,从中可以看出,三类客户大多能够被较好区分开来,层次聚类效果良好。函数 cmdscale( )可用于实现对数据的降维,它是根据各点的欧氏距离,在低维空间中寻找各点坐

标，而尽量保持距离不变。其中，参数 k 用于指定降维后数据的维度，eig 用来指定是否返回特征值。这里，我们对横坐标与纵坐标的取值范围进行限制是由于存在少数几个与大部分点的距离较远的点。

```
> mds<-cmdscale(dist.Whc.std,k = 2,eig=TRUE) # 对数据降维处理
> x<-mds$points[,1]
> y<-mds$points[,2]
> library(ggplot2)
> p<-ggplot(data.frame(x,y),aes(x,y))+xlim(-2.5,4)+ylim(-2.5,5)
> attach(Whc.hc)
> p+geom_point(alpha=1,aes(colour=factor(result),shape=factor(result)))
> detach (Whc.hc)
```

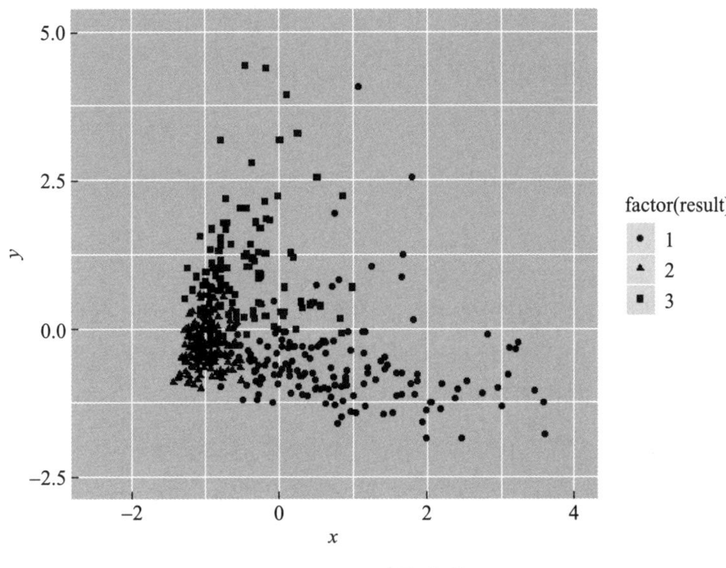

图 16-5　系统聚类效果

2. K-means 聚类

接下来使用 stats 包中的 kmeans( )实现 K-means 聚类。语句如下：

```
> kmeans(x, centers, iter.max = 10, nstart = 1,algorithm = c("Hartigan-Wong",
"Lloyd", "Forgy","MacQueen"), trace=FALSE)
```

其中 x 是目标数据；centers 是类别总数或者是初始类别中心的集合，当 centers 是类别总数时，初始类别中心由系统随机生成；iter. max 是最大迭代数量。

接下来我们使用 K-means 聚类将客户分为三个类别，代码如下：

```
> set.seed(123)
> Whc.kmc <- kmeans(std.Whc,3) # 依据系统聚类的结果，这里确定聚成 3 类
> Whc.kmc$centers               # 查看聚类中心
```

```
        Fresh        Milk     Grocery      Frozen Detergents_Paper Delicassen
1 -0.2301926 -0.2426106 -0.2567214 -0.1875885       -0.2250465 -0.1525929
2 -0.3060691  1.8098555  2.2038591 -0.2497547        2.2309315  0.2513985
3  1.7438319  0.0675808 -0.1681956  1.4213599       -0.3956613  0.7788271
> Whc.new <-cbind(Whc[,-c(1,2)],Whc.kmc$cluster)
> aggregate ( .~ Whc.kmc$cluster,data=Whc.new[-7],mean) # 按类分组求均值
Whc.kmc$cluster     Fresh      Milk    Grocery   Frozen Detergents_Paper Delicassen
1       1        9088.977  4005.708  5511.612 2161.251       1808.5044   1094.542
2       2        8129.341 19153.682 28894.909 1859.455      13518.2500   2233.841
3       3       34055.113  6295.038  6352.887 9972.170        995.0377   3721.245
```

从聚类中心以及分组条件下各个变量的均值可以看出，在众多支出项目中，第一类客户在各个类别上的支出较为平均，金额也较少；第二类客户主要集中在乳制品、杂货店以及洗涤剂和纸制品的支出上；第三类客户对于新产品的支出最高，其余项目的支出较少。

下面进一步看 K-means 聚类的效果：

```
> attach(Whc.kmc)
> p+geom_point (alpha = 1,aes(colour = factor(cluster),shape = factor(clus-
ter)))
>detach(Whc.kmc )
```

从图 16-6 中可以看出，三类用户大多能够较清楚地被区分开，因此 K-means 聚类也取得了较好的效果。比较图 16-5 和图 16-6 可以发现，系统聚类结果与 K-means 聚类结果差异较大，对这两种聚类方法的优劣我们暂不做评价。

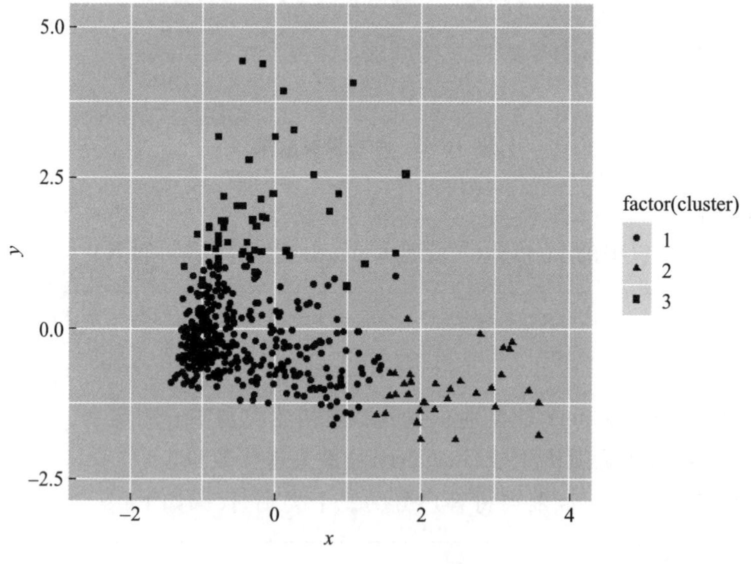

图 16-6　K-means 聚类效果

3. 结论

利用系统聚类和 K-means 聚类两种方法对消费者细分，均取得了较好的聚类效果。两

种方法均是将消费者分为三类,不同方法所得聚类结果差别较大。

依据 K-means 聚类结果,从各个聚类中心以及按类分组条件下各个变量的均值大小进行分析,我们发现:

(1) 第一类客户在各个类别上的支出较为平均,金额也较少。这部分客户属于“低消费群体”或者是单独居住的人。

(2) 第二类客户主要集中在乳制品、杂货店以及洗涤剂和纸制品的支出,可以判断该类客户可能是家庭主妇。

(3) 第三类客户对于新产品的支出最高,其余项目的支出较少,这类客户可能属于经济条件较好,对新鲜产品具有好奇心的“高消费群体。”

16.6 习　　题

1. 证明对于任意给定的迭代聚类中心初值,K-means 算法的目标函数一定会收敛。

2. 计算向量 $x=c(3,7,10,20,50)$ 与向量 $y=c(1.2,6,25,34,69)$ 的欧氏距离、马氏距离以及余弦距离。

3. 某交友 App 会为用户推荐志同道合之人。在用户注册时,会让用户填写五项信息,分别为是否追星、是否喜欢动物、是否喜欢看电影、是否喜欢听音乐以及是否喜欢健身。其中:是=1,否=0。如果两人的相似度(距离)小于 0.4,那么系统会为彼此进行推荐。小红为该 App 新的注册用户,小明为该 App 的老用户,表 16-6 列出了两人的特征,系统会把小明推荐给小红吗?

表 16-6　小明与小红特征

姓名	是否追星	是否喜欢动物	是否喜欢看电影	是否喜欢听音乐	是否喜欢健身
小明	否	是	否	是	是
小红	是	是	否	是	否

4. 受疫情影响,小红今年无法去国外某地 A 度假,因此她想找国内某一相似地点度假。考虑如下三个描绘地点的特征,分别为气候类型(1=热带气候,2=温带气候,3=亚寒带气候,4=极地气候,5=高原山地气候)、地貌特征(1=山地,2=丘陵,3=平原,4=高原,5=盆地)、饮食口味(1=酸,2=甜,3=苦,4=辣,5=咸),小红希望度假地点与某地 A 的距离小于 0.4。现有国内某地点 B,它与国外某地 A 的特征如表 16-7 所示,那么地点 B 满足小红的需求吗?

表 16-7　地点 A 与地点 B 的特征

地点	气候类型	地貌特征	饮食口味
地点 A	温带气候	山地	甜
地点 B	温带气候	山地	辣

5. 考虑文中提到的 16.5.2 节中有序数据的例子,假设现在有一名新的竞争者小丙,他的基本情况如表 16-8 所示,那么小甲、小乙和小丙中谁更适合担任项目负责人?

表 16-8　小丙基本情况

姓名	学历	职称	年度考核评价	竞赛获奖情况
小丙	硕士	高级工程师	良好	亚军

6. R 语言 datasets 包中的 Puromycin 数据集记录了两种细胞中辅因子浓度对酶促反应的影响。使用 K-means 聚类将数据集划分为两个类别,在不同的初始值下,聚类结果是否相同?

7. 考虑 datasets 包中的 USArrests 数据集。基于提供的变量,分别使用 K-means 聚类和系统聚类方法将美国的 50 个州划分为合适的类别,并分析每类的特点。思考如何确定最优的聚类数目?比如在这里是划分为 3 类好还是划分为 4 类好?

8. 罗列出 K-means 聚类方法与系统聚类方法之间的异同点。

第17章 主成分分析

在实际中，我们经常会碰到多维变量问题。这类问题由于变量较多、维数较大，处理过程往往更加复杂。另外，变量之间还可能存在一定的相关性，会造成信息的重叠。因此，人们希望能用较少的综合变量来提取原始数据中尽可能多的信息，即用一种“降维”的思想来处理这类问题，而主成分分析法(Principal Component Analysis，PCA)正是其中的一种重要方法。

主成分分析的基本思想是设法将原来的指标线性组合成几个新的不相关的综合指标，同时根据实际需要从这些新的指标中提取较少的几个使其能尽可能多地反映原始数据信息。即依次选择能提取信息最多的线性组合，直至所提取的信息与原数据信息相差不多为止。这里所说的信息是指变量的变异性，可用方差或标准差来表示。我们知道，当变量取单一值时，其提供的信息是非常有限的，而取一系列不同值时，我们便可从中读出最大值、最小值、平均值等信息。所以说，变量的变异性越大，提供的信息就越充分，信息量也就越大。

17.1 主成分分析的几何意义

主成分分析是一种“降维”的方法，可以通过将 p 维自变量投影至 $M(M<p)$ 维子空间中，进而使用这 M 个不同的投影作为新的自变量来拟合模型。那么，它是如何投影的呢？以下从主成分分析的几何意义来给出解释。

以二维变量为例，假设有 n 个样本，对每一个样本测量(X_1,X_2)两个指标，它们大致落在如图 17-1 所示的椭圆范围内。

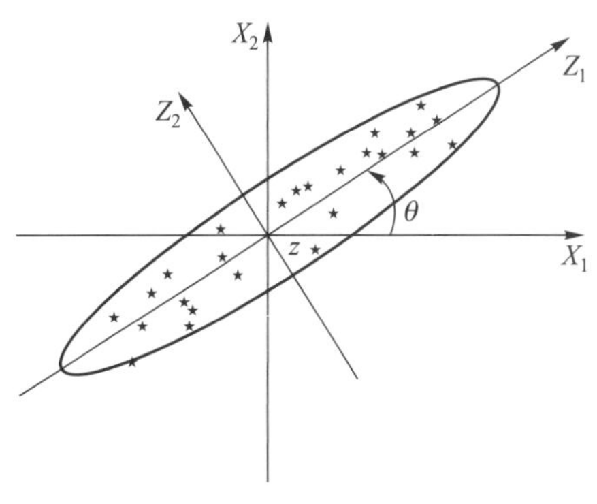

图 17-1 主成分分析的几何意义

从图 17-1 我们很明显地观察到这 n 个点在 X_1 和 X_2 方向上都具有较强的变异性，其变异程度可以分别用 X_1 的方差和 X_2 的方差来测定。这时，如果我们仅用一个变量来表达这些信息，则无论选择 X_1 还是 X_2 都会造成较大的信息损失，所以直接舍弃某些分量并不能有效地“降维”。

现在，我们将坐标轴绕原点逆时针旋转角度 θ 到如图 17-1 所示的 Z_1 和 Z_2 方向，这里 Z_1 是椭圆的长轴方向，Z_2 是椭圆的短轴方向，旋转公式为

$$\begin{cases} Z_1 = X_1\cos\theta + X_2\sin\theta \\ Z_2 = -X_1\sin\theta + X_2\cos\theta \end{cases}$$

还可用矩阵形式表示为

$$\begin{bmatrix} Z_1 \\ Z_2 \end{bmatrix} = \begin{pmatrix} \cos\theta & \sin\theta \\ -\sin\theta & \cos\theta \end{pmatrix} \begin{bmatrix} X_1 \\ X_2 \end{bmatrix} = \boldsymbol{T}'\mathrm{X}$$

其中：$\boldsymbol{T}'$ 为旋转变换矩阵，它是正交矩阵，即 $\boldsymbol{T}'\boldsymbol{T} = \boldsymbol{I}$。

易知 Z_1 和 Z_2 方向相互垂直，且从图中可以看出，Z_1 轴通过这 n 个点变异最大的方向，所以此时若仅用 Z_1 表达 n 个点所包含的信息，则比单纯选择 X_1 或 X_2 所包含的信息更充分，我们称 Z_1 为第一主成分，Z_2 为第二主成分。

所以，若把上述过程推广到 p 维空间上，则主成分分析的原理便是在 p 维空间寻找上述正交变换矩阵 $\boldsymbol{T}$，使前几个主成分包含尽可能多的信息。原始变量的变异性越集中于某一方向，则第一主成分所包含的信息越充分，主成分分析的效果也越好。

17.2　主成分分析

17.2.1　数学推导

通过前面的介绍我们知道了，主成分分析的原理体现在几何上就是把 p 维变量 $X_1, X_2, \cdots, X_p$ 构成的坐标系旋转形成新的坐标系，使新的坐标轴通过变量变异性最大的方向，而这个新的坐标系是可以通过原来变量的线性组合得到的。下面我们就来推导这个过程。

设 $\boldsymbol{X} = (X_1, \cdots, X_p)'$ 是 p 维随机向量，其均值与协方差阵分别为 $\boldsymbol{\mu} = E(\boldsymbol{X})$，$\boldsymbol{\Sigma} = D(\boldsymbol{X})$，考虑如下线性变换：

$$\begin{cases} Z_1 = t_{11}X_1 + t_{12}X_2 + \cdots + t_{1p}X_p = T'_1\boldsymbol{X} \\ Z_2 = t_{21}X_1 + t_{22}X_2 + \cdots + t_{2p}X_p = T'_2\boldsymbol{X} \\ \cdots\cdots\cdots\cdots \\ Z_p = t_{p1}X_1 + t_{p2}X_2 + \cdots + t_{pp}X_p = T'_p\boldsymbol{X} \end{cases} \tag{17.1}$$

用矩阵表示为

$$\boldsymbol{Z} = \boldsymbol{T}'\boldsymbol{X}$$

其中 $\boldsymbol{Z} = (Z_1, Z_2, \cdots, Z_p)'$，$\boldsymbol{T} = (T_1, T_2, \cdots, T_p)'$。我们将上述 $t_{11}, t_{12}, \cdots, t_{1p}$ 称为第一主成分的载荷（loading），则这些载荷构成了主成分的载荷向量 $T_1 = (t_{11}, t_{12}, \cdots, t_{1p})'$。同理也有第 k 主成分的载荷和载荷向量。

对于 $Z_1, Z_2, \cdots, Z_m$，易见：

$$D(Z_i) = D(\boldsymbol{T}'_i\boldsymbol{X}) = \boldsymbol{T}'_iD(\boldsymbol{X})\boldsymbol{T}_i = \boldsymbol{T}'_i\boldsymbol{\Sigma}\boldsymbol{T}_i, \quad i = 1, 2, \cdots, p$$

$$Cov(Z_i, Z_j)=Cov(\boldsymbol{T}_i'\boldsymbol{X}, \boldsymbol{T}_j'\boldsymbol{X})=\boldsymbol{T}_i' Cov(\boldsymbol{X}, \boldsymbol{X})\boldsymbol{T}_j=\boldsymbol{T}_i'\boldsymbol{\Sigma}\boldsymbol{T}_j, \quad i,j=1,2,\cdots,p \tag{17.2}$$

主成分分析的目的是对原始变量 $X_1, X_2, \cdots, X_p$ 做线性变换得到一组新的变量 Z_1, $Z_2, \cdots, Z_m(m\leqslant p)$,要求这组变量两两不相关,且方差依次递减,同时为了保证信息的充分性,要求 $\boldsymbol{Z}$ 的各分量方差之和与 $\boldsymbol{X}$ 的各分量方差之和相等。由式 17.2 可知,这一问题转化为在约束 $Cov(Z_i, Z_j)=\boldsymbol{T}_i'\boldsymbol{\Sigma}\boldsymbol{T}_j=0$ 的条件下求 $\boldsymbol{T}_i$,使得 $D(Z_i)=\boldsymbol{T}_i'\boldsymbol{\Sigma}\boldsymbol{T}_i, i=1,2,\cdots,m$ 达到最大。同时,由式 17.2 可知,如果不对 $\boldsymbol{T}_i$ 加以限制,则 $D(Z_i)\to\infty$,所以不妨设 $\boldsymbol{T}_i$ 满足 $\boldsymbol{T}_i'\boldsymbol{T}_i=\boldsymbol{1}$。

因此,第一主成分就是满足 $\boldsymbol{T}_1'\boldsymbol{T}_1=1$,使得 $D(Z_1)=\boldsymbol{T}_1'\boldsymbol{\Sigma}\boldsymbol{T}_1$ 达到最大的 $Z_1=\boldsymbol{T}_1'\boldsymbol{X}$;第 k 主成分就是同时满足 $\boldsymbol{T}_k'\boldsymbol{T}_k=1$ 和 $Cov(Z_k, Z_i)=\boldsymbol{T}_k'\boldsymbol{\Sigma}\boldsymbol{T}_i=0(i<k)$,并使得 $D(Z_k)=\boldsymbol{T}_k'\boldsymbol{\Sigma}\boldsymbol{T}_k$ 达到最大的 $Z_k=\boldsymbol{T}_k'\boldsymbol{X}$。为了挖掘这种“正交”结构,我们先看看协方差矩阵 $\boldsymbol{\Sigma}$ 的正交分解:

$$\boldsymbol{\Sigma}=(e_1 \quad e_2 \quad \cdots \quad e_p)\begin{pmatrix}\lambda_1 & & & \\ & \lambda_2 & & \\ & & \ddots & \\ & & & \lambda_p\end{pmatrix}\begin{pmatrix}e_1' \\ e_2' \\ \vdots \\ e_p'\end{pmatrix}$$

其中,$\lambda_1\geqslant\lambda_2\geqslant\cdots\geqslant\lambda_p$ 是 Σ 的特征值,e_k 是 λ_k 对应的单位特征向量,满足 $e_k'e_j=\delta_{kj}$。接下来,我们求解各个主成分。

求第一主成分 $\boldsymbol{Z}_1=\boldsymbol{T}_1'\boldsymbol{X}$:

$$\max\ T_1'\boldsymbol{\Sigma}T_1, \quad \text{s. t. } T_1'T_1=1$$

由于 $e_1, e_2, \cdots, e_p$ 构成一组标准正交基,令 $T_1=\sum_{i=1}^{p}c_ie_i$,于是目标函数转化为

$$\max\sum_{i=1}^{p}c_i^2\lambda_i, \quad \text{s. t. } \sum_{i=1}^{p}c_i^2=1$$

显然解为 $c_1=1, c_2=\cdots=c_p=0$。此时,$T_1=e_1$,$\boldsymbol{Z}_1=\boldsymbol{T}_1'\boldsymbol{X}$ 的方差达到最大值 λ_1。可以发现这恰好就是 $\boldsymbol{\Sigma}$ 的最大特征值及其对应的单位特征向量。

求第二主成分 $\boldsymbol{Z}_2=\boldsymbol{T}_2'\boldsymbol{X}$:

$$\max\ T_2'\boldsymbol{\Sigma}T_2, \quad \text{s. t. } T_2'T_2=1, \quad Cov(Z_1, Z_2)=T_2'\Sigma e_1=\lambda_1T_2'e_1=0$$

此时 T_2 属于 $\langle e_1\rangle$ 的正交补空间,即 $\langle e_2, e_3, \cdots, e_p\rangle$。令 $T_2=\sum_{i=2}^{p}c_ie_i$,目标函数转化为

$$\max\sum_{i=2}^{p}c_i^2\lambda_i, \quad \text{s. t. } \sum_{i=2}^{p}c_i^2=1$$

显然解为 $c_2=1, c_3=\cdots=c_p=0$。此时,$T_2=e_2$,$\boldsymbol{Z}_2=\boldsymbol{T}_2'\boldsymbol{X}$ 的方差达到最大值 λ_2。可以发现这恰好就是 $\boldsymbol{\Sigma}$ 的第二大特征值及其对应的单位特征向量。

对于第 k 主成分 $\boldsymbol{Z}_k=\boldsymbol{T}_k'\boldsymbol{X}$:

$$\max\ T_k'\boldsymbol{\Sigma}T_k, \quad \text{s. t. } T_k'T_k=1, Cov(Z_j, Z_k)=T_k'\Sigma e_j=\lambda_jT_k'e_j=0, \forall j<k$$

同理,$T_k=\sum_{i=k}^{p}c_ie_i$,目标函数可以转化为

$$\max\sum_{i=k}^{p}c_i^2\lambda_i, \quad \text{s. t. } \sum_{i=k}^{p}c_i^2=1$$

显然解为 $c_k=1, c_{k+1}=\cdots=c_p=0$。此时,$T_k=e_k$,$\boldsymbol{Z}_k=\boldsymbol{T}_k'\boldsymbol{X}$ 的方差达到最大值 λ_k。可以发

现这恰好就是 $\boldsymbol{\Sigma}$ 的第 k 大特征值及其对应的单位特征向量。

主成分 Z_k 与原始变量 X_i 的相关系数为 $\rho(Z_k,X_i)=\sqrt{\lambda_k}t_{ki}/\sqrt{\sigma_{ii}}$，称之为因子负荷量(或因子载荷量)。可见，因子负荷量依赖于由原始变量 X_i 到 Z_k 的转换向量系数 $t_{ki}/\sqrt{\sigma_{ii}}$。因子负荷量是主成分中非常重要的解释依据，因子负荷量的绝对值大小刻画了该主成分的主要意义及其成因。

17.2.2　变量的标准化

主成分分析的结果将取决于变量是否被标准化了，这点是主成分分析与有监督学习和其他无监督学习的区别所在。例如，在线性回归中，变量是否被标准化对回归系数显著性没有影响。因为在线性回归中，用因子 c 乘以一个变量只会引起相应的参数估计乘以因子 $1/c$，因此这一操作对模型本身是没有任何实质性影响的。

一般情况下，在进行主成分分析之前我们需要先对变量进行标准化处理，因为每个变量有不同的量纲，这就导致了它们有不同的方差。如果对非标准化变量进行主成分分析，那么第一主成分的载荷向量会在方差大的变量上有很大的载荷，在方差小的变量上有很小的载荷，这种受量纲的影响而导致结果的任意性是不合理的。因此，为了消除量纲的影响，使主成分分析能够均等地对待每一个变量，通常对变量进行标准化处理。

17.2.3　主成分的唯一性

在不考虑符号变化的情况下，每个主成分载荷向量都是唯一的，即如果用不同的软件包计算出来的主成分载荷向量不同，那么它们的差异仅仅是在载荷向量的正负号上。符号可能不同是因为每个主成分载荷向量在 p 维空间中有一个特定的方向。

17.2.4　决定主成分的数量

由一个 $n\times p$ 维数据矩阵 $\boldsymbol{X}$ 共可以得到 $\min(n-1,p)$ 个不同的主成分，但我们通常不需要全部主成分，而只需要少数的前几个主成分就可以近似解释数据。事实上，我们希望用最少量的主成分来形成对原始数据的一个很好的理解。那么，到底需要多少个主成分呢？这个问题并没有统一的答案。

在实际应用中，我们有如下三种方法确定主成分的数量：

1. 碎石图

碎石图(scree plot)给出的是每个主成分的方差解释比率(proportion of variance explained，PVE)，即该主成分的方差占所有主成分方差总量的比值，第一主成分的方差解释比率是最大的，然后依次递减。我们进行主成分分析就是为了用满足要求的最少数量的主成分来解释数据中的绝大部分变异，而在碎石图中，我们通常可以找到一个点，在这个点上，下一个主成分解释的方差比例会突然减少。于是我们就可以把这个点对应的主成分个数定为我们最终选取的主成分的数量。

2. 累计方差贡献率

累计方差贡献率是指将前 k 个主成分的方差贡献率相加。一般来说,我们选择的主成分数量需要满足累计方差贡献达到 80%或者 85%以上。这是基于经验得到的判断准则,因此很多学者认为这种判别方式缺乏理论依据,可信度较低。

3. Kaiser 准则

Kaiser 准则认为只有平均特征值的主成分才能被选取。特别地,若数据已经被标准化,则选取特征值大于 1 的主成分。

17.3 主成分回归

我们可以用主成分分析进行降维,即构造前 M 个主成分 $Z_1,Z_2,\cdots,Z_M$ 来代替原始自变量 $X_1,X_2,\cdots,X_p$。若进一步将构造的这些主成分作为自变量,用最小二乘拟合一个线性回归模型(式 17.3),那么就将这类问题称为主成分回归(principal component regression, PCR)。

$$Y_i=\theta_0+\sum_{m=1}^{M}\theta_m Z_{im}+\mu_i \tag{17.3}$$

$$\sum_{m=1}^{M}\theta_m Z_{im}=\sum_{m=1}^{M}\theta_m\sum_{j=1}^{p}t_{mj}X_{ij}=\sum_{j=1}^{p}\sum_{m=1}^{M}\theta_m t_{mj}X_{ij}=\sum_{j=1}^{p}\beta_j X_{ij} \tag{17.4}$$

$$\beta_j=\sum_{m=1}^{M}\theta_m t_{mj} \tag{17.5}$$

主成分回归是一种先降维再回归的方法,其主要思想是,利用主成分分析方法提取少数的主成分来解释自变量大部分的数据波动,并构建主成分与因变量之间的回归关系。式 17.5 可以视作在原始线性回归模型基础上对参数 β_j 进行约束。选择恰当的载荷向量 $\boldsymbol{T}_i$、对参数 β_j 合理约束后,用 $Z_1,Z_2,\cdots,Z_M$ 拟合一个最小二乘模型的结果通常优于用 $X_1,X_2,\cdots,X_p$ 拟合的结果,因为大部分甚至全部与因变量相关的数据信息都包含在了 $Z_1,Z_2,\cdots,Z_M$ 中,估计 $M<p$ 个系数会减少方差,减轻过拟合问题。

与主成分分析法相比,主成分回归引入了因变量 Y,选择主成分数量 M 时,除了使用 17.2.4 节的三种方法外,还可以采用 k 折交叉验证的方法。主成分回归能够识别出最能代表原始自变量信息的 $X_1,X_2,\cdots,X_p$ 的线性组合,但是因为因变量没有参与确定这些线性组合的过程,因此,主成分回归存在一个潜在的缺点:最终得到的原始自变量线性组合 $Z_1,Z_2,\cdots,Z_M$ 并不能保证在解释因变量的角度上是最优的。一种改进的方法是使用偏最小二乘法(partial least squares),该方法同时考虑方差和解释因变量的最优。

当然,除了降维,主成分回归还有很多其他方面的作用。例如,在一个统计分析问题中,若变量之间存在多重共线性,那么统计分析的结果往往是不理想的。在这种情况下,可以通过主成分分析先提取前几个重要的主成分,再将这些主成分与因变量进行建模,这样就可以消除多重共线性的影响。

17.4　R 语言实现

17.4.1　主成分分析

R 的基础包提供了 princomp( ) 函数做主成分分析,此外 psych 包也提供了用于主成分分析的函数。本文选用 princomp( ) 函数实现主成分分析,语句如下:

```
>princomp(x, cor = FALSE, scores = TRUE, covmat = NULL,
        subset = rep_len(TRUE, nrow(as.matrix(x))), fix_sign = TRUE, ...)
```

其中 x 是需要进行主成分分析的数据集,通常是一个矩阵或者数据框;cor 是一个逻辑值,指示计算应使用相关矩阵还是协方差矩阵;scores 是一个逻辑值,指示是否应计算每个主要成分的分数。

例 17.1　考虑 R 语言 datasets 包中的 USArrests 数据集,该数据集是 1973 年美国 50 个州的犯罪率指标,包含 50 个观测值和 4 个变量,包括表示城市规模的变量:UrbanPop(城市人口百分比),以及 3 个表示每 10 万人中因为各种原因被逮捕的人数变量,其中 Murder 表示因谋杀被逮捕的人数,Assault 表示因袭击而被逮捕的人数,Rape 表示因强奸被逮捕的人数。我们对它进行主成分分析,代码如下:

```
> std.data<-scale(USArrests)# 对数据进行标准化
> pr.data<-princomp(std.data,cor=TRUE)# 主成分分析
> summary(pr.data,loadings=T)
Importance of components:
                          Comp.1    Comp.2    Comp.3     Comp.4
Standard deviation     1.5748783 0.9948694 0.5971291 0.41644938
Proportion of Variance 0.6200604 0.2474413 0.0891408 0.04335752
Cumulative Proportion  0.6200604 0.8675017 0.9566425 1.00000000
Loadings:
         Comp.1 Comp.2 Comp.3 Comp.4
Murder    0.536  0.418  0.341  0.649
Assault   0.583  0.188  0.268 -0.743
UrbanPop  0.278 -0.873  0.378  0.134
Rape      0.543 -0.167 -0.818
```

从结果中可以看出,一共有四个主成分,其中 Standard deviation 表示对应主成分特征值的开方,Proportion of Variance 表示每个主成分的方差贡献率,Cumulative Proportion 表示主成分的累计方差贡献率。

从载荷矩阵中可以看出,第一主成分与变量 Murder、Assault、Rape 有较强的相关关系;第二主成分主要与 UrbanPop 有较强的相关关系。根据载荷矩阵我们可以得出每个样本在不

同主成分下的得分：

```
> pr.data$scores
              Comp.1      Comp.2      Comp.3       Comp.4
Alabama   0.98556588  1.13339238  0.44426879  0.156267145
Alaska    1.95013775  1.07321326 -2.04000333 -0.438583440
……
Wyoming  -0.62942666  0.32101297  0.24065923 -0.166651801
```

在该例中,我们要如何选择主成分的个数呢？我们有如下三种方法：

1. 碎石图

```
> screeplot(pr.data,type='lines',col="red",main="USArrests")  # 画出碎石图
```

通过分析图 17-2 可以发现,绝大部分方差是由前两个主成分解释的,第三主成分解释了不到 10%的方差,所以在这个问题中我们只选择前两个主成分。

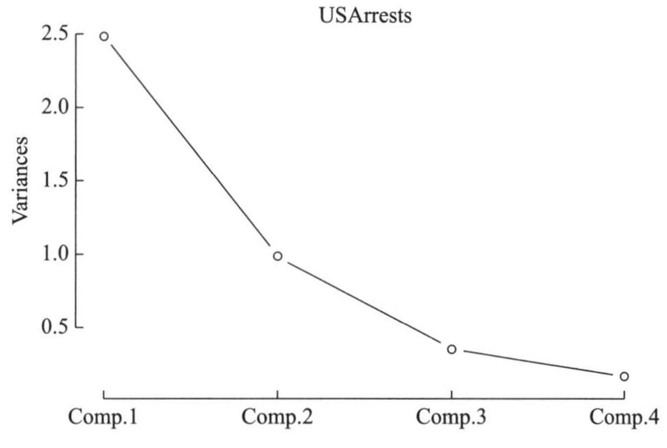

图 17-2　1973 年美国 50 州犯罪率数据碎石图

2. 累计方差贡献率

本例中,第一主成分的方差贡献率是 62.006 04%,第二主成分的方差贡献率是 24.744 13%,第一主成分与第二主成分的方差贡献率之和是 86.750 17%,因此选择前两个主成分。

3. Kaiser 准则

除了将 Standard deviation 的值进行平方以获得特征值外,我们还可以通过 eigen( ) 函数直接计算各主成分的特征值,代码如下：

```
> y<-eigen(cor(std.data))
> y$values
[1] 2.4802416  0.9897652  0.3565632  0.1734301
```

从结果中可以看出,只有第一个主成分的特征值大于 1,因此在 Kaiser 准则下我们只选择第一个主成分。

综合比较三种方法,本例应选择两个主成分。

17.4.2　主成分回归

R 语言中我们可以使用 pls 包中的 pcr 函数实现主成分回归，语法如下所示：

```
>pcr(formula, ncomp, scale, validation, data…)
```

其中 formula 为回归方程；ncomp 为主成分个数；scale 是一个逻辑值，如果 scale=TRUE，那么在调用函数时会先对自变量进行标准化处理；validation 表示使用哪种验证方式；data 表示需要进行主成分回归的数据集。

在进行主成分回归时，我们也可以借助交叉验证的方式，选择令测试集的 RMSE（MSE 的均方根误差）最小的主成分个数。

例 17.2　考虑 R 语言 ISLR 包中 Hitters 数据集。该数据集记录了 322 个棒球运动员 1986 年的表现情况以及棒球运动员职业生涯期间的表现，包括 Hits（1986 年的击打数）、CAtBat（职业生涯中击球的次数）等 19 个变量。除此之外，该数据集还记录了 1987 年棒球运动员的薪水。我们希望根据 19 个变量，对棒球运动员 1987 年的工资情况进行预测。

在本例中，由于涉及的变量较多，因此我们考虑用主成分回归而不是直接使用线性回归。在进行回归前，我们需要先对数据集中的缺失值进行处理，代码如下：

```
> library(ISLR)
> data(Hitters)
> mean (! complete.cases(Hitters))# 缺失比例
[1] 0.1832298
> Hitters<-na.omit(Hitters)# 删除缺失值
```

Hitters 数据集有 18%的数据缺失，我们直接删除缺失数据。接着，我们对 Hitters 数据集进行主成分回归。

```
> library(pls)
> set.seed(11)
> pcr.H<-pcr(Salary~.,scale=T,validation="CV",data=Hitters)
> plot(MSEP(pcr.H))
> value<-19 # 自变量个数
> nu<-(value+1)*2
> cv.MSEP<-matrix(MSEP(pcr.H)[1]$val)[seq(1,nu,2)]
> ncom.cv<-which.min(cv.MSEP^{2})-1# RMSE
> ncom.cv
[1] 5
```

从主成分个数与 RMSE 之间的关系图（图 17-3）可以看出，当主成分个数由一个变为两个时，RMSE 显著减少，而后小幅度波动。当我们选择 5 个主成分时，RMSE 达到最小。需要注意，由于我们使用交叉验证的方式进行主成分的选择，主成分个数的选择与测试集、验证

集的划分有关。我们使用 5 个主成分进行回归,代码如下:

```
> pcr.H1<-pcr(Salary~.,scale=T,ncomp=5,validation="CV",data=Hitters)
> coef(pcr.H1)
, , 5 comps
              Salary
AtBat        28.766042
Hits         30.447021
……
NewLeagueN   21.742668
```

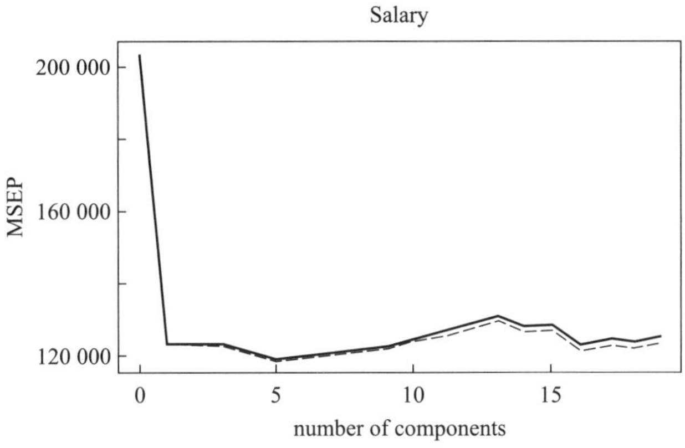

图 17-3　主成分个数与 RMSE 之间的关系

这里,主成分回归的系数是针对经过标准化的自变量,因此如果需要考虑薪水与原变量之间的关系还需要对系数进行处理,这里不做过多介绍。从例 17.2 中可以看出,主成分回归具有降维的作用,在该例中,维度从 19 降为 5。

前文提到过主成分分析除了可以进行降维,还可以解决变量间的多重共线性问题。这里我们模拟一组数据进行说明。

例 17.3　我们随机生成 100 个 5 维的高斯分布数据集,其中前 4 个变量具有高度的相关性,5 个变量的协方差矩阵如下所示:

$$\Sigma=\begin{pmatrix} 1 & 0.999 & 0.999 & 0.999 & 0 \\ 0.999 & 1 & 0.999 & 0.999 & 0 \\ 0.999 & 0.999 & 1 & 0.999 & 0 \\ 0.999 & 0.999 & 0.999 & 1 & 0 \\ 0 & 0 & 0 & 0 & 1 \end{pmatrix}$$

均值向量为

$$\mu=(1,1,1,1,1)$$

基于 5 个自变量,通过线性变换构造因变量:

$$y=1+0.2x_1+0.35x_2+0.6x_3+0.1x_4+0.4x_5+\varepsilon$$

其中 $\varepsilon\sim N(0,1)$,比较线性回归和主成分回归的结果,步骤如下:

首先,根据题目要求生成数据集,代码如下:

```
> set.seed(123)
> library(MASS)
> n=100
> v=5
>sigma<-matrix(c(1,0.999,0.999,0.999,0,0.999,1,0.999,0.999,0,0.999,0.999,
1,0.999,0,0.999,0.999,0.999,1,0,0,0,0,0,1),nrow=v,ncol=v)
> mu<-rep(1,v)
> e<-rnorm(n,mean=0,sd=1)
> data<-mvrnorm(n,mu,sigma)
> beta<-matrix(c(0.2,0.35,0.6,0.1,0.4),nrow=v,ncol=1)
> constant<-rep(1,n)
> y<-constant+data%*%beta+e
> DATA<-cbind(y,data)
> DATA<-as.data.frame(DATA)
```

接着我们使用 OLS 线性回归对线性方程系数进行估计,代码如下:

```
> lm<-lm(V1~.,data=DATA)
> lm.coe<-coef(lm)
> summary(lm)
Call:
lm(formula = V1 ~ ., data = DATA)
Residuals:
     Min       1Q    Median      3Q      Max
-1.86629  -0.68332  -0.08358  0.63464  3.03479
Coefficients:
             Estimate  Std. Error  t value   Pr(>|t|)
(Intercept)   1.23073    0.13086    9.405    3.38e-15 ***
V2            0.94346    2.63155    0.359    0.721
V3           -1.27873    2.32892   -0.549    0.584
V4           -1.01616    2.76034   -0.368    0.714
V5            2.55137    2.29168    1.113    0.268
V6            0.40879    0.09394    4.352    3.43e-05 ***
---
Signif. codes:  0 '***' 0.001 '**' 0.01 '*' 0.05 '.' 0.1 ' ' 1
Residual standard error: 0.8844 on 94 degrees of freedom
Multiple R-squared:  0.7356,  Adjusted R-squared:  0.7216
F-statistic: 52.32 on 5 and 94 DF,  p-value: < 2.2e-16
```

从回归结果中可以看出只有一个自变量是显著的。接着,我们对比线性回归估计的系数与真实系数之间的关系:

```
> true.coe<-rbind(1,beta)
> lm.coe<-coef(lm)
> num<-seq(1,6,1)
> plot(num,true.coe,ylim=c(-5,4),col="red",pch=8)
> points(num,lm.coe,col='blue',pch=1)
```

图 17-4 中星号表示真实系数,圆圈表示线性回归估计的系数。可以发现除了截距项和第 5 个变量的系数,其余 4 个变量的系数估计值与真实值之间的差异较大,这可能是因为变量之间存在高度相关性。

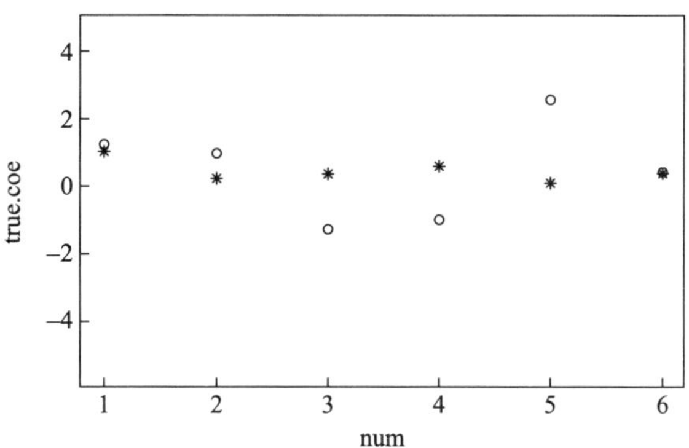

图 17-4　线性回归估计系数与真实系数之间的关系

最后,使用主成分回归对系数进行估计,我们使用交叉验证的方式选择使得回归结果的 RMSE 最小的主成分个数,而后再根据选择的主成分进行线性回归,代码如下:

```
# 主成分个数选择
> library(pls)
> pcr.r<-pcr(V1~V2+V3+V4+V5+V6,scale=T,validation="CV",data=DATA)
> value<-5 # 自变量个数
> nu<-(value+1)*2
> cv.MSEP<-matrix(MSEP(pcr.r)[1]$val)[seq(1,nu,2)]
> ncom.cv<-which.min(cv.MSEP^{2})-1# RMSE
> ncom.cv
[1] 2
# 主成分回归
> pcr.r1<-pcr(V1~.,scale=T,ncomp=2,validation="CV",data=DATA)
> coe<-coef(pcr.r1)
# 还原为线性方程各变量估计系数(对数据进行标准化)
> coe1<-coe[1]/sd(data[,1])
> coe2<-coe[2]/sd(data[,2])
> coe3<-coe[3]/sd(data[,3])
> coe4<-coe[4]/sd(data[,4])
> coe5<-coe[5]/sd(data[,5])
```

```
>cint<-mean(y)-coe1*mean(data[,1])-coe2*mean(data[,2])-coe3*mean(data[,3])-coe4*mean(data[,4])-coe5*mean(data[,5])
> pcr.coe<-rbind(cint,coe1,coe2,coe3,coe4,coe5)
> plot(num,true.coe,pch=8,ylim=c(-5,4),col="red")
> points(num,pcr.coe,pch=1,col='blue')
```

图 17-5 中星号表示真实系数，圆圈表示主成分回归估计的系数。可以发现主成分回归估计的系数与真实系数较为接近。在该例中，主成分回归有效地解决了变量之间存在的高度相关性而使得普通的线性回归结果较差的问题。

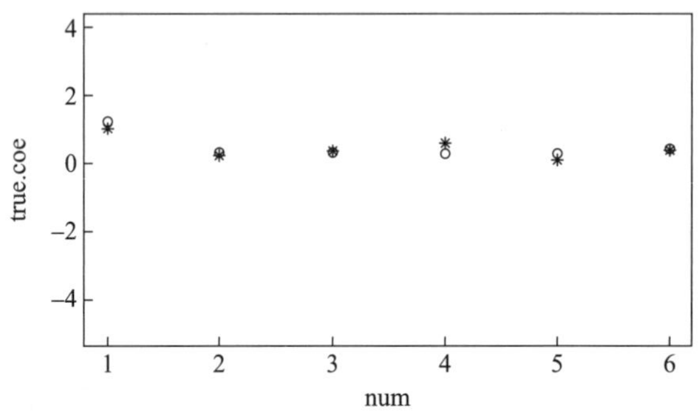

图 17-5 主成分回归系数与真实系数之间的关系

17.5 习 题

1. R 语言 datasets 包中的 USJudgeRatings 数据集描述了 43 名律师的 12 个评价指标，对 12 个指标进行主成分分析，根据碎石图判断需要选择的主成分个数。如果使用累计方差贡献率需要选择几个主成分？如果使用 Kaiser 准则呢？

2. 证明主成分分析变换前后总方差不变。

3. 第 16 章的习题 7 中我们对 datasets 包中的 USArrests 数据集进行了聚类分析，根据本章内容，我们先对 USArrests 数据集进行主成分分析，再进行聚类分析，结果会有差别吗？

4. 考虑 R 语言 MASS 包中的 Boston 数据集。该数据集主要用于波士顿房价预测，包括 13 个自变量和 1 个因变量(medv)。使用主成分回归的方法对波士顿房价进行拟合并对拟合效果进行分析。(提示：可以通过比较主成分回归与普通线性回归的 MSE 结果进行效果分析)

5. 随机生成 100 个 4 维的高斯分布数据集，其中前两个变量具有高度的相关性，后两个变量具有高度相关性，4 个变量的协方差矩阵如下所示：

$$\Sigma=\begin{pmatrix}1 & 0.999 & 0 & 0\\ 0.999 & 1 & 0 & 0\\ 0 & 0 & 1 & 0.999\\ 0 & 0 & 0.999 & 1\end{pmatrix}$$

根据 4 个自变量,通过线性变换构造因变量:

$$y=2+1.5x_1+3.12x_2+0.58x_3+2.24x_4+\varepsilon$$

均值向量为

$$\mu=(2,2,3,3)$$

其中 $\varepsilon \sim N(0,1)$,比较线性回归和主成分回归的结果。

6. 思考:主成分分析在任何时候都是有效的吗?什么情况下适合进行主成分分析,什么情况下不适合进行主成分分析?

7. 主成分回归与第 11 章中提到的逐步回归、Lasso 回归都可以达到降维的目的,对这三种方法的优点和缺陷进行比较。

第 18 章

因子分析

在处理问题时，有时我们希望探索某些抽象变量的影响，但这些变量无法直接测量，这时可以测量一些能间接反映这些变量的指标并通过一定的方法提取我们所需的抽象变量，而因子分析就可以实现这一目的。

因子分析(factor analysis, FA)是 Spearman 于 1904 年提出的，这种方法用以解决智力测验的统计分析问题。目前，因子分析广泛应用于心理学、社会学、经济学、生物学等学科中。

常见的因子分析类型有 R 型因子分析和 Q 型因子分析。R 型对变量作因子分析，Q 型对样本作因子分析。这两种因子分析的原理是相同的，只是出发点不同，可根据实际需要选择合适的分析类型，本章以 R 型因子分析为例。

18.1 因子分析的数学模型

因子分析也是一种降维的方法，它通过研究众多变量之间的内部依赖关系，探求数据中的基本结构，找出影响原始变量的少数几个不相关的潜在公共因子(common factors)，并用它们来表示数据的基本结构。换句话说，因子分析是一种通过显变量测评潜在变量，通过具体指标测评抽象因子的统计方法。

假设 $\boldsymbol{X}=(X_1,\cdots,X_p)'$是 p 维随机向量，则在因子分析模型中，每一个变量都可以表示成公共因子的线性函数和特殊因子之和，即

$$X_i=a_{i1}F_1+a_{i2}F_2+\cdots+a_{im}F_m+\varepsilon_i,\quad i=1,2,\cdots,p \tag{18.1}$$

其中，$F_1,F_2,\cdots,F_m$ 称为公共因子，是不可直接观测但又客观存在的共同影响因素；ε_i 称为特殊因子，因 X_i 而异；公共因子的系数 $a_{ij}(i=1,2,\cdots,p;j=1,2,\cdots,m)$ 称为因子载荷，是第 i 个变量在第 j 个因子上的负荷。该模型可用矩阵表示为

$$\boldsymbol{X}=\boldsymbol{AF}+\boldsymbol{\varepsilon} \tag{18.2}$$

即

$$\begin{bmatrix} X_1 \\ X_2 \\ \vdots \\ X_p \end{bmatrix}=\begin{bmatrix} a_{11} & a_{12} & \cdots & a_{1m} \\ a_{21} & a_{22} & \cdots & a_{2m} \\ \vdots & \vdots & \ddots & \vdots \\ a_{p1} & a_{p2} & \cdots & a_{pm} \end{bmatrix}\begin{bmatrix} F_1 \\ F_2 \\ \vdots \\ F_m \end{bmatrix}+\begin{bmatrix} \varepsilon_1 \\ \varepsilon_2 \\ \vdots \\ \varepsilon_p \end{bmatrix}$$

其中,所有因子载荷组成的矩阵称作因子载荷矩阵,记为 $\boldsymbol{A}$。该模型满足:

(1) $m \leqslant p$,即公共因子个数不多于原始变量个数。

(2) $Cov(\boldsymbol{F},\boldsymbol{\varepsilon})=O$,即公共因子和特殊因子不相关。

(3) $\boldsymbol{D}_F=D(\boldsymbol{F})=\begin{bmatrix}1 & & 0\\ & \ddots & \\ 0 & & 1\end{bmatrix}=\boldsymbol{I}_m$,即各公共因子不相关且方差为 1。

(4) $\boldsymbol{D}_\varepsilon=D(\boldsymbol{\varepsilon})=\begin{bmatrix}\sigma_1^2 & & 0\\ & \ddots & \\ 0 & & \sigma_p^2\end{bmatrix}$,即各特殊因子间不相关。

另外,对于因子分析模型,还需要注意几个问题:

首先,变量协方差阵 $\boldsymbol{\Sigma}$ 可分解为

$$
\begin{aligned}
D(\boldsymbol{X}) &= D(\boldsymbol{AF}+\boldsymbol{\varepsilon})\\
&=D(\boldsymbol{AF})+D(\boldsymbol{\varepsilon})+Cov(\boldsymbol{AF},\boldsymbol{\varepsilon})\\
&=\boldsymbol{A}D(\boldsymbol{F})\boldsymbol{A}'+D(\boldsymbol{\varepsilon})
\end{aligned}
$$

由因子模型满足的条件知 $D(\boldsymbol{F})=\boldsymbol{I}_m$,所以有:

$$\Sigma=\boldsymbol{AA}'+\boldsymbol{D}_\varepsilon \tag{18.3}$$

若 $\boldsymbol{X}$ 已经过标准化处理,则协方差阵就是相关阵,所以有

$$\boldsymbol{R}=\boldsymbol{AA}'+\boldsymbol{D}_\varepsilon \tag{18.4}$$

将样本协方差阵 $\boldsymbol{S}$ 作为 $\boldsymbol{\Sigma}$ 的估计,则有

$$\boldsymbol{S}=\boldsymbol{AA}'+\boldsymbol{D}_\varepsilon \tag{18.5}$$

其次,模型不受量纲的影响。若 $\boldsymbol{X}^*=\boldsymbol{CX}$,其中 $\boldsymbol{C}$ 是对角阵,则

$$\boldsymbol{X}^*=\boldsymbol{A}^*\boldsymbol{F}+\boldsymbol{\varepsilon}^*$$

其中:$\boldsymbol{A}^*=\boldsymbol{CA}$,$\boldsymbol{\varepsilon}^*=\boldsymbol{C\varepsilon}$。此时依然有 $D(\boldsymbol{\varepsilon}^*)$ 是对角阵且 $Cov(\boldsymbol{F},\boldsymbol{\varepsilon}^*)=O$。

最后,与主成分分析不同,因子载荷是不唯一的。设 $\boldsymbol{T}$ 为 m 阶正交矩阵,令 $\boldsymbol{A}^*=\boldsymbol{AT}$,$\boldsymbol{F}^*=\boldsymbol{T}'\boldsymbol{F}$,则模型可以表示为

$$\boldsymbol{X}=\boldsymbol{A}^*\boldsymbol{F}^*+\boldsymbol{\varepsilon}$$

此时依然有 $D(\boldsymbol{F}^*)=\boldsymbol{T}'\boldsymbol{D}(\boldsymbol{F})\boldsymbol{T}=\boldsymbol{I}_m$ 且 $Cov(\boldsymbol{F}^*,\boldsymbol{\varepsilon})=O$。

利用因子载荷的这种不唯一性,可以通过因子的变换使新的因子具有更好的实际意义。

18.2　因子载荷阵的统计意义

18.2.1　因子载荷

对式 18.1 所示的因子分析模型,我们有:

$$\begin{aligned} Cov(X_i, F_j) &= Cov\left(\sum_{k=1}^{m} a_{ik}F_k + \varepsilon_i, F_j\right) \\ &= Cov\left(\sum_{k=1}^{m} a_{ik}F_k, F_j\right) + Cov(\varepsilon_i, F_j) \\ &= a_{ij} \end{aligned}$$

若 $\boldsymbol{X}$ 已经过标准化处理,则:

$$r_{X_i,F_j} = \frac{Cov(X_i, F_j)}{\sqrt{D(X_i)}\sqrt{D(F_j)}} = Cov(X_i, F_j) = a_{ij} \tag{18.6}$$

即因子载荷 a_{ij} 是 X_i 和 F_j 的相关系数,它一方面表示了 X_i 对 F_j 的依赖程度,另一方面也反映了 F_j 对 X_i 的相对重要性。

18.2.2 变量共同度

我们称因子载荷阵 $\boldsymbol{A}$ 中第 i 行元素的平方和,即:

$$h_i^2 = \sum_{j=1}^{m} a_{ij}^2, \quad i = 1, 2, \cdots, p$$

为变量 X_i 的共同度。可将 X_i 的方差分解如下:

$$\begin{aligned} D(X_i) &= a_{i1}^2 D(F_1) + a_{i2}^2 D(F_2) + \cdots + a_{im}^2 D(F_m) + D(\varepsilon_i) \\ &= a_{i1}^2 + a_{i2}^2 + \cdots + a_{im}^2 + D(\varepsilon_i) \\ &= h_i^2 + \sigma_i^2 \end{aligned} \tag{18.7}$$

由式 18.7 发现变量 X_i 的方差被分解为两部分:第一部分为共同度 h_i^2,描述了所有公共因子对变量 X_i 的方差所作的贡献,也称共性方差;第二部分为特殊因子对变量 X_i 的方差所作的贡献,也称个性方差。若 $\boldsymbol{X}$ 已经过标准化处理,则有:

$$h_i^2 + \sigma_i^2 = 1, \quad i = 1, 2, \cdots, p \tag{18.8}$$

18.2.3 方差贡献

我们称因子载荷阵 $\boldsymbol{A}$ 中第 j 列元素的平方和,即:

$$g_j^2 = \sum_{i=1}^{p} a_{ij}^2, \quad j = 1, 2, \cdots, m$$

为公共因子 F_j 对 $\boldsymbol{X}$ 的贡献,它描述了公共因子 F_j 对所有变量方差贡献的总和。

18.3 因子分析的其他方面

18.3.1 因子载荷阵的求解

为了构建因子分析模型,我们需要估计因子载荷阵 $\boldsymbol{A}$ 和特殊因子的方差 σ_i^2,常见的方法有主成分法、主轴因子法和极大似然法。

主成分法是从原始变量的总体方差变异出发，尽可能使其能够被公共因子（主成分）所解释，并且使得各公共因子对原始变量的方差变异的解释比例依次降低。主成分法相对而言比较简单，不过，通过这种方法得到的特殊因子 $\boldsymbol{\varepsilon}$ 的各分量之间不独立，因此并不满足因子分析模型的前提条件，所得到的因子载荷可能会产生较大的偏差。只有当各公共因子的共同度较大时，其特殊因子之间的相关性所带来的影响才可以忽略不计。

与主成分法不同，主轴因子法是从原始变量的相关系数矩阵出发，使原始变量的相关程度尽可能地被公因子所解释。该方法更加注重解释变量之间的相关性，确定其内在结构。所以，当我们的目的重在确定结构，而不太关心变量方差的情况时可使用此方法。

极大似然法则是建立在公共因子 $\boldsymbol{F}$ 和特殊因子 $\boldsymbol{\varepsilon}$ 服从正态分布的假设之下，如果满足这个假设条件，那么就可以得到因子载荷和特殊因子方差的极大似然估计。

18.3.2 因子旋转

通过上述几种方法求得的因子载荷阵有时很难对公共因子的含义进行解释，因为可能有些变量在多个公共因子上都有较大的载荷，或是同一公共因子在多个变量上具有较大载荷，从而对多个变量都具有较明显的影响。而我们希望的是，在最终得到的载荷阵中，每个变量仅在一个公共因子上具有较大载荷，而在其余公共因子上载荷较小；且每个公共因子仅在部分变量上载荷较大，在其余变量上载荷较小。为此，我们需要对因子载荷阵进行旋转变换，使同一列上的载荷尽可能靠近 1 和靠近 0，便于我们对公共因子做出合理解释。常见的因子旋转方法有正交旋转和斜交旋转两类，这里我们简单介绍正交旋转方法。

正交旋转是对因子载荷阵 $\boldsymbol{A}$ 作正交变换，即右乘一个正交矩阵 $\boldsymbol{\Gamma}$，使得 $\boldsymbol{A\Gamma}$ 具有更鲜明的实际意义。旋转以后的公共因子向量为 $\boldsymbol{F}^* = \boldsymbol{\Gamma}'\boldsymbol{F}$，它的各个分量 $F_1^*, F_2^*, \cdots, F_m^*$ 也是互不相关的公共因子。通过选取不同的正交矩阵 $\boldsymbol{\Gamma}$，我们可以构造出不同的正交旋转方法。在实际中，很常用的一种方法是最大方差旋转法，即选择正交矩阵 $\boldsymbol{\Gamma}$，使 $\boldsymbol{A}^*$ 中 m 列元素的相对方差之和达到最大。

18.3.3 因子得分

类似于主成分得分，因子分析中也有因子得分，因子得分即样本在公共因子上的相应取值。由于公共因子个数往往小于变量个数，所以我们无法通过矩阵变换求得各样本的因子得分。常见的估计因子得分的方法有加权最小二乘法和回归法。

加权最小二乘法是将因子模型看作典型的多元回归模型，此时由于特殊方差 σ_i^2 是不相等的，所以该回归模型具有异方差性，可以采取加权最小二乘法对参数进行估计，因子得分 $\boldsymbol{F}$ 即为我们需要估计的参数。

回归法也称汤姆森回归，该方法将公共因子对原始变量作回归，即：

$$\hat{F}_j = b_{j1}X_1 + b_{j2}X_2 + \cdots + b_{jp}X_p = \boldsymbol{BX}, \quad j = 1, 2, \cdots, m$$

其中，F_j 和 X_i 已经过标准化处理。此回归模型中 $\boldsymbol{F}$ 和 $\boldsymbol{B}$ 都是未知的，但通过因子载荷阵的统计意义，可以得出参数矩阵 $\boldsymbol{B}$ 和因子载荷阵 $\boldsymbol{A}$ 的关系，进而求得参数矩阵 $\boldsymbol{B}$ 的值，并根据回归模型可求得因子得分 $\hat{\boldsymbol{F}}=\boldsymbol{A}'\boldsymbol{R}^{-1}\boldsymbol{X}$。

18.3.4　与主成分分析的对比

同主成分分析一样,在进行因子分析之前一般需要将变量进行标准化,并且关于公共因子的个数,同样可以采用碎石图来进行选择。

因子分析其实是主成分分析的一种推广,它与主成分之间的联系为

(1) 都消除了原始指标的相关性对综合评价所造成的信息重叠的影响。

(2) 在信息损失不大的前提下,减少了评价的工作量。

当然,两者之间也有很明显的区别:

(1) 主成分分析仅仅是变量变换,而因子分析需要构造因子模型。

(2) 主成分分析是用原始变量的线性组合来表示新的综合变量,即主成分,而因子分析则是用潜在的假想变量和随机影响变量的线性组合来表示原始变量。

18.4　R 语言实现

R 基础包中的函数 factanal( )和 psych 包中的函数 fa( )都可以做因子分析。函数 factanal( )是采用极大似然法求因子载荷阵。其句法如下:

```
>factanal(x, factors, data = NULL, covmat = NULL, n.obs = NA,subset, na.action,
start = NULL, scores = c("none", "regression", "Bartlett"),rotation = "varimax",
control = NULL, ...)
```

各参数的解释如表 18-1 所示。

表 18-1　factanal 函数参数解释

参数名称	解释	参数名称	解释
x	进行因子分析的对象,公式、数据框或矩阵	na. action	指定缺失数据的处理方式
factors	因子的个数	start	指定特殊方差的初始值
data	数据框,当 x 为公式时使用	scores	指定因子得分的计算方法
covmat	样本协方差矩阵或相关矩阵	rotation	指定载荷矩阵的旋转方法
n. obs	指定观测样本的个数	control	因子对照的列表

psych 包中的函数 fa( )则提供了多种求因子载荷阵的方法,通过参数 fm 选择求因子载荷阵的方法,包括极小二乘法(minres)、加权最小二乘法(wls)、广义加权最小二乘法(gls)、极大似然法(ml)、主轴迭代法(pa)。

除此之外,我们还可以使用 nFactors 函数中的 plotnScree 函数绘制碎石图进行因子个数的选择。

18.4.1　问题描述

随着经济的发展,人们的收入得到了提高,为了获得更高的报酬,许多人选择将闲置的资金投入股票市场以获得更高的收益。由于股市有风险,因此在做出投资决策前,投资者需要对股票进行多方面的评估以达到规避风险、获得高报酬的目的。为了对该问题进行研究,我们选择批发和零售行业作为研究对象进行因子分析。

18.4.2　数据来源与描述性统计

我们从 CSMAR 获取 147 个 A 股非 ST 的批发和零售行业公司在 2019 年的 11 个财务指标数据,这些指标分别反映了上市公司偿债能力、盈利能力、经营能力以及发展能力,如表 18-2 所示。

表 18-2　上市公司财务指标

所属类别	指标名称	符号	解释
发展能力	总资产增长率	X_1	(资产总计本期期末值-资产总计上年同期期末值)/资产总计上年同期期末值
	净利润增长率	X_2	(净利润本年本期金额-净利润上年同期金额)/净利润上年同期金额
	营业总收入增长率	X_3	(营业总收入本年本期金额-营业总收入上年同期金额)/营业总收入上年同期金额
偿债能力	流动比率	X_4	流动资产/流动负债,衡量短期偿债能力
	速动比率	X_5	(流动资产-存货)/流动负债
	资产负债率	X_6	负债合计/资产总计,反映企业负债水平
盈利能力	资产报酬率	X_7	(利润总额+财务费用)/平均资产总额
	总资产净利润率	X_8	净利润/总资产平均余额
	净资产收益率	X_9	净利润/股东权益平均余额
经营能力	流动资产周转率	X_{10}	营业收入/流动资产平均占用额
	总资产周转率	X_{11}	营业收入/平均资产总额

接下来,我们对数据进行描述性分析:

```
# 数据读取
> invest <- read.csv ("C:/Users/lenovo/Desktop/2019invest.csv", header = T,
sep=",")
> om.invest<-na.omit(invest) # 缺失数据处理
```

接下来我们对数据进行标准化并且绘制相关系数图以对财务指标之间的关系进行判断。

```
# 数据标准化
> Fdata<-scale(om.invest[,-1])
# 相关系数图
> library(corrplot)
> fcor<-cor(Fdata)
> corrplot(fcor,method="shade",tl.col ="black",tl.srt = 90,tl.cex=0.7)
# 绘制相关系数矩阵图
```

图 18-1 中财务指标间的色块越深表示项目间的相关性越强。从图中可以看出对角线附近的色块颜色较深，这说明反映公司同一种能力的指标之间具有较强的相关性，也侧面说明了对这些财务指标使用因子分析的必要性。接下来我们对数据进行因子分析。

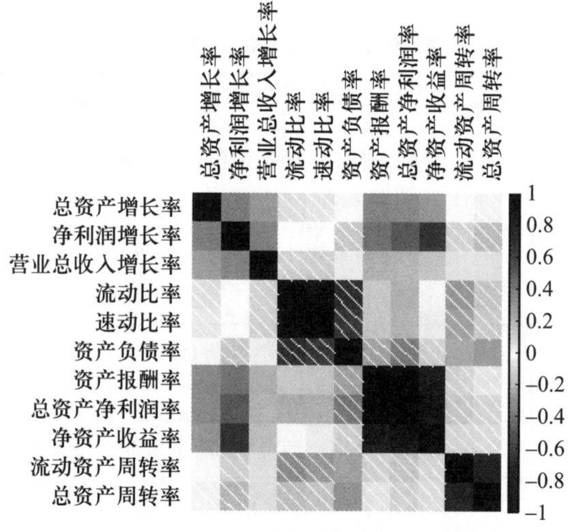

图 18-1　财务指标相关系数图

18.4.3　因子分析

在进行因子分析前，我们先对数据进行 KMO 和 bartlett 球状检验。KMO 和 bartlett 球状检验的主要目的是检查变量之间的相关性，如果变量之间的相关性较小，那么说明每个变量能够提供独立的信息，此时不适合使用因子分析。

```
> library(psych)
# bartlett 球状检验
> cortest.bartlett(fcor, n=nrow(Fdata))
$chisq
[1] 1332.296
$p.value
```

```
[1] 1.654241e-242
$df
[1] 55
> KMO(Fdata)
Kaiser-Meyer-Olkin factor adequacy
Call: KMO(r = Fdata)
Overall MSA =  0.58
MSA for each item =
总资产增长率    净利润增长率    营业总收入增长率        流动比率
      0.72          0.64            0.61             0.59
    速动比率      资产负债率          资产报酬率    总资产净利润率
      0.62          0.47            0.62             0.57
净资产收益率  流动资产周转率          总资产周转率
      0.62          0.53            0.50
```

从结果可以看出 bartlett 球状检验的 p 值很小,KMO 检验的值为 0.58,大于 0.5。因此该数据集适合进行因子分析。我们可以先通过碎石图判断选择的因子数量。

```
> library(nFactors)
> ev<-eigen(fcor)                    # 获取特征值
> pr<-parallel(subject=nrow(Fdata),var=ncol(Fdata),rep=100,cent=.05)
# subject 指样本个数,var 是指变量个数
> nS<-nScree(x=ev$values, aparallel=pr$eigen$qevpea) # 确定探索性因子分析中应保留的因子
> plotnScree(nS,legend=FALSE)   # 绘制碎石图
```

图 18-2 的横坐标是各个因子,纵坐标对应各个因子的特征值。从碎石图中可以看出前 4 个因子的特征值都大于 1,因此选择 4 个特征值比较合适。

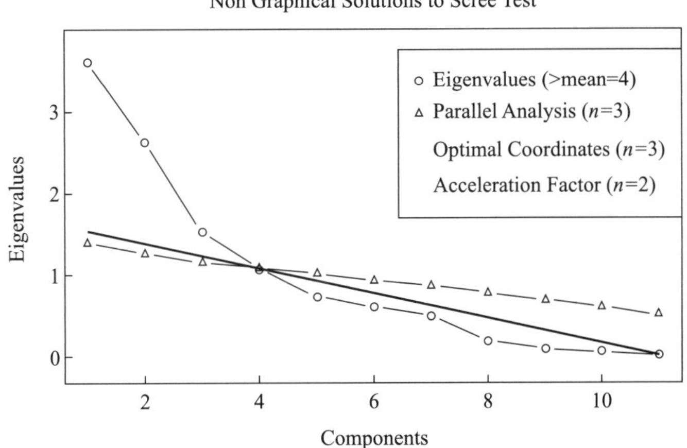

图 18-2　批发和零售行业公司财务数据碎石图

```
> fit<-factanal(Fdata,4,rotation="varimax",scores="regression")
> fit$loadings
Loadings:
               Factor1  Factor2  Factor3  Factor4
总资产增长率      0.246                      0.317
净利润增长率      0.211            -0.144    0.963
营业总收入增长率   0.115                      0.333
流动比率                  0.990
速动比率                  0.947
资产负债率       -0.220   -0.632    0.229
资产报酬率        0.950    0.111              0.188
总资产净利润率     0.945    0.189              0.252
净资产收益率      0.794                      0.465
流动资产周转率             -0.228    0.761
总资产周转率                        0.995
               Factor1  Factor2  Factor3  Factor4
SS loadings      2.596    2.392    1.665    1.467
Proportion Var   0.236    0.217    0.151    0.133
Cumulative Var   0.236    0.453    0.605    0.738
```

可以看到,前 4 个因子的累计方差贡献率为 73.8%,载荷矩阵反映了每个因子与财务指标之间的相关关系,按照财务指标与 4 个因子相关性强弱,可以将财务指标做如表 18-3 所示归类(将财务指标划分到与它相关性最强的那个因子上):

表 18-3 批发和零售行业公司财务指标归类

Factor1	资产报酬率、总资产净利润率、净资产收益率
Factor2	流动比率、速动比率、资产负债率
Factor3	总资产周转率、流动资产周转率
Factor4	总资产增长率、净利润增长率、营业总收入增长率

可以看到这 4 个因子正好与财务指标反映的 4 种能力一一对应,因此我们可以分别将这 4 个因子命名为盈利能力、偿债能力、经营能力以及发展能力。接下来我们计算上市公司在对应因子上的得分。公式如下:

$$F_1=0.246X_1^*+0.211X_2^*+\cdots+0X_{11}^*$$

$$F_2=0X_1^*+0X_2^*+\cdots-0.228X_{10}^*+0X_{11}^*$$

$$F_3=0X_1^*-0.144X_2^*+\cdots+0.995X_{11}^*$$

$$F_4=0.317X_1^*+0.963X_2^*+\cdots+0X_{11}^*$$

除此之外,我们还可以以每个因子的方差贡献率为权重,计算出每个公司的综合得分。

$$F=(0.236F_1+0.217F_2+0.151F_3+0.133F_4)/0.738$$

```
> f<-fit$scores
> Fs<-(0.236 * f[,1]+ 0.217 * f[,2]+ 0.151 * f[,3]+ 0.133 * f[,4])/0.738
```

表 18-4 罗列出了综合得分在前 10 的上市公司，其中公司名称可以根据股票代码获得。

表 18-4　批发和零售行业公司因子得分（部分）

公司名称	股票代码	F_1 盈利能力	F_2 偿债能力	F_3 经营能力	F_4 发展能力	F
远大控股	000626	-0.296	0.827	7.140	1.232	1.834
广聚能源	000096	-0.918	5.698	-0.314	-0.150	1.292
东方银星	600753	0.747	0.544	3.883	0.392	1.266
居然之家	000785	2.291	-0.388	-0.629	3.723	1.163
汇通能源	600605	-1.507	5.957	-0.686	-0.073	1.118
马应龙	600993	1.468	1.905	-0.314	-0.309	0.911
浙商中拓	000906	0.248	-0.002	3.520	0.595	0.907
博士眼镜	300622	1.141	2.176	-0.158	-0.401	0.901
上海九百	600838	0.096	3.614	-0.899	-0.365	0.845
华东医药	000963	2.675	-0.144	0.287	-0.509	0.781

18.4.4　结论

股票市场具有较强的波动性，因此具有较大的风险。本例中，我们以批发和零售行业的上市公司为例进行了因子分析。可以发现，因子分析选择出的因子个数与含义正好与财务指标所反映的上市公司能力对应。

除了对公司在各个因子上的得分进行计算，我们还根据各个因子的信息计算了公司的综合得分。从得分中可以发现，远大控股的综合得分最高，广聚能源紧随其后，但是这两家公司具有“偏科”现象，即只在 4 种能力中的其中一个或者两个上表现较好。与之相比，东方银星和居然之家虽然在得分上不如前述两个公司，但是它们在各项能力上的得分较为平均，因此比较稳定。

通过因子分析获得的因子得分可以作为进一步分析的基础，比如我们可以结合聚类分析，根据公司在 4 个因子下的得分，对公司进行聚类分析。有兴趣的同学可以自己尝试。

18.5　习　　题

1. 对 R 语言 datasets 包中 ability.cov 数据集进行因子分析。根据碎石图要选取几个因子？选取出的因子主要与哪些变量相关？

2. 设 X_1, X_2, X_3 的相关矩阵为 $\boldsymbol{R}=\begin{pmatrix}1 & 0.63 & 0.45\\ 0.63 & 1 & 0.35\\ 0.45 & 0.35 & 1\end{pmatrix}$,其特征值和特征向量为

$$\lambda_1=1.96,\quad \boldsymbol{e}'_1=(0.625,0.593,0.507)$$
$$\lambda_2=0.68,\quad \boldsymbol{e}'_2=(-0.219,-0.419,0.843)$$
$$\lambda_3=0.36,\quad \boldsymbol{e}'_3=(0.749,-0.638,-0.177)$$

(1) 取公共因子数为 2,求因子载荷阵 $\boldsymbol{A}$。

(2) 计算变量共同度 h_i^2 及公共因子的方差贡献。

3. 考虑 R 语言 datasets 包中的 USJudgeRatings 数据集,对 12 个指标进行因子分析。

(1) 对数据进行描述性分析。(提示:观察数据的均值和标准差特征,绘制变量间的相关系数图)

(2) 根据碎石图选择因子个数。

(3) 在不进行因子旋转的情况下进行分析,观察载荷阵的表现。

(4) 进行因子旋转并计算载荷阵。与不进行因子旋转有什么区别?

(5) 计算因子得分并对结果进行解释。

4. 根据习题 3 中获取的因子得分,对 USJudgeRatings 数据集进行系统聚类。分为几类比较合适?

5. 将习题 3 中因子分析的结果与第 17 章习题 1 中主成分分析的结果进行比较。结合例子对因子分析和主成分分析的异同点进行说明。

6. 因子分析在实际生活中具有广泛的应用,选择一个自己感兴趣的方面,收集相关数据进行因子分析。

第 19 章 典型相关分析

若研究两个变量之间的相关关系，可以用相关系数来衡量；若研究一个随机变量和多个随机变量的相关关系，可以用复相关系数来衡量。那么，研究两组随机变量的相关关系，该怎么衡量？比如，要研究阅读能力变量（如阅读速度、阅读才能等）与数学运算能力变量（如运算速度、运算才能等）这两组随机变量的相关关系。典型相关分析（canonical correlation analysis，CCA）便是解决该问题的一种重要方法。

典型相关分析是利用综合变量之间的相关关系来反映两组变量之间的整体相关性的统计机器学习方法。它的基本思想是：为了研究两组变量之间的相关关系，首先分别在两组变量中构造变量的线性组合，这两组线性组合之间要具有最大的相关系数；然后用同样的方法再构造两组新的线性组合，它们与之前构造的线性组合对不相关，并且具有最大的相关系数；如此继续下去，直至两组变量之间的相关性被提取完毕为止。上述构造出的线性组合配对称为典型变量，它们的相关关系称为典型相关系数。典型相关系数度量了两组原始变量之间的相关关系。

19.1 典型相关分析原理

19.1.1 总体典型相关

一般地，设 $\boldsymbol{X}^{(1)}=(X_1^{(1)},X_2^{(1)},\cdots,X_p^{(1)})$ 和 $\boldsymbol{X}^{(2)}=(X_1^{(2)},X_2^{(2)},\cdots,X_q^{(2)})$ 是两组相互关联的随机向量，假设 $p\leqslant q$，且

$$Cov(\boldsymbol{X}^{(1)},\boldsymbol{X}^{(1)})=\boldsymbol{\Sigma}_{11},\quad Cov(\boldsymbol{X}^{(2)},\boldsymbol{X}^{(2)})=\boldsymbol{\Sigma}_{22},\quad Cov(\boldsymbol{X}^{(1)},\boldsymbol{X}^{(2)})=\boldsymbol{\Sigma}_{12}=\boldsymbol{\Sigma}'_{21}$$

在研究它们的相关关系时，可以采用类似于主成分分析的方法找出两组变量的一个线性组合：

$$\begin{aligned}U&=\boldsymbol{a}'\boldsymbol{X}^{(1)}=a_1X_1^{(1)}+\cdots+a_pX_p^{(1)}\\V&=\boldsymbol{b}'\boldsymbol{X}^{(2)}=b_1X_1^{(2)}+\cdots+b_qX_q^{(2)}\end{aligned}\tag{19.1}$$

且有：

$$D(U)=D(\boldsymbol{a}'\boldsymbol{X}^{(1)})=\boldsymbol{a}'D(\boldsymbol{X}^{(1)})\boldsymbol{a}=\boldsymbol{a}'\boldsymbol{\Sigma}_{11}\boldsymbol{a}$$
$$D(V)=D(\boldsymbol{b}'\boldsymbol{X}^{(2)})=\boldsymbol{b}'D(\boldsymbol{X}^{(2)})\boldsymbol{b}=\boldsymbol{b}'\boldsymbol{\Sigma}_{22}\boldsymbol{b}$$
$$Cov(U,V)=Cov(\boldsymbol{a}'\boldsymbol{X}^{(1)},\boldsymbol{b}'\boldsymbol{X}^{(2)})=\boldsymbol{a}'Cov(\boldsymbol{X}^{(1)},\boldsymbol{X}^{(2)})\boldsymbol{b}$$

$$=\boldsymbol{a}'\boldsymbol{\Sigma}_{12}\boldsymbol{b}=Cov(V,U)=\boldsymbol{b}'\boldsymbol{\Sigma}_{21}\boldsymbol{a}$$

$$Corr(U,V)=\frac{Cov(U,V)}{\sqrt{D(U)}\sqrt{D(V)}}=\frac{\boldsymbol{a}'\boldsymbol{\Sigma}_{12}\boldsymbol{b}}{\sqrt{\boldsymbol{a}'\boldsymbol{\Sigma}_{11}\boldsymbol{a}}\sqrt{\boldsymbol{b}'\boldsymbol{\Sigma}_{22}\boldsymbol{b}}}$$

我们希望寻找 $\boldsymbol{a}$ 和 $\boldsymbol{b}$ 使 U 和 V 之间的相关系数达到最大。由于随机向量乘以常数并不改变它们的相关系数,所以为了防止出现重复的结果,我们限制

$$D(U)=\boldsymbol{a}'\boldsymbol{\Sigma}_{11}\boldsymbol{a}=1$$

$$D(V)=\boldsymbol{b}'\boldsymbol{\Sigma}_{22}\boldsymbol{b}=1$$

则相关系数变为

$$Corr(U,V)=\frac{Cov(U,V)}{\sqrt{D(U)}\sqrt{D(V)}}=\frac{\boldsymbol{a}'\boldsymbol{\Sigma}_{12}\boldsymbol{b}}{\sqrt{\boldsymbol{a}'\boldsymbol{\Sigma}_{11}\boldsymbol{a}}\sqrt{\boldsymbol{b}'\boldsymbol{\Sigma}_{22}\boldsymbol{b}}}=\boldsymbol{a}'\boldsymbol{\Sigma}_{12}\boldsymbol{b}$$

所以问题转化为求如下最优化问题:

$$\begin{aligned}\max\quad&\boldsymbol{a}'\boldsymbol{\Sigma}_{12}\boldsymbol{b}\\ \text{s. t.}\quad&\boldsymbol{a}'\boldsymbol{\Sigma}_{11}\boldsymbol{a}=1\\ &\boldsymbol{b}'\boldsymbol{\Sigma}_{22}\boldsymbol{b}=1\end{aligned}\tag{19.2}$$

构建拉格朗日函数:

$$\varphi(\boldsymbol{a},\boldsymbol{b})=\boldsymbol{a}'\boldsymbol{\Sigma}_{12}\boldsymbol{b}-\frac{\lambda}{2}(\boldsymbol{a}'\boldsymbol{\Sigma}_{11}\boldsymbol{a}-1)-\frac{\mu}{2}(\boldsymbol{b}'\boldsymbol{\Sigma}_{22}\boldsymbol{b}-1)\tag{19.3}$$

求导有:

$$\begin{cases}\dfrac{\partial\varphi}{\partial\boldsymbol{a}}=\boldsymbol{\Sigma}_{12}\boldsymbol{b}-\lambda\boldsymbol{\Sigma}_{11}\boldsymbol{a}=0\\ \dfrac{\partial\varphi}{\partial\boldsymbol{b}}=\boldsymbol{\Sigma}_{21}\boldsymbol{a}-\mu\boldsymbol{\Sigma}_{22}\boldsymbol{b}=0\\ \boldsymbol{a}'\boldsymbol{\Sigma}_{11}\boldsymbol{a}=1\\ \boldsymbol{b}'\boldsymbol{\Sigma}_{22}\boldsymbol{b}=1\end{cases}\tag{19.4}$$

将式 19.4 前两个式子分别左乘 $\boldsymbol{a}'$和 $\boldsymbol{b}'$,则有:

$$\boldsymbol{a}'\boldsymbol{\Sigma}_{12}\boldsymbol{b}=\lambda\boldsymbol{a}'\boldsymbol{\Sigma}_{11}\boldsymbol{a}=\lambda$$

$$\boldsymbol{b}'\boldsymbol{\Sigma}_{21}\boldsymbol{a}=\mu\boldsymbol{b}'\boldsymbol{\Sigma}_{22}\boldsymbol{b}=\mu$$

又 $\boldsymbol{a}'\boldsymbol{\Sigma}_{12}\boldsymbol{b}=\boldsymbol{b}'\boldsymbol{\Sigma}_{21}\boldsymbol{a}$,所以 $\lambda=\mu$。假设各协方差阵的逆矩阵都存在,根据式 19.4 的第 2 式,得:

$$\boldsymbol{b}=\frac{1}{\lambda}\boldsymbol{\Sigma}_{22}^{-1}\boldsymbol{\Sigma}_{21}\boldsymbol{a}$$

代入式 19.4 的第 1 式,可得:

$$\frac{1}{\lambda}\boldsymbol{\Sigma}_{12}\boldsymbol{\Sigma}_{22}^{-1}\boldsymbol{\Sigma}_{21}\boldsymbol{a}-\lambda\boldsymbol{\Sigma}_{11}\boldsymbol{a}=0$$

整理得:

$$\boldsymbol{\Sigma}_{12}\boldsymbol{\Sigma}_{22}^{-1}\boldsymbol{\Sigma}_{21}\boldsymbol{a}=\lambda^2\boldsymbol{\Sigma}_{11}\boldsymbol{a}\tag{19.5}$$

同理可得:

$$\boldsymbol{\Sigma}_{21}\boldsymbol{\Sigma}_{11}^{-1}\boldsymbol{\Sigma}_{12}\boldsymbol{b}=\lambda^2\boldsymbol{\Sigma}_{22}\boldsymbol{b}\tag{19.6}$$

用 $\boldsymbol{\Sigma}_{11}^{-1}$ 和 $\boldsymbol{\Sigma}_{22}^{-1}$ 分别左乘式 19.5 和式 19.6,则有:

$$\boldsymbol{\Sigma}_{11}^{-1}\boldsymbol{\Sigma}_{12}\boldsymbol{\Sigma}_{22}^{-1}\boldsymbol{\Sigma}_{21}\boldsymbol{a}=\lambda^2\boldsymbol{a}$$

$$\boldsymbol{\Sigma}_{22}^{-1}\boldsymbol{\Sigma}_{21}\boldsymbol{\Sigma}_{11}^{-1}\boldsymbol{\Sigma}_{12}\boldsymbol{b}=\lambda^2\boldsymbol{b} \tag{19.7}$$

令 $\boldsymbol{M}_1=\boldsymbol{\Sigma}_{11}^{-1}\boldsymbol{\Sigma}_{12}\boldsymbol{\Sigma}_{22}^{-1}\boldsymbol{\Sigma}_{21}$，$\boldsymbol{M}_2=\boldsymbol{\Sigma}_{22}^{-1}\boldsymbol{\Sigma}_{21}\boldsymbol{\Sigma}_{11}^{-1}\boldsymbol{\Sigma}_{12}$，则根据式 19.7 可知 $\boldsymbol{M}_1$ 和 $\boldsymbol{M}_2$ 具有相同的特征根 λ^2。又 $\lambda=\boldsymbol{a}'\boldsymbol{\Sigma}_{12}\boldsymbol{b}=Corr(U,V)$，所以求相关系数的最大值就是求 λ 的最大值，即求 $\boldsymbol{M}_1$ 和 $\boldsymbol{M}_2$ 的最大特征根。

设 $\boldsymbol{M}_1$ 和 $\boldsymbol{M}_2$ 的非零特征根为 $\lambda_1^2\geqslant\lambda_2^2\geqslant\cdots\geqslant\lambda_r^2$，$r=rank(\boldsymbol{M}_1)=rank(\boldsymbol{M}_2)$，$\boldsymbol{a}^{(1)},\cdots,\boldsymbol{a}^{(r)}$ 是 $\boldsymbol{M}_1$ 对应的特征向量，$\boldsymbol{b}^{(1)},\cdots,\boldsymbol{b}^{(r)}$ 是 $\boldsymbol{M}_2$ 对应的特征向量。则最大特征根 λ_1^2 对应的特征向量 $\boldsymbol{a}^{(1)}=(a_1^{(1)},\cdots,a_p^{(1)})$ 和 $\boldsymbol{b}^{(1)}=(b_1^{(1)},\cdots,b_q^{(1)})$ 就是所求的典型相关变量的系数向量，即：

$$U_1=\boldsymbol{a}^{(1)\prime}\boldsymbol{X}^{(1)}=a_1^{(1)}X_1^{(1)}+\cdots+a_p^{(1)}X_p^{(1)}$$

$$V_1=\boldsymbol{b}^{(1)\prime}\boldsymbol{X}^{(2)}=b_1^{(1)}X_1^{(2)}+\cdots+b_q^{(1)}X_q^{(2)}$$

称其为第一典型变量，最大特征根的平方根 λ_1 为两典型变量的相关系数，称其为第一典型相关系数。

若第一典型变量不足以代表两组原始变量的信息，则需要求第二典型变量，第二典型变量除了包含式 19.2 方差为 1 的约束外，还要求不包括第一典型变量已包含的信息，即与第一典型变量不相关。

$$\begin{cases}Cov(U_1,U_2)=Cov(\boldsymbol{a}^{(1)\prime}\boldsymbol{X}^{(1)},\boldsymbol{a}^{(2)\prime}\boldsymbol{X}^{(1)})=\boldsymbol{a}^{(1)\prime}\boldsymbol{\Sigma}_{11}\boldsymbol{a}^{(2)}=0\\Cov(V_1,V_2)=Cov(\boldsymbol{b}^{(1)\prime}\boldsymbol{X}^{(2)},\boldsymbol{b}^{(2)\prime}\boldsymbol{X}^{(2)})=\boldsymbol{b}^{(1)\prime}\boldsymbol{\Sigma}_{22}\boldsymbol{b}^{(2)}=0\end{cases} \tag{19.8}$$

根据式 19.2 和式 19.8 的约束，不难求出第二典型变量的相关系数就是 $\boldsymbol{M}_1$ 和 $\boldsymbol{M}_2$ 第二大特征根 λ_2^2 的平方根 λ_2，其对应的单位特征向量 $\boldsymbol{a}^{(2)}$ 和 $\boldsymbol{b}^{(2)}$ 是第二典型变量的系数向量。以此类推，可以求出 r 对典型变量，它们具有如下性质：

(1) $D(U_k)=1,D(V_k)=1,k=1,2,\cdots,r$

(2) $Cov(U_i,U_j)=0,Cov(V_i,V_j)=0,i\neq j$

(3) $Cov(U_i,V_j)=\begin{cases}\lambda_i\neq 0, & i=j,i=1,2,\cdots,r\\0, & i\neq j\\0, & j>r\end{cases}$

19.1.2 样本典型相关

在实际问题中，总体的协方差阵往往是未知的，我们通常需要从总体中随机抽取一个样本，根据样本的协方差阵估计总体协方差阵，进而进行典型相关分析。

设 $\boldsymbol{X}=\begin{bmatrix}\boldsymbol{X}^{(1)}\\\boldsymbol{X}^{(2)}\end{bmatrix}$ 服从正态分布 $N_{p+q}(\boldsymbol{\mu},\boldsymbol{\Sigma})$，从中抽取容量为 n 的样本，得到：

$$\boldsymbol{X}^{(1)}=\begin{bmatrix}X_{11}^{(1)} & \cdots & X_{1p}^{(1)}\\\vdots & \ddots & \vdots\\X_{n1}^{(1)} & \cdots & X_{np}^{(1)}\end{bmatrix},\quad \boldsymbol{X}^{(2)}=\begin{bmatrix}X_{11}^{(2)} & \cdots & X_{1q}^{(2)}\\\vdots & \ddots & \vdots\\X_{n1}^{(2)} & \cdots & X_{nq}^{(2)}\end{bmatrix}$$

其均值向量为

$$\overline{\boldsymbol{X}}=\begin{bmatrix}\overline{\boldsymbol{X}}^{(1)}\\ \overline{\boldsymbol{X}}^{(2)}\end{bmatrix}=\begin{bmatrix}\dfrac{1}{n}\sum_{i=1}^{n}\boldsymbol{X}_i^{(1)}\\ \dfrac{1}{n}\sum_{i=1}^{n}\boldsymbol{X}_i^{(2)}\end{bmatrix}$$

样本协方差阵为

$$\hat{\boldsymbol{\Sigma}}=\begin{bmatrix}\hat{\boldsymbol{\Sigma}}_{11} & \hat{\boldsymbol{\Sigma}}_{12}\\ \hat{\boldsymbol{\Sigma}}_{21} & \hat{\boldsymbol{\Sigma}}_{22}\end{bmatrix}$$

其中：

$$\hat{\boldsymbol{\Sigma}}_{kl}=\frac{1}{n-1}\sum_{j=1}^{n}(\boldsymbol{X}_j^{(k)}-\overline{\boldsymbol{X}}^{(k)})(\boldsymbol{X}_j^{(l)}-\overline{\boldsymbol{X}}^{(l)})',k,l=1,2$$

由此可得 $\boldsymbol{M}_1$、$\boldsymbol{M}_2$ 的样本估计：

$$\hat{\boldsymbol{M}}_1=\hat{\boldsymbol{\Sigma}}_{11}^{-1}\hat{\boldsymbol{\Sigma}}_{12}\hat{\boldsymbol{\Sigma}}_{22}^{-1}\hat{\boldsymbol{\Sigma}}_{21}$$
$$\hat{\boldsymbol{M}}_2=\hat{\boldsymbol{\Sigma}}_{22}^{-1}\hat{\boldsymbol{\Sigma}}_{21}\hat{\boldsymbol{\Sigma}}_{11}^{-1}\hat{\boldsymbol{\Sigma}}_{12}$$

通过求 $\hat{\boldsymbol{M}}_1$ 和 $\hat{\boldsymbol{M}}_2$ 的特征根及特征向量，可求得典型相关变量和典型相关系数。

若样本数据已经过标准化处理，则协方差阵等于相关系数矩阵，此时有：

$$\hat{\boldsymbol{M}}_1^*=\hat{\boldsymbol{R}}_{11}^{-1}\hat{\boldsymbol{R}}_{12}\hat{\boldsymbol{R}}_{22}^{-1}\hat{\boldsymbol{R}}_{21}$$
$$\hat{\boldsymbol{M}}_2^*=\hat{\boldsymbol{R}}_{22}^{-1}\hat{\boldsymbol{R}}_{21}\hat{\boldsymbol{R}}_{11}^{-1}\hat{\boldsymbol{R}}_{12}$$

相当于从相关阵出发计算典型变量。

19.2　典型相关系数的显著性检验

19.2.1　全部总体典型相关系数为零的检验

考虑假设检验问题：

$$H_0:\lambda_1=\cdots=\lambda_r=0,H_1:\text{至少有一个 }\lambda_i\text{ 不为零}$$

其中：$r=\min(p,q)$。

若检验不拒绝 H_0，则认为两组变量之间没有相关性；若拒绝 H_0，则认为第一对典型变量是显著的。上述假设检验问题等价于：

$$H_0:\Sigma_{12}=0,\quad H_1:\Sigma_{12}\neq 0$$

根据随机向量的检验理论，用于检验的似然比统计量为

$$\Lambda_0=\frac{|\hat{\Sigma}|}{|\hat{\Sigma}_{11}||\hat{E}_{22}|}=\prod_{i=1}^{r}(1-\hat{\lambda}_i^2)\tag{19.9}$$

其中：$\hat{\lambda}_i^2$ 是矩阵 $\boldsymbol{M}_1$ 的第 i 特征根的估计值。

巴特莱特证明，当原假设 H_0 成立时，$Q_0=-m\ln\Lambda_0$ 近似服从 $\chi^2(f)$ 分布，其中 $m=(n-1)-\dfrac{1}{2}(p+q+1)$，自由度 $f=pq$。在给定的显著性水平 α 下，由样本计算的 Q_0 值若大于临界值 χ_α^2，

则拒绝原假设,认为第一对典型变量之间的相关性是显著的,否则第一对典型变量的相关性不显著,便没有典型相关分析的必要。

19.2.2　部分总体典型相关系数为零的检验

典型相关分析的目的是减少分析变量,希望使用尽可能少的典型变量数,所以没有必要提取所有 r 对典型变量。设典型相关系数为 $\lambda_k, k=1,2,\cdots$,则若 $\lambda_k=0$,则相应的典型变量 U_k、V_k 之间无相关关系,这样的典型变量无须考虑。假设前 k 个典型相关系数都显著,考虑如下假设检验:

$$H_0:\lambda_{k+1}=\cdots=\lambda_r=0,\quad H_1:\text{至少有一个 } \lambda_i \text{ 不为零}$$

此时检验统计量为

$$\Lambda_k=\prod_{i=k+1}^{r}(1-\hat{\lambda}_i^2) \tag{19.10}$$

可以证明,当原假设 H_0 成立时,$Q_k=-m_k\ln\Lambda_k$ 近似服从 $\chi^2(f_k)$ 分布,其中 $m_k=(n-k-1)-\frac{1}{2}(p+q+1)$,自由度 $f_k=(p-k)(q-k)$。我们依次计算 $Q_0,Q_1\cdots$ 的值,若大于临界值 $\chi_\alpha^2(f_0)$,$\chi_\alpha^2(f_1)$,…,则继续检验,直至 Q_k 的值小于临界值 $\chi_\alpha^2(f_k)$,无法拒绝原假设,所以 $\lambda_{k+1}=\cdots=\lambda_r=0$,此时总体有 k 个典型相关系数不为零,提取 k 对典型变量。

19.3　R 语言程序实现

R 语言中可以用 cancor( )函数对原始数据进行典型相关分析,句法如下:

```
> cancor(x, y, xcenter = TRUE, ycenter = TRUE)
```

其中:x 是需要进行典型相关分析的其中一组数据;y 是需要进行典型相关分析的另一组数据;xcenter 和 ycenter 是逻辑变量;TRUE 表示将数据进行中心化;FALSE 表示不将数据进行中心化。

19.3.1　问题描述

粗放型的经济发展方式背后,是环境污染问题。粗放型的能源消费模式是我国经济可持续发展道路上的绊脚石,作为能源生产和消费大国,研究能源消费与环境污染之间的关系具有重要的意义。接下来,我们对 2017 年我国部分(30 个)省、自治区、直辖市能源消费与环境污染进行典型相关分析。

19.3.2　数据来源与描述性统计

我们从国家统计局收集 2017 年 30 个省、自治区、直辖市的能源消费数据和环境污染数据，指标如表 19-1 所示。

表 19-1　能源消费与环境污染变量

能源消费变量	单位	符号	环境污染变量	单位	符号
煤炭消费量	万吨	X_1	废水排放总量	亿吨	Y_1
成品油消费量	万吨	X_2	二氧化硫排放量	万吨	Y_2
天然气消费量	亿立方米	X_3	氮氧化物排放量	万吨	Y_3
电力消费量	亿千瓦时	X_4	烟（粉）尘排放量	万吨	Y_4

接着我们对数据集进行描述性分析：

```
> energy<-read.csv("C:/Users/lenovo/Desktop/2017energy.csv",header=T,
sep=",")
>library(ggplot2);library(reshape2)
>fdata<-melt(energy)
>ggplot(fdata,aes(x=variable,y=value))+geom_boxplot(fill=seq(1:8),show.
legend=F)+theme(axis.text.x = element_text(angle=90, hjust=1, vjust=1))
```

从箱线图（图 19-1）中可以看出各个变量的均值和方差差别都较大，这与变量的量纲有关，因此我们需要对数据进行标准化处理。

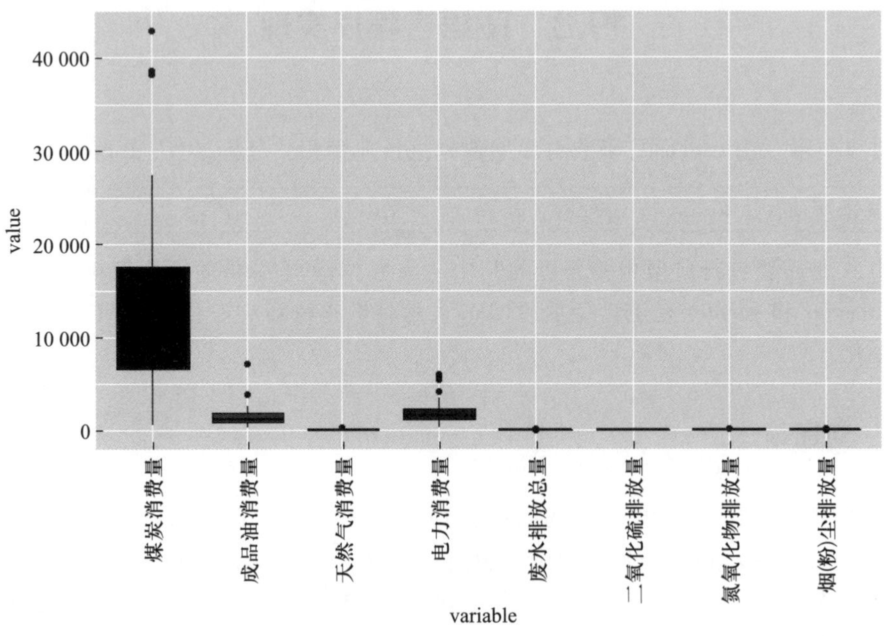

图 19-1　变量箱线图

```
> My.energy<-as.matrix(energy[,-1])
>rownames(My.energy)<-energy$地区
```

```
> library(corrplot)
> My.cor<-cor(My.energy)
>corrplot(My.cor,method="circle",tl.col ="Black",tl.srt = 90,tl.cex=0.7)
# 相关系数矩阵图
```

图 19-2 中圆形越大表示变量之间的相关性越强,可以看出能源消费变量与环境污染变量之间存在一定的相关性。相关关系图只能反映变量一对一之间的相关关系,而我们现在需要对变量“多对多”之间的关系进行研究,于是我们使用典型相关分析进行研究。

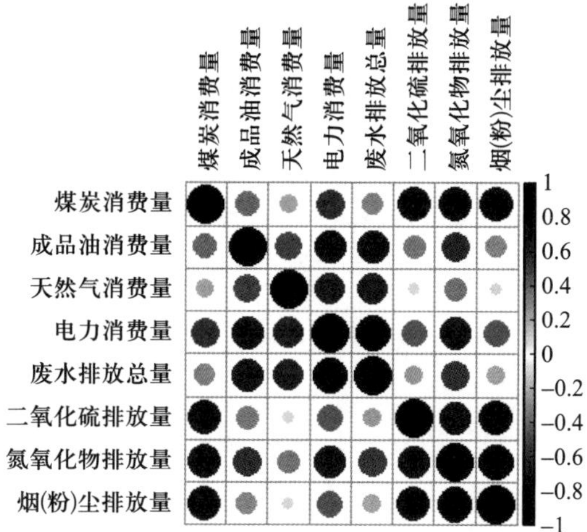

图 19-2 能源消费变量与环境污染变量关系图

19.3.3 典型相关分析

在进行典型相关分析前,我们先对变量进行标准化处理:

```
> std.energy<-scale(My.energy) # 数据标准化
> std.data<-melt(std.energy)
>ggplot(std.data,aes(x=Var2,y=value))+geom_boxplot(fill=seq(1:8),show.
legend=F)+theme(axis.text.x = element_text(angle=90, hjust=1, vjust=1))
```

从图 19-3 中可以看出,经过标准化后的变量均值和方差都比较接近。

我们使用 cancor 函数进行典型相关分析,代码如下:

```
> caa<-cancor(std.energy[,1:4],std.energy[,5:8])
> caa
$cor
[1] 0.94232459  0.80634388  0.29704516  0.04762012
$xcoef
                  [,1]        [,2]         [,3]         [,4]
煤炭消费量  0.020939261  0.22267964  -0.05291299  -0.09288247
```

```
成品油消费量  -0.022005773   0.01243870  -0.26214763   0.10881129
天然气消费量  -0.002924479  -0.04366860  -0.09875620  -0.23940774
电力消费量    -0.181818274  -0.09713011   0.30696249   0.12730103
$ycoef
                     [,1]          [,2]          [,3]          [,4]
废水排放总量    -0.161717262  -0.13397906   0.20905080   0.09771558
二氧化硫排放量  -0.002833718   0.10988872  -0.08646619   0.32096202
氮氧化物排放量  -0.026789643   0.10496224  -0.52943874  -0.23459515
烟(粉)尘排放量  -0.023331384   0.00354327   0.53135737  -0.12983881
$xcenter
     煤炭消费量    成品油消费量    天然气消费量     电力消费量
-1.505919e-17  -4.929007e-17  -5.383625e-17  -1.010327e-16
$ycenter
  废水排放总量  二氧化硫排放量  氮氧化物排放量  烟(粉)尘排放量
5.767956e-17  2.536285e-17  -5.957878e-17  -6.819258e-17
```

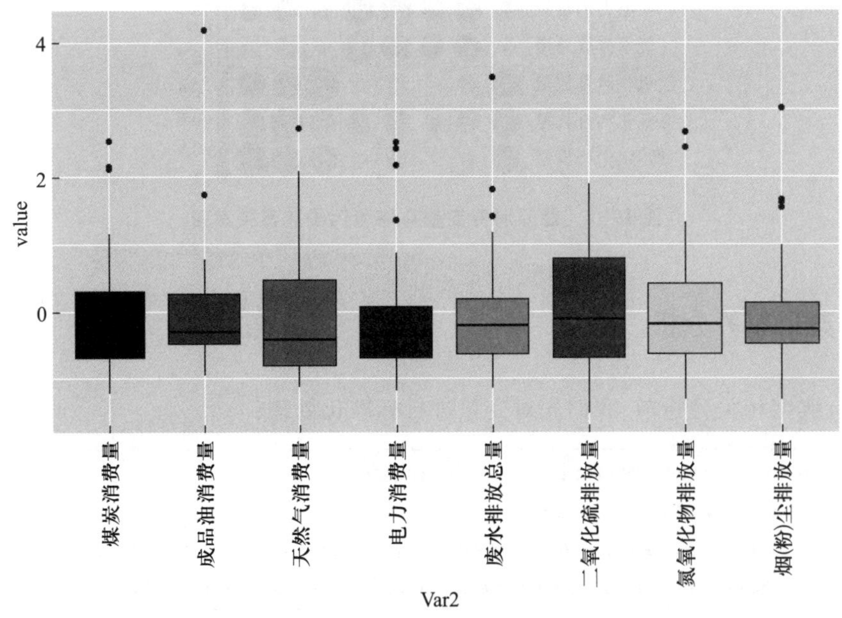

图 19-3 标准化后能源消费变量与环境污染变量箱线图

其中:cor 表示典型相关系数;xcoef 是对应于数据 X 的系数,即关于能源消费变量的典型载荷;ycoef 是关于数据 Y——环境污染变量的典型载荷;xcenter 和 ycenter 是数据 X 与 Y 的样本均值。

接下来,我们计算各省份在典型变量下的得分并绘制得分间的散点图。

```
> # 计算数据在典型变量下的得分
> U<-as.matrix(std.energy[, 1:4])%*%caa$xcoef
> U
```

```
              [,1]          [,2]          [,3]          [,4]
北京市  0.096543914  -0.27293293  -0.255741007  -0.344705424
天津市  0.146787423  -0.13452469  -0.082938753  -0.108497123
……
> V<-as.matrix(std.energy[, 5:8])%*%caa$ycoef
> V
             [,1]          [,2]          [,3]           [,4]
北京市  0.15877407  -0.224690774  -0.034339860  -0.0853410327
天津市  0.18749870  -0.169661038  -0.004060993  -0.1139609962
……
> par(mfrow=c(2,2))
> plot(U[,1],V[,1],xlab="U1",ylab="V1",col="red")
> plot(U[,2],V[,2],xlab="U2",ylab="V2",col="blue")
> plot(U[,3],V[,3],xlab="U3",ylab="V3",col="brown")
> plot(U[,4],V[,4],xlab="U4",ylab="V4",col="purple")
```

从图 19-4 中可以看出第一对典型变量下各样本得分几乎落在一条直线上，第二对典型变量下各样本得分近似落在一条直线上，而第三对和第四对典型变量下的样本得分之间的关系几乎无序，这也符合典型相关系数从 0.942→0.806→0.297→0.048 递减的规律。

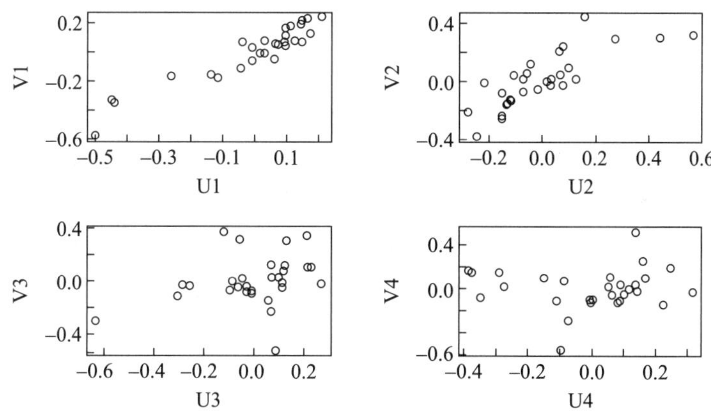

图 19-4　典型变量散点图

根据相关系数显著性原理，我们编写如下代码对相关性的显著性进行检验：

```
> cacoef.test <-function(cor,n,p,q,alpha=0.05){
   r<-length (cor) # 确定特征根个数 r
   Q<-rep(0,r)
   lambda<-1
   for (i in r : 1 ) {
     lambda<-lambda * (1-cor[i]^2)
     Q[i]<- -(n-i+1-1/2 * (p+q+3))*log(lambda)
   } # 构建 r 个检验统计量
```

```
    for (i in 1 : r ) {
      a <- 1-pchisq(Q[i],(p-i+1)* (q-i+1))
      if (a>alpha) {
      k<-i-1
      break
     }
   }
   k
}
> cacoef.test(caa$cor,30,4,4)
[1] 2
```

结果显示选择两对典型变量比较合适,其中第一对典型变量表示如下:

$$\begin{cases} U_1 = 0.021X_1^* - 0.022X_2^* - 0.003X_3^* - 0.182X_4^* \\ V_1 = -0.162Y_1^* - 0.003Y_2^* - 0.027Y_3^* - 0.023Y_4^* \end{cases}$$

第二对典型变量可以表示为

$$\begin{cases} U_2 = 0.223X_1^* + 0.012X_2^* - 0.044X_3^* - 0.097X_4^* \\ V_2 = -0.134Y_1^* + 0.110Y_2^* + 0.105Y_3^* + 0.004Y_4^* \end{cases}$$

其中带星号的变量表示变量经过标准化处理。

19.3.4 结论

通过典型相关分析可以看到,只有两对典型变量通过显著性水平检验。因此我们取前两对典型变量。从典型相关系数中可以看出第一对典型变量的相关系数为 0.942,第二对典型变量的相关系数为 0.806,由此可以得出能源消费量与环境污染程度为正相关关系,能源消费量越大,环境污染程度也越大。环境污染问题依旧是我国需要关注的。

19.4 习 题

1. 考虑样本典型相关,证明同一组的典型变量互不相关。

2. 计算不同组的典型变量之间的相关系数。(考虑样本典型相关)

3. 考虑 R 语言 datasets 包中的 iris(鸢尾花)数据集,该数据集包含了花萼长度(Sepal. Length)、花萼宽度(Sepal. Width)、花瓣长度(Petal. Length)、花瓣宽度(Petal. Width)四个特征。其中前两个特征描述了花萼的特征,后两个变量刻画了花瓣的特征。我们想知道花萼和花瓣之间的相关性,应该怎么做?

4. 考虑 R 语言 datasets 包中 LifeCycleSavings 数据集,该数据集记录了 1960—1970 年 50 个国家的储蓄率。包括 5 个变量:*sr*(个人总储蓄)、*pop*15(15 岁以下人口百分比)、*pop*75(75 岁以下人口百分比)、*dpi*(人均实际可支配收入)、*ddpi*(dpi 的增长率)。将 *sr*、*dpi*

和 *ddpi* 看成一组变量,标记为组 1,*pop*15 和 *pop*75 看成一组变量,标记为组 2。要求对组 1 和组 2 的变量进行典型相关性分析。

(1) 对数据进行描述性分析。

(2) 对数据进行标准化处理。

(3) 对数据进行典型相关性分析。

(4) 在 0.01 显著性水平下对结果进行检验。

(5) 对得到的结果进行分析。

5. 收集相关资料,比较简单相关、复相关和典型相关之间的区别和联系。

第 20 章 推荐算法

随着互联网的普及,信息获取越来越方便,但同时信息过载的问题也日益凸显。推荐系统(recommender system)一方面可以帮助用户发现对自己有价值的信息,另一方面也是商家改善用户体验、获取利润的重要手段。推荐系统在互联网领域已得到了广泛应用,如亚马逊、淘宝网的商品推荐,网易云音乐的音乐推荐等。

推荐系统最为核心的是推荐算法。推荐算法可以根据用户行为数据挖掘用户偏好,从而为用户推荐其可能感兴趣的物品或服务。由于实际中用户和物品多种多样,推荐系统的商业目标也五花八门,因此推荐模型种类繁多。例如,对购物车中物品的共现规律进行挖掘的关联规则算法,根据用户对物品点击、评分等数据挖掘用户偏好的协同过滤算法,将用户行为信息看作二分图并结合随机游走进行个性化推荐的 PersonalRank 算法(Haveliwala 等,2003),以及引入用户标签及物品特征进行点击率预估的算法。更加复杂的推荐算法还会利用时间、评论、社交网络等信息。其中关联规则和协同过滤是最经典也是最为基础的推荐算法,本章主要介绍这两种算法。

20.1 关联规则

"尿布与啤酒"的故事是营销界的神话,一直为人们津津乐道。按常规思维,尿布与啤酒风马牛不相及,若不是借助数据挖掘技术对大量交易数据进行挖掘分析,沃尔玛是不会发现隐藏于其中的关联规律的。

数据关联是数据库中存在的一类重要的可被发现的知识。关联规则(association rules,AR)是两个或多个变量的取值之间存在某种规律性。关联规则可分为简单关联规则、时序关联规则、因果关联规则。关联规则分析的目的是找出数据库中隐藏的关联网。关联规则挖掘就是在事务数据库、关系数据库、交易数据库等信息载体中,发现存在于大量项目集合或者对象集合中有趣或有价值的关联或相关关系。

Agrawal 等于 1993 年在分析购物篮问题时首先提出了关联规则挖掘,后又经过诸多研究人员对其研究和发展,到目前它已经成为数据挖掘领域最活跃的分支之一。关联规则的应用十分广泛,在购物篮分析(market basket analysis)、网络链接(web link analysis)和基因分析等领域均有应用,具体应用场景包括优化货架商品摆放、交叉销售和捆绑销售、异常识别等。

20.1.1 基本概念

1. 项与项集

定义 20.1 设 $I=\{I_1,I_2,\cdots,I_m\}$ 是 m 个不同项目的集合，$I_p(p=1,2,\cdots,m)$ 称为数据项(item)，简称项；数据项集合 I 称为数据项集(Itemset)，简称项集。I 的任何非空子集 X，若集合 X 中包含 k 个项，则称为 k 项集(k-Itemset)。

项集其实就是不同属性取不同值的组合，不会存在属性相同而属性值不同的项集。例如，二项集{性别=男，性别=女}中两项是互斥的，现实中不会存在。

2. 事务与事务集

定义 20.2 关联挖掘的事务集记为 D，$D=\{T_1,T_2,\cdots,T_n\}$，$T_k(k=1,2,\cdots,n)$ 是项集 I 的非空子集，即 $T_k\subseteq I$，称为事务(transaction)。每一个事务有且仅有一个标识符，称为 TID (transaction ID)。

3. 项集支持度与频繁项集

定义 20.3 事务集 D 包含的事务数记为 $count(D)$，事务集 D 中包含项集 X 的事务数目称为项集 X 的支持数，记为 $occur(X)$，则项集 X 的支持度(support)定义为

$$supp(X)=\frac{occur(X)}{count(D)}(\times 100\%) \tag{20.1}$$

定义 20.4 若 $supp(X)$ 大于等于预定义的最小支持度阈值，即 $supp(X)\geqslant \min.supp$，则称 X 为频繁项集，否则称 X 为非频繁项集。

一般情况下，给定最小支持数与给定最小支持度的效果是相同的，甚至给定最小支持数会更加直接且方便。假如需要寻找最小支持数为 3 的(频繁)项集，那么支持数小于 3(0、1、2)的项集就不会被选择。

定理 20.1 设 X、Y 是事务集 D 中的项集，假定 $X\subseteq Y$，则：

(1) $supp(X)\geqslant supp(Y)$。

(2) Y 是频繁项集 $\Rightarrow X$ 是频繁项集。

(3) X 是非频繁项集 $\Rightarrow Y$ 是非频繁项集。

4. 关联规则

定义 20.5 若 X、$Y\subseteq I$ 且 $X\cap Y=\varnothing$，则蕴含式 $R:X\Rightarrow Y$ 称为关联规则。其中项集 X、Y 分别为该规则的先导(antecedent 或 left-hand-side，LHS)和后继(consequent 或 right-hand-side，RHS)。

5. 关联规则支持度与置信度

定义 20.6 项集 $X\cup Y$ 的支持度称为关联规则 $R:X\Rightarrow Y$ 的支持度，记作 $supp(R)$：

$$supp(R)=supp(X\cup Y)=\frac{occur(X\ and\ Y)}{count(D)} \tag{20.2}$$

定义 20.7 关联规则 $R:X\Rightarrow Y$ 的置信度(confidence)定义为

$$conf(R)=\frac{supp(X\cup Y)}{supp(X)}=P(Y\mid X) \tag{20.3}$$

支持度描述了项集 $X\cup Y$ 在事务集 D 中出现的概率的大小，是对关联规则重要性的衡

量，支持度越大，关联规则越重要；而置信度则是测度关联规则正确率高低的指标。置信度高低与支持度大小之间不存在简单的指示性联系，有些关联规则的置信度虽然很高，但是支持度却很低，说明该关联规则的实用性很小，因此不那么重要。

从上述关于关联规则的定义可知，任意给出事务集 D 中两个项目集，它们之间必然存在关联规则，这样的关联规则将有无穷多种，为了在这无穷多种的关联规则中找出有价值的规则，也为了避免额外的计算和 I/O 操作，一般给定两个阈值：最小支持度和最小置信度。

6. 最小支持度、最小置信度与提升度

定义 20.8 关联规则必须满足的支持度的最小值称为最小支持度（minimum support）。

定义 20.9 关联规则必须满足的置信度的最小值称为最小置信度（minimum confidence）。

如果满足最小支持度阈值和最小置信度阈值，则认为该关联规则是有趣的。支持度和置信度都不宜太低。如果支持度太低，说明规则在总体中占据的比例较低，缺乏价值；如果置信度太低，则很难从 X 关联到 Y，同样不具有实用性。

最小支持度与最小置信度的给定需要有丰富的经验做参考，且带有很强的主观性，为此我们可以引入另外一个量，即提升度（lift），以度量此规则是否可用。

定义 20.10 对于规则 $R:X\Rightarrow Y$，其提升度计算方式为

$$lift(R)=\frac{conf(X\Rightarrow Y)}{supp(Y)}=\frac{supp(X\Rightarrow Y)}{supp(X)*supp(Y)} \tag{20.4}$$

提升度显示了关联规则的左边和右边关联在一起的强度。提升度越高，关联规则越强。换言之，提升度描述的是相对于不用规则，使用规则（效率、价值等）可以提高多少。有用的规则的提升度大于 1。

7. 强规则与弱规则

定义 20.11 若 $supp(R)\geqslant \min.supp$ 且 $conf(R)\geqslant \min.conf$，或者 $lift(R)>1$，称关联规则 $R:X\Rightarrow Y$ 为强规则，否则称关联规则 $R:X\Rightarrow Y$ 为弱规则。关联挖掘的任务就是挖掘出事务集 D 中所有的强规则。

例 20.1 表 20-1 是某超市顾客购买记录的数据库 D，包含 6 个事务 $T_k(k=1,2,\cdots,6)$，其中项集 $I=\{$面包，牛奶，果酱，麦片$\}$。考虑关联规则 $R:\{$面包$\}\Rightarrow\{$牛奶$\}$。

表 20-1　某超市顾客购物记录数据库 D

TID	Date	Items
T100	6/6/2010	{面包，麦片}
T200	6/8/2010	{面包，牛奶，果酱}
T300	6/10/2010	{面包，牛奶，麦片}
T400	6/13/2010	{面包，牛奶}
T500	6/14/2010	{可乐，麦片}
T600	6/15/2010	{面包，牛奶，果酱，麦片}

事务 1、2、3、4、6 中包含{面包}，事务 2、3、4、6 中包含{面包，牛奶}，支持度 $\min.supp=$

0.5,置信度 $conf(R)=4/5=0.8$,若给定支持度阈值 min. $supp=0.5$,置信度阈值 min. $conf=0.8$,那么关联规则 R:{面包}⇒{牛奶}是有效的,即购买面包和购买牛奶之间存在强关联。计算提升度,事务 2、3、4、6 中包含牛奶,则 $lift(R)=(4/5)/(4/6)=1.2$,即对买了面包的顾客推荐牛奶,其购买概率是随机推荐的 1.2 倍,因此该规则是有价值的。

20.1.2　基本分类

关联规则可以根据以下标准进行若干分类。

1. 根据所处理变量的类型

关联规则可以分为布尔型关联规则(boolean association rules)和数值型关联规则(quantitative association rules)。布尔型关联规则处理的变量是离散的、分类的,它显示这些变量之间的关系;数值型关联规则可以处理数值型变量,将其进行动态分割,数值型关联规则中也可以包含种类变量。例如:

购买("面包")→购买("牛奶"),考虑的是关联规则中数据项是否出现,即为布尔型关联规则;

年龄("45-60")→职称("教授"),涉及的年龄是数值型变量,即为数值型关联规则。另外,此处一般都将数量离散化为区间。

2. 根据所涉及数据的维数

如果关联规则各项或属性只涉及一个维度,则它是单维关联规则(single-dimensional association rules);而在多维关联规则(multidimensional association rules)中,要处理的数据将涉及多个维度。例如:购买("面包")→购买("牛奶"),这条规则只涉及顾客"购买"一个维度,即为单维关联规则;年龄("45-60")→职称("教授"),这条规则涉及"年龄"和"职称"两个维度,即为多维关联规则。

3. 根据所涉及的数据的抽象层次

关联规则可以分为单层关联规则(single-level association rules)和广义关联规则(generalized association rules)。在单层关联规则中,所有的数据项或属性只涉及同一个层次;而在广义关联规则中,将会充分考虑现实数据项或属性的多层次性。例如:联想台式机→惠普打印机,是一个细节数据上的单层关联规则;台式机→惠普打印机,是一个较高层次和细节层次之间的多层关联规则。

20.1.3　Apriori 算法

有效建立规则的过程主要分为两个阶段:首先产生满足指定最小支持度的(频繁)项集;然后从每一个(频繁)项集中寻找满足指定最小置信度的规则。Apriori 是一种挖掘产生 0-1 布尔型关联规则所需频繁项集的基本算法,也是目前最具影响力的关联规则挖掘算法之一。这种算法因利用了有关频繁项集性质的先验知识而得名,其核心是基于两阶段频繁项集思想的递推算法,在分类上属于单维、单层、布尔型关联规则。

Apriori 算法的基本思想是使用逐层搜索的迭代方法,用频繁的 $(k-1)$ 项集探索生成候选的频繁集 k 项集(如果集合 I 不是频繁项集,那么包含 I 的更大集合也不可能是频繁项集），再用数据库扫描和模式匹配计算候选集的支持度，最终得到有价值的关联规则。具体过程可用算法 20.1 描述。

算法 20.1 Apriori 算法

1. 发现频繁项集

（1）扫描事务数据库，计算每个项目出现的次数，根据预定义的最小支持度阈值 min. *supp*，产生频繁 1-项集 L_1。

（2）L_1 用于找频繁 2-项集 L_2，而 L_2 用于找 L_3，如此下去，直到不能找到满足条件的频繁 k 项集，这时算法终止。在第 k 次循环中，先产生候选 k 项集 C_k，C_k 中的每一个项集是对 L_{k-1} 中两个只有一个不同项的频繁项集做一个(k-2)连接来产生的。具体过程如下：

① $C_k = apriori\text{-}gen(L_{k-1})$，该函数由连接（join）步和剪枝（prune）步组成。join 步对 L_{k-1} 中每两个有(k-1)个共同项的频繁项集进行连接，得到 C_k；prune 步根据"频繁项集的所有非空子集都是频繁的"这一性质对 C_k 进行剪枝，得到 C_k。

② 扫描数据库，确定每个事务 T 所含候选集 C_k 的支持度 $subset(C_k, t)$，并存进 hash 表中。

③ 去除候选集 C_k 中支持度小于 min. *supp* 的项集，得到频繁 k-项集 L_k。C_k 中的项集是用来产生频繁项集 L_k 的候选集，最后的频繁项集 L_k 必须是 C_k 的一个子集。

2. 由频繁项集产生关联规则

对于频繁项集 L，产生 L 的所有非空子集 l，根据定理 20.1 知 l 也是频繁项集；对于每个非空子集 l，如果

$$\frac{occur(l)}{occur(L)} \geqslant \text{min. } conf \frac{occur(l)}{occur(L)}$$

则输出规则 $R: l \to (L-l)$。其中 $occur(l)$ 和 $occur(L)$ 分别是项集 l 和 L 在事务数据库 D 中出现的频数，min. *conf* 是最小置信度阈值。由于规则由频繁项集产生，每个规则自然都满足最小支持度。

下面通过一个实例来说明应用 Apriori 算法挖掘一个事务数据库中频繁项集的过程。假设数据库 D 中有 5 个事务（见表 20-2），支持度阈值为 60%（即最小支持度计数为 3）。

表 20-2 事务数据库 D

TID	Items
T_1	{a,b,c,d,e}
T_2	{a,b,c,e}
T_3	{a,b,e}
T_4	{b,c}
T_5	{b,c,d}

如图 20-1 所示，第一次扫描数据库，得到候选 1-项集 C_1 及其各项的出现频数，删除 C_1 中出现频数小于 3 的项，得到频繁 1-项集 L_1。然后，使用 L_1 生成候选 2-项集 C_2，第二次扫描数据库，得到 C_2 各项的出现频数，删除 C_2 中出现频数小于 3 的项，得到频繁 2-项集 L_2。使用 L_2 并根据 Apriori 性质剪枝，生成候选 3-项集 C_3，第三次扫描数据库，得到 C_3 各项的出现频数，删除频数小于 3 的项，得到频繁 3-项集 L_3。$C_4 = \varnothing$，算法终止，所有的频繁项集均被找出。

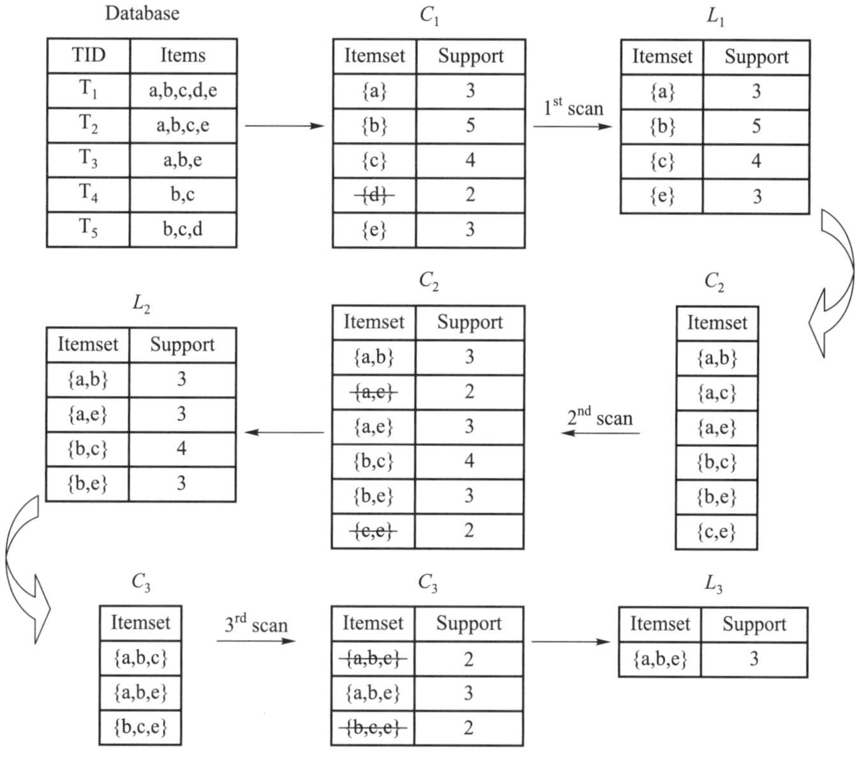

图 20-1　Apriori 算法的一个实例

接着,针对最后的频繁项集 $L_3=\{a,b,e\}$,其非空子集有 $\{a\}$ $\{b\}$ $\{e\}$ $\{a,b\}$ $\{a,e\}$ 和 $\{b,e\}$,产生关联规则如下:

$$\{a\}\Rightarrow\{b,e\},\quad \text{Confidence}=3/3=100\%$$

$$\{b\}\Rightarrow\{a,e\},\quad \text{Confidence}=3/5=60\%$$

$$\{e\}\Rightarrow\{a,b\},\quad \text{Confidence}=3/3=100\%$$

$$\{a,b\}\Rightarrow\{e\},\quad \text{Confidence}=3/3=100\%$$

$$\{a,e\}\Rightarrow\{b\},\quad \text{Confidence}=3/3=100\%$$

$$\{b,e\}\Rightarrow\{a\},\quad \text{Confidence}=3/3=100\%$$

若最小置信度阈值为 80%,则仅有第二条规则无法输出。

从以上算法的运行过程,我们可以看出 Apriori 算法的优点:简单、易理解、数据要求低。但是,这个方法搜索每个 L_k 都需要扫描一次数据库,即如果最长模式为 n,那么就需要扫描数据库 n 遍,这无疑需要很大的 I/O 负载。因此,可能需要重复扫描数据库,以及可能产生大量的候选集,这是 Apriori 算法的两大缺点。

20.2　协同过滤算法

相比于其他推荐算法,基于协同过滤的推荐算法往往在预测效果上表现更好,因此是一

种应用广泛的推荐算法。它通过输入用户的历史行为信息来预测用户对未接触的商品可能采取的行为,具体的实现步骤可归纳为

(1) 获得稀疏的用户-项目评分(购买、点击)矩阵,这一矩阵包含了用户的偏好信息。

(2) 通过算法预测空缺部分的评分,这里的算法可分为

① 基于邻居的协同过滤算法,包括:

a. 基于用户(user-based)的协同过滤算法;

b. 基于物品(item-based)的协同过滤算法。

② 基于模型(model-based)的协同过滤算法。

(3) 为用户推荐其对应空缺部分中评分靠前的项目。

20.2.1　基于邻居的协同过滤算法

基于邻居的协同过滤算法又分为基于用户的协同过滤算法和基于物品的协同过滤算法。接下来,我们分别对这两种算法进行介绍。

假设有 N 个用户,M 种物品,评分矩阵记为 $R_{N\times M}$,r_{ui} 表示第 u 个用户对第 i 个物品的评分。一般地,在评分矩阵中会存在很多缺失值,表示用户并未使用某些物品或者未对某些物品进行评分。

1. 基于用户的协同过滤算法

基于用户的协同过滤算法基于这样一个假设:跟你喜好相似的人喜欢的东西你也很有可能喜欢。所以,这个算法的原理是,通过用户对物品的评分向量(评分矩阵 $\boldsymbol{R}_{N\times M}$ 的行),计算不同用户之间的相似度,然后给每个用户推荐和他兴趣相似的其他用户(邻居)喜欢的物品。

以第 u 个用户为例。假设用户 u 对物品 i 尚未评分,现在通过用户 u 的邻居当中评价过物品 i 的用户来预测用户 u 对物品 i 的评分 $\hat{r}_{ui}$。具体详见算法 20.2。

算法 20.2　基于用户的协同过滤算法

1. 计算第 u 个用户与其他用户的相似度,找到所有评价过物品 i 的用户中 u 的邻居,记为 $N_i(u)$。

2. 假设用户 v 是 $N_i(u)$ 中的一员,用 w_{uv} 表示用户 u、v 之间相似度的大小,则可以利用加权平均来对 $\hat{r}_{ui}$ 进行预测:

$$\hat{r}_{ui}=\frac{\sum\limits_{v\in N_i(u)} w_{uv}r_{vi}}{\sum\limits_{v\in N_i(u)} |w_{uv}|} \tag{20.5}$$

3. 若需要调整评分尺度,则可以引入标准化函数 h 进行预测:

$$\hat{r}_{ui}=h^{-1}\left[\frac{\sum\limits_{v\in N_i(u)} w_{uv}h(r_{vi})}{\sum\limits_{v\in N_i(u)} |w_{uv}|}\right] \tag{20.6}$$

注意,式 20.5 中相似度 w_{uv} 可以大于 0,表示用户 u 与用户 v 的喜好正好相似;也可以小于 0,表示用户 u 与用户 v 之前的喜好正好相反。这些邻居都能对用户 u 的评分起到显著的作用,因此上式分子中的 w_{uv} 不需要取绝对值,但分母则需要进行绝对值的运算。

另外，有时需要调整评分尺度，因为不同的人对相同程度的"认可"可能打分差异很大，所以就需要对不同人的分数进行标准化处理，因此引入标准化函数 h，将不同用户对不同物品的打分映射到某一指定区间 $[a,b]$ 上，在此基础上计算 r_{ui} 的预测值 $\hat{r}_{ui}$，再通过 h 的反函数将其映射回原始的取值范围。

基于用户的协同过滤算法虽然简单、方便，但也存在性能上的瓶颈，即当用户数量越来越多时，寻找最近邻居的复杂度也将大幅度增加，因此无法满足及时推荐的要求。而基于物品的协同过滤可以解决上述问题。

2. 基于物品的协同过滤算法

基于物品的协同过滤算法的假设是，能够使用户感兴趣的物品，必定与其之前给出的高评分物品相似。所以，这个算法的原理是，通过各个物品的用户评分向量（即评分矩阵 $\boldsymbol{R}_{N\times M}$ 的列），计算不同物品之间的相似度，然后向用户推荐与其偏好的物品相似的其他物品（称之为邻居）。

以第 i 个物品为例，假设用户 u 对物品 i 尚未评分，现在就通过物品 i 的邻居当中用户 u 评价过的物品来预测用户 u 对物品 i 的评分 $\hat{r}_{ui}$。具体详见算法 20.3。

算法 20.3　基于物品的协同过滤算法

1. 计算第 i 个物品与其他各个物品的相似度，找到用户 u 评分过的物品中最像物品 i 的集合，即物品 i 的邻居，记为 $N_u(i)$。

2. 假设物品 j 是 $N_u(i)$ 中的一员，用 w_{ij} 表示物品 i、j 之间相似度的大小，则可以利用加权平均来对 $\hat{r}_{ui}$ 进行预测：

$$\hat{r}_{ui}=\frac{\sum\limits_{j\in N_u(i)} w_{ij}r_{uj}}{\sum\limits_{j\in N_u(i)} |w_{ij}|} \tag{20.7}$$

3. 同样地，若需要调整评分尺度，则可以引入标准化函数 h 进行预测：

$$\hat{r}_{ui}=h^{-1}\left[\frac{\sum\limits_{j\in N_u(i)} w_{ij}h(r_{uj})}{\sum\limits_{j\in N_u(i)} |w_{ij}|}\right] \tag{20.8}$$

基于物品的协同过滤没有考虑用户之间的差异，因此精度比较差，但它的好处就在于不需要用户的历史数据，或是进行用户识别。对于物品来说，它们之间的相似性更加稳定，因此可以离线完成大量相似性的计算，从而降低了在线计算量，提高了推荐效率，尤其是在用户多于物品的情形下这种方法的优势尤为显著。

3. 基于邻居预测的三要素

算法 20.2 和算法 20.3 涉及三个重要因素：邻居的确定、相似度的计算以及评分标准化。下面我们逐一说明。

（1）邻居的确定。邻居是基于邻居的协同过滤算法中至关重要的因素，需要确定的问题有两个：首先，如何定义邻居；其次，如何选取邻居。第一个问题我们在前面提到过，是用相似度的大小来定义邻居，相似度越大，就认为两个用户（或物品）越相邻。对于第二个问题一般采用以下三个标准进行选择：

① Top-N filtering：保留相似度最大的前 N 个；

② Threshold filtering：保留相似度(绝对值)大于一个给定阈值 $w_{\min}$ 的用户(或物品)；

③ Negative filtering：去掉不像的用户(或物品)。

(2) 相似度的计算。相似度在基于邻居的协同过滤算法中既是确定邻居的依据，又包含在计算当中，因此起着非常大的作用。现在我们介绍两种常用的相似度度量方法。

① Pearson 相关系数。对于用户 u 和 v，它们的 Pearson 相关系数可定义为

$$PC(u,v)=\frac{\sum_{i\in I_{uv}}(r_{ui}-\bar{r}_u)(r_{vi}-\bar{r}_v)}{\sqrt{\sum_{i\in I_{uv}}(r_{ui}-\bar{r}_u)^2\sum_{i\in I_{uv}}(r_{vi}-\bar{r}_v)^2}}$$

其中：I_{uv} 表示用户 u 和 v 共同打分的物品的集合。

② 余弦相似度(cosine vector，CV)。对于用户 u 和 v，它们的余弦相似度可定义为

$$CV(u,v)=\cos(r_{ui},r_{vj})=\frac{\sum_{i,j\in I_{uv}}r_{ui}r_{vj}}{\sqrt{\sum_{i\in I_u}r_{ui}^2\sum_{j\in I_v}r_{vj}^2}}$$

其中：I_u 和 I_v 分别表示用户 u 和 v 各自打分的物品的集合。注意这里分母并不采用 I_{uv} 而是采用 I_u 和 I_v，这是对原有余弦相似度的一种推广。

类似地，对于物品，同样可以定义它们的 Pearson 相关系数和余弦相似度。

(3) 评分标准化。不同用户(或物品)的评分标准往往不同，所以为了更好地进行预测，就需要引入标准化函数 h。这里我们介绍两种常用的标准化函数。

① 均值中心化。对于用户 u 和 v，经过均值中心化处理的预测结果为

$$h(r_{ui})=r_{ui}-\bar{r}_u$$

$$\hat{r}_{ui}=\bar{r}_u+\frac{\sum_{v\in N_i(u)}w_{uv}(r_{vi}-\bar{r}_v)}{\sum_{v\in N_i(u)}|w_{uv}|}$$

② Z-评分归一化。对于用户 u 和 v，经过 Z-评分归一化处理的预测结果为

$$h(r_{ui})=\frac{r_{ui}-\bar{r}_u}{s_u}$$

$$\hat{r}_{ui}=\bar{r}_u+s_u\frac{\sum_{v\in N_i(u)}w_{uv}(r_{vi}-\bar{r}_v)/s_v}{\sum_{v\in N_i(u)}|w_{uv}|}$$

其中：s_u 和 s_v 分别表示用户 u 和 v 所有评分的标准差。

类似地，对于物品，同样可以得到它们经过均值中心化和 Z-评分归一化处理的预测结果。

20.2.2 基于矩阵分解的协同过滤算法

基于模型的协同过滤算法假设预测评分可以由模型而非规则计算而得。基于模型的方法在学界已得到广泛研究，包括概率模型、贝叶斯网络模型、隐语义模型等。其中隐语义模型的一个分支——矩阵分解模型在 2006 年 Netflix 举办的推荐比赛中大放异彩，得到广泛的

关注,现已成为推荐系统领域最经典的模型之一。

1. 模型介绍

矩阵分解模型的思想是将高维稀疏的评分矩阵分解为两个低秩矩阵相乘的形式,如下式所示:

$$\boldsymbol{R}_{N\times M}=\boldsymbol{P}_{K\times N}^{\mathrm{T}}\boldsymbol{Q}_{K\times M}$$

其中 $K\ll\min(M,N)$。此时,每个用户和每个物品都有一个低维隐向量表示,分别对应矩阵 $\boldsymbol{P}$ 和矩阵 $\boldsymbol{Q}$ 的每一列;用户 u 对物品 i 的评分,对应矩阵 $\boldsymbol{P}$ 的第 u 列向量与矩阵 $\boldsymbol{Q}$ 的第 i 列向量的内积运算,即:

$$\hat{r}_{ui}=\boldsymbol{p}_u^{\mathrm{T}}\boldsymbol{q}_i$$

因此,如果能求出矩阵 $\boldsymbol{P}$ 和矩阵 $\boldsymbol{Q}$,则可以通过向量内积对 $\boldsymbol{R}$ 矩阵中未知的评分进行预测。因此问题的关键在于如何将缺失的矩阵 $\boldsymbol{R}$ 分解为两个低秩矩阵相乘的形式。

2. 模型求解

早期有学者尝试先用评分均值填充缺失的矩阵 $\boldsymbol{R}$,然后使用奇异值分解(singular value decomposition,SVD)进行分解。但这类方法存在较大的问题:一是填充缺失使原评分矩阵失真,分解后预测可能不够准确;二是奇异值分解的计算复杂度过高,不适用于大规模数据。

对于分解后的矩阵 $\boldsymbol{P}$ 和 $\boldsymbol{Q}$ 的求解问题,更为有效的解决方法是构建目标函数,使用梯度下降法求解最优化问题,本节将主要介绍该方法。

首先构建目标函数,使原始评分与向量内积之差尽量小,如下式所示:

$$\min_{p^*,q^*}\sum_{(u,i)\in\mathcal{K}}(r_{ui}-\boldsymbol{p}_u^{\mathrm{T}}\boldsymbol{q}_i)^2$$

其中:$\mathcal{K}$ 表示训练集中已有评分的用户物品组合。为了缓解过拟合,一般会加入正则化项,如下式所示:

$$\min_{p^*,q^*}\sum_{(u,i)\in\mathcal{K}}(r_{ui}-\boldsymbol{p}_u^{\mathrm{T}}\boldsymbol{q}_i)^2+\lambda(\|\boldsymbol{p}_u\|^2+\|\boldsymbol{q}_i\|^2)$$

求解这个目标函数,可以使用梯度下降法,步骤如下所示。

(1) 将目标函数分别对 $\boldsymbol{p}_u$ 和 $\boldsymbol{q}_i$ 求偏导。记目标函数为

$$Q=\sum_{(u,i)\in\mathcal{K}}(r_{ui}-\boldsymbol{p}_u^{\mathrm{T}}\boldsymbol{q}_i)^2+\lambda(\|\boldsymbol{p}_u\|^2+\|\boldsymbol{q}_i\|^2)$$

对 $\boldsymbol{p}_u$ 和 $\boldsymbol{q}_i$ 分别求偏导:

$$\frac{\partial Q}{\partial \boldsymbol{p}_u}=-2(r_{ui}-\boldsymbol{p}_u^{\mathrm{T}}\boldsymbol{q}_i)\boldsymbol{q}_i+2\lambda\boldsymbol{p}_u$$

$$\frac{\partial Q}{\partial \boldsymbol{q}_i}=-2(r_{ui}-\boldsymbol{p}_u^{\mathrm{T}}\boldsymbol{q}_i)\boldsymbol{p}_u+2\lambda\boldsymbol{q}_i$$

(2) 更新参数。

$$\boldsymbol{p}_u\leftarrow\boldsymbol{p}_u-\gamma[-2(r_{ui}-\boldsymbol{p}_u^{\mathrm{T}}\boldsymbol{q}_i)\boldsymbol{q}_i+2\lambda\boldsymbol{p}_u]$$

$$\boldsymbol{q}_i\leftarrow\boldsymbol{q}_i-\gamma[-2(r_{ui}-\boldsymbol{p}_u^{\mathrm{T}}\boldsymbol{q}_i)\boldsymbol{p}_u+2\lambda\boldsymbol{q}_i]$$

其中:γ 表示学习率。

(3) 当损失低于某阈值时可结束训练,否则重复步骤(2)。

训练结束后,可以得到所有用户和物品的隐向量,则任意用户对任意物品的评分预测,都可以用二者的向量内积进行计算。

3. 引入偏置项

不同用户的打分习惯不同,物品的质量也有所区别。例如,满分 5 分,有的用户不满意的话会打 1 分,但有的用户觉得 3 分就已经够低了,同一个分值对不同用户的意义不同。质量好的物品大多数人都给高分,质量差的物品大多数人都给低分,这种差异是由物品质量本身决定的,不能反映用户的偏好。为了消除这种分数偏差,一种常见且有效的改进方法是引入偏置项,包括全局偏置 μ、用户偏置 b_u 和物品偏置 b_i,评分预测公式为

$$\hat{r}_{ui}=\mu+b_u+b_i+\boldsymbol{p}_u^{\mathrm{T}}\boldsymbol{q}_i$$

目标函数如下式所示:

$$\min_{\boldsymbol{p}^*,\boldsymbol{q}^*,\boldsymbol{b}^*}\sum_{(u,i)\in\mathcal{K}}(r_{ui}-\mu-b_u-b_i-\boldsymbol{p}_u^{\mathrm{T}}\boldsymbol{q}_i)^2+\lambda(\|\boldsymbol{p}_u\|^2+\|\boldsymbol{q}_i\|^2+b_u^2+b_i^2)$$

此时用户与物品的向量内积不受用户习惯和物品质量影响,更能反映用户对物品的真实偏好。

4. 优点及局限性

相比于基于邻居的方法,矩阵分解方法不需要存储用户之间或物品之间的相似度矩阵,可以节省大量的存储空间。此外,基于邻居的方法(以基于物品为例)在处理稀疏数据时,会存在严重的头部效应,即打分较少的物品之间相似性常常为 0,而打分较多的物品则会跟多数物品都有相似性,导致系统一直推荐热门商品,但这种相似度高只是因为物品热门,并非真正相似。而矩阵分解方法在这方面则有更强的泛化能力,因为用户与物品的隐向量都是通过全局优化获得的,即使两个物品的访问用户没有交集,二者也能有一定的相似度,不会出现那么强的头部效应。

除此之外,矩阵分解方法输出用户和物品的隐向量表示,这和文本中的词向量表示思想不谋而合,输出的隐向量不仅可以用来做评分预测,还可以与其他特征进行拼接,作为深度学习模型的输入,因此矩阵分解方法具有更好的扩展性和灵活性。

但矩阵分解方法也有一定的局限性。因为该方法只用到了评分矩阵这一种数据,很难将更多上下文信息加入模型之中,这会导致许多信息的浪费。

20.3 R 语言实现

20.3.1 关联规则

在 R 语言中,可以使用 arules 包中的 apriori( )函数来实现关联规则挖掘。函数的基本形式为

```
>apriori ( data , parameter = list ( slots ) , appearance = list ( slots ) , con-
trol = list ( slots ) )
```

其中 data 是输入交易数据或者类交易数据,比如二进制矩阵或者数据框。parameter、appearance 和 control 参数均是命名列表,内部均定义有多个 slots,具体见表 20-3。

表 20-3　定义在参数 parameter、appearance 和 control 中常用 slots

参数	常用 slots 列表
parameter	minle =（整型，默认 1） maxlen =（整型，默认 10） sup =（数值型，默认 0.1） conf =（数值型，默认 0.8） target =“frequent itemsets”或“maximally frequent itemsets”或“closed frequent itemsets”或“rules”或“hyperedgesets”（默认“rules”）
appearance	lhs 或 rhs 或 items 或 both 或 none = c( ) default =“lhs”或“rhs”或“items”或“both”或“none”
control	filter =（数值型，= 0 或 >0 或 <0，默认 0.1） sort =（整型，[-2～2]，默认 2） verbose =（逻辑型，默认 TRUE）

在进行关联分析时与 apriori( )连用的函数主要有 str( )、summary( )、inspect( )、sort( )、subset( )、itemFrequencyPlot( )和 plot( )等，具体用途说明见表 20-4。

表 20-4　与 apriori( )连用的常用函数

函数	用途说明
str( )	查看输入数据 data 的类型，data 须为交易数据或类交易数据
summary( )	输出关联规则的信息摘要
inspect( )	展示所得关联规则
sort( )	对输出关联规则按照某一要素排序
subset( )	求所需要的关联规则子集
itemFrequencyPlot( )	这是定义在 arules 包中的函数，用来画项目频率图
plot( )	这是定义在 arulesViz 包中的函数，可以对规则进行可视化操作

下面通过一个案例来说明关联规则在 R 语言中的具体实现。我们的案例所用的数据集选自 R arules 包中的 Groceries 数据集，该数据集记录了某杂货店一个月（30 天）的交易项目。数据集包含 9 835 个交易，并且这些项目汇总为 169 个类别。现在杂货店希望能找出顾客购买产品之间的关系，即是否购买了 A 产品的顾客，也购买了 B 产品。

1. 数据描述

首先，我们查看数据基本情况。

```
> library(arules)
> data("Groceries")
> summary(Groceries)
transactions as itemMatrix in sparse format with
 9835 rows (elements/itemsets/transactions) and
 169 columns (items) and a density of 0.02609146
(篇幅限制，仅展示部分内容)
```

可以看出该数据集中包括了 9 835 条交易数据,169 种商品。由于 Groceries 数据集是事务型数据,我们可以使用 arules 包中的 inspect 函数对交易内容进行读取,这里我们显示前 10 次交易商品的类别。

```
> library(arules)
> data("Groceries")
> inspect(Groceries[1:10])
      items
[1]  {citrus fruit, semi-finished bread, margarine, ready soups}
[2]  {tropical fruit, yogurt, coffee}
[3]  {whole milk}
[4]  {pip fruit, yogurt, cream cheese , meat spreads}
[5]  {other vegetables, whole milk, condensed milk, long life bakery product}
[6]  {whole milk, butter, yogurt, rice, abrasive cleaner}
[7]  {rolls/buns}
[8]  {other vegetables, UHT-milk, rolls/buns, bottled beer, liquor (appetizer)}
[9]  {pot plants}
```

每次交易的商品类别和数目都不尽相同,那么顾客购买商品之间是否存在某种关系?或者说哪些商品在同一次交易中容易被同时购买呢?为了回答这些问题,接下来我们进行关联分析。

2. 关联分析

在准备工作做好以后,先来利用 arules 包中的 itemFrequencyPlot( ) 函数做一张频率图。

```
> itemFrequencyPlot(Groceries,sup=0.1,topN = 8,col=topo.colors(8))
```

从频率图 20-2 中可以很明显看出,全脂牛奶出现频率最高,超过 0.25;接下来依次是其他蔬菜、卷/小锅、苏打、酸奶等商品,相比较而言,购买乳制品的顾客最多。

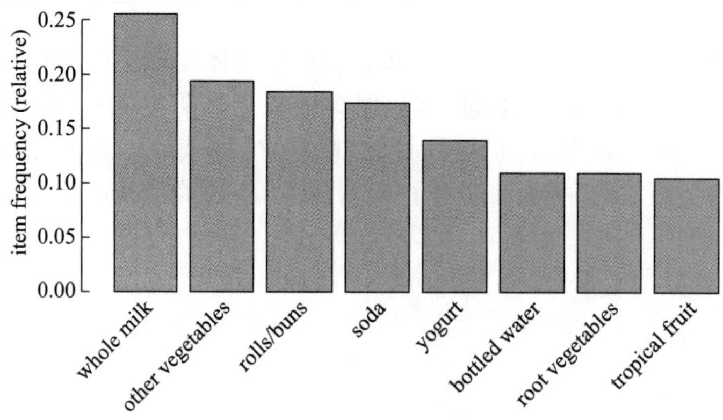

图 20-2　商品出现频率

```
> rules1 <- apriori ( Groceries , control = list ( verbose = FALSE ) )
> summary ( rules1 )
```

```
set of 0 rules
```

在默认条件下(support=0.1,confidence=0.8),没有挖掘出一条信息,因此,我们对阈值进行修改。

```
>rules2<-apriori(Groceries,parameter=list(supp=0.006,conf=0.6,target=
"rules"),control=list(verbose=FALSE))
> summary(rules2)
set of 8 rules
(篇幅限制,仅列出部分结果)
```

通过调整阈值,我们获得 8 条规则,接下来我们对规则进行可视化分析。

```
> rules2.sorted <- sort ( rules2 , by = "lift" ) # 参照“lift”大小对规则(默认为降
                                                    序)排列
> inspect ( rules2.sorted [ 1 : 5 ] )              # 展示排序后的前五条规则
lhs                                          rhs support confidence coverage lift
[1] {butter,whipped/sour cream} => {whole milk}  0.007      0.660    0.010 2.583
[2] {butter,yogurt}             => {whole milk}  0.009      0.639    0.015 2.500
[3] {root vegetables,butter}    => {whole milk}  0.008      0.638    0.013 2.496
[4] {tropical fruit,curd}       => {whole milk}  0.006      0.634    0.010 2.480
[5] {tropical fruit,butter}     => {whole milk}  0.006      0.622    0.010 2.436
(篇幅限制,结果保留三位小数)
> library(arulesViz)
> plot(rules2)
```

从图 20-3 中可以看出,这 8 条规则的置信度均高于 0.6,其提升度大部分在 2.5 附近。这 8 条规则的支持度分散在 0.006 到 0.010 之间,没有出现聚集的情况。

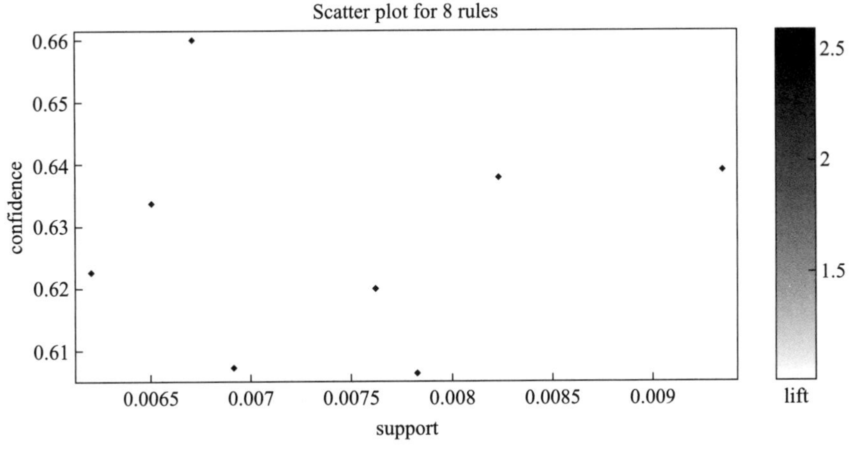

图 20-3　简单可视化

3. 结果分析

对得到的 8 条规则进行解析,可以得出以下结论:

（1）有66.0%的置信度保证购买黄油、酸奶的顾客会继续购买全脂牛奶。

（2）在保证置信度不低于0.6的条件下，购买黄油和酸奶的用户，继续购买全脂牛奶的可能性最大。

（3）全脂牛奶很受人们欢迎，是一种“万能”的搭配商品。

因此，对杂货店而言，在进行促销活动时，可以考虑将全脂牛奶与蔬菜、黄油、酸奶等商品进行捆绑销售，以增加商品的销量。最后再说明两点：首先，Apriori是一个非常强大的算法，在你对数据还不太了解的时候，它可以为你提供一个了解数据的有趣的视角；其次，尽管最终的规则是在这份数据集基础上系统性生成的，但是设定阈值是一门艺术，这取决于你想要得到什么样的规则，你可能需要一些能够帮助你做出决策的规则，另外这些规则也可能会将你引入歧途。

20.3.2　协同过滤算法

R的recommenderlab包可以实现协同过滤算法。这个包中有许多关于推荐算法建立、处理及可视化的函数。接下来，我们将选用recommenderlab包中内置的MovieLense数据集进行分析，该数据集收集了网站MovieLens（movielens.umn.edu）从1997年9月19日到1998年4月22日的数据，包括943名用户对1 664部电影的评分。

1. 数据描述

首先载入数据，并绘制该数据集的直方图。其中，getRatings()函数可获取评价数据，normalize()函数可以进行标准化处理，标准化的目的是去除用户评分的偏差。下面的代码产生图20-4。

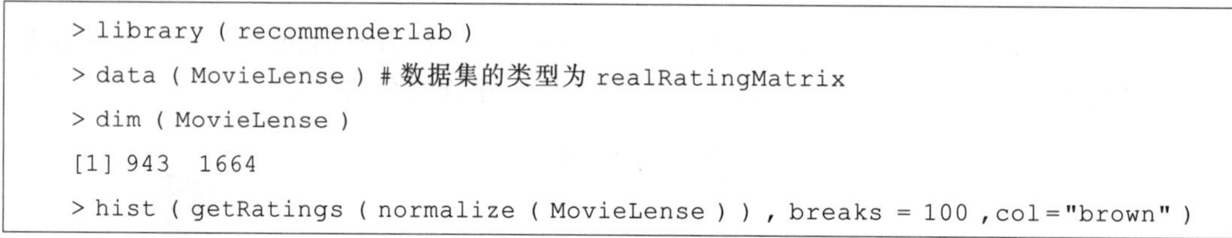

```
> library ( recommenderlab )
> data ( MovieLense ) # 数据集的类型为 realRatingMatrix
> dim ( MovieLense )
[1] 943  1664
> hist ( getRatings ( normalize ( MovieLense ) ) , breaks = 100 ,col="brown" )
```

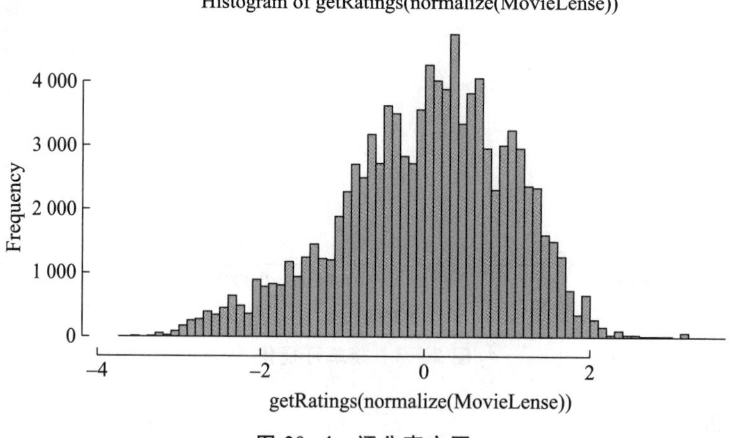

图20-4　评分直方图

这里需要说明的是,我们得到的 MovieLense 数据集的数据类型是 realRatingMatrix,它是 raringMatrix 数据类型的一种,表示推荐评分型(如 1~5 颗星评价)。raringMatrix 还包含另一种常用的数据类型 binaryRatingMatrix,它用于存放只有 0-1 评分的评分矩阵数据,我们可以通过 binarize( )函数将数据转为 binaryRatingMatrix 类型。注意,raringMatrix 数据类型是使用 recommenderlab 包建立推荐系统时唯一的评分矩阵的输入类型,所以在建立推荐系统之前必须将评分矩阵转化为 raringMatrix 数据类型的一种,可以通过 as( )函数进行转化。raringMatrix 采用了很多类似矩阵对象的操作,如 dim( ),dimnames( ),rowCounts( ),colMeans( ),rowMeans( )等,也增加了一些特别的操作方法,如 sample( ),用于从用户(即:行)中抽样,image( )可以生成像素图数据转换。

下面使用 image( )函数来查看评分矩阵的部分形态。例如,我们想查看前 20 位观影者对前 20 部电影的评分,结果如图 20-5 所示。图中,横轴表示被评分的电影,纵轴表示观影者,图形中的颜色表示观影者给对应电影的评分,空白表示该观影者未对对应电影做出评分(观影者未观看此电影)。

```
> image ( MovieLense [ 1 : 20 , 1 : 20 ] )
```

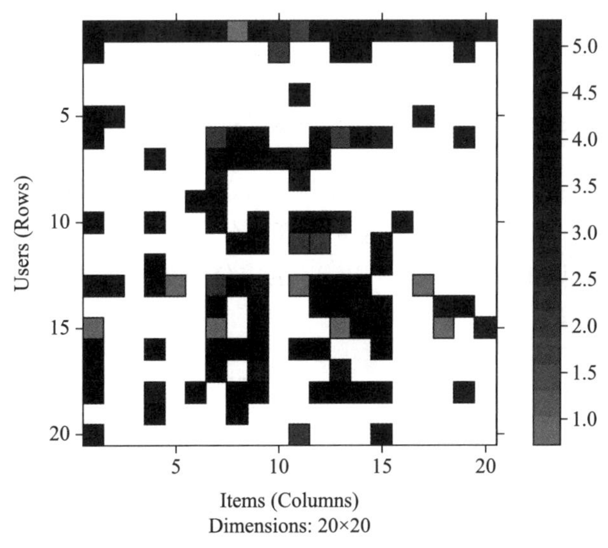

图 20-5　评分图像

2. 建立推荐系统

我们已经获得了评分数据,接下来就可以开始建立推荐系统了。在这之前,先来看看 recommenderlab 包可以实现哪些推荐算法,可以运用 recommenderRegistry$get_entry_names( )函数查看。

```
> recommenderRegistry $ get_entry_names ( )
[1] "HYBRID_realRatingMatrix"              "HYBRID_binaryRatingMatrix"
[3] "ALS_realRatingMatrix"                 "ALS_implicit_realRatingMatrix"
[5] "ALS_implicit_binaryRatingMatrix"      "AR_binaryRatingMatrix"
[7] "IBCF_binaryRatingMatrix"              "IBCF_realRatingMatrix"
```

```
 [9] "LIBMF_realRatingMatrix"              "POPULAR_binaryRatingMatrix"
[11] "POPULAR_realRatingMatrix"            "RANDOM_realRatingMatrix"
[13] "RANDOM_binaryRatingMatrix"           "RERECOMMEND_realRatingMatrix"
[15] "RERECOMMEND_binaryRatingMatrix"      "SVD_realRatingMatrix"
[17] "SVDF_realRatingMatrix"               "UBCF_binaryRatingMatrix"
[19] "UBCF_realRatingMatrix"
```

现在我们就开始建立推荐模型。首先抽取 MovieLense 数据集当中的 70%用户数据作为训练样本，剩余的 30%用户数据作为测试样本，这可以通过 evaluationScheme( ) 函数实现。

evaluationScheme( ) 函数是将数据按一定规则分为训练集和测试集（参数 method = "split"），或进行 k-fold 交叉验证（如 method = "cross" , k = 4）。

另外，对于上述测试集中这 30%的观影者，我们进一步将他们对电影的评分分为 known（已知）和 unknown（未知）。known 部分表示用户已经评分的，要用于预测；unknown 部分表示用户已经评分，但要被预测以便于进行模型评价。known 部分是根据参数 given 的值随机抽取的。

```
> set.seed ( 123 )
> rdata <- evaluationScheme ( MovieLense , method = "split" , train = 0.7 ,
given = 10 )
> train <- getData ( rdata , "train" ) # 表示获取训练集数据。
```

用 Recommender( ) 函数可以建立评分推荐。对于 realRatingMatrix 数据类型有 6 种推荐算法，可以用参数“method”进行选择。这 6 种算法分别是：UBCF（基于用户的推荐）、IBCF（基于物品的推荐）、SVD（矩阵因子化）、PCA（主成分分析）、RANDOM（随机推荐）、POPULAR（基于流行度的推荐）。

```
> r.UBCF <- Recommender ( train , method = "UBCF" )   # 基于用户
> r.IBCF <- Recommender ( train , method = "IBCF" )   # 基于物品
> r.SVD <- Recommender ( train , method = "SVD" )     # 基于 SVD
```

对于上面建立的推荐算法，给定一个用户的现有评分状态，就可以用 predict( ) 函数对其未评分的物品进行预测。例如，我们可以用 r.UBCF 模型预测 MovieLense 数据集当中第 1 位观影者未评分的电影的所有评分，参数 type = "ratings" 表示运用评分预测观影者对电影评分。

```
> predict1 <- predict ( r.UBCF , MovieLense [ 1 ] , type = "ratings" )
> getRatings ( predict1 )
 [1] 3.2228131  3.4623089  4.7090006  4.2228131  3.2228131  4.2551661
 [7] 3.7953348  4.0348150  2.9446682  4.2228131  2.9172535  4.2228131
[13] 3.6856899  4.2228131  3.5551661  3.8939896  3.3658154  3.4887324
# 限于篇幅，此处省略
```

我们还可以进行 TOP-N 预测，即只生成前 N 个最高预测得分的电影。

```
> predict2 <- predict ( r.UBCF , MovieLense [ 1 ] , n = 5 , type = "topNList" )
> as ( predict2 , "list") # 结果需转化为 list 表示
$'1'
[1] "Winter Guest, The (1997)"
[2] "Andre (1994)"
[3] "Boot, Das (1981)"
[4] "Matilda (1996)"
[5] "She's the One (1996)"
```

接下来使用测试集对 3 种模型的效果进行评价,先对“已知”的测试集数据进行预测。

```
> pred1 <- predict ( r.UBCF , getData ( rdata , "known" ) , type = "ratings" )
> pred2 <- predict ( r.IBCF , getData ( rdata , "known" ) , type = "ratings" )
> pred3 <- predict ( r.SVD , getData ( rdata , "known" ) , type = "ratings" )
```

最后,可以利用 calcPredictionAccuracy( ) 函数来进行预测结果与实际数据之间的比较。参数"unknown"表示是对“未知”测试集进行比较。

```
> error1 <- calcPredictionAccuracy ( pred1 , getData ( rdata , "unknown" ) )
> error2 <- calcPredictionAccuracy ( pred2 , getData ( rdata , "unknown" ) )
> error3 <- calcPredictionAccuracy ( pred3 , getData ( rdata , "unknown" ) )
> error <- rbind ( error1 , error2 , error3 )
> rownames ( error ) <- c ( "UBCF" , "IBCF" , "SVD" )
> error
          RMSE       MSE       MAE
UBCF  1.239730  1.536930  0.9723181
IBCF  1.345862  1.811345  0.9875098
SVD   1.109442  1.230862  0.8820394
```

从结果可以看出,本例数据集采用 SVD 方法即基于 SVD 的协同过滤算法的效果最好。

20.4 习　　题

1. 根据自己的理解,结合实际生活中的例子,对 Apriori 算法的原理进行解释。
2. 数据库中有 5 个事务。设 min. *supp* = 0.60, min. *conf* = 0.80。

TID	date	items
T100	5/15/2015	{K,W,X,P,Q}
T200	5/16/2015	{A,Q,P,W,X}
T300	5/17/2015	{A,B,W,P,Q,X}

续表

TID	date	items
T400	5/17/2015	{B,W,Q,X}
T500	5/18/2015	{A,W,Q,X,H}

（1）分别使用 Apriori 算法和 FP-growth 算法找出频繁项集，并比较二者的有效性。

（2）列出所有强关联规则，并计算出它们的 supp、conf 和 lift。

3. 请分析 arules 包中的 Adult 数据集：

（1）请先统计该数据集中出现频率排名前 10 的特征。

（2）找出该数据集中有用的关联规则。

4. 在 SVD 模型的协同过滤算法中我们提到了随机梯度下降算法（SGD），查阅相关资料，对 SGD 算法进行介绍。

5. 请分析 recommenderlab 包中的 Jester5k 数据集。该数据集包含了 5 000 个用户对 100 个笑话的评分数据，总共有 362 106 个评分。

（1）载入数据，并绘制评分的直方图，观察评分的分布情况。

（2）将数据集按 7∶3 的比例划分为训练集和测试集。

（3）对于训练集数据，分别选用基于用户的推荐、基于物品的推荐、基于 SVD 三种方法建立评分系统。

（4）使用测试集对上述三种模型的效果进行评价。

推荐方法的种类较多，包括基于内容推荐、协同过滤推荐、基于规则推荐、基于效用推荐、基于知识推荐等。比较这些推荐算法的优缺点。

参考文献

[1] Agrawal R, Imieliński T, Swami A. Mining association rules between sets of items in large databases[C]. Acm sigmod record. ACM, 1993, 22(2): 207-216.

[2] Breheny P, Huang J. Penalized methods for bi-level variable selection [J]. Stat. Interface, 2009, 2(3): 369-380.

[3] Breiman L, Friedman J, Stone C J, et al. Classification and regression trees[M]. CRC press, 1984.

[4] Chen T, Guestrin C. Xgboost: A scalable tree boosting system[C]. Proceedings of the 22nd acm sigkdd international conference on knowledge discovery and data mining. ACM, 2016: 785-794.

[5] Cybenkot G. Approximation by superpositions of a sigmoidal function[J]. Mathematics of Control, Signals, and Systems, 1989(2): 303-314.

[6] Eric D Kolaczyk, Gábor Csárdi. Statistical Analysis of Network Data with R[M]. NewYork: Springer, 2014.

[7] Fan J, Li R. Variable selection via nonconcave penalized likelihood and its oracle properties[J]. J. Amer. Statist. Assoc, 2001, 96: 1348-1360.

[8] Fang K, Wang X, Zhang S, et al. Bi-level variable selection via adaptive sparse Group Lasso [J]. Journal of Statistical Computation and Simulation, 2015, 85(13): 2750-2760.

[9] Frank I E, Friedman J H. A statistical view of some chemometrics regression tools (with discussion)[J]. Technometrics. 1993, 35: 109-148.

[10] Freund Y, Schapire R E. A Decision-Theoretic Generalization of On-Line Learning and an Application to Boosting[J]. Journal of Computer and System Sciences, 1997, 55(1): 119-139.

[11] Freund Y, Schapire R E. Experiments with a new boosting algorithm[C]. ICML. 1996, 96: 148-156.

[12] Gareth J, Daniela W, Trevor H, Robert T. An Introduction to Statistical Learning: with Applications in R[M]. NewYork: Springer, 2013.

[13] Han J, Pei J, Kamber M. Data mining: concepts and techniques[M]. Elsevier, 2011.

[14] Hastie T, Tibshirani R, Friedman J. The elements of statistical learning[M]. New York: Springer, 2009.

[15] Hoerl A E, Kennard R W. Ridge regression: biased estimation for non-orthogonal problems[J]. Technometrics, 1970, 12: 55-67.

[16] Hornik K,Stinchcombe M,White H. Multilayer feedforward networks are universal approximators[J]. Neural Networks,1989,2(5):359-366.

[17] Huang J,Ma S,Xie H,Zhang C H. A group bridge approach for variable selection [J]. Biometrika,2009,96:339-355.

[18] Igel C,Hüsken M. Improving the Rprop learning algorithm[C]//Proceedings of the second international symposium on neural computation (NC 2000). ICSC Academic Press,2000: 115-121.

[19] James G,Witten D,Hastie T,Tibshirani R. An introduction to statistical learning. New York:springer,2013.

[20] Fan J,Li R,Zhang C,Zou H. Statistical Foundations of Data Science[M]. Boca Raton,FL:CRC Press,2020.

[21] Kolaczyk E D,Csárdi G. Statistical analysis of network data with R[M]. New York: Springer,2014.

[22] Lantz B. Machine learning with R[M]. Packt Publishing Ltd,2013.

[23] Ricci F,Rokach L,Shapira B,et al. Recommender Systems Handbook[M]// Recommender systems handbook. Springer,2011:1-35.

[24] Schmidhuber J. Deep learning in neural networks:an overview[J]. Neural Networks, 61:85-117,2015.

[25] Simon N,Friedman J,Hastie T,Tibshirani R. A sparse Group Lasso [J]. Journal of Computational and Graphical Statistics,2013,22(2):231-245.

[26] Tibshirani R. Regression shrinkage and selection via the Lasso [J]. Journal of Royal Statistical Society (Series B),1996,58:267-288.

[27] Wang H,Raj B,Xing E P. On the origin of deep learning[J]. arXiv:1702. 07800, 2017.

[28] Wickham Hadley. ggplot2:elegant graphics for data analysis[M]. Springer,2009.

[29] Yuan M,Lin Y. Model selection and estimation in regression with grouped variables [J]. J. R. Stat . Soc. Ser . B,2006,68:49-67.

[30] Zhang C H. Nearly unbiased variable selection under minimax concave penalty[J]. The Annals of Statistics,2010:894-942.

[31] Zou H,Hastie T. Regularization and variable selection via the elastic net [J]. J. R. Stat . Soc. Ser . B,2005,67:301-320.

[32] Haykin S. 神经网络与机器学习[M]. 3 版. 申富饶,徐烨,晁静,译. 北京:机械工业出版社,2011.

[33] Robert I. Kabacoff. R 语言实战[M]. 高涛,肖楠,陈钢,译. 北京:人民邮电出版社,2013.

[34] 党耀国,米传民,钱吴永. 应用多元统计分析[M]. 北京:清华大学出版社,2012.

[35] 方匡南,朱建平,姜叶飞. R 数据分析:方法与案例详解[M]. 北京:电子工业出版社,2015.

[36] 方匡南. 数据科学[M]. 北京:电子工业出版社,2018.

[37] 方匡南. 随机森林组合预测理论及其在金融中的应用[M]. 厦门:厦门大学出版社,2012.

[38] 高随祥,文新,马艳军,等. 深度学习导论与应用实践[M]. 北京:清华大学出版社,2019.

[39] 韩敏. 人工神经网络基础[M]. 大连:大连理工大学出版社,2014.

[40] 黄文,王正林. 数据挖掘:R 语言实战[M]. 电子工业出版社,2014.

[41] 李子奈,潘文卿. 计量经济学[M]. 北京:高等教育出版社,2010.

[42] 吕晓玲,宋捷. 大数据挖掘与统计机器学习[M]. 北京:中国人民大学出版社,2016.

[43] 马双鸽,刘蒙阙,周峙利,等. 大数据时代统计学发展的若干问题[J]. 统计研究. 2017(1).

[44] 邱锡鹏. 神经网络与深度学习[EB/OL]. [2019-01-10]. https://nndl. github. io/.

[45] 王汉生. 深度学习:从入门到精通[M]. 北京:人民邮电出版社,2021.

[46] 薛毅,陈立萍. 统计建模与 R 软件[M]. 北京:清华大学出版社,2007.

[47] 朱建平,胡朝霞,王艺明. 高级计量经济学导论[M]. 北京:北京大学出版社,2009.

[48] 朱建平. 应用多元统计分析[M]. 2 版. 北京:科学出版社,2012.

读者意见反馈

为收集对教材的意见建议，进一步完善教材编写并做好服务工作，读者可将对本教材的意见建议通过如下渠道反馈至我社。

咨询电话　400-810-0598

反馈邮箱　gjdzfwb@pub.hep.cn

通信地址　北京市朝阳区惠新东街4号富盛大厦1座

高等教育出版社总编辑办公室

邮政编码　100029